U0340786

Java入门123

——一个老鸟的Java学习心得

（二维码版）

臧萌 鲍凯 编著

清华大学出版社

北 京

内 容 简 介

本书是深受读者好评的《Java 入门 1·2·3——一个老鸟的 Java 学习心得》的最新升级版。作者以独特的视角向 Java 初学者讲述了如何才能真正理解和掌握 Java。本书充分考虑了初学 Java 的种种困难，讲解细致入微，抽丝剥茧，层层推进，并采用对比、比喻和类比等方式，给出了大量的流程图帮助读者理解各种概念和程序的运行过程，而且还给出了大量简单易懂的实例，真正做到了零门槛学 Java。另外，本书基于最新的 Java 8 标准讲解，以顺应技术的发展，而且还首次引入了在手机上学 Java 编程的方式，并提供了二维码扫描源代码和习题答案的方式。书中的源代码也经过了上机测试，保证可以正常运行。

本书共 22 章，分为 3 篇。第 1 篇为 Java 语言基本语法，包括 Java 语言概述、配置开发环境、Java 中的基本数据类型、Java 运算符、Java 流程控制语句和数组。第 2 篇为 Java 语言高级语法，包括类、对象、方法、继承、多态、修饰符、接口、抽象类、内部类、Java 异常处理和多线程编程。第 3 篇为 Java 语言编程进阶，包括 Java 编程常用知识、Java 文件编程、Java 文件 I/O 编程、Java TCP 编程、Java UDP 编程、Java Swing 编程、JDBC 编程，最后还给出了一个聊天程序实例和一个数据表操作窗口实例，将 Swing、UDP、Java 集合类、线程同步、接口和 JDBC 编程有机地结合起来，展示了开发一个简单程序的典型步骤。

本书虽然只涉及 Java 入门知识，但因其内容丰富，讲解详细，实例多样，非常适合初学程序的读者阅读，尤其是没有任何基础的 Java 入门读者、Java 自学人员、从其他语言转向 Java 语言的读者、大中专院校的学生和社会培训班的学员。

图书在版编目（CIP）数据

Java 入门 123：一个老鸟的 Java 学习心得：二维码版/臧萌，鲍凯编著. —北京：清华大学出版社，2015（2021.12重印）

　　ISBN 978-7-302-39468-6

　　Ⅰ. ①J…　Ⅱ. ①臧…　②鲍…　Ⅲ. ①JAVA 语言-程序设计　Ⅳ. ①TP312

中国版本图书馆 CIP 数据核字（2015）第 036485 号

责任编辑：杨如林
封面设计：欧振旭
责任校对：胡伟民
责任印制：沈　露

出版发行：清华大学出版社
　　　　网　　址：http://www.tup.com.cn, http://www.wqbook.com
　　　　地　　址：北京清华大学学研大厦 A 座　　　　邮　　编：100084
　　　　社 总 机：010-62770175　　　　　　　　　　邮　　购：010-83470235
　　　　投稿与读者服务：010-62776969，c-service@tup.tsinghua.edu.cn
　　　　质量反馈：010-62772015，zhiliang@tup.tsinghua.edu.cn
印 装 者：三河市铭诚印务有限公司
经　　销：全国新华书店
开　　本：185mm×260mm　　　印　　张：41.5　　　字　　数：1038 千字
版　　次：2015 年 5 月第 1 版　　　　　　　　印　　次：2021 年 12 月第 8 次印刷
定　　价：79.80 元

产品编号：063008-01

第 1 版读者点评

这是我买的第一本 Java 图书，很不错！这本书是给没有基础、想自学 Java 的人入门用的。作者很用心，用最平实的话来讲解知识点，不像有些书看起来高高在上，专业术语一大堆，看着就头晕。但如果你有了基础就没有必要看这本书了，因为书的内容很浅显，不够深入。但它还是一本好书，一本入门级的好书。如果你看不懂《Java 编程思想》，如果你看《Java 核心技术》或《疯狂 Java 讲义》很吃力的话，不如试试这本书，最起码让你知道该怎么做。

——亚马逊读者：parrot

每个晦涩难懂的概念都用生活中的例子生动地说明。语言也通俗易懂。小节有知识点总结，知识之间有回顾和预习。感觉作者写这本书很用心，设身处地为新手考虑，非常适合零基础上手。好评！

——亚马逊读者：jiang2

实在太基础了……我是初中生都能读懂……实在太基础了……我是初中生都能读懂……实在太基础了……我是初中生都能读懂……

——亚马逊读者：大大

很浅显，一步一步教你，很好，适合没有任何基础的人看。

——亚马逊读者：文小念

这本书几乎能让没有任何基础的人从头一步一步学 Java，由浅入深，没有大套的理论知识，是初学 Java 的人必备的好书。

——亚马逊读者：李奥

讲解非常细致，连同开发环境的下载、安装和设置一步到位。每一个知识点都会举一个生动的例子来比喻，帮助读者理解。可以这么说，这本书甚至可以将对电脑操作都不熟练的小白带入门。缺点是有错别字，有些可以简单介绍的例子讲得太深。不过瑕不掩瑜，如果你是编程初学者，想入门 Java，那么这本书绝对是不二选择，至少比大部分所谓的入门书籍更能带动初学者，不会让人产生入门的恐惧症。

——亚马逊读者：cherless2

不错！我学过 Java，但是学校的教科书讲解的概念不是很清楚，算偏难，看起来很难理解。但看了这本书，觉得以前很多不明白的地方豁然开朗！我觉得基础不好的人可以考虑买这本书。谢谢老鸟！

——亚马逊读者：懵懂之远

对一个大学仅学过二级的人来说，本书很易懂，讲解很细致，对于新手很有帮助，建议看完此书后再看比较深奥的 Java 书籍。

——亚马逊读者：PP

讲解非常清楚，真的就是作者介绍的那样：非常适合没有一点编程基础的朋友学习。

我是自学，刚看了一天，自认为完全可以理解，真的是入门级别的超级教程！

——亚马逊读者：白白摆

非常好的一本 Java 入门书。想学 Java 的人都应该看，物超所值。如果学过一些其他编程语言，有一些编程基础的话，更容易学。没有任何基础的读者慢慢多看几次也可以看明白。极力推荐！

——当当无昵称读者

对于想学 Java 的朋友们，这本书真的是法宝！书中的内容通俗易懂，相信看完后一定会受益匪浅！

——当当无昵称读者

菜鸟学 Java，浅显易懂，照着书中的内容做很容易理解，激发了兴趣，不错！不错！

——当当读者：小牛向前冲

超喜欢这本书，讲得很好，很详细，主要是基础讲得很好，很透彻，很喜欢！

——当当读者：旺财啊

本书写得十分细致，可以先大致看一遍之后再细看。

——当当读者：橘子 sir

确实实用！翻开便受益，完全的门外汉用书。

——当当读者：吐拉拉

关于 Java 的参考书籍很多，感觉这本书是作者在学习过程中自己的心得和感悟，通俗易懂，一些难点讲解得也很好理解！

——京东读者：jd_ilvs

这是一本针对初学者的好书，甚至是适合没有一点编程经验的人。解释非常详细，代码步骤全有解释。有少量错误，但不影响理解，细心的读者能找出来。

——京东读者：CentOS5

好书！第一，可以叫 Primer Java；第二，举例得当，层次清晰；第三，即使是老鸟也可以作为 Bible 待查。

——京东读者：Ha_Ku_Na_MaTaTa

以前在图书馆看过这本书，觉得不错。这次就直接买来看，讲解通俗易懂，方便平时查阅和练习，装帧和排版都很简洁明了。

——京东读者：fas123

不错的 Java 入门书籍，看完作者的简介，仿佛看到了以后的自己，相信我一定可以超过作者的技术水平。大家一起加油！

——京东读者：每次都失败

……

编 辑 的 话

《Java 入门 1·2·3——一个老鸟的 Java 学习心得》第 1 版出版后得到了大量读者的好评。借着本次对该书的升级改版的机会，我特意从网上找到了一些读者对第 1 版图书的点评，以便于后续选择本书的读者作为参考。具体见本文之前的"第 1 版读者点评"。

时过境迁，Java 也从早期的版本升级到了最新的 Java 8。本书的第 1 版也逐渐不太适应技术的发展，所以作者对本书进行了升级改版。关于新版图书最大的变化在于以下三个方面：

（1）**基于最新的 Java 8 标准进行讲解**。随着技术的发展，Java 的标准也在不断变化。从官网下载的开发包已经转向 Java 8。Java 8 和以前标准有一些出入。如果按照老的标准学习，部分代码将无法运行，从而影响读者的学习，尤其是初学者。本书基于最新版本的 Java 8 讲解，可以最大限度地减少这些因素对入门读者的影响。

（2）**首次引入手机学习 Java 编程的方式**。如今智能手机已经非常普及，其性能已经达到了普通电脑的性能。由于手机的便携性，人们往往随身带着手机。本书引入手机编程软件，让读者在看书的同时可以直接上手练习，而不用专门到电脑上学习。这样可以做到第一时间动手、理解和巩固。

（3）**首次提供二维码扫描功能**。本书以二维码的形式提供了书中的源代码。读者只需要扫描对应实例的二维码，就可以直接下载源代码和习题答案到手机上。这样，读者就可以在第一时间通过手机验证代码的运行效果，而且还可以查看习题答案，从而便于读者在没有电脑的时候也可以上手练习，这一点可以很好地提升读者的阅读体验。尤其对于九零后或者零零后的读者，更是具有很大的吸引力，因为他们更加善于发挥智能手机的强大功能。

另外，我还得老调重弹曾经在第 1 版本图书中强调过的一些观点。

（1）本书虽然有相当的厚度，但它依然是一本 Java 入门图书，适合没有任何编程经验的 Java 入门人员和初学者阅读。如果你已经是一位有多年 Java 编程经验的"老手"，那么本书不适合你。本书之所以有如此规模的厚度，是因为本书作者考虑到 Java 入门读者学习过程中将会遇到的种种困难，所以对内容有周密的考虑，写作非常细致，力求将读者可能遇到的所有问题一一解决。

（2）如果你是那种学习 Java 已经有相当的时间，但依然不得要领的读者，我倒是建议你不妨好好阅读一下本书，本书可能会让你豁然开朗。

（3）本书的内容、特色及对读者的一些阅读建议都在前言中有详细的介绍。另外，本书第 1 版写的后记中专门介绍了作者学习 Java 的一些亲身经历和感受，也附于新版图书之后。建议读者能够花点时间详细阅读一下，相信会对你使用本书有很多启发。

（4）本书主要是为了让读者更好地理解 Java 语言本身，而并不是 Java 的应用开发。所以本书详细讲解了 Java 语言中的各种语法、概念及 Java 面向对象编程的各种特性等，而对 Java 的应用开发则较少涉及。本书只提供了一个小的案例帮助读者体验 Java 的实际应用，所以本书也不适合那些想学习 Java 应用开发和项目实战的读者。

（5）本书语言朴实，讲解风格平易近人，书中很多内容都是作者多年学习和使用 Java 语言的心得体会和经验，这些内容对你的 Java 学习会有很大帮助，希望能够仔细研读。

（6）本书使用了大量的流程图来分析各种抽象概念，或者表示程序的内部状态和执行过程。这在已经出版的 Java 图书中是非常少见的，对读者很好地理解各种概念和程序的结构及运行过程有很大的帮助，需要读者阅读时格外重视。

（7）本书每章最后都精心设计了一些练习题。这些练习题相比该章内容有一定的延伸或者拔高，但读者通过努力应该可以完成。希望读者首先尝试独立完成。如果实在觉得有困难，可以找人一起讨论解决，也可以参考作者提供的参考答案。

（8）本书免费赠送大量的教学视频。这些视频是以小专题性质展开讲解的，与书中的重点和难点内容相对应，可以作为补充学习资料。但建议不要孤立地观看视频，而是先阅读图书，再结合视频讲解学习，效果更好。

（9）本书虽然主要是为那些 Java 自学人员而写，但本书依然不失为一本很好的教学参考书，不但适合大中专院校的老师作为 Java 课程的教学参考书，而且更加适合学生作为该课程的课外读物。为此，作者也为本书制作了教学 PPT，以方便教学时使用。

如果你已经详细阅读了上面的介绍，我相信你已经对这本书有了一个基本的认识，也已经意识到了这是一本不可多得的 Java 入门好书。既然这样，那还在等什么呢？让我们一起迈入 Java 编程的大门吧！

本书策划编辑

前　言

“千里之行，始于足下。”

——中国思想家老子

随着IT的飞速发展，越来越需要优秀的编程语言和编程思想为其提供坚实的基础。Java语言是一门纯面向对象的编程语言，有着得天独厚的发展优势，如今已是世界上使用最多的编程语言之一。Java作为软件产业中的主力语言，广泛应用于各个领域，如办公自动化、网站Web等。尤其是当Google发布移动操作系统Android后，Java又成为了Android开发的核心语言。所以不仅Java的应用领域在扩展，而且Java语言本身也在逐步改进。2014年，Java发布了它的最新版本Java 8，与之配套的JDK也发布了最新版本。在最新版本中，Java支持最流行的编程方式，并加了各种新功能。

关于本书

本书第1版出版后受到了广大读者的好评。有些读者甚至将本书列为了Java入门必读书籍之一，将本书称为Java入门图书中的“战斗机”，这让笔者受宠若惊。当然，也有读者提出了书中存在的一些问题。另外，Java 8的发布也使得上一版图书逐渐无法满足读者的需求。基于这些原因，笔者在第1版图书的基础上重新编写了本书。希望这本书能够在原来的基础上打磨得更加精细，能继续成为Java编程爱好者的良师益友，尤其是希望那些没有任何编程经验的“小白”也可以顺利踏入Java编程的行列。与第1版图书相比，本版图书有以下几个重大变化：

（1）基于最新的Java 8标准进行讲解，以适应技术的发展趋势。

（2）引入了智能手机学习编程的方式，可以让读者随时随地学习Java编程。

（3）以二维码的形式提供了书中的源代码，可以让读者感受一种新的阅读体验。

（4）全面修订了第1版图书中存在的一些错误和疏漏，可以让读者的学习畅通无阻。

本书特色

1. 真正的零基础学Java

本书编排科学，内容循序渐进，完全站在没有任何编程语言经验的读者角度，手把手教会读者学习Java语言，真正做到了零基础学Java。书中将Java编程入门可能会遇到的难点和疑惑一一列出并击破，让读者很顺畅地学习。可以说，本书既是一本Java入门书籍，也是一本编程语言入门书籍，没有任何编程基础的读者也可以顺利阅读。

2．手机学编程

由于手机的便携性和高性能，手机已经逐步成为读者获取知识的新途径。本书首创在书中引入智能手机学习 Java 的模式。读者可以借助手机学习 Java 语言，直接调试书中的 Java 源文件，而且还可以用手机扫描二维码以直接获取实例源代码。

3．写作非常细致，读者很容易上手

为了让读者更加轻松地学习和理解 Java 语言，本书对每个知识点都进行了非常细致的讲解。通过各种讲解方式，帮助读者学习和理解知识点，做到每讲解一个知识点即可掌握一个知识点的效果。可以说，本书是一本极其容易上手的书。

4．例程丰富，大量使用流程图和结构图进行讲解

学习语法最直观、最有效的方式就是阅读相关的例程。本书中对于 Java 语言的每个语法都提供了一个或多个例程。通过阅读和执行这些例程，读者可以快速掌握每一个语法。

程序的执行和状态是一种看不到的东西，这对于初学 Java 的读者是一个障碍。本书大量使用了流程图来表示程序的执行过程，使用结构图表示程序内部的状态，让读者可以很直观地看到程序的执行流程和程序的内部状态。

5．及时总结，及时练习

本书中每节的最后都会根据该节中讲述的内容，将其难点、要点、知识点和学习目标等做一个总结。同时，每章的最后都会对这一章的内容进行总结。这样读者每学习完一节或一章，就可以通过这个总结回顾该节或该章的重点内容，并检查是否已经掌握了此部分所讲述的内容。

同时，为了让读者即学即用，加深印象，也为了方便部分高校老师的教学，本书每章最后都给出了典型的练习题。这些练习题紧扣本章所讲述的知识点，让读者及时练习、巩固和提高。练习题的答案读者可以自行下载，但建议读者尽量先自己独立完成练习题，实在有困难的时候再参考习题答案。

6．采用大量对比、比喻、类比和图示的方式讲解，注重对知识的理解

编程语言是抽象的，所以理解起来会有一定的障碍。本书中通过大量的比喻、类比、对比和图示等多种方式，帮助读者在理解的基础上进行学习。通过对比，读者可以很容易地理解不同技术的优缺点。例如，本书在讲述类、继承和多态的时候，便使用对比的方法让读者清楚地看到它们各自的优势。

本书中也大量地使用了类比。类比是化抽象为具体的好办法，它可以让读者根据已知的事物去理解未知的事物。例如，在多线程一章中，为了让线程的概念更加具体，笔者分别使用了 CD 机模型、演奏会模型、复印社模型等与线程进行类比，让线程的概念形象化、具体化。图示是最直观的表述方式，本书提供了大量的图示，用以描述各种概念和程序的执行状态，让读者理解起来非常直观。

7．适合大中专院校教学使用，给老师提供教学PPT

本书虽然主要是为那些自学 Java 的入门人员编写，但其内容和写作特点决定了本书依

然不失为一本很好的大中专院校的教学参考用书。由于本书写作比较细致，所以篇幅比常规的教材要多一些。建议授课老师选择每章的重点和难点内容进行授课，其他内容布置给学生课外阅读，相信会起到很好的教学效果。另外，为了方便教学，笔者为本书专门制作了教学 PPT，需要的老师可以自行下载。

本书内容及体系结构

第 1 篇　Java 语言基本语法（第 1～5 章）

本篇主要介绍了 Java 语言的基础知识。首先对 Java 语言做了简要的介绍，并讲述了 Java 开发环境的安装过程。然后讲述了 Java 中的基本数据类型和运算符及 Java 程序流程控制语句，它们构成了最基本的 Java 程序语句。最后讲解了 Java 数组的相关语法。

第 2 篇　Java 语言高级语法（第 6～15 章）

本篇是本书最重要的一篇，讲解了 Java 语言的核心语法。主要包括以下重点内容：

- ❑ Java 中的类、对象和方法。这 3 个概念是 Java 语言中最基本，也是最重要的概念。
- ❑ Java 中的包、命名习惯以及注释。
- ❑ 继承和多态。它们是 Java 语言中的重中之重，也是 Java 语言的精髓所在。
- ❑ Java 修饰符的相关语法内容。
- ❑ Java 中的接口、抽象类和内部类的语法知识。接口、抽象类和内部类都是类的延伸，它们都可以看作是特殊的类。
- ❑ Java 异常机制。Java 语言有一套完备的异常处理机制，用于处理 Java 程序运行时发生的异常情况。
- ❑ Java 线程的相关知识和多线程编程。

第 3 篇　Java 语言编程进阶（第 16～22 章）

本篇没有讲述更多的语法知识，而是主要向读者讲述如何进行编程。首先介绍了学习本书第 3 篇的方法，包括基本模块的基本思想、程序分析思路和阅读 Javadoc 的方法，然后介绍了 Java 编程的常用知识，包括对象的比较、Java 集合类框架、泛型简介、Map 接口字符集和编码。

本篇用 5 章内容重点介绍了 Java 文件 I/O 编程、Socket 编程、Swing 编程和 Java 数据库编程的基础知识。通过这 5 章的学习，读者的 Java 水平已经踏上了一个新的台阶。在第 21 章和第 22 章中将这些知识结合起来，分别实现了一个 Java 聊天程序和一个数据表编辑窗口。同时，还以这两个程序的开发过程为例，展示了开发一个简单程序的流程。

本书读者对象

- ❑ 想学习一门编程语言的人员；
- ❑ 没有任何基础的 Java 入门人员；
- ❑ Java 自学人员和爱好者；
- ❑ 从其他语言转向 Java 语言的人员；

- ❏ 大中专院校的学生和老师；
- ❏ 社会培训班的相关学员。

Java 编程学习建议

在正式学习本书内容之前，笔者首先提出以下 Java 编程的学习建议，希望读者能将这些学习建议应用于本书的学习当中，一定会取得不错的学习效果。

- ❏ 多思考，理解 Java 语法。Java 语言是一门精美的语言，每一个语法都是经过深思熟虑的，都有其独到的用处。在使用一个语法的时候，问问自己"如果没有这个语法，我应该怎么做呢？"。通过这种反问和尝试，就可以更深入地理解语法，也可以更容易地将它牢记。
- ❏ 多编写程序。学习一门编程语言最有效的方式就是多编写程序。学习没有捷径，一份付出才可能有一份收获。
- ❏ 不要过早地纠缠于抽象的概念。封装、继承、多态和纯面向对象等这些都是 Java 语言的特点，在学习 Java 语法的过程中，读者自然会理解这些抽象的概念。过早地纠缠于这些概念只会加深读者与 Java 之间的"误会"。
- ❏ 如果之前学习过其他编程语言，那么请不要因为它和 Java 语言的语法有一点类似，就掉以轻心。Java 语言是一种纯面向对象的语言，通过本书的学习，读者可以发现 Java 语言与其他编程语言有着本质的区别。

本书阅读建议

为了更好地学习本书内容，取得更好的学习效果，笔者特意提出以下阅读建议，希望读者能够真正地贯彻到学习当中。

1. 按章节顺序从前至后顺次阅读

本书按照由浅入深，由易到难，循序渐进的编排模式组织内容，知识点之间都有前后的依赖关系，环环相扣。所以入门读者应该按照章节顺序从前至后顺次阅读，而不要随便跳过某个章节。

2. 注重对概念的理解和对语法的学习

在前面的 Java 编程学习建议中提到了不要过早地纠缠于抽象的概念，但并不是让读者忽视对概念的理解。Java 语言中的各个概念和语法是 Java 语言的基石。只有很好地理解了各个概念，熟练掌握了 Java 的各种语法，才能为真正理解 Java 编程的思想打下坚实的基础。所以建议读者认真领会本书中的各个概念，并熟练掌握书中的各语法知识。

3. 亲自输入或者抄写每一个例程

对于初学者来说，如果仅仅看一遍书中的例程，那么学习效果几乎等于零。笔者建议读者将每一个例程都输入到计算机里，编译运行一次。如果没有计算机，将例程在纸上抄写一遍，效果也不错。

虽然书中的所有实例源代码都可以通过扫描二维码获取，也可以通过网站下载，但是将程序输入或者抄写一遍并不是浪费时间。这是一个将书本上的知识转化为自己的知识的过程。打个比方，看书中的程序就好比是在参观模型展览，看过一遍，没多久就全不记得了。将程序抄写一遍则是着手打造自己的模型，无论成功失败，都会有很多收获。

初学一门编程语言时，如果仅仅是看程序，那么可能很久都不会编写程序。坚持输入或者抄写每个例程，很快你就会发现 Java 语言不再是以前那么陌生，自己编写一个程序也是信手拈来的事情。

4. 认真阅读小结的内容

本书在每讲解完一节后都有一个对本节内容的总结，同时在每章的最后也会有一个小结以总结该章的内容。通过这些小结，读者可以及时了解自己是否掌握了所有的知识点。

5. 不妨经常回过头来看看

在保证了按顺序阅读的基础上，读者不妨经常回过头来重新阅读一些已经学习过的内容，而且也可以多反复几次。你也许会惊奇地发现，很多原本理解不太透彻的内容居然忽然就明白是怎么回事了。Java 语言的学习就是如此，有些内容需要反复咀嚼。

本书约定

为了便于读者通过手机学习本书内容，书中的源代码都可以通过对应的二维码来获取，如下图所示。每个二维码都按照类名来命名，以方便读者对号入座。

ElectronicBus 类代码如下：

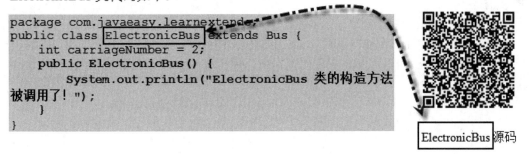

ElectronicBus 源码

在手机处于联网（WiFi/2G/3G/4G）的状态下，读者只要使用手机扫描二维码，就可以打开对应的源文件。本书源文件都是 UTF-8 的编码模式。如果查看的时候出现乱码，请修改查看的软件的编码模式。

本书配套资源获取方式

本书提供以下的配套资源：
❑　Java 开发环境；
❑　本书实例源代码；
❑　本书教学视频；

❑ 本书习题答案；
❑ 本书教学 PPT。

这些配套资源读者可以在本书的服务网站（www.wanjuanchina.net）的相关版块上下载。实例源程序也可以直接通过手机扫描二维码获取。另外，清华大学出版社的网站上也提供了本书的源程序、习题答案和教学 PPT，以方便读者下载。

本书售后服务方式

本书力图打造立体化的学习方式，除了对内容精雕细琢之外，还提供了完善的售后服务方式。主要有以下几种方式：

❑ 提供技术论坛 http://www.wanjuanchina.net，读者可以将学习过程中遇到的问题发布到论坛上以获得帮助。

❑ 提供 QQ 交流群 336212690，读者加入到该群中后便可以和作者及广大读者交流学习心得，解决学习中遇到的各种问题。

❑ 提供 book@wanjuanchina.net 和 bookservice2008@163.com 服务邮箱，读者可以将自己的疑问发电子邮件以获取帮助。

本书作者

本书主要由臧萌和鲍凯编写。其他参与编写的人员有陈虹翔、陈慧、陈金枝、陈勤、季永辉、雷双社、李加爱、李兴南、林天云、刘升华、柳刚、罗永峰、吕琨、马娟娟、潘玉亮、齐凤莲、秦光、秦广军、邵国红、宋敬彬、孙海滨、索依娜、王敏、王欣惠、王秀明、王秀萍。

正如本文开始中国思想家老子所说的"千里之行，始于足下"，学习 Java 编程亦如此。从一开始就要打好基础，才能在以后的 Java 编程之路上行得更远。希望通过对本书知识的学习，你能少走弯路，打好 Java 编程的基本功，顺利跨入 Java 编程殿堂的大门。笔者将欣慰之极！

本书作者

目　　录

第 1 篇　Java 语言基本语法

第 2 篇　Java 语言高级语法

第 3 篇　Java 语言编程进阶

第 1 篇　Java 语言基本语法

下面开始的本书第 1 篇中，将包含两部分的内容，一是让读者对 Java 语言有一个感性的认识；二是讲述 Java 语言中最基础的语法。本篇的内容并不难。如果说真的有难度，可能是对于没有学过编程语言的读者，需要对"编程"这个事物有一个接受的过程。本篇的学习目标如下：

- ❏ 对 Java 语言有一个直观的了解，知道 Java 语言是由哪些部分组成的。
- ❏ 搭建好 Java 语言开发环境，并了解手机学习 Java 语言的方式。
- ❏ 掌握 Java 语言中的操作符和基本数据类型。
- ❏ 掌握 Java 语言中的流程控制语法。
- ❏ 掌握 Java 语言中的数组。
- ❏ 知道什么是编程，什么是代码。对程序从开始编写到最后运行的过程有一个初步的了解。其实本篇中最核心的目的还是带领读者进入编程之门，即使对于书中的知识点没有完全掌握也没有关系，可以在用到的时候回来翻看。

第 1 章 让自己的第一个 Java 程序跑起来

本章我们走进 Java 的世界。首先我们会对 Java 在编程语言中的地位有一个初步了解，然后将介绍如何在电脑上安装并配置 Java 环境，最后将运行一个小程序来作为自己步入 Java 世界的序幕。本章的目的有两个：一个是让我们对 Java 有一个初步的认识；另一个是让自己的电脑可以编写和运行 Java 程序。所以对于本章中的程序，我们先不用着急去理解。Java 之路才刚刚开始，我们不急。

1.1 想要用 Java 改变这个世界吗？

也许在翻开此书之前，大家可能仅仅知道 Java 是一门由 Sun 公司（已被 Oracle 公司收购）开发的编程语言。也许还知道还有很多编程语言，为不能决定学习哪门语言而苦恼。相信大家既然拿起这本书，并翻开了第 1 章，那么就是想学习 Java 的，也许缺少的只是一个好好学习 Java 的理由。本节给出的就是好好学习 Java 的理由，让大家以坚定的信心走进 Java 的世界。

1.1.1 Java 有什么优势？

首先在这里，我们不去介绍 Java 语言区别于其他语言的优势，如什么纯面向对象、跨平台、继承、封装、多态、自动垃圾收集等等。没错，这些都是 Java 语言的特点，但是这些词汇对于初学者来说仅仅是一堆抽象名词而已。实际上，这些语言的特性对于初学者来说是完全没有必要去理解的，甚至可以说完全没有可能理解。

在图 1-1 中，给出了一个学习语言的大致流程。领会 Java 语言的特点，其实是学习语言这个链条中的最后一环。当然也是最难的一环。只有在实际的编程过程中，才能够丝丝入扣地体会到 Java 语言的特点，体会到 Java 语言的设计者是如何让 Java 在付出了最小代价的前提下，具备了简洁、优雅的特点，同时又具有强大的功能。

图 1-1　学习语言的流程

多谢 Java，它让程序的复杂程度可以得到有效的控制。当然，这并不是说 Java 语言简单。只要使用 Java，就可以让程序变得比使用其他语言更简单。想要做到这点，必须看使用者的"功力"。想要体会到上面所说的一切，好好阅读本书的内容将是一个好的开始。

1.1.2　Java 在哪儿？

所谓尺有所短，寸有所长。任何一门编程语言都有适合它自己使用的领域。为什么学习 Java 呢？因为事实告诉我们，Java 是现今世界上使用最多的一门语言。

❑ 在全球最大的开源项目站点 sourceforge 上，使用 Java 语言的开源项目数量早在数年前就超过了历史悠久的 C++语言。Java 编程语言的特性使得它的应用面相当广泛，这反映了 Java 语言强大的生命力。

❑ 很多国际软件厂商巨头都在大规模地使用 Java 语言开发自己的核心产品。这也就意味着如果学好了 Java 语言，可以让自己有更多的用武之地。

❑ 现在最主流的智能手机操作系统 Android 开发推荐使用 Java 语言。

那么，Java 在哪儿呢？请看图 1-2。

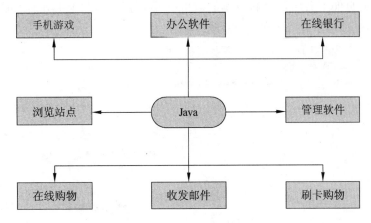

图 1-2　无处不在的 Java

图 1-2 中只是描绘了 Java 的一部分应用。此时，世界上有无数的服务器正在运行着 Java 程序，使得我们可以浏览站点，使用在线银行，使用信用卡在商店的 POS 机上刷卡购物，使用邮箱收发邮件。同时，也有很多优秀的单机程序是使用 Java 开发的，例如 Sun 公司开发的 OpenOffice 以及下一章将要介绍的 Eclipse，还有更多更多，例如手机等移动设备就是 Java 游戏施展拳脚的地方。可以说 Java 的栖息地真的是可大可小，这让 Java 无处不在。

Java 更多的是在我们看不到的地方处理着各种各样的数据，支持着程序世界的运转。Java 程序已经渗透到这个世界的方方面面，可以说，如果现在世界上没有了 Java 程序，我们会发现这个世界仿佛停电了一般处于半瘫痪状态。

Java 的身影遍布地球的各个角落，甚至已经走向了太空，那么，想要用 Java 改变这个世界吗？马上开始我们的 Java 之旅吧！

1.2　准备好开始 Java 之旅

JDK（Java Development Kit）是整个 Java 世界的基础。它就好像是一片肥沃的疆土，有山川和河流，有各种各样的资源。本书中所讲述的内容就是利用它来构建自己的 Java 世界。在本章第 5 节的名词解释中，我们会对 JDK 在技术层面上有一个大概的叙述。

　　本节中我们将会介绍如何安装 JDK 到电脑上，如何进行环境配置，并且将可能出错的地方指出来。最后会通过 Windows 的控制台来测试安装是否成功。本节所做的事情是运行本书程序的基础。

1.2.1　下载 JDK

　　先下载 JDK 的安装程序到本地硬盘上。打开浏览器，在浏览器的地址栏输入 http://www.oracle.com/，这是甲骨文（Oracle）公司的官网。

　　（1）将鼠标移动到页面导航栏中的 Downloads 项，选择 Java for Developers 菜单项，如图 1-3 所示。

　　（2）在新的页面下会出现最新版本的 JDK 下载链接，如图 1-4 所示。但请注意单击这里的链接会出现 JDK 下载列表如图 1-5 所示。

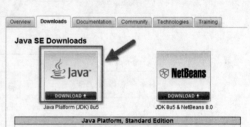

图 1-3　Sun 公司 Java 站点的导航栏　　　　　　图 1-4　JDK 下载链接

Java SE Development Kit 8u5		
You must accept the Oracle Binary Code License Agreement for Java SE to download this software.		
○ Accept License Agreement　　● Decline License Agreement		
Product / File Description	**File Size**	**Download**
Linux x86	133.58 MB	jdk-8u5-linux-i586.rpm
Linux x86	152.5 MB	jdk-8u5-linux-i586.tar.gz
Linux x64	133.87 MB	jdk-8u5-linux-x64.rpm
Linux x64	151.64 MB	jdk-8u5-linux-x64.tar.gz
Mac OS X x64	207.79 MB	jdk-8u5-macosx-x64.dmg
Solaris SPARC 64-bit (SVR4 package)	135.68 MB	jdk-8u5-solaris-sparcv9.tar.Z
Solaris SPARC 64-bit	95.54 MB	jdk-8u5-solaris-sparcv9.tar.gz
Solaris x64 (SVR4 package)	135.9 MB	jdk-8u5-solaris-x64.tar.Z
Solaris x64	93.19 MB	jdk-8u5-solaris-x64.tar.gz
Windows x86	151.71 MB	jdk-8u5-windows-i586.exe
Windows x64	155.18 MB	jdk-8u5-windows-x64.exe

图 1.5　JDK 下载列表

（3）这里可以下载 JDK 8 Update 5。在图 1-5 的 download 列中可以看到 jdk-8u5，即表明是 JDK 8 Update 5 版本的文件名前缀。单击 Downlond 列中的任意一个链接即可开始下载。这里需要根据自己的计算机选择合适的选项。Product/File Description 列的内容说明了对应包的需要的操作系统，读者需要自行选择。而对于一般情况下都是 Windows 操作系统，如果自己的操作系统是 64 位的，那么就选择 Windows x64 对应的包 jdk-8u5-windows-x64.exe。在下载前需要选中 Accept License Agreement 选项，如图 1-6 所示。然后，即可单击 jdk-8u5-windows-x64.exe 链接进行下载，如图 1-6 所示。

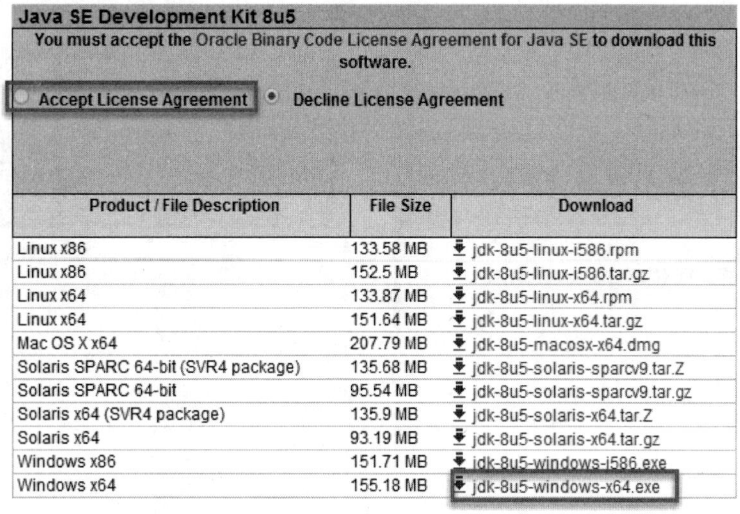

Java SE Development Kit 8u5

You must accept the Oracle Binary Code License Agreement for Java SE to download this software.

○ Accept License Agreement　　● Decline License Agreement

Product / File Description	File Size	Download
Linux x86	133.58 MB	⬇ jdk-8u5-linux-i586.rpm
Linux x86	152.5 MB	⬇ jdk-8u5-linux-i586.tar.gz
Linux x64	133.87 MB	⬇ jdk-8u5-linux-x64.rpm
Linux x64	151.64 MB	⬇ jdk-8u5-linux-x64.tar.gz
Mac OS X x64	207.79 MB	⬇ jdk-8u5-macosx-x64.dmg
Solaris SPARC 64-bit (SVR4 package)	135.68 MB	⬇ jdk-8u5-solaris-sparcv9.tar.Z
Solaris SPARC 64-bit	95.54 MB	⬇ jdk-8u5-solaris-sparcv9.tar.gz
Solaris x64 (SVR4 package)	135.9 MB	⬇ jdk-8u5-solaris-x64.tar.Z
Solaris x64	93.19 MB	⬇ jdk-8u5-solaris-x64.tar.gz
Windows x86	151.71 MB	⬇ jdk-8u5-windows-i586.exe
Windows x64	155.18 MB	⬇ jdk-8u5-windows-x64.exe

图 1.6　下载 JDK 安装包

（5）单击后，会出现文件下载对话框，下载的文件名为 jdk-8u5-windows-x64.exe。

（6）在下载对话框中，单击"保存"按钮，在弹出的"另存为"对话框中，选择一个目录保存安装文件，本例中保存在桌面上。下载结束后，就可以进入下一节中进行安装。

1.2.2　安装 JDK

下载结束后，即可开始安装 JDK。

（1）双击下载的安装文件（本例中是 jdk-8u5-windows-x64.exe）启动安装程序，安装程序会开始准备安装，如图 1-7 所示。

（2）单击"下一步"按钮，进入定制安装步骤，如图 1-8 所示。这里可以单击"更改"按钮更改安装路径。不过如果读者不明白是什么意思，可直接单击"下一步"按钮，采用默认安装。

（3）在定制安装界面下单击了"下一步"按钮，弹出显示安装进度的对话框，如图 1-9 所示。

（4）等待一段时间过后，即会弹出一个新的对话框——"Java 安装-目标文件夹"对话框，如图 1-10 所示。这里可以通过单击"更改"按钮选择 JRE 的安装位置。同之前一样，在不明白是什么的情况下，读者可以采用默认安装路径。

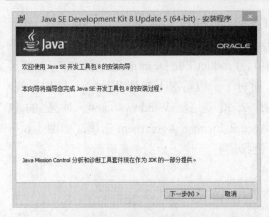

图 1-7 JDK 安装向导

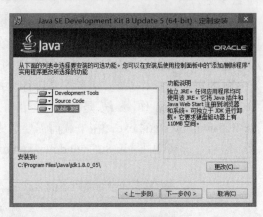

图 1-8 定制安装

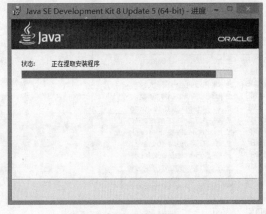

图 1-9 JDK 安装进度

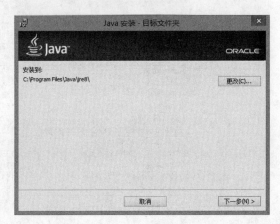

图 1-10 JRE 路径选择

（5）选择好 JRE 的安装路径后，单击"下一步"按钮。这时即可看到 JRE 的安装进度，如图 1-11 所示。

（6）等待几分钟以后，即可安装完成。之后会出现安装完成的窗口，如图 1-12 所示。

图 1-11 JRE 安装进度

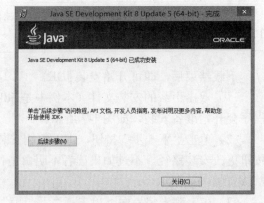

图 1-12 JDK 安装完成

1.2.3 配置环境变量

安装 JDK 之后，还需要配置一下 Windows 的环境变量才能够让这个 JDK 好好工作。

环境变量就是操作系统中应用程序获取一些运行参数的地方。这里没必要对这个概念深入了解，它不属于 Java 的范畴。这里给出的是在 Windows 8.1 上配置环境变量的过程。在其他版本上的过程也类似。

（1）首先右击屏幕左下角的开始按钮（开始按钮如图 1.13 所示），在弹出的快捷菜单中选择"系统"命令，弹出"系统"窗口，如图 1.14 所示。再单击"高级系统设置"链接，就会进入"系统属性"对话框的"高级"选项卡中，找到"环境变量"按钮，如图 1-15 所示。

注意：如果实在找不到"系统"窗口，可以先找到运行命令（在开始菜单中，或使用组合键"Windows 键+R"），然后输入 control system，即可打开"系统"窗口。

图 1-13 开始按钮   图 1-14 "系统"窗口

（2）单击"环境变量"按钮，打开"环境变量"对话框。在该对话框中，找到"系统变量"的"新建"按钮，如图 1-16 所示。

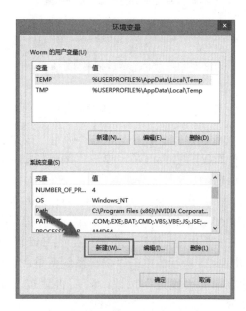

图 1-15 "高级"选项卡   图 1-16 "环境变量"对话框

（3）单击"新建"按钮，弹出"新建系统变量"对话框。分别在对应的文本框内填入变量名"JAVA_HOME"和变量值，变量值是 JDK 的路径。本书中按照默认安装目录"C:\Program Files\Java\jdk1.8.0_05"来设置，如图 1-17 所示。

图 1-17　新建 JAVA_HOME 变量

（4）填写完对应项目后，单击"确定"按钮，即可创建新的环境变量 JAVA_HOME，如图 1-18 所示。然后在"环境变量"对话框中的"系统变量"下单击"新建"按钮，新建 CLASSPATH 变量，其变量值为"·;%JAVA_HOME%\lib"（引号中的所有内容，包括英文句点和英文分号），如图 1-19 所示。

图 1-18　JAVA_HOME 变量　　　　　　　　　图 1-19　新建 CLASSPATH 变量

（5）填写完毕后，单击"确定"按钮，回到"环境变量"对话框。然后选择"系统变量"面板中的 Path 项，单击"编辑"按钮，如图 1-20 所示。之后会弹出"编辑系统变量"对话框。

（6）在"编辑系统变量"对话框中的"变量值"对应的文本框中内容末尾处添加"·;%JAVA_HOME%\bin"（引号中的所有内容，包括英文分号）。若找不见末尾，可以选中文本框内容，然后按下键盘上的 End 键即可将光标指向文本框末尾，随后即可添加内容，如图 1-21 所示。单击"编辑系统变量"对话框中的"确定"按钮，再单击"环境变量"对话框中的"确定"按钮，随后再单击"系统属性"对话框中的"确定"按钮即可完成设置。

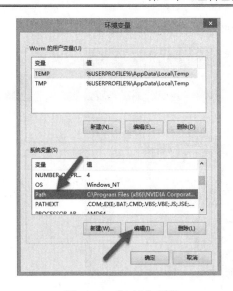

图 1-20　【Path】项目　　　　　　图 1-21　在 Path 中添加内容

注意：在操作环境变量值的时候，一定要小心，可以先把值写到 Windows 自带的记事
本中，确认值无误后再复制到【变量值】文本框中。

1.2.4　测试环境是否安装成功

通过上面两节的努力，我们应该已经获得了 Java
世界的准入证。不过还是需要先测试一下。

（1）按下键盘上的"Windows 键+R"会弹出"运
行"对话框。在文本框中输入"cmd"命令，如图 1-22
所示。

（2）单击"确定"按钮，可以打开一个命令行窗
口。在命令行窗口中输入"java"，然后回车。如果
环境配置正确，应该能够看到如图 1-23 的输出。

图 1-22　运行 cmd 命令

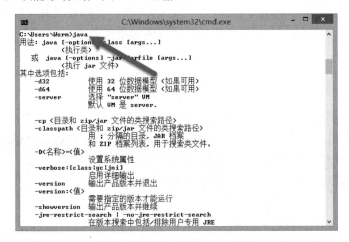

图 1-23　java 命令在控制台的输出

（3）然后继续输入"javac"，回车，应该能够看到如图 1-24 的输出。

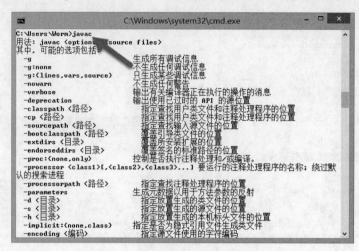

图 1-24　javac 命令在控制台的输出

（4）输入 java –version（java 后面必须有一个空格），回车，然后再输入 javac –version（javac 后面也必须有一个空格），回车，应该可以看到类似图 1-25 的输出。

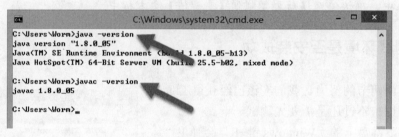

图 1-25　JDK 版本信息

其中 1.8.0_05 就是版本号。

1.2.5　如果失败了怎么办？

如果 1.2.4 节中的测试环境没有通过，也不必着急。首先按照书中步骤重新检查一遍，确保自己做得都是正确的。下面给出几种可能出现的错误。

1. 情况一

如果无法通过"开始"|"运行"命令，执行 cmd 命令打开一个控制台窗口，那么有可能是在编辑 Path 环境变量的时候将原来的环境变量值清除了。如果这样，那么重新打开对 path 环境变量的编辑框，将后面的值 C:\WINDOWS\system32;C:\WINDOWS;C:\WINDOWS\System32\Wbem;输入到里面，然后单击"确认"按钮（这里假设 C 盘是系统安装盘，如果不是请将 C 修改为相应的系统盘符）。

2. 情况二

如果在命令行窗口中运行 javac 命令时，命令行窗口提示"'javac' 不是内部或外部命令，也不是可运行的程序或批处理文件。"，但是可以在命令行窗口运行 java 命令，那么可能是 JDK 安装失败了。请去 JDK 安装目录（本例中是 C:\Program Files\Java\jdk1.8.0_05\）下的 bin 目录中查看是否有 java.exe 和 javac.exe 两个文件。如果没有，则说明 JDK 安装失败。

这时候请打开 Windows 8.1 的"控制面板" | "程序和功能"命令，在打开的"程序和功能"对话框中将 JDK 卸载，然后重新安装 JDK。JDK 安装程序在"程序和功能"对话框中添加了两个条目，它们的名字根据版本可能有所不同，本例中就是"Java SE Development Kit 8 Update 5（64-bit）"和" Java 8 Update 5（64-bit）"。

卸载它们之后，然后尝试重新运行 JDK 安装程序和配置环境变量。

🔔注意：配置环境是一个需要细心的工作。环境千差万别，偶尔失败是正常的。其实安装 JDK 应该是一个简单的过程，我们需要注意的是在环境变量中不要使用中文标点符号。如果安装不成功，尝试先将 JDK 卸载，然后将 JDK 安装到一个没有空格的路径下。本例中假设 C 盘是系统盘。

1.3　让自己的第一个程序运行起来

按照"国际惯例"，学习一门语言的第一个程序就是在控制台输出一行字："Hello World!"。在这里沿袭这个惯例。本节中将编写第一个 Java 程序，并且借助 JDK 提供的工具，使这个程序运行起来，在控制台输出"Hello World!"。本节中还将会涉及一些排除错误的方法，以后可能会经常用到这些方法找出错误所在。

1.3.1　编写自己的 Hello World 源程序

什么是编程呢？编程其实就是使用一种编程语言（这里就是 Java 语言），利用自己的聪明才智，编写出源代码，让计算机按照源代码中的步骤帮我们做事情。什么是源程序呢？源程序就是我们跟 Java 的世界交互的语言。只要提供正确的源程序，Java 平台就可以"理解"并乖乖地按照源程序中写的那样做。

我们现在想做的事情就是让计算机在控制台输出一行字"Hello World!"。首先给出能够完成这件事情的 Java 源程序。

```
public class HelloWorld {
    public static void main(String[] args){
        System.out.println("Hello World");
    }
}
```

暂且称这个程序为 HelloWorld 程序（意思就是这个是入门程序）。下面将源程序写下来。首先打开 Windows 8.1 自带的记事本程序。按下键盘上的"Windows 键+R"，在弹出的运行对话框中写入"notepad"命令，单击"确定"按钮，打开记事本。然后将上面 5 行程序敲进去。保存到本地磁盘。这里假设保存到 C 盘的 source 目录下（读者可以自行新建自己的目录）。这里需要注意的是，这个文件必须命名为 HelloWorld.java，如图 1-26 所示。

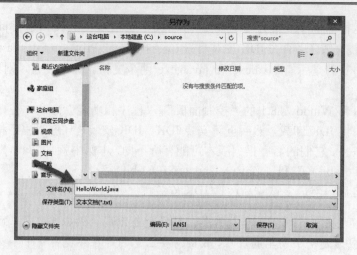

图 1-26　将源文件另存为 HelloWorld.java

那么这个文件的路径就是 C:\source\HelloWorld.java。有必要检查一下这个文件的后缀名是否真的如所想的那样。文件的后缀名就是文件名中最后一个点号（.）之后的内容，对于 HelloWorld.java 文件，它的后缀名就是 java，这是 Java 源程序的后缀名。

Windows 8.1 默认是不会显示文件后缀名的。为了检查文件后缀名的正确性，我们让 Windows 8.1 显示文件后缀名。随便打开一个文件资源管理器，选择菜单栏中的"查看"标签，勾选"文件扩展名"项目，如图 1-27 所示。

图 1-27　"文件扩展名"选项

再进入 C 盘 source 目录，查看一下 HelloWorld 文件后缀名是不是 java。这时会看到 HelloWorld 文件的后缀名确实是 java，而且在"类型"栏中，HelloWorld 的类型是 JAVA 文件，如图 1-28 所示。

图 1-28　检查 HelloWorld 源文件后缀

好，当我们确定文件名的正确性后，进行下一节：编译源程序。

注意：在本例程中，文件名一定要是 HelloWorld.java。让 Windows 8.1 显示文件后缀是一个好习惯，这样可以方便地知道一个文件的后缀，并在必要时对文件后缀名进行修改。

1.3.2　编译自己的 HelloWorld 程序

　　什么是编译呢？简言之，编译就是让一个 Java 源程序转换成 Java 平台可以执行的程序代码。就好像翻译一样。源程序是人们可以读懂的东西，而 Java 平台却不能执行源程序。通过编译源代码这个步骤，就可以生成在 Java 平台上执行的程序。关于编译会在 1.4 节中做解释。这里先来实地操作一下，看看如何来编译一个 Java 源程序。

　　首先打开一个命令行窗口，通过 DOS 命令进入 C 盘的 source 目录下（在命令行窗口中输入"cd C:\source"命令，然后按下回车键即可），这里就是在上一节中保存 HelloWorld.java 的地方。然后输入编译命令：javac HelloWorld.java，按下 Enter 键。这时候程序开始编译，编译结束后命令行会回到根目录。整个过程命令行内容如下：

```
C:\source>javac HelloWorld.java

C:\source>
```

　　怎么知道是否编译成功了呢？其实没有错误输出，就说明编译成功了。如果编译出错了，首先要确定是环境配置问题还是源程序错误。可以回到 1.2.4 节中重新测试一下 Java 平台安装是否成功。如果不成功，按照 1.2 节的内容重新配置一下。如果环境是对的，那就说明是源程序有问题了。对于只有 5 行的小程序来说，有如下 3 个最常见的问题。

1．在程序中使用了中文标点符号

　　在这种情况下，控制台应该输出类似"非法字符"的错误提示，内容可能如下：

```
C:\source>javac HelloWorld.java
HelloWorld.java:3: 非法字符: \8220
System.out.println("HelloW World");
                   ^
HelloWorld.java:3: 需要 ';'
System.out.println("Hello World");
                   ^
HelloWorld.java:3: 不是语句
System.out.println("Hello World");
                        ^
HelloWorld.java:3: 需要 ';'
System.out.println("Hello World");
                         ^
HelloWorld.java:3: 非法字符: \8221
System.out.println("Hello World");
                             ^

5 错误

C:\source>
```

　　引发上面错误的原因是在源程序中使用中文的引号（""）而不是英文的引号（""）。Java 程序中不允许使用中文的标点符号或全角字符作为程序体的内容。在源程序中使用的标点符号（如{} ();""）都是英文下的标点符号；同样，程序中使用的字符也都是英文字符，而不是全角字符。可以将输入法切换到英文的输入法，再次尝试重新输入程序。

注意：讲到这里也许迷惑，Java 不能处理中文吗？放心，Java 程序是可以处理中文数据的，但是 Java 语言的定义中不能够使用中文字符。这里要理解的是程序和程序处理的数据是不同的概念。这一点到后面就会理解。

2．括号不匹配

在这种情况下，控制台应该输出类似如下的内容。

```
C:\source>javac HelloWorld.java
HelloWorld.java:3: 需要 ')'
System.out.println "Hellow World";
```

1 错误

上面的错误是由于使用大括号去和小括号匹配造成的。

```
C:\source>javac HelloWorld.java
HelloWorld.java:4: 进行语法解析时已到达文件结尾
}
```

1 错误

上面的错误是因为漏掉一个大括号造成的。

在 Java 程序中，括号都是匹配的。如果有一处出现了左小括号，肯定会有一个右小括号与之对应。这和数学中使用括号是一样的。检查一下自己输入的源程序是否有漏掉的括号，或者是将大小括号弄混了。

注意：在什么情况下使用大括号什么情况下使用小括号，是属于 Java 语法的范畴，我们会在本书后面的章节介绍，在这里先不去想为什么，先将程序照着写就好了。

3．程序编写错了

开始我们很有可能将程序中的某个单词写错。写程序是个需要细心的工作。如果前面两步都没有问题，那很有可能是某个单词写错了。瞪大眼睛找出程序写错了的地方也是程序员经常需要做的事情。每个程序员都要有一双"火眼金睛"。

如果还是不行，没关系，谁都有脑子短路的时候，尤其是刚刚学习一门新语言。我们可以打开光盘上的例程跟自己的程序对比一下。本章中这个 HelloWorld.java 的源程序就是随书光盘上的 soucecode\Chapter1\HelloWorld.java。如果实在找不出错误所在，为了进行编译，可以直接将光盘上的源程序复制到自己的 C 盘 source 目录下。其实第一次写程序就能够完全正确的几率是很小的。

注意：要复制光盘上的 HelloWorld.java 到 C 盘的 source 目录下，不要在命令行窗口中进入光盘下对 HelloWorld.java 进行编译。编译过程会对 HelloWorld.java 所在的目录进行写操作，随书光盘是不支持多次擦写的，这就会造成编译失败。

总之，当最后把 HelloWorld.java 搞定了之后，重新编译一下。如果能够得到本节开始给出的结果，那么编译就成功了。为了确保真的成功了，可以打开资源管理器，进入 C 盘的 source 目录。这时可以发现有一个新的文件叫做 HelloWorld.class。这个文件就是编译的结果，这个文件的内容就是 Java 平台可以读懂的程序文件。现在可以进入下一节，执行程序。

- ❑ 我们眼中的源文件（HelloWorld.java 文件）就是 Java 平台眼中的 class（HelloWorld.class）文件。
- ❑ 学习编写第一个简单的程序。

1.3.3 让代码运行起来

本节，来让我们的 Java 程序在 Java 平台上运行起来。通过 1.3.2 节的介绍可以知道，HelloWorld.class 文件就是编译的结果。现在，我们就要让 Java 平台执行这个文件，达到编写 HelloWorld 源程序的目的——向控制台输出 "Hello World"。首先打开一个命令行窗口，进入 C 盘 source 目录。输入命令 "java HelloWorld"，按下 Enter 键，在控制台应该得到如下输出。

```
C:\source>java HelloWorld
Hello World

C:\source>
```

🔔说明：什么是执行一个文件呢？其实就是执行一个程序文件。其意义就是让计算机按照程序文件的内容做一些事情。程序文件有很多种。例如我们下载的 JDK 安装程序就是一个程序文件，它的后缀名是 exe。Windows 8.1 可以识别并执行这个文件。这个文件让 Windows 8.1 做的事情就是在计算机上安装 JDK。

Windows 8.1 下使用的计算器、记事本、命令行窗口等都是有相应的程序文件与之对应的。同样，class 文件也是一个程序文件，只是这个程序文件不能被 Windows 8.1 直接执行，需要在 Java 平台上执行。

其中第一行中的"java"意思就是要开始执行一个 Java 程序了，紧随其后的 HelloWorld 就是程序的名字，这时候 java 命令就会自动去寻找 "HelloWorld.class" 文件，并将之加载到 Java 平台上，然后来执行这个文件。

其中第二行中的 "Hello World" 就是 Java 平台执行程序的输出结果。到这里为止，我们已经搭建好了 Java 平台，配置好了环境变量，并且编写、编译和运行了自己的第一个源程序。在 1.4 节里将对我们的第一个 Java 源程序做初步剖析。

1.4 手机上写程序

学习的最好方式，就是边学边练。但往往事与愿违，我们不是每时每刻都在电脑前。这个时候，智能手机就可以派上用场。只要在手机中安装 Java 开发工具，我们就可以随时随地在手机上编写代码。这里，推荐使用开发工具 AIDE。

1.4.1 安装 AIDE

在使用手机编写 Java 程序以前，需要先安装好我们的编程环境。相比在 PC 机上的环境配置，手机环境的使用更为简单。首先是下载安装 APP，笔者以"应用宝"为例来讲解。

（1）打开"应用宝"应用程序，如图 1-28 所示。

图 1-28　打开"应用宝"

（2）在应用宝顶部的搜索框中输入"AIDE"，点击右侧"放大镜"搜索，如图 1-29 所示。随后在搜索结果中就会出现 AIDE 的 APP，如图 1-30 所示。

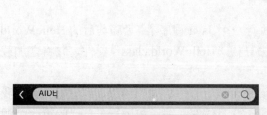

图 1-29　搜索框　　　　　　　　　　图 1-30　下载安装 AIDE

（3）单击"安装"按钮，即可开始下载安装。需要注意的是，"应用宝"会自动开始安装下载好的 APP，只需等待。

（4）在安装时会出现权限确认界面，如图 1-31 所示。

（5）单击"安装"按钮，等待安装完成。安装完成后提示打开，如图 1-32 所示。

这时可以单击"打开"按钮，进入 AIDE。用户可以选择"完成"按钮，然后通过单击图标的方式进入 AIDE。

1.4.2　编写手机上第一个程序

安装完成了手机的编程环境，接下来就是编写第一个程序。同样，这里也来完成我们的第一个 HelloWorld 程序。

图 1-31　安装 AIDE　　　　　　　　图 1-32　AIDE 安装完成

1. 启动编辑环境

在手机上启动编辑环境，只需要启动 AIDE 的 APP 即可。单击如图 1-33 所示的图标，即可启动。

（1）第一次启动时需要选择启动内容，如图 1-34 所示。

图 1-33　AIDE 图标　　　　　　　图 1-34　启动选项

（2）选择 For Experts 项目，会弹出选择创建项目的界面，如图 1-35 所示。

（3）选择 Java Application 下的 New Console Application 选项，弹出 Create new Project 对话框，如图 1-36 所示。

图 1-35　创建项目

图 1-36　设置项目名称

（4）这里的名称可以采用默认的 MyJavaConsoleApp，也可以使用新名称 Helloworld。确认名称以后，单击 Create 按钮，AIDE 会自动创建项目，并且会添加一个 Main 类，创建完成以后就会显示 Main 类的代码，如图 1-37 所示。

图 1-37　默认的 Main 类

2．添加自己的类

在添加类时需要先打开项目管理界面，如图 1-38 中的方框按钮就可以快速打开项目管理界面，如图 1-39 所示，下半部分即为项目管理界面。

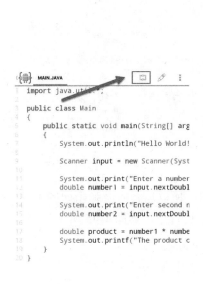

图 1-38　启动项目管理界面

图 1-39　项目管理界面

（1）单击打开 Open this Java Project 文件夹，然后单击进入 src 目录中，之后管理界面显示如图 1-40 所示的界面。这时，用户就可以管理 src 目录中的文件和目录。

（2）单击 Add new Class here…选项，弹出如图 1-41 所示的界面，这里，填写自己需要的名字，如 HelloWorld。

图 1-40　src 目录管理

图 1-41　填写类名称

（3）填写完成以后，单击 Ok 按钮。AIDE 会自动创建文件，如图 1-42 所示。这里只需要将 1.3.1 节中的代码补全，即可完成操作。

3．运行程序

完成编写代码后，就可以运行程序了。单击如图 1-43 三个点的按钮可以弹出更多选项。

再单击 Run 命令，就可以开始编译，并运行程序。

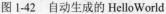

图 1-42　自动生成的 HelloWorld　　　　图 1-43　编译运行程序

由于在我们的项目中有两个类包含 main 函数，所以运行时会弹出如图 1-44 所示界面。这里我们只要选择自己创建的 HelloWorld 即可。运行结果如图 1-45 所示。

图 1-44　选择启动程序　　　　　　　　图 1-45　运行结果

1.4.3　使用书中的程序

由于手机输入相对较慢，为了使读者可以更快速地练习书中的代码，我们为每个代码都配有一个二维码。这里讲解如何使用二维码快速获取对应代码。

（1）用手机扫描我们的二维码，本实例中用了如图 1-46 中的二维码。

（2）扫描完成后，会打开对应的网址。如果没有自动打开，需要用户手动点击打开网址。这时，在手机浏览器就可以看到图 1-46 所对应的源代码，如图 1-47 所示。

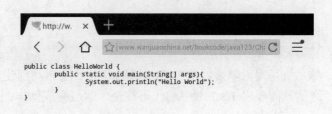

图 1-46　二维码　　　　　　　　　　图 1-47　网站中的源代码

（3）长按页面，会弹出菜单。按照提示，全选所有的内容，然后复制代码。

（4）完成复制以后，进入 AIDE 界面。

（5）进行 1.4.2 节中第 2 部分的内容，添加一个类。注意，类的名字必须和代码中的类名一致。例如，这里需要设置的类名为 HelloWorld。

🔔注意：现在读者只需要知道名称应该是 public class 到 "{" 之间的字符，至于什么是类，以后会讲到的。

（6）创建完成以后，通过长按页面的方式，删除全部自动生成的内容。

（7）再长按空白处，则会出现如图 1-48 所示的界面。然后单击其中的 PASTE 选项，刚刚复制的代码就会粘贴到当前的文件中。随后就可以进行之前运行程序的操作了。

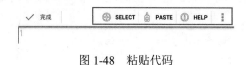

图 1-48　粘贴代码

看似步骤较多，但是操作熟练后，读者只需要几秒钟，就可以获取代码了。

1.5　初探 Hello World

本节中将对 Hello World 程序做一个初步的剖析，介绍程序中的各个组成部分，大家对 Java 程序有一个感性的认识就好。如果读完本节之后，再次看 Hello World 程序，有一种 "长得这个样子的就是 Java 程序" 的感觉，那么本节的目的就达到了。

1.5.1　类（Class）：Java 世界中一类物体

首先，我们看到的第一行程序就是 "public class HelloWorld {"，根据常理推断，后面肯定有一个大括号和这行中出现在最后的那个大括号匹配。没错，与之匹配的大括号就是源程序最后一行中那个大括号。也就是在本程序中，第一行和最后一行组成了一个整体。

```
public class HelloWorld {
}
```

这是一个什么呢？在 Java 中这叫做一个类。class 后的 HelloWorld 就是这个类的名字。而开头的 public class 两个单词是用来 "修饰" HelloWorld 的。类是什么呢？在 Java 中类就代表一类物体。现在也许我们还是觉得太抽象，没关系，本书后面的章节还会详细介绍 Java 类。在这里先不用去理解什么是类，类是用来做什么的，只要先知道上面两行组成的东西叫做 "类"，它的名字叫做 "HelloWorld" 就行了。在 1.3.1 节中强调过：保存源程序文件的名字必须是 HelloWorld。其原因就是 Java 语法规定的：Java 源程序的文件名必须与类名相同。否则在编译的时候将会出错。

同样，如下这个类，它的名字就是 NameTest，这个类的源代码就必须保存在文件名叫做 NameTest.java 的文件中。

```
public class NameTest{
}
```

类名后面紧跟的一对大括号内部就是类的内容。类中可以有什么内容呢？在我们的 HelloWorld 中，类中只有一个方法（Method），什么是方法？请看 1.5.2 节。

❑ Java 源文件名必须与类名相同。Java 源文件后缀名必须是 java。

❑ 类的内容就是类名后面的一对大括号{}括起来的内容。

1.5.2　方法（Method）：物体的功能

方法是什么？方法是类的功能，是一段程序的载体。方法也有名字，方法的内容也是用一对大括号括起来的。我们看第二行，其中 public static void 都是用来修饰方法的，方法名就叫做 main()。方法后面的一对小括号是这个方法的参数。什么是参数呢？参数可以说就是这个方法运行时需要的数据。然后就是大括号，大括号内部就是方法的真正内容。下面就是整个方法的定义。

```
public static void main(String[] args){
    System.out.println("Hello World");
}
```

方法大括号内的内容就是方法的主体。在这里就只有一行：System.out.println("Hello World");，作用是向控制台输出 Hello World。

对于方法，有很多东西是没必要先理解的，之所以要在这里介绍，只是因为程序中出现了，不说不行。学习一门语言，必须要选一个破冰之处。在这里，只需要知道方法名字是什么，方法的内容是在方法名字后面的大括号里面就可以了。对于方法的详细讲解会在本书后面介绍。

还有一点需要记住的是，Java 的方法必须在类中，也就是一个 Java 方法必须属于某个类。Java 方法是不能独立于类存在的。

❑ 方法也有方法名，有方法体。方法体是方法的主要内容。

❑ 方法必须属于某个类。

1.5.3　main()方法：所有 Java 程序执行的起点

现在我们还有一个疑问，Java 平台是如何执行这个程序的呢？其实 Java 平台会先去这个类中寻找叫做 main()的方法，找到就会执行，找不到就会报错，错误信息就是找不到 main()方法。现在我们尝试将 HelloWorld 中叫做 main()的方法改个名字，不妨叫做 mymain。

```
public class HelloWorld {
    public static void mymain(String[] args){
        System.out.println("Hello World");
    }
}
```

编译一下，没有错误。当我们尝试去运行一下这个没有 main()方法的程序时，就会得到如下错误：

```
C:\source>java HelloWorld
Exception in thread "main" java.lang.NoSuchMethodError: main

C:\source>
```

这里不去深究为什么，只要记住 Java 程序的入口是叫做 main()的方法。如果执行一个程序的时候 Java 平台找不到 main()方法，就会抛出错误并停止执行。

举例来说，main()方法就类似我们平时放鞭炮时候的引线。如果没有引线，一个鞭炮当然是无法燃放的，但是，鞭炮的重点不是引线。同样，main()方法也仅仅是用来启动一个程序，但是为了先熟悉 Java 语言的一些基本语法，在本书的第一部分和第二部分中，main()方法可以说既做"引线"又做"鞭炮"。

本书前两部分的程序基本都是在 main()方法中。当我们熟悉了 Java 语言的基本语法后，在本书的第三部分中，main()方法将会仅仅扮演一个"引线"，真正的主角将是我们自己写的 Java 类。现在先在 main()方法内部做做文章。

❑ main()方法是 Java 程序的入口。当尝试直接运行一个没有 main()方法的程序时，Java平台会因为找不到 main()方法而抛出一个错误。

1.6　名　词　解　释

本节将对本章出现的名字做一个直观的解释。随着学习的深入，您将对这些名词有更深的认识。

1.6.1　JDK 和 Java 平台

本章的 1.2 节中介绍了怎样安装 JDK。JDK 就是整个 Java 世界的基础，本书中有时候也称之为 Java 平台。为什么称之为 Java 世界的基础呢？因为编写 Java 程序就是使用 Java构建一个自己的世界，但是构建一个世界肯定需要基础，不可能完全从头开始。

举例来说，在《鲁宾逊漂流记》中，鲁宾逊漂流到了一个荒无人烟的小岛，他面临的问题就是如何使用自己的智慧和技巧，构建一个自己可以生存的世界。虽然是荒岛，但也不是什么都没有。他可以得到水、阳光、风、木头、石头、食物、藤条等。

Java 平台也是这样，它为我们提供了基础，可以使用这些基础来编写自己的程序，构建自己想要的世界。下面简单介绍一下 JDK 提供的这个 Java 世界的基础有哪几部分，它们的作用分别是什么。我们还是会结合《鲁宾逊漂流记》的例子来说明。

1.6.2　Java 编译器（Java Compiler）

编译器会将一个 Java 源程序转换成 Java 世界可以理解的物体。我们通过在命令行输入 javac 命令来调用 Java 编译器。Java 编译器会检查一个源程序是否符合 Java 语言的语法。可以将编译器理解为鲁宾逊所处的那个岛上的基本物理定律，如 F=am、动量守恒定律、真空中光速为 299792458.458 米/秒、1+1=2 等。这些东西是不可违背的，同时也是没有道理好讲的。在 Java 中类似的东西称为 Java 语法。

在命令行通过 javac 命令来调用 Java 编译器去编译一个 Java 源程序时，Java 编译器就会检查源程序是否符合 Java 语法。如果不符合，就会给出错误；如果符合，就会同时将 Java源程序转换成 Java 世界可以理解的语言（结果就是产生了那个.class 文件）。这里的 class文件其实就相当于 Windows 里常见的可执行文件（即后缀为 exe 的文件）。简言之，必须先学会听 Java 的话，Java 才能听我们的话，做我们想让它做的事情。

1.6.3　Java 类库（Java Class Libraries）

Java 类库是 Java 提供的构建自己的 Java 世界的各种元素。它就相当于是鲁宾逊所在的那个岛上的一切物质：水、阳光、空气、石头、小草、泥土、椰树等。我们必须使用 Java 类库来构建自己的 Java 世界（HelloWorld 程序中使用的 System.out.println 就是来自 Java 类库）。开始我们也许只能够做一些简单的事情，像鲁宾逊一样简单地使用石头砸开椰子得到椰汁一样；在本书的最后部分，我们将使用 Java 类库构建出复杂的程序。

1.6.4　Java 虚拟机（Java Virtual Machine）

Java 虚拟机（Java Virtual Machine）：Java 虚拟机的作用是去执行一个 Java 程序。通过在命令行使用 java 命令来启动 Java 虚拟机。

前面我们使用 Java 类库去编写自己的源程序，然后通过 Java 编译器去编译源程序并且产生了通向 Java 世界的.class 文件。但是 Java 世界还沉睡在我们的硬盘上，最后还需要使用 java 命令来启动 Java 虚拟机，让 Java 程序运行起来。

class 文件就相当于可以执行的 exe 文件，不同的是 exe 文件在 Windows XP 上可以通过鼠标双击执行，而在这里 class 文件则应该通过我们前面介绍的那样，用命令行里的 java 命令来执行。对于 class 文件来说，Java 虚拟机就是 Windows。

❑ 对于 class 文件来说，Java 虚拟机就是 Windows。

1.6.5　HelloWorld 的整个流程

在这里从初学者的角度，用图 1-49 来说明整个 HelloWorld 程序执行的过程。这个过程是粗略的，我们只要有一个大体的概念就好了。

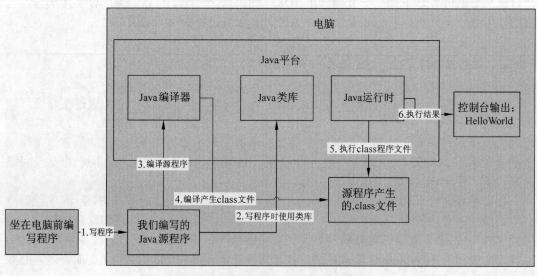

图 1-49　HelloWorld 程序执行过程

在图 1-49 中，整个流程可以分为 3 部分。

❑ 编写源程序。将自己的想法通过程序源代码的形式写到源文件中。一行行的代码就是我们构建世界的一砖一瓦。

❑ 编译源代码。将编写好的源程序转换为可以被 Java 平台认知的形式。如果源代码中有错误，则无法通过编译这一步。纠错是编程中的家常便饭。

❑ 运行程序。当得到了一个包含有 main()方法的 Java 程序后，就可以执行它了。这时候会启动一个 Java 虚拟机，加载所有需要使用到的类文件，执行类文件中的代码，这时我们构建的世界才开始运转起来。

当然，本章中的这个例程很简单，执行过程也很短暂。

1.7　小结：我们学会了编译和运行一个 Java 程序！

通过本章的学习，我们了解了 Java 在业界的重要性。我们安装了 Java 平台，并且编写、编译并运行了自己的第一个 Java 程序。虽然仅仅是一个简单的向控制台输出"HelloWorld"功能的小程序，虽然现在还不能理解它，但是我们确确实实走进了 Java 的世界。

现在，我们对本章中那个 HelloWorld 程序可以说还是知之甚少。没关系，本章的重点并不是让我们洞悉这个 HelloWorld 程序的每个细节。就好像面对一段甲骨文一样，虽然并不认识其中的字，但是我们知道它就是甲骨文。同样，我们现在只要对 Java 程序有个直观的认识就好，当看到 HelloWorld 程序的时候，知道"Java 程序就是长得这个样子"的。

初学一门语言的心情就好像第一天去上小学一样，背着书包，拿着家长给准备好的铅笔盒，走进陌生的教室，看着陌生的同学，接过陌生的我们称之为老师的人发给我们的散发着油墨香气的课本，但是却不知道该做什么。

我们上了第一节课，学会了读第一篇课文，学会了做第一道数学题，但我们还不知道什么是上学，不知道什么是语文，什么是数学。然后我们参加了第一次考试，结束了自己的第一个学期，紧接着结束了自己的第二个学期，进入了二年级。我们慢慢懂了什么是上学，什么是语文，什么是数学。但是这些东西只能靠自己去理解。

什么是 Java 呢？等看到本书的一半的时候，您可能就开始了解了。等看完本书的时候，您可能就跟一个小学毕业的学生一样，发现自己的编程之路才刚刚开始。

1.8　习　　题

1. 卸载已经安装的 JDK，然后在 C 盘根目录下新建一个 Java 文件夹。重新安装 JDK 将安装目录设置在 C:\Java 下，并重新设置环境变量。

2. 用 1.2.4 节的方法测试是否设置成功。

3. 编译并运行下面的代码，控制台将会输出什么内容？试试吧。

```java
public class Exercise1 {
    public static void main(String[] args){
        System.out.println("Output words");
    }
}
```

第 2 章　搭建自己的集成开发环境

在第 1 章中，我们发现开发一个 Java 程序是一件繁琐的事情，需要借助文本编辑器编写源程序，还要借助控制台来编译和运行这个程序。而且在出错的时候，找起错误来很麻烦。

俗话说"工欲善其事，必先利其器"。本章将会使用软件来使得编写程序成为一件轻松快乐的事情。这里说的软件，就是集成开发环境（Integrated Development Environment，IDE）。从功能强大与否来讲，如果说记事本+命令行程序是 Windows 8.1 自带的画图程序，那么集成开发环境就是 Photoshop。本章中将安装并简单介绍集成开发环境的使用。

2.1　安装集成开发环境

集成开发环境是具有多种功能的供工程师使用的软件。这里的多种功能包括第 1 章中用到的编写源代码、编译源代码、执行程序，以及将来会接触到的即时错误提示、项目管理、程序调试、程序发布等。

简言之，使用集成开发环境之后，可以不用再手忙脚乱地一会儿打开记事本编写源程序，一会儿打开命令行编译源程序，发现错误后又打开记事本修改程序这么折腾了。集成开发环境会帮我们做大部分琐碎的事情，我们只要专注于构思和编写自己的代码就可以了。本章中，我们将了解 Java 中有哪些主要的集成开发环境，并且选择一个合适的安装到自己的计算机上。

2.1.1　集成开发环境有哪些

在 Java 的历史上，曾经出现过很多集成开发环境，在这里介绍几个值得知道的 IDE，我们可以把对它们的介绍当看小说一样看浏览一下。对于它们可简单了解一下，其中的很多术语不用深究，只要从字面意思上理解一下即可。

1. NetBeans

NetBeans 当初是由开发 Java 语言的 Sun 公司开发的一个集成开发环境。其图形用户界面（Graphics User Interface，GUI）使用 Java Swing 开发。因为 Java Swing 早期效率很低，导致 NetBeans 错过了占有市场的有利时机。现在的最新版是 NetBeans 8.0，其性能随着 Java Swing 性能的改善已经有了大幅度的改进，而且它的功能也很完善，现在可以说是一款值得推荐的 IDE 产品了。

NetBeans 是免费、开放源代码的软件。这意味着用户可以自由下载使用，并且对自己感兴趣的部分代码进行学习甚至修改。但是在这里并不选择NetBeans作为我们使用的IDE，原因是 NetBeans 已经失去了大部分市场，现在使用 NetBeans 的用户比较少，所以各种资源都相对匮乏。虽然 NetBeans 是开放源代码的，但是因为使用者数量有限，以及其架构上的原因，现在 NetBeans 上很少有第三方为它开发扩展功能。

2. MyEclipse

MyEclipse 是由 Genuitec 公司发布并维护的一款商业级的 Java EE 和 Ajax 的 IDE，主要在 Eclipse 基础上添加很多插件构成的。其包含了很多开发环境的特性和开源代码。MyEclipse 是一款优秀的开发工具，主要用于开发 Java、Java EE，集合了 Eclipse 下的大部分插件。MyEclipse 功能强大，并且支持十分广泛，尤其是对开源产品的支持。在截稿之日前最新的 MyEclipse 版本为 MyEclipse 2014。但是，MyEclipse 并不是免费的，而且费用不低。

3. Eclipse

Eclipse 是一款开源免费的 IDE 软件。开始主要是由 IBM 公司支持的，现在交由开源社区开发和维护。Eclipse 使用 SWT 作为其图形用户界面的基础。Eclipse 有着优秀的架构设计以及令人满意的效率。这使得 Eclipse 迅速而稳固地占领了 Java IDE 的大部分市场份额，同时也使得一些公司和程序员乐于为 Eclipse 开发新的功能。开放源代码的策略、优秀的架构体系、丰富的功能，使得 Eclipse 在企业中得到广泛的应用，并且很多公司也都开发出了基于 Eclipse 的产品（收费的免费的都有）。

Eclipse 灵活的架构使得它不仅仅可以做 Java 的 IDE，也可以用它作为 C++、Python（其他编程语言）的 IDE，甚至可以做成一款图片编辑软件。现在 Eclipse 有着众多的插件来丰富其功能，有的是官方开发的，有的是其他公司捐赠给 Eclipse 社区的，还有很多是第三方开发的（其中有收费的）。可以说现在 Eclipse 功能相当强大，基本上所有想到的功能都有相应的插件帮助我们来完成，而且作为一款使用 Java 开发的 IDE 工具，其性能也让人满意。

看到这里，我们的选择已经很明确，那就是 Eclipse 了！下面介绍如何安装 Eclipse。

2.1.2　安装 Eclipse

首先按照如下步骤下载 Eclipse 的安装文件。

（1）进入 Eclipse 的官方下载页面 http://www.eclipse.org/downloads/，这里提供了很多下载版本，使用 Eclipse IDE for Java Developers 就可以了。单击 Eclipse IDE for Java Developers 链接进入安装文件的下载页面。

（2）这时浏览器会自动下载 Eclipse 的安装程序。如果没有自动下载，可以单击页面中列出的任意一个镜像来下载。

（3）当出现下载确认对话框时，单击"确认"按钮，将安装程序保存到自己的硬盘上。

下载的是一个 zip 文件，可以使用压缩软件工具将文件解压到本地磁盘。如果没有安装解压缩软件，也可以使用 Windows 8.1 自带的 zip 提取功能将 zip 文件解压到本地磁盘。

（1）右击下载的 zip 文件，在弹出的快捷菜单中选择"全部提取"命令，打开"提取向导"对话框。

（2）单击"浏览"按钮继续，在下一个对话框中将提取目录改为自己想要的目录，在这里将文件提取到"C:\eclipse"目录下，如图 2-1 所示。

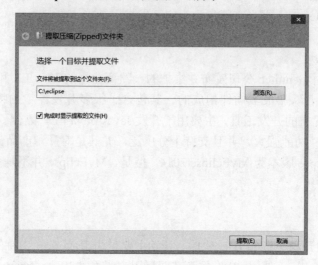

图 2-1　提取 zip 文件

（3）单击"提取"按钮，文件将开始提取，如图 2-2 所示或如图 2-3 所示。

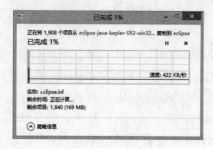

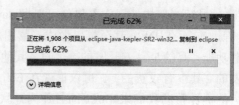

图 2-2　Windows 8.1 提取进度 1　　　　图 2-3　Windows 8.1 提取进度 2

（4）提取完毕后会弹出提取文件夹，如图 2-4 所示。

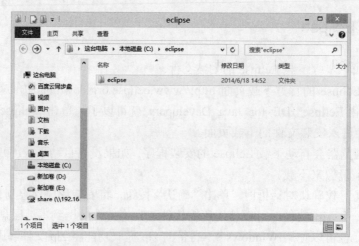

图 2-4　提取后的 eclipse 目录

这样就完成了 Eclipse 的安装。

🔔注意：如果压缩文件在提取/解压过程中出错，很可能是下载的压缩文件不完整，也就是下载过程出错了，需要重新下载并提取/解压。这里给出的是 Windows 8.1 自带的解压缩工具，对于其他专业解压缩软件来说，过程会更简单。

Eclipse 默认界面是英文的。Eclipse 有自己的语言包，可以把界面修改成中文的，但是这么做并不值得推荐。其实 IDE 中的生词很少，我们可以很快适应这个英文的界面。在 2.2 节中将对 Eclipse 的界面做出介绍。

🔔注意：**关于 IDE 的界面语言**：IDE 界面上的英文其实比翻译过来的中文更能准确表达出应有的意思。我们在后面会在 Eclipse 的界面中接触到一些编程常用词，例如 Build、Run、New、Workspace 等，这些单词都是编程之路上一定要接触并理解的单词。

2.2　Eclipse 界面介绍

通过 2.1 节的介绍，我们已经成功将 Eclipse 安装到自己的计算机上了，现在来熟悉一下 Eclipse 主要的界面和功能。

2.2.1　启动 Eclipse

首先进入 Eclipse 的安装目录，找到 Eclipse 的启动文件 eclipse.exe，为了使用方便，可以在桌面上创建一个快捷方式。右击 eclipse.exe，在弹出的快捷菜单中，选择"发送到"|"桌面快捷方式"命令。这样在桌面上就创建了一个 eclipse.exe 的快捷方式，以后就能通过桌面上的快捷方式来启动 Eclipse。

（1）双击 eclipse.exe 或者其快捷方式启动 Eclipse，将会看到 Eclipse 的启动画面，如图 2-5 所示。

图 2-5　Eclipse 启动画面

（2）稍后会弹出 Workspace Launcher 对话框，如图 2-6 所示。这个对话框是让用户选择 Workspace 的目录（Eclipse 的工作目录），在这里直接单击 OK 按钮继续。

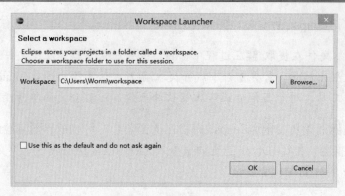

图 2-6　Eclipse 启动画面

（3）然后 Eclipse 会继续启动，如图 2-7 所示。

（4）Eclipse 第一次启动会显示一个欢迎页面（Welcome），如图 2-8 所示。

图 2-7　Eclipse 启动画面

图 2-8　Eclipse 欢迎页面

（5）单击 Welcome 页面上的叉号关闭欢迎页面，这时出现的就是 Eclipse 的主界面了，如图 2-9 所示。

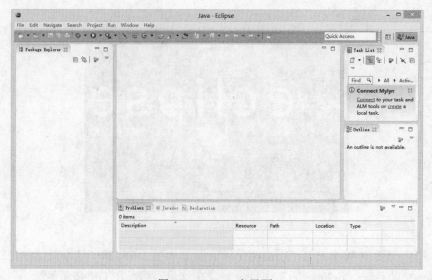

图 2-9　Eclipse 主界面

下面将对 Eclipse 主界面的各个常用部分做简单介绍。

2.2.2　Eclipse 的 Perspective

Eclipse 有一个 Perspective 的概念。在这里仅仅是使用 Eclipse，所以对 Perspective 不需要有深入的认识，可以理解其为 Eclipse 的界面方案。之前提到过，Eclipse 不仅仅可以用作 Java IDE，还可以用作 C++ IDE，甚至可以用来作为一个图片编辑软件。可想而知 Eclipse 肯定有不同的界面方案来应对这 3 个不同的方向。

就好像我们在春夏秋冬要穿不同的衣服一样。通过切换 Eclipse 的 Perspective，就可以使 Eclipse 切换到不同的界面。Eclipse 的 Perspective 是在 Eclipse 右上方，如图 2-10 所示。

图 2-10　Java Perspective

前面安装的 Eclipse 版本默认的 Perspective 就是 Java，所以无须切换 Perspective。

2.2.3　Eclipse 的菜单

在 Eclipse 主界面最上方的就是 Eclipse 的菜单，这和绝大多数使用图形界面的软件是一样的。Eclipse 的菜单栏如图 2-11 所示。

图 2-11　Eclipse 菜单栏

本章中使用到的菜单有 File、Project 和 Window。和绝大多数软件一样，File 菜单中有 Eclipse 对外部资源的操作，Project 菜单中有对项目的相关设置（在下面我们会对 Project 做简单介绍）。Window 菜单中主要是对 Eclipse 视图和窗口的管理与配置。

注意：Eclipse 中的菜单内容是根据不同的 Perspective 和配置而变化的。这里我们介绍的菜单是在 Java 这个 Perspective 中的。

2.2.4　Eclipse 的工具条

工具条也是使用图形化界面软件通常使用的组件。Eclipse 的工具条位于菜单栏的下面，提供了很多常用的功能。Eclipse 的工具条如图 2-12 所示。

图 2-12　Eclipse 工具栏

工具条中提供的内容在菜单中基本都有，其提供的一般都是一些很常见的功能。学习使用工具条上的按钮有时候可以节省很多操作。本章不涉及工具条中按钮的使用，读者可以自己尝试一下。

注意：Eclipse 中工具条的内容也是随着 Perspective 和配置而变化的。

2.2.5　Eclipse 辅助视图区

在 Eclipse 主界面的右下角，有很多选项卡，Eclipse 中称之为视图（View）。这些视图提供了很多有用的信息。Eclipse 默认的界面的右下角中有如下 3 个视图，如图 2-13 所示。

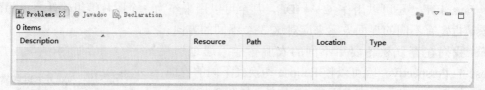

图 2-13　Eclipse 辅助视图区

Problems 视图中会显示源程序的错误；Javadoc 视图中会显示 Java 程序的注释（注释就是帮助理解程序的描述性文字，在第 3 章中会有介绍）；Declaration 也是非常有用的一个视图，但是它涉及太多现在还没有介绍的名词，所以在这里就不列出它的功能了。随着学习的深入，读者会渐渐发现这些视图带来的便利。

2.2.6　Eclipse 中的 Package Explorer

Package Explorer 也是一个视图，它位于 Eclipse 主界面的左边，如图 2-14 所示。

它的功能相当于 Windows 8.1 中的资源管理器。使用它可以浏览源文件等资源。本章中后面将使用到它。这里之所以将它单独列出来讲就是因为这是一个非常常用的视图。

2.2.7　Eclipse 中的源代码编辑器

Eclipse 主界面中间空白的一块是为源代码编辑器预留的。Eclipse 的源代码编辑器有丰富而常用的功能，可以帮助用户排除源程序中的语法错误，更好地查看源文件，包括语法高亮等。在本章后面将使用到这个编辑器，并简单介绍它的功能，这里可以先看一下它的样子，如图 2-15 所示。

图 2-14　Eclipse 的 Package Explore 视图

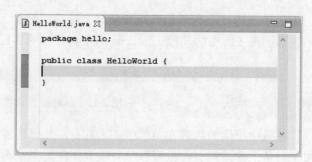

图 2-15　Eclipse 的源代码编辑器

通过这个视图，可以编辑程序源代码，在后面将会演示这个源代码编辑器的多种功能。

2.2.8　Eclipse 的设置窗口

Eclipse 有丰富的设置选项。选择 Window | Preferences 命令打开 Eclipse 的配置对话框。在这个对话框里可以对 Eclipse 很多默认选项进行修改，如图 2-16 所示。

图 2-16　Eclipse 的设置窗口

2.2.9　Eclipse 中的其他视图

除了 Eclipse 默认显示的视图之外，还有很多有用的视图。可以通过 Window|Show Views 命令打开一个视图。这里先打开 Console 视图，这个视图起到的就是显示控制台输出的作用。Console 会出现在 Eclipse 主界面的右下部分，如图 2-17 所示。

现在控制台没有任何输出，所以是灰色的。如果程序运行中有向控制台输出内容，则内容会显示在这个视图中。在本章后面将会看到 HelloWorld 程序的输出会显示在这个视图中而不是输出到第 1 章中的控制台。

如果 Show Views 中没有我们想要的视图，可以选择 Other | Show View 命令来打开 Show View 对话框，在这里可以打开自己想要的视图，如图 2-18 所示。

图 2-17　Eclipse 中的 Console 视图　　　　图 2-18　Eclipse 中的 Show View 对话框

2.3　如何使用 Eclipse

在本节中，将尝试使用 Eclipse 来编写和运行第 1 章中的 HelloWorld 程序。在这里会初步发现 Eclipse 带来的惊喜。

2.3.1　在 Eclipse 中创建自己的第一个项目

Eclipse 中所有的源代码都必须属于某个项目（Project）。项目是程序的源代码以及程序用到的资源文件、外部程序库、配置等的一个集合。其实所有的 IDE 都是通过项目管理和组织源代码的。在这里也需要首先在 Eclipse 中创建一个 Java 项目，这样才能够开始编写程序。下面是创建一个项目的步骤。

（1）在菜单栏中选择 File | New | Java Project 命令。在弹出的创建项目向导对话框中，必填的部分就是 Project name，给项目起名为 HelloWorld，其余选项使用默认值，如图 2-19 所示。

（2）单击 Finish 按钮，这样就完成了一个 Java 项目的创建。这时在左边的 Package Explorer 中应该可以看到自己创建的项目了，如图 2-20 所示。

图 2-19　新建 Eclipse 项目对话框

图 2-20　Package Explorer 视图中将
出现我们简单的项目

点开 HelloWorld 节点，发现有两个子节点。这里需要关心的就是 "src" 节点，这是源代码存放的地方。现在还没有向项目中添加源代码，所以这里面是空的。下面向项目中添加一个源程序。

2.3.2　在 Eclipse 中编写 HelloWorld 程序

本节中将演示如何使用 Eclipse 编写 HelloWorld 程序。

1．创建类文件

首先需要创建一个 HelloWorld 类，操作过程如下：

（1）右击创建出的 HelloWorld 项目，从弹出的快捷菜单中选择 New | Class 命令，这时会出现创建 Class 的向导对话框。其中必填的是 Name，还是使用第 1 章中的程序，将 Name 的值定为 HelloWorld，如图 2-21 所示。

（2）单击 Finish 按钮，就完成了一个类的创建，这时 Eclipse 默认打开一源代码编辑器来编辑 HelloWorld 的源代码。也可以通过 Package Explorer 中的树状目录找到 HelloWorld.java 文件，如图 2-22 所示。

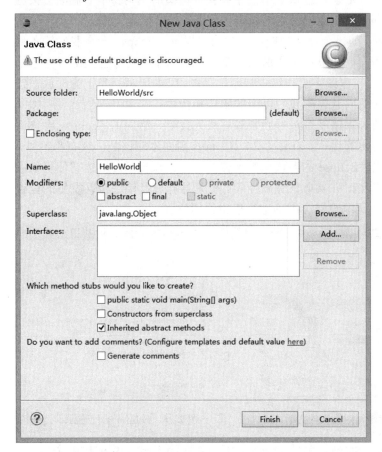

图 2-21　Java Class 新建对话框　　　　图 2-22　Eclipse 的 Package Explorer 视图

这里，我们会发现 src 节点下是一个 default package 的节点，暂时先不去管它是什么，打开这个节点就会发现创建出来的源程序文件 HelloWorld.java。双击打开 HelloWorld.java，

Eclipse 就会打开源代码编辑器让我们编辑 HelloWorld.java 文件，如图 2-23 所示。

创建出了源文件，下面就可以体验 Eclipse 带来的便捷了。

图 2-23　Eclipse 的 Package Explorer 视图

2．Eclipse功能初探

（1）首先，我们发现 Eclipse 已经生成了类的声明，只需要在类内部添加内容就可以了。

（2）然后，我们发现源代码编辑器不同于记事本的是它会使用不同的颜色和字体显示源代码内容，在图 2-23 中，便有紫色的单词和黑色的单词，其中紫色的单词是 Java 语言中的关键字（又称作保留字）。关键字是 Java 语法中有特殊语义的单词。本书后面会接触到越来越多的关键字。现在回到第 1 章中使用的例子，将 main()方法输入进去。

（3）这里还会发现 Eclipse 的一个使用功能：实时错误提示。Eclipse 会在我们输入程序的时候实时显示程序中的错误，如果不小心像第 1 章中使用一个大括号去匹配一个小括号，Eclipse 会马上在源代码编辑窗口中给出错误提示，如图 2-24 所示。当把光标放在错误提示上的时候，还会有相应的问题提醒我们可能的错误是什么。

现在我们不必再为一不留神输错一个符号而紧皱眉头地找半天错误了，Eclipse 会告诉我们错误在哪里，并且给出有用的提示。在图 2-24 中，args 后面本应该是一个右小括号，当不小心敲成了大括号的时候，Eclipse 的源代码编辑器给出了错误提示。虽然它使用红色波浪线提示说是 String[]可能有错，与实际的错误不符，但是这样已经接近错误发生的位置了。很多情况下，Eclipse 源代码编辑器会准确地标出错误的位置。

（4）同时，当输入 System.的时候，Eclipse 会弹出一个工具提示条（tooltip），如图 2-25 所示。

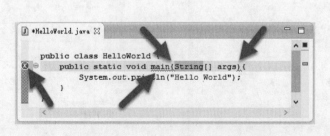

图 2-24　源代码编辑器对错误的提示

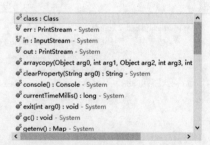

图 2-25　Eclipse 的代码提示工具条

这是非常常用的一个功能，叫做代码提示功能。对于提示的内容，先不去深究它。

（5）当我们完成了程序，如果源代码编辑器没有提示错误，那么就说明这个程序编写成功了。源代码编辑器顶部会有一个星号来标示源代码是否修改过了。请注意看图 2-24 的左上角，由于被修改过，所以在 HelloWorld.java 标签的左上角会有一个"*"（星号）。

这时单击工具条上的 Save 按钮或者使用快捷键 Ctrl+S 来保存源代码，如果星号消失了，说明源代码保存成功。

（6）这里还可以使用一下源代码编辑器里的括号匹配功能。把光标移动到一个括号的右边，与之匹配的另一个括号就会有特殊显示，如图 2-26 所示。

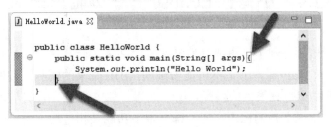

图 2-26　Eclipse 源代码提示工具的括号匹配提示

图中的光标是停在倒数第二行大括号的右边，这时会发现第二行中的左大括号被一个灰色的方框框住了，这说明这两个括号是一对。这是一个很实用的功能，可以用来检测自己的括号是否匹配正确。有时一个程序可能会有 5 层以上的括号匹配，如果没有这个功能，看程序会是一件很费神的事情。

❑ 关键字是 Java 语言中有特殊语义的单词。本书后面用到关键字的地方会对关键字的语义叙述清楚，现在先不去深究这些关键字是什么意思。

2.3.3　通过 Eclipse 运行 Hello World

Eclipse 的默认设置是自动编译源程序的。也就是说，在保存程序的时候，如果程序没有错误，Eclipse 就会在后台自动调用编译程序对源程序进行编译。所以使用 Eclipse 的时候一般没必要对程序进行编译。

在菜单条中，选择 Project 菜单，再选择 Build Automatically 选项就可以关闭 Eclipse 的自动编译功能。再次选择 Build Automatically 选项，则会将此功能再次打开。

这里推荐使用 Eclipse 的自动编译功能，对于现在的电脑配置来说，这个功能几乎不会有可以让人察觉到的效率问题。如果没有开启这个功能，则每次运行之前都必须通过选择 Project 菜单上的 Build Project 选项对修改过的源程序进行编译。

可以根据自己的习惯，选择是让 Eclipse 自动编译还是自己通过 Eclipse 菜单手动调用编译。编译之后，在源代码编辑器的空白处右击，在弹出的快捷菜单中选择 Run As | Java Application 命令，程序就会运行，运行结果如图 2-27 所示。

图 2-27　程序运行结果

可以在 Console 视图中看到程序运行的输出。

这时我们就能够在 Eclipse 的控制台上看到程序的运行结果了。比起第 1 章，确实省去了很多麻烦。在 Eclipse 中，编程最典型的步骤就是修改程序、排除错误、保存、编译（如果选择了让 Eclipse 自动编译，则这一步也省略了）、运行和查看结果。

2.4　小结：Eclipse——功能很强大

本章中我们初步体会到了"集成开发环境"的强大，而且这一切都是免费的。现在很多事情可以说脱离了 IDE 基本上是不可能做到的，IDE 带来的便利让我们无法拒绝。通过 IDE 我们编程的效率会得到很大的提高，所以熟悉一款主流的 IDE 对学习编程是很有好处的。不同的 IDE（包括不同编程语言的）都有很多功能是相仿的，所以当我们熟悉了一款 IDE 之后，再去接触另一款 IDE 的时候，会很快上手。

但是必须牢记，工具在带给我们方便的同时，也会让我们慢慢变得懒惰，让我们不再会使用最基本的技能做一些事情。我们要学会使用"联合收割机"，但是也要始终牢记着如何使用"镰刀"。因为在"联合收割机"无法开进去的角落，只有使用"镰刀"才能解决问题。

从理论上讲，功能越是高级和复杂，出错的几率越是高。可以享受 IDE 带给我们的便利和畅快，但是也要时刻让自己知道：如果 IDE 哪天脑子短路了，只有自己熟悉了基本命令，才能搞定 IDE 搞不定的事情。这就好像 Windows：Window 图形界面虽然好用，但是一旦电脑出了问题，很多情况下必须回到字符界面的控制台才能解决问题。当然作为初学一门语言的我们，无论使用哪种方式编写程序都是值得肯定的。

2.5　习　题

1. 选择文中提到的一款 IDE 进行简单的了解，并安装、运行我们的 HelloWorld 程序。
2. 找到显示 Console 视图的快捷键，并使用快捷键显示或关闭 Console 视图。
3. 在 Package Explore 视图中删除我们在上文中建立的 HelloWorld 项目。
4. 按照本章中讲述的步骤，使用 Eclipse 创建一个叫做 Exercise2 的项目，并在项目中添加第 1 章中的 HelloWorld 程序。程序无误后，使用 Eclipse 执行程序并查看程序执行结果。

第 3 章　Java 中的基本数据类型和运算符

在前面两章中，我们对 Java 有了一个初步的认识，并且准备好了我们的开发利器——Eclipse。下面回顾一下前两章学到的东西。

- ❑ 我们知道 JDK 是 Java 世界的基础，并且在计算机上成功安装和配置了 JDK；
- ❑ 我们编写了第一个 Java 程序。虽然我们对这个程序并不了解，但是知道了一个 Java 程序"大概长得什么样"；
- ❑ 我们了解了编写一个 Java 程序的过程——编写源代码、编译源代码、运行程序，并且在源代码出错的时候，需要找到错误；
- ❑ 我们将 Eclipse 安装到计算机上，并且学会了在 Eclipse 中创建项目，使用 Eclipse 提供的各种工具编写、编译并运行程序。

其实前面两章的内容是为本书以后的章节做准备。从本章开始将系统地学习 Java 语言。本章中首先将介绍 Java 语言的基本数据类型和变量名。让我们开始本章的学习。

3.1　Java 中的基本数据类型

我们知道，编写程序是离不开处理数据的。计算机中的一个文本文件、一个图片等都是由数据组成的。如果想在程序中处理这些文件，就必须要把这些文件中的数据变成编程语言可以表示的数据类型。这些编程语言直接支持的数据类型就是基本数据类型。

基本数据类型是编程语言所支持的最底层的数据类型。程序中所有的数据归根究底都是由基本数据类型构成的。基本数据类型就好像一门编程语言中的"基本微粒"，它是各种编程语言都有的一个概念。下面对 Java 语言的基本数据类型进行介绍。

3.1.1　基本数据类型——编程语言中的数据原子

编写 Java 程序，其实就是使用 Java 处理数据。在 Java 的世界中，虽然数据类型千变万化，有字符串、图片、文件、声音数据和视频数据等，但是构成所有 Java 数据类型的基础数据，只有为数不多的几种。我们称这几种基础数据为 Java 基本数据类型。

虽然这个世界丰富多彩，但是化学告诉我们，这个世界上所有的物体都是由一百多种原子通过不同的组织方式构成的。在 Java 这个丰富多彩的世界中，基本数据类型可以说就担当了原子这个角色。通过它们的组合，可以构建出丰富的数据类型。它们就是组成数据的"数据原子"。学习 Java 语言，了解 Java 的基本数据类型是第一步。

3.1.2　Java 中的基本数据类型介绍

值和值域（取值范围）是 Java 基本数据类型的两个最重要的属性。可以将 Java 基本数据类型与数学中学习过的数字类型（如自然数，整数，有理数，无理数等）做一个类比，用来帮助理解基本数据类型。一个自然数是有自己的值的，如 5；自然数也有自己的值域，就是"大于 0 的所有整数"。

而基本数据类型与数学中的数字类型有一个很不一样的地方就是：编程语言中的数据类型的值域是有限的。也就是说，在编程语言中，不可能有一种数据类型可以表示所有的自然数。其实这个也很好理解。即使是在现实中，我们也不可能处理所有自然数。例如，一个苹果包含的水分子数是一个自然数，但是这个自然数会是一个天文数字。同样的道理，程序是运行在内存中的，内存大小有限制，不可能表示一个无穷大的数。

说了这么多，现在来揭开 Java 基本数据类型的面纱。Java 中共有 8 种基本数据类型，分别是 byte、short、int、long、float、double、char 和 boolean。这些用来表示类型的单词都是 Java 中的关键字（中文又有翻译为"保留字"，英文是 key word）。

其中，byte、short、int、long 可以认为是用来表示整数的，它们之间的区别就是值域不同。float、double 是用来近似表示无法用 byte、short、int、long 表示的有理数或无理数的，区别也仅仅是值域不同。char 是用来表示一个字符的。例如，第 1 章中的程序在控制台输出的"Hello World"，在 Java 的最底层其实就是用多个 char 来表示的。boolean 是用来表示"真"和"假"两个值的，这个是逻辑上经常用的。

3.1.3　基本数据类型值域

3.1.2 节中了解了基本数据类型的概念，并且知道了 Java 中共有 8 种数据类型。下面对每种数据类型做一个简单的介绍。

1. byte类型

byte 类型是用来表示整数的。byte 的值域是[–128，127]。也就是说，一个 byte 的值必须是整数，且不能小于–128，不能大于 127。

2. short类型

short 类型也是用来表示整数的。short 的值域是[–32768，32767]。

3. int类型

int 类型是 Java 语言中最常用的用来表示整数的类型。int 类型的值域是[–2147483648，2147483647]。相比起前面的 byte 和 short 类型，int 类型的值域对于表示现实中的绝大多数整数都已经足够了。所以除非有特殊的需求，在 Java 程序中一般使用 int 类型的值来表示一个整数。

4．long类型

long 类型也是用来表示整数的，它的值域是[–9223372036854775808，9223372036 854775807]。对于一些 int 所不能表示的整数值，需要使用 long 类型。

5．float类型

float 类型是用来近似表示有理数或无理数的，在编程语言中称之为浮点数。[1.4E-45， 3.4028235E38]是使用科学计数法来表示的浮点数的值域。我们在关心 float 类型的值域的同时，也应该关心 float 类型的精度。其实 float 的值域是完全没必要去记住的，关于浮点数的精度，可以通过阅读下面一段文字对它有个初步的了解。现在我们应该把精力放在 Java 语法上，对于 float 类型，可以先认为它就是用来表达一个有理数的就可以了，只是有时候会有无伤大雅的小小误差。

💬说明：关于浮点数类型的精度，是一个复杂的话题。在计算机系统中，整数和浮点数的存储是完全不同的。整数的值是确定的，1 就是 1。而浮点数的值则是近似的，对于 1.1 这个有理数，计算机只能够"近似地"将它表示出来而不能完全精确地表示出来。

其实在编程语言中，对于浮点数来说，精度和值域同样重要。这里没必要去深究为什么在计算机中不使用精确的方式表达一个有理数。其实关于有理数在计算机中的表达是一个非常大的话题，这里不可能展开论述。总之，想在计算机中绝对精确地表达一个小数是不可能的。所以计算机只能够近似地表达一个小数。其实计算机表达一个有理数虽然不是"绝对精确"，但是其实是"足够精确"的，我们不用担心银行的计算机系统会少算或者多算一分钱。

6．double类型

double 类型也是用来表示浮点数的，它与 float 的区别就是它的精度更高，误差更小。在 Java 中，double 是最经常用的表示浮点数的数据类型。double 的值域是[4.9E-324， 1.7976931348623157E308]，同样我们没有必要记住这个值域，只要知道 double 的值域足够大，而且 double 在表示浮点数的时候误差比 float 要小就可以了。

7．char类型

char 类型在 Java 中是用来表示一个字符的。这里说的字符既包括英文字符，也包括汉字及其他语言中的字符。所以 char 类型的值域就是所有字符。

8．boolean类型

boolean 类型是用来表示逻辑值 true 和 false 的。boolean 类型的值只能是 true 或者 false。 true 和 false 两个单词都是 Java 中的关键字，专门用来表示这两个值的。可以认为 true 就是 1，false 就是 0，boolean 类型就是一个只能取 1 或者 0 的数据类型。

这里介绍的是 Java 中和数字相关的几个数据类型，还有一点需要知道的就是它们的精度。首先浮点数的精度大于整数类型的精度，其次精度是根据它们的值域排列的，它们的精度从小到大排列就是：byte、short、int、long、float 和 double。

Java 基本数据类型的概念接受起来还是很容易的，可以说它们和我们数学中的数字类型的区别就是它们有一个英文名字，而且它们只能表示某个范围内的数字。下面就要开始介绍 Java 中的运算符，并且开始使用这些基本数据类型了。

❑　Java 中表示数字的类型的精度从小到大依次是：byte、short、int、long、float 和 double。

3.2　Java 运算符

本节中将讲述 Java 中另一个最基本的东西——Java 运算符。在使用 Java 运算符的时候需要用到上面介绍的 Java 基本数据类型，同时了解变量的概念。

3.2.1　变量的概念

首先，为了使用 Java 运算符，必须先引入变量（Variable）的概念。变量就是程序中使用的数据，可以将变量用于运算。变量有 3 个属性——变量名（Variable Name）、变量类型（Variable Type）和变量的值（Variable Value）。

也许现在我们还是觉得变量这个概念不够具体。现在回顾一下数学中做应用题的过程，让我们看看应用题中的"变量"。下面给出一个最简单的应用题。

A 和 B 相距 10 米，A 以 5 米每秒的速度向 B 移动，请问 A 到达 B 需要几秒？
解：设 A 到达 B 需要 secondNeeded 秒，则：
5 × secondNeeded = 10;
解得 secondNeeded = 2。

这个应用题的解答过程也许不是很规范，从程序的角度看，这里"设 A 到达 B 需要 secondNeeded 秒"一句其实就是声明了一个变量，叫做 secondNeeded。在"5 × secondNeeded = 10"一句中，通过 secondNeeded 这个名字使用了这个变量。对于这个应用题，secondNeeded 可以是任何数值。但是 Java 作为一门编程语言，需要严谨地定义一个变量。这里说的严谨，就是对 secondNeeded 这个变量可以取的值进行约束，也就是规定 secondNeeded 这个变量的变量类型。

下面给出一个创建 int 变量的代码，以直观地看一看 Java 中如何创建一个变量。

```
int secondNeeded;
```

上面的这一行程序就创建了一个变量，变量的类型是 int，变量的名字就是 secondNeeded。Java 中的变量就是变量名、变量类型和变量的值三者的结合体。其中变量名字很好理解，这里就不多做解释了；变量类型用来规定这个变量的所属类型，在给出的例子中，secondNeeded 的变量类型就是 int，这意味着 secondNeeded 这个变量的值必须在 int 类型的值域内（在 3.1.3 节中已给出了 int 类型的值域）；变量值就是一个变量实际的值，在这里没有给变量 secondNeeded 赋值，关于变量赋值，会在后面的章节中给出。

在数学中，我们为了计算，通常要先假设几个数值，如 x、y 和 z，这其实就是在数学中创建变量的方式。因为数学是抽象的，在演算本上可以随便写而不必关心它们是什么类型的数，所以 x 可以是整数，可以是无理数。但是计算机是现实中的机器，必须在创建一个变量的同时告诉计算机这个数是什么类型的，计算机才能够处理它。可以把 Java 中的变量理解为是一个从演算本上撕下来的小纸条，给这个小纸条一个名字或者编号（变量名），以便在使用的时候能够找到它；可以在这个纸条上记录一个值（变量值），也可以修改这个值；同时要记得这个小纸条有个类别（数据类型），所以我们在上面只能够记录这个类别中规定的数字（值域内的数字）。

变量就是数据的载体，在程序中就是通过创建一个变量来使用基本数据类型的。数据类型可以说是一个抽象的规定，而一个变量则是符合这个规定的、可以使用的具体。理解它后，变量其实是一个很简单的概念。

3.2.2　插曲：Java 中的语句

我们发现，无论是在第 1 章中的 HelloWorld 程序里，还是在 3.2.1 节中的创建一个变量的代码中，方法里每一行代码似乎都是以分号（;）结束的。像这样以分号结束的一行或多行代码，称之为 Java 中的语句。也就是说，可以把 Java 中的分号理解成为汉语中的句号，它们都是代表一句话的结束。只不过是在汉语中，可以相对灵活地使用句号，而在 Java 中，却要严格遵守 Java 语法来使用分号。

同样地，我们现在接触到的都是一些很简单的语句，所以基本上每个语句都只有一行。但是在以后的学习中会接触到 Java 中复杂的语句，它们有时候需要由多行代码组成，所以不要下意识地以为一行代码就是一个语句。

不仅仅是只有分号才能代表 Java 中的一行语句。例如在第 4 章中会接触到流程控制语句，它们是以一个 Java 语法结构组成的。它内部可以包含多个以分号结束的 Java 语句。就好像语文中的排比句一样，每一个排比句都可以说是由多个单独的句子组合成的。现在只要知道有更复杂的语句就好了，等在后面学习到的时候，会对它们有更清楚的认识。

语句的概念现在理解起来还是很简单的。在 Java 中，可以认为语句就是程序的组成单位。程序代码都是由一个个的语句组成的。

- ❏ Java 中，分号可以代表一行语句的结束。以分号为结束的语句是 Java 中最简单的语句。
- ❏ Java 中还有复杂的语句，它们是由 Java 语法定义的一个语法结构。根据 Java 对应的语法规定，其中可能包含多个由分号组成的 Java 简单语句。

3.2.3　定义一个变量和变量名的规范

我们首先来看一下 Java 中创建一个变量的基本语法："数据类型" + "空格" + "合法的变量名"。这里空格可以有多个，但是至少有一个。以下代码定义了一个变量：

```
int secondNeeded
```

上面的代码定义了一个整型变量 secondNeeded。其中，int 表示该变量的数据类型是整型，secondNeeded 是变量的名字。

在这里首先需要注意的就是"变量名"。变量名必须是 Java 中一个合法的标识符（identifier）。什么是标识符呢？Java 语言语法对标识符有明确的规定。下面给出标识符的规范。

- ❑ 标识符必须以英文字母（包括大写和小写）或下划线（_）开头。
- ❑ 标识符除开头之外的字符，允许使用英文字母（包括大写和小写）、下划线（_）和数字。其余字符都不可以使用。
- ❑ 标识符区分大小写。也就是 a 和 A 是两个不同的变量名。
- ❑ 标识符不能是 Java 中的关键字。
- ❑ 标识符不能重名。

标识符不仅仅可以用来做变量名，还可以用来做类名和方法名。创建一个变量之后，就可以通过这个变量的名字使用这个变量了。

下面给出 Java 中的关键字列表，请看表 3-1。

表 3-1　Java 中的关键字

abstract	continue	for	new	switch
assert	default	if	package	synchronized
boolean	do	goto	private	this
break	double	implements	protected	throw
byte	else	import	public	throws
case	enum	instanceof	return	transient
catch	extends	int	short	try
char	final	interface	static	void
class	finally	long	strictfp	volatile
const	float	native	super	while

在表 3-1 中列出的所有名字都是 Java 中的关键字，所以不能被用作变量名。这里给出几个合法的变量名："_"（没错，一个下划线在 Java 中也是一个合法的变量名）、"_secondNeeded"、"secondNeeded"、"second1Needed2"（数字可以出现在变量名除开头之外的任何地方）、intValue（int 是关键字，不能做变量名，但是它可以出现在变量名中），Int（int 是关键字，但是 Int 不是，所以是一个正确的变量名）。

然后再给出几个错误的变量名：1second（数字不能出现在变量名开头），true（true 是 Java 中的关键字）。Java 中的关键字都有其语法意义，所以当误用它们做变量名的时候，错误信息可能会不一样。下面举一个例子。

```
public class VariableNameKeyWord {            // 使用关键字做变量名的例程
    public static void main(String[] args) {  // main 方法
        int package;      // 注意，这里会是一个编译错误。package 是 Java 中的关键字
    }
}
```

编译上面的例程，会得到下面的错误信息。

```
>javac VariableNameKeyWord.java
VariableName.java:4: 不是语句
        int package;
VariableName.java:4: 需要 ';'
        int package;
2 错误
```

对于"变量名不能重名"这个规则，现在先记住：在一个方法内变量名是不允许重复的。如果两个变量的变量名重复，Java 平台将无法通过变量名唯一地确定一个变量了。下面的例程中使用了重复的变量名。

```
public class DuplicatedVariableName {
    public static void main(String[] args) {
        int secondNeeded;
        int secondNeeded;
    }
}
```

上面的代码中，因为在 main()方法中声明的两个变量重名了，都叫做 secondNeeded，所以在通过 javac 命令在命令行对其进行编译的时候，会得到如下错误。

```
DuplicatedVariableName.java:5: 已在 main(java.lang.String[]) 中定义
secondNeeded
            int secondNeeded;
                ^
```

1 错误

对于别的变量重名的情况，因为涉及 Java 中的其他内容，在以后的章节中再做介绍。

🔔 **建议**：变量名是用来方便理解一个变量含义的，例如将一个变量命名为 secondNeeded，就是因为想用它来保存"从 A 到 B 所需要的时间"。本节中介绍的变量命名规则只是 Java 语法中的硬性规则，在实际中给变量一个有意义的名字是一个好习惯，这会让程序读起来更容易。

🔔 **提示**：本节中介绍的是 Java 的语法，需要记住。同时还有两个我们不用去关心的限制：变量的个数和变量名的长度。一个程序中的变量个数是有限制的，同样，一个变量名的长度也有限制。但是这两个值都足够大，大到无法举例，所以只要知道有这个限制就好了，不用去关心这个限制具体是多少。至今笔者编写过的程序也从来没突破过这个限制。

3.2.4　Java 中的基本运算符和表达式

现在我们知道了如何在 Java 中创建一个变量，并对 Java 中的 8 种基本数据类型有了一个简要的了解。下面看一下什么是 Java 中的运算符，并通过运算符来对 Java 中的变量进行运算。

首先介绍一下运算符的概念。运算符就是对 Java 变量进行运算操作的符号。本节中将介绍如下几个最常用的运算符：赋值运算符（=）、加法运算符（+）、减法运算符（–）、乘法运算符（*）、除法运算符（/）、括号运算符（()）、余数运算符（%）以及多个逻辑运算符。这里的算数运算符的意义和使用方法与小学数学中学到的基本一样，对于逻辑运算符我们可能会有些陌生，在 3.2.5 节中将专门讲解。

这里有必要了解一下表达式的概念。编程中的表达式的概念与数学中接触的表达式的概念是相似的。例如，在数学中称 a+b 是一个表达式。同样在 Java 中，也是将一串使用变量和运算符连接起来的计算叫做表达式。了解了表达式的概念，下面开始对 Java 中常用的运算符逐个介绍。

1. 赋值运算符（=）

赋值运算符是用来给变量赋值的，以给一个 int 变量赋值为例，学习赋值操作符。下面需要请出在第 1 章中见过面的老朋友 System.out.println()。第 1 章中，我们用它来将一串字符输出到控制台，其实它的功能很强大，不仅仅可以输出一串字符，对于我们本章中的所有 Java 基本数据类型的变量，都可以用它来将变量值输出到控制台。

例如下面的例程。

```java
public class PrintInt {
    public static void main(String[] args) {
        int a;                          // 创建一个变量
        a = 5;                          // 给变量赋值
        System.out.println(a);
    }
}
```

🔔 **注意**：这里我们发现这个例程中出现了中文字符。它们是注释，注释是帮助理解程序的，是对程序的说明。可以看到，每句中文前面都有两个斜杠"//"，这是 Java 语法。在程序的任何地方都可以使用"//"+"任意说明性文字"来对程序进行解释。这里需要注意的是，注释的内容是两个反斜杠后面的所有内容，直至换行。注释的内容在编译过程中将不会被编译器处理。

首先创建一个 int 变量，叫做 a。然后通过赋值操作符将 5 赋值给这个 a 变量。5 是 int 类型允许的一个变量值，所以赋值成功。然后使用"System.out.println(a);"将变量的值输出到控制台。在控制台（命令行窗口或者 Eclipse 的 Console 视图）中将会看到变量 a 的值。

🔔 **注意**：Java 中，操作符的左右两边都是可以有 0 个到多个空格的，空格没有任何语法意义，唯一的作用就是让程序看起来更美观。例如"a = 5;"，等号两边就各有一个空格。把空格去掉，程序一样是正确的，但是变量类型和变量名之间至少有一个空格。关于 Java 中的空格，要注意在例程中的使用，本章中不再叙述。

5

正如我们所想的那样，变量 a 的值变为了 5。如果尝试将一个不合法的值赋值给一个变量，那么在编译的时候将得到一个错误。例如，int 的值域中不包含小数，下面的赋值语句试图将一个小数赋值给一个 int 的变量，所以是一个错误的语句。

```java
int a;
a=5.5;
```

上面的代码创建了一个 int 变量 a，并将一个小数赋值给 a。如果一个程序中包含上面的一段代码，那么在编译这个程序的时候，就会在控制台看到如下错误：

```
DuplicatedVariableName.java:4: 错误: 不兼容的类型: 从 double 转换到 int 可能会有
损失
            a=5.5;
             ^
1 个错误
```

只要是"="右边的值是"="左边变量的变量类型所允许的值，那么赋值操作就是可以进行的。同样可以用赋值操作符对 double 类型的变量进行赋值，请看下面的代码：

```java
double b;
```

```
b=5;
```

上面的代码创建了一个 double 类型的变量 b，并将 5 赋值给变量 b。

需要注意的是，在使用一个变量之前，必须给一个变量赋值。这虽然是一个很好理解的要求，但是很多时候有可能会忽略。如果在上面的例程中将 "b = 5;" 去掉，并换为 "System.out.println(b);" 语句，那么在编译程序的时候会得到如下错误：

```
DuplicatedVariableName.java:5: 错误: 可能尚未初始化变量b
                System.out.println(b);
                                   ^
```

1 个错误

这个错误的意思就是"在使用变量 b 之前，没有给变量 b 赋值"（也就是所谓的未初始化变量 b）。Java 语法允许在定义一个变量的时候就给它赋值，而且在定义变量时给变量赋值也是一个很好的习惯。例如在创建一个整数变量或者一个浮点数变量的时候，一个不错的选择就是给它们赋值为 0。

```
int a=0;
double b=0;
boolean c = false;
```

上面的 3 行程序就是在创建出一个变量的同时给变量赋值。这是一个很实用的 Java 语法，可以让程序更简洁更不易出错。可能让我们看着不习惯的就是最后一行，之前介绍过，boolean 类型的值域就是 true 和 false。true 和 false 是 Java 中的保留字，最后一行中，就是创建了一个 boolean 类型的变量 c，然后将 false 值赋给 c。

❑ 赋值运算符要求其右面的值在左面变量类型的值域中。

❑ 使用一个变量前需要通过赋值操作符对其进行赋值。

这里我们也许注意到了，在 main()方法中，每行程序的结束都有一个 ";"，没错，这就是 Java 的语法，每行程序的结束都要伴随着一个半角状态下的分号，就好像我们每句话结束要有一个句号一样。

❑ Java 语法规定，一行 Java 程序的结束需要伴随一个分号 ";"。

2．四则运算符

四则运算符包括加法运算符（+）、减法运算符（-）、乘法运算符（*）和除法运算符（/）。除了乘法运算符和除法运算符在书写上和数学中有些不同之外，这 4 个运算符都是一样的。四则运算符可以用在 Java 中的整数和浮点数上。下面来看一个简单的例程。

```
public class SimpleCount {
    public static void main(String[] args){
        int a = 1;// 创建a、b和c三个变量，并分别赋值
        int b = 2;
        int c = 0;
        c = a+b; // 将a加b的运算结果赋值给c
        System.out.println(c); // 输出变量c的值
    }
}
```

SimpleCount 源码

在上面创建了 a 和 b 两个变量，然后创建了 c 变量，最后将表达式 a+b 的运算结果赋值给 c。运行这个程序可以看到如下输出。

3

这跟我们想要的结果是一样的。

这里，Java 语法允许在一行代码中创建 a 和 b 两个变量，并给它们赋值。同时可以将创建 c 和给 c 赋值这两个操作变为一行。请看下面的代码：

```
int a = 1, b = 2;
int c = a+b;
```

这里面第一行使用逗号（,）将连续的两个变量创建隔开。同时，不仅仅可以使用一个值给 c 赋值，也可以使用表达式给变量赋值。

同样也可以在第一行就完成所有工作，请看下面的代码：

```
int a = 1, b = 2, c=a+b;
```

这里需要注意的是，因为在给 c 赋值的时候使用到了 a 和 b，所以，在顺序上 c 变量必须放在 a 和 b 的后面。我们可以尝试在上面的例程使用这些语句。

💡 建议：笔者个人认为这种语法并不值得推荐，因为这会让程序读起来很费力。笔者推荐一行只创建一个变量，并且在创建的时候给变量赋值。如果不知道变量的值，可以给变量赋 0 值。当然每个人有自己的习惯，我们在自己的学习过程中会慢慢养成自己的编程习惯。

与数学中一样，Java 中的四则运算符号也有优先级，乘法和除法的优先级比加法减法的高，这个就不再论述了。

3. 括号运算符

在表达式中，括号运算符"()"是用来改变运算优先级的。这个与数学中接触的括号运算符一样，是用来改变运算符默认的运算顺序的。在这里需要注意的是，在 Java 中，小括号在不同的地方有不同的作用，例如前面遇到的 main() 方法后面就有一个小括号，这里的小括号不是运算符，而是 Java 语法，这会在以后的章节中做介绍。在表达式中，我们可以嵌套多个小括号，而不能像数学中那样使用中括号、大括号。中括号、大括号在 Java 中有另外的语义。

下面通过一个例程来看一下小括号的作用。

```
public class BracketsTest {
    // main()方法
    public static void main(String[] args) {
        int a = 1;        // 创建 3 个变量，并给它们赋值
        int b = 3;
        int c = 0;
        c = ((a+5) * 3) - b; // 使用括号改变运算顺序
        System.out.println(c);
    }
}
```

BracketsTest 源码

这个程序的运行结果如下：

15

在上面这段程序 main()方法中的第 4 行，使用了两个小括号的嵌套。其实外面那层括号是没必要的，但是这在 Java 语法中是被允许的。可以在没必要使用小括号的地方使用小括号，目的是为了让运算顺序更清晰，甚至可以连续使用两个括号。例如上面程序的第 4 行，可以写成如下形式：

```
c = (((a+1)) * 3) – b;
```

我们使用两个小括号将 a+1 括起来，这个在 Java 语法中也是被允许的。使用小括号的时候只有一点需要牢记：小括号一定要左右匹配。当发现括号不匹配引起语法错误的时候，可以借助前面介绍过的 Eclipse 源代码编辑器提供的括号匹配功能进行排错。

4．余数运算符

余数运算符是一个百分号（%），用来计算除法中的余数。例如 5%3 的值就是 2，因为 5/3 的余数为 2。余数运算符的优先级与乘法和除法相同，这里就不再给出例程了。

3.2.5　Java 中的布尔运算符

在本文中所讲的布尔运算符主要指计算结果为 boolean 类型的运算符。Java 中常用的布尔运算符有如下几个：相等（==）、不等（!=）、大于（>）、小于（<）、大于或等于（>=）、小于或等于（<=）、与（&&）、或（||）、非（!）。

前面介绍的运算符都是对数字进行运算的，运算的结果也是数字。下面我们将接触到布尔运算符，布尔运算符的结果是 boolean 类型的值，也就是 true 或者 false。可以将一个算术表达式的值赋值给一个合适的数字变量，同样也可以把一个 boolean 表达式的值赋值给一个 boolean 变量。布尔运算符的优先级比四则运算符低。除了取反运算符（!）之外，不同的布尔运算符之间的优先级是相同的。

❑ 布尔运算符的结果就是 true 或者 false。可以将布尔运算符的值赋给一个 boolean 变量。
❑ 布尔运算符的优先级低于所有四则运算符。

下面将布尔运算符分成两类，分别对每个运算符的运算规则做一个介绍。

1．值对比相关的布尔运算符——关系运算符

关系运算符有==、!=、>、<、>=和<=。这些关系运算符是用来比较两个值的。下面分别对这些关系运算符的运算规则进行介绍。

🔎说明：关于关系运算符，在这里需要解释一下。关系运算符都是两元操作符，也就是说这个操作符需要有两个操作数（例如乘法操作符也是两元操作符，乘号的左边和右边分别要有一个操作数），关系运算符号左边和右边的变量类型必须有比较的可能。

例如，可以让 Java 判断一个 int 变量的值是不是大于一个 double 变量的值，int 和 double 都是数字，可以用来比较，但是不能让 Java 去判断一个 int 变量的值是不是大于一个 boolean 变量的值。在我们接触到的基本类型中，两个类型相同的变量都可以用来比较。

与数值有关的类型（byte、short、int、long、float、double、char）的变量也可以相互对比，boolean 类型的变量只能与 boolean 类型变量进行相等和不等比较，不能进行大小比较。这里不好理解的就是 char 类型，为什么 char 类型也可以和数字类型比较呢？这个在以后的章节中再做介绍。

（1）相等运算符（==）：相等运算符是两个连续的等号。它是用来判断左右两边的值是否相等的，如果相等，则运算结果为 true，否则运算结果就是 false，例如下面的例程。

```java
public class EqualOperator {
    public static void main(String[] args) {
        boolean test = false;
        // 创建一个boolean 变量 test，并且赋值 false
        int a = 5;
        int b = 5;
        test = a==b;
        // 将表达式 a == b 的值赋给 test
        System.out.println(test);
    }
}
```

EqualOperator 源码

程序第一行中，创建了一个 boolean 类型的变量 test，同时给它赋值为 false。最后一行中，使用表达式 "a==b" 来判断 int 变量 a 和 int 变量 b 是否相等，然后将这个表达式的值赋值给 boolean 变量 test。这里需要记住的就是，所有 boolean 表达式的运算结果或者是 true，或者是 false。在上个例子中，因为 a 和 b 的值都是 5，所以 a == b 的运算结果就是 true。

运行例程，控制台输出如下内容：

```
true
```

输出结果与我们的预想的一样。

我们看下面一段代码。

```
boolean test = false;          // 创建一个boolean 变量 test，并且赋值 false
int a = 5;
int b = 5;
test = a+b == b+a;             // 将表达式的值赋给 test，boolean 表达式的优先级最低
```

开始三行的代码都是好理解的，最后一行看起来可能有点别扭，最后的一行代码的意思就是：首先计算 a+b 的值，然后计算 b+a 的值，最后使用 "==" 判断两个值是否相等，并将这个判断的结果赋值给 boolean 变量 test。其实这个表达式等价于 "test = ((a+b) == (b+a))"。可以使用小括号将运算分割开来，这样看起来就比较容易了。可以将这段代码写到例程中运行一下，看看输出结果是不是预想的那样。

💡**技巧**：虽然 test = ((a+b) == (b+a)) 中小括号并没有改变运算顺序，但是却让程序看起来更容易理解。boolean 运算式有时候会很长，使用小括号将不同的运算单元分割开是一个好习惯。

（2）不等运算符（!=）：和相等运算符正好相反，不等运算符在两个值不相等的时候返回 true，在两个值相等的时候返回 false。现在来看下面的例程。

```java
public class UnequalOperator {
    public static void main(String[] args) {
        boolean test = false;
        // 创建一个 boolean 变量 test，并且赋值 false
        int a = 5;
        int b = 5;
        test = (a!=b);
        // 将表达式的值赋给 test
        System.out.println(test);
    }
}
```

UnequalOperator 源码

因为 a 和 b 的值相当，所以 a!=b 的运算结果就是 false，也就是 test 的值是 false。运行下面的程序，在控制台看到如下输出：

```
false
```

程序运行的结果与分析的结果是一样的。

（3）大于运算符（>）和小于运算符（<）：大于运算符在左边的值大于右边的值时，运算结果是 true，反之则是 false。而小于运算符（<）则正好相反。例如下面的例程：

```java
public class BiggerOperator {
    // main()方法
    public static void main(String[] args){
        int a = 5;
        // 创建两个变量
        int b = 1;
        boolean bigger = (a > b);
    // 计算 a>b 的值，并将结果赋值给 boolean 变量 bigger
        System.out.println(bigger);
    }
}
```

a 的值为 5，b 的值为 1，所以 a > b 的值为 true。运行这个例程，程序输出如下结果：

```
true
```

小于运算符在这里就不再举例了，它与大于运算符的用法是相同的。可以通过修改上面的例程来使用一下小于运算符。

（4）大于或等于运算符（>=）和小于或等于运算符（<=）：大于等于运算符（>=）在操作符左边的值大于或者等于右边的值时，运算结果是 true，反之就是 false。小于等于运算符（<=）则在操作符左边的值小于或者等于右边的值时，运算结果是 true，反之就是 false。

通过下面的例子来看一下大于或等于运算符的使用：

```java
public class BiggerOrEqualOperator {
    public static void main(String[] args) {
        boolean test = false;    // 创建一个 boolean 变量 test，并且赋值 false
        int a = 5;
        int b = 5;
        test = (a>=b);               // 将表达式的值赋给 test
        System.out.println(test);
    }
}
```

因为 a 的值与 b 相等，所以 a>=b 的值就是 true。运行程序，结果如下：

true

这个结果就是我们预想的结果。关于小于等于运算符就不再介绍了，可以通过修改上面的例程来使用这个运算符。

2．求boolean类型数据关系的布尔运算符——逻辑运算符

Java 中的逻辑运算符有&&、||和！。前面介绍的操作符中，除了相等操作符（==）和赋值操作符（=）之外，都不可以用来操作 boolean 变量。下面将介绍只能用来操作 boolean 变量的操作符。它们的运算结果也是 boolean 值。

与运算符（&&）："&" 应该读作 and。它是一个二元操作符，它在两个 boolean 变量的值都是 true 的时候，运算结果是 true，其余的情况下运算结果是 false。例如下面这个例程。

```
public class AndOperator {
    public static void main(String[] args) {    // main()方法
        boolean a = true;                 // 创建 4 个boolean 变量
        boolean b = false;
        boolean c = true;
        boolean value = false;
        value = a && b;                   // 计算 a && b 的值,并将结果赋值给 value
        System.out.println(value);
        value = a && c;                   // 计算 a && c 的值,并将结果赋值给 value
        System.out.println(value);
    }
}
```

现在看 "value = a && b;" 一行，其中 a 的值是 true，b 的值是 false，根据&&的运算规则，a&&b 的计算结果应该是 false。然后看 "value = a && c;" 一行，其中 a 和 c 的值都是 true，根据&&的运算规则，a&&c 的运算结果应该是 true。运行程序，输出结果如下：

```
false
true
```

这个结果与设想的一样。可以这样记忆&&运算符的运算规则：当两个 boolean 值都是 true 的时候，运算结果为 true，如果其中一个为 false，则运算结果为 false。

或运算符（||）：|（读作 "or"）。||也是一个二元操作符，它的两个操作数也必须都是 boolean 变量。它的运算规则是：当两个 boolean 变量都是 false 的时候，运算结果为 false；当有一个 boolean 变量的值为 true 的时候，运算结果为 true。它和&&操作符有相似的地方，可以用来对比记忆。通过下面的例程来看一下这个操作符的使用。

```
public class OrOperator {
    public static void main(String[] args) {
        boolean a = false;                    // 创建 4 个boolean 变量
        boolean b = false;
        boolean c = true;
        boolean value = false;
        value = a || b;                   // 计算 a || b 的值,并将结果赋值给 value
        System.out.println(value);
        value = a || c;                   // 计算 a || c 的值,并将结果赋值给 value
        System.out.println(value);
    }
```

```
}
```

在"value = a || b;"一行中，a 的值和 b 的值都是 false，根据运算规则，a||b 的运算结果应该是 false。然后看"value = a || c;"一行，a 的值是 false，b 的值为 true，根据运算规则，a || c 的值应该是 true。运行一下程序，输出如下：

```
false
true
```

非运算符（!）：非运算符只能用于 boolean 类型的变量。它是本章介绍过的所有运算符中唯一一个一元操作符。本章中介绍的其他操作符都要求在操作符左边和右边各有一个操作数。例如加法操作符，它要对两个值进行相加，所以必须有两个操作数。而取非运算符则只对一个 boolean 变量进行运算。我们知道 boolean 变量只有 true 和 false 两个值，取反运算符的运算规则是：如果操作数的值为 true，则运算结果为 false；如果操作数的值为 false，则运算结果为 true。取反运算符的使用方法是将唯一的一个操作数放在其右边。看下面的例程。

```java
public class Revert {
    public static void main(String[] args) {   // main()方法
        boolean boolValue = false;
        boolean revert = (!boolValue);               // 使用非运算符取反
        System.out.println(revert);
    }
}
```

其中 main()方法的第 2 行中，"!boolValue"就是使用了取反操作符。boolValue 的值是 false，根据"!"的运算规则可以知道，"!boolValue"的运算结果就是 true。那么变量 revert 的值就会是 true。运行一下程序，输出的结果与推断的一样。

```
true
```

❑ 取反运算符（!）是一个单元操作符，使用时操作数放在它的右边。它只能用在 boolean 变量上。

❑ 取反运算符的运算规则是：如果操作数的值为 true，则运算结果为 false；如果操作数的值为 false，则运算结果为 true。

3.2.6　位运算符

位运算符是专门针对内存中的二进制数据进行运算的一种运算符。Java 中的位运算符一共有 7 个，分别是：按位与（&）、按位或（|）、按位非（~）、按位异或（^）、左移位（<<）、右移位（>>）和无符号右移位（>>>）。在这里的前四个运算又可叫做位逻辑运算符，后面的三个叫做移位运算符。而这其中除了按位非运算是一元运算符，其他的都是二元运算符。当然因为本书中很少谈及位运算（初学者也只做了解即可），只需要知道有这么个分类，并做简单了解。

如果想要了解位运算符的使用，首先必须明白计算机中的数据存储方式。这里我们做一些简要的介绍。在计算机中，无论什么数据或者命令都是用二进制数表示的（其实是用电位高低来表示）。二进制数是类似于我们常用的数字，不过不是 0～9 组成，而是只有两个数字——0 和 1 组成。而其中每一个数字所占的位置称为位（内存中都有一个实际的单元来存储这一个数字，这才是真正的位），在进行位逻辑运算时就会对比相同位置上的数字来计算。

在进行与（&）运算时，只有两个数字都是 1 的情况下才会得出 1 的结果，否则，为 0。而或（|）运算则没有那么严格，其值要求其中一个为 1 时结果就可为 1，当两个比较的位置上的数字都为 0 时结果才会为 0。异或（^）运算，在其中表现得比较奇怪，因为只有两个位上比较的数不一样的时候结果才会为 1，只要一样了结果就为 0，例如 1 和 1 或者是 0 和 0 比较的结果就为 0。按位非就是对一个数据中的所有位值的数字"取反"，也即将数据中的 0 改写为 1，而将 1 改写为 0。对于其他的运算，由于本书中很少涉及，笔者就不再赘述。

3.3　基本数据类型运算的难点

在 3.2 节中介绍了 Java 基本类型变量和 Java 中常用的操作符。现在我们大概觉得它们用起来和数学中的操作符基本上是一样的，而且没有超出"小学数学"的水平。只不过小学的时候计算 3+5，而在 Java 程序里面更多的是计算 a+b。下面本节中的内容将会学习到 Java 运算符中与传统数学中不一样的地方。

3.3.1　强制类型转换——小数哪里去了

首先，Java 中处理变量与数学中不同的地方就是，在数学中一个符号可以代表任何类型的数字，而在 Java 中，一个变量只能有一种类型。而 Java 中 byte、short、int、long、float 和 double 这 6 种类型都是用来表示数字的。有时会遇到想要将一个类型的数字变量值赋值给另一个类型的数字变量的情况，这样就会有一个不同类型的值相互转换的问题。

例如，将一个 int 变量的值赋给一个 double 的变量会怎样呢？反过来又会怎样呢？前面介绍过 Java 数字类型的精度排列顺序。Java 中允许直接将一个低精度的值赋值给一个高精度的值，就好像它们的类型是一样的。这个比较好理解，将一个低精度的变量值赋值给高精度的变量就好像把一个小的东西放到一个更大的容器里，这个肯定是放得下的。所以 Java 允许将一个 int 的变量值直接赋给一个 double 的变量。看下面这段程序。

```
int intValue = 5;
double doubleValue = intValue;
```

程序中创建了一个 int 变量 intValue，并给它赋值为 5，然后又创建了一个 double 变量 doubleValue，并将 intValue 的值赋给 doubleValue。这里无须任何特殊的处理，Java 语法是允许这种把低精度的值赋给高精度变量的操作的。

但是反过来则是不被 Java 允许的，如下面这段程序：

```
double doubleValue = 9.5;
int intValue = 0;
intValue = doubleValue;
```

第 1 行中创建了一个叫做 doubleValue 的 double 类型变量，第 2 行中创建了一个 int

变量叫做 intValue，第 3 行中我们尝试将 doubleValue 的值赋给 intValue，这个赋值操作是不符合 Java 语法的，如果尝试编译这个程序，会得到类似如下的错误。

```
test.java:6: 错误: 不兼容的类型: 从 double 转换到 int 可能会有损失
            intValue = doubleValue;
                       ^
```

1 个错误

如何才能将一个 double 变量的值赋值给一个 int 的变量呢？这里就需要用到 Java 中"强制类型转换"语法。首先看下面的程序。

```
public class ForceConvert {
    public static void main(String[] args) {
        // main()方法
        double doubleValue = 9.9;
        // 创建一个 double 变量和一个 int 变量
        int intValue = 0;
        intValue = (int)doubleValue;    // 强制类型转换
        System.out.println(intValue);
    }
}
```

ForceConvert 源码

可以看到，main()方法第 3 行的赋值语句有些特别。这里就是使用了 Java 中的强制类型转换。Java 强制类型转换的语法是 "(" + "目标类型" + ")" + "想要转换的值"。这里 "(int)doubleValue" 就是将一个 double 类型的变量 doubleValue 的值转换成 int 的值。

例程中最后一行将 intValue 输出到了控制台，运行一下程序，看看程序输出了什么。

9

对于输出的结果我们也许会有些吃惊，为什么不是 10 而是 9 呢？Java 中如果将一个浮点数强制类型转换为一个整数时，Java 是不会进行四舍五入操作的，而是直接将浮点数的小数部分全部删除。也就是说，如果将 0.9 通过 Java 强制类型转换成整数值，那么将得到 0。

如何才能得到四舍五入的整数值呢？这需要编写程序来实现，将例程修改如下：

```
public class ForceConvert {
    public static void main(String[] args) {
        double doubleValue = 9.9;         // 创建一个 double 变量和一个 int 变量
        int intValue = 0;
        intValue = (int)(doubleValue + 0.5);   // 此运算相当于四舍五入
        System.out.println(intValue);
    }
}
```

我们发现，在强制类型转换之前，首先计算了 doubleValue+0.5 的值。这样，如果 doubleValue 的小数部分是大于等于 0.5 的，加法运算的结果就会让 doubleValue 的整数部分加 1，否则则不会，然后再次对 doubleValue 进行强制类型转换为 int，这时候得到的值就是四舍五入后的值了。其实编程的时候进行四舍五入就是对一个浮点数加上 0.5，然后取其整数部分。运行这个修改后的程序，会发现输出的值是我们想要的。

10

同样地，整数类型之间，如果将一个高精度类型的值赋给一个低精度类型的变量，也需要进行强制类型转换。请看下面的例程。

```java
public class ForceConvert2 {
    public static void main(String[] args) {
        byte byteValue = 0;
        // 创建一个 int 变量和一个 byte 变量
        int intValue = 9;
        byteValue = (byte)intValue;
        // 赋值前进行强制类型转换
        System.out.println(byteValue);
    }
}
```

ForceConvert2 源码

程序运行结果如下：

9

这里需要注意的是，强制类型转换是有风险的，因为 byte 的值域是[−128，127]，如果在上面的例程中，intValue 的值是 999，则超出了 byte 的值域，那么强制类型转换的结果是什么呢？把上面的程序修改一下，让 intValue 的值是 999，然后运行程序，程序输出如下：

−25

我们惊讶地发现，程序输出的值是"−25"！一个正数，竟然强制类型转换后是一个负数！其中的原因涉及数字在计算机中的保存方式，这里不去讲解这部分。在这里要知道的就是，如果将一个高精度变量值转换为一个低精度值，需要保证这个高精度变量的值没有超出低精度类型的值域（例如上面的例子中，就要确定 intValue 这个变量的值没有超过 byte 类型的值域）。

否则，转换的结果就会是不期望的那样。例如知道 byte 是可以表示数字 9 的，所以如果 intValue 的值为 9，则可以进行强制类型转换。但是，999 是 byte 类型所不能表示的，如果 intValue 的值为 999，则最好不要进行强制类型转换，因为结果可能让我们吃惊。

- ❑ 对于 Java 中的数字类型，Java 中允许直接将一个低精度的值赋给高精度的变量。
- ❑ 如果需要将一个高精度的值赋给低精度的变量，需要对高精度的值进行强制类型转换。Java 中强制类型转换的语法是："("＋"目标类型"＋")"＋"想要转换的值"。
- ❑ 在将一个高精度的值转换成低精度的值时，需要确定这个高精度类型变量的值能够在低精度中表示，否则，结果可能是意料不到的。

🔔提示：在实际编程中，我们最多的就是使用 int 和 double 来表示整数和浮点数，除非有特殊的需要，而较少用其他的数字类型。它们的值域要么太小（如 byte 类型，用的时候很容易就会让变量的值超出值域），要么太大（对于值域大的数据类型，计算机处理起来需要更多的资源消耗）。而 int 和 double 两个类型是值域和开销的平衡点——在值域满足绝大多数情况的需求时，计算机使用的绝大多数硬件开销也不会很大。

3.3.2　类型的转换在运算中悄悄进行

3.3.1 节中介绍了数字类型的变量在赋值运算的时候遇到的类型问题。同样的问题也会出现在对数字类型进行的运算中。前面的章节在介绍加法运算符时，我们仅仅是使用两个int 类型的变量进行加法操作。很可能我们需要将一个 int 类型的变量和一个 double 类型的变量相加。这时 Java 会怎样处理呢？加法进行后的返回值是什么类型的呢？

其实在对两个不同类型的变量进行运算时，Java 会先将精度低的变量转换成精度高的变量（Java 可以将高精度变量值转换成低精度值，也可以反过来转换），然后对两个同类型的变量进行运算，最后返回的结果也是高精度的。看下面的程序。

```java
public class CountAndConvert {
    public static void main(String[] args){
        double doubleValue = 9.9;
        // 创建一个 double 变量和一个 int 变量
        int intValue = 9;
        double result = doubleValue + intValue;
        // int 类型变量被转换为 double 类型
        System.out.println(result);
    }
}
```

CountAndConvert 源码

在 main()方法的第 3 行中，将 double 的变量 doubleValue 和 int 的变量 intValue 进行相加。这时候，Java 发现加法的两个操作数类型为 double 和 int，是不一样的，Java 首先找到精度低的类型变量，也就是 intValue，然后将它的值转换为精度高的类型，在这里也就是 double。然后 Java 就会将两个 double 的变量值进行相加。加法执行的结果也是 double 类型的数据。如果在这里将 result 的变量类型改为 int，则会有前面小节中看到的错误，因为无法直接将一个 double 的值赋给一个 int 的变量。运行这个例程，结果输出如下：

```
18.9
```

我们发现，结果确实是 double 的，因为它包含小数部分。

🔔**小提示：** 前面介绍说浮点数无法精确地表示一个变量，但不用去担心浮点数的精度，因为它是"足够精确的"。这里我们看到，double 类型仿佛精确地表示了想要的结果。其实这里，double 类型足够精确，而不是完全精确。Java 程序准确地给出了18.9 这个结果，在我们看来并没有一丝一毫的误差。

同样地，对于其他运算符（–、*、/和%），Java 也会进行相同的处理过程。运算结果的类型就是所有操作数中精度最高的那个。

这里还有一点需要注意。如果直接写一个数字，那么它是什么类型的呢？例如下面这行程序，它使用了数字 9 和 4。

```java
byte byteValue = 9/4;
```

对于直接出现在程序中的数字，如果是整数，Java 就会使用 int 类型变量来表示它，如果是浮点数，Java 就会使用 double 类型来表示它。那么，上面的运算结果岂不是一个 int 了吗？为什么没有错误呢？实际上，在之前比较旧版本的 JDK 上，这行程序是错误的。但是在使用的最新版本的 JDK 中，Java 会自动将运算的结果转换为我们想要的类型。例如上行程序中，Java 就会把运算类型转换为 byte。

这里需要注意的是，9 和 4 都是直接的数字，而不是变量，只有这个时候 Java 才会完成类型转换。如果是下面这段代码，虽然意思是一样的，但是在 Java 中就会是错误的。

```
int intValue = 9;
byte byteValue = intValue/4;
```

这是因为 intValue 是一个变量，而不是一个直接的数字。

好，接下来看下面这个例程。

```
public class AutoConvert {
    public static void main(String[] args) {
        double doubleValue = 9/4;
        // 将两个 int 类型变量的除法运算值赋值给 double 变量
        System.out.println(doubleValue);
    }
}
```

AutoConvert 源码

doubleValue 的值会是多少呢？首先来分析 9/4 这个计算式。通过前面的介绍可以知道，对于这种直接写在程序中的整数，Java 是使用 int 来计算的。那么，9/4 就是两个 int 值的除法，它不会保留小数部分，所以它的值就是 2。然后 Java 会将这个 2 转换为 double 类型并赋给 doubleValue 变量。那么 doubleValue 的值就应该是 2.0（对于浮点数，就算其小数部分是 0 也要加上，以表示它是一个浮点数）。运行程序，会发现程序输出跟推断的一样。

```
2.0
```

❑ 当操作符的操作数有不同的精度时，Java 会将低精度的操作数转换为高精度的操作数，然后进行运算。运算的结果也是高精度的值。

❑ 对于直接出现在程序中的整数，Java 会当作 int 类型处理；对于浮点数，Java 会当作 double 处理。

3.3.3　强制类型转换最优先

强制类型转换的运算优先级是高于算数运算符的。如果把 3.3.1 节中 ForceConvert 例程修改为如下的样子：

```
public class ForceConvert {
    public static void main(String[] args) {
        double doubleValue = 9.9;          // 创建一个 int 变量和一个 double 变量
        int intValue = 0;
        intValue = (int)doubleValue + 0.5;      // 强制类型转换后再进行运算
        System.out.println(intValue);
    }
}
```

这里如果把 main()方法中的第 3 行写成"intValue = (int)doubleValue + 0.5;"，那么 Java 编译器会输出"可能损失精度"错误。为什么呢？这是因为强制类型转换运算的优先级高于算数运算符，所以表达式"(int)doubleValue + 0.5"的运算顺序就是先把变量 doubleValue 强制类型转换成 int 类型，然后再与 0.5 进行加法操作。0.5 是一个 double 变量，那么就是

int 变量和 double 变量进行加法运算。

根据上节中的介绍，这个运算结果就是一个 double 的值。在这里，因为 doubleValue 是一个变量而不是直接的数字，所以 Java 不会对运算结果进行类型转换，也就是说，"intValue = (int)doubleValue + 0.5;" 其实是将一个 double 的值赋给一个 int 变量，所以才会出错误。

而如果使用 "intValue = (int)(doubleValue + 0.5);"，Java 就会先计算小括号内的值，也就是先计算(doubleValue + 0.5)，然后再对运算结果进行强制类型转换，这时候我们得到的结果就是 int 的值了，所以不会出错。在使用强制类型转换的时候，一个好习惯是将被转换的类型或者表达式用小括号括起来，以避免出错。

❑ 强制类型转换运算的优先级高于算数运算。

❑ 使用强制类型运算的时候，一个好习惯是将被转换的变量或者表达式用小括号括起来。这样可以有效地避免出错，而且可以让程序更加易读。

3.3.4　等号其实不简单

前面介绍过等号就是用来赋值的，这个用法与我们从小学以来一直会的用法是一样的。但是在 Java 中，等号还有更丰富的用法。首先看下面这个例程。

```java
public class ContinueAssign{
    public static void main(String[] args){
        int a = 0;                          // 创建一个 int 变量 a
        int b = (a = 5);                    // 给 a 赋值 5，然后再把 a 赋值给 b
        System.out.println(a);
        System.out.println(b);
    }
}
```

"int b = (a = 5);" 看起来很别扭，它是什么意思呢？我们知道 Java 中 a+b 的返回结果是 a 和 b 两个数的和。a = 5 不仅仅完成了赋值操作，它其实也会返回一个结果，它的结果就是完成赋值操作后等号左边的变量值。在上面的例子中，a=5 的结果就是完成赋值操作后 a 的值，也就是 5。这样就好理解了，在上面的程序中，"int b = (a = 5);" 其实就等于下面两行程序。

```java
a=5;
int b=a;
```

运行上面的程序，程序输出如下：

```
5
5
```

Java 的等号有了这个功能，就可以连续地给变量赋值了。

接下来看另一个例程。

```java
public class UseInAssign {
    public static void main(String[] args){
        int a = 5;              // 创建两个变量
        int b = 6;
        b = a + b;              // b 既用于计算，也用于赋值
```

```
        System.out.println(b);
    }
}
```

我们看到"b = a + b;"的时候也许会不理解。其实这一行程序的执行过程就是：Java 首先根据变量名 a 得到这个变量的值，然后根据变量名 b 得到这边变量的值，然后进行加法运算，最后将运算的结果赋值给 b。所以在将运算结果赋给 b 的时候，Java 平台已经利用 b 的值计算过加法了，而无须担心这么使用会造成什么未知的结果。根据推断，b 最后的值应该是 a 的值 5 加上赋值前 b 的值 6，也就是 11。运行这个程序，得到的输出跟预想的一样。

```
11
```

- ❑ 等号（=）除了会完成赋值操作以外，也跟其他运算符一样，会返回一个值。
- ❑ 在等号左边的表达式中可以使用等号右边的变量。

3.3.5　小心使用浮点数进行比较

前面介绍过，浮点数其实是不可能完全精确地表示一个小数。也就是说，判断两个浮点数是不是相等的时候，很可能得不到想要的结果。我们觉得明明是两个以为相等的浮点数，可能 Java 认为它们并不相等。其实在 Java 中，因为浮点数不精确这个特点，极少使用浮点数进行相等运算（==）。当需要判断两个浮点数是不是相等的时候，比较通常的做法是让两个浮点数相减，如果它们的差足够小，那么就认为两个浮点数是相等的。

看下面的例程。

```
public class CompareUsingSub {
    public static void main(String[] args) {
        double a = 9 * 3.1415926 / 7.56789 * 1.145926;
        // 浮点数运算
        double b = 9 * 3.1415926 / 7.56789 * 1.145926;
        // 当两个浮点数差小于一个我们规定的足够小的数,
        // 那么它们就可以看做是相等的
        boolean equal = (a - b < 0.0000000001) && (b -
a < 0.0000000001);
        System.out.println(equal);
    }
}
```

CompareUsingSub 源码

这里看表达式"(a − b < 0.0000000001) && (b − a < 0.0000000001)"，它的意思就是如果 a 和 b 的差值小于 0.0000000001，并且 b 和 a 的差值小于 0.0000000001（因为我们无法确定 a 和 b 哪个会更大一点，所以我们需要两个判断）的时候，表达式的值就是 true，否则就是 false。换句话说，也就是 a 和 b 的差值的绝对值小于 0.0000000001，表达式的值就是 true，反之就是 false。这里，如果表达式的值为 true，就认为 a 和 b 两个浮点数足够接近，可以认为是相等的了。

运行上面的程序，得到如下输出：

```
true
```

🔔注意：浮点数没有绝对的相等，只有近似的相等。Java 中只有整数才有绝对的相等。

　　这里 0.0000000001 只是一个假设值。在实际的程序中，可以根据需要来确定这个精度应该是多少。例如如果 a 和 b 代表两种商品的价格（元），那么精度是 0.001 就足够了，因为现实中商品的价格一般就是精确到 0.01 元，如果两种商品的价格差小于 0.001 元，我们就可以认为它们的价格是相等的。当然如果在别的场景下，可能 0.0000000001 这个精度还不够。

　　在这个例程中，直接使用相等运算符来对 a 和 b 两个 double 变量的值进行判断，很可能也能够得到 true 值。事实上，对 a 和 b 进行完全相同的运算后，再通过相等运算符进行比较，还是很可能得到 true 值的。但是在实际编程中，为了严谨起见，判断两个浮点数是不是相等时，最好像例程中做的那样，使用两个浮点数的差的绝对值与我们关心的精度进行比较得出。

　　在这里还有一点需要注意的就是&&的使用。前面介绍过，&&在发现左边的值为 false 的时候就不会再去计算右边的值了。在这个例子中，如果(a − b < 0.0000000001)的值是 false，那么 Java 将不会再去计算(b − a< 0.0000000001)。这样我们在(a − b < 0.0000000001)的值是 false 的情况下，就少做了一次两个 double 变量的减法（b−a）和一次两个 double 变量的比较运算（b−a 的值小于 0.0000000001）。虽然在这里不会影响到结果，但是在其他地方可能就有影响。

> 💡 提示：有些情况下，在类似 A||B 和 A&&B 这种表达式计算中，A 表达式的结果是 B 表达式进行运算的基础，也就是说只有在 A 表达式是某一确定的情况下，B 表达式才能够进行计算。在这种情况下，就必须使用||和&&了。在后面章节的学习中会接触到这种情况。所以现在就应该养成使用||和&&的好习惯。

- ❑ 最好不要对浮点数进行相等比较。要用它们的差的绝对值与一个我们关心的精度进行比较，来判断两个浮点数是否相等。
- ❑ 编程中一般使用||和&&。

3.3.6　boolean 和 char

　　上面的章节中主要使用了 Java 基本类型中数字的相关类型。在本节中将对 boolean 和 char 各给出一个例程。

1. 通过例程学习boolean类型变量

boolean 类型的变量是可以使用相等运算符的。看下面的例程。

```
public class BooleanEqual {
    public static void main(String[] args){
        boolean valueA = true; // 创建 3 个 boolean 变量
        boolean valueB = true;
        boolean valueC = false;
        boolean value = (valueA == valueB);
        // boolean 类型变量的相等运算
        System.out.println(value);
        value = (valueA == valueC);
        // boolean 类型变量的相等运算
        System.out.println(value);
```

BooleanEqual 源码

```
        }
    }
```

首先将"valueA == valueB"的运算结果赋值给 value 变量，然后将 value 的值输出到控制台，因为 valueA 和 valueB 的值都是 true，所以"valueA == valueB"的运算结果就是 true。这时候 value 的值就应该是 true，那么控制台输出的第一行内容就应该是 true。紧接着我们又将"valueA == valueC"的运算结果赋值给 value，因为 valueA 和 valueB 的值不相等，所以"valueA == valueC"的运算结果应该为 false。那么 value 的值此时就应该是 false，也就是控制台输出的第二行内容就是 false。运行一下程序，输出结果与推断的一样。

```
true
false
```

好的，接下来看一个 char 类型的使用。

2. 通过例程学习char类型变量

本章中至此还都没有使用过 char 类型。char 类型的变量代表一个字符，这个字符可以是英文字符，也可以是中文字符。看下面的例程：

```java
public class UsingChar {
    public static void main(String[] args) {
        char charA;                         // 创建一个 char 变量
        charA = 'A';
        char charB = '人';                  // 给 char 变量赋值
        System.out.println(charA);          // 输出 char 变量的值
        System.out.println(charB);
        char charC = '人';
        boolean equal = (charB == charC);
        // char 变量的比较
        System.out.println(equal);
    }
}
```

UsingChar 源码

首先看 main()方法的第一行"char charA;"，我们创建了一个叫做 charA 的 char 类型的变量。第 2 行中，"charA = 'A';"就是给这个 char 变量赋值。因为 char 是字符变量，所以给它赋值也要使用字符。同时 Java 中表示一个字符时不能够直接写一个字符，需要用一对单引号将这个字符括起来。给 char 变量赋值的语法就是"char 变量名"＋"＝"＋"'"＋"一个字符"＋"'"。

📖注意：在输入中文字符的时候，记得输入完毕后将输入法切换到英文输入法再写程序，否则很可能会使用中文里的分号"；"。前面介绍过，非英文的字符出现在程序正文中是不符合 Java 语法的。

在这里介绍一下 Java 中的单引号。在 Java 中，单引号用来将一个字符括住，表示一个字符。这句话听起来仿佛有点别扭。我们来理解一下。例如在上面的例子中，如果不使用单引号，而直接写"charA = A"则是将字符 A 赋值给 char 变量 charA。但是 Java 却无从知道等号右边的 A 是代表什么意思：A 是代表一个变量呢（当然，在上面的例程中没有变量 A，我们假设有），还是代表一个字符 A 呢？所以，为了避免这种困惑，Java 语法中规定，如果要表示一个字符，必须用一对单引号将这个字符括起来。

单引号之间的内容只能是一个字符。因为一个 char 类型的变量只"够放"下一个字符的。如果单引号里面有两个字符，在 Java 中就是不符合语法的。

好的，现在我们知道了 Java 中字符的相关知识继续看上面的例程。第 3 行中，将一个汉字字符"人"赋值给了 charB 变量。前面介绍过，这在 Java 中是支持的。紧接着的两行，使用"万能的 System.out.println"将 charA 和 charB 的内容输出到控制台上。这时候控制台上前两行内容应该是"A"和"人"。

然后继续看程序。下面一行中创建了一个 char 变量 charC，值也是"人"。然后使用"=="来判断 charA 和 charC 两个字符是否相等。将这个对比的结果赋值给 boolean 变量 equal，然后将 equal 的值输出到控制台。因为 charA 和 charC 的值是相等的，所以判断 equal 的值应该为 true，也就是控制台会在输出"A"和"人"之后输出"true"。运行例程，控制台输出如下：

```
A
人
true
```

这跟我们的推断是一样的。

用于 char 变量上最多的运算符就是赋值运算符（=）和相等判断运算符（==）。其实，还可以将 char 类型的变量当作是一个整数，进行算术运算。不要吃惊，在后面会讲解字符集编码，到时候读者会很清楚 char 是什么，也就知道为什么可以这么做了。但是在这里不要多想，就把 char 类型当作是字符的代表，不要尝试去猜测字符进行算术运算的意义。

🔔注意：如果有兴趣，可以自己写几个字符相关的例程锻炼一下。先不要使用除了英文和中文之外的其他语种的字符，例如日文字符。因为计算机的设置问题，如果使用其他语种的字符很可能会造成源程序无法正确保存。

在这里介绍一下和 System.out.println 功能相似的另一个语句 System.out.print。它与前者一样，也可以将内容输出到控制台。System.out.println 在输出完内容后，会输出回车换行符，而 System.out.print 则不会。例如上面的例子，如果将 System.out.println 替换为 System.out.print，那么程序输出如下内容。

```
A 人 true
```

🔔提示：回车换行符在计算机中就是用来另起一行的。当在文本编辑器（例如 Windows XP 的记事本）中使用键盘上的 Enter 键时，就是输出了一个回车换行符号。

❑ Java 中使用两个单引号将一个字符括起来，表示一个 char 变量，也就是一个字符。单引号之间只能有一个字符，这是因为 char 变量只能存储一个字符。

❑ System.out.println 在输出内容后，还会输出回车换行符。而 System.out.print 则只负责输出内容。

3.3.7　不要使用还没有定义的变量

本节将介绍一个初学者经常犯的错误。首先看下面的例程。

```java
public class UseAfterCreation {
    public static void main(String[] args) {
        int a = 5;                  // 创建变量a
        int b = a + c;              // 错误! c还没有创建出来
        int c = 7;
    }
}
```

UseAfterCreation 源码

当尝试编译这个程序的时候，会得到如下错误提示：

```
UseAfterCreation.java:5: 错误: 找不到符号
                int b = a + c;
                            ^
    符号:   变量 c
    位置: 类 UseAfterCreation
1 个错误
```

编译器会提示一个错误：在 main()方法的 "int b = a + c;"中，使用了还没有创建出来的变量 c。很简单的道理不是吗？在使用一个变量的时候，必须已经创建出来了，虽然在 main()方法的第 3 行中创建了 c 变量，但是 Java 读一个方法里面的代码时，是顺序地、一行行地读，所以在它读到第 2 行，发现程序使用了一个不认识的变量 c 的时候，就会抛出错误，而不会再继续向下读了。

在这里，可以尝试着去看一下编译器输出的错误提示。绝大多数情况下，当编译器给出多个错误的时候，第 1 个错误就是最直接的错误，后面的错误可以不用去看。这里第 1 个错误提示内容如下：

```
UseAfterCreation.java:5: 找不到符号
符号:   变量 c
位置:   类 UseAfterCreation
            int b = a + c;
                        ^
```

它代表什么意思呢？首先 "UseAfterCreation.java:5:" 的意思是在 UseAfterCreation 中的第 5 行有错。错误是什么呢，就是紧跟在后面的"找不到符号"。我们去 UseAfterCreation 程序中，从上到下数到第 5 行（空行也算行数），它的内容是"int b = a + c;"，这就是错误信息告诉我们的内容。

其实到这里已经可以去排除错误了。但是 Java 编译器还给出了更详细的错误提示，包括给出了错误所在的类（"位置: 类 UseAfterCreation"），给出了有错误的那行程序（int b = a + c;），甚至在下面的一行中使用一个 "^" 符号指出了上一行中哪个位置有错。Java 编译器如此精确地指出了出错的地方，我们实在不应该找不出错误所在。

分析到这里，我们已经对排除这个错误的方法了然于胸了。只要把 "int c = 7;" 这一行挪到 "int b = a + c;" 这一行前面就好了。下面是修改后 main()方法内的代码。

```
int a = 5;
int c = 7;
int b = a + c;
```

💡技巧：编译器输出的错误提示或者 Eclipse 源代码编辑器的错误提示信息是很有用的，要学会阅读这些错误信息排除程序中的错误。这也是本书中为什么在每次程序出错的时候都会给出错误输出的原因。

初学者最经常做的事情就是一看到编译输出错误提示，就垂头丧气。在这里大可不必，没人能够刚开始写程序就不出错的。学会看错误信息是编程技术提高的一个表现。当我们慢慢学会看懂编译器输出的错误提示的时候，会发现编译器真的是很"强大"。它几乎每次都能准确地指出程序中的语法错误。我们只要学会"倾听它的声音"，那么排除程序中的错误将是一件轻松愉快的事情，等发现编译错误就能够马上将它消灭的时候，我们就不再是 Java 初学者了。

❑ Java 会自上而下顺序处理方法中的代码，在使用一个变量的时候，必须将这个变量在前面的代码中创建出来。

3.3.8　String——char 串起的项链

本节中来见一下我们在第 1 章的老朋友——String。

1．学习使用String类型

在第 1 章的时候使用"System.out.println("Hello World");"向控制台输出了 Hello World 这一串字符。在 Java 中，用双引号将一串字符括起来，这就创建了一个字符串。不要把字符串跟 Java 中的字符弄混了，字符是使用单引号的。字符串类型在 Java 中是使用 String 表示的。在这里，String 就好像本章中介绍的 int 一样，是代表一个类型。看下面这个例程。

```
public class HelloWorldPlus {
    public static void main(String[] args){
        String sayHello = "Hello World";
        // 创建一个字符串
        System.out.println(sayHello);  // 输出字符串
    }
}
```

运行这个例程，在控制台输出如下内容：

```
Hello World
```

HelloWorldPlus 源码

这个结果跟第 1 章中的程序是一样的。在我们看来，仿佛创建了一个 String 类型的"变量"sayHello，然后给 sayHello 赋值，再使用万能的 System.out.println 将 sayHello 的值输出到控制台。在这里我们牢记在心的是，String 与在本章中介绍的基本数据类型有本质的不同，同样地，sayHello 也不是变量，与 intValue 之类的变量有本质不同。至于它们的区别是什么，现在说出来只会让人更迷糊，请读者朋友，耐心等待。

2．String类型的"加法"运算

下面尝试从另一个角度认识 String。在本章开篇就知道，Java 中的基本数据类型是"数据原子"，所有其他类型的数据都是由基本数据类型"组装"而成的。这里，就可以认为 String 类型就是将一定数量的 char 类型变量组装起来后形成的一个新的类型。可以想象用线将 char 变量串成一个项链，然后就得到了一个 String。这个类型带来的方便是不言而喻的，如果不用 String，那么想要向控制台输出 Hello World 将会是一件很繁琐的事情，需要写 11 行 System.out.print 来分别输出 11 个字符（注意，空格也是一个字符）。

在这里介绍 String 的原因有两个，首先就是体验一下 Java 中使用基本数据类型"组装"成的新类型；其次是 String 这个类实在是太常用了，有必要先接触一下 String 的基本使用方法。虽然我们对 String 的本质不了解，但是这并不妨碍我们方便地使用它。看下面这个例程。

```java
public class UsingString {
    public static void main(String[] args){
        String emptyStr = "";
        // String 的长度可以是 0 到足够大
        String str1 = "字符串中可以同时使用中文和English";
        // 字符串中可以中英文混合使用
        String str2 = "。";
        // 对于字符串，即使只包含一个字符，也要用双引号
        String plusStr = str1 + str2;
        // 字符串可以"相加"
        System.out.println(plusStr);
    }
}
```

UsingString 源码

在 main()方法的第一行，创建了一个空的字符串，也就是两个双引号之间什么都没有。这在 Java 中是允许的。在使用一个 String 之前，必须给一个 String 赋值，就好像前面介绍的那样。这一点很好理解——不赋值怎么可以拿来使用呢？但是在这里还要强调一下，因为很多时候，在写程序的时候会忽略这一点。对于数值类型，一个好习惯是在创建出一个变量之后就给它赋值 0。对于 String，如果不知道给它什么内容好，那就给它个空字符串("")吧！

第二行中创建的是一个同时含有中英文的字符串，这在 Java 中是允许的，也是常用的。然后在下一行中创建了一个只含有单个字符的字符串。这里需要注意的是，即使只有单个字符，但是因为它是一个字符串，所以也要用双引号括起来。

紧接着，我们将 str1 和 str2 进行相加！这个与算术中的相加不同。对于字符串的相加，其运算规则是将两个字符串的内容拼接起来。而且加法是字符串唯一允许的运算，是 Java 对字符串类型的"特殊照顾"。其实可以通过其他相对"正统"但是稍微麻烦的办法来实现两个字符串的拼接（利用现在学习的知识还不行）。Java 之所以特许我们使用加号将两个字符拼接起来，是因为"将两个字符串进行拼接"的这个功能实在是太常用了，Java 才辛苦自己，让我们使用起来更方便。

当 Java 遇到我们使用加号将两个字符串拼接起来时，它会在背后将这个运算转换成"正统"的方式。之所以在这里解释这个问题，就是为了再一次告诉自己：String 不是基本类型。虽然它的用法看上去实在是像极了基本类型。好的，那么根据字符串加法运算的规则，可以推测出 plusStr 的内容应该是 str1 和 str2 内容的拼接，也就是"字符串中可以使用中文。"

运行这个程序，程序输出与我们的推断一致。

字符串中可以使用中文和English。

3. String类型与基本类型的"加法"运算

下面接触一下 String 和基本变量之间的"加法"。从上面的程序中可以知道，String 与 String 相加的结果就是将两个 String 拼接起来。String 与基本变量之间的相加也是一样

的。Java 会帮我们把基本变量转换成的字符拼接到字符串中。当字符串和基本变量进行相加的时候，需要注意运算顺序。看下面的例程。

```java
public class StringAddPrimer {
    public static void main(String[] args) {
        int a = 5;                                            // 创建两个变量
        int b = 7;
        String str1 = "将数字的字符拼接到字符串中: " + a;   // 创建字符串
        String str2 = a + b + "加法是从左到右运算的";
        String str3 = "加法是从左到右运算的: " + a + b;
        String str4 = "我们可以使用括号改变运算顺序: " + (a + b);
        String str5 = "我们可以使用空字符串将两个变量分开" + a + "" + b;
        System.out.println(str1);   // 输出字符串
        System.out.println(str2);
        System.out.println(str3);
        System.out.println(str4);
        System.out.println(str5);
    }
}
```

StringAddPrimer 源码

给 str1 赋值的语句展示了将字符串和 int 变量 a "相加" 的运算。

给 str2 赋值的语句展示了加法的运算顺序，Java 会首先计算 "a+b" 的值，然后将这个值转换成字符串并拼接到后面的字符串中去。

给 str3 赋值的语句把 "a+b" 放到了后面，结果就完全不一样了，Java 会首先将字符串与 a 相加，相加的结果是一个字符串，然后将这个字符串再与 b 相加，想想 str3 的结果应该是什么呢？

给 str4 赋值的语句使用小括号提高了 "a+b" 的运算优先级，Java 会先计算 "a + b" 的值，然后再将这个值转换成字符串与前面的字符串拼接。算算 str4 的结果应该是什么呢？

给 str5 赋值的语句貌似和 str2 一样，只是多了一个空字符串。这个空字符串改变了运算结果。Java 首先将 a 转换成字符串，然后将之与后面的空字符串拼接起来，紧接着就是用这个结果（字符串）与后面 b "相加"，最后是与后面的结果相加。

好了，现在我们也许被这 5 个运算给弄得有点迷糊了，运行程序，输出如下结果：

```
将数字的字符拼接到字符串中: 5
12 加法是从左到右运算的
加法是从左到右运算的: 57
我们可以使用括号改变运算顺序: 12
我们可以使用空字符串将两个变量分开 57
```

结合前面的解释，应该可以弄明白结果为什么是这样的。字符串与 boolean 变量的 "加法" 就是将 true 或者 false 拼接到字符串中，与 char 变量的 "加法" 就是将这个字符串拼接到字符串中，这里不再给出例程了。

❑ 字符串（String）不是简单数据类型，虽然它的用法看上去像极了基本数据类型。我们可以认为字符串是使用 char 类型组装出的类型。

❑ 可以对 String 进行拼接（加法）操作，完全是因为 Java 对字符串进行了 "特殊处理"。

❑ 字符串必须用双引号括起来，无论长度是 0，是 1，还是更长。

❑ 字符串中可以包含任何字符。

❑ 使用字符串之前一定要给它赋值，如果不知道赋什么值，就给它赋值空字符串（""）。

❑ String 与基本变量之间的加法操作是将基本变量转换为字符串并拼接进去。

🔔注意：其实在这里介绍 String，是因为 String 实在是太常用了，以至于离开了 String，我们的例程都很难编写。String 其实包含的内容很多。在这里依靠前面掌握的知识，只需要知道 String 是一串字符就可以了，别的属性不需要深究。还有切记的就是一定要给 String 赋值。

3.3.9　转义符——看不见写得出

本章到这里就快结束了。本章的最后一小节中将趁热打铁介绍一下转义符。前面说过，char 类型变量可以代表任何一个字符。那么，常用的换行字符（NL）它能表示吗？答案当然是能。我们首先想到的是直接使用下面的代码将换行符赋值给一个 char 变量赋值。

```
char newLine = '
';
```

首先我们自己就会觉得这么写很别扭。当尝试去编译含有这行的程序时，Java 编译器果然会给出一个错误。这是因为 Java 无法分辨这个换行符是一行程序的结束还是一个字符。

为了美观，更为了避免类似的困扰，Java 中使用转义符来表示换行符等一些特殊的字符。转义符，顾名思义，就是将字符原来的意思转换掉。在 Java 中，"\n" 的意义被转换成了换行符。也就是说，Java 编译器在遇到 "\n" 这两个字符的时候，就会对它"转义"，把这两个字符当成是一个换行符。也就是说 "\n" 其实代表一个字符而不是两个字符。表3-2 给出了 Java 中常用的转义符。

表 3-2　转义符

转　义　符	代表的字符	转　义　符	代表的字符
\b	退格	\f	换页符
\t	制表符	\"	双引号（"）
\n	换行符	\'	单引号（'）
\r	回车符	\\	反斜杠（\）

在下面的例程中，先来看一下转义符是如何使用的。

```
public class ChangeMeaning {
    public static void main(String[] args) {
        char charSingleQuote = '\'';
        // 使用转义符给字符变量赋值单引号
        char charNewLine = '\n';
        // 使用转义符给字符变量赋值换行符
        char charDoubleQuotation = '"';
        // 双引号不用转义符
        System.out.print(charSingleQuote);
        // 输出这些字符
        System.out.print(charNewLine);
        System.out.print(charDoubleQuotation);
    }
```

ChangeMeaning 源码

```
    }
```

在上面的程序中，main()方法的第一行创建了一个 char 变量，然后使用单引号转义符（"\'"）给它赋值。没错，在字符中表示单引号要使用转义符，否则 Java 将分不清三个单引号在一起是什么意思。在这里，虽然在两个单引号内写了两个字符（"\'"），但是因为这是转义符，Java 编译器在编译的时候会将这两个字符转换成对应的一个字符。除了转义符之外，单引号之间只允许写一个字符。

在下面一行中，使用换行转义符（"\n"）给 char 变量赋值。接下来的一行，将一个双引号字符（"）赋值给一个 char 变量。在这里我们注意到，虽然 Java 中双引号有转义符（"\""），但是却没有使用。这是因为 Java 知道两个单引号括起来一个双引号（""）就是一个双引号字符，不会有歧义，但是在这里也可以使用双引号的转义符，而且，为了增强程序的可阅读性，建议使用转义符。在这里只是展示一下用法，而不是推荐大家使用这种容易让人疑惑的方法来表示一个双引号字符。

接下来，使用 System.out.print 将 3 个字符输出到控制台。注意，System.out.print 是不会在输出完内容后换行的。运行程序，在控制台会看到如下输出：

```
'
"
```

这里我们注意到，程序首先向控制台输出了一个单引号（charSingleQuote 的值），然后换了一行（charNewLine 的值），最后输出了一个双引号（charDoubleQuotation 的值）。

下面看一下转义符在 String 中的使用。其实用法是一样的，看下面的源程序。

```
public class ChangeMeaningInString {
    public static void main(String[] args) {
        String twoLines = "这是第一行字符串\r\n 这是第二
行字符串";
        // 在字符串中使用转义符换行
        System.out.print(twoLines);
    }
}
```

ChangeMeaningInString
源码

在上面的程序中，在 main()方法的第一行就创建了一个 String，并且在里面使用了回车（"\r"）和换行（"\n"）两个转义符。虽然在前面的第一个例程中，仅仅使用换行符就实现了换行功能。但是在计算机中，为了换行，一般需要同时使用回车换行两个字符，这属于计算机应用方面的知识，在这里不多讲解。运行程序，控制台输出如下：

```
这是第一行字符串
这是第二行字符串
```

我们发现字符串按照预想的那样按照两行输出到了控制台上。

🔔注意：就好像我们在 char 变量中表示一个双引号字符不需要使用转义符一样，在 String 中，可以不使用单引号的转义符而直接写单引号，但这并不是推荐的用法。

转义符都是以反斜杠（"\"）开头的，这是转义符的标志。当 Java 编译器处理到一个反斜杠的时候，它就会期待后面的字符可以和反斜杠一起组成一个合法的转义符，否则将会报错。例如，若在上面的程序中写下"\z"，Java 编译器就会输出如下错误信息。

```
ChangeMeaningInString.java:4: 错误: 非法转义符
            String twoLines = "\x 这是第一行字符串\r\n 这是第二行字符串";
                               ^
```

1 个错误

可以看出，错误提示告诉我们程序中出现了"非法转义字符"。并且编译器输出的错误提示中还使用"^"将错误所在地标记给了我们，就是"\x"出现的地方。如果想给一个字符赋值为反斜杠，或者想在 String 中包含一个反斜杠字符，那么就需要使用反斜杠的转义符（"\\"）。

转义符是比较简单的。读者可以自己多写几个程序看看它们的作用。其实最常用的就是制表符、回车符和换行符的转义符。

- Java 为一些特殊字符提供了转义符。这些特殊字符有些不便书写在源程序中（如换页符、退格等），有些会造成 Java 源程序有歧义（例如双引号、单引号反斜杠等）。
- 虽然我们写了两个字符，但是 Java 会将转义符转换成它所对应的字符，所以最终还是一个字符。
- 当字符或者字符串中出现反斜杠时，就意味着要使用转义符。如果反斜杠和其后面的字符无法组成一个合法的转义符，Java 编译器将会给出"非法转义字符"错误。

3.4　小结：基本数据类型—— Java 中一切数据和运算的基础

本章中的两个主线就是 Java 基本数据类型和 Java 基本运算符。围绕这个主线，我们学习了 Java 中的 8 种基本数据类型，知道它们是 Java 中的数据原子。我们学会了使用运算符对它们进行运算。总的看来，我们仿佛是在温习小学数学，理解起来难度也不是很大。本章中我们接触了很多需要记忆的东西，下面来回顾一下两个主线中的一些知识点。

- 介绍了基本类型的值域。8 种基本类型都有自己的值域，因为这些数据是保存在计算机里的，不能像数学中那样有无限个值。
- 每种基本变量的名字都是 Java 中的关键字。
- 在 Java 中，把有理数称为浮点数。浮点数在 Java 中是使用近似的值进行表达的。浮点数的这个性质影响了比较两个浮点数的方式。
- 接触了变量的概念。变量的 3 个属性是变量名、变量值和变量类型。变量值受到变量类型的约束。其值不能够超过其类型的值域。变量名的命名规则是 Java 中的语法，这个规则同时适用于后面将要介绍的方法名和类名。简言之，Java 中任何名字都要符合这个命名规则。命名的时候，最好使用有意义的名字。
- 给出了 Java 中数字类型的精度排序。这个排序有必要记下来。它和运算中类型自动转换相关。当两个基本类型变量进行运算时，Java 会把低精度的变量"精度升级"到与高精度变量相同，然后再进行运算。同时它还和强制类型转换有关。
- 逻辑运算符是之前可能没有接触过的，可以多看看例程，然后尝试写几个程序，相信很快就能熟悉逻辑运算符。boolean 类型很简单，它的值域也只有 true 和 false 而已。顺便提醒一下，true 和 false 也是 Java 中的关键字。

❑ 介绍了 Java 中的强制类型转换。这是因为 Java 中有多种类型表示一个数字，有时候需要进行不同类型变量之间的赋值和运算。需要在程序中显式地使用类型转换的情况就是将高精度的变量值赋给低精度变量。注意，这种转换是有失精度的，例如把 double 变量转换成 int 的时候，就会完全丢失其小数部分。这里我们还巧妙地使用给浮点数加 0.5 再强制类型转换，实现了四舍五入。还需要记住的是强制类型转换运算的优先级高于算数运算。一个好习惯是将运算表达式使用小括号括起来，最后再进行强制类型转换。

❑ 学会了使用 char 变量。知道了 Java 中单引号括起来一个字符就是一个 char 变量。两个 char 变量可以进行比较。

❑ 等号不仅仅是赋值运算符，它也有运算值。值就是赋值时使用的值。如果 a 是一个已经赋值了的 int 变量，那么 "a = a + a;" 这行程序是正确的。

同时，围绕这两个主线，还顺便学习了以下的知识点。

❑ 分析了如何通过 Java 编译器输出的错误信息来定位和解决语法错误的一个例子。开始写程序想避免编译错误是不可能的。当遇到编译错误的时候，需要根据 Java 编译器的输出首先定位错误，然后仔细检查到底犯了什么语法错误。等把错误解决掉了，最好回过头来看看这种错误是怎样造成的，加强记忆。慢慢地就会熟悉这些错误的原因并熟练地将错误解决掉。Java 编译器很"可爱"，要学会看懂它。

❑ 知道了 Java 中的注释的意义：解释代码的意义。程序是抽象的，不易理解的。通过给程序添加适当的注释可以帮助理解程序。其实自己写的程序很可能不到一个月后就看上去有些陌生了，给程序加注释是个好习惯。在 Java 中最简单的加注释的方法是使用两个连续的斜杠（//），然后在两个斜杠以后的内容都属于注释内容，可以随便用一种文字写注释。注意，别跟转义符弄混了，转义符是使用反斜杠的（\）。

❑ 介绍了 Java 中用来判断两个浮点数是否相等的方法。

❑ 介绍了程序中变量类型和变量名之间必须至少有一个空格，用来将两者分开，而运算符则不必。为了使程序看起来更美观，可以使用空格让程序排列更整齐。

❑ 知道了 System.out.println 和 System.out.print 的区别。

❑ 初步介绍了 String 类型，它不是基本类型。现在我们对 String 的认识是：a. 它代表一串字符，字符数可以为 0 到足够多；b. 两个 String 使用加号拼接起来。还有就是前面多次强调过的，记得给 String 赋值，哪怕是个空字符串。

❑ 了解了 Java 中转义符的概念和转义符存在的意义。同时介绍了 Java 中常用的转义符。反斜杠（\）是转义符的标志。

❑ 迄今为止，我们接触到了以下 Java 中的关键字。Java 中用来表示基本数据类型的有：byte、short、int、long、float、double、char 和 boolean。下面的关键字现在不用关心其含义，只要知道它们是关键字就好了。第 1 章中，接触了 Java 中用来修饰类的两个关键字：public 和 class。同时还接触到了 Java 中用来修饰 main() 方法的几个关键字：public、static 和 void。

本章可以算是我们与 Java 的"第一次亲密接触"。前面两章中，是在为本书后面的内容做准备工作。从本章开始，就是在系统地学习 Java 这门语言了。本章中介绍的 Java 基本数据类型和 Java 基本运算符是学习 Java 的必备知识，内容相当多，而且不是一次就能记住并理解的。可以将本章从头温习一遍，将例程走一遍。一定要努力看懂例程中 main() 方法内每一行程序的含义，明白为什么可以这么写。

当不小心发现了编译错误的时候，我们需要做的就是提起精神，仔细看 Java 编译器给出的错误信息，定位错误，找出错误原因，并解决错误。初学一门编程语言，犯错然后自己将错误修正掉是最快的成长之路，因为这样给自己的印象是最深的。以后再次看到类似的错误，可以马上胸有成竹地打开源代码编辑器，将错误修正。

本章中，除了介绍两个 Java 基本数据类型和基本运算符之外，还介绍了很多其他的内容。仿佛有点"不务正业"。但是学习编程语言就是这样，它是一个有机的整体。当讲解一个部分的时候，难免会涉及其他的部分。这时候我们能做的就是多看，多理解。一回生两回熟，等用得多了见得多了，也就慢慢增加了对 Java 语言的熟悉程度。本章中，对 main() 方法之外的内容还是一无所知，这个没关系。但是对于 main() 方法之内的每一行代码，都要理解。

学习完本章之后，已经可以写一些小程序"自娱自乐"一下了。提醒大家一下，记得源程序文件的文件名要和类名一致。不记得什么是类名了？那么到第 1 章中再温习一下吧。还是那句话，一回生两回熟，书多看几遍就记住啦。

3.5　习　　题

1. 声明两个 int 类型的变量 a 和 b，然后给 a 赋初始值 2，给 b 赋值 7，计算 a 和 b 的平方和，最后向控制台输出结果。

2. 声明两个 double 类型的变量 a 和 b，然后给 a 赋初始值 2.5，给 b 赋值 7.5，计算 a 和 b 的平方和，最后向控制台输出结果。

3. 声明两个 double 类型的变量 a 和 b 和一个 int 类型的变量 c。给 a 赋初始值 2.5，给 b 赋值 7.5，计算 a 和 b 的平方和，并将结果四舍五入后赋值给变量 c，最后向控制台输出 c 的值。

4. 声明两个 double 类型的变量 a 和 b 和一个 boolean 类型的变量 c。然后给 a 赋初始值 8.0，给 b 赋初始值 9.5，比较 a 和 b 的大小，并将结果赋值给变量 c，最后向控制台输出 c 的值。

5. 编写一个程序，使用转义符，向控制台输出如下内容：

使用转义符回车换行

。使用转义符输出两个 tab 字符　　　　。使用转义符输出一个双引号"

第 4 章　Java 中的程序执行流程

本章中我们将接触编程语言的另一个基本的部分——程序执行流程。在学习本章之前，首先来回顾一下前面的知识。这些知识都是本章需要用到的。

- ❏ 大括号的作用。在第 1 章中初步认识了 Java 中大括号的作用。使用大括号来开始并结束一个类以及一个方法的定义；
- ❏ boolean 类型和布尔运算符。boolean 变量将在本章中扮演十分重要的角色。虽然 boolean 变量只有两个值。但是却是进行思考最基本的元素：真或假；
- ❏ Java 中基本类型的赋值和运算规则。

在第 2 章中对 Java 数据的基础进行了介绍，知道了 Java 中有 8 种基本数据类型，并且 Java 中其他的数据类型都是由基本数据类型"组合"而成的。本章中将要接触的控制流程可以说是 Java 代码结构的基础。下面就开始本章的学习。

4.1　顺序执行

在前面的例程中，我们写的代码无一例外地都是从 main()方法第一行开始执行，直到 main()方法的最后一行。我们所说的 main()方法的第一行就是 main()方法中左大括号（"{"）后面的第一行程序，最后一行就是指与那个大括号对应的右大括号（"}"）前面的一行。

📖**解释：** 正如在第 1 章中说的那样，在 Java 语法中，左大括号代表一个程序块的开始，右大括号代表其结束。这个程序块的内容可以是一个类的定义，也可以是一个方法的内容。本章中，我们会更多地使用大括号。

作为本章的第一节，首先来回顾一下顺序执行的程序是什么样子的。

```java
public class SequenceOrder {
    public static void main(String[] args) {
        double price = 5;                       // 创建两个 double 变量
        double amount = 11;
        double totalCost = price * amount;      // 计算总价
        System.out.println(totalCost);          // 输出结果
    }
}
```

这个程序现在看来应该是很平常了。我们可以认为这个例程是超市里用来计算总价的。例程中，程序就是顺序执行的。程序从 main()方法的第一行"double price = 5;"开始执行，一直到 main()方法的最后一行"System.out.println(totalCost);"。然后程序运行结束，也就自动退出了。程序执行过程中没有任何的"分叉"，就好像滑梯一样从头到尾一下子执行完毕。

🖉题外话：说这个程序是用来计算总价的还是有些不妥，因为这里的 price 和 amount 的值都是在程序中给定的，用户不可以输入，所以这个程序的运行结果是不变的。除非修改源程序才能让 price 和 amount 有新的值。一个模拟超市计算总价的程序应该在运行时能够读取用户输入的值，并根据用户的输入来给 price（价格）和 amount（数量）两个变量赋值。在本章中最后会给出这样的例程。我们在这里不要误解以为只有修改源程序才能改变程序的运行结果。

我们发现顺序执行的程序只能处理很直接很简单的事情，例如上面的例程中，仅仅模拟了一次"总价 = 价格 * 数量"的计算过程。现在假设需要用这个程序计算超市中一次购物的总价，会是怎么样的呢？当然程序中给 price 和 amount 的赋值都是正数，这和现实中的情况是相符的（绝大多数情况下，现实中的数量和价格都是正数）。如果给 price 和 amount 的赋值是负数，那么总价也将是负数，这是不符合常理的。那么能否给程序加一个判断，在计算总价的时候只接受正数的 price 和 amount 的值呢？下面来看 4.2 节。

4.2　使用 if-else 让程序懂得判断

迄今为止，我们的代码还都是顺序地一行行执行。如果在程序中需要根据条件来判断一段代码是否执行，应该怎么实现呢？当想实现类似"如果数量和单价是合理的，就计算总价，否则，告诉对方说数量和单价不对"这样的逻辑时，就需要用到 Java 中的 if-else 语句了。if-else 语句是 Java 语法中用来支持程序根据一个 boolean 值来让程序的执行流程进行跳转的语句。下面来详细讨论一下 Java 中 if-else 语句的使用。

4.2.1　if 语句

继续前面讨论的问题。首先将程序的功能修改为"只有在 price 和 amount 两个变量值都大于 0 的时候，才去计算总价（totalCost）"。在 Java 中，使用 if 语句来让程序"有条件地执行某个代码块"。首先看下面的例程。

```
public class PriceAndAmount {
    public static void main(String[] args){
        int price = -5;       // 创建两个 int 变量
        int amount = -10;
        if(price > 0 && amount > 0){
        // 使用 if 语句检查 double 变量的值
            int totalCost = price * amount;
        // 如果其值都是大于 0 的，程序才会执行到这里
            System.out.println(totalCost);
        }
    }
}
```

PriceAndAmount 源码

在这个例程中，与 4.1 节中不同之处是在计算 totalCost 变量值之前，使用了 if 语句"if(price > 0 && amount > 0)"进行判断。正是这个 if 语句让程序的执行流程发生了跳转。

在 Java 语法中，如果需要根据一个条件来判断一段代码是否要执行，就需要使用 if 语句。下面通过图 4-1 看一下 if 语句的组成结构。

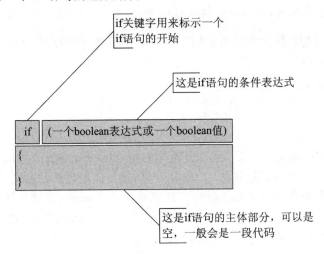

图 4-1　if 语句的结构

🔔 **语句**：在第 3 章中用一节内容说明了 Java 中的语句。之前我们接触的 Java 语句都是以分号（;）作为结束的。现在我们接触到的 if 语句则是复杂的语句，它不是以分号结束。如图 4-1 所示，它有固定的结构，这个结构完成以后，这个语句就结束了。在本章后面的章节中，还会接触到更多的这种套用 Java 语法结构的语句。这里需要知道的是，当涉及这种语句的时候，它们都是有固定的组成部分，这个结构是 Java 语法中规定的。

if 语句首先就是以 if 开头。if 是 Java 中的关键字，用来标示 if 语句的开始。紧接着是一个用小括号括住的 boolean 表达式（或者是一个 boolean 变量）。这个表达式就是 if 语句的条件表达式。最后一对大括号以及其内部的代码是 if 语句的主体，或者可以称之为 if 代码块。它可以是 0 行到多行代码。当 boolean 表达式的值为 true 的时候，if 语句的代码块就会被执行；为 false 的时候将不会被执行。if 语句的执行流程如图 4-2 所示。

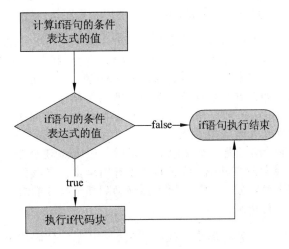

图 4-2　if 语句的执行流程图

解释：关于 if 语句的 boolean 表达式，需要稍微解释一下。将其称之为表达式，是因为使用小括号把它括了起来。其实括号内的内容也可以是一个 boolean 变量。总之最后能够得到一个 boolean 值就可以了。

了解了 if 语句的结构和执行流程后，现在对上面例程中的 if 语句进行分析。这个 if 语句的完整内容如下：

```java
if(price > 0 && amount > 0){
    int totalCost = price * amount;
    System.out.println(totalCost);
}
```

通过 if 语句的结构可以知道，在这个 if 语句中使用 boolean 表达式 "price > 0 && amount > 0" 作为 if 语句的执行条件。通过第 3 章的学习知道，该表达式的意义就是，只有在 price 和 amount 两个变量的值都大于 0 的时候，计算结果才是 true，否则，计算结果就是 false。而 if 语句代码块只有在执行条件为 true 的时候才会执行，否则程序将跳过这段代码，继续向下执行。本例中 if 语句代码块的内容如下：

```java
{
    int totalCost = price * amount;
    System.out.println(totalCost);
}
```

在 if 语句代码块中，计算了 totalCost 的值，并将计算的值输出到控制台上。整个 if 语句就完成了本节开始的时候想完成的功能——对 price 和 amount 的值进行判断，当两个变量的值都大于 0 的时候，计算总价并输出到控制台，否则就什么都不做。现在运行一下例程，看一下程序的输出：

没错，程序运行结束，什么都没有输出。原因就是在程序中给 price 和 amount 赋的都是负值，所以 if 语句的条件表达式 "price > 0 && amount > 0" 的计算结果是 false（如果看不懂这个表达式，可以去看一下第 3 章中布尔表达式的相关功能）。而根据 if 语句的功能，如果条件表达式的值是 false，那么 if 语句的主体部分的代码是不会被执行的。这时程序执行就不是顺序的了，程序会跳过 if 语句代码块继续向下执行，而我们会发现，if 语句的主体后面已经没有内容了，是 main()方法的结束，所以，程序执行完毕，没有输出任何内容。

注意：**面对大括号**：这里我们遇到了 3 对大括号，首先是类 PriceAndAmount 的大括号，然后是 main()方法的大括号，最后是 if 语句的大括号。在 Java 中这种大括号的嵌套非常多，它们表示了一种包含和被包含的关系。面对一个程序，如果大括号有两层以上，那么首先要弄清楚的是：哪两个括号是一对，否则程序将看起来一团糟。这时 Eclipse 可以帮上大忙，它会在增加一层大括号嵌套的时候同时增加一个缩进（直观来讲，缩进越大，一行程序的第一个字符就越向右边，这个与微软的 Word 中的缩进是一个概念）。同时，Eclipse 还会帮助识别大括号的配对。这个在第 2 章讲解 Eclipse 功能的地方有图给出。当我们不确定与某个括号配对的括号是哪个的时候，只需要把光标移动到那个括号的后面，Eclipse 就会把与之配对的括号标记出来。

下面介绍 if 语句的一种省略形式。我们介绍过，if 语句代码块可以有 0 到多行代码。但是对于只有一个语句的代码块，可以省略大括号。看下面的例程。

```java
public class OneLine {
    public static void main(String[] args) {
        int a = 9;
        if(a > 0)                      // 如果 if 语句块只有一行代码，可以省略大括号
            System.out.println("if 语句的代码块执行了！");
    }
}
```

上面的例程看似别扭，其实这在 Java 中是允许的。如果 if 语句的代码块只有一个语句，那么可以省略 if 语句代码块的大括号。也就是说，如果 if 语句没有使用大括号，Java 就会默认地把 if 语句后面第一个语句作为其代码块。所以，在这个例程中，条件"(a > 0)"成立，if 语句代码块将会执行。运行这个例程，控制台输出如下：

if 语句的代码块执行了！

程序输出结果与分析的一样。但是这里要强调的是，写程序的目的不仅仅是让程序不出错，还要让代码更易于阅读。所以省略大括号不是一个好习惯。即使 if 语句的代码块只有一个语句，甚至没有任何语句，也要使用大括号，这样会让程序看起来更容易理解，而且更不易出错。上面给出的例程与下面的程序其实是完全等价的，但是推荐使用下面不省略大括号的格式。

```java
public class OneLine {
    public static void main(String[] args) {
        int a = 9;
        if(a > 0){                     // 建议不要省略大括号
            System.out.println("if 语句代码块执行了！");
        }
    }
}
```

❑ if 语句的格式是 if 关键字+if 语句条件表达式+if 语句代码块。当 if 语句表达式的值为 true 时，if 语句代码块就会被执行；如果值为 false，if 语句代码块将会被跳过。无论 if 语句代码块执行与否，if 语句执行过后程序将继续向下顺序执行。

❑ if 语句中，如果代码块只有一个语句，那么可以省略大括号，但是不建议这么做。

4.2.2　if 语句的嵌套

if 语句的代码块可以是任何符合 Java 语法的代码，当然也可以包含另一个 if 语句。下面我们来看一个包含 if 语句嵌套的例程。

```java
public class IfNesting {
    public static void main(String[] args) {
        int a = 1;
        int b = 2;
        if(a > 0){                 // if 语句块
            if(b > a){             // if 语句块中的 if 语句
                System.out.println("a 的值大于 0");
                System.out.println("b 的值大于 a");
            }                      // if(b > a)结束
        }                          // if(a > 0)结束
    }
}
```

IfNesting 源码

例程中包含两个 if 语句。第一个 if 语句的条件表达式是 a>0。第二个 if 语句被包含在第一个 if 语句的代码块内部，它的的条件表达式是 b>a。所以，如果程序能够执行到第二个 if 语句，说明第一个 if 语句的条件表达式的值肯定是 true。这个例程的意义就是：创建两个变量 a 和 b 并赋值；判断变量 a 是否大于 0，如果是，则执行其代码块；代码块中是一个 if 语句，它判断 b 的值是否大于 a，如果是，则执行其代码块；代码块中的内容是输出两个 if 语句的判断结果。现在先想一下程序应该输出什么。然后运行例程，输出如下：

```
a 的值大于 0
b 的值大于 a
```

如果这个结果与所想的不一样，那么就需要重新看一遍程序代码，尝试理解这个结果。虽然在第二个 if 语句中的条件表达式没有判断 a 的值是否大于 0，但是根据 if 语句的语义，第二个 if 语句在第一个 if 语句内部，所以第二个 if 语句能够执行则说明 a 的值已经大于 0 了。在第二个 if 语句中可以使用这个结果，理直气壮地向控制台输出 "a 的值大于 0"。

例程中有两行注释，分别在两个 if 语句的右大括号处（也就是 if 语句结束处）。这两行注释用来说明 if 语句结束了。if 语句的嵌套可以有很多层，每次多一层嵌套，就会多出一层大括号，也会相应地增加缩进，程序读起来也就更困难一点。当阅读含有多个大括号的程序时，一定要首先确定每个 if 语句的代码块到哪里结束，否则程序看起来就会一头雾水。当然，根据程序的复杂度，在源程序中添加如例程那样用来说明 if 语句结束的注释也是一个不错的习惯。

前面说过，如果 if 语句的代码块只有一个语句，那么是可以省略其代码块的大括号的，同时也说过，if 语句在 Java 中是一个语句。那么根据这两个条件，我们发现上面的例程中第一个 if 语句的代码块只有一个语句，也就是可以省略其大括号。没错，下面的程序跟我们上面给出的例程是一样的效果。

```java
public class IfNesting {
    public static void main(String[] args) {
        int a = 1;
        int b = 2;
        if(a > 0)                    // 省略大括号
            if(b > a){
            System.out.println("a 的值大于 0");
            System.out.println("b 的值大于 a");
            }                        // if(b > a) 结束
                                     // if(a > 0) 结束
    }
}
```

IfNesting 源码

编译运行这个程序，程序结果与没有省略大括号是一样的。在这里给出这个例子只是为了展示一下 Java 中一个语句可以有多行。但还是要强调一下，这种省略大括号的做法容易让程序读起来分不清代码块的结束点，是不值得推荐的。

- ❑ if 语句代码块中可以是任何符合 Java 语法的代码。在本节中我们看到了 if 语句的嵌套。
- ❑ if 语句是一个多行的语句。我们知道 Java 中一个语句可以有多行。
- ❑ if 语句代码块的括号可以用来帮助识别代码块的开始和结束，最好不要省略，即使 if 语句的代码块只有一个语句。

4.2.3　if-else 语句

一个程序运行结束不输出任何内容，总让人觉得程序结束得有点奇怪。作为一个程序，如果遇到数据出错而不能够正确执行，那么把错误输出出来是一个好习惯。就好像我们的编译器一样，我们的源代码就是编译器需要处理的数据，当它发现程序中有错误的时候，会把错误信息详细地告诉我们。这里也应该将错误信息输出到控制台，让程序运行时能够输出错误原因。

现在，我们想要程序这样运行：如果 price 和 amount 的值都大于 0，则计算总价并将 totalCost 输出到控制台；否则，就向控制台输出一行错误信息。为了这个目的，这里就需要用到 if 的搭档——else。

理解了 if 以后，else 就很好理解了。else 也是 java 中的关键字，它只能和 if 语句配合使用，用来处理 if 条件表达式的值为 false 的情况。Java 语法中，else 后面也会跟一个用大括号括起来的代码块。这个代码块执行的条件就是 if 语句的条件表达式的值为 false，也就是 if 语句主体没有执行。if-else 组合在一起的语义就是："如果"条件表达式值为真，则执行 if 代码块，"否则"就执行 else 代码块。if-else 语句的结构如图 4-3 所示。

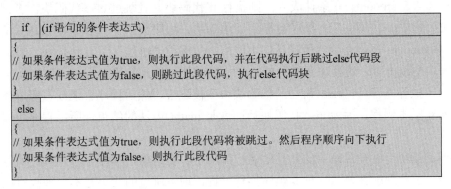

图 4-3　if-else 语句结构及执行语义

if-else 语句的执行流程图与 if 语句类似，如图 4-4 所示。

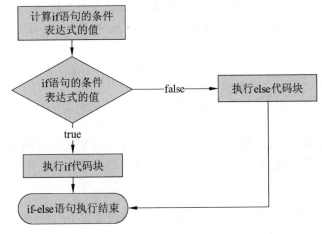

图 4-4　if-else 语句的执行流程图

好，下面来看使用了 if-else 语句后的例程。

```java
public class PriceAndAmount {
    public static void main(String[] args) {
        int price = -5;
        int amount = -10;
        if (price > 0 && amount > 0) {
        // "如果"条件表达式的值为 true，则执行这个代码块
            int totalCost = price * amount;
            System.out.println(totalCost);
        } else {
            // "否则"执行这个代码块
            System.out.println("price 和 amount 的值必须
都大于 0，否则无法计算 totalCost");
        }
    }
}
```

PriceAndAmount 源码
（if-else 语句）

运行这个例程，程序输出如下内容：

price 和 amount 的值必须都大于 0，否则无法计算 totalCost

在程序中加了两行注释，用来让程序看起来更易懂。本例中，if-else 的语义就是"如果 price > 0 && amount > 0 条件成立，则执行 if 代码块并且跳过 else 代码块，否则就跳过 if 代码块执行 else 代码块"。程序运行到 if 语句后，程序会去计算 if 条件表达式的值，因为 price 和 amount 都是负数，所以条件不成立，故例程"跳过"了 if 代码块，然后去执行 else 代码块中的内容。这里需要注意的是，如果条件表达式的值为 true，则会执行 if 语句的代码块，执行完毕后，else 语句的代码块将会被跳过，然后程序会继续按照顺序向下执行。当然对于本例程，因为 else 代码块后面就是 main()方法的结束，所以程序也就执行结束了。

if-else 流程是结构最简单的非顺序执行流程了。在这里，程序不再是顺序执行，而是有了跳转。需要理解并熟悉这种非顺序执行过程，理解跳过的代码是不会被执行的。在这里，因为 price 和 amount 的值是确定的，所以程序执行流程也是确定的。可以通过修改源程序来改变 price 和 amount 的值，然后编译运行程序，看看程序的输出结果。并尝试理解程序执行的过程。例如，可以把 price 和 amount 的值修改为 5 和 10。这时 if 语句的条件表达式的值就是 true。根据 if-else 语句的语义，if 代码块将被执行，而 else 代码块将不会被执行，程序输出结果如下：

50

这时候，例程中 if 条件表达式的值为 true 了，所以 if 语句块会被执行，而 else 语句块会被跳过。然后到达 main()方法结尾处，程序运行结束。

同样，如果 else 程序块只有一个语句，那么 Java 语法也是允许将 else 语句块中的大括号省略的。else 语句块中也可以包含任何符合 Java 语法的代码，这当然也包括 if-else 语句。这里就不给出例程了。

🔔注意：在这里专注于理解 if-else 语句的语义，所以没有把 Java 如何接受用户输入的代码加入例程，只能通过修改程序来修改 price 和 amount 的值。在本章最后，当对程

序流程的语义都了解了之后，会给出 Java 中接受用户输入的代码，并使用用户输
入的值给 Java 变量赋值，让程序的行为根据用户的输入而不同。

- ❑ if-else 语句的结构如图 4-4 所示。if-else 语句执行过后，程序继续顺序执行下面的
  代码。
- ❑ else 要配合 if 使用，不能单独使用。else 语句块执行的条件是 if-else 语句的条件表
  达式值为 false。也就是说，if 语句块与 else 语句块肯定会有且只有一个执行。
- ❑ else 语句块中如果只有一个语句，可以省略 else 语句块的大括号。

4.2.4　if-else 语句嵌套

假设超市为了促销，在结算时对不同的消费金额赠送不同面值的抵价券：100 元以下
的不送抵价券；100 元（含）到 500 元（含）的送 55 元抵价券；500 元以上的赠送 155 元
抵价券。通过前面学习的知识，可以写出完成此功能的例程。

```java
public class CountScrip {
    public static void main(String[] args){
        int totalCost = 350;
        if(totalCost < 100){                // 总价不到 100 元时
            System.out.println("购物金额不足 100 元，不赠送抵价券。");
        }else{                              // 总价大于等于 100 元时
            if(totalCost <= 500){
            // 总价小于等于 500 元，大于等于 100 元时
                System.out.println("购物金额满
                100 元，赠送 55 元抵价券。");
            }else{
                // 总价多于 500 元时
                System.out.println("购物金额满
                500 元，赠送 155 元抵价券。");
            }
        }
    }
}
```

CountScrip 源码

程序中没有涉及新的知识，只是使用了多层嵌套。结合程序中
的注释，要能够把这个程序看懂。这里需要解释的是为什么第二个 if-else 语句中只判断了
"totalCost <= 500"而没有判断"totalCost >= 100"。这是因为第二个 if-else 语句是出现在
第一个 if-else 语句的 else 语句块中的，而 else 语句块执行的条件就是其对应的 if 语句条件
表达式的值是 false，也就是"totalCost < 100"的值为 false。那么就可以确定程序进入到
else 语句块中，totalCost 的值肯定是大于等于 100 的了，也就不用在第二个 if 语句的条件
表达式中添加这个判断了。同样的道理可以推断出，如果程序进入了第二个 if-else 语句的
else 语句块中，那么 totalCost 值肯定是大于 500 的了。

前面讲过，如果一个 else 的代码块只有一个语句，那么可以省略这个代码块的大括号。
我们发现第一个 if-else 语句的 else 语句块中只有一个语句——第二个 if-else 语句。所以，
可以把这个 else 语句块的大括号省略。

```java
public class CountScrip {
    public static void main(String[] args) {
        int totalCost = 350;
```

```
        if (totalCost < 100) {               // 总价不到 100 元时
            System.out.println("购物金额不足 100 元，不赠送抵价券。");
        } else if (totalCost <= 500) {  // 总价小于等于 500 元，大于等于 100 元时
            System.out.println("购物金额满 100 元，赠送 55 元抵价券。");
        } else {                              // 总价多于 500 元时
            System.out.println("购物金额满 500 元，赠送 155 元抵价券。");
        }
    }
}
```

省略后发现，程序看起来更清晰了！没错，这样使得程序的结构和流程更清晰。大括号的匹配也更明了。配合程序的注释就更容易理解程序了。像这种 else 中只有一个 if-else 语句的代码，除了最后一个 else 语句的大括号外，把其余的 else 语句的大括号省略是个不错的习惯。因为如果 if-else 有多层嵌套的时候，程序会有很多缩进以及很多大括号，这样会让程序看起来非常不清爽。执行这个程序，程序输出如下内容：

购物金额满 100 元，赠送 55 元抵价券。

因为 totalCost 的值是在程序中确定了的，所以程序无论执行多少遍结果都是一样的。可通过改变源程序中 totalCost 的值，来让程序有不同的输出。最好在改变 totalCost 的值后，读一遍程序，预测一下程序的输出，然后再运行程序，看看结果跟自己想的是否一样。

可以尝试扩展这个程序，例如在总价高于 1000 元的时候，赠送更多的抵价券。按照上段中叙述的省略大括号的规则，无论有多少条件，程序都不会有更多的缩进或更多的让人迷糊的大括号。但是如果不省略，程序将会有很多"无用"的缩进和大括号。

❑　当有程序需要根据多个条件执行不同操作时，可以使用多个 if-else 语句嵌套。
❑　有时候省略 else 语句块的大括号会让程序更易读。

4.3　使用 while 进行循环

至今为止，我们接触到的程序虽然有了跳转，但是程序总的执行顺序还是顺序地从上至下执行，直观地说，就是程序执行起来是"不回头"的。在现实中通常需要同一段代码循环（loop）执行多次，这时候应该怎么办呢？Java 中的 while 语句就是用来完成这个功能的，下面开始本节的内容，在本节中，将第一次让程序循环执行。

4.3.1　使用 while 语句

现在我们需要一个结账功能给结账员使用，每个结账员在接待了一定数量的顾客后就会休息，所以程序不但应该能结账，还应该在循环运行一定次数的结账计算后自动退出，这样结账员就知道自己应该休息了。结账功能的代码前面已经给出了（就是计算总价的代码），下面要引入 Java 中能够让这段结账代码重复执行的语句——while 语句。

1. while语句的语法

while 语句可以根据一个 boolean 表达式的值来将一段代码执行 0 次到无数次，while

的意思就是"当……时"。与 if 语句一样，while 也是 Java 中的关键字，用来标示 while 语句的开始。下面首先看一下能够完成上段所述的多次结账功能的代码。

```java
public class SettleAccountsUsingWhile {
    public static void main(String[] args) {
        int times = 5;
        while (times > 0) {
        // while 条件表达式为 true 时，while 语句的代码
        //块将会一直执行
            int price = 5;
            int amount = 10;
            if (price > 0 && amount > 0) {
            // 使用 if 语句判断变量是否都大于 0
                int totalCost = price * amount;
                System.out.println(totalCost);
            } else {
                System.out.println("price 和 amount
的值必须都大于 0，否则无法计
                算 totalCost");
            }
            times = times - 1;
        }
        System.out.println("while 语句执行结束。结账员可以休息一下了。");
    }
}
```

SettleAccountsUsingWhile
源码

为了理解上面的代码，首先通过图 4-5 来看一下 while 语句的结构。

可以看出，除了开头是 while 之外，while 语句的语法结构和 if 语句几乎是一模一样的。while 语法的语义是：计算 while 语句的条件表达式，若这个表达式的值为 true 时，执行 while 语句代码块；然后，程序将跳转回到 while 语句的开头，再次计算 while 语句条件表达式的值，若这个值为 true，将再次执行 while 语句代码块，依次类推，直到 while 语句条件表达式的值为 false，while 语句执行完毕。当然，如果第一次计算出的 while 表达式的值就是 false，那么 while 语句的代码块将一次也不会被执行，同时 while 语句就执行完结束了。

while 语句的执行流程如图 4-6 所示。

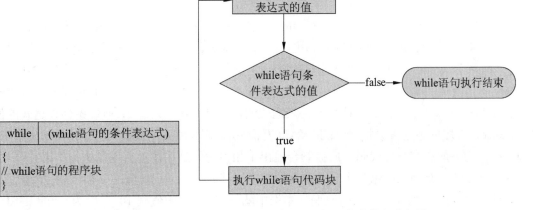

图 4-5　while 语句的结构　　　　　　图 4-6　while 语句的执行流程图

2．理解 while 语句

简言之，while 语句的执行过程就是：计算 while 语句条件表达式的值，值为 true 则执行 while 语句的代码块，执行完毕后跳回到 while 语句开头重新开始这个过程；值为 false 则 while 语句执行完毕。while 语句与 if 语句最大的区别就是 while 语句代码块执行完毕后，程序会向后跳转到 while 语句条件表达式处重新重复这个过程；它们的相同之处就是一旦条件表达式的值为 false，则语句结束。还有就是，如果 while 语句的代码块只有一个语句，那么 while 语句中代码块的大括号也是可以省略的。同样在这里不建议省略，也不再给出例程。

3．分析上面的例程

现在回到上面的例程。程序第一行首先创建了一个 times 变量，这个变量是将要用来控制 while 语句代码块的执行次数的。然后就是 while 语句，while 语句的条件表达式是"times > 0"。进入 while 语句代码块会发现，while 语句代码块中除了有处理结账代码之外，还在最后一行中对 times 变量值进行了减 1 操作。这样，每次执行 while 语句代码块，times 的值都会减少。也就是说，因为 while 语句的条件表达式是"times > 0"，所以 time 的初始值就是 while 语句将要执行的次数。这里如果不在 while 语句代码块中减小 times 变量的值，那么这个 while 语句将一直执行下去不会停止，程序就会陷入所谓的"死循环"。

💭**解释**：死循环是编程中的一个常用名词，指的是程序由于代码或者数据的错误，导致程序在一直执行某段代码而不能退出或者向下继续执行。本例中，如果在 while 语句代码块中不去减小 times 的值，那么就会造成一个典型的死循环。

根据对 while 语句语法的认识，这段例程的执行结果我们应该是了然于胸了，现在执行这个例程，程序输出如下结果：

```
50
50
50
50
50
while 语句执行结束。结账员可以休息一下了。
```

第一次进入 while 代码块的时候，times 的值是 5，执行完毕后，times 的值减 1，变成了 4，这时程序再次跳转到 while 语句的条件表达式处，然后计算条件表达式的值，因为 4 大于 0，所以 while 语句代码块还是会被执行。一直到第 5 次进入 while 语句代码块的时候，times 的值变成了 1，而 while 语句执行完毕后，times 的值变成了 0，这时程序会再次跳转到 while 语句条件表达式，并计算条件表达式的值，因为 0 不大于 0，所以条件表达式的值为 false，程序就不会再去执行 while 语句的代码块，而是跳过 while 语句继续向下执行了。while 语句后面还有一行代码，向控制台输出了相关的信息，输出后程序执行结束。

while 语句是用来根据一个条件循环执行某段代码的。而一般来说，循环执行的条件会被 while 语句代码块中的代码所改变（本例中就是将 times 的值减 1）。因为 while 语句有这种循环执行代码的功能，所以通常将 while 语句称为"while 循环"，将 while 语句代码块称为"循环体"。初次接触 while 语句，肯定会觉得有些陌生和别扭。首先要将上面的例程看懂，然后用读代码的方式将代码在自己的脑子里执行一遍，然后可以自己写几个小程序锻炼一下 while 语句的使用。

- □ while 语句的语法结构如图 4-3 所示。在循环中，一旦 while 语句条件表达式的值为 false，while 语句就执行完毕了。while 语句也叫做 while 循环。
- □ 使用 while 语句时，应该清楚地知道 while 语句何时退出，注意避免因为 while 语句无法退出而造成程序进入死循环。

4.3.2　使用 do-while 语句

下面我们介绍 while 语句的另一种形式——do-while 语句。其中 do 也是 Java 中的关键字。它的功能与 while 语句是一样的，但是在某些情况下，使用 do-while 语句会让程序写起来更轻松。现在我们接触到的程序还无法找到可以让 do-while 语句显得比 while 语句更方便的例程。下面先来看一个例程，了解如何使用 do-while 语句。

```java
public class SettleAccountsUsingDoWhile {
    public static void main(String[] args) {
        int times = 5;
        do{           // do-while 语句是以 do 开头的
            int price = 5;
            int amount = 10;
            if (price > 0 && amount > 0) {
                int totalCost = price * amount;
                System.out.println(totalCost);
            } else {
                System.out.println("price 和
                    amount 的值必须都大于 0, 否则无法
                    计算 totalCost");
            }
            times = times - 1;
        }while (times > 0);     // do-while 语句的条件表达式放在循环体后面
        System.out.println("do-while 语句执行结束。结账员可以休息一下了。");
    }
}
```

SettleAccountsUsingDoWhile
源码

上面例程的功能与前面介绍 while 语句的例程是一模一样的。只不过是把 while 语句替换成了 do-while 语句。do-while 语句的语法结构如图 4-7 所示。

除了 do-while 语句代码块会首先执行一遍之外，do-while 语句的执行流程与 while 语句是一样的，其执行流程如图 4-8 所示。

do-while 语句的语义与 while 语句也是很类似的：先执行一次 do-while 语句的程序块，然后再执行 do-while 语句的条件表达式，如果其值为 true，则再次执行 do-while 语句的程序块。这么一直循环下去直到 do-while 语句的条件表达式值为 false。对比 while 语句的语义会发现 do-while 语句与 while 语句的不同之处在于：do-while 语句的代码块至少会执行一遍，而 while 语句的代码块则有可能一次都不执行。在语法结构上 do-while 语句也有一点不同：do-while 语句的条件表达式后面要求有一个分号（;）表示结束。

根据对 while 语句的认识，结合 do-while 语句的语义，首先把程序执行的过程在自己脑子里走一遍然后运行程序，输出如下结果：

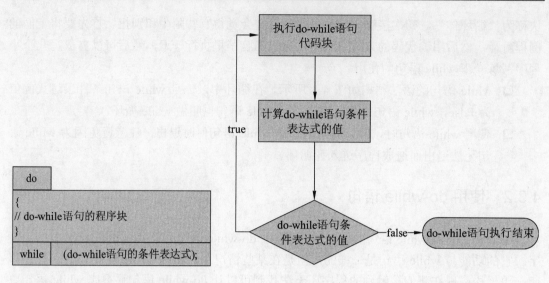

图 4-7　do-while 语句的 Java 语法结构　　　　图 4-8　do-while 语句的执行流程图

```
50
50
50
50
50
do-while 语句执行结束。结账员可以休息一下了。
```

Java 中为什么要引入 do-while 语句呢？do-while 语句主要用在 "即使条件表达式值为 false，也要执行一遍循环体" 的情况下。这种情况在编程中时有遇到。两者相比之下，do-while 语句略显拖沓，而且循环体肯定会执行一次，这并不常见，所以相比之下 while 语句用得比较多。

- ❑ do-while 语句的执行流程如图 4-8。
- ❑ do-while 语句主要用在无论条件表达式值为何、循环体都必须执行一次的情况下。
- ❑ do 是 Java 中的关键字。do-while 语句中需要注意的是其条件表达式后面必须有一个分号表示 do-while 语句的结束。

4.4　使用 for 进行循环

下面我们介绍一下 for 语句。虽然绝大多数情况下，for 语句能做的事情其他循环语句也是可以做的，但是在循环的各种语句中，for 语句是使用最频繁的。

4.4.1　自增和自减操作

为了方便地使用 for 语句，在这里需要先介绍一下 Java 中的自增和自减运算符。首先介绍自增运算符，自增运算符在 Java 中是两个连续的加号（++）。自增运算符是一个一元运算符，它的作用是将数字类型的变量值加 1。看下面的例程。

```java
public class SelfIncrease {
    public static void main(String[] args) {
        int a = 5;
        a++;
        System.out.println(a);
    }
}
```

SelfIncrease 源码

　　程序的第一行中创建了一个 int 变量 a，程序的第二行中对 a 变量执行了自增操作。这时 a 的值就会被加 1。然后将 a 的值输出到控制台。按照对自增运算符的介绍，a 的值应该已经变成了 6。程序运行的输出如下：

```
6
```

　　自增运算符其实就是方便对数字类型的变量进行加 1 操作的。在上面的例程中，"a++"的作用与 "a＝a+1" 其实是完全一样的。但是 "a++" 这种方式看起来更加简明。

　　自增运算符除了可以写在变量名后面之外，还可以写在变量名前面（例如：++a）。把类似 a++ 这种写法称为后缀运算，++a 这种写法称为前缀运算。这两种写法都可以完成让变量值增加 1 的操作，但是两者在执行的顺序上有所不同。在一个语句中，如果自增运算符写在了前面，则程序会先对变量执行自增操作，然后再执行其他的操作，而如果自增运算符写在了后面，则程序会先执行其他操作，最后才执行自增操作。看下面的例程。

```java
public class SelfIncreaseCompare {
    public static void main(String[] args){
        int a = 5;          // 创建 3 个变量
        int b = 5;
        int c = 5;
        boolean ac = (a++ > c);
        // 程序会首先执行 boolean ac = (a > c);然后
        //对 a 的值加 1
        System.out.println(a);
        System.out.println(ac);
        boolean bc = (++b > c);
        // 程序会首先对 b 的值加 1，然后执行 boolean
        //bc = (b > c);
        System.out.println(b);
        System.out.println(bc);
    }
}
```

SelfIncreaseCompare
源码

　　程序中的两行注释已经把前缀加加和后缀加加的区别说清楚了。例程中，在执行 "(a++ > c);" 的时候，首先进行 a>c 这个计算，a 的值实际还没有增加 1，所以 a 和 c 的值都是 5，也就是运算结果为 false；运算完毕后，a 的值才会被加 1。最后 false 被赋值给 boolean 变量 ac。而在执行 "(++b > c);" 的时候，b 的值首先会先被加 1，然后进行 b > c 的判断，这时 b 的值是 6，c 的值是 5，所以计算结果为 true，true 被赋值给 boolean 变量 bc。运行这个程序，控制台输出如下结果。

```
6
false
6
true
```

我们发现，a 和 b 的值其实最后都是 6，而 ac 和 bc 两个 boolean 变量的值之所以不同，就是因为前缀加加和后缀加加对变量加 1 的顺序不同。绝大多数情况下，像例程中这样把 ++操作混杂在一个运算表达式中不是一个好习惯，这样会让程序变得难懂。

－－运算其实就是对变量减 1，与加加运算一样，减减运算也有前缀减减和后缀减减，其运算顺序的规则和加加操作一样。在这里就不给出例程了。

加加运算和减减运算可以用在 Java 中任何表示数字的基本类型上。

❑ 加加运算（++）和减减运算（－－）是用来方便地对变量进行加 1 或者减 1 操作的。

❑ ++和－－写在运算符的前面或者后面有不同的运算顺序。

❑ 在一个运算式中使用++或－－操作符时，要注意不要引起歧义。

4.4.2　for 语句

下面回到主题，讲解 for 语句。这里给出使用 for 语句循环的例程，例程中就是使用 for 语句替换了 while 语句，程序的功能与 while 语句的例程是一样的。下面的例程就是使用了 for 循环替代 while 循环。

```java
public class SettleAccountsUsingFor {
    public static void main(String[] args) {
        for(int times = 0; times < 5; times ++){
        // for 循环，大括号内是 for 循环体
            int price = 5;        // 创建两个 int 变量
            int amount = 10;
            if (price > 0 && amount > 0) {
            // if 语句判断价格和数量的合法性
                int totalCost = price * amount;
                System.out.println(totalCost);
            } else {     // else 语句提示错误
                System.out.println("price 和
                amount 的值必须都大于 0，否则无法计
                算 totalCost");
            }
        }                                // for 循环体结束
        System.out.println("for 语句执行结束。结账员可以休息一下了。");
    }
}
```

SettleAccountsUsingFor
源码

我们发现，for 语句的结构与 while 语句差不多，只不过对于 while 语句来说，小括号内的内容就是一个条件表达式，对于 for 语句来说，小括号内的内容稍显多。相信根据前面对 while 语句的理解，对 for 语句的语义也可以猜测个差不多了。下面通过图 4-9 看一下 for 语句的语法结构。

for 语句是以关键字 for 开头的。然后紧跟着的小括号内有 3 个语句，下面一一介绍其作用。

❑ 初始化语句：初始化语句是整个 for 语句中首先执行的语句。它只执行一遍，一般来说它会创建一个变量，这个变量会用在后面的条件语句中。例程中就是在初始化语句中创建了一个 int 变量叫做 times，然后赋初始值 0。注意，初始化语句以分号结束，不是逗号。

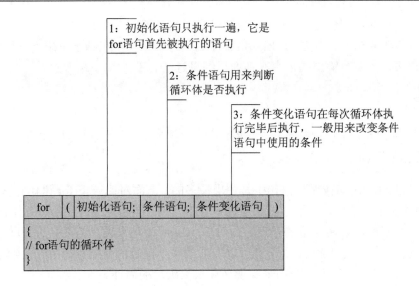

图 4-9　for 语句的 Java 语法结构

- 条件语句：条件语句是用来判断 for 语句循环体是否执行的。for 语句在执行完初始化语句后，就会计算条件语句的值，如果条件语句的值为 true，则执行 for 语句的循环体，如果为 false，则整个 for 语句执行完毕。例程中就是以"times＜5"为条件的。同样，条件语句也要以分号结束，不是逗号。
- 条件变化语句：这个语句是在循环体每次执行完毕后执行的语句。在例程中，这个语句就是"times++"。也就是每次循环体执行一次，times 的值都会加 1。

这 3 个语句的名字只是根据它们通常的用途起的，可以不必关心这几个绕口的名字。下面通过图 4-10 看一下 for 语句的执行流程。

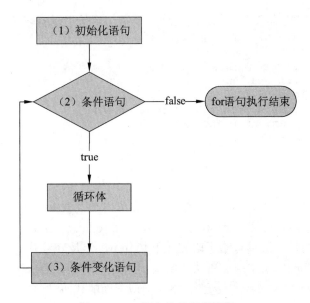

图 4-10　for 语句的执行流程图

for 语句理解起来的一个难点就是：虽然条件语句和条件变化语句紧挨着，但是它们却不是紧挨着执行的。记住这一点，for 语句就好理解多了。

　　根据流程图 4-6，可以很清楚地知道程序的运行结果了，在脑子里想一下程序的结果，然后运行程序，控制台输出的内容在前面已经见过了。

```
50
50
50
50
50
```
for 语句执行结束。结账员可以休息一下了。

　　之前说过，for 语句在循环语句中是使用最多的。下面对比一下 for 语句和 while 语句。for 语句的语法格式很好，小括号内 3 个语句分工明确：初始化条件变量、条件表达式以及循环体执行完毕后对条件变量的处理。而对于 while 语句来说，需要在循环体内对 times 变量进行运算。相比之下，for 语句则可以清晰地在小括号内就能算出 for 语句的循环体执行多少次。所以 for 语句更适合用来实现循环次数确定的循环。

　　如果 for 语句的循环体只有一个语句，那么 for 循环体的大括号也是可以省略的。当然这种省略并不值得推荐。

- ❏ for 语句也是用来实现循环的，其语法结构参见图 4-5，其执行流程参见图 4-6。
- ❏ for 语句更适合用来实现固定次数的循环。
- ❏ 在本节中的例程中，为了让变量名更易懂，使用了 times 作为控制循环的变量。在大多数的程序中（不仅仅是 Java 程序），人们习惯上使用 i、j 和 k 这 3 个变量名作为控制循环的变量名。当然这只是一个习惯用法，并不是编程语言的语法。

4.4.3　for 语句省略形式

　　for 语句的小括号内有 3 个语句，其实这 3 个语句都是可以省略（也就是留空）的。首先省略第 1 个和第 3 个语句，可以让 for 语句看起来与 while 语句几乎一样。看下面的例程。

```java
public class UseForasWhile {
    public static void main(String[] args) {
        int times = 0;
        for(;times < 5;){   // 省略不需要的部分
            System.out.println(times);
            times ++;
        }
    }
}
```

UseForasWhile 源码

　　可以把初始化语句放在 for 语句外面，同样也可以把改变 times 值的语句放至循环体内，这样，for 语句就和 while 语句几乎一模一样了。但需要注意的是，虽然省略了语句 1 和语句 3，但是分号并不能够省略，这是 for 语句的 Java 语法的结构。

　　也可以把 for 语句中的条件表达式省略，类似下面的代码。

```java
int times = 0;
for(;;){                        // 没有条件表达式，则不做任何判断进行循环
    System.out.println(times);
    times ++;
```

　　　}

　　但是这样，for 语句就陷入了死循环，上面的代码是永远不会退出的，除非强制将程序进程结束。for 语句的省略形式给 for 语句带来了灵活，但是这种省略形式并不推荐，还是应该尽量按照 for 语句最普通的用法来使用 for 语句。

　　❑ for 语句小括号内的 3 个语句都是可以省略的，但并不推荐。

4.5　语句中不能不说的事

　　迄今为止已经学到了 Java 中最常用的 3 种循环语句和 if-else 语句。好，现在回味一下这 3 种循环语句的语义和 if-else 语句的语义。现在回忆一下前面的例程，一定要让自己弄懂前面给出的例程以及例程的执行结果。现在需要带着一个清醒的脑袋进入本节，否则，你可能会被本节的内容给弄迷糊。

4.5.1　小心复杂语句中创建的变量

　　迄今为止我们学习了多种复杂语句（包括 for 语句，while 语句，do-while，if 语句和 if-else 语句），Java 语法规定，在它们中创建的变量，在外部（可理解为，在这些语句中的大括号外）是无法使用的。本节中使用 for 循环来说明这点。看下面的例程。

```java
public class VariableInLoop {
    public static void main(String[] args){
        for(int i = 0; i < 3; i++){// for 语句
            int variableInLoop = i*i;
            // 在 for 循环语句内创建一个变量
            System.out.println(variableInLoop);
            // 输出变量的值
        }
        System.out.println(variableInLoop);
    // 变量 variableInLoop 是在上面的 for 语句中创建的，
    // 不能在 for 语句外面使用
    }
}
```

VariableInLoop 源码

　　在上面的例程中，for 循环体内创建了 int 变量 variableInLoop，同时在 for 循环体中也使用了这个变量（将变量值输出到控制台）。for 语句执行结束后，还尝试使用这个变量，这是 Java 语法不允许的，编译上面的例程，Java 编译器会给出如下错误：

```
VariableInLoop.java:9: 错误: 找不到符号
            System.out.println(variableInLoop);
                               ^
    符号:　变量 variableInLoop
    位置:　类 VariableInLoop
1 个错误
```

　　这个错误的意思就是在程序的第 4 行（就是在 for 循环外使用 variableInLoop 变量的那行），Java 编译器找不到 variableInLoop 的定义。这与之前介绍的"使用一个没有创建的变量"所给出的错误提示是一样的。为什么呢？我们已经在 for 语句中创建了这个变量呀。这是因为循环体在每次执行完毕后，为了节省资源，它内部创建的变量都会同时"失效"。而在整个循环语句执行完毕之后，循环语句中创建的变量（例如在本例中，我们在for 语句中创建了 int 变量 i）也将"失效"。所以对于循环外面的代码来说，循环中创建的变量是不可使用的。

当然，循环语句内可以使用循环语句前面创建的变量。例如在上面的例程中，可以通过把变量创建在 for 循环语句前面，来实现变量在 for 循环语句后还是可用的，看下面的例程。

```java
public class VariableOutsideLoop {
    public static void main(String[] args){
        int i = 0;
        int variableOutsideLoop = 0;
        for(i = 0; i < 3; i++){
            variableOutsideLoop = i*i;
        System.out.println(variableOutsideLoop);
        }
        System.out.println(i);
        // 变量 i 和 variableOutsideLoop 不是在循环语句中
        //创建的，可以在 for 循环外使用
        System.out.println(variableOutsideLoop);
    }
}
```

VariableOutsideLoop
源码

上面的程序可以通过 Java 编译器的编译，运行程序，控制台输出如下内容：

```
0
1
4
3
4
```

其中前 3 行是在 for 循环中输出的，最后两行是在循环外输出的。所以，如果既想在循环内使用一个变量，又想在循环外使用这个变量，那么需要像本例程这样，把变量创建在循环语句前面的代码中。

这个规则同样适用于 while 循环语句和 do-while 循环语句，这里不再给出例程了。

对于 if 语句和 if-else 语句也是一样的。对于 if 语句，在 if 语句中创建的变量当 if 语句结束后就不能够再使用。对于 if-else 语句，我们知道它们的语义决定了 if 代码块和 else 代码块只有一个能够执行，所以虽然 if 代码块在 else 代码块的前面，但是 if 代码块中创建的变量在 else 代码块中不能使用。同时，if-else 语句中创建的变量在 if-else 语句块外不能使用。看下面的例程。

```java
public class VariableInIfElse {
    public static void main(String[] args) {
        int a = 0;
        if(a >= 0){              // if 语句
            int b = a + 5;
            // 在 if 语句中创建了 b 变量
        }else{
            int c = a - 5;
            // 在 else 代码块里我们不能使用 if 代码块
            //中创建的变量 b
        }
        // 在 if-else 语句外部不能使用其中创建的变量 b
        //和 c
```

VariableInIfElse 源码

```
    }
}
```

通过阅读上面例程的注释可以更形象地了解这个规则对 if-else 语句的作用。

❑ 循环语句中创建的变量不可以在循环外使用。

❑ if 语句中创建的变量在外部不能使用。

❑ 对于 if-else 语句，if 代码块中创建的变量不能在 else 代码块使用。同时，if-else 语句中创建的变量不能在语句外部使用。

4.5.2　别让循环次数给弄懵了

大多数情况下会使用一个 int 变量来控制循环的次数，上面关于循环的例程中无一例外都是这样做的。假设用 int 变量 times 来控制循环的次数，对于最常用的 for 循环，如果想让循环体执行 n 次，那么最常见的写法就是：给 times 赋值为 0；然后把条件语句设置为 times < n；然后在条件变化语句或者循环体内将 times 的值加 1。这对于 while 语句也是同样适用的。对于 do-while 语句，如果 n 大于等于 1，也是适用的。

在看到一个循环语句的时候，应能够首先找到在循环表达式中，条件表达式是什么，其中有几个变量，这些变量在循环中都是如何做了变化，然后能够准确地说出循环体会执行多少次。请看下面的 for 语句：

```
for(int times = 0; times < n; times ++){
    // 循环体内代码
}
```

假设循环体内的代码不会改变 n 和 times 的值，那么应该是：条件表达式为 times < n，与循环有关的是 times 和 n，n 不会变化，times 在每次循环体执行完毕后都会加 1。那么循环体执行一次之后，再次计算 times < n 时，times 的值就是 1，也就是说条件表达式等价于 1 < n；当执行了 n−1 次循环体后，条件表达式的值就等价于 n−1 < n，还好，值还是 true；再执行一次，条件表达式的值就等价于 n<n，值成了 false 了，循环语句执行结束。从这个推断过程中需要清楚地记住，不同的条件对应的循环执行不同的次数。

利用减减操作控制循环也是很常用的，看下面的代码：

```
for(int times = n; times > 0; times --){
    // 循环体内代码
}
```

假设循环体内的代码不会改变 n 和 times 的值，推断一下这个循环体会执行多少次呢？想好再向下看。没错，也是 n 次。

这里有一点与平时的习惯是有抵触的：多少年来都是从 1 开始计数，为什么计算机中偏偏喜欢从 0 开始计数呢？这与计算机的体系结构有着密切的关系，在下一章学习数组的时候还会遇到这个问题。

4.5.3　循环的嵌套

前面看到过 if-else 语句的嵌套，同样，多种语句之间都是可以嵌套的，例如 if 代码块中可以有 for 循环，for 循环中可以有 while 循环，do-while 循环中可以有 if-else 语句等。只要语句的语法正确，如何嵌套、嵌套多少层都是允许的。

下面给出一个在 while 循环中还有一个 for 循环中的例程。在例程中，对于这两个循环都是使用 int 变量来控制循环次数，例程的作用是找出一个最小整数的值 n，使得不等式 $0^2 + 1^2 + 2^2 + 3^2 + 4^2 \cdots\cdots + n^2 > 10051005$ 成立。例程给出的办法并不是最好的，而且可以说是相当差的，这里是为了使用循环嵌套而这么写的。来看例程。

```java
public class NestingLoop {
    public static void main(String[] args) {
        int biggerThan = 10051005; // 目标值
        int n = 0;                 // 要求的 n 值
        int squareSum = 0;
        while (squareSum <= biggerThan) {
            n++;// n 太小，加 1 后再次计算不等式左边的值
            squareSum = 0; // 将 squareSum 清零
            for (int i = 0; i <= n; i++) {
                // i <= n 而不是 i < n
                int squareValue = i * i;
                // 计算立方值
                squareSum = squareSum + squareValue;
                    // 将立方值累加到 squareSum 变量
            } // for 循环结束后，squareSum 的值就是当前 n 下不等式左边的值
        }
        System.out.println("平方和大于" + biggerThan + "的最小整数值为：" + n);
    }
}
```

NestingLoop 源码

程序中首先创建了一个 int 变量 biggerThan 并且将目标值赋给变量 biggerThan，下一行代码中创建了一个变量 n，这个值是就是用来存储最终结果的，然后是 squareSum 变量，它是在下面的循环中用来存储立方和的，也就是不等式左边的值。

然后循环开始，首先是 while 循环，它的条件表达式是"squareSum <= biggerThan"。也就是说，在不等式不成立之前，while 循环不会退出。程序一旦执行 while 循环体内，就说明"squareSum <= biggerThan"成立，也就是说 n 的值太小导致立方和太小，所以首先将 n 加 1。

然后将 squareSum 清零，因为在 for 循环中会重新计算从 0 到 n 的立方和（这里需要注意的是，因为计算的是从 0 到 n 的立方和，有 n+1 个数而不是 n 个数，所以 for 语句的条件表达式是"i <= n"）。for 循环结束后，squareSum 的值就是当前 n 下不等式左边的值。然后 while 循环会再次利用这个 squareSum 的值去和 biggerThan 比较，如果不等式成立（也就是 while 循环语句的条件表达式不成立），则 while 循环结束，当前 n 的值就是要求的值。

运行程序，输出结果如下：

平方和大于 10051005 的最小整数值为：311

4.6　continue 关键字与 break 关键字

前面介绍了 3 种循环的语句：while、do-while 以及 for。下面介绍两个可以用在循环体

代码中的关键字：continue 和 break。这两个关键字用在循环体中，可以让我们更灵活地结束一段循环体或者一个循环语句。

4.6.1　continue 关键字

continue 关键字用在各种循环体中的语义是一样的，以 for 循环为例来介绍 continue 关键字。其余的循环形式也可以类似地使用 continue 关键字。

如果需要一个程序循环 5 次，但是在循环到第 3 次的时候，循环体内的代码将不会完全被执行。要实现这个功能，可以使用前面介绍的 if-else 语句来判断，在这里来介绍如何使用 continue 关键字实现这个功能。看下面的例程。

```java
public class UsingContinue {
    public static void main(String[] args) {
        for(int times = 0; times < 5; times ++){
            if(times == 2){
            // times 值为 2 时说明循环体执行到了第 3 次
                continue;
                // continue 语句后面必须是一个代码块的
                //结束，下面不能再有代码
            }
            System.out.println("times 的值为: "
                +times);
        }
    }
}
```

UsingContinue 源码

continue 关键字的语义是：此次循环体的代码将不再向下执行，转而计算循环的条件表达式并根据其值来判断是否执行下次循环体。简言之可以这么理解：在循环体内遇到 continue 关键字，就可以认为此次循环体已经执行完毕了。而对于循环语句来说，循环体执行完毕后就是要去计算条件表达式的值。所以，continue 关键字就是用来结束循环体执行的。

在上面的例程中，times 的值为 2 时，if 语句的条件满足，然后 continue 关键字会被执行，根据 continue 关键字的语义，程序将不会走出 if 语句而直接跳转进行下一次循环条件表达式值的计算。所以我们将不会看到 times 为 2 时的控制台输出。运行程序，输出结果与判断的一致。

```
times 的值为: 0
times 的值为: 1
times 的值为: 3
times 的值为: 4
```

因为程序在执行到 continue 语句后就会马上跳转到循环的开始，所以对于 continue 语句所在的代码块来说，continue 语句后面的代码是肯定执行不到的，所以 Java 语法规定 continue 语句必须出现在代码块的最后一行。例如上面的例程中，continue 是 if 语句块中唯一一行也是最后一行代码，如果 continue 语句后面还有代码，编译就会出错。

❑ continue 关键字只能用在循环中，它的作用是结束当前的循环体代码执行，继续循环需要做的事情（计算条件表达式等）。

❑ Java 语法要求 continue 语句要放在其所在代码块的最后一行。

4.6.2　break 关键字

break 关键字可以用在循环体中，它的语义是终止整个循环。看下面这段代码，它与 4.6.1 节中的代码基本相同，不同的是将 continue 关键字替换为了 break 关键字。

```
public class UsingBreak {
    public static void main(String[] args) {
        for(int times = 0; times < 5; times ++){
// for 循环语句
            if(times == 2){
                break;// break 关键字用来终止整个循环
                // break 语句后面必须是一个代码块的结
                //束，下面不能再有代码
            }
            System.out.println("times 的值为: "
                +times);
        }
    }
}
```

UsingBreak 源码

当第 3 次进入循环体的时候，times 的值为 2，这时 if 条件表达式的值将为 true，if 代码块中的 break 语句将被执行。根据 break 语句的语义，不仅仅是本次循环体的执行被终止，其所在的 for 循环将同样被终止。根据这个可以判断出程序只会输出 times 值为 0 和 1 时的两行内容，运行上面的程序，结果与预想的一样。

```
times 的值为: 0
times 的值为: 1
```

与 continue 语句一样，break 语句也必须出现在一个语句的最后一行，否则是通不过 Java 编译的。例如上面的例程中，break 语句就是其所在的 if 语句的最后一行（当然也是唯一一行）。

下面给出一个使用 while 循环和 break 关键字计算使不等式 $0^2 + 1^2 + 2^2 + 3^2 + 4^2 \cdots\cdots + n^2 > 10051005$ 成立的最小 n 的程序。

```
public class UsingBreakInWhileTrue {
    public static void main(String[] args) {   //
main()方法
        int biggerThan = 10051005;// 不等式右边的值
        int n = 0;              // n 的值，从 0 开始
        int squareSum = 0;      // 不等式左边的值
        while (true) {
        // 一直循环，直到使用break 跳出循环
            int square = n * n;// 当前 n 的平方的值
            squareSum = squareSum + square;
            // 累加到 squareSum 中
            if (squareSum > biggerThan) {
            // 比较两者结果
                break;              // 如果当前的结果已经大于右边了，跳出
            } else {                // 否则 n 加 1，继续计算
                n++;
```

UsingBreakInWhileTrue
源码

```
        }
    }                                          // 循环跳出的时候，n 的值满足不等式
    System.out.println("平方和大于" + biggerThan + "的最小整数值为：" + n);
    }
}
```

上面的程序中，每次循环都会计算 n 的平方并将之加到 squareSum 中去。然后使用一个 if 语句来判断不等式是否成立，如果成立则使用 break 语句结束 while 循环，否则就将 n 的值增 1。我们发现 while 循环的条件表达式竟然是 true，这代表 while 循环的条件表达式永远都是 true，也就是不能够靠条件表达式值为 false 来终结 while 语句了。如果不是在 if 语句中使用 break 语句将 while 循环终止，while 循环将一直运行下去。

运行程序，输出结果如下：

平方和大于 10051005 的最小整数值为：311

- ❑ break 关键字的语义是终止其所在的循环或语句。
- ❑ break 语句结束其所在的循环，而如果有循环嵌套，则不会终止外部的循环。
- ❑ Java 语法要求 break 语句要放在其所在代码块的最后一行。

4.7　使用 switch 进行跳转

本节中将接触 Java 中的 switch 语句。switch 语句比起前面介绍的语句，语法结构最复杂，而且涉及的关键字可以说是最多的。但是 switch 却不难理解。switch 语句不是用来循环的，它是用来根据一个 int 变量或者 char 变量的值让程序进行分支的。下面开始本节的内容。

现在写一个小程序，程序能够根据一件商品的类别代码（int 值）来向控制台输出其所在的商场分部。这样，如果在结账处有顾客临时决定不要某样商品，那么可以快速地知道商品所在的商场分部，方便将商品放回去。

假设，速冻食品的商品代码是 1，它所在的商场分部是食品分部；食用油的商品代码是 2，它所在的商场分部也是食品分部。然后再假设商品代码为 3、4、5 的商品都是属于百货分部的。这个程序利用前面学习的 if-else 语句就可以处理，这里介绍使用 Java 中的 switch 语句来处理这个问题的方法，看下面的例程。

```
public class UsingSwitch {
    public static void main(String[] args) {
        int goodsNumber = 3;
        switch (goodsNumber) {
        case 1: // 如果 goodsNumber 的值是 1，则代码从
                //这里开始执行
            System.out.println("此商品属于食品分部");
            break;
        case 2:              // 如果 goodsNumber 的值是
                            //2，则代码从这里开始执行
            System.out.println("此商品属于食品分部");
            break;
        case 3:
            System.out.println("此商品属于百货分部");
```

UsingSwitch 源码

```
            break;
        case 4:
            System.out.println("此商品属于百货分部");
            break;
        case 5:
            System.out.println("此商品属于百货分部");
            break;
        default:                // 如果 goodsNumber 的值是在前面的 case 语句中没有找
                                // 到匹配，则代码从这里开始执行
            System.out.println("无此商品分类别号");
            break;
        }
        System.out.println("switch 语句执行接结束。");
    }
}
```

其中 switch、case、default 和 break 都是 Java 中的关键字。通过图 4-11 看一下 switch 语句的 Java 语法结构。

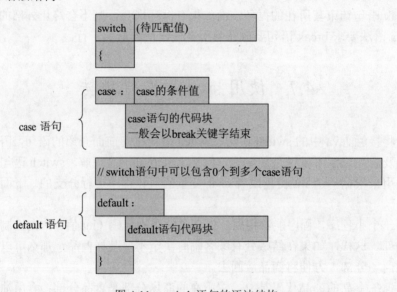

图 4-11　switch 语句的语法结构

首先，switch 语句也是以关键字 switch 开头的，然后，紧跟着的小括号内必须是一个 int 变量或者是一个 char 变量，称之为带匹配值。这个变量的值就是用来与下面的 case 语句后的值进行匹配的。紧跟着的大括号就是 switch 的代码块。switch 代码块内可以有两种语句：case 语句和 default 语句。下面对这两种语句分别解释一下。

1. case语句

case 语句只能用在 switch 语句中。switch 语句中可以包含 0 个到多个 case 语句。通过图 4-7 可以看出 case 语句的组成部分。首先 case 语句是以 case 关键字开头的，然后紧跟一个冒号，冒号后面必须紧跟一个确定的 int 值或者 char 值，称之为 case 语句的条件值。紧跟着需要另起一行书写 case 语句的代码块。

这里与前面不同的是，case 语句的代码块不使用大括号括起来。一般来说，一个 case 语句的代码块以 break 语句结束。前面介绍过 break 语句用在循环中，break 语句还可以用在 switch 语句中的 case 语句。break 语句的语义与在循环中是一样的，当程序遇到 break 语句后，整个 switch 语句也就执行结束了（注意，不是 case 语句执行结束）。

在这里解释一下 case 语句的条件值。case 语句的条件值必须是一个确定的 int 值或者 char 值。通俗地讲，也就是说这个值必须在编译的时候就是确切知道的，不能改变的。这个值不能是一个变量。所以，对于 case 语句 "case : variableInt"，如果 variableInt 只是一个普通的 int 变量，那么这行代码就是错误的。在这里可以理解为这个值必须是直接写在程序中的 int 值或者 char 值。这也算是 switch 语句的一个限制。

2. default语句

default 语句一定要位于所有 case 语句之后（程序中语法并没有此固定要求，但在使用习惯上，default 语句必须放在最后）。switch 语句只能有一个 default 语句，也可以没有 default 语句。它的结构比较简单，首先是 default 关键字，然后加一个冒号。另起一行后，就是 default 语句的代码块。虽然没有意义，但是习惯上也是在 default 语句代码块最后写上一个 break 语句。

switch 语句的语法规则是：按照 case 语句的顺序，使用 switch 语句的待匹配值依次与 case 语句的条件值比较，如果相等则进入 case 语句并执行，如果所有 case 语句的条件值都与 switch 语句的待匹配值不相等，那么就从 default 语句的代码块进入开始执行。直到遇到 break 语句后 switch 语句结束，当遇到 switch 语句的结束（左大括号）时，自然 switch 语句也结束了。下面通过图 4-12 看一下 switch 语句的执行流程。

图 4-12 中没有包含 switch 语句为空时的情况。一个空的 switch 语句（没有 default 语句也没有 case 语句）不会执行任何代码，是没有意义的。

可以认为每个 case 语句都是一个进入代码块的门，如果 switch 语句的待匹配值与某个 case 语句的条件值相等，则程序就从这个门进入，一直向下执行，可以执行下面多个 case 语句的代码块，直到遇到 break 语句或者 switch 语句的左大括号，switch 语句结束。

根据 switch 语句的语义，可以推断出例程的输出结果，运行程序，控制台输出如下：

此商品属于百货
switch 语句执行结束。

我们发现，其实前两个 case 语句的代码块内容是一样的，后 3 个 case 语句的代码块内容也是一样的。根据 switch 语句的语义，可以巧妙地省略几个 break 而让代码更加精练。

```
public class UsingSwitchSmart {
    public static void main(String[] args) {
        int goodsNumber = 3;
        switch (goodsNumber) {
        case 1: // 如果 goodsNumber 的值是 1，则代码从这
里开始执行
        case 2: // 如果 goodsNumber 的值是 2，则代码从这
里开始执行
            System.out.println("此商品属于食品分部");
            break;
        case 3:
        case 4:
        case 5:
            System.out.println("此商品属于百货分部");
```

UsingSwitchSmart 源码

```
        break;
    default:    // 如果 goodsNumber 的值是在前面的 case 语句中没有找到匹配，则
                // 代码从这里开始执行
        System.out.println("无此商品分类别号");
    }
    System.out.println("switch 语句执行结束。");
    }
}
```

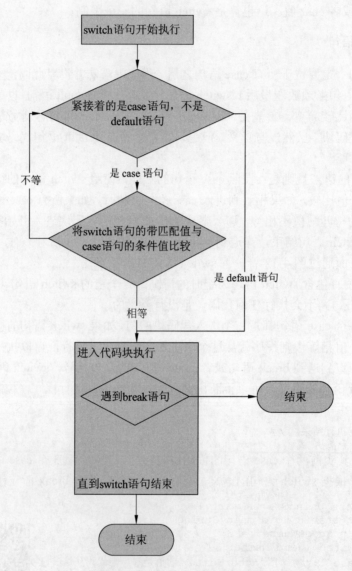

图 4-12　switch 语句的执行流程图

　　上面的例程与之前的例程运行结果是一样的。通过这个例程可以看出，switch 语句的语法允许把代码块相同的 case 语句"合并"起来。

　　我们发现，其实 switch 语句的功能可以被 if-else 嵌套语句所替代，但是 switch 语句有着清晰的结构，程序会比 if-else 语句读起来更加清晰。

　　❑ break 语句可以用在 switch 语句中，用来结束 switch 语句。

- switch 语句的结构见图 4-11，其执行规则见图 4-12。
- switch 语句只能以 "相等" 为判断条件。
- case 语句的条件值必须是一个确定的值。在这里可以认为使用 case 语句中的条件值必须是一个写在程序中的确定的值，例如整数 5 或字符 A。

4.8　大　例　子

本节将接触如何使用 Java 读取命令行输入的数据，让程序更加具有互动性。然后将使用用户输入的数据来构建一个模拟的超市结账程序。

4.8.1　从控制台读取数据

本节中将给出 Java 从控制台读取数据的代码。代码中涉及了很多没有接触过的知识。在这里不用关心这些细节，只要知道这些代码是用来帮助我们从控制台读取数据的就可以了。下面看例程。

```java
import java.io.BufferedReader;
import java.io.IOException;
import java.io.InputStreamReader;
// （1）以上 3 行代码的意义可以先不用理解
public class ReadConsoleInput{
    public static void main(String[] args) throws
IOException {
        // （2）throws IOException 的意义先不管
        BufferedReader reader = new BufferedReader(new
InputStreamReader(System.in));
        // （3）上面这一行牵扯到的知识可谓相当丰富，现在只要
        //知道它创建了一个 "reader"
        //供我们使用就好了
        System.out.println("请输入一个数字，然后敲 Enter 键: ");
        int valueFromConsole = Integer.parseInt(reader.readLine());
                        // （4）使用 reader 读取控制台变量
        System.out.println("输入的值为: " + valueFromConsole);
                        // （5）输出读取到的值
    }
}
```

ReadConsoleInput 源码

这个程序看上去太复杂了，太多之前没有接触过的东西了，不过这些都是为了能够从控制台读取输入。在代码中使用注释标记了 5 个地方，下面我们对这 5 个地方做一些简要的介绍。

（1）这 3 行程序可以说是 "引用" 别的程序。import 是 Java 中的关键字，作用就是用来完成 "引用" 这个功能的。可以把一个 import 语句的作用理解为一篇文章中类似于 "参见××书××章××节" 这样的一句引用外部资料的话的作用一样。

在本章中不去管这 3 句话的具体意义，这里只需要掌握的就是能够写对这个语句。需要注意 import 关键字后面要有至少一个空格，之后的文字要照着写，最后是以分号结束的。

（2）throws IOException 的作用是告诉程序。如果下面的程序执行过程中出错了，这个错误需要被调用此方法（也就是 main()方法）的代码处理。在第 1 章中讲过，Java 平台会以调用 main()方法来开始执行一个程序。所以，这句话的意思就是如果下面的程序在运行的时候出了什么错误，需要 Java 平台去处理这个错误。throws 是 Java 中的关键字。

同样，在这里只要能够写对这个语句就可以了。需要注意的是 throws 和 IOException 之间必须有且至少有一个空格。

（3）这一行代码是本程序中最复杂的，这里只需要知道这句话创建了一个 reader，它有个神奇的功能就是可以从控制台读取用户的输入。相比这个伟大的功能，这点代码复杂度还是可以接受的。书写这行代码的时候一定要一字一字地写，不能出差错。

（4）Integer.parseInt(reader.readLine());的作用是从控制台读取一行输入，并且将这个输入的字符串转换为 int 值。然后，这个值被赋给 int 变量 valueFromConsole。可以多次使用这个语句读取用户从控制台输入的数据。我们要记住这个语句，因为下面读取 int 变量全靠它了。当然，这个语句能够正常工作还要靠前面（1）、（2）和（3）做的事情。

（5）将 valueFromConsole 的值输出来，这个语句应该很熟悉啦。

因为 Integer.parseInt(reader.readLine());需要读取用户在控制台输入的一行字符串，所以程序会在执行到这一行的时候停住，等待用户输入。一行字符串是以回车为结束标志的。同时，因为 Integer.parseInt(reader.readLine());会把用户输入的字符串转换为一个 int 值，这也就要求我们输入的内容要能够被转换成 int 值（例如，可以是"555"，而不能是"ABC"或者"555.5"）。也就是说在程序运行的过程中需要输入一串能够被转换为 int 值的字符，然后按一个回车。运行程序，控制台首先输出如下内容：

```
请输入一个数字，然后按下 Enter 键：
```

然后把光标移动到第二行，输入一个数字，例如 555，按下 Enter 键，这时程序会读取到 555，然后继续执行。

```
请输入一个数字，然后按下 Enter 键：
555
输入的值为：555
```

其中第二行中的 555 是我们输入然后显示在控制台上的。

这里，如果输入的字符串无法转换成一个 int 值，如 111（注意，最后是一个空格），那么控制台的输出就会是类似如下的内容：

```
请输入一个数字，然后敲 Enter 键：
111
Exception in thread "main" java.lang.NumberFormatException: For input string:
"111 "
    at java.lang.NumberFormatException.forInputString(Unknown Source)
    at java.lang.Integer.parseInt(Unknown Source)
    at java.lang.Integer.parseInt(Unknown Source)
    at ch4.ReadConsoleInput.main(ReadConsoleInput.java:14)
```

这是第一次遇到程序运行的时候发生错误，之前都是遇到程序在编译期间出现的错误。这个错误的意思就是无法将输入的字符串 111 转换为一个 int 值。所以如果在本节例程中看到程序在运行期间出现类似这样的错误，就需要检查是不是输入了错误的字符串。

还有一点，程序一旦运行出错而我们又没有"处理"（在后面的章节中会专门讲解 Java 中如何处理程序运行时可能出现的错误），程序就会退出。所以程序再向控制台在输出错误信息后，不会再输出"输入的值为："这样的内容。

❑ 熟练无误地输写一个能从控制台读取数据的程序。

❑ 很多程序的正常运行需要依靠正确的数据。

❑ 程序出错后如果没有处理，程序就会退出。

4.8.2　结账程序中的循环

下面写一个模拟结账台的程序，它首先会读取用户输入的一个 int 值作为当前结账员需要接待的顾客次数。然后程序会模拟一次次的结账过程。每次结账过程是："结账员"输入"顾客"购买的一种商品的单价，然后是数量，紧接着程序会询问是否还有商品需要结算，如果有，"结账员"需要输入"1"，然后和前面一样继续输入商品的单价和数量；否则输入其他整数值，程序计算出总价输出到控制台，一次结账过程就结束了。

例程中使用了 4.8.1 节中从控制台读取 int 值的代码，在这里不再解释那些代码。这里要小心地输入 int 值，不要让程序出错。下面看例程。

```
import java.io.BufferedReader;
import java.io.IOException;
import java.io.InputStreamReader;

public class CountScripComplex {
    public static void main(String[] args) throws
IOException {
        BufferedReader reader = new BufferedReader(new
InputStreamReader(
            System.in));
        int serveTimes = 0; // 结账员需要接待的顾客的次数
        int totalCost = 0; // 存放一次结账的总消费金额
        int hasMoreGoods = 0;
        // 在结账过程中，用来存放是否还有商品要结算。1 为
        // 有，其他值为没有
        System.out.println("请输入结账员需要接待的顾客次数: ");
        serveTimes = Integer.parseInt(reader.readLine());
                         // 从控制台读取输入的 serveTimes 的值
        for (int i = 0; i < serveTimes; i++) {
            totalCost = 0;         // 每次处理结账之前，都要将 totalCost 设置为 0
            do {     // 使用 do-while 语句，一个顾客至少要买一样东西，否则不需结账
                     // 从控制台读取单价，如果单价不小于 0 则继续，否则要重新输入
                System.out.println("请输入商品的单价: ");
                int price = Integer.parseInt(reader.readLine());
                if (price < 0) {
                    System.out.println("商品单价不能小于 0! ");
                    hasMoreGoods = 1;         // 赋值 1，确定下次肯定会循环
                    continue;
                }
                // 从控制台读取数量，如果单价不小于 0 则继续，否则要重新输入
                System.out.println("请输入商品的数量: ");
                int amount = Integer.parseInt(reader.readLine());
                if (amount < 0) {
                    System.out.println("商品数量不能小于 0! ");
```

CountScripComplex
源码

```
                    hasMoreGoods = 1;          // 赋值 1，确定下次肯定会循环
                    continue;
                }
                totalCost = totalCost + price * amount;  // 计算当前的总价
                System.out.println("当前总价为: " + totalCost);
                                               // 输出当前的总价
                System.out.println("还有商品需要结算吗（输入 1 为有，其他数字为没
                有）? ");
                hasMoreGoods = Integer.parseInt(reader.readLine());
                                               // 本次结算是否还有商品
            } while (hasMoreGoods == 1);
            System.out.println("本次消费金额为: " + totalCost);
                                               // 输出本次结账的总价
            System.out.println("=====谢谢光临，欢迎下次再来! =====");
                                               // 一次结账过程结束
        }
        System.out.println(serveTimes + "次结算已经结束，结账员可以休息一下
        啦! ");
    }
}
```

　　这是我们至今为止看到的最长的一个程序了。但是里面除了从控制台读取内容之外，所有的代码在前面都是详细解读过的。面对一段比较长的代码，首先应该弄清楚的就是它的结构。这段代码的主体是一个 for 循环，循环次数是我们输入的。for 循环的循环体是处理一次结账的代码。它的主体是一个 while 循环，用来一次次读取输入的商品单价和商品数量，并计算当前总价输出到控制台，然后如果输入 1，则继续输入下一个商品的单价和数量，否则就代表一次结账过程结束，然后开始下一次的结账，直到 for 循环结束。

　　程序的运行结果与输入有关，这里给出一种可能的结果。

```
请输入结账员需要接待的顾客次数:
5
请输入商品的单价:
1005
请输入商品的数量:
5
当前总价为: 5025
还有商品需要结算吗（输入 1 为有，其他数字为没有）?
1
请输入商品的单价:
25
请输入商品的数量:
55
当前总价为: 6400
还有商品需要结算吗（输入 1 为有，其他数字为没有）?
0
本次消费金额为: 6400
=====谢谢光临，欢迎下次再来! =====
......
=====谢谢光临，欢迎下次再来! =====
请输入商品的单价:
55
请输入商品的数量:
55
当前总价为: 3025
```

还有商品需要结算吗（输入 1 为有，其他数字为没有）？

0

本次消费金额为：3025

=====谢谢光临，欢迎下次再来！=====

5 次结算已经结束，结账员可以休息一下啦！

如果程序出现编译错误，请仔细核对自己的程序和例程的区别。也可以在光盘中找到例程的源代码。这里给出的输出只是一部分，我们只截取了第一次和最后一次的结账过程的输出结果。

在本例程中，使用了 for 语句和 do-while 语句。可以看出，for 语句适合用来使用一个 int 变量递增（或者递减）来控制循环的次数，它的结构就是为这个目的设计的。do-while 语句则适合用来处理至少要执行一次的循环体，并且循环体执行多少次是不确定的循环。

本例中如果使用 while 语句代替 do-while 其实也是可以的，只是代码没有使用 do-while 语句清晰。本例中 do-while 语句其实就是在等待某个条件，一旦这个条件成立（或者不成立），就退出循环。

从本质上讲，循环语句都是可以互相替换的，只是不同的循环语句的语法有不同的适用场合。本节中使用了用户输入的数据来影响程序的行为。也可以将本章中其他的程序改造一下，让它们可以接受用户的输入。

❑ 写程序首先要学会读程序。读程序的能力需要慢慢培养。最好的方法就是多看多写多想。

4.9　小结：Java 不是一个直肠子

本章学习了 Java 中流程控制相关的语法。其中用于分支的语句有 if 语句，if-else 语句和 switch 语句。用于循环的语句有 while 语句、do-while 语句和 for 语句。

❑ if 语句用来根据一个条件判断 if 语句的代码块是否执行。if 是 Java 中的关键字。

❑ if-else 语句用来根据一个条件判断是执行 if 语句的代码块还是 else 语句的代码块。在这里需要掌握一种多个 if-else 语句并列时的一种省略大括号的写法，它在有很多 if-else 语句并列时很有用。

❑ switch 语句用来根据一个 int 或者 char 变量，与和 case 语句中确定的 int 值或者 char 值进行相等与否的比较，然后根据是否相等来决定从哪里开始执行 switch 语句中的代码。

❑ break 语句适用于循环语句和 switch 语句；continue 语句只适用于循环语句。在循环体或 switch 内，如果使用了 if 语句或者 if-else 语句，也可以在 if 语句或者 if-else 语句的代码块内使用 break 语句或者 continue 语句。这是因为 if 语句或者 if-else 语句出现在循环或者 switch 内，否则 if 语句或 if-else 语句代码块内是不能够使用 break 语句或者 continue 语句的。Java 语法规定 break 语句或 continue 语句必须是其所在代码块的最后一行（if 语句代码块，else 语句代码块，case 语句或循环语句的最后一行）。

❑ continue 语句和 break 语句在循环中的用法是完全一样的，只是语义不一样。break

语句用来终止其所在的循环；continue 语句用来终止其所在的当次循环。

❑ while 语句、do-while 语句和 for 语句都是用来循环的。3 种循环语句的功能在本质上来说是一样的，但是其语法上的差异让它们各有各的适用场合。可以通过本章中最后一个例程体会其不同。

❑ 使用循环语句的时候，需要对循环的条件有充分的理解，否则可能会弄错循环执行的次数。

❑ 分支语句和循环语句中创建的变量在语句结束后是不能使用的，这一点需要十分注意。可以在它们的外部创建变量，然后在它们的内部使用。

❑ 使用循环的时候，需要记得每次循环开始的时候，将上次循环使用的值复位。例如在最后一个例程中，for 循环体的第一行代码就是"totalCost = 0;"。

4.10　习　　题

1. 编写一个商场用来计算优惠券的程序：创建一个变量 totalCost 表示用户消费金额，给 totalCost 赋值后，使用 if-else 语句计算客户可以获得的优惠券，计算规则为：

❑ 当消费金额大于等于 200、小于 300 的时候，可获得 20 元的优惠券。

❑ 当消费金额大于等于 300、小于 500 的时候，可获得 50 元的优惠券。

❑ 当消费金额大于等于 500 的时候，可以获得 100 元打折卡。

将计算结果输出到控制台。

2. 使用嵌套的 for 语句循环，在控制台上输出如下内容：

```
1    2    3    4    5    6    7    8    9
2    4    6    8    10   12   14   16   18
3    6    9    12   15   18   21   24   27
4    8    12   16   20   24   28   32   36
5    10   15   20   25   30   35   40   45
6    12   18   24   30   36   42   48   54
7    14   21   28   35   42   49   56   63
8    16   24   32   40   48   56   64   72
9    18   27   36   45   54   63   72   81
```

3. 使用 while 语句实现与上一题相同的功能。

4. 编写一个输出汉语数字的程序：使用 switch 语句，对于 int 变量 n（其值应该大于等于 0，小于等于 10），输出其对应的汉语数字（零壹贰叁肆伍陆柒捌玖拾）。比如，当 n 的值为 5 的时候，程序应该向控制台输出"伍"。

第 5 章　数　　组

本章将接触 Java 语言中一个基本的部分：数组（Array）。数组是编程语言中一个很通用的概念，几乎所有的编程语言都支持数组。为了学习数组，先回顾一下前面学到的有关知识。

- ❑ Java 中的基本变量类型和变量；
- ❑ Java 中的循环语句。

第 3 章中学习了 Java 基本数据类型以及如何创建一个变量。本章中接触的数组其实不比一个变量复杂多少。在学习基本数据类型与变量的过程中主要学习了变量的创建、赋值与运算。在本章中将学习如何通过数组处理多个变量，下面开始本章的内容。

5.1　什么是数组

本节中将通过一个记录学生成绩的小程序来引入数组的概念。首先我们先尝试不使用数组处理问题，然后再通过使用数组处理问题。通过对比将会发现数组是一种简单好用的定义一组变量的方式。

5.1.1　假设：如果需要逐个定义变量

本节中我们假设需要一个小程序，功能是记录全班的成绩。假设全班只有 5 个人，按照第 3 章中学习的知识，这个功能完全可以实现。

```java
public class UseVariable {
    public static void main(String[] args) {
        int student1 = 55, student2 = 66, student3 = 77, student4 = 88,
        student5 = 99;
    }
}
```

上面使用了第 3 章中介绍的连续定义变量的方法，轻松地完成了这个功能。当然这个程序没有任何输出，仅仅是定义了 5 个变量代表 5 个学生的成绩，并且在创建变量的时候就给变量赋了初值。虽然稍显啰嗦，但是还能接受。下面要给这个程序添加一个功能，让它能够找到并输出最好的成绩，这个应该也很简单嘛，信手拈来。

```java
public class UseVariable {
    public static void main(String[] args) {
        // 创建 5 个 int 变量，保存 5 个学生的成绩
        int student1 = 55, student2 = 66, student3 = 77, student4 = 88,
        student5 = 99;
```

```
// 最高分初始为 0 分
int bestScore = 0;
// 如果当前学生的分数比记录中的最高分高，则当前学生的
//成绩为最高分，以下类同
if (student1 >= bestScore) {
    bestScore = student1;
}
if (student2 >= bestScore) {
    bestScore = student2;
}
if (student3 >= bestScore) {
    bestScore = student3;
}
if (student4 >= bestScore) {
    bestScore = student4;
}
if (student5 >= bestScore) {
    bestScore = student5;
}
System.out.println("最高分为：" + bestScore);
    }
}
```

UseVariable 源码

注意：这里不能使用 if-else 语句嵌套，if-else 语句嵌套的语法含义是只执行第一个符合条件的语句代码块，但是在这里需要把所有学生的成绩遍历一遍。所以这里需要对每个学生都使用一个 if 语句来判断并处理。

程序很简单，就是创建一个变量 bestScore 用来保存最高分（初始值为 0）。然后用这个值和每一个学生的成绩比较，如果学生的成绩高于或等于 bestScore，就把学生的成绩赋值给 bestScore，否则就继续判断下一个学生的成绩。运行程序，输出如下结果：

最高分为：99

结果是对的。呼呼，写得好累，幸好只有 5 个学生，如果是有 50 个学生，那程序要怎么写呢？如果还是按照这个思路写，要定义 50 个变量，并且要写 50 个 if 语句处理，这对于一个成熟的编程语言来说显然是不可能的。这样的处理方式有两个问题：

❑ 需要重复创建变量的过程，并且要为每个变量取名字。

❑ 需要按照不同的变量名对每个变量进行一样的处理。

下面引入数组，看看使用数组是如何将这两个问题解决的。

5.1.2　数组初探

数组是一组相同类型变量的集合。本节中将讲述数组的基本语法。首先是如何创建一个数组。

1. 创建数组

下面通过一个创建 int 数组的例子看一下 Java 中使用数组的语法。

```
int studentCount = 5;   // 创建一个 int 变量 studentCount，并给它赋值 5
int[] students;         // 声明了一个 int 数组，数组名字为 students
students = new int[5];  // 创建了一个代表"5 个 int 变量"的数组，并赋值给 students
```

　　上面 3 行代码分别创建了一个 int 变量和一个 int 数组。对于"int studentCount = 5;"我们应该很熟悉了。下面看第 2 行创建数组的代码,这行代码声明(declare)了一个名为 students 的 int 数组。先看一下声明数组的语法:"类型"+"[]"+"一个或多个空格"+"数组名字"(本例中就是"int[] students")。语法中与普通变量唯一不同的地方就是类型后面跟着一对中括号。这对中括号就标志声明一个数组而不是创建一个普通的变量。

　　紧跟着第 3 行创建了一个数组(使用"new int[5]"),并将这个数组赋值给声明的 students(使用等号赋值操作)。创建一个数组的语法为:new+空格+类型+[+一个代表数组大小的非负整数+](本例中就是 new int[5];)。其中,new 是 Java 中的关键字,可以把它的意思理解为"创建,新建"。"new int[5];"的意思就是"创建一个数组,数组的中每个元素的类型为 int,数组中包含 5 个元素"。

　　在创建数组的时候,中括号中的数字 5 可以被一个 int 变量代替,但是它的值必须是非负数。例如,在上面的代码中,就可以将第 2 行代码写为"students = new int[studentCount];"。因为 studentCount 的值也是 5,所以它们的意义是完全一样的。

　　注意:Java 中允许创建一个大小为 0 的数组,也就是说"int[] emptyArray = new int[0];"在 Java 中是正确的。这样的数组基本上没有什么作用,可以不用理会。当然,大小为负数的数组在 Java 中是不被允许的。

　　为了简洁,也可以把数组的声明、创建和赋值合并为一行:int[] students = new int[5];。实际上,绝大多数情况下都是使用这种方式。

　　好的,现在就完成了声明并创建一个数组的过程代码。下面看一下如何使用数组。

2. 使用数组

　　数组不是普通的变量。在上面的代码中一次性创建了 5 个 int 变量。这 5 个变量有着相同的名字——students。那么如何区分和使用这 5 个变量呢?看下面的例程:

```java
public class UseArray {
    public static void main(String[] args) {
        int[] students = new int[5];
        // 创建一个包含 5 个元素的变量
        students[0] = 55; // 第 1 个学生的成绩
        students[1] = 66; // 第 2 个学生的成绩
        students[2] = 77;
        students[3] = 88;
        students[4] = 99;
        System.out.println("第 1 位学生的分数是: " +
students[0]);
        System.out.println("第 3 位学生的分数是: " +
students[2]);
        System.out.println("第 5 位学生的分数是: " +
students[4]);
    }
}
```

UseArray 源码

　　如上面的例程那样,使用数组中的某个元素也很简单,它的 Java 语法为:"数组名字"+"["+"数组下标"+"]"(例程中的"students[0]")。数组名字就是在前面声明的数组的名字(在这里就是 students),数组下标就是用来区别数组中不同元素的。数组中每个元素的类型，就是在声明数组的时候使用的类型（在本例中，声明数组的语句为"int[] students"，所以 students 中每个元素的类型都是"int"）。

我们发现，使用数组中的 int 变量元素（如"students[0]"）与使用普通的 int 变量没有任何区别，也可以通过数组名字+数组下标的组合（如"students[0]"）来给某个元素赋值，可以以此来使用某个元素的值。

数组中最容易让人犯错的，就是数组的下标，下面来看一下数组的下标。

📖提示：数组下标也叫做数组索引。在声明数组（"int[] students"）、创建数组（"new int[5]"）以及使用数组元素（"students[0]"）的时候，都使用到了中括号。所以遇到中括号的时候，首先要分清楚中括号代表的是什么意思，不要弄混了。

3．数组的下标

在使用数组的时候，要特别注意数组的下标，下面 3 点需要牢牢记住。

（1）数组下标是从 0 开始的。也就是说，在上面的例子中，students[0]就代表数组 students 的第 1 个元素。students[1]就代表数组 students 的第 2 个元素。

（2）不要访问不存在的数组元素。在上面的例子中，students 数组包含 5 个元素。我们知道数组下标是从 0 开始的，那么 students 数组的合法下标就是 0 到 4，称这个合法的范围为数组的边界。对于使用超出此范围的下标访问 students 数组元素的行为，称之为"数组下标出界错误"。如果在上面的例程最后一行添加如下这行代码，尝试使用 students[5] 去访问那个不存在的、超出数组边界的第 6 个数组元素。

```
System.out.println("此行在运行的时候要出错: " + students[5]);
```

我们发现编译是不会给出错误的，但是程序在执行到这行的时候，会发现代码是在访问一个不存在的数组元素，就会给出一个错误。运行程序，输出如下：

```
第 1 位学生的分数是: 55
第 3 位学生的分数是: 66
第 5 位学生的分数是: 77
Exception in thread "main" java.lang.ArrayIndexOutOfBoundsException: 5
    at UseArray.main(UseArray.java:12)
```

我们发现，程序在执行到最后一行之前都是正常的，输出也是正确的，但是在最后，没有输出期待的内容，反而输出了一个"java.lang.ArrayIndexOutOfBoundsException: 5"。冒号前面的内容是告诉我们程序中使用了超出数组边界的元素，冒号后面的 5 是告诉我们使用的那个非法的数组下标是5（可不是嘛，我们使用了 students[5]，如果在程序中使用 students[6]，冒号后面的值就是 6 了）。紧接着下面告诉我们错误所在地。UseArray.java:12 代表 UseArray.java 源文件的第 12 行有错误，正是我们刚刚添加的使用非法下标的那行。

📖提示：如果是在 Eclipse 中运行，会发现最后两行错误信息是用红色的字体显示的。Eclipse 的 Console 视图中，红色字体的内容默认是错误信息。所以当在里面看到红色的输出，就知道"不好，肯定出错了☹"。

（3）数组的大小一旦创建后就不可改变。所以不要去想 Java 中是否有可以扩展或者缩小一个数组容量的方法。

通过创建数组的语法发现，一个数组中的元素类型是相同的。这也是数组的一个特性，也是我们使用数组的最初目的。我们在本节中绕了很多圈儿，了解了很多数组使用的细节，但是对于数组，我们的第一印象应该是"0 个或多个相同类型的变量组合"。

好的，现在已经对数组有了一个初步的认识。对于刚刚接触数组的人来说，使用数组的时候是很容易出错的。下面将本节中需要注意的地方总结一下。

❑ 声明一个数组：元素类型+一对中括号+空格+数组名（int[] students）。

❑ 创建一个数组：new+空格+元素类型+中括号括起来的数组大小（new int[5]）。

❑ 使用数组：数组名+中括号括起来的数组下标（students[0]）。

❑ 数组下标从 0 开始，所以一个数组的最大合法下标是数组大小减 1。

❑ 对于基本类型的数组，赋值时类型一定要一样。

❑ 数组大小为 int 型变量，其值应该为非负数。

❑ 使用数组时，一定要注意避免数组下标出界错误。这是在使用数组的时候最常见的错误，因为习惯了从 1 开始计数后，很容易误认为数组的最大合法下标就是数组的大小。尤其在一些数组下标需要计算的程序中，此错误对于初学数组的人简直就是不可避免的。记住 ArrayIndexOutOfBoundsException，当我们在控制台输出看到它的时候，就知道肯定是发生了数组下标出界错误。

❑ 使用中括号的语法有 3 种（详见本段总结的前 3 条），当看到中括号时，要首先弄清楚它代表的是哪种语法。

❑ 数组创建出来后，其大小就是固定的了，没有办法可以扩大或者缩小数组的大小。

❑ Java 允许创建任何类型的数组，包括 Java 中的基本数据类型和非基本数据类型（至今为止所接触的就是 String 类型）。

5.1.3 数组——物以类聚

通过 5.1.2 节的学习，默认了这个事实——数组中每个元素的类型是一样的。没错，这是数组的一个重要特点。

这里需要注意的是，对于基本数据类型来说，声明数组的时候使用的类型和创建的数组的类型必须一样，否则不能够进行赋值操作。例如在上面的例子中，声明数组的时候使用的是"int[] students"，类型是 int；创建数组的时候，我们使用的是"new int[5]"，类型也是 int。否则是不能够进行赋值操作的，例如下面的代码就是错误的。

```
byte[] error1 = new int[5];
                // 错误！声明的是一个byte 类型的数组，不能使用int 类型数组给它赋值
int[] error2 = new byte[5];
                // 错误！声明的是一个int 类型的数组，不能使用byte 类型数组给它赋值
int[] error2 = (int[])(new byte[5]); // 错误！类型不兼容，无法使用强制类型转换
```

上面 3 行代码都是错误的，这里需要注意的是第 2 行代码，虽然可以将一个 byte 的变量值赋值给一个 int 变量，但是千万不可惯性地认为这种兼容性会顺水推舟地扩展到数组上。前面介绍过"强制类型转换"，这种强大的语法此时也无能为力——对于非基本数据，不能对数组进行强制类型转换。所以程序中的第 3 行也是错误的。数组会带来很大的便利，但是数组也有很多"坏脾气"，让我们容易出错。

同样，也不要把数组的这种不兼容性扩展到数组的元素中。数组元素之间的赋值规则还是跟普通变量一样的。例如可以把一个 byte 值赋给一个 int 变量，同样地，也可以把一个 byte 值赋给 int 数组中的元素，下面的例程是正确的。

```
public class ArrayElement {
    public static void main(String[] args) {
        int[] intArray = new int[1];
        byte byteValue = 55;
        intArray[0] = byteValue; // 使用 byte 类型的变量
给 int 数组中的元素赋值
        System.out.println("int 数组 intArray 中的第一个
元素值为: " +
        intArray[0]);
    }
}
```

ArrayElement 源码

上面程序中，在 main()方法的第 3 行就是使用了 byte 类型的变量 byteValue 给 int 数组中的第 1 个元素赋值。运行程序，输出结果如下：

int 数组 intArray 中的第一个元素值为: 55

这里再次印证了数组中的元素与普通变量是一样的。

❑ 数组中的元素只能是同一种类型。

❑ 对于基本类型的数组，声明数组的时候使用的类型和创建的数组的类型必须一样。

5.1.4　数组元素的值内有乾坤

在第 3 章中介绍过，在使用一个变量的值之前需要给它赋值。那么是不是要在使用数组中的元素时也必须先给它赋值呢？其实不然。Java 在创建数组的时候，会按照数组元素的类型给其中的每个元素赋初始值。

对于 Java 中数值相关的基本类型，其初始值就是 0；对于 char 类型，其初始值是一个不可见的字符（不可见的意思就是无法显示在控制台上或者通过打印机打印到纸张上，而不是空格符），它的名字叫做"nul 字符"，现在不用去理会这种不可见字符的意义；对于 boolean 类型，其初始值就是 false。通过下面的例程来理解一下。

```
public class DefaultValueOfArrayElements {
    public static void main(String[] args) {
        int[] intArray = new int[1];
        double[] doubleArray = new double[1];
        char[] charArray = new char[1];
        boolean[]    booleanArray    =    new
boolean[1];
        System.out.println("int 数组中元素的默认
值是: " + intArray[0]);
        System.out.println("double 数组中元素的
默认值是: " + doubleArray[0]);
        System.out.println("char 数组中元素的默
认值是: " + charArray[0]);
        System.out.println("boolean 数组中元素的默认值是: " + boolean
        Array[0]);
    }
```

DefaultValueOfArrayElements

源码

}

在上面的例程中，分别创建了 4 个数组，其类型分别为 int、double、char、boolean。数组大小都是 1，都没有通过程序代码给其中的元素赋值。然后，将这 4 个数组中第一个元素的值输出到控制台。运行程序，控制台输出如下：

```
int 数组中元素的默认值是：0
double 数组中元素的默认值是：0.0
char 数组中元素的默认值是：
boolean 数组中元素的默认值是：false
```

输出的内容正是每种类型的初始值。Java 为什么要在创建数组的时候给每个元素赋初始值呢？在使用一个变量的值之前需要给它赋值这个规则是不能违背的，如果 Java 不给每个元素赋初始值，那么在使用这个元素的值时就会出错。所以，可以认为是 Java 为了避免程序出现错误，才在创建数组的时候给数组中的每个元素都赋了初始值。

❑ 记住每种基本类型的初始值。

❑ 数组在创建出来后，每个元素都是有初始值的。

5.1.5 创建数组的简洁语法

本节来学习一下创建数组的另一种语法。首先看下面的例程：

```java
public class CreateArrayII {
    public static void main(String[] args) {
        int[] students = { 55, 66, 77, 88, 99 };
                        // 创建数组，并完成了数组元素的赋值
        System.out.println("第 1 位学生的分数是：" +
                        students[0]);
        System.out.println("第 3 位学生的分数是：" +
                        students[2]);
        System.out.println("第 5 位学生的分数是：" +
                        students[4]);
    }
}
```

CreateArrayII 源码

上面例程中的第一行展示了另一种创建数组的方式。代码"{ 55, 66, 77, 88, 99 }"完成了创建数组和给数组元素赋值两个过程。当我们明确知道数组中的值时，就可以使用这种语法。这种语法的规则就是"{"+"数组中的元素值，每个不同的元素之间用逗号隔开"+"}"。数组的大小就是大括号中元素的个数。本例中数组大小就是 5。其实代码"int[] students = { 55, 66, 77, 88, 99 };"的作用和下面这段代码的作用是完全一样的。

```java
int[] students = new int[5];     // 创建一个包含 5 个 int 元素的数组
students[0] = 55;                // 给数组中的各个元素赋值
students[1] = 66;
students[2] = 77;
students[3] = 88;
students[4] = 99;
```

运行程序，输出结果如下：

第 1 位学生的分数是：55
第 3 位学生的分数是：77
第 5 位学生的分数是：99

相比之下，当知道数组中每个元素的值时，使用这种语法创建数组可以使代码更精练。

使用这种语法的时候，要注意大括号内元素的值，它必须是与声明数组时使用的类型兼容。本例中声明的是一个 int 数组，所以后面大括号内的 55 到 99 这 5 个值都是 int 值。当然也可以使用能够赋值给 int 变量的值。看下面的例程：

```java
public class CompatibleValue {
    public static void main(String[] args) {
        byte student1 = 55;
        short student2 = 66;
        int student3 = 77;
        double student4 = 88.8;
        int[] students = { student1, student2, student3,
                (int) student4, 99 };
        System.out.println("第 1 位学生的分数是： " +
                students[0]);
        System.out.println("第 2 位学生的分数是： " +
                students[1]);
        System.out.println("第 3 位学生的分数是： " + students[2]);
        System.out.println("第 4 位学生的分数是： " + students[3]);
        System.out.println("第 5 位学生的分数是： " + students[4]);
    }
}
```

CompatibleValue 源码

上面的例程中，在大括号内的数组元素值不仅仅是直接的数字了，还有各种其他类型的变量。运行程序，输出结果如下：

第 1 位学生的分数是：55
第 2 位学生的分数是：66
第 3 位学生的分数是：77
第 4 位学生的分数是：88
第 5 位学生的分数是：99

如果对输出的结果有疑问，可以去重温一下 3.3.1 节到 3.3.3 节中关于类型转换的相关内容。

Java 要求使用这种简单语法的时候，数组的声明和创建必须是同一个语句。如果分拆成两个语句则是错误的。如下的用法是正确的。

```java
int[] students = { 55, 66, 77, 88, 99 };
                                    // 正确，在一个语句中完成数组的声明、创建和赋值
```

而如下的用法则是错误的。

```java
int[] studentsError;                // 此语句声明了一个 int 数组
istudents = { 55, 66, 77, 88, 99 }; // 错误！数组的声明和创建必须是同一个语句
```

❑　创建数组的另一种语法："{" + "数组中的元素值，中间用逗号隔开" + "}"。
❑　使用此语法时，必须在一个语句中完成数组的声明、创建和赋值。

5.2　数组的"名"与"实"

通过 5.1 节的学习，了解了数组使用的基本方法。我们注意到，在介绍数组创建的时候，把"int[] students"称为声明一个数组。"声明"这个陌生的词是什么意思呢？为什么数组会有"声明（declare）"和"创建（create）"之分？本节的内容将由此展开……

5.2.1　"名"与"实"分离的数组

我们在前面说过，Java 中每种数据都是有类型的，那么应该怎么理解数组这种类型呢？在这里需要明确的是数组其实有两个概念：一是数组变量，可以称之为是数组的名字（例如前面一直使用 students 作为数组名字），二是真正的数组，或者可以理解为数组实体（存放数组元素的东西，通过"new int[5]"创建出一个数组）。

🔔注意：本章中提及的数组变量和数组的名字是一个概念。

1．数组不同于基本数据类型

在这里，需要拿基本类型做个比较。可以认为一个基本类型的变量就是一张小纸条，当在程序中写下代码的时候，这个小纸条就被创建出来了，而给这个基本变量赋值就是在小纸条上写数据。所以说，对于基本类型变量，"名"与"实"是一体的。也就是说 int student 创建的是一个"名为 student 的小纸条"。可以通过 student 这个名字来在纸条上写数据（赋值），同样也可以读取数据（使用 student 变量）。对于数组则不然，在把一个真正的数组赋值给 students 之前，它只是一个空壳。此时使用 students，则会在程序运行时得到一个错误。

好的，下面来看一下数组的两个概念。首先是数组的名字。在前面使用了"声明（declare）"来解释"int[] students"的作用。声明一个数组就是创建一个数组类型变量，也就是所说的数组的名字。注意，此时并没有创建数组。然后是数组本身，是通过"new int[5]"来创建一个数组的。这时候程序才会去真正调用计算机的资源，真正地创建出一个数组。还是以下面两行代码为例来理解这两个概念。

```
int[] students;          // 声明了一个 int 数组，数组名字为 students
students = new int[5];   // 创建了一个代表"5 个 int 变量"的数组，并赋值给 students
```

上面的代码创建了一个数组，然后给这个数组赋值。下面来讲述一下如何理解这两部分。

2．理解数组的"名"与"实"

可以把数组的名字理解为一个"带标签的夹子"，标签上就是数组的名字（本例中就是 students）；把真正的数组理解为"0 个或多个纸条组成的一个整体"，其中每个纸条代表数组中的一个元素（本例中就是一个 int 变量）。夹子的作用是夹住这个数组，以后就可以通过夹子的名字（students）操作数组了。

这样就可以通过一个变量（students）来操作数组（真正的数组元素）了。students[0] 的意思则可以分开理解：students 的意思是找到名为 students 的夹子，[0]的意思是找到夹子所夹住的数组中的第 1 个小纸条。使用数组批量创建变量正是为了解决在 5.1.1 节最后给出的问题 1。而数组变量这个夹子的存在，正是为了让数组有个名字，可以让数组被访问到。

可以通过图 5-1 理解数组的名字（数组变量）和数组这两者之间的关系。为了区别数组实体和数组变量，分别使用了不同的图形来表示这两者。数组变量是左边那个底边是波浪线的图，数组实体则是一个大的方块，里面的一个个小方块是表示数组中的元素。数组变量与数组的实体之间有一条连线，表示这个数组名字指向数组实体。也就是说通过这个数组的名字可以操作这个数组。本章中的其他图也是使用类似的表示方法。

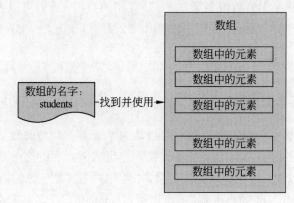

图 5-1　数组的名字与数组的关系

5.2.2　一"实"多"名"的数组

我们不需要关心为什么可以通过数组的名字来找到并操作数组，这个工作是由 Java 平台完成的。那么为什么 Java 要把数组的名字与数组分开处理呢？现在还无法完全理解 Java 这么做的理由，这涉及 Java 语言的基本特性，我们还没有接触过。实际上，在 Java 中除了基本类型是"名"与"实"一体之外，所有非基本类型都是"名"与"实"分离的。

虽然不理解为什么这么做，但是却可以看到 Java 这么做的一个用处：一个"实"可以有多个"名"。声明一个数组就是创建一个数组的名字，可以声明多个名字，通过赋值让它们代表同一个数组。下面的代码中，一个数组就有多个名字。

```java
public class MultiNameArray {
    public static void main(String[] args) {
        int[] students = new int[5];
        // （1）创建并命名数组
        students[0] = 55;   // 第 1 个学生的成绩
        students[1] = 66;   // 第 2 个学生的成绩
```

MultiNameArray 源码

```
            students[2] = 77;
            students[3] = 88;
            students[4] = 99;              // （2）把每个学生的成绩记录入数组元素
            int[] studentsSame;            // （3）声明一个数组
            studentsSame = students;       // （4）数组名字之间的赋值操作
                // 完成赋值操作以后 studentsSame 和 students 就代表同一个数组了
            System.out.println("第 1 位学生的分数是: " + studentsSame[0]);
                                    // （5）使用新的数组的名字操作数组
            System.out.println("第 3 位学生的分数是: " + studentsSame[2]);
            System.out.println("第 5 位学生的分数是: " + studentsSame[4]);
        }
    }
```

在上面例程的注释里，用数字标记了 5 处需要注意的地方。第（1）处我们比较熟悉了，不再多说。程序运行到第（2）处时，就完成了给数组中每个元素赋值的操作。第（3）处，声明了一个数组，也就是创建了一个数组变量，名字为 studentsSame，但是没有给它赋值。第（4）处是重点需要注意的地方，使用在第（1）处创建的 students 给 studentsSame 赋值。这个赋值的含义就是让 studentsSame 也"夹住"students 所"夹住"的那个数组。也就是说，给 students 数组起了一个新名字。赋值完成后，studentsSame 和 students 就是完全一模一样的东西了。第（5）处，使用 studentsSame 去访问数组中的变量。运行程序，控制台输出如下：

第 1 位学生的分数是: 55
第 3 位学生的分数是: 77
第 5 位学生的分数是: 99

因为 studentsSame 和 students 代表同一个数组，所以给 students [0]赋的值可以通过 studentsSame[0]得到，对于数组中其他的元素也是一样的。下面用图来描绘一下程序中 5 个关键的点都发生了什么。

（1）图 5-2：数组被创建出来，大小为 5，其中每个元素都有初始值 0。为了直观，图中每个元素旁边的都用数字标示了其对应的下标。数组变量 students 指向了这个数组。

（2）图 5-3：给数组中的每个元素赋值。

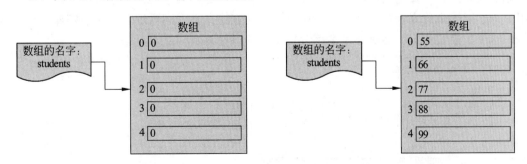

图 5-2　创建数组和数组变量　　　　图 5-3　赋值后的情况

（3）图 5-4：声明了另一个 int 数组变量 studentsSame，但是没有给它赋值。从图 5-4 中可以看出，此时 studentsSame 不代表任何数组，只是一个空名而已，不能使用它。

（4）图 5-5：students 和 studentsSame 都是 int 数组变量，可以将 students 的值赋给 studentsSame。赋值后两者指向同一个数组实体。

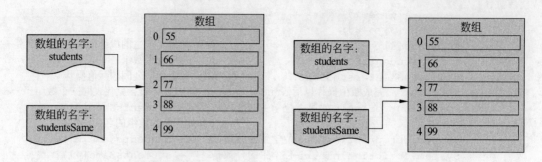

图 5-4　创建了数组变量 studentsSame　　　　图 5-5　给 studentsSame 赋值后

（5）图 5-5：通过图 5-5 可以清楚地知道，无论使用 students 去操作数组，还是使用 studentsSame 去操作数组，其实结果都是一样的，因为它们代表的是同一个数组。所以 studentsSame[0]的值就是 55。

好，理解了这个过程之后，现在回过头来看一下在第（4）步赋值中需要注意的问题：数组类型。5.1.2 节中介绍过"对于基本类型的数组，赋值时类型一定要一样"。在上面的例程中，studentsSame 和 students 都是 int 类型数组变量，所以赋值没有问题。如果 studentsSame 是别的类型，则不能将 students 的值赋给 studentsSame，也就是如下的代码是错误的。

```
long[] studentsSame;            // 声明一个 long 类型的数组变量
studentsSame = students;        // 错误！studentsSame 和 students 类型不同
```

下面总结一下本节的内容。

数组就是一个实体，要使用这个实体，至少应该给这个实体起一个名字。在上面的例程中，students 就是数组的第一个名字。通过赋值操作，studentsSame 就成了这个数组的第二个名字。使用这两个名字对数组进行操作，其结果是一样的。

数组的名字就好像拴在宠物身上的绳子一样，我们可以在宠物身上拴上多根绳子。只要是拴在同一个宠物身上，那么每根绳子的作用是一样的，通过其中的任何一根绳子都可以牵着宠物走。只要是指向同一个数组的数组变量，通过其中任何一个都可以操作这个数组。为了能够牵着宠物走，至少有一根链子拴在宠物身上。同样地，为了能够操作一个数组，这个数组实体至少要有一个名字。更深入的讨论将在 5.2.3 节展开。

🔔呼吁：关爱动物，善待动物☺。

❑　通过赋值操作，可以让多个数组变量指向同一个数组。
❑　对于基本类型的数组变量，它们之间的赋值要求类型相同。

5.2.3　一"实"多"名"带来的困惑

数组变量最容易给我们带来的困惑有两个：一是容易让人错误地觉得赋值时创建了一个数组；二是数组变量的赋值容易让人误认为是数组元素的赋值。

对于第一个困惑，可以结合代码，把图 5-2 到图 5-5 的过程理解清楚，这样就不会误认为赋值是创建一个数组了。数组变量之间的赋值并不是把源数组复制一份，然后让目标数组变量指向那个复制过来的数组。图 5-5 正确地描绘了数组变量赋值的正确理解，通过它可以直观地看到赋值后数组实体还是只有一个。但是刚开始接触数组，总会下意识地觉得赋值操作创建了新的数组实体。下面用图 5-6 描绘一下错误的情况，以做到明知不犯。

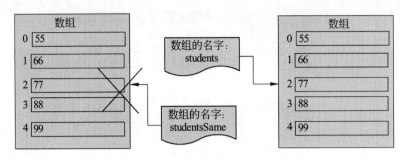

图 5-6　对数组变量赋值的错误理解

对于第二个困惑，首先看下面这段程序。

```java
public class ArrayAssign {
    public static void main(String[] args) {
        int[] arrayA = new int[1];
        arrayA[0] = 1005;
        int[] arrayB = new int[1];
        arrayB[0] = 1985;                               // （1）完成两个数组的创建
        arrayA = arrayB;                                // （2）数组变量的赋值操作
        System.out.println("arrayA 的第一个元素为" + arrayA[0]);
                                                        // （3）输出数组内容
        System.out.println("arrayB 的第一个元素为" +
                            arrayB[0]);
        arrayB[0] = 9999;          // （4）改变数组中的元素值
        System.out.println("arrayB[0] = 9999;执行完毕
                            ");
        System.out.println("arrayA 的第一个元素为" +
                            arrayA[0]);
                            // （5）再次输出数组内容
        System.out.println("arrayB 的第一个元素为" +
                            arrayB[0]);
    }
}
```

ArrayAssign 源码

我们通过现在学到的知识，已经可以推测出上面例程运行时输出的内容了。想一下程序每一行都发生了什么，然后再看程序输出的结果。

```
arrayA 的第一个元素为1985
arrayB 的第一个元素为1985
arrayB[0] = 9999;执行完毕
arrayA 的第一个元素为9999
arrayB 的第一个元素为9999
```

我们也许猜对了程序输出的前两行结果，但是可能对程序输出的最后两行结果有些惊诧。也许我们会错误地以为第 4 行输出应该为"arrayA 的第一个元素为 1985"。在程序中标记了 5 个需要注意的地方，其实程序在运行完第（2）处的代码后，根据所学的知识可以知道，arrayA 和 arrayB 已经指向同一个数组了。为了将例程中程序运行的各个状态描述清

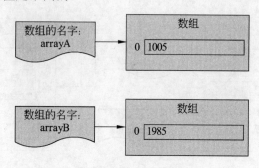

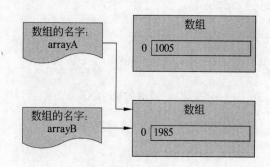

楚，还是使用图来展示一下在这 5 处都发生了什么。

（1）图 5-7：创建了两个数组，分别用 arrayA 和 arrayB 指向它们。这两个数组中都是只有一个元素，它们的值是不同的。

图 5-7 数组和数组变量的状态

（2）图 5-8：赋值语句 "arrayA = arrayB;" 执行完毕后，情况如图 5-8 所示。我们发现，arrayA 和 arrayB 已经指向同一个数组了。没错，事实就是这样的。这里需要特别注意的是：数组变量的赋值并不是数组元素的赋值，所以两个数组实体中的元素值并没有发生改变。

图 5-8 对 arrayA 赋值后数组和数组变量的状态

实际上，因为 arrayA 原本是指向上方的数组实体的唯一一个数组变量，所以，当 "arrayA = arrayB;" 执行完毕后，上方的数组实体已经是一个不能够再访问的数组了。因为要想操作一个数组实体，必须要有个数组变量指向这个数组实体。也就是说，我们永远地丢失了上方的数组实体，不可能再找回来了。arrayA 就好像拴在上面数组实体上唯一的一根绳子，当把这根绳子解开，然后拴在下方的数组实体上后，就无从获得上方的数组实体了。

（3）图 5-8：因为 arrayA 和 arrayB 是指向同一个数组实体，所以 "arrayA[0]" 和 "arrayB[0]" 其实使用的是同一个数组元素。从图 5-8 中可以知道这个元素的值是 "1985"。

（4）图 5-9：使用 "arrayB[0] = 9999;" 给数组中的元素赋值，赋值后的状态如图 5-9 所示。

（5）图 5-9：通过图 5-9，可以看到 arrayA 和 arrayB 是指向同一个数组实体。这就是为什么程序输出的最后两行内容是前面看到的内容。

好，这个分析过程结束了。在这个过程中相信我们对数组实体、数组的名字以及两者之间的关系都有了更深的理解。在这里顺便提一下，Java 中没有实现数组实体赋值的操作。也就是说，如果想要把一个数组内元素的值依次地赋给另一个数组，是没有现成的操作的，需要编写程序去完成这个过程。

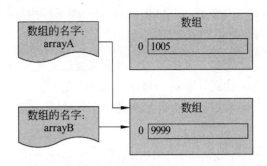

图 5-9　执行"arrayB[0] = 9999"后数组和数组变量的状态

- ❑ 理解数组中的"名"与"实"。
- ❑ 理解数组变量赋值的过程和含义。

5.3　多　维　数　组

本节将学习数组中另一个重要的概念——数组的维度。假设现在需要记录一个学校所有学生的成绩。学校有 5 个年级，每个年级有 25 个班，每个班有 55 个人，那么需要多少个数组呢？答案是一个。为什么呢？向下看。

5.3.1　什么是多维数组

数组的维度简单来说就是数组的层数。到现在我们接触的数组都是一维数组。为了解决本节开始提出的问题，需要创建一个三维数组，它的语法和创建一维数组是类似的，下面通过下面的代码看一下如何创建三维数组。

```
int[][][] allStudents = new int[5][25][55];
```

看到这个例子，我们肯定知道什么是数组的维度了。直观地说，数组的维度就是类型后面的中括号对数。之前一直在用的就是一维数组。可以把超过一维的数组称为多维数组。

多维数组与一维数组最大的不同就是所包含的元素个数。多维数组元素的个数=每个维度上的大小的乘积。例如上面的多维数组包含的元素个数就是 5×25×55 个。和一维数组一样，需要使用数组下标来得到数组中的元素。对于多维数组，为了得到此数组中的一个元素，必须指定数组每个维度上的下标。例如下面的代码，是给三维数组的一个元素赋值的语句。

```
allStudents[0][1][5] = 85;
```

可以认为上面的语句就是给 1 年级 2 班的第 6 位同学的成绩赋值。同样在这里也要注意数组的下标是从 0 开始的。而且在使用时要时刻想着数组下标不能出界，否则就会导致程序发生前面看到过的错误。

我们习惯上把数组的维度从左到右依次称为第一维，第二维等。所以可以称上面的数组是一个第一维大小为 5，第二维大小为 25，第三维大小为 55。对于"allStudents[0][1][5] = 85"，可以说它是将 85 的值赋给三维数组 allStudents 中第一维下标为 0，第二维下标为 1，第三维下标为 5 的元素。这与一维数组是类似的。

🔔提示：一维数组可以是空数组（大小为 0），多维数组也是可以的。因为多维数组中元素的个数是以乘积方式计算的，所以一旦其中有一个维度的大小为 0，则整个多维数组就是个空的数组了。空数组就是一个元素都没有。还是那句话，空数组极少使用，注意一下就好了。

到这里，我们已经学会了多维数组的使用规则。也知道了如何使用一个三维数组解决本节开头提出的问题。通过下面的程序熟悉一下三维数组。

```java
public class MultiDimensionalArray {
    public static void main(String[] args) {
        int[][][] allStudents = new int[5][25][55];
        // 创建一个三维数组
        allStudents[0][1][5] = 85;
        // 给三维数组中的一个元素赋值
        System.out.println("已通过代码赋值的元素值: " +
                           allStudents[0][1][5]);
        System.out.println("没有通过代码赋值的元素值: " +
                           allStudents[1][1][5]);
    }
}
```

MultiDimensionalArray
源码

上面的例程中，首先创建了一个三维数组，然后给三维数组的一个元素赋值，最后尝试将那个已通过代码赋值的元素值和一个没有通过代码赋值的元素值输出到控制台。多维数组的元素默认值规则和一维数组是相同的，赋值规则也是一样的，这里不再重复。可以猜测第一行输出的值应该是 85，第二行应该为 0。运行程序，输出结果和预想的一样。

```
已经赋值的元素值: 85
没有赋值的元素值: 0
```

通过上面的内容发现，除了数组的元素个数不同外，多维数组和一维数组基本在很多理念上都是一样的。多维数组其实还有很多让人不好理解的性质，下面先从本节开头重新看一遍多维数组的创建和使用，然后理清头绪开始后面的较难的内容。

- ❑ 多维数组的创建和使用与一维数组类似，需要几维就"加几对中括号"。
- ❑ 多维数组元素计算规则是各维度大小相乘。
- ❑ 使用多维数组中的元素时，在中括号内指定各个维度的下标。

5.3.2　多维数组的实质

本节将尝试理解多维数组的实质。实际上，通过 5.3.1 节的学习我们对多维数组的理解已经足够了，可以应对绝大多数情况下编程的需要。其实在实际编程中，维度高于 2 的数组是很少会用到的。平时使用最多的还是一维数组，但是理解了多维数组的实质，会帮助我们更深地理解数组机制，让我们能够应对编程时那为数不多的需要。

首先，通过一个例子来学习二维数组。

提示：如果在学习本节内容时发现很难理解，没关系，可以先不学习本节的内容，当今
　　　后遇到需要使用多维数组的时候，再回过头来看本节的内容也可以。换句话说，
　　　因为难度较大，本节的内容现在属于"选学"。

1. 使用二维数组保存全年级学生的成绩

首先，创建一个二维数组，用来存放一个年级的学生的成绩。为了方便，假设一个年
级只有两个班级，每个班级有 5 个人。下面就是创建这个数组的代码。

```
int[][] gradeStudents = new int[2][5];            // 两个班级，每个班级 5 个人
```

为了把一班的第 5 名学生的成绩放入数组，使用如下的赋值语句。

```
gradeStudents[0][4] = 88;
```

下面到了本节的重点了，对 gradeStudents[0][4]进行详细的解析，看看这个操作是如何
取得一个元素的。从左到右看：gradeStudents 是数组名字，然后是[0]，代表数组第一个元
素的值。两者拼起来（gradeStudents[0]）按说应该是取得数组中的一个元素等，gradeStudents
不是二维数组吗？那应该需要两个下标值才能取得一样元素呀。不着急，继续看。接下来
还是一个数组下标值[4]，它的作用是从某个数组中获得第 5 个元素的值。那这里所谓的"某
个数组"是谁呢？正是 gradeStudents[0]！

没错！gradeStudents[0]的值其实是一个数组变量值！代表了一个一维数组。所以我们
才能够在它后面再放一个[4]来获取其中第 5 个元素的值。前面说过，为了得到一个数组中
的元素，必须提供与数组维度相同个数的下标值。没错，为了得到最根本的值（本例中就
是 int 值），确实需要这么做。但是如果为了得到一个数组变量，则可以通过类似
gradeStudents[0]的这种方式实现。现在多维数组的实质将被揭开：多维数组可以理解为是
由数组变量的数组和一维数组组成的一个混合体。"int[][] gradeStudents = new int[2][5];"
所创建的数组如图 5-10 所示。

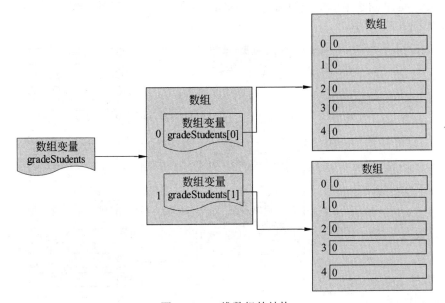

图 5-10　二维数组的结构

通过图 5-10 可以清晰地看出所谓的二维数组是什么。其实 gradeStudents 直接指向的

是一个一维数组实体，这个数组实体内包含两个元素。不同的是这个数组实体的元素类型是"数组变量"，所以每个变量都可以指向一个数组。这个数组中的数组变量所指向的数组实体才是类型为 int 的数组。好的，书本所能做到的只有这些了，现在对着图 5-10 好好凝视一会，动脑理解多维数组，理解一下使用二维数组操作一个数组元素的过程。

下面我们通过一个例程来加深对多维数组的理解。

```java
public class MultiDimArrayUsage {
    public static void main(String[] args) {
        int[][] gradeStudents = new int[2][5];
                            // （1）创建一个二维数组来存储一个年级学生的成绩
        int[] classOne;      // （2）创建一个数组变量 classOne
        classOne = gradeStudents[0];   // （3）让
classOne 指向一班
        classOne[0] = 88; // （4）1 班第 1 个学生的成绩为 88
        //（5）使用 gradeStudents 输出 1 班第 1 个学生的成绩
        System.out.println("第 1 班第 1 个学生的成绩是: "+
gradeStudents[0][0]);
        int[] classTwo = new int[6];
        //（6）二班其实有 6 个学生
        classTwo[5] = 99;// （7）2 班第 6 个学生的成绩是 99
        gradeStudents[1] = classTwo;
        //（8）使用 classTwo 给 gradeStudents 中代表 2 班成
        // 绩的数组变量赋值
        //（9）使用 gradeStudents 输出第 2 班第 6 个学生的成绩
        System.out.println("第 2 班第 6 个学生的成绩是:"+ gradeStudents[1][5]);
    }
}
```

MultiDimArrayUsage
源码

为了让程序更好理解，给程序中的每一行都加了注释。下面使用前面的方式，用图片来描述这个程序中的 9 个状态。

（1）处：这里是创建一个二维数组，执行完毕后状态如图 5-10 所示。

（2）处：这里创建了一个数组变量 classOne，它是一个一维的数组变量。执行完毕后系统状态如图 5-11 所示。

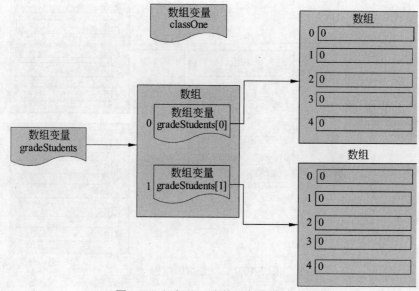

图 5-11　添加了一维数组变量 classOne

（3）处：这是本程序的一个重点。因为 classOne 是一维数组变量，而通过对图 5-10 的理解，gradeStudents[0]也是一个一维数组变量，所以可以使用 gradeStudents[0]给 classOne 赋值。赋值后状态如图 5-12 所示。

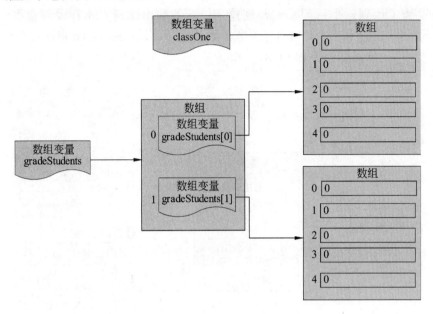

图 5-12　使用 gradeStudents[0]给 classOne 赋值后的状态

这时，gradeStudents[0]和 classOne 已经是指向同一个数组的了。也就是说它们都是指向代表着 1 班学生成绩的那个数组实体。

（4）处：在这里使用 classOne[0]来获得代表 1 班第 1 名学生的成绩的变量，然后给它赋值 88。这与前面的操作是一样的。此时系统状态如图 5-13 所示。

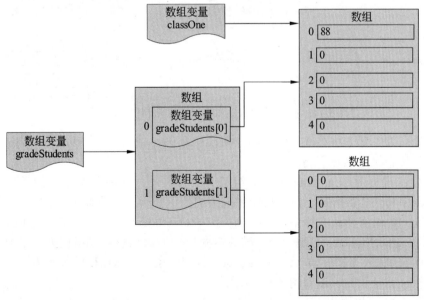

图 5-13　给 classOne[0]赋值 88 后的状态

（5）处：本行中使用 gradeStudents[0][0]来获得代表 1 班第一个学生的成绩。因为

gradeStudents[0]和 classOne 已经是指向同一个数组，而在上一步正好是使用给 classOne 指向的数组的第 1 个元素赋值，所以得到的值就是 88。此时系统状态还是如图 5-13 所示。

（6）处：现在想要给 2 班增加一个学生，达到 6 个学生。因为数组的大小是不可以改变的，所以为了达到这个目的，需要创建一个新的数组才行。本行中创建了一个叫做 classTwo 的数组变量，和一个包含 6 个元素的数组实体，并让 classTwo 指向这个数组实体。本行执行结束后，状态如图 5-14 所示。

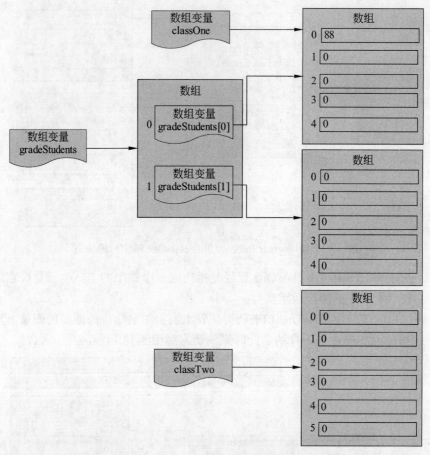

图 5-14　执行"int[] classTwo = new int[6]"后的状态

（7）处：为了把 2 班第 6 个学生的成绩设置为 99，使用 99 给 classTwo[5]赋值。赋值完成后，其状态如图 5-15 所示。

（8）处：根据对 gradeStudents 数组赋予的含义——代表一个年级的学生的成绩，gradeStudents[1]也是要指向代表 2 班学生成绩的数组实体。但是现在它实际上是指向原来的大小为 5 的数组实体。本行中通过赋值语句 gradeStudents[1] = classTwo 完成这个操作。没错，既然 gradeStudents[1]是一个一维数组变量，那么当然可以用同为一维数组变量的 classTwo 给它赋值。赋值完成后，gradeStudents[1]就指向了新创建的大小为 6 的数组了。本行代码执行完毕后的状态如图 5-16 所示。

通过图 5-16 可以看出，已经没有任何数组变量指向 gradeStudents[1]原来所指向的那个数组实体（自上而下数第二个数组实体）了。也就是说，我们永远地失去了那个数组实体，永远无法再操作这个数组实体了。在学习一维数组的时候也对这种情况做出了描述。

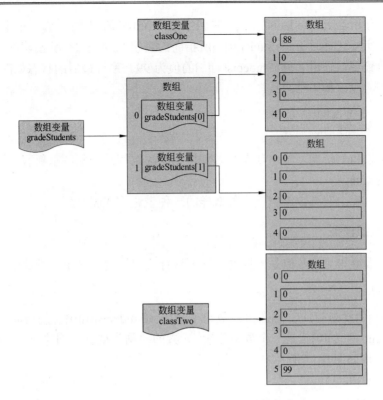

图 5-15　执行 classTwo[5] = 99 后的状态

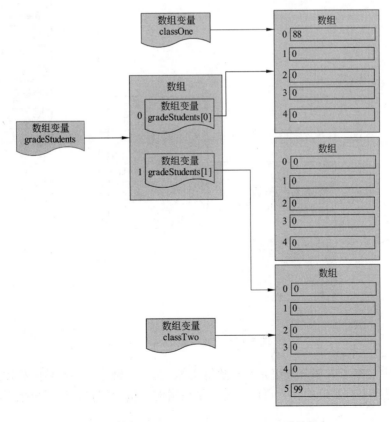

图 5-16　执行 gradeStudents[1] = classTwo 后的状态

（9）处：使用 gradeStudents[1][5]来获得 2 班中第 6 个学生的成绩，并输出到控制台。通过图 5-15 知道，这时候 gradeStudents[1]所指向的数组已经是那个新创建的大小为 6 的数组实体了，而且可以知道 gradeStudents[1][5]的值为 99。系统最后的状态如图 5-16 所示。

运行程序，输出如下结果：

第 1 班第 1 个学生的成绩是：88
第 2 班第 6 个学生的成绩是：99

输出的结果和分析的一致。现在有必要把上面的例程结合配图重新看一遍，把整个过程在心里重现一遍。

下面来想一想，三维数组应该是怎么样的一种表达方式呢？

2. 三维数组模型

其实三维数组与二维数组是一样的。下面这行代码创建了一个三维数组。

```
int[][][] allStudents = new int[5][25][55];
```

allStudents[0]就是指向二维数组的数组变量，allStudents[0][0]就是指向一维数组的变量，而 allStudents[0][0][0]就是一个数组元素，元素的数据类型就是创建数组时使用的类型，也就是 int。结构如图 5-17 所示。

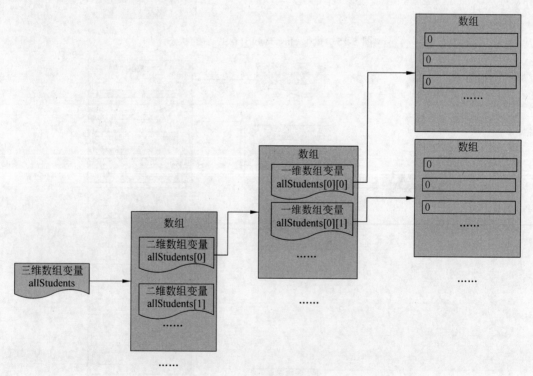

图 5-17　三维数组的结构图

图 5-17 中省略了大部分数组元素和数组实体，但是三维数组的整体结构还是清晰可见的。如果理解起来有难度的话，可以先把二维数组的结构理解透，然后再来看三维数组的结构。

下面尝试总结多维数组的实质：多维数组是由一级级的一维数组组成的（图 5-16 中从左到右是一级级的数组实体）；在这个层次结构中，除了最后一层（图 5-16 中最右边的一层）是真正的有数组元素构成的数组外，其余（除了最右边的一层之外）的数组都是数组变量的数组，且数组变量数组中的元素维度递减（图 5-17 在代表数组变量的上波浪底方格面写清了数组变量的维度，例如从左到右我们一次写着"二维数组变量"，"一维数组变量"）。

一维数组有一种使用大括号的简单创建语法，这种语法对于多维数组也是存在的。多维数组的语法类似于一组组大括号的嵌套。下面以一个二维数组为例子展示一下这种语法。看下面的代码：

```
int[][] gradeStudents = new int[2][3];
```

上面的数组创建了一个二维的 int 数组，第一维大小为 2，第二维大小为 3。下面展示一下使用大括号创建一模一样的数组的代码。

```
int[][] gradeStudents = { { 0, 0, 0 }, { 0, 0, 0 } };
```

通过上面的代码可以知道：对于多维数组，有几级别大括号嵌套，数组就是几维的。对于第一对大括号，它里面的内容就是"{ 0, 0, 0 }, { 0, 0, 0 }"，这代表里面有两个一维数组实体。同样，也可以在大括号里面使用传统的用 new 关键字创建的数组。看下面的例程。

```
public class MultiArrayCreation {
    public static void main(String[] args) {
        int[][] gradeStudents1 = new int[2][3];
        int[][] gradeStudents2 = { { 0, 0, 0 }, { 0, 0,
                                                 0 } };
        int[][] gradeStudents3 = { { 0, 0, 0 },
                                   new int[3] };
    }
}
```

MultiArrayCreation
源码

上面的例程中，gradeStudents1、gradeStudents2 和 gradeStudents3 所指向的多维数组是一样的（注意，是一样而不是同一个），这 3 个二维数组实体都是 int 类型的二维数组，第一维大小都是 2，第二维大小都是 3，每个元素的值都是 0。

好，本节中介绍一下多维数组的赋值需要注意的问题。

（1）和一维数组一样，对于简单类型的多维数组变量，数组变量的赋值必须遵循类型匹配的原则。下面的代码块中第二行的赋值操作就是错误的，因为数组的类型不同。

```
int[][] gradeStudents;
gradeStudents = new byte[5][6];
```

这个在一维数组中就已经展开讲述过，这里不再赘述。

（2）赋值的时候，数组变量的维度要一样。也就是说，在遵循（1）的前提下，还要保证数组变量的维度是相同的。二维数组变量只能给二维数组变量赋值。看下面的代码：

```
int[][][] allStudents = new int[5][25][55];
int[][] gradeStudents = new int[33][66];
int[] classStudents = new int[99];
allStudents[0] = gradeStudents;
classStudents = allStudents[0][0];
```

上面的代码都是正确的，因为它们不仅符合数组类型相同这个条件，而且数组变量的维度也是相同的。而下面这行代码则是错误的。

```
classStudents = allStudents[0];
```

classStudents 是一个一维数组变量，allStudents 是一个三维数组变量，所以 allStudents[0] 是一个二维数组变量。classStudents 和 allStudents[0]的维度不同，所以不能够进行赋值操作。

在本节的最后需要强调一点：本章中的图只是用来帮助理解数组结构的，对于数组内部是如何实现的，可能跟图中的结构不尽相同。因为 Java 的数组在计算机内的真实结构涉及对内存堆、内存分配和内存地址的理解，所以在这本讲解 Java 语言的书中我们不去展开讲述。仅仅从使用数组的角度出发，按照图中的结构理解数组是没有任何问题的。

❑ 理解图 5-10 中展示的二维数组的结构和图 5-17 中展示的三维数组的结构。

❑ 理解图 5-11 到图 5-16 展示的程序执行过程中数组状态的变化。

❑ 多维数组的实质：多维数组是由一级级的一维数组组成的；在这个层次结构中，除了最后一层是真正的由数组元素构成的数组外，其余的数组都是数组变量的数组，且数组变量数组中的元素的维度递减。

❑ 对于基本数据类型的数组，在数组变量赋值时要注意两点：数组类型要相同；数组变量维度要相同。

❑ 掌握使用大括号创建多维数组的语法：大括号嵌套层数代表数组维度，逗号用来分割数组元素的值和数组实体。

5.4　数组大练兵

通过前面的学习，我们已经掌握了足够多的数组知识，下面通过几个典型的使用数组的例子来熟悉一下如何在程序中使用数组。

5.4.1　轻松查询全班成绩

在 5.1.1 节中提出了下面这个问题。

如果一个班级有 50 个人，如何存放他们的成绩以及找到最高分呢？

由这个问题我们可以发现，如果不学习数组，将面临两个不可逾越的困难。相信在学习了数组以后，这两个困难都被解决了。下面就给出使用数组存放学生成绩，并且找出其中最高分的程序代码。

```java
public class FindBiggest {
    public static void main(String[] args) {
        int arraySize = 55;                    // 存放数组大小的 int 变量
        int[] students = new int[arraySize];
                              // 创建一个大小为 arraySize 的 int 类型数组
        for (int i = 0; i < arraySize; i++) {  // 使用 for 语句对数组元素赋值
            students[i] = i + 1;
```

```
        }
        int biggest = 0;
        // 创建 int 变量 biggest，用来保存最高分
        for (int i = 0; i < arraySize; i++) {
        //使用 for 语句遍历数组中的每个元素值，
        //找到最大的元素值
            if (biggest <= students[i]) {
                biggest = students[i];
            }
        }
        System.out.println("全班最高分是: " + biggest);
    }
}
```

FindBiggest 源码

下面来解析一下上面的例程。首先创建一个 int 变量 arraySize 用来存放数组大小，然后根据 arraySize 的值来创建一个相应大小的数组 students。这两步大家已经是非常熟练了。

然后是使用 for 循环对 students 数组进行遍历，并给数组 students 中的每个元素赋值。这个 for 循环是本程序的一个重点。首先看 for 循环的循环次数。i 的值初始为 0，循环条件为 i < arraySize，所以循环次数应该正好是 arraySize 次（也就是 55 次）。进入 for 语句的循环体发现，程序正是使用 i 的值作为访问 students 数组的下标值的。正是因为变量 i 初始值为 0，且每次循环都会增加 1，所以它的值正好满足遍历数组时对下标值的要求（数组下标从 0 开始）。在这里给每个数组元素的赋值就是其下标值加 1。

可以说数组和 for 循环语句是一个很巧妙的组合。所以在程序中如果需要对数组进行遍历，绝大多数情况下都是使用 for 语句，且像例程中那样把 i 的初始值设置为 0，把循环条件设置为 i < arraySize，然后使用 i++来让 i 的值在每次循环过后加 1。

接下来程序创建了一个 int 变量 biggest，将在循环中使用这个变量保存当前循环找到的最高分。然后又是一个 for 循环用来遍历数组，for 循环体中使用 if 语句判断当前最高分 biggest 和当前变量值 students[i]，如果 biggest <= students[i]，则把 biggest 的值设为 students[i]。所以，我们把数组循环一遍以后，biggest 的值就是数组中最大的值，也就是想找的最高分。程序最后向控制台输出所找到的最高分。

全班最高分是: 55

在程序中是以 i 的值作为数组下标的，因为例程中在 for 循环中的条件语句可以保证 i 的值不会让数组下标出界，所以是安全的。使用数组的地方很多，每个地方都要注意数组下标出界问题，一旦遇到问题，要学会根据异常输出信息解决错误。

❏ 使用 for 循环遍历数组。

❏ 使用数组的时候，最需要注意的就是要保证数组下标不会出界。

5.4.2　轻松查询全校成绩不在话下

通过 5.4.1 节的学习，我们学会了如何查询一个班的成绩，下面来查询全校的成绩。处理全校的成绩需要一个三维数组。看下面的例程。

```
public class FindBiggestInSchool {
    public static void main(String[] args) {
```

```
    int gradeCount = 5;        // 全校有 5 个年级
    int classCount = 25;       // 每个年级有 25 个班级
    int studentCount = 55;     // 每个班级有 55 个学生
                               // 创建一个大小为 arraySize 的 int 类型数组
    int[][][] allStudents = new int[gradeCount][classCount]
    [studentCount];
    for (int i = 0; i < gradeCount; i++) {
                              // 使用嵌套的三个 for 循环为三维数组赋值
        for (int j = 0; j < classCount; j++) {
            for (int k = 0; k < studentCount; k++) {
                allStudents[i][j][k] = i + j + k;
                              // 设置(i+1)年级(j+1)班的第(k+1)个学生的成绩
            }
        }
    }
    int biggest = 0;
    for (int i = 0; i < gradeCount; i++) {
                // 使用嵌套的三个 for 循环为遍历数组，并
                //找出数组元素中的最大值
        for (int j = 0; j < classCount; j++) {
            for (int k=0;k<studentCount;k++) {
                if (biggest<= allStudents[i][j][k])
                {
                    biggest=allStudents[i][j][k];
                }
            }
        }
    }
    System.out.println("全校最高分是: " + biggest);
}
}
```

FindBiggestInSchool
源码

本例程可以看成是 5.4.1 节程序的"多维数组版"。使用 3 个 int 变量 gradeCount、classCount 和 studentCount 来保存数组三个维度的大小。这么做的目的就是为了在后面的程序中创建和遍历数组的时候可以直接使用变量的值，而不用把相同的值再次写一遍。

对于多维数组需要使用 for 循环嵌套来实现对数组元素的遍历。给每个数组元素赋的值就是此元素的三个下标的和。程序本身并没有太多的可叙述之处。其实这个程序中对循环嵌套的知识要求比多维数组要多。要注意如何巧妙地使用 for 循环来让 i、j 和 k 来作为三维数组的 3 个下标。如果阅读程序的时候觉得有难度，应该回去看看 for 循环相关的章节，尤其是循环嵌套的那节。运行程序，输出如下：

全校最高分是: 82

现在也许能够理解为什么在学习 for 循环的时候，习惯给 i 赋值为 0 了。其实主要就是因为数组的下标是从 0 开始的。至于数组的下标为何从 0 开始而不从我们习惯的 1 开始，这和计算机的结构有关系，可以说整个计算机体系都是从 0 开始的。

我们还发现，for 循环中的变量不仅仅是用来控制 for 循环次数的，其值还可以代表执行了几次循环。在例程中，正是依靠了 i、j、k 的值递增的事实，使用它们作为数组下标实现了对三维数组元素的遍历。

❑ 对多维数组的元素进行遍历的时候，可以如例程中那样巧妙地使用 for 循环来完成。

5.4.3　杨辉三角

本节将学习编写一个可以生成杨辉三角的程序。什么是杨辉三角呢？下面的内容就是杨辉三角的前 10 行。

```
1
1  1
1  2  1
1  3  3  1
1  4  6  4  1
1  5  10  10  5  1
1  6  15  20  15  6  1
1  7  21  35  35  21  7  1
1  8  28  56  70  56  28  8  1
1  9  36  84  126 126 84  36  9  1
```

我们可以轻易地发现杨辉三角的计算规则：第 1 行只有一个元素，值为 1；以后每行中元素增加一个，每个元素值的计算规则是：在它上方的元素的值（如果存在的话）加上在它上方的左边的那个元素（如果存在的话）的值。例如第 2 行中的第一个元素，它上面的元素值是 1，它上面元素的左边没有元素了，所以它的值就是 1。对于第 3 行中的第一个 3，它上面的元素值是 2，它上面元素的左边元素值是 1，所以它的值是 3。对于第 3 行中最后一个 1，它上面没有元素，但是它上面的左边却有一个元素 1，所以它的值是 1。

根据杨辉三角的运算规则可知，杨辉三角其实是可以有无数行的。我们的程序就是用来生成指定行数的杨辉三角的值并将其值存放在一个数组中，最后将杨辉三角的值输出到控制台。首先看例程。

```java
public class YangHui {
    public static void main(String[] args) {
        int levelCount = 10;                        // 程序生成的杨辉三角的层数
        // 在这里数组的第二维的大小为 0，所以每个数组中其实没有任何 int 元素
        int[][] yangHui = new int[levelCount][0];
                                // 创建一个二维数组用来保存杨辉三角的值
        // 使用 for 循环为杨辉三角的每一层创建一个 int 数组
        for (int i = 0; i < levelCount; i++) { // 每次循环生成一行杨辉三角
            yangHui[i] = new int[i + 1];
                                // 此层杨辉三角中包含的元素个数为(i + 1)个
            for (int j = 0; j <= i; j++) {
                                // 每次循环计算杨辉三角的一行中的一个元素
                if (i == 0) {    // 如果是第一行，则直接赋值为 1
                    yangHui[i][j] = 1;
                } else { // 如果不是第一行，则根据上一行的值计算当前行每个元素的值
                    int value = 0;    // 用来保存当前元素值的 int 变量
                    if (j >= 1) {// 根据杨辉三角的计算规则，判断此元素上方左边是
                                  否有元素
                        value += yangHui[i - 1][j - 1];
                                // 有则将当前元素上方的值加到 value 变量中
                    }
                    if (j < i) {
                                // 根据杨辉三角的计算规则，判断此元素上方是否有元素
                        value += yangHui[i - 1][j];
                                // 有则将当前元素上方的值加到 value 变量中
```

```
            }
            yangHui[i][j] = value;
            // 将 value 的值赋给当前元素
        }
    }
}
for (int i = 0; i < levelCount; i++) {
// 循环输出数组元素的值
    for (int j = 0; j <= i; j++) {
        System.out.print(yangHui[i][j]+"\t");
    }
    System.out.println();
}
```

YangHui 源码

通过代码中的注释，可以对本程序有所了解。这个程序已经比较复杂了，一次看不懂是正常的。下面分析一下这个程序。

首先创建一个 int 变量 levelCount 来保存要生成的杨辉三角的层数。在这里就生成一个 10 层的杨辉三角。然后创建一个二维的 int 数组。注意给数组的第二个维度设置的大小为 0，所以这个数组是没有任何 int 变量的。没有 int 变量并不代表这个数组完全是空的，通过多维数组的本质了解到其实数组中还有隐藏的数组变量数组（可以把这个数组理解为图 5-10 和图 5-16 中，最后一层数组是空的情况）。

紧接着开始了一个 for 循环，这个 for 循环的循环体就是为了生成一层杨辉三角。首先是按照杨辉三角的规则，创建一个相应大小的 int 数组。因为 i 是从 0 开始的，所以对应的杨辉三角的行包含的元素应该是"i + 1"个。

然后开始对这个刚刚生成的数组进行赋值。如果是第一行，则直接赋值为 1 就可以了。否则就需要按照杨辉三角的计算按规则来计算每个元素的值。在这里之所以用两个 if 语句来判断 j 的值就是为了防止数组下标出界错误。通过观察杨辉三角可知，对于每一行的第一个元素，它的左上方是没有元素的，所以我们使用"j >= 1"作为条件，满足此条件才会去取该元素上方元素的值；同样的，对于每一行的最后一个元素，它的上方是没有元素的，所以使用 j < i 作为条件，满足此条件才会去取该元素上方元素的值。

这个 for 循环执行完毕后，数组 yangHui 里面已经存放好了需要的杨辉三角的值。程序紧跟着使用一个 for 循环将值输出到控制台，在输出的过程中，使用了制表符转义符"\t"。它的作用是用来让输出的内容对仗整齐。因为二维数组 yangHui 中，每一行的元素个数都是不一样的，所以在这里同样需要注意数组下标出界问题。运行程序，程序输出的结果就是本节开头介绍杨辉三角时的那个输出。

其实，标准的杨辉三角应该是如下这种排列方式。

```
                              1
                          1       1
                      1       2       1
                  1       3       3       1
              1       4       6       4       1
          1       5       10      10      5       1
      1       6       15      20      15      6       1
  1       7       21      35      35      21      7       1
1       8       28      56      70      56      28      8       1
1   9   36   84   126   126   84   36   9   1
```

如何输出这种排列方式的杨辉三角呢？首先，在这里就要巧妙地利用循环、数组和制表符转义符 "\t" 了，需要在原来例程的基础上加上一段代码，完整的代码如下：

```
public class YangHuita {
    public static void main(String[] args) {
        int levelCount = 10;          // 程序生成的杨辉三角的层数
        // 在这里数组的第二维的大小为 0，所以每个数组中其实没有任何 int 元素
        int[][] yangHui = new int[levelCount][0];
                                      // 创建一个二维数组用来保存杨辉三角的值
        // 使用 for 循环为杨辉三角的每一层创建一个 int 数组
        for (int i = 0; i < levelCount; i++) { // 每次循环生成一行杨辉三角
            yangHui[i] = new int[i + 1];
                              // 此层杨辉三角的中包含的元素个数为 (i + 1) 个
            for (int j = 0; j <= i; j++) {
                              // 每次循环计算杨辉三角的一行中的一个元素
                if (i == 0) {   // 如果是第一行，则直接赋值为 1
                    yangHui[i][j] = 1;
                } else { // 如果不是第一行，则根据上一行的值计算当前行每个元素的值
                    int value = 0;  // 用来保存当前元素值的 int 变量
                    if (j >= 1) {
                              // 根据杨辉三角的计算规则，判断此元素上方左边是否
                              有元素
                        value += yangHui[i - 1][j - 1];
                              // 有则将当前元素上方的值加到 value 变量中
                    }
                    if (j < i) {
                              // 根据杨辉三角的计算规则，判断此元素上方右边是否有元素
                        value += yangHui[i - 1][j];
                              // 有则将当前元素上方的值加到 value 变量中
                    }
                    yangHui[i][j] = value;      // 将 value 的值赋给当前元素
                }
            }
        }
        for (int i = 0; i < levelCount; i++) { // 循环输出数组元素的值
            for (int j = 0; j <= i; j++) {
                System.out.print(yangHui[i][j] + "\t");
            }
            System.out.println();
        }
        System.out.println("下面输出塔形的杨辉三角");
        for (int i = 0; i < levelCount; i++) { // 输出塔形的杨辉三角
            for (int j = 0; j < levelCount - i - 1; j++)
{
                              // 输出相应个数的制表符
                System.out.print("\t");
            }
            for (int j = 0; j <= i; j++) {
            // 读取并输出杨辉三角的内容
                System.out.print(yangHui[i][j]+"\t\t");
            }
            System.out.println();
        }
    }
}
```

YangHuita 源码

这里增加了一段输出塔形杨辉三角的内容，通过在每行开始之前巧妙地输出相应个数

的制表符，就轻松达到了目的。

运行程序，程序会首先输出三角形的杨辉三角，然后输出前面给出那种塔形的杨辉三角。通过这个例程可知，数组的使用时刻伴随着数组下标的问题，在例程中是使用计算的方式获得数组下标值的，所以要特别小心。每次计算下标值时都要想一下这么做有没有可能在某种情况下得到一个非法的下标值。如果有可能，就要像例程中那样使用 if 语句来判断，只在数组下标值合法的情况下执行相应的操作。

⌂注意：杨辉三角的计算方式和存储方式有多种，在这里仅仅是给出了一种可能性，可以发挥想象再多想想有没有别的解决方案。

❑　还是需要注意数组下标值出界的问题。

5.5　小结：方便快速的数组

数组可以说是所有的编程语言都支持的，只是在不同的语言中，数组有不同的实现方式。本章学习了 Java 的数组的相关知识。数组最直接的功能就是用来批量创建变量。围绕这个，我们学习了下列知识点：

❑　创建数组的两种语法。
❑　使用数组中元素的语法。
❑　数组的赋值要求类型匹配。
❑　数组的"名"与"实"之分。
❑　给数组变量赋值的含义。
❑　多维数组的实质。
❑　多维数组的使用。

到这里，本书第一部分的内容已经讲述完毕了。本书的第一部分主要是抽取了 Java 语言中基础的部分作为讲述对象。可以说在任何一门语言中，都会遇到安装开发环境，安装 IDE，学习语言的基本数据类型，语言的控制流程语法以及语言中的数组。可以说我们现在还没有接触到 Java 语言的精髓。如果我们之前学过别的编程语言，则会发现迄今为止 Java 在我们眼中和别的编程语言没有什么本质的不同，只是语法上的一些细节有所差异而已。

接下来的第 2 篇就是本书中的重中之重了，第 2 篇中将详细讲述 Java 语言的特点以及 Java 傲视群雄的各种特征。在以后编程中使用这些功能的时候，读者会慢慢体会到 Java 的优势所在，就可以真正体会到什么是纯面向对象，封装和多态有什么好处，继承给编程语言带来了什么。

5.6　习　　题

1. 编写一个给数组中所有元素赋初始值的程序：创建一个包含 21 个元素的 int 数组，然后使用循环语句，让数组元素的值为其数组下标的值。

2. 编写一个给二维数组中所有元素赋初始值的程序：创建一个二维的 int 数组，第一维大小为 10，第二维大小为 2，给这个数组中的元素赋值为 1，最后使用循环语句将数组内容输出到控制台。

3．在上一题中，使用两个引用指向这个数组，要求使用第一个引用将第 2 维中索引为 0 的 10 个元素赋值为 1，使用第二个引用将第 2 维中索引为 1 的 10 个元素赋值为 2。最后使用循环语句将数组内容输出到控制台。根据输出结果，理解两个引用操作的是同一个数组。

第 2 篇 Java 语言高级语法

通过第一篇的学习，我们已经可以编写一些简单的小程序了，知道编程是怎么一回事情了。在本篇的学习中，将涉及 Java 语言的核心特征——面向对象（Object-Oriented）。

在本篇中，将涵盖以下主要的内容。

❑ Java 中的类。

❑ Java 中的方法。

❑ Java 继承。

❑ 理解 Java 语言的三利器——封装、继承和多态。

❑ Java 中的异常处理。

❑ Java 线程编程。

本篇中的内容学习起来也许会有些难度。很多时候需要以理解为主，在理解的基础上再去深究语法上的细节。书中将使用各种比喻、对比和图表等方式帮助读者理解。下面开始本篇的内容，拉开 Java 语言的大幕。

第 6 章　Java 的类（Class）和对象（Object）

从本章开始将要一点点学习 Java 语言所特有的一些性质和功能。这些内容可以说是 Java 语言的重中之重。本章我们将学习 Java 中最重要的两个概念——类（Class）和对象（Object）。

我们在第 1 章中就已经与类（Class）这个概念打过招呼了。当时有一个直观的了解，知道什么是类名，知道类的主体是类名后面那一对大括号内的内容，当时学习 Java 中的类只是为了要演示例程。在前面我们接触的类更像是一个"main()方法的容器"。本章将打破我们对类的"偏见"，从一个如何描述汽车的例子来了解类的另一面。

对象（Object）这个概念我们至今还没有接触过。首先，这里说的"对象"跟平时说的男女之间"谈对象"中的对象没有任何关系。我们可以接受词典中"行为或思考时作为目标的人或事物"这样的解释。Object 在英语中就是"实体，物体"的意思。中国计算机的一位前辈在翻译 Object 的时候站在了更高的层次看 Object，将它翻译成了"对象"，而且这个翻译一直沿用至今。好，对"对象"这个词的字面意思就先说到这儿。我们需要学习类的概念，然后才能够使用和创建对象。下面开始本章的内容。

6.1　驾驶汽车向类（Class）的世界进发

本书第 3 章学习了 Java 中的基本数据类型。对于一门编程语言来说，仅仅是基本数据类型是不够的。Java 语言允许使用类来构造自己想要的类型。类的定义是抽象的。类本身也有不止一层含义。本章中将从数据封装和自定义数据类型的角度认识类，学习如何使用 Java 中的类来构建一个可以描述汽车的数据类型。让我们开始本章的内容。

6.1.1　汽车带来的问题

现在编写一个简单模拟记录马路上车流状况的一个程序。它能够输出经过的汽车的信息。我们所关心的汽车的信息有下面几个：汽车的速度，汽车的颜色，汽车的名字（或者理解成汽车的车牌号也行）和汽车的行驶方向。

汽车的速度应该使用一个 int 变量来描述，把这个 int 变量命名为"speed"；然后是颜色，使用一个 String 变量来描述汽车的颜色，名字就叫做 color 吧；紧接着使用 String 变量来描述汽车的名字和行驶方向，变量名字分别为 name 和 direction。为了简单起见，不使用第 4 章用到的那种从控制台读取数据的麻烦方式，而是直接写几个确定的值"简单的演示一下"。那么这个简单的程序应该看上去是这样的。

```
public class PrintCarStatus {
    public static void main(String[] args) {
        int speed;                  // 存储汽车的速度
        String color;               // 汽车颜色
        String name;                // 汽车的名字
        String direction;           // 汽车的行驶方向
        speed = 60;                 // 给各个属性赋值
        color = "白色";
        name = "雪铁龙一号";
        direction = "镇江方向";
        System.out.println("经过的汽车的速度为： " +
                            speed);// 输出各个属性的值
        System.out.println("它的颜色是: " + color);
        System.out.println("汽车的名字叫做: " + name);
        System.out.println("汽车行驶方向为: " + direction);
    }
}
```

PrintCarStatus 源码

上面的程序没有任何不对的地方，运行程序，输出如下内容：

```
经过的汽车的速度为：60
它的颜色是：白色
汽车的名字叫做：雪铁龙一号
汽车行驶方向为：镇江方向
```

　　如果将给各个属性赋值的地方的值替换成第 4 章用到的那种可以从控制台读取数据的代码，然后用一个循环语句把这整段代码括起来，就是一个可以循环从控制台读取各个属性的值并再将值输出到控制台的程序了。但是在这里关心的不是这个，来看一下程序中用来描述汽车属性的 4 个变量：

```
int speed;              // 存储汽车的速度
String color;           // 汽车颜色
String name;            // 汽车的名字
String direction;       // 汽车的行驶方向
```

　　这 4 个变量是分开的，之间没有任何关系。但是在程序的逻辑里，它们 4 个却是绑在一起，用来表示一辆行驶在马路上的汽车的属性。那么，能不能从代码的层面上表示出这种"绑在一起"的关系呢？"绑在一起"这个说法太随意了，我们先严谨地分析一下这个问题的实质。我们到底想要什么？我们想要的是让这 4 个变量变成一个整体，用来表示汽车的属性。也就是说，我们想要的是一种新的数据类型，这种数据类型包含了以上 4 个变量，这种数据类型的一个变量就封装了上面的 4 个变量。没错，我们其实想要的是一种自定义的数据类型。

　　Java 能够做到这一点吗？当然能。如何做呢？其实就是用到我们早就接触过、但是却一直没说清楚是什么的——类。在前面所有的章节中，我们都是在耕耘 main() 方法。所有的代码都是在 main() 方法中写的。类反而看起来是一个可有可无的东西，只是用来做 main() 方法的容器而已。现在要开始正视类了，本书的第 2 部分可以说都是围着类来写的。类其实可以有很多丰富多彩的意义，下面来看一下如何通过类来定义一种新的数据类型。

```
public class Car {
    int speed;              // 存储汽车的速度
```

```
        String color;          // 汽车颜色
        String name;           // 汽车的名字
        String direction;      // 汽车的行驶方向
    }
```

看上去很简单，只是把这 4 个变量封装到一个类里面而已。只是类里面没有了熟悉的 main()方法。根据第 1 章的知识可知这个类的名字叫做 Car。Car 类中包含有 4 个变量。这就完成了前面说的"将 4 个变量绑在一起，形成一种新的数据类型"的操作。现在 Car 类就是我们创建的一种新的数据类型了。下面对"类"这个概念不能再马马虎虎得过且过了，要开始认真研究一下类了。我们进入 6.1.2 节。

6.1.2　类的组成

"类"与我们之前学习的基本数据类型不同。类不是 int 这种原生的基本数据类型。它是通过封装其他数据类型，达到创建新的数据类型的目的。在类里面可以包含基本数据类型（上例中的 int）和非基本数据类型（上例中的 String，还可以是我们学过的数组，甚至可能是我们现在学习的类数据）。在学习如何使用类之前，首先来了解一下类。

📖说明：在编程的术语中，经常把"创建一个类"或者"编写一个类的源代码"称为"定义一个类"。例如在这里，就可以把分析并编写 Car 类源代码的过程成为"定义 Car 类"。

1．类的存放问题

在前面也说过，Java 语言的源代码是以类为单位存放在文件中的，也就是说一个类的内容不能够出现在两个文件里。现在我们接触到的类都是使用 public 和 class 这两个关键字进行修饰的。Java 要求在使用这两个关键字修饰一个类时，存放类的文件就必须命名为"此类的名字"＋".java"。也就是说，存放我们上面定义的 Car 类源文件名字必须是 Car.java。

Java 语法还规定，在一个源文件中，必须有且只能有一个 public 的类。我们现在见过的所有类都是 public 的类。所以，现在所有的源代码都是一个源文件存放一个类的源代码的。也就是*.java 源文件与类是一一对应关系。

📖提示：一个源文件（*.java 文件）内的内容是"1 个 public 的类"＋"0 个或者多个不是 public 的类"。

2．public关键字

public 关键字是 Java 中的"访问修饰符"。先解释访问修饰符。访问修饰符就是 Java 中用来控制访问权限的一组关键字，public 关键字是其中之一。它是什么作用呢？单词 public 的意思就是"公开的"。在定义一个类的时候，片面来讲，public 关键字的作用其实就是表示这个类是可以供别的类公开使用的。也就是说，如果把修饰 Car 类的 public 关键字去掉了，那么 Car 类就不能被外部程序使用了。

严格讲解 public 的作用需要涉及其他方面的知识（如继承和包），现在我们可以先不用去管 public 关键字全部的作用，只要知道一个类被 public 修饰，那么就可以在别的类中使用这个类了（本节后面会给出如何使用 Car 类的代码）。

💬**关于修饰**：Java 中有很多的修饰符。访问修饰符是修饰符的一种。修饰符的作用就是给被修饰的实体赋予一个新的属性。例如在这里用到的访问修饰符 public，它就是用来使一个类可以被别的类所使用的。我们习惯使用"修饰"描述修饰符的作用。例如在定义的 Car 类中，使用了 public 关键字，就可以说"使用 public 关键字修饰 Car 类"。

3．class关键字

class 关键字的用途比较直接，它是用来标示一个类定义的开始的。当我们看到 class 关键字的时候，就知道紧跟着的代码是一个类。

4．类名

类名必须是一个合法的标识符。第 3 章学习了标识符的概念，但是习惯上我们使用"首字母大写的一个或者多个单词"表示类名。例如前面定义的类叫做 Car 而不是 car。像 MyCar 和 SchoolBus 都是符合习惯的 Java 类名。关于 Java 类名的命名习惯，可以多注意一下之前给出的例程中的类名。

💬**注意**：这里所说的类命名的习惯，只是因为符合习惯的类名更容易被别人理解。不符合习惯的类名也不是错误的。

5．类的主体

类名后面的左大括号标志着类主体的开始，与之对应的右大括号标志着类的内容的结束。类主体内可以包含什么内容呢？首先，本章中我们知道可以放一些数据类型的定义进去；前面的章节我们知道可以放方法进去。

类主体中的变量有两个正式的名字，第一个名字叫做类的"属性（property）"；第二个名字叫做类的成员变量（Member Variable）。例如我们的 Car 类，可以说它有 4 个属性，也可以说它有 4 个成员变量，类的组成部分如图 6-1 所示。

💬**说明**：与成员变量相对的是局部变量（Local Variable）。这两个概念应该相比较才有意义。在第 7 章中会对它们展开论述，这里不必深究。

图 6-1　类的组成部分

🔔提示：类中的方法是个大话题，会在第 7 章中详细讲述，本章中将不涉及与方法有关的
　　　　内容。

好的，了解了类的组成部分，现在对于 Car 类，我们唯一不是很清楚的就是那个开头
的 public 关键字的全部含义。没关系，在后面的内容中会一点一点认识 public 关键字的，
现在只要知道它是用来让 Car 类可以被公开使用的就可以了。

现在从数据类型的角度来看类，对类有了一个整体的概念：它是通过将别的数据类型
封装到自己里面作为自己的属性，代表一种新的复合的数据类型。

当然，类中可以什么都没有，空空如也也是可以的，看下面的代码。

```
public class EmptyClass {
}
```

这个类中什么都没有，但是它也是一个合法的类。我们只要将之保存在 EmptyClass.java
文件中，就可以对它进行编译。

在 6.1.3 节中将会学习使用 Car 这种数据类型。在这之前，笔者建议从本章开始，应该
在 Eclipse 中编写和运行代码。Eclipse 会处理很多琐碎的事情，例如类名要和源文件名相
同，自动编译，错误提示等。

❑ 类可以通过封装数据类型来得到一种新的类型。

❑ 除了有特殊意图，类都是使用 public 关键字修饰的。

❑ 类名就是一个合法的标识符。

❑ 类主体是类名后面那对大括号的内容。类主体中的主要内容就是属性和方法。类
　主体中也可以什么都没有。

❑ 类主体中的变量叫做类的属性，同时它也是"类的成员"，所以也叫做成员变量。

6.1.3　使用自定义的 Car 类

前面我们创建了 Car 类。那么，如何使用 Car 类这个自定义的类型呢？前面学习了基
本数据类型，并且可以通过创建基本数据类型的变量来使用这种类型；也学习过数组这种
类型，使用声明数组和创建数组来使用数组这种类型。

Car 类的使用方法和数组是相似的，也就是说，像 Car 这种自定义的类，也是"名"
与"实"分离的。需要首先声明一个 Car 类的变量，然后通过 new 关键字创建一个 Car 类
的实体，并且用 Car 类的变量指向我们创建出来的一个 Car 类的实体，最后就可以在程序
中通过 Car 类变量使用 Car 类的实体了。

看下面的代码：

```
public class UseCar {
    public static void main(String[] args) {
        Car carPassedBy;              // （1）声明一个 Car 类的变量
        carPassedBy = new Car();      // （2）创建一个 Car 类的实体
        carPassedBy.speed = 60;
                        // （3）通过 carPassedBy 给 Car 实体的各个属性赋值
        carPassedBy.color = "白色";
        carPassedBy.name = "雪铁龙一号";
        carPassedBy.direction = "镇江方向";
```

```
    // （4）通过 carPassedBy 输出 Car 实体的各个属性的值
    System.out.println("经过的汽车的速度为：" + carPassedBy.speed);
    System.out.println("它的颜色是：" + carPassedBy.color);
    System.out.println("汽车的名字叫做：" + carPassedBy.name);
    System.out.println("汽车行驶方向为：" + carPassedBy.direction);
    }
}
```

在代码中标注了 4 处需要注意的地方。下面用图来描述程序在运行时的状态。

（1）图 6-2：代码中第 1 处的作用是声明一个 Car 类的变量。我们发现自定义类型的使用语法与前面学过的创建数组变量的语法很相似。

```
类名 + 空格 + 类变量名
```

在本例程中就是 Car carPassedBy。只要把"类名"替换成"数组类型"，这两种语法就是一样的了，这让 Car 看上去更像是一种数据类型。创建一个 Car 类的变量后，状态如图 6-2 所示。

和数组中的变量名一样，现在只是有了一个空壳而已。carPassedBy 没有指向任何 Car 类型的实体，所以不能使用 carPassedBy。

图 6-2　创建一个 Car 类的变量

（2）图 6-3：这一行代码创建了一个 Car 类的实体，并让 carPassedBy 指向这个实体。这里是这个例程的重点。首先看一下创建 Car 类实体的语法。

```
new + 空格 + 类名 + ()
```

在本例程中，具体使用这种语法的代码就是 new Car()。这个语法与数组也很类似，只是在创建数组实体的时候，没有在后面添加一对小括号。这对小括号是做什么用的呢？它牵扯到类中的另一个重要内容——构造方法。在第 7 章讲解方法的时候将会对其做出详细的解释，现在只需要记住这种语法就可以了。

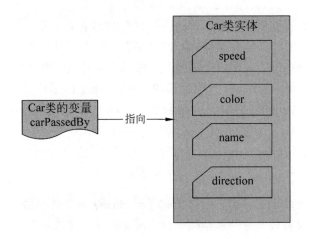

图 6-3　Car 类变量指向 Car 类实体

那么 new Car()到底做的什么工作呢？简单来说，它创建了一个 Car 类的实体。过程可以理解为：Java 平台会读取 Car 类主体中定义的所有属性（在这里就是指 Car 类中的 4 个属性），然后分配计算机资源去创建这些属性，并且按照变量的类型赋初始值，最后构成一个符合 Car 类定义的数据整体。最后得到的这个整体就是一个 Car 类的实体了。

🔔提示：Car 类的实体其实就是将要在 6.1.4 节中讲到的 Car 类的对象。在正式介绍对象这个概念之前，暂且使用 Car 类的对象称呼这个实体。

这个过程其实和数组也有些相似。相似的是 Java 平台都会根据类型的定义来创建变量（对于数组，是创建 n 个相同类型的变量，对于我们的 Car 类，则是创建 4 个成员变量），并且都会按照变量的类型赋给变量初始值；不同的是 Car 类中成员变量可以随便是什么类型，而数组则是所有元素都是同一种类型。

🔔提示：其实 new Car()是一个很复杂的过程。随着学习的深入我们会对这个过程一点点地了解。现在只要理解上面几段内容就可以了。

然后使用在第（1）步中创建的 carPassedBy 来指向创建的这个 Car 类的实体。这个过程执行完毕后，状态如图 6-3 所示。

通过图 6-3 可以发现，int 变量 speed 有了初始值 0。而前面讲解过，String 不是基本数据类型。其实 String 与正在使用的 Car 类一样都是自定义类。其余 3 个 String 变量的初始值是什么呢？其实它们 3 个跟图 6-2 中展示的 Car 类变量的状态一样，都只是一个"空壳"，不指向任何实体。稍后本章中将有专门的一节来讲解这里所谓的"空壳"是什么意义。在这里专注于 Car 类，暂且不去理会 String 类。

（3）图 6-4：接下来的 4 行中，要用到 Car 类中的 carPassedBy 变量，该变量会使用到 Car 类的实体中的属性。使用类的实体中属性的语法如下：

类的变量明 + "." + 属性名

在这里有必要了解一下点号操作符（.）的作用。现在 carPassedBy 指向了一个 Car 类的实体。前面说过，Car 类的实体是一个整体，这个整体中包含 4 个属性。在本章中，点号的意义就是要访问这个 carPassedBy 所指向的实体的属性。属性名就是在 Car 类中定义的属性的名字。这个过程和使用数组下标访问数组中的某个元素有类似的地方。只是在这里使用的是属性的名字。点号操作符就好像"咚"的一下敲开了类的实体，然后去里面找到其后紧跟着的属性，之后就可以像普通的变量一样去使用这些属性了。

在例程中多次使用了此语法，例如"carPassedBy.speed = 60"的意义就是把 60 赋值给 carPassedBy 指向的 Car 类实体中的 speed 属性；"carPassedBy.direction = "镇江方向""的意义则是让 carPassedBy 指向的 Car 类实体中的 direction 属性指向一个内容为"镇江方向"的 String 类实体（记住，String 也是一个类而不是基本变量）。

赋值过程结束以后，程序的状态如图 6-4 所示。

🔔注意：因为这里专注于 Car 类，所以简化了对 String 类型的描绘。String 类的变量和实体在图中没有采取分开表示的画法，而是在方框中直接标注上了 String 变量指向的 String 实体的值。

（4）图 6-4：在接下来的 4 行中，还是使用点号操作符访问 Car 类实体的属性。不过这次是读取属性的值而不是赋值。根据图 6-4 可以清楚地知道每个属性的值。运行程序，控制台输出如下内容：

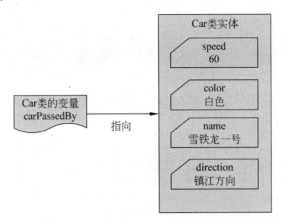

图 6-4　赋值结束后程序的状态

经过的汽车的速度为：60
它的颜色是：白色
汽车的名字叫做：雪铁龙一号
汽车行驶方向为：镇江方向

　　程序分析完了，运行结果也在意料之中，但是对于程序中涉及的知识我们还没有完全了解，打起精神继续来学习 6.1.4 节的内容吧。

- ❏　自定义类型的"名"和"实"也是分离的。
- ❏　使用类实体中的属性的语法为：类的变量名 + "." + 属性名。
- ❏　Java 平台创建出类的一个实体后，会给其中的每个属性赋初始值。

6.1.4　类和对象

　　在 6.1.3 节中多次使用了"Car 类的实体"这个名词。那么 Car 类的实体到底是什么呢？其实 Car 类的实体就是本章中第二个重点——对象（Object）。我们是先接触了对象，然后才过来接触对象这个概念的。

　　要理解对象是什么，首先要理解类是什么。结合前面的例子来重新理解一下类。换个角度看，类其实是一种抽象。之所以给 Car 类中添加 speed、color、name 和 direction 这 4 个属性，就是因为马路上所有经过的汽车都有这 4 个属性。也就是说，这 4 个属性是对行驶在马路上的汽车的一种抽象表述。因为要记录马路上经过的汽车的信息，所以需要创建一种新的数据类型来表示汽车的某些共同的、需要被记录的属性。

　　类是一种抽象，它把一类物体的特征抽象出来，通过适当的数据类型表示。例如 Car 类就是对行驶在马路上的所有汽车的抽象。在我们的程序中，只关心这 4 个属性，所以本章中的 Car 类就是我们看到的这种样子。

　🔔说明：当然 Car 类中的属性略显单薄，也许本章中的 Car 类不能让所有读者满意☺。

　　举个例子，我们在数学中学过复数。复数是一种特殊的数，它有实部和虚部。例如复数"10 + 5i"的实部就是 10，虚部就是 5。那么复数就可以被抽象为两个 int 变量组成的一种新的类型。可以用下面这个类表示复数。

```java
public class Plural {
    int realPart;           // 保存复数实部的值
    int virtualPart;        // 保存复数虚部的值
}
```

Plural 源码

例子还有很多很多。书这种类型可以用下面的类表示。

```java
public class Book {
    String bookName;        // 书名
    String firstAuthor;     // 书的第一作者
    String authors;         // 书的其他作者
    int bookNumber;         // 书有多少页
    int bookSize;           // 书是多大的，例如 32 开，16 开等
    String language;        // 书是哪种语言的
}
```

在实际编程中，只要抽象出我们需要的属性就可以了。在这里之所以用汽车、复数和书本这种现实中的物体做例子是为了直观。很多时候类根本不会去对应现实中的什么物体。

好，现在我们理解了类是一种抽象，它代表我们对一类物体的定义。例如 Car 类，它代表了我们对所有行驶在马路上的汽车的定义（也就是说所有行驶在马路上的汽车都有 Car 类中定义的 4 个属性）。对象是什么呢？对象其实就是对这个抽象的具体化。例如在程序中需要使用一个具体的行驶在马路上的汽车，我们如何去做呢？这就要用到 Car 类的对象了。

Car 类只是完成了抽象和定义一个类型的工作，它并不能够拿来使用。对于一个具体的汽车，它有具体的属性值。当使用 new Car() 创建出一个 Car 类的对象（前面一直称之为 Car 类的实体，现在我们要改口了，它标准的名字叫做对象）后，就相当于按照 Car 类的定义，创建了一个代表实实在在的汽车的对象。

因为这个对象是按照 Car 类为模板创建的，所以对象拥有 Car 类中定义的属性。不同的是对于对象，这些属性不是抽象的定义而是实实在在可用的变量了。然后我们就可以使用这个对象，如给这个对象的属性赋值、使用对象的属性等。

前面定义的复数类，也只是一个定义。当需要使用一个复数的时候，使用下面的代码：

```java
public class UsePlural {
    public static void main(String[] args) {
        Plural a;               // 声明一个复数 a
        a = new Plural();       // 创建一个复数对象
        a.realPart = 5;         // 给这个复数对象的 realPart 属性赋值
        a.virtualPart = 10;     // 给这个复数的虚部赋值
        System.out.println("复数的实部为" +
                           a.realPart);
        System.out.println("复数的虚部为" +
                           a.virtualPart);
    }
}
```

程序首先声明一个 Plural 类的变量 a，然后创建一个 Plural 类的对象，这个对象就是代表一个实实在在的有值的复数。然后给对象的两个属性赋值，最后把对象的属性值输出到控制台。运行这个程

UsePlural 源码

序，控制台输出如下内容：

```
复数的实部为 5
复数的虚部为 10
```

对象和类这两个概念，更多的是从其意义上理解。理解类是如何抽象出来的，一个类的对象又为何是这个类的一个具体个例的，对于它们直观的作用，其实在 6.1.3 节中已经讲解得很清楚了。对于类和对象这两个概念的理解，有助于设计和编写出更好的程序。例如本章开始的第一个程序，完全没有使用类和对象，也完成了应该完成的任务。但是当我们发现应该让 4 个属性绑定在一起，代表一个汽车的时候，就开始学着使用类和对象完成相同的任务。结果虽然一样，但是思想是完全不一样的。从这两个例程的对比中可以看出一点点"面向对象（Object-Oriented）"的原理在里面了。什么是面向对象编程？让我们在学习中慢慢体会。

编程术语中习惯使用指向一个对象的名字称呼这个对象。例如在前面复数的例子中，可以说"Plural 类的对象 a 的 realPart 属性的值"，或者在上下文中明确了 a 是哪个类的对象的时候，直接称呼"对象 a 的 realPart 的属性值"。当我们对类和对象熟悉以后，也会直接说"a 的 realPart 属性的值"。这些称呼都是一个意思。

对象是按照类的定义创建的一个实例（instance）。所以有时候，我们也会把对象称呼为一个类的实例，如"Plural 类的实例 a"。

❑　类是定义，是抽象，是一种数据类型；对象是个例，是具体，是具体的数据。

❑　对象是按照类的定义创建出来的一个实例。

6.1.5　源文件的存放

前面学习了不少理论性的东西，这些东西需要我们在编程的实践中进行理解。本节来学习点轻松实际的东西：源文件的存放。

我们回头来看 UseCar 类，在 UseCar 类中使用了 Car 类。这两个类都是使用 public 修饰的，根据前面学习的知识可以知道，这两个类肯定是放在不同的源文件中。那么 Java 平台是如何在运行 UseCar 中的 main()方法时，找到 Car 类的定义呢？

其实 Java 平台在编译 UseCar 的时候，就会发现它使用了一个不知道从哪里来的 Car 类。然后 Java 就会在类 UseCar 的源文件（UseCar.java）所在的目录下寻找 Car 类的类文件（*.class 文件）或者源文件（*.java 文件）。那么 Java 平台怎么知道存放 Car 类的类文件或源文件是哪个呢？想想前面介绍的关于类文件的知识。

❑　使用 public 修饰的类能够被别的类使用。

❑　Java 平台规定：对于使用 public 修饰的类，存放类的源代码的源文件的文件名必须是"类名"+".java"。

❑　Java 编译器通过编译 Java 源文件所产生的类文件的文件名是"类名"+".class"。

好了，那么 Java 平台就可以推测出 UseCar 中使用的 Car 类的源文件的文件名肯定是 Car.java，类文件的文件名必定是 Car.class。文件名的问题解决了，但是文件路径呢？UseCar 类中没有指定去哪里寻找类中用到的其他类的情况（在第 8 章中将会学习 import 语句，并用它来指定一个类中的其他类在什么地方），Java 平台会默认地在存放 UseCar 类的目录下寻找需要的别的类文件（也就是 Car.class 文件）或者源文件（也就是 Car.java）。

类文件是通过源文件编译产生的，所以在编译 Car.java 之前是没有 Car.class 文件的。Java 编译器在编译 UseCar.java 时发现没有 Car.class 文件，但是有 Car.java 文件，会自动地将 Car.java 也一起编译了，并使用生成的 Car.class 文件。

整个过程如图 6-5 所示。

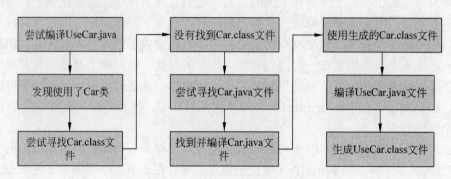

图 6-5　编译 UseCar.java 的过程

如果"尝试寻找 Car.class"文件和"尝试寻找 Car.java"文件都失败了，那么 UseCar.java 中使用的 Car 类对于 Java 编译器来说就是一个未知的类。可以将 Car.java 和 Car.class 切换到别的目录下，然后尝试在命令行下进入 UseCar.java 的目录中编译 UseCar。

```
javac UseCar.java
```

将得到如下错误信息：

```
UseCar.java:3: 找不到符号
符号：类 Car
位置：类 UseCar
        Car carPassedBy;              // 声明一个 Car 类的变量
        ^
UseCar.java:4: 找不到符号
符号：类 Car
位置：类 UseCar
        carPassedBy = new Car(); // 创建一个 Car 类的实体
                          ^
2 错误
```

Java 编译器在每个使用到了 Car 类的地方都标示出了一个错误，因为 Java 编译器无从得知 Car 到底是什么。

到这里，我们知道了如果想要 UseCar 类合法地使用 Car 类，那么存放这两个类的源文件必须在同一个目录下。在 Eclipse 中，结果如图 6-6 所示。

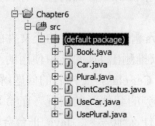

图 6-6　源文件在 Eclipse 的项目中的存放情况

通过图 6-6 可以看出，UseCar 和它使用的 Car 都是在同一个目录下的，UsePlural 和它使用的 Plural 也是在同一个目录下的。

类和它使用到的类在同一个目录下只是一个默认的情况。通过图 6-6 可以看出，这种把所有的类源文件都放在一个目录下的做法会显得很乱。

- ❑ 默认情况下，类和类中使用的其他类的源文件要放在同一个目录下。
- ❑ Java 编译器会在找不到 Class 文件但是可以找到源文件的情况下，自动对源文件进行编译并使用产生出来的 Class 文件。

6.1.6　理解引用

前面一直把类的实例称为实体，后来知道实体就是对象；前面一直把类的"名"称为类的变量，其实它有一个专业的名字：引用（reference）。本节中，我们将专注于学习引用，以及类、对象和引用三者之间的关系。

为了理解什么是引用，首先要明确一点，Java 中的类型只有两种：基本数据类型和类。Java 中的基本类型我们已经学习过了。除了这些基本类型之外，其余所有的类型都是以类的形式存在的——包括 PrintCarStatus 类、Car 类、UseCar 类、Plural 类、UsePlural 类等所有的类，以及在第 5 章中学到的数组。

🔔解释：数组类型也是类，但是它和普通的类有所不同。使用数组不需要去定义它的源文件，也不需要编译出它的类文件。Java 平台针对数组类有专门的处理方式。其实数组是一种比现在学习的类更简单的类。正是因为它简单，Java 平台才能够帮助我们去自动生成数组类。对于数组，只要知道数组也是一个类就可以了。

To 学习过 C 语言的读者：如果读者学习过 C 语言，那么就要特别注意 Java 中的基本数据类型。C 语言可以创建一个基本数据类型的指针或者引用，然后让它指向一个基本数据类型。但是在 Java 中这是不允许的。Java 中的引用只能用在类上。所以说在 C 语言中那种用于交换两个 int 变量值的 swap()函数在 Java 中是不存在的，因为 swap 的参数是两个指向基本数据类型的指针或者引用，而这个在 Java 中是不存在的。

对于基本数据类型，在前面已经学习得足够多了。在这里需注意的一点是：基本数据类型是"名"与"实"一体的。对于类，Java 是采取"名"与"实"分离的方式。"实"就是前面学过的对象，而"名"则是一直称呼为"类变量"的东西，它就是我们将要学习的引用。声明一个类变量，就是创建一个引用。

```
Car referenceToCarObject;
```

上面这行代码，就是创建了一个 Car 类的引用。这个引用有下面几层意思。

- ❑ 可以让这个引用指向一个 Car 类的对象。
- ❑ 它不是 Car 类的对象，但是可以让它指代一个 Car 类的对象。因为对象是没有名字的，只是一个实体，所以指向一个对象的引用就是那个对象的一个名字（可以让多个引用指向同一个对象）。我们说"对象 referenceToCarObject"的时候，其实意思是"引用 referenceToCarObject 指向的对象"。

❑　可以使用它操作它指向的 Car 类的对象。

对于类，我们需要使用下面的语句创建一个对象，并让 referenceToCarObject 指向这个对象。前面学习过的 new 关键字，是专门用来创建对象使用的。

```
referenceToCarObject = new Car();
```

这时就可以使用 referenceToCarObject 这个引用来操作创建出来的 Car 对象了。这里需要注意的是，引用指向对象所属的类必须和引用的类型匹配。在这里，可以认为"匹配"的意思就是类型相同。上面的例子中，referenceToCarObject 是 Car 类的引用；"new Car()"创建的也正是一个 Car 类的对象，所以我们可以通过赋值操作符让 referenceToCarObject 这个引用指向创建的那个 Car 类的对象。

如果一个引用与某个对象没有任何关系，那么这种赋值则是不允许的，下面的代码就是一个错误的例子。

```
Car referenceToCarObject = new UseCar();
```

在上面这行代码中，referenceToCarObject 是 Car 类的引用，而我们却尝试让它指向一个 UseCar 类的对象。Car 类和 UseCar 类之间没有任何关系，所以这种赋值关系是不允许的。

注意：在这里说"类之间没有任何关系"时，赋值是错误的。类和类之间会有什么关系呢？在本书关于继承的章节中会有讲述。在这里先认为任意两个类都是没有关系的。

❑　Java 中除了 8 种基本数据类型之外，其余的所有类型都是以类的方式定义的。
❑　类不同于基本数据类型。要使用 new 关键字创建一个类的对象，然后使用一个引用指向创建的对象。
❑　引用指向对象所属的类必须和引用的类型匹配。

对于类，对象和引用三者之间的关系，可以做个如下一个关于房子的比喻。

类是一张图纸，它描述了房子应该有的各个属性。但是它只是一个描述，例如 Car 类，它描述了汽车应该有 Car 类中定义的 4 个属性；Plural 类也只是一个描述，它描述了复数的两个属性。它们都只是"图纸"。实际的"房子"还并没有建造起来。

当使用 new 关键字创建一个对象的时候，其实就是按照类这个"图纸"构造出一个"房子"。这个"房子"是按照类这张"图纸"中描述的属性创建的。所以当使用 new Car()创建一个 Car 类的对象的时候，这个 Car 类的对象拥有 Car 类中定义的 4 个属性；当使用 new Plural()创建一个 Plural 类对象的时候，这个 Plural 对象也有 Plural 类中定义的两个属性。对象是具体的实例，类是抽象的定义。

当创建一个类的引用时，实际上是创建了"一把有名字有类型的钥匙"。这把钥匙的类型就是类的类型，这把钥匙的名字就是引用的名字，例如下面的代码就是声明了一个引用。

```
Car carPassedBy;
```

上面的代码创建了一个类型为 Car、名字为 carPassedBy 的"钥匙"。钥匙的类型千差万别，有长的有短的，有圆的有方的。"钥匙"不是随处可用的。根据现在我们学到的知识，这把"钥匙"只能够用来打开 Car 类的"房子"。也就是说只能让 carPassedBy 指向

Car 类的对象，然后就可以使用这把"钥匙"操作 Car 类的对象了。

❑ 理解类、对象和引用三者之间的关系。

6.1.7　null 关键字

前面说过，在创建一个对象时，Java 会给对象中所有的属性赋一个初始值。看下面的
Driver 类代码：

```
public class Driver {
    String name;
    int age;
    Car car;
}
```

Driver 源码

这个类是用来描述司机的，类中定义了 3 个属性。其中只有 age
属性是基本数据类型，name 和 car 属性都是引用。那么，当使用 new
关键字创建一个 Driver 的实例时，age 的值肯定是 0，那么 name 和
car 的值是什么呢？

Java 中，引用的初始值是使用关键字 null 描述的。null 这个单词在英语中的意思就是
"空，零，无效的"。如果一个引用的值为 null，那么就说明这个引用不指向任何对象，也
就是说我们无法使用这个引用进行操作。

在前面的章节中，为了绕过对 null 的解释，一直是使用"空壳"这个词来形容 null 值
的。从现在开始，我们不再使用"空壳"这个词。我们看下面的例程。

```
public class PrintDriverProps {
    public static void main(String[] args) {
        Driver driver = new Driver();
        System.out.println(driver.age);
        System.out.println(driver.name);
        System.out.println(driver.car);
    }
}
```

上面的例程就是用来将 Driver 类的对象的 3 个属性的初始值输出到控制台上，运行例
程得到如下结果：

```
0
null
null
```

可以看到控制台输出的 name 和 car 属性的值都是 null，这代表这两个引用现在不指向
任何的对象。而当我们尝试去操作值为 null 的引用时，其实就是让计算机去访问不存在的
东西。这和用出界的数组下标访问数组中不存在的元素是一样的，都是严重的错误，例如
把例程 PrintDriverProps 中的代码修改为如下的样子：

```
public class PrintDriverProps {
    public static void main(String[] args) {
        Driver driver = null;            // 一个值为 null 的引用
        System.out.println(driver.age);  // 访问此引用的属性
        System.out.println(driver.name);
        System.out.println(driver.car);
```

```
        }
    }
```

注意，这时给引用 driver 赋值为 null，所以 driver 不指向任何 Dirver 对象。紧接着尝试去访问 driver 的 age 属性，因为 driver 不指向任何 Driver 对象，所以 driver.age 是没有任何意义的，运行例程，得到如下输出：

```
Exception in thread "main" java.lang.NullPointerException
    at PrintDriverProps.main(PrintDriverProps.java:4)
```

输出的第 1 行的意思是程序执行的时候发生了 NullPointerException 这种错误。这种异常的意思就是我们尝试使用值为 null 的引用去操作一个不存在的对象。输出的第 2 行的意思就是这个错误发生的地方是在 PrintDriverProps.java：源文件的第 4 行。

需要记住 NullPointerException 这种错误，它和我们在数组中遇到过的 ArrayIndexOutOfBoundsException 都是编程的时候经常遇到的错误。当遇到 NullPointerException 错误时，应该根据输出的内容找到错误发生的行，然后根据错误行的信息进行相应的修改。

当使用一个引用的时候，如果不确定它的是否为 null，为了避免错误，需要进行判断然后再使用这个引用，下面看修改过的 PrintDriverProps 类。

```
public class PrintDriverProps {
    public static void main(String[] args) {
        Driver driver = new Driver();
        System.out.println(driver.age);
        if (driver.name != null) {          //判断 name 属性的值是不是 null
            System.out.println("司机的名字为：" + driver.name);
        } else {
            System.out.println("没有司机的名字");
        }
        if (driver.car != null) {
            //判断 car 属性的值是不是 null
            System.out.println("司机的车的信息为：" +
                                driver.car);
        } else {
            System.out.println("没有司机的车的信息");
        }
    }
}
```

PrintDriverProps 源码

我们使用了"driver.name != null"来判断属性 driver.name 的值是不是 null。如果不是 null 就使用这个属性的值，如果是 null 则输出"没有司机的名字"。对于属性 driver.car 也采取的同样的处理方式，运行程序，输出如下：

```
0
没有司机的名字
没有司机的车的信息
```

❑ 引用的初始值是使用关键字 null 描述的
❑ 如果一个引用的值为 null，就代表它不指向任何对象。如果一个引用的值为 null，使用它访问不存在的对象会造成 NullPointerException 错误。
❑ 如果不确定一个引用的值是不是 null，那么使用前先把引用的值与 null 进行一下比较是一个好的习惯。

6.2　巧妙使用类中的属性

通过 6.1 节的介绍，我们对类的"数据类型"比较了解了。下面通过几个例子来学习一些关于类的属性中没有涉及的知识。

6.2.1　在类中给每个变量一个初始值

在前面的 Car 类中，我们只是规定的 Car 类只是包含了 4 个属性。可以在 Car 类的定义中给这 4 个属性规定初始值而不是使用属性类型的初始值。这样，每次创建出的 Car 类的对象的属性值就是 Car 类中的规定值了。修改后的 Car 类代码如下：

```java
public class Car {
    int speed = 50;                // 存储汽车的速度
    String color = "白色";         // 汽车颜色
    String name = "无名汽车";      // 汽车的名字
    String direction = "北方";     // 汽车的行驶方向
}
```

Car 源码

修改后的 Car 类给每个属性都赋了初始值，这样，当在程序中使用 new Car() 创建的新对象后，这个对象的 4 个属性值就是 Car 类中规定的值，而不是根据属性的类型赋的默认值了。看下面的例程：

```java
public class UseCarDefaultVaule {
    public static void main(String[] args) {
        Car carDefault;            // 声明一个 Car 类的变量
        carDefault = new Car();// 创建一个 Car 类的实体
        System.out.println("汽车的默认速度为：" +
                           carDefault.speed);
                           // 输出各个属性的值
        System.out.println("它的默认颜色是：" +
                           carDefault.color);
        System.out.println("汽车的默认名字叫做：" +
                           carDefault.name);
        System.out.println("汽车默认的行驶方向为：" +
                           carDefault.direction);
    }
}
```

UseCarDefaultVaule
源码

运行例程，控制台输出的结果如下：

```
汽车的默认速度为：50
它的默认颜色是：白色
汽车的默认名字叫做：无名汽车
汽车默认的行驶方向为：北方
```

通过输出可以看出，carDefault 对象的各个属性的值就是 Car 类中定义的值。给类的属性赋个默认值而不是使用属性类型的默认值是个不错的习惯。

❏　可以通过类的定义来让类对象的每个属性拥有类中规定的默认值。

6.2.2　定义自己的引用

回到 Driver 类，如果每个司机还有一个叫做 teacher 的属性，它的类型也是 Driver，那么 Driver 类的定义应该是这样的：

```
public class Driver {
    String name;
    int age;
    Car car;
    Driver teacher;
}
```

没错，在类定义中定义一个本类型的引用，这是经常用到的。但需要注意，如果给这个 teacher 属性赋一个新创建的对象，那么程序在运行的时候就会陷入一种叫做"死循环（Dead Loop）"的错误中。如果把 Driver 类修改为下面的样子，那么就会有一个死循环。

```
public class Driver {
    String name;
    int age;
    Car car;
    Driver teacher = new Driver();
}
```

想象一下，执行 new Driver()的时候会发生什么事情呢？首先 Java 平台会创建 name 引用，然后创建 age 变量，然后创建 car 引用，然后，麻烦的事情发生了，Java 平台会再次执行 new Driver()来创建一个 Driver 对象。事情就这么周而复始下去，这就好像我们在学习循环的时候学习到的 while(true)一样，只是没有一个 break 语句去结束这个过程。所以，一段时间后，计算机资源耗尽，程序会在控制台输出如下内容：

```
Exception in thread "main" java.lang.StackOverflowError
    at Driver.<init>(Driver.java:5)
    at Driver.<init>(Driver.java:5)
    at Driver.<init>(Driver.java:5)
    at Driver.<init>(Driver.java:5)
    at Driver.<init>(Driver.java:5)
    ...
```

StackOverflowError 是死循环的一个标志，当在控制台看到 StackOverflowError 时，就知道程序很有可能是进入了一个死循环。控制台输出的其余内容全是"at Driver.<init>(Driver.java:5)"。这行内容的意思是错误发生在 Driver.java 类的第 5 行。正是我们使用"new Driver()"的那行。

❑ 可以在类中声明一个自己类型的引用。

❑ 给这个引用赋值的时候，需要注意避免死循环。

6.2.3　使用点操作符的技巧

继续来看 Driver 类的代码。

```
public class Driver {
    String name;
```

Driver 源码

```
        int age;
        Car car;
        Driver teacher;
}
```

我们知道，创建了一个 Driver 类的对象后，可以使用"."操作符来操作对象的属性。但是对于 Driver 类中的 car 属性，它本身也是一个引用，那么如何得到这个引用指向的对象的属性呢？答案是多次使用点操作符。看下面的例程：

```
public class UseCarInDriver {
    public static void main(String[] args) {
        Driver driver = new Driver();
        driver.car = new Car();
        System.out.println("driver 对象中 car 对象的 name 属性值为: " + driver.
        car.name);
    }
}
```

上面的例程中，首先创建了一个 Driver 类的对象，并让 driver 指向这个对象。然后通过 driver.car 给这个 Driver 类的对象的 car 属性赋值。最后一行中的 driver.car.name 是例程的重点。首先，driver 代表那个 Driver 类的对象，所以 driver.car. 就是 Driver 类的对象的 car 属性的值，car 是一个 Car 类对象的引用，所以 driver.car.name 就是那个 Car 类对象的 name 属性的值。分析到这里，已经可以猜测出程序的输出结果了。

driver 对象中 car 对象的 name 属性值为：无名汽车

好，继续看下一个用法。在第 5 章中曾学过，new 关键字的结果是指向它创建的对象的引用，也就是说 new Car() 首先创建了一个 Car 类的对象，然后让我们得到这个对象的引用，所以我们才可以给 Car 类的引用赋值为 new Car()。那么，如果只要使用一次 Car 类的对象的属性就好了，例如只想看一下 Car 类对象的 direction 属性的值，是不是可以不创建一个 Car 类的引用呢？答案是肯定的。看下面的例程。

```
public class UseCarWORef {
    public static void main(String[] args) {
        String direction = (new Car()).direction;
        System.out.println("Car 类对象的 direction 值为:
                            " + direction);
    }
}
```

UseCarWORef 源码

程序中直接使用了 new Car() 的值去访问 direction 属性，然后将这个属性的值赋给 direction 引用。最后将这个值输出到控制台。运行程序输出结果如下：

Car 类对象的 direction 值为：北方

"北方"正是我们在 Car 类定义中给 direction 属性赋的默认值。

6.2.4　类的数组

在第 5 章中接触了基本数据类型的数组，也可以使用类的数组。它和基本数据类型的数组其实是差不多的，因为数组本身就是一个类，所以在第 5 章中学习的多维数组其实就可以理解为是类的数组。类中的属性可以是任何合法的属性，当然也可以为一个数组。现在假设需要创建一个车队类，它有一个名字和一个 Car 类的数组用来表示车队中的车辆。那么，这个车队类的定义应该是这样的：

```java
public class Motorcade {
    String name;
    Car[] cars;
}
```

Motorcade 源码

下面通过例程来学习类的数组的使用。

```java
public class UseMotorcade {
    public static void main(String[] args) {
        Motorcade groupCar = null;
        groupCar = new Motorcade();      // （1）创建 Motorcade 对象
        groupCar.name = "一个车队";
        int carCount = 5;
        groupCar.cars = new Car[5];      // （2）给 groupCar 的 cars 属性赋值
        String direction = "镇江";
        for (int i = 0; i < carCount; i++) {
                                    // （3）给 groupCar 的 cars 中的每个引用赋值
            groupCar.cars[i] = new Car();
            groupCar.cars[i].name = "汽车" + (i + 1);
            groupCar.cars[i].direction = direction;
        }                           // 赋值结束
        System.out.println("车队的名称为：" +
                        groupCar.name);
            //（4）输出 groupCar 的 name 属性值
        System.out.println("车队中汽车的名字分别为：");
        for (int i = 0; i < carCount; i++) {
            //（5）cars 数组中每个引用指向的 Car 类对象
            //的 name 属性值
        System.out.println(groupCar.cars[i].name);
        }
    }
}
```

UseMotorcade 源码

类的数组有些地方还是容易让人犯"想当然"的错误的，程序中标注了 5 个需要注意的地方。下面还是来用画图的方式讲解这 5 个地方。

（1）图 6-1：程序执行（1）处，Motorcade 对象已经创建出来了，其中的两个属性 name 和 cars 的值都是 null，如图 6-7 所示。

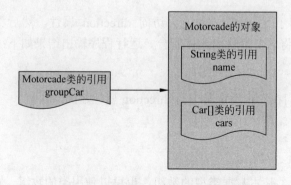

图 6-7　创建出 Motorcade 对象后的状态

可以发现，Motorcade 类的对象中的 name 属性和 cars 属性都没有指向任何对象，这就是说这两个引用的值都是 null。

（2）图 6-8：创建出一个大小为 5 的 Car 数组，然后将它赋值给 Motorcade 类的对象中的 cars 属性。在此之前，已经给 Motorcade 类的对象中的 name 属性赋值了，所以程序运行完第 2 处时，groupCar 指向的对象的两个属性都已经有值了，如图 6-8 所示。

图 6-8 中需要注意的是，new Car[5]仅仅是创建了一个引用的数组，这个数组中每个引用的值都是 null。这时候并没有创建出 Car 类的对象。刚接触类的数组时，经常会误解 new Car[5]不仅仅创建出了引用，还同时创建出了对象。这一点要与基本数据类型的数组分开，基本数据类型是没有引用的，而类则是对象和引用分离的。

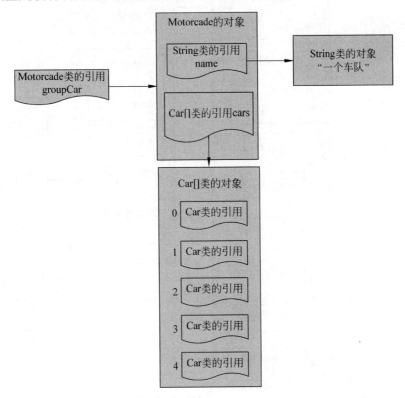

图 6-8 给 Motorcade 对象的两个属性赋值

（3）图 6-9：第（3）处代码是一个 for 循环，用来创建 Car 类的对象并给 cars 数组的每个元素赋值。循环结束后的状态如图 6-9 所示。

在图 6-9 中，为了简单起见，只画出了第一个和最后一个 Car 类的对象。通过图可以清楚地看出每个变量的值，更加清楚地知道类的数组只是一个引用的数组，所以 new Car[5]得到的仅仅是一个包含有 5 个 Car 类引用的数组。

（4）图 6-9 中：在第（4）处将 groupCar.name 的值输出到控制台上。

（5）图 6-9 中：在第（5）处使用一个循环将 groupCar.cars 中每个引用指向的 Car 对象的 name 属性值输出到控制台上。

运行程序，输出如下内容：

车队的名称为：一个车队
车队中汽车的名字分别为：

汽车 1
汽车 2
汽车 3
汽车 4
汽车 5

❑ 类的数组其实是类的引用的数组。
❑ 创建类的数组的对象时，不会创建出类的对象。

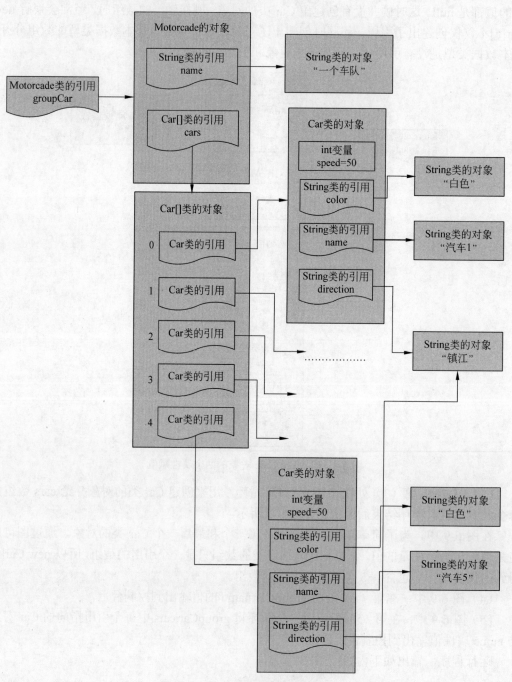

图 6-9　cars 数组赋值后的状态

6.3 小结：Java 其实是个类和对象的世界

本章介绍了很多理论上的东西，也许阅读下来会觉得有些枯燥和难以理解。可以说这些所谓的理论不可能通过阅读一本书就掌握了。为什么要引入类和对象的概念？也许现在我们觉得直接使用 4 个属性挺好的，定义一个 Car 类然后使用 Car 类的对象简直就是画蛇添足多此一举。没错，对于简单的例子，确实是这样的。但是现实中的程序要比我们这个例子复杂得多，慢慢地会发现很多不使用类把属性和即将在第 7 章要学习的方法封装起来，编写程序将是一件不那么愉快的事情。

本章中主要学习和理解了类、对象和引用三者之间的关系。本章中需要理解的东西多于需要记忆的东西。

- ❑ 类是一种抽象和定义。
- ❑ 对象是一种类的具体实例。
- ❑ 引用是用来指向对象并操作对象的。

通过本章的学习，可以发现探索现实世界和 Java 世界的不同。在现实的世界中，我们是先接触一个个的实例，然后将有共同特点的实例归结为一类物体。比如，我们首先是见到绿色的小草、大树等，然后把这些能够进行光合作用的生物定义为植物。但是在 Java 中，我们首先需要创建出一个类，来表示一类物体，然后才能够根据类来创建出类的实例。这跟现实世界是正好相反的。

实际上，早期的编程语言没有类和对象的概念，因为编程语言在那个时候处理的事情没有现在这么复杂。程序代码也没有现在的软件动则以万行计（不是说程序代码行数越多就越高级，而是软件功能多了，代码行数不得不多）。随着软件行业的发展，软件功能越来越复杂，代码量开始增长，工程师们发现如果一直采取这种"直来直去"的编程语言，一个复杂的软件做到后面将是一场噩梦。于是诞生了软件理论，有了新的、适应于大型软件的编程语言。面向对象就是最伟大的成果之一。而类和对象的概念则是面向对象编程的核心。类不仅仅是本章中学习的这么简单，本章中仅仅把类当作一个包含属性的复合数据类型。可以说，我们现在最多是理解了类的 15%的内涵。第 7 章将开始学习类中另一个重要的概念：方法（Method）。

6.4 习   题

1．创建一个名为 Book 的类，用来代表一本书。类中有 3 个属性，分别是 String 类型的 bookName，int 类型的 pageCount 和 double 类型的 price。

2．使用第 1 题中的 Book 类。首先创建一个 Book 类的对象，然后给类中的 3 个属性赋值，最后将 Book 类对象的 3 个属性值输出到控制台。

3．理解对象和引用之间的关系：编写一个程序，使用第 1 题中的 Book 类。首先创建一个 Book 类的对象，然后创建 book1 和 book2 两个 Book 类的引用，让它们都指向创建出的 Book 类。通过这两个引用修改 Book 对象的属性值，最后将 Book 对象的属性值输出到控制台。

第 7 章　Java 中的方法——给汽车丰富多彩的功能

现在进入到 Java 的另一个主题——方法（Method）。为了流畅地理解本章的内容，让我们先回顾一下本章中需要用到的前面的知识。

- □ 基本数据类型：用来存储基本的数据，这是日常生活中都经常遇到的数据类型；
- □ 代码块。一段程序，一般会把有一定功能的一段程序称为一个代码块，像完成了"将两个 int 数相加，然后减去第三个 int 数"功能的一段代码，一个 for 循环和一段 switch 语句等都是一个代码块。代码块只是一个俗称，没有明确定义，不是一个官方的概念，只是听上去比一段程序要正式一点。当我们说代码块的时候，默认这段代码是有个相对完整的功能的；
- □ 类的概念：在第 6 章中初步介绍了类的概念，第 6 章中用做例子的 Car 类只有几个变量在里面，可以说，Car 类是一个类，不过到现在为止的内容，可以将 Car 类理解为对数据类型的封装。

在第 6 章中已经使用到了方法，就是那个 System.out.println("Hello World!")。短短一行程序就可以将一行字输出到控制台。而这一行程序就是调用了 println()方法。当时我们只是对方法有一个感性的认识——println()方法可以向控制台输出内容，我们需要做的只是写几个字符和点号去让 println 工作。本章中将继续使用第 6 章中使用的 Car 类为 Java 方法（Method）的切入点。现在，根据前面几章的叙述，大家对方法的认识应该是"能够完成一定功能的东西"。好的，现在就让我们带着这个朦胧的认识，进入本章中的详细内容。

7.1　方法：让汽车开动

本节中将给类添加一个叫做 driveCar()的方法，使我们的 Car 类的对象行驶起来！通过本节将可以理解类中的方法是什么，为什么要有方法以及如何调用（使用）一个方法。

当你买了一个新的电子设备的时候，你是喜欢先看说明书呢还是喜欢自己先把玩把玩呢？呵呵，每个人都有自己的习惯。学习新东西与其类似。本节我们先了解一下方法，7.2节中，将详细论述方法的各个组成部分。读者可以根据自己的阅读习惯决定先阅读本节还是 7.2 节。

7.1.1　引出问题：开动汽车

首先给出一个添加了 driveCar()方法的 Car 类：

```
public class Car {
    int speed;                // 存储汽车的速度
    String color;             // 汽车的颜色
    String name;              // 汽车的名字
    String direction;         // 汽车的行驶方向

    // 这是 Car 类中的一个方法，功能是启动汽车，让它以 50 的速度，向"南方"行驶
    public void driveCar() {
        speed = 50;           // 将速度设置为 50
        direction = "南方";    // 将方向设置为"南方"
    }
}
```

下面是使用 driveCar()方法的例程。

```
public class TestCar {
    public static void main(String[] args)  {
        Car myCar = new Car();         // 创建一个 Car 对象
        myCar.driveCar();              // 通过 myCar 调用
                                       //driveCar()方法
        System.out.print("现在车速为：");// 向控制台输出
                                       //myCar 的属性
        System.out.print(myCar.speed);
        System.out.print("，行驶方向为：");
        System.out.print(myCar.direction);
    }
}
```

TestCar 源码

运行这个程序，在控制台看到以下输出：

现在车速为：50，行驶方向为：南方

通过控制台输出我们发现，执行 myCar.driveCar();后，再去查看 myCar 对象的属性，确实已经被修改过了。这说明 driveCar()方法做了应该做的事情。但是，现在还是觉得有点迷糊，有下面两个问题在脑中游荡。

❏　方法到底是什么呢？为什么出现得这么突然？

❏　调用一个方法，到底发生了什么呢？

下面叙述关于 Java 方法调用的问题。

7.1.2　那么，方法到底是什么呢？

首先，在第 6 章中理解了类和对象。我们再来重温一下。从定义的角度来说，类是对一类物体的抽象。对于 Java 平台来说，类是对象的模板，用来创建对象。而对象则是 Java 平台根据类定义创建出来的一个具体的实例。创建对象，就是让类定义变成具体的过程。下面，让我们先撇开方法的各个组成部分，首先弄清楚什么是方法。

那么，方法是什么呢？我们来重新看 Car 类。当初抽象 Car 类的时候，只关心了 Car 类的属性。现在要重新考虑一下，Car 这一类物体，应该有什么通用的功能呢？其实作为 Car，最基本的功能肯定就是开动（driveCar）了。这就是 Car 类所代表的这类物体所都有的一个功能。这样就从这类物体中抽象出了一个功能！就好像在第 6 章中抽象出一个个的

属性一样。作为描述这类物体的 Java 类，Car 需要将这个功能放入自己的定义，也就是说，我们需要为 Car 类增加一个功能。怎样才能做到这点呢？方法就是为了这个目的而诞生的！为 Car 类增加一个方法，就可以做到。增加了启动（driveCar）方法的 Car 类如上节中给出的那样。

与类的属性一样，一个方法必须属于某一个类。独立于类的方法是不存在的。这是 Java 语言的语法。Java 中是不支持单独定义一个方法的。可以理解为一个功能必须属于一个物体，当然这么理解有点别扭。

- ❑ 方法是类的功能。类的功能只能通过方法来体现。
- ❑ 方法必须是属于某个类的，即方法必须定义在类中。

7.1.3　方法调用过程初探

下面进入到一个理解起来稍微有难度的地方：调用一个方法，或者说使用一个方法。Car 类中的 driverCar()方法其实是 Car 类的一个功能。如何使用这个功能呢？首先，和访问 Car 类中的属性一样，需要一个 Car 类的实例。TestCar 例程中，main()方法的第一行就是创建一个 Car 类的对象。然后就可以方便地像使用一个属性一样，通过一个点号去让这个方法执行起来。与访问属性不同的是，后面有一对小括号。后面会介绍这个括号是什么。

假设在现实中，driverCar 的功能就是将汽车速度设置为 50，然后向"南方"行驶。那么，在 Car 类的 driverCar()方法中，也要做同样的事情。为了完成这个功能，先要知道一下方法的"特权"：Java 的普通方法是可以操作调用它的对象的属性。换句话说，driveCar()方法可以操作调用它的 myCar 对象的属性。所以我们在 driverCar()方法中看到了直接给 speed 和 direction 赋值的操作。这里的 speed 变量和 direction 变量就是调用这个方法对象的，也就是 myCar 的。

现在来理解一下 Java 方法的特权。

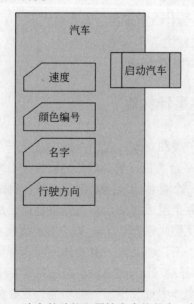

图 7-1　汽车的功能和属性本来就是在一起的

首先看上面的图。这个图反映了类、属性和方法的关系。方法和属性同属于一个类，所以方法理应可以访问类的属性。但是因为类是抽象的，类的对象才是具体的。可以认为myCar 对象有 driveCar 功能，同时这个功能又可以访问 myCar 内部的属性。

❑　普通方法调用是用对象+点号+方法名+小括号完成的。

❑　Java 的普通方法可以操作（读取和更改）调用它的对象的属性。

7.2　Java 普通方法的组成部分

7.1 节中介绍了 Java 方法是什么以及如何调用一个 Java 方法。Java 作为一门语言，有着严格的语法来描述一个方法的各个部分。现在来看一看 driveCar()方法的各个组成部分。

```java
public class Car {
    int speed;                    // 存储汽车的速度
    String color;                 // 存储汽车的颜色
    String name;                  // 存储汽车的名字
    String direction;             // 存储汽车的行驶方向

    // 这是 Car 类中的一个方法，功能是启动汽车，让它以 50 的速度，向"南方"行驶
    public void driveCar() {
        speed = 50;               // 将速度设置为 50
        direction = "南方";        // 将行驶方向设置为"南方"
    }
}
```

可以看出，Car 类的定义比第 6 章中多出了一部分。整个多出的部分就是一个方法。现在就来对方法的每一部分逐一介绍，揭开 Java 方法陌生的面纱。

图 7-2 给出了一个方法的各个组成部分。

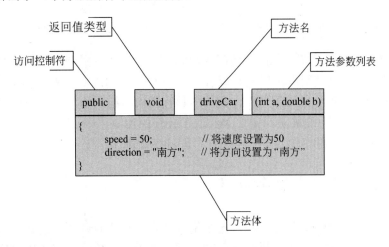

图 7-2　方法的各个组成部分

从图 7-2 中可以看出，一个普通的方法是由访问控制符、返回值类型、方法名、方法参数列表和方法体 5 个部分组成的。下面分别解释方法的几个组成部分。

7.2.1　访问控制符：public

第一个单词就是 public，它是这个方法的访问控制符，意思是这个方法可以在任何地方被使用。关于 Java 的访问控制符，会在后面的章节中做详细介绍。本章的焦点是 Java 方法，而访问控制符对理解方法的概念没有任何帮助，在这里可以不去管它。下面简单介绍一下为什么方法要有访问控制符。如果大家想快些接触方法，可以先不用看下面这一段。

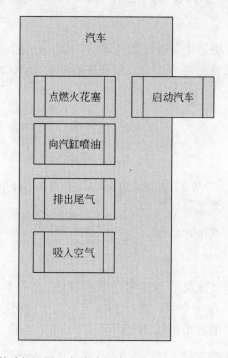

图 7-3　汽车的功能视图：有些功能被隐藏，有些功能可以被驾驶员使用

访问控制符，顾名思义就是控制访问权限的。为什么要有限制呢？都放开不好吗？其实，有些内部的功能是使用者不用关心或者不应该使用的。以汽车做例子，如图 7-3 所示，在汽车内部的功能，如"排出尾气"，是不应该被驾驶员控制的，应该由汽车自己控制，否则汽车肯定就乱套了。驾驶员只需要关心汽车公开的功能，例如图 7-3 中的"启动汽车"。

❑　方法的访问控制符是用来控制方法的访问权限的。

7.2.2　返回值类型和关键字 void

我们看到的第二个单词就是 void。这个位置其实是方法的返回值类型。返回值是什么呢？简单来说，返回值就是方法执行后返回给调用者的一个数值。还是从方法入手。我们知道方法可以完成一个功能，如果我们想要完成一个"得到汽车当前速度"的功能，应该怎么办呢？首先，且不管方法怎么得到"汽车的速度"这个数值，如何才能让这个数值返回给我们呢？这就用到了方法的返回值。在这里返回值就是方法"得到汽车当前速度"执行完毕后，返回给调用此方法的汽车当前速度值。但问题又来了，在 Java 中的数据是有类型之分的，只有确定了数据类型，计算机才会给返回值一个空间用来保存这个返回值。而这里返回值类型的作用就是，限定了返回值的类型。

在我们的例子中，返回值是 void。一个 void 是什么意思呢？英语的意思就是"空的"，在这里的意思就是方法不返回任何值。举例说，汽车都有喇叭功能，执行这个功能的时候，只要汽车能发出鸣笛声就可以了，而不是期待喇叭鸣笛后还会小声告诉我们"我已经叫过了！"。我们给汽车类添加的方法所完成的功能是开动汽车（后面"方法体"一节会有讲解），所以我们只要让汽车开动就好了，没有期待汽车在开动后告诉我们其他的信息，所以这个方法返回值就是 void。

看到这里，读者也许会想到另一个问题：Java 方法只有一个返回值？对！Java 方法只能返回一个值。但这已经足够了。如果一个功能是"得到汽车当前状态"，那么岂不是要返回很多数据吗？例如汽车的速度、汽车剩下的油量和汽车一共行驶了多少公里等（这个汽车不是例程中的 Car 类，是泛指现实中的汽车）。

一个数值怎么够用呢？对，一个简单数据类型肯定是无法描述如此繁杂的信息，但是，第 6 章中我们学到了 Java 中的类，并学会了将很多属性定义在类中。如果想完成这个功能，则还需要这样一个 CarStatus 类。这样就可以通过将"得到汽车当前状态"这个方法的返回值定义为 CarStatus（而不是 void）来返回一个汽车的完整状态信息了。学习编程语言，要敢想敢用。

❏ void 关键字：定义一个方法的返回值是空。

❏ 如果一个普通的 Java 方法没有返回值，则要使用 void 标记，而不能什么都不写。

❏ Java 方法只能返回一个值，或者使用 void 关键字指定一个方法不返回任何值。

7.2.3　方法名（Method Name）

下一串字符是 driveCar。这就是方法的名字。方法名这个概念比较好理解，就是方法的名字。方法可以完成一个功能，一般就用这个功能来命名这个方法。方法为什么要有个名字呢？当然是为了使用的时候用。我们开章就提到的 println，也是方法名字。在使用（调用）一个方法的时候，必须要给定这个方法的名字。这个跟变量的名字可以对比记忆。

一般来说，方法名开头第一个单词小写，第二个单词首字母大写。而且第一个单词一般都是动词，因为是完成某个功能，肯定大多数是动词在前的（可以看一下我们前面几节举例用到的方法名和功能名）。

当然这个只是惯例，或者说是习惯用法，方便别人阅读自己的程序。Java 语法中对此没有要求。Java 语法的要求是方法名只要是合法的名字就行了。关于什么是合法的名字，请参照第 3 章中标识符一节。为了简单，就用 26 个英文字母，别的字符先不要用。

❏ 方法名就是方法的名字，必须是 Java 中一个合法的标识符。

7.2.4　参数列表（Parameter List）

紧跟后面，是一对小括号。括号里面空空如也。其实这个括号里面应该是参数列表。什么是参数呢？继续从方法谈起。大家都知道电风扇可以调节风速。那风扇就有"设置风速"这个功能。想想看这个功能，跟前面的功能有些不一样。我们必须先告诉这个功能我们想要的风速，否则"设置风速"这个功能是无法去执行的。

那在 Java 的方法中，如何去告诉这个方法我们想要的风速呢，就是通过在这一对括号中添加参数。在这里，风速就是参数了。当然对于不需要参数的方法，例如 driveCar()，就可以在小括号内什么都不写。注意，与返回值不同的是，参数可以为 0 到多个，而不仅仅是一个。

说到这里，可以回头看一下前面说的 println()方法了，原来 println()方法就是带参数的！我们会给它传一个字符串过去，它就会将这个字符输出在控制台上。我们是在使用的时候将一个字符串传递过去。当然也可以想象，在 println 的定义中，它的参数列表就是一个 String，所以在使用它的时候，才需要传递一个 String 对象过去。

就好像电风扇的"设置风速"功能在定义的时候有一个风速作为参数一样，在使用"设置风速"这个功能时，也必须给出这个参数的具体值。后面的小节中专门会讲解如何定义有参数的方法以及调用有参数的方法。

❑ 方法名后面是参数列表，参数是方法完成其功能所需要的数据。

7.2.5　方法体（Method Body）

紧跟着后面四行内容，叫做方法体。第一行是左大括号，标志着方法体的开始，第四行是右大括号，标志着方法体的结束。中间两行是方法体的真正内容。方法体其实就是一个代码块，它是方法完成其功能的部分。我们一直在说方法就是能够完成一定功能的东西，现在我们找到完成功能的核心部分了，它就是这个方法体。

方法体还不完全等同于代码块，原因就是它可以使用参数列表中的参数以及调用方法的对象的属性，而且如果方法定义中有返回值，方法体必须使用 return 关键字返回一个指定的数据。除了以上两点特殊，它其实就是个代码块了。

前面简单介绍了返回值，如果一个方法的返回值不是空，而是一个 int 值应该怎么做呢？很简单，首先在方法的定义中使用 int 代替 void，然后还需要在方法体中使用 return 关键字来返回一个 int 值。关键字 return 的使用需要结合实际的例子，在这里我们只要有个感性的认识就好，相信在后面的实际例子中会清楚认识 return 关键字的。

❑ 执行一个方法就是从方法体的左大括号开始执行，直至方法体的右大括号或者 return 语句。

❑ 方法体是完成方法功能的地方，它接受参数列表中的数据以及调用方法的对象的属性，执行完毕后让调用者得到返回值指定类型的数据。

7.2.6　方法串串烧

到这里，方法的主要组成部分就讲解完毕了。我们有必要用一个完整的实例来将方法的各个部分串起来。想必大家小时候都帮家里买过酱油，好，现在就构造一个小孩的类，这个类有"买酱油"这个功能。

那么，首先，第 1 个问题就是这个方法可以公开被调用吗？当然可以，小孩子帮人打酱油，天经地义。所以这个方法肯定是 public 的。然后第 2 个问题，需要返回值吗？当然需要，买酱油当然要有返回一定量的酱油才行，否则肯定会被大人打。第 3 个问题，这个功能叫做什么？就叫做 buySoyaSauce（注：soya sauce 是酱油的意思）吧。第 4 个问题，这个功能需要参数吗？当然需要！否则拿什么买酱油，怎么知道买多少酱油。所以需要将钱和需要买的酱油的质量作为这个功能的参数。剩下的就是功能的具体实现了，这个每个人都有不一样的地方。

好！到这里，我们已经可以写出买酱油这个方法了！但是，还有很重要的一点差点漏掉了！一个方法必须是放在一个类中的。一个方法其实是一个类的功能，而不是随便的一个功能。例如，例程中的 drivemyCar() 方法就是它所属的 Car 类的一个功能。所以，既然买酱油得是小孩子的一个功能，那么他就应该放在表示小孩子的这个类中。好，来看一下有"买酱油"功能的"小孩子"在 Java 中是什么样子的吧。看下面的例程。

```java
// 有买酱油功能的小孩子类
public class Child
{
    // 买酱油方法，方法返回值类型为 int，而不是 void，这个返回值代表买回的酱油的数量
    public int buySoyaSauce(int money, int howMuchWanted)
    {
        // 拿着钱的小孩走到小卖部
        // 告诉掌柜的自己要买多少酱油
        // 掌柜的收过钱，给酱油，还找回了零钱
        // 用零钱买糖吃，^_^
        // 拿着酱油，嘴里吃着糖走回家
        // 最后交出酱油，大功告成
        return howMuchWanted;
    }
}
```

本类可以在 Eclipse 下编译^_^。当然这个类并没有真正去完成打酱油的细节，只是用文字在注释中介绍了一下可能的大概步骤。本节最后给出这个的目的是为了让大家加深记忆方法各个组成元素以及其作用。还有就是顺便强调一下：方法是属于类的，这点一定要牢记。为了专注理解类和方法，本书才将类和方法拆开成两章去讲解。

相信读完本节，大家对方法还是有些陌生，下面的几节，将通过具体的例子来介绍方法中的各个要素。

7.3 方法的参数：让汽车加速

我们再来考虑汽车这一类物体。这类物体的另一个功能就是加速。本节中我们将把这个功能抽象为方法添加到 Car 类中。与前面学习的开动汽车这个功能不同，让汽车加速这个功能需要知道一个额外的条件——汽车的速度需要增加多少。本节将通过方法的参数来解决这个问题。

7.3.1 方法的参数：让汽车可以加速

7.2 节中已经介绍过方法的参数。本节将详细介绍如何利用方法的参数让 Car 类具备加速方法。首先给出添加变速（raiseSpeed）方法的 Car 类定义。

```
public class Car {
    int speed;                              // 存储汽车的速度
    String color;                           // 汽车的颜色
    String name;                            // 汽车的名字
    String direction;                       // 汽车的行驶方向

    // 这是 Car 类中的一个方法，功能是启动汽车，让它以 50 的速度，向"南方"行驶
    public void driveCar() {
        speed = 50;                         // 将速度设置为 55
        direction = "南方";                 // 将方向设置为"南方"
    }
    // 这是新增加的汽车加速方法，这个方法中有一个 int 参数
    public void raiseSpeed(int p_speed){
        int currentSpeed = speed + p_speed; // 计算出当前速度
        speed = currentSpeed;               // 将当前速度赋值给 speed 属性
    }
}
```

注意看 raiseSpeed 的不同之处，其实就是只有小括号内多了一个类似变量声明的东西。在方法体中，这个小括号中的变量可以被直接拿来使用。

现在，我们给出使用 raiseSpeed()方法的例程。

```
public class TestParameterOfMethod {
    public static void main(String[] args)  {
        Car myCar = new Car();// 创建一个 Car 对象
        myCar.driveCar();
                // 通过 myCar 调用 driveCar()方法
        myCar. raiseSpeed (5);
                // 通过 myCar 调用 driveCar()方法
        System.out.print("现在车速为：");
                // 向控制台输出 myCar 的属性
        System.out.print(myCar.speed);
        System.out.print("，行驶方向为：");
        System.out.print(myCar.direction);
    }
}
```

TestParameterOfMethod
源码

本例程运行后，控制台输出结果。

现在车速为：55，行驶方向为：南方

下面将详细介绍带参数的方法的不同之处。

7.3.2　带参数的方法有何不同？

带参数的方法与不带参数的方法有以下两点不同。

❑　带参数方法名后面有定义了调用此方法所需要提供的参数。

❑　对于带参数的方法，在其方法体内不但可以使用类中定义的属性，还可以使用参数列表中的参数。

在调用一个带有参数的方法的时候，必须提供方法在参数列表中列出的参数。例如在调用 raiseSpeed()方法的时候，在小括号中提供了数字 5，是因为 raiseSpeed 的定义中，参数列表中定义了一个参数 int p_speed。这样，在运行 myCar.raiseSpeed (5);的时候，Java 平

台会按照 raiseSpeed 的定义来创建参数变量，也就是创建变量 p_speed，然后用提供的 5 给参数 p_speed 赋值，整个过程如图 7-4 所示。

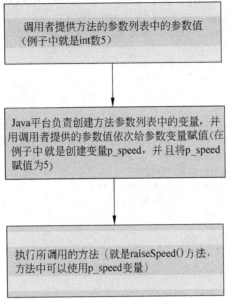

图 7-4　带有参数的方法执行过程

这里，可以引入两个定义：形式参数（形参）和实际参数（实参）。形式参数就是函数定义的时候，在参数列表中的参数。在例子中形式参数就是方法 raiseSpeed()后面小括号里的 int p_speed。实际参数就是在调用的时候给形式参数的值。在例子中就是 5。形参和实参必须匹配。也就是说实参中的值必须可以赋值给形参，既 p_speed=5 在 Java 中必须是正确的赋值语句。所以，如果尝试使用 5.5 作为实参，Eclipse 中将会给出一个编译错误，因为 p_speed=5.5 是一个错误的赋值语句。

❑ 参数是方法获得数据的第 2 个途径，第 1 个途径是直接使用类定义中的属性。

❑ 参数的创建和赋值由 Java 平台完成。

❑ 调用有参数的方法时，必须在方法名后的小括号内给出方法参数列表中定义的参数。

❑ 方法定义中参数列表的参数又叫做形式参数（形参）。

❑ 调用方法时给的参数值又叫做实际参数（实参）。

❑ 实参的值必须能够赋给形参。

7.3.3　让方法有多个参数

前面说到过，方法的参数可以有 0 到多个。下面举个例子，给 Car 类添加一个具有两个参数的方法：setSpeedAndDirection()。给这个方法的参数列表中加两个参数，分别是新的速度和新的方向。这个方法的代码如下：

```
// 设置汽车的速度和方向
public void setSpeedAndDirection(int p_speed, String p_direction){
    speed = p_speed;                    // 将速度设置为新的速度
```

```
        direction = p_direction;          // 将方向设置为新的方向
    }
```

为节省篇幅，这里不再给出添加了 setSpeedAndDirection()方法的 Car 类。下面直接给出使用添加了 setSpeedAndDirection()方法的测试代码。

下面是使用 driveCar()方法的例程。

```
public class TestMultiParameters {
    public static void main(String[] args) {
        Car myCar = new Car(); // 创建一个 Car 对象
        int nextSpeed = 155;
        myCar.setSpeedAndDirection(nextSpeed, "东方");
                        // 通过 myCar 调用 driveCar()方法
        System.out.print("现在车速为: ");
        // 向控制台输出 myCar 的属性
        System.out.print(myCar.speed);
        System.out.print(", 行驶方向为: ");
        System.out.print(myCar.direction);
    }
}
```

TestMultiParameters
源码

运行这个程序，在控制台看到以下输出：

现在车速为：155，行驶方向为：东方

一切都是按照期待的结果在运行，车速被设置成了新的速度，方向也被更改为新的方向。

这里注意以下与前面不同的两点。

❑　方法的定义里面的参数列表里面，多个参数之间使用逗号隔开。

❑　在调用方法的时候，多个参数也要用逗号隔开。

细心的读者会发现，这次调用方法跟前面是不一样的，这次没有直接将 155 作为参数写在小括号里，而是创建了一个变量叫做 nextSpeed，给它赋值 155，然后将 nextSpeed 作为参数。其实作用是一样的，处理流程也是和上节图中介绍的一样。

❑　定义一个方法时，当方法参数列表中包含多个参数时，需要用逗号隔开。

❑　调用一个方法时，如果方法需要多个参数，参数之间也要用逗号隔开。

❑　实参可以是直接的数值，也可以是一个变量，甚至可以是一个表达式。只要其值可以赋给形参即可。

7.4　返回值：汽车超速了吗？

方法的返回值是一个方法执行完毕之后，方法返回的一个值。在程序外部可以得到这个值。当方法需要让外部程序知道自己执行之后的一个结果时，就需要使用返回值。

7.4.1　写一个有返回值的方法

这里先给出一个有返回值的方法，这个方法的返回值是一个 boolean 值，true 表示汽车超速了，false 表示汽车没有超速。这里规定速度超过 80 就是超速。同样，我们只给出方法，而不是整个 Car 类的定义。

```
/*判断一辆汽车是否超速（我们规定车速超过 80 为超速）。超速则返回 true,否则返回 false  */
public boolean isOverspeed(){
    if(speed > 80){            // 如果速度超过 80
        return true;           // 表示超速了，应该返回 true
        // return 是一个方法的结束，方法执行完 return 后将直接结束，不再向下执行
    }else{
        return false;          // 否则，表示没有超速，应该返回 false
    }
}
```

在这里我们看到之前方法定义中的 void 关键字被 boolean 代替，这代表这个方法会返回一个 boolean 值。方法体中有一个关键字 return。return 关键字的作用就是将其后面的数值返回。跟实参一样，return 后面的关键字可以是一个直接的值，可以是一个变量，也可以是一个表达式。但是其值必须跟方法定义中的返回值（我们这里是 boolean）匹配，否则编译器将会报错。例如，当规定一个方法的返回值是 boolean 类型时，那么 return 33；将是错误的，因为我们无法将 33 赋值给 boolean 类型的数据。

- ❑ 给方法定义一个返回值是通过将返回值类型代替原 void 实现的。
- ❑ return 关键字用来返回方法的返回值。return 后面的直接值、变量或者表达式的值必须跟方法定义的返回值匹配。
- ❑ 方法执行到两个地方就会结束，一是方法体中的右大括号，一是 return。

7.4.2 调用有返回值的方法

在这里给出调用 isOverspeed()的例程。

```
public class TestReturnValue {
    public static void main(String[] args) {
        Car myCar = new Car();        // 创建一个 Car 对象
        myCar.raiseSpeed(70);         // 加速 70
        boolean isOverspeed = myCar.isOverspeed();
        // 调用方法，得到返回值
        if(isOverspeed){    // 根据返回值向控制台输出结果
            System.out.println("汽车超速行驶中");
        }else{
            System.out.println("汽车没有超速");
        }

        myCar.raiseSpeed(70);                       // 再次加速 70
        isOverspeed = myCar.isOverspeed();          // 调用方法，得到返回值
        if(isOverspeed){                            // 根据返回值向控制台输出结果
            System.out.println("汽车超速行驶中");
        }else{
            System.out.println("汽车没有超速");
        }
    }
}
```

TestReturnValue 源码

在这个程序中，首先调用 raiseSpeed()，将汽车提速 70，然后调用 isOverspeed()，看汽

车是否超速。然后再次提速，重新检查汽车是否超速。执行本例程后，控制台输出如下
内容：

```
汽车没有超速
汽车超速行驶中
```

7.4.3　发生了什么？如何使用方法的返回值？

返回值其实是很普通的概念，但是用在方法上，就不是这么直观了。先来看 3 行代码。

```
int a = 2;
int b = 3;
int c = a + b;// 将表达式 a + b 的值赋值给 c，其实 a + b 的值就是这个表达式的返回值
```

这 3 行代码是我们再熟悉不过的。我们可以说，表达式 a + b 就是有返回值的，而且
这个返回值被赋值给了 c。其实方法的返回值和表达式的返回值是一样的，只不过表达式
的返回值更直接，而方法的返回值看上去却不是这么直接。现在再看 boolean isOverspeed =
myCar.isOverspeed();，把 myCar.isOverspeed()当成一个表达式，就容易理解了。那么这个
表达式的值的类型是什么呢？就是方法定义中的 boolean，方法实际的返回值是什么呢？就
是方法体中 return 后面的值。一个方法中可以有多个 return，但是在程序实际执行过程中，
只可能遇到一个 return，因为程序遇到 return 后就会结束。

再强调一下，给方法添加返回值的时候，必须保证变量赋值的兼容性。例如在
isOverspeed()方法的定义中，返回值类型是 boolean，所以 int value = myCar.isOverspeed();
是错误的。不能将一个 boolean 值赋给一个 int 变量。

关于返回值方法与表达式不同的是：表达式的值必须赋给某个变量，而方法的返回值
则不必。可以调用一个有返回值的方法但是不使用其返回值。

```
a + b;                   // 这么写编译器会报错，表达式的值必须赋给某个变量
myCar.isOverspeed();     // 这么写不会错，调用方法可以不必使用方法的返回值
```

❑ 在使用返回值的情况下，方法的返回值跟表达式的返回值都是一样的。表达式的
返回值的类型由表达式进行的运算决定，而方法的返回值的类型则是由方法定义
中确定的。
❑ 可以调用一个方法而不使用方法的返回值。
❑ 使用方法的返回值必须遵守变量赋值的兼容性。

7.4.4　使用 return 结束方法

前面介绍过方法运行到 return 语句就会结束，下面来看一下 return 关键字不仅仅可以
用来让方法返回一个数值，也可以用来让方法结束，返回到调用它的地方。下面用 Car 类
的 raiseSpeed 作为例子说明这个问题。首先，看一下 raiseSpeed()方法。

```
public void raiseSpeed(int p_speed) {
    int currentSpeed = speed + p_speed;     // 计算出当前速度
    speed = speed + p_speed;                // 将当前速度赋值给 speed 属性
}
```

这个方法中有一个参数：int p_speed。那么试想一下，如果调用 raiseSpeed()方法的时候，给 p_speed 的实参的值是一个负数，那么 raiseSpeed 的实际行为就是给汽车减速了。这不符合我们对这个方法的定义。所以，虽然作为一个 int 类型的变量，p_speed 的值可以为负数，但是作为 raiseSpeed（加速）方法，要求参数 p_speed 的实参值大于 0。为了完成这个功能，将 raiseSpeed 改写成如下形式：

```
public void raiseSpeed(int p_speed) {
    if(p_speed < 0){                        // 判断参数 p_speed 的值是否符合要求
        System.out.println("p_speed 的值小于 0，raiseSpeed()方法将结束");
        return;
    }
    int currentSpeed = speed + p_speed;     // 计算出当前速度
    speed = speed + p_speed;                // 将当前速度赋值给 speed 属性
}
```

我们添加了一个 if 语句来对 p_speed 的合理性进行判断。当 p_speed 的值小于 0 时，使用了 return 关键字。在这里，return 关键字的作用是结束 raiseSpeed()方法。前面说过，方法在遇到 return 或者遇到方法体的右大括号后，就会结束。这里和前面不同的是 return 后面没有紧跟需要返回的值，因为本方法不要求有返回值。也就是，在方法没有返回值（返回值是 void）的时候，可以只使用 return 结束方法的执行。当然如果方法要求有返回值，return 后面得有一个符合要求的返回值。

这里给出测试代码如下：

```
public class TestParameterVerify {
    public static void main(String[] args) {
        Car myCar = new Car();
        myCar.raiseSpeed(55); // 传递一个合理的参数值
        System.out.print("汽车现在的速度是：");
        System.out.println(myCar.speed);
        myCar.raiseSpeed(-3); // 传递一个不合理的参数值
        System.out.print("汽车现在的速度是：");
        System.out.println(myCar.speed);
    }
}
```

TestParameterVerify
源码

运行这个程序，控制台输出如下内容：

```
汽车现在的速度是：55
p_speed 的值小于 0，raiseSpeed()方法将结束
汽车现在的速度是：55
```

我们看到，第 1 次调用 raiseSpeed()方法，通过传递一个正确的参数，成功将 myCar 的 speed 属性值改为 55。而第 2 次调用 raiseSpeed()方法的时候，因为参数为负数，在 raiseSpeed 内部将会发现这个并在输出"p_speed 的值小于 0，raiseSpeed()方法将结束"后终止执行。可以确定方法在打印出这行信息后就结束了，因为我们发现第 2 次去查看 myCar 的 speed 的值，它还是 55。

说到这里，有必要养成一个习惯：在使用一个参数的时候，首先检查其合理性。本例中就是检查了 p_speed 的值是否合理，并在不合理的时候输出相关提示信息并结束方法。顺便说一下，有些地方习惯将不合理的参数说为不合法。这主要是从英语里来的，英语中习惯用 illegal parameter 称呼不合理的参数，翻译过来就是不合法的参数。以后的内容中可能说一个参数不合法，也可能说一个参数不合理，意思是一样的。当然，记住这是逻辑上的不合法，而不是 Java 语法上的。例如 raiseSpeed()方法，只要是一个 int 值就可以充当其参数。但是从 raiseSpeed 的逻辑来说，小于 0 的参数值是一个错误的参数值。

- ❑ return()方法可以用来结束一个方法。
- ❑ return 不一定只出现在方法的最后一行。我们可以在方法的任何地方，使用 retrurn 结束一个方法的运行。
- ❑ 在使用一个参数的时候，检查参数的合理性是一个好习惯。

7.5　方法重载（overload）：给汽车加速添个限制

现在，大家已经了解了方法中的每个重要元素以及其概念。下面来引入方法的重载（overload）。方法的重载是在同一个类中，方法与方法之间的关系。

⚟注意：这个词读音为重（chóng，二声）载，这里可不是重（zhòng，四声）载卡车。

7.5.1　什么是方法的签名

为了引入重载的概念，需要理解什么是方法的签名。Java 平台就是靠方法的签名来区分方法的。方法的签名是由方法名和方法的参数类型组成的。现在给出 Car 类中所有方法的签名，如表 7-1 所示。

表 7-1　方法签名表

方　法　名	方　法　签　名
driveCar	driveCar()
setSpeedAndDirection	setSpeedAndDirection(int, String)
isOverspeed	isOverspeed()
raiseSpeed	raiseSpeed(int)

可以直观地看出，方法的签名就是方法名依次加上参数类型。也就是说，Java 平台不仅仅是靠方法名字来区分方法的，还要看方法的参数类型。方法签名相同的方法是不可以在一个类中同时存在的。否则 Java 平台将无法区分这两个签名相同的方法。

- ❑ 方法签名是 Java 平台执行方法的时候，用来确定执行哪个方法的。
- ❑ 方法签名是由方法名和参数类型决定的，与方法的其他属性无关。

7.5.2　什么是重载？为什么要重载？

类中的两个或者多个方法，如果它们有相同的方法名，但是却有不同的方法签名，那么这几个方法就是重载的。重载不是一个方法的事情，而是两个或多个方法在一起体现出来的特性。

为什么要重载呢？简言之，就是让类更加灵活。但是，从我们现在接触到的例程中还不能发现其好处。所以，现在我们不问为什么，先学习重载。

　　重载是什么呢？其实重载就是要在类中重用方法名。例如之前的 driveCar()方法，它会让汽车以 50 的速度向"南方"行驶。现在，我们希望有一个 driveCar()方法能够以一个我们传入的参数值作为速度，而不是默认的 50。那么，这样就会有两个 driveCar()方法。这两个 driveCar()方法就是重载的。

　　好，7.5.3 小节中将讲述如何给类添加重载的方法。

- ❏ 重载是指在一个类中，有两个或多个方法，它们有一样的方法名，但是却有不一样的方法签名。
- ❏ 重载的优势是可以重用方法名。

7.5.3　给汽车加个重载的方法

　　本节将给出一个有重载方法的 CarOverload 类，其定义如下：

```java
public class CarOverload {
    public int speed;                        // 汽车的速度
    public void raiseSpeed(int p_speed) {   // 直接提速
        int tempSpeed = speed + p_speed;
        speed = tempSpeed;
    }
    public void raiseSpeed(int p_speed,
            int limited) {  // limited 是最高限制速度
        int tempSpeed = speed + p_speed;
        if (tempSpeed < limited) {
        // 如果新的速度低于最高限制速度
            speed = tempSpeed;              // 则正常提速
        } else {
            speed = limited;
            // 否则将速度设置为最高限制速度
        }
    }
}
```

CarOverload 源码

　　本例中，raiseSpeed 就是一个被重载了的方法。签名为 raiseSpeed(int)的方法作用是直接将汽车速度提高，签名为 raiseSpeed(int,int)的方法则是先判断一下新的速度是不是高于某个最高限制速度，不高于就将车速提高，高于则把车速提高到最高限制速度。两个方法签名不同，所以 Java 平台可以区分这两个方法。

- ❏ 当方法被重载时，Java 平台根据方法的签名来确定执行哪个方法。

7.5.4　测试一下

　　下面给出 CarOverload 的测试类。

TestOverloadMethod
源码

```java
public class TestOverloadMethod {
    public static void main(String[] args) {
        CarOverload carOL = new CarOverload();
        carOL.raiseSpeed(9999);
        System.out.print("调用签名为 raiseSpeed(int)的
        加速方法，现在车速为：");
        System.out.println(carOL.speed);
        carOL.speed = 0;              // 将车速清零
```

```
        carOL.raiseSpeed(9999,80);
        System.out.print("调用签名为 raiseSpeed(int,int)的加速方法, 现在车速
        为: ");
        System.out.println(carOL.speed);
    }
}
```

执行这段例程, 得到以下输出:

调用签名为 raiseSpeed(int)的加速方法, 现在车速为: 9999
调用签名为 raiseSpeed(int,int)的加速方法, 现在车速为: 80

这个输出结果跟期待的一样。当调用签名为 raiseSpeed(int)的方法时, 汽车就是按照参数加速。当调用签名为 raiseSpeed(int,int)的方法时, 汽车对限制速度进行了判断。

7.5.5　重载容易引发误解的两个地方——返回类型和形参名

这里首先需要注意的一点是, 方法的签名仅仅与方法名和参数类型相关, 而与访问控制符、返回类型, 以及方法体中的内容都没有关系。很容易弄错的是返回类型, 我们很容易直观地以为返回类型也是方法签名的一部分, 其实不是的, 这点要记清楚。为什么呢？下面用前面介绍过的 Child 类的 buySoyaSauce()方法来说明一下。

buySoyaSauce 的方法签名是 buySoyaSauce(int,int), 返回值类型是 int, 假设 buySoyaSauce 还有一个方法签名是 buySoyaSauce(int,int), 返回值类型是 long 的方法。那么好了, 家里让小孩去打酱油, 给了小孩钱, 告诉了小孩想要的酱油数量, 然后小男孩犯傻了——两个 buySoyaSauce 满足条件, 到底执行哪一个呢？小男孩无法确定执行哪个方法, 同样地, Java 平台也无法判断。所以, 返回值类型无法用来区分方法, 不是方法签名的一部分。

事实是, 签名相同的方法出现在同一个类中是 Java 语法所不允许的, 所以无法通过 Java 的编译。

可以尝试一下将下面的方法添加到 Child 类中, 会发现 Eclipse 编辑器左边有错误提示:

```
// 返回值为 long, 与之前的 buySoyaSauce()方法签名一样
public long buySoyaSauce(int money, int howMuchWanted)
{
    long value = 0;
    return value;
}
```

如果你是第一次接触重载, 而且第一反应就是返回值不是方法签名的一部分, 那么恭喜你, 你有很强的逻辑思维能力, 很有编程的潜质！好好学编程, 以后肯定大有作为！当然, 如果你犯错了, 那是再正常不过的了^_^。

其次, 重载跟形参的名称无关, 这个没有什么需要解释的, 因为方法签名中已经把形参去掉了。之所以会产生这个误解, 是因为自己被形参名字给欺骗了。

还是用 buySoyaSauce 做例子。注意看下面两个方法, 其实它们的方法签名是一样的, 只是形参名字不同。

```
public long buySoyaSauce(int money, int howMuchWanted) // 注意方法的签名
{
    long value = 0;                                    // 方法体
```

```
        return value;
    }
    public long buySoyaSauce(int howMuchWanted, int money) // 注意方法的签名
    {
        long value = 0;                                    // 方法体
        return value;
    }
```

看似好像两个方法不一样，其实两个方法签名都是 buySoyaSauce(int,int)。一些初级的面试题中可能会有这样的题目。

- □ 方法的签名与方法的返回值无关。
- □ 方法的签名与方法的形参名字无关。

7.5.6　重载中的最难点——参数匹配原则

本节将讲述方法参数匹配的原则。它与参数的类型以及与此类型有关的类型都有关系。首先看下面这个类。

```
public class CarOverLoadHard {
    public double speed;

    public void raiseSpeed(double p_speed) {
        System.out.println("签名为 raiseSpeed(double) 的方法被调用了");
        double tempSpeed = speed + p_speed;
        speed = tempSpeed;
    }
}
```

现在这个类对我们来说很好理解。用下面的代码去测试一下。

```
public class TestCarOverLoadHard {
    public static void main(String[] args){
        CarOverLoadHard carOLH = new CarOverLoadHard();
        int speed = 99;
        carOLH.raiseSpeed(speed);
    }
}
```

TestCarOverLoadHard
源码

在控制台看到以下输出：

签名为 raiseSpeed(double) 的方法被调用了

到这里一切还很容易理解，现在，在 CarOverLoadHard 中重载 raiseSpeed，新的 CarOverLoadHard 类定义如下：

```
public class CarOverLoadHard {
    public double speed;

    public void raiseSpeed(double p_speed) {
        // 提速方法，参数类型为 double
        System.out.println("签名为 raiseSpeed(double)
        的方法被调用了");
        double tempSpeed = speed + p_speed;
        // 计算新的速度
```

CarOverLoadHard 源码

```
        speed = tempSpeed;                          // 增加速度的值
    }
    public void raiseSpeed(int p_speed){            // 提速方法，参数类型为 int
        System.out.println("签名为 raiseSpeed(int)的方法被调用了");
        double tempSpeed = speed + p_speed;         // 计算新的速度
        speed = tempSpeed;                          // 增加速度的值
    }
}
```

再次运行 TestCarOverLoadHard 测试，我们发现，控制台输出变成了下面的内容：

签名为 raiseSpeed(int) 的方法被调用了

为什么会这样呢？旧版本的 CarOverLoadHard 类中只有 raiseSpeed(double)方法，我们给 raiseSpeed 传递一个 int 值，因为 Java 中允许用一个 int 值给一个 double 变量赋值，所以程序运行正常。在新版本的 CarOverLoadHard 类中增加了方法 raiseSpeed(int)，当调用 raiseSpeed 方法的时候，还是将一个 int 值作为方法的参数，这时候，Java 平台就会判断，应该调用 raiseSpeed(double)呢？还是调用 raiseSpeed(int)呢？事实证明被调用的是 raiseSpeed(int)。

为什么呢？这其实涉及重载中参数类型匹配的问题。

Java 在遇到这类问题时，总会选择一个赋值规则的精度最小的类型来使用。赋值规则前面已经讲解过，就是低精度的数值可以赋值给高精度或者同精度的变量；而高精度的值却不能赋值给低精度的变量。

基本类型中与精度有关的类型，精度从小到大排列依次是：byte、short、int、long、float、double。 所以，现在我们的实参是一个 int 值，按照赋值规则，它既可以选择赋值给一个 int 变量（调用 raiseSpeed(int)方法），也可以选择赋值给一个 double 变量（调用 raiseSpeed (double)方法）。坏了，两个候选都没有被淘汰掉。不怕，还有第 2 个规则——精度最小。哈哈，double 精度大于 int 精度。那肯定是赋值给 int 变量了。既然 int 变量当选，那么肯定就是去执行 raiseSpeed(int)方法喽！没错，例程运行结果证明我们是对的。

□ 重载中参数类型匹配的原则：第一要符合赋值规则，即低精度的值可以赋值给高精度或者同精度的变量，而高精度的值却不能赋值给低精度的变量；第二即精度最小。

7.6　使用类的实例作为方法参数

方法的形参可以是基本数据类型，也可以是一个类。本节中将给出一个使用类作为方法形式参数的例子。当使用一个类作为方法形参的时候，方法的实参就是这个类的一个实例。

7.6.1　超车方法：使用类实例做参数

前面基本把方法的各个属性都熟悉了一遍（访问控制符除外）。这里还有一点漏掉了，前面的方法中，基本上都是在使用基本数据类型作为参数和返回值（String 类不是基本数据类型，但是现在基本把它当成基本数据类型在使用）。当然方法是可以使用定义的类作为形式参数的。为了拓宽大家的思路，在这里给出一个使用类作为方法的形式参数的例子。

下面给出这个方法的定义，这个方法是存在于 Car 类中的，为了节省篇幅，将不再给出 Car 类完整定义。

```
/*超车方法。本车将通过此方法超越 anotherCar，所以将速度设置为 anotherCar 的速度然后
加 5，将方向与 anotherCar 设置成一样。 */
public void overtakeCar(Car anotherCar){
    speed = anotherCar.speed + 5; // 将车的速度设置为 anotherCar 的速度然后加 5
    direction = anotherCar.direction;          // 将方向与 anotherCar 设置成一样
}
```

这里我们发现，overtakeCar()方法的形式参数中使用的是 Car 类的实例，而不是基本数据类型的变量。然后在 overtakeCar()方法体中，我们使用了变量 anotherCar，使用了它的属性。

这里其实没有什么需要解释的，一切都是跟前面发生的一样，但是还是可能会觉得有点茫然：overtakeCar 看着没错，但是却不理解。这很自然，没关系，我们先学会如何调用这个方法，然后找出让我们觉得不自然的地方去理解它。

7.6.2　调用这个方法

下面给出调用 overtakeCar()方法的例程。

```
public class TestOvertakeCar {
    public static void main(String[] args){
        Car carFront = new Car();
        Car carBehind = new Car();
        carFront.raiseSpeed(80);
        // carFront 是跑在前面的车，所以速度大一些
        carFront.direction = "东方";
        // 让 carFront 向"东方"跑
        carBehind.raiseSpeed(50);
        // carBehind 是跑在后面的车，所以速度小一些
        carBehind.direction = "东方";
        // 让 carBehind 向"东方"跑
        System.out.print("carFront 的速度为："); // 查看两车的速度和方向
        System.out.print(carFront.speed);
        System.out.print("。carFront 的行驶方向为：");
        System.out.println(carFront.direction);
        System.out.print("carBehind 的速度为：");
        System.out.print(carBehind.speed);
        System.out.print("。carBehind 的行驶方向为：");
        System.out.println(carBehind.direction);

        System.out.println("carBehind 马上要调用 overtakeCar()方法了！");
        // carBehind 调用 overtakeCar()方法，参数是 carFront，即 carBehind 将超
        // 车，被超的是 carFront
        carBehind.overtakeCar(carFront);
        System.out.print("carFront 的速度为："); // 再次查看两车的速度和方向
        System.out.print(carFront.speed);
```

TestOvertakeCar 源码

```
            System.out.print("。carFront 的行驶方向为：");
            System.out.println(carFront.direction);
            System.out.print("carBehind 的速度为：");
            System.out.print(carBehind.speed);
            System.out.print("。carBehind 的行驶方向为：");
            System.out.println(carBehind.direction);
        }
    }
```

运行这个例程，控制台输出如下结果：

```
carFront 的速度为：80。carFront 的行驶方向为：东方
carBehind 的速度为：50。carBehind 的行驶方向为：东方
carBehind 马上要调用 overtakeCar()方法了！
carFront 的速度为：80。carFront 的行驶方向为：东方
carBehind 的速度为：85。carBehind 的行驶方向为：东方
```

从控制台输出中可以知道，在 carBehind 调用 overtakeCar()方法之前，carFront 的速度为 80，行驶方向为"东方"；carBehind 的速度为 50，行驶方向为"东方"。这个输出没有什么疑问。然后，在 carBehind 调用 overtakeCar()方法之后，carFront 的速度和方向都没有变化，carBehind 的速度比 carFront 的速度大了 5，方向依然与 carFront 一样是"东方"，这个结果就是我们所期待的。为什么会这样呢？来看下面的小节。

7.6.3　发生了什么

首先需要重温第 6 章中对象赋值（=号操作）的性质，即等号不会创建一个新的对象，而仅仅是让等号左边的对象指向等号右边的对象。为了节约篇幅，这里不再进行过多论述，大家可以参考 6.1.3 节的内容复习一下。

好，让我们回到本小结的主题中来。carBehind 当以 carFront 为参数调用 overtakeCar()方法的时候，Java 平台对形参和实参的处理过程其实与传递 int 等简单数据类型是一样的。再来重复一下这个过程。

（1）Java 平台首先按照形参创建一个变量。在本例中就是创建一个名为 anotherCar 的 Car 类对象的引用。

```
Car anotherCar
```

（2）然后在调用方法的地方获得实参。在本例中，实参就是 carFront，所以 Java 平台会去获取 carFront 的值。

（3）最后将实参的值赋予第一步中创建的 anotherCar，也就是相当于执行了下面的语句。

```
anotherCar = carFront;
```

完成了这个参数接力棒之后，就开始执行 overtakeCar()方法了，然后在这个方法中使用了 anotherCar 的属性。

（4）使用类实例做参数没有什么特别，参数传递也是一个将实参赋值给形参的过程。

这里需要注意的是，Java 平台并没有为了参数传递而去创建一个对象，而仅仅是将

carFront 的值赋给 anotherCar。对象引用的赋值操作在第 6 章中有比较详细的介绍，因为这是 Java 中比较容易让人困扰的地方，这里再回顾一下，如图 7-5 所示。

在图 7-5 中可以清楚地看出，在参数传递过程中，只是改变了引用指向的对象，并没有创建出新的对象。当然，对于基本数据类型来说，参数传递的过程就是给基本数据类型变量赋值的过程。

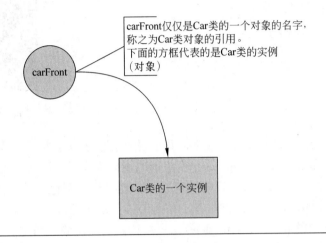

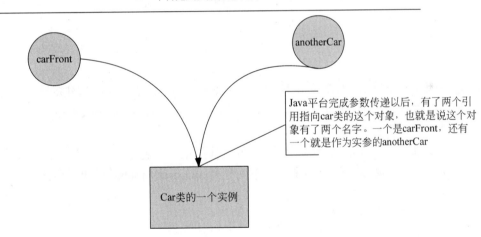

图 7-5　carFront 和 anotherCar 都只是同一个对象的两个名字

7.7　加餐：局部变量和实例变量

本章中讲述了太多不易理解而且容易误解的内容。本节中将会讲些简单的内容，算是本章大餐中的一个加餐吧。

到现在为止，我们在不知不觉间已经遇到了 Java 的两类变量，这两类变量是按照其作用域来分的。它们的名字分别叫做局部变量和实例变量。下面开始对这两类变量进行介绍。

7.7.1　什么是局部变量（Local Variable）

先看一下局部变量，然后再对其进行解释。下面是一个极其精简的类，类中有一个方法，作用就是为大家演示局部变量。

```
public class SimpleClass{
    public int instanceVariable;
    public void showLocalVariable() {
        int localVariable = 55;
        instanceVariable = localVariable;
    }
    public void anotherMethod() {
    }
}
```

SimpleClass 源码

在这个 showLocalVariable()方法内（通常，我们说方法里或方法内，就是指方法体的里面）声明了一个 int 变量 localVariable。这个变量就叫做局部变量。也就是说，局部变量就是声明在方法内的变量。为什么叫做局部变量呢，因为这个变量只能在这个方法内使用，出了这个方法是无法使用的。这个"局部"指的就是方法体这个范围内。

可以在 SimpleClass 中的 anotherMethod()方法里尝试做一下试验。当把 anotherMethod 修改成如下代码后，会发现 SimpleClass 无法编译了。

```
public void anotherMethod() {
    instanceVariable = localVariable;
                    // 错误，局部变量 localVariable 不能在声明它的方法外部使用
}
```

这是因为 localVariable 其实是我们在 showLocalVariable()方法中创建的一个局部变量，它的使用范围就是 showLocalVariable()方法体内部。所以在 anotherMethod 中是"看不到"这个变量的，因此不能使用它。

局部变量的作用域是从声明开始，到方法体结束。也就是说，如果在一个方法中要使用一个局部变量，必须先创建出来它。下面把 showLocalVariable 做如下修改。

```
public void showLocalVariable() {
    instanceVariable = localVariable;
                        // 错误，必须先创建局部变量 localVariable，然后才能使用
    int localVariable = 55;
}
```

showLocalVariable()方法就无法通过编译了，因为我们在声明局部变量 localVariable 之前就使用了这个变量。

在上面的例子中，局部变量 localVariable 的作用范围就是从声明 localVariable 的那行起，到方法的最后一行（当然在这个例子中，声明局部变量 localVariable 已经是方法的最后一行了）。

明白了局部变量的作用域，来看一下局部变量需要注意的地方——局部变量是没有初始值的。在读取一个局部变量的值之前，必须先给局部变量赋值，否则将不能通过编译。我们对 raiseSpeed()方法稍做改动。

```
public void showLocalVariable() {
```

```
    int localVariable;                 // 注意，没有给局部变量赋值
    instanceVariable = localVariable;  // 错误! 在给局部变量赋值前就使用它了
}
```

这时，raiseSpeed 已经不能够通过 Java 编译器编译了。因为在第二行去读取局部变量 localVariable 的值，而在此之前却没有给这个局部变量赋值。

❏ 局部变量是指在方法中声明的变量。

❏ 局部变量的作用域是从声明开始，到方法体结束。

❏ 在读取一个局部变量之前，必须要给这个局部变量赋值。

7.7.2　什么是实例变量（Instance Variable）

在一个类中，声明在方法外的变量叫做实例变量。之所以叫做实例变量。习惯上，可以把一个对象称为一个类的实例。而实例变量，其实就是一个实例（对象）所拥有的变量（之所以不叫做对象变量，我想是因为不顺口吧☺）。

还是以 SimpleClass 为例子。在类的第一行声明了一个 int 的变量叫做 instanceVariable。这个就是一个实例变量。大家看到这个变量的声明位置是与方法平行的，而且这个变量有一个 public 关键字修饰。记得在讲方法的各个部分的时候提起过，方法的声明中也有一个 public 关键字，这个是访问控制符，后面的章节会有介绍。这里先跳过对 public 的解释。除了比局部变量多出个访问控制符，实例变量与局部变量的区别就是声明的位置不同，一个是在方法内部，一个是与方法平行。

我们并没有给实例变量赋值。Java 会给实例变量赋初始值。所有的整数型基本数据类型，初始值都是 0，boolean 型的初始值是 false，char 的初始值是 0，引用的初始值是 null。这一点与局部变量不同。所以，可以不必关心一个实例变量是否已经赋过值，可以直接使用实例变量。

在上一章讲解类和对象的时候，其实在类中就定义了很多实例变量（例如 Car 类中的 speed、name、color 和 direction 都是实例变量）。实例变量其实就是对象的一部分。在类中定义了一个实例变量，就意味着创建一个类的对象（实例）时，这些实例变量都会被创建出来并封装到一个对象中。所以在创建出 Car 类的一个对象（实例）后，可以使用这个对象（实例）中的 speed、name、color 和 direction 属性。

❏ 实例变量是定义在类里面的变量，与方法平级。

❏ 实例变量的定义需要 3 部分：访问控制符（可没有）+数据类型+变量名。

❏ 实例变量可以有访问控制符。

❏ 实例变量具有初始值，使用时不必关心是否已经赋值。

7.8　this 关键字：指向对象自己的引用

本节也是一大难点，难在理解。按照通常的顺序，this 关键字本应放在第 6 章讲解。但是因为第 6 章专注讲解类和方法的概念，将类简化到只定义了几个实例变量。在给类添加方法（method）之前，是无法让 this 这个关键字施展拳脚的。

7.8.1　发现问题：当实例变量和局部变量重名

前面学过，方法中既可以使用实例变量，也可以使用方法中的局部变量。那么，当实例变量与局部变量重名的时候，会发生什么事情呢？会不会出错呢？为了研究这个问题，首先给出一个类的定义。

```
public class SimpleClassToShowThis{
    public int a;                          // 实例变量 a
    public void test() {                   // 方法
        int a;                             // 局部变量 a
        a = 55;                            // 给变量 a 赋值
        System.out.println(a);             // 输出 a 的值
    }
}
```

也许我们会以为 Java 变量会报错，因为两个变量重名了，而且它们的作用域是有重叠的：实例变量 a 可以在类的所有方法中访问，包括方法 test，而方法 test 中还有一个局部变量也叫做 a。那么，当给 a 赋值的时候，以及当以 a 为参数调用 println() 方法时，Java 平台肯定会搞不清楚它应该使用哪个 a，这应该是个错误。

我们分析得头头是道，可是这个类却顺利地通过了 Java 编译器的编译。为什么呢？当方法体中使用一个变量的时候，Java 平台会按照先局部变量、后实例变量的顺序寻找，所以说，test() 方法中我们声明了一个 int 的 a 变量，它与实例变量中的 a 重名，但是却不会让 Java 平台迷惑。按照先局部变量后实例变量的顺序，test() 方法中第 2 行和第 3 行使用到的 a 都是局部变量 a。

编译不会有问题，可以长舒一口气。不过，如果这样的话，在声明了局部变量 a 之后，实例变量 a 岂不是无法访问了？还是有办法的，请看 7.8.2 节。

❑ 方法中使用到的变量的寻找规律是先找局部变量，再找实例变量，如果没有找到，将会有一个编译错误而无法通过编译。

7.8.2　经常深藏不露的 this 关键字

下面解释一下 7.8.1 节中的问题。首先将 test() 方法稍微改动一下。

```
public void test() {
    int a = 50;
    this.a = a + 5 ;
}
```

然后使用如下程序去调用测试这个 test() 方法。

```
public class TestThis {
    public static void main(String[] args) {
        SimpleClassToShowThis simple = new SimpleClassToShowThis ();
                                                    // 创建一个 SimpleClass 对象
        simple.test();                              // 调用 test() 方法
        System.out.print ("simple 对象中 a 的值为：");    // 输出实例变量 a
        System.out.println(simple.a);
    }
}
```

运行这个程序，控制台输出如下内容：

simple 对象中 a 的值为：55

现在来解释一下 this 关键字的作用。

this 关键字是在方法中使用，是指向对象自己的引用。此话怎讲呢？从上面的测试程序来看，第 2 行 simple.test();是使用 SimpleClassToShowThis 的实例 simple 来调用 test()方法。然后程序进入到 test()方法，test()方法第一行是声明一个局部变量 a 并给之赋值 50。第 2 行，我们在等号左边看到了 this.a。这里，this 就是代表调用这个方法的对象，也就是simple。

或者说，this 和 simple 有相同的值，都指向同一个对象。其实，在 simple 调用 test()方法的时候，Java 平台就记住了 simple 引用指向的对象，并且在执行 test()方法的时候，Java平台在遇到 this 关键字的时候，就会去使用 simple（test()方法的调用者）。所以，this.a 其实就是访问了 simple 的属性，也就是那个实例变量 a。

所以，this 关键字使得本来被"遮住"的实例变量 a 又重新得以在 test()方法中使用。下面，为了对比和加强记忆，把 test()方法修改一下，修改后的 test()方法和本节中开头给出的 test()方法的作用是完全一样的。

```
public void test() {
    int b = 50;
    a = b + 5 ;
}
```

这里，我们把局部变量 a 改成了 b，然后把第 2 行中的 a 前面的 this 去掉了。根据变量寻找的规则，先在局部变量中寻找 a，没找到，就去实例变量中寻找 a，找到了。所以这里使用的就是实例变量中的 a。

更改 test()方法后，运行测试程序，输出结果是一样的。

simple 对象中 a 的值为：55

这里，还可以试着把第 2 行 a = b + 5；改成 this.a = b+5; 也可以得到一样的结果。这里需要说明的一点是，如果使用 this.a，则 Java 平台将不会在 test()方法的局部变量中寻找变量 a，而是直接去实例变量中寻找，如果寻找不到，则会有一个编译错误。

在一个方法内，如果没有出现局部变量和实例变量重名的情况下，是否使用 this 关键字是没有区别的。大家可以回头看一下本章中的很多类中的方法，其实都是用到了实例变量而没有使用 this 关键字。所以 this 关键字经常是深藏不露，只有在出现局部变量和实例变量重名的情况下，才会有使用 this 变量的必要。

但是，为了让程序易读，为了避免程序出现潜在的错误（例如一个方法中本来没有与实例变量重名的局部变量，但是后来增加了一个与实例变量重名的局部变量，这样就会让程序出现潜在的错误。），还是推荐使用 this 关键字。

如果想真正理解 this 关键字，还要多写程序，有疑问马上写程序验证一下自己的疑问。这样的收获是最大的。

❑ this 关键字只能在方法中使用，是用来指代调用方法的类的对象的。

❑ 如果使用 this 关键字访问一个变量，则是访问实例变量而非局部变量。Java 平台不会在方法的局部变量中寻找。这点跟不加 this 关键字不同。

7.8.3　在方法中调用方法

在前面所有的例程中，都是在 main()方法中调用类中的方法，这样容易给大家一个下意识的误解：方法只有在 main()中才能被调用。现在这一节就是借着讲解 this 关键字的东风，破除大家的这种误解。首先，给 SimpleClassToShowThis 增加一个 countArea()方法，用来根据正方形的周长计算正方形的面积。然后在 test()方法中去调用这个 countArea()方法来根据周长计算面积（说明一下，本方法只是用来演示在方法中调用方法，而其计算过程其实是不严密的，因为 int 数是正数，不能表示小数）。现在 SimpleClassToShowThis 类的定义如下：

```java
public class SimpleClassToShowThis{
    public int a;
    public void test() {
        int a = 55;
        this.a = this.countArea(a);              // 调用 countArea()方法
        System.out.print("正方形的面积为：");
        System.out.println(this.a);              // 打印调用后的结果
    }
    public int countArea(int circumference) {
                                // 根据正方形的周长，计算并返回正方形的面积
        int sideLength = circumference / 4;      // 计算正方形边长
        int area = sideLength * sideLength;      // 计算正方形的面积
        return area;                             // 返回正方形的面积
    }
}
```

当然，main()方法是 Java 程序的入口，所以我们还是需要一个 main()方法来让程序跑起来。下面是我们的测试程序。

```java
public class TestMethodInvoke {
    public static void main(String[] args){
        SimpleClassToShowThis simple =
                new SimpleClassToShowThis();
        simple.test();
    }
}
```

TestMethodInvoke 源码

程序第一行创建了一个 SimpleClassToShowThis 类的实例 simple，然后通过 simple 去调用 test()方法。其实本节中的亮点在 test()方法里。在 test()方法中，通过 this 关键字调用 countArea()。Java 方法的调用其实是可以有无限层的。在本例中有 3 层，第一层自然就是 main()方法，第二层就是 test()方法，第三层就是 countArea()方法。其实可以完全不必理会这些调用，而简单地认为每次遇到一个方法调用，就是将一个代码块插入到当前的行，然后继续执行（当然现实并不是这么简单直接，但是这么理解是没错的），图 7-6 描绘了这个过程。

整个程序执行的过程就是 main()方法里自上而下的顺序，但是一旦遇到方法调用，就会按照图中横向箭头的方向走（每个箭头上都有数字，程序是从 1 开始走到 13），这个图还可以横向纵向无限扩展。这里需要注意的一点是 main()方法是"最长"的一个。

其实这个方法就比较像 Java 方法了。在实际写程序的时候，很少有 Java 方法会不调

用其他 Java 方法。方法的互相调用对于刚刚开始学习 Java 的人来说是个很抽象的过程，也比较难理解。这里唯一能帮助理解的就是多写程序，多想，想到什么就马上写出程序去试验一下。这是最有效的学习一门编程语言的方法。

在 test()方法中使用了 this 去调用 countArea()方法。这个其实是不必要的，可以把 this省略。之前说过，调用一个方法必须使用对象+点号+方法名+参数的方式。对，这里之所以可以省略this和点号，不是因为调用countArea()方法不需要一个对象，而是因为countArea和调用它的 test()方法在用一个类中，Java 编译器会替我们补上个 this。也就是说，虽然我们省略了 this+点号，但是 Java 编译器还是会补上的。

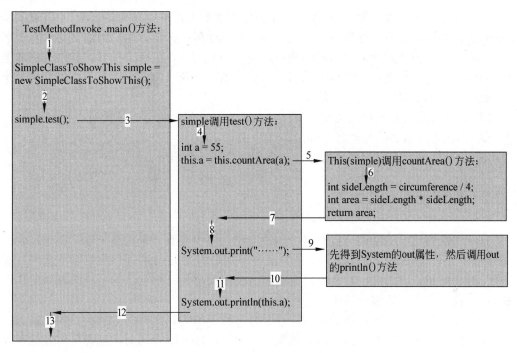

图 7-6　程序执行的整个流程

❑ 在方法中调用方法是 Java 中很常用的。要写程序多理解其过程。当大家感到迷茫的时候，就看看本节中的那个流程图。

❑ 在同一个类中，Java 普通方法的互相调用可以省略 this+点号，而直接使用方法名+参数。因为 Java 编译器会帮我们加上。

7.9　构造方法（Constructor）

在第 6 章中介绍了 new 关键字。知道 new 是用来创建一个类的对象的。这里来认识一下在对象创建过程中的另一个重要的部分——构造方法。

7.9.1　构造（Constructor）方法初探

首先来给我们的老朋友 Car 类添加一个构造方法，为了节省篇幅，在这里将不再给出

Car 类中的方法，只列出 Car 类的实例变量和构造方法。

```
public class Car {
    int speed;              // 存储汽车的速度
    String color;           // 汽车的颜色
    String name;            // 汽车的名字
    String direction;       // 汽车的行驶方向

    public Car(){
    }
}
```

上面除了 4 个实例变量之外，那个不是方法但类似方法的就是构造方法。和普通的 Java 方法相比，构造方法有两点特殊：构造方法没有返回值；构造方法的方法名必须与类名一样。除此之外，构造方法也有访问控制符，也有参数列表，也有方法体。构造方法的英文是 Constructor。有些地方将它称为构造子、构造器。五花八门的名字反正指的都是一个东西。我们在本书中就叫它构造方法吧。

- ❑ 构造方法没有返回值类型（不能使用 void），但是构造方法内可以使用 return。
- ❑ 构造方法名必须与类名一样。
- ❑ 只有同时具备以上两个条件，一个方法才是一个构造方法。

7.9.2　如何使用构造方法

Java 语法规定，一个类可以有多个构造方法，至少要有一个构造方法。但是，我们的 Car 类在本节之前不是一直都没有构造方法吗？那是因为 Java 编译器做好事不留名，在一个类没有任何构造方法时，它会给没有构造方法的类增加一个默认的、什么都做的构造方法，所以我们的类才能够通过编译。

一个默认的，什么都不做的构造方法是什么样子的呢？上节的 Car 类中的构造方法就是一个空的什么都不做的构造方法。如果把它删了，Java 编译器会在编译的时候默默地给我们增加上（添加的意思不是修改我们的源文件）。下面给 Car 增加一个有实际意义的构造方法，并看看构造方法有什么作用。

```
public class Car {
    int speed;              // 存储汽车的速度
    String color;           // 汽车的颜色
    String name;            // 汽车的名字
    String direction;       // 汽车的行驶方向

    public Car(){
    }

    public Car(String p_name, String p_color) {
                                    // 构造方法，用来初始化汽车名字和颜色
        this.name = p_name;
        this.color = p_color;
    }
}
```

上面的 Car 类有两个构造方法，它们的关系是重载。下面给出如何调用构造方法的例子，在例子中调用的是有两个 String 参数的构造方法。

```
public class TestCarConstructor {
    public static void main(String[] args){
        Car anotherCar = new Car("球状闪电号","银色");
        // 调用构造方法
        System.out.print("汽车的名字为：");
        // 输出汽车信息
        System.out.println(anotherCar.name);
        System.out.print("汽车的颜色为：");
        System.out.println(anotherCar.color);
    }
}
```

TestCarConstructor
源码

运行此程序，输出如下：

汽车的名字为：球状闪电号
汽车的颜色为：银色

我们发现，和之前使用 new Car()来创建一个对象不同，这里使用了 new Car("球状闪电号","银色");去创建一个对象。接下来看一下发生了什么。首先，第 6 章中我们知道，new Car()会创建一个 Car 类的对象，其实还漏掉了一点，它不仅仅是创建了一个对象，它还在创建对象后，调用了相应的构造方法。

构造方法也是方法，也有方法的签名，在这里 Java 平台就是根据方法签名来确定去调用哪个构造方法的。在 7.9.1 节中我们知道，一个构造方法必须与类名相同。所以只有根据构造方法的参数来区分构造方法。上例中，紧跟在 new Car 后面的括号里的内容就是我们给构造方法的实参，是两个 String，所以 Java 平台就在创建出对象以后调用了有两个 String 的参数的构造方法。

现在，我们清楚了创建一个对象的过程。

（1）在遇到 new 关键字的时候，Java 平台会创建出这个 new 后面紧跟着的类的一个对象。

（2）然后，Java 平台会去根据紧跟在类后面的参数列表去调用相应的构造方法。之所以仅根据参数列表就可以调用构造方法，是因为构造方法的名字是确定的，只能是类的名字。

下面来看一下 Car(String p_name, String p_color)这个构造方法。在方法体内，它使用两个参数来给这个新创建出来的 Car 对象的 name 和 color 属性赋值。通过测试程序运行输出的结果，我们发现赋值确实成功了。

关于构造方法还有一点要记住。构造方法只能由 Java 平台在创建对象的时候去默认地调用。在普通的方法内是不能够调用构造方法的，但是可以在构造方法中调用 Java 的普通方法。Java 的构造方法可以调用另一个构造方法，关于这个的使用将在 7.9.3 节中叙述。

构造方法本身并不神秘，通常它只是去完成一些初始化的工作。构造方法本身并不能够创建出一个对象，真正创建对象的是 Java 平台，构造方法只是 Java 平台在创建出一个对象之后会去默认调用的一个方法，仅此而已。

❑ Java 平台在创建出一个对象后，会根据 new 语句中给出的类名和参数来调用相应的构造方法。

❑ 一个类可以有多个构造方法，它们之间是重载关系。必须使用参数加以区分。

❑ Java 平台是构造方法的调用者，在构造方法里可以再去调用本类中另外的构造方法。

❏ 构造方法可以调用 Java 普通方法，但是 Java 普通方法不可以调用构造方法。

7.9.3　留个无参数的构造方法——给重要属性赋初始值

我们发现有两个 String 的构造方法挺好用的，看那个空的构造方法是个累赘。好，现在尝试把它删除，看看会发生什么。删除了那个无参数的 Car 构造方法后并保存，我们惊奇地发现：在 Eclipse 的 Package Explorer 视图中很多测试类都有了一个红叉！为什么呢？因为我们之前的测试程序都是使用 new Car()来创建一个对象的，这个时候 Java 平台自然会在创建一个 Car 的对向后去调用无参数的构造方法，刚才把它删除了，所以才会导致很多测试类出错。

等一下，Java 编译器不是会给我们增加一个无参数的、什么都不做的构造方法吗？事实上是，Java 编译器只会在一个类没有任何构造方法的时候，才会给类添加一个那样的构造方法。而此时，我们的 Car 类已经有了由两个 String 做参数的构造方法了，所以 Java 编译器就不会再给 Car 类添加构造方法了。这时候，Car 类的无参数的构造方才被我们删了，所以很多测试类才会出错。

所以，我们很无奈地保留着那个空的构造方法。但是，任何一个 Car 可以没速度、可以没方向，但是总归还是有 name 和 color 的吧。所以，我们在 Car 的空构造方法里面给 Car 的这两个属性赋值。Car 类的空参构造方法代码如下：

```
public Car() {
    this.name = "Java 护航者";
    this.color = "咖啡豆色";
}
```

现在，每一个通过 new Car()创建出来的对象都叫做"Java 护航者"，而它们的颜色都是"咖啡豆色"。从这里也可以看出构造方法的方便之处——不需要为每个 Car 类的对象去初始化 name 和 color 属性了。否则，也许每次在创建出一个 Car 类对象后，都要通过类似于 car.name = "Java 护航者";这样的代码去初始化对象的属性。空的构造方法的好处就是使用方便，使用者无需在创建对象的时候传递参数。有个空的构造方法，并且在方法中给重要的属性赋初始值是个好习惯。

❏ Java 编译器在编译一个类的时候，只会在那个类没有任何构造方法的时候，才会给一个类添加一个空的、什么都不做的构造方法。
❏ 给类留个无参数的构造方法，并在这个方法中对重要属性赋初始值是个好习惯。这样可以让类更容易地被使用，并减少程序出错的概率。
❏ 在类的每一个构造方法中都给类的重要属性赋初始值是个好习惯。

7.9.4　在构造方法中调用构造方法

通过 7.9.3 节，我们的 Car 类变成了如下样子（只包括实例变量和构造方法）：

```
public class Car {
    int speed;              // 存储汽车的速度
    String color;           // 汽车颜色编号
    String name;            // 汽车的名字
```

```
    String direction;                              // 汽车的行驶方向

    // 构造方法，用来给 name 和 color 属性赋初始值
    public Car() {
        this.name = "Java 护航者";
        this.color = "咖啡豆色";
    }
    // 构造方法，用来初始化汽车名字和颜色
    public Car(String p_name, String p_color) {
        this.name = p_name;
        this.color = p_color;
    }
}
```

我们发现，Car 类的两个构造方法做的事情是类似的，Car 类的空参数构造方法只要提供两个实例变量的初始值就可以了，具体的赋值工作可以留给那个有两个 String 做参数的 Car 类的构造方法。Java 语法支持在一个构造方法中调用另一个构造方法。下面给出更新后的 Car 类无参数的构造方法的代码。

```
// 构造方法，用来给 name 和 color 属性赋初始值
public Car() {
    this("Java 护航者","咖啡豆色");
}
```

我们发现，在这个构造方法的第一行也是唯一一行，this 关键字的使用很奇怪，直接就是 this 关键字后面加实参。没什么好解释的，这就是 Java 语法，记住就好^_^。那么这行程序的功能是什么呢？它会在 Car 类中搜索符合要求的构造方法，然后去执行那个构造方法，其过程，包括寻找方法、实参形参赋值、方法调用后的返回等，都是与普通的方法调用一样的。

那么这么做的好处是什么呢？好处就是让 Java 代码更简洁了。现在我们的构造方法还比较简单，所以看不出太好的地方。如果以后对 name 和 color 属性做合法性检查，例如，要求 name 的长度至少是 2，color 的长度至少为 1，那么如果不使用这种语法，则可能需要在所有的构造方法中都做这样的检查。而使用这种语法之后，一般只需要在参数最长的那个构造方法里面做这种事情就可以了。

关于这个语法，需要注意的一点是：如果要通过 this+参数列表调用别的构造方法，那么这行程序必须在第一行。举例说，下面的程序是错误的。

```
// 构造方法，用来给 name 和 color 属性赋初始值
public Car() {
    int a = 0;
    this("Java 护航者","咖啡豆色");
}
```

这里，this("Java 护航者","咖啡豆色");没有出现在 Car 构造方法的第一行，所以是错误的。这也是 Java 的语法，用的时候注意就好。因为构造方法是完成初始化工作，所以放在第一行一般不会在用的时候觉得有什么不方便。

- ❏ 通过 this+构造方法实参，可以在一个构造方法中调用同类的另一个构造方法。
- ❏ 通过 this+构造方法实参调用同类中另一个构造方法的时候，必须将这个放在构造方法的第一行。

7.10　方法大汇总

本节中将使用一个完整的 Car 类完成一个比较大的例子，在这个例子中将尽量涵盖本章中讲述的绝大多数知识点。

本节中将用 Car 类、CarStatus 和一个测试程序将一个复杂的过程描述出来。CarStatus 类拥有两个属性：speed 和 direction，反映了一辆车运行状态。然后，为了让例子更丰满，将对 Car 类进行以下修改。

（1）首先我们假设车的速度超过 80 就是超速。所以 80 这个值会用在判断一个车是不是超速的方法中。

（2）给 Car 类增加一个 boolean 的属性叫做 isTrafficAdmin，当此属性值为 true 的时候则表示此车是交通管理员。isTrafficAdmin 是一个重要属性，所以将为 Car 增加一个 3 参数的构造方法，3 个参数分别代表车的名字、颜色和是否是交通管理员。在原来的两个构造方法中，我们将 isTrafficAdmin 属性赋值为 false。

（3）将给 Car 类增加 setNameForAnotherCar、stopAnotherCar、getAnotherCarStatus。这 3 个方法只有当 isTrafficAdmin 的值为 true 的时候，才会去真正完成其功能。否则将打印出出错信息然后使用 return 语句结束方法。

（4）增加 isLegalCarStatus()方法，此方法接受一个 CarStatus 的实例做参数，返回一个 boolean 值用来决定一个 Car 是不是在合法的状态（本例中就是判断车速是不是超速了）。

（5）增加 setSpeed()方法，此方法接受一个 int 值作为参数，此方法会检测速度是否为负数，如果为负数将不执行，否则将更改车的速度。

（6）增加以 byte 为参数的 raiseSpeed，其实就是为了让它与以 int 为参数的 raiseSpeed 重载，让我们重温参数匹配的过程。

（7）最后还将增加一个 printCarRunningMessage，这个方法用来向控制台输出汽车运行信息，包括汽车名字、汽车速度、汽车行驶方向。这个方法可以方便地查看汽车的状态。

本例中的程序还是偏于简单的，主要是为了将本章中的知识点串起来，所以有些地方（如 isLegalCarStatus）的做法会觉得没必要，先不要考虑这些，主要应去理解例程中每个方法调用、参数传递和使用返回值等过程。

下面先给出 Car 类和 CarStatus 类的类定义。

7.10.1　本例中用到的类

CarStatus 类定义如下：

```
public class CarStatus {
    public int speed;              // 汽车的速度
    public String direction;       // 汽车的行驶方向
    // 无参数的构造方法，不做任何初始化工作
    public CarStatus(){
    }
    // 初始化速度和行驶方向两个变量
```

CarStatus 源码

```java
public CarStatus(int p_speed, String p_direction){
    this.speed = p_speed;
    this.direction = p_direction;
    }
}
```

我们发现这个类仅仅是包含了两个属性，即一个初始化变量的构造方法和一个空的构造方法。在本例程中，这个类仅仅是为了演示返回值类型为一个类而非一个简单数据类型。

然后给出 Car 类的定义，这个 Car 类包含迄今为止所定义的所有属性和方法。

```java
public class Car {
    int speed;                    // 存储汽车的速度
    String color;                 // 汽车颜色编号
    String name;                  // 汽车的名字
    String direction;             // 汽车的行驶方向
    boolean isTrafficAdmin;

    // 构造方法，用来给 name 和 color 属性赋初始值
    public Car() {
        this("Java 护航者", "咖啡豆色", false);
    }
    // 构造方法，用来初始化汽车的名字和颜色
    public Car(String p_name, String p_color) {
        this(p_name, p_color, false);
    }
    // 构造方法，用来初始化汽车的名字和颜色
    public Car(String p_name, String p_color, boolean p_trafficAdmin) {
        this.name = p_name;
        this.color = p_color;
        this.isTrafficAdmin = p_trafficAdmin;
    }
    // 这是 Car 类中的一个方法，功能是启动汽车，让它以 50 的速度，向"南方"行驶
    public void driveCar() {
        speed = 50;                // 将速度设置为 55
        direction = "南方";        // 将方向设置为"南方"
    }
    // 这是新增加的汽车加速方法，这个方法中有一个 int 参数
    public void raiseSpeed(int p_speed) {
        if (p_speed < 0) {              // 判断参数 p_speed 的值是否符合要求
            System.out.println("p_speed 的值小于 0，raiseSpeed()方法将结束");
            return;
        }
        int currentSpeed = speed + p_speed;    // 计算出当前速度
        speed = currentSpeed;                  // 将当前速度赋值给 speed 属性
    }
    // 这个方法是与 raiseSpeed(int)重载的
    public void raiseSpeed(byte p_speed) {
        if (p_speed < 0) {              // 判断参数 p_speed 的值是否符合要求
            System.out.println("p_speed 的值小于 0，raiseSpeed()方法将结束");
            return;
        }
        int currentSpeed = speed + p_speed;    // 计算出当前速度
        speed = currentSpeed;                  // 将当前速度赋值给 speed 属性
    }
    // 设置汽车的速度和方向
    public void setSpeedAndDirection(int p_speed, String p_direction) {
        speed = p_speed;                       // 将速度设置为新的速度
```

```
        direction = p_direction;                    // 将方向设置为新的方向
    }
    // 判断一辆汽车是否超速（我们规定车速超过 80 为超速）。超速则返回 true, 否则返回
    // false
    public boolean isOverspeed() {
        if (speed > 80) {                            // 如果速度超过 80
            return true;                             // 表示超速了, 应该返回 true
            // return 是一个方法的结束, 方法执行完 return 后将直接结束, 不再向下执行
        } else {
            return false;                            // 否则, 表示没有超速, 应该返回 false
        }
    }
    // 超车方法。本车将通过此方法超越 anotherCar, 所以将速度设置为 anotherCar 的速
    // 度然后再加 5, 将方向与 anotherCar 设置成一样
    public void overtakeCar(Car anotherCar) {
        speed = anotherCar.speed + 5;
                                // 将车的速度设置为 anotherCar 的速度然后再加 5
        direction = anotherCar.direction;
                                // 将方向设置成与 anotherCar 一样
    }
    // 允许 TrafficAdmin 设置另一辆车的名字, 参数 anotherCar 为另一辆车, newName
    // 为车的新名字
    public void setNameForAnotherCar(Car anotherCar, String newName) {
        if (!isTrafficAdmin) {
                    // 如果当前的车不是 TrafficAdmin, 则打印出错信息并结束本方法
            System.out.println("你不是交通管理员, 无权调用此方法! ");
            return;
        }
        anotherCar.name = newName;
                    // 如果当前的车是 TrafficAdmin, 则允许修改另一辆车的名字
    }
    // 允许 TrafficAdmin 将另一辆车的速度设置为 0
    public void stopAnotherCar(Car anotherCar) {
        if (!isTrafficAdmin) {
                    // 如果当前的车不是 TrafficAdmin, 则打印出错信息并结束本方法
            System.out.println("你不是交通管理员, 无权调用此方法! ");
            return;
        }
        anotherCar.speed = 0;
                    // 如果当前的车是 TrafficAdmin, 则允许它让另一辆车停下来
    }
    // 允许 TrafficAdmin 得到另一辆车的运行状态, 注意这里的返回值类型是 CarStatus
    // 而不是一个简单数据类型
    public CarStatus getAnotherCarStatus(Car anotherCar) {
        if (!isTrafficAdmin) {
                    // 如果当前的车不是 TrafficAdmin, 则打印出错信息并结束本方法
            anotherCar.speed = 0;
        }
        // 根据另一辆车的 speed 和 direction 创建一个 CarStatus 对象并返回
        CarStatus status = new CarStatus(anotherCar.speed, anotherCar.
        direction);
        return status;
    }
    // 判断一辆车的状态是不是合法（现在我们只看一辆车是不是超速了）
    public boolean isLegalCarStatus(CarStatus status) {
        if (status.speed <= 80) {
            // 判断汽车是否超速, 其实在这里仅仅用到了 CarStatus 里的 speed 属性
```

```
                return true;
            } else {
                return false;
            }
        }
        // 将车的速度改为一个非负的值
        public void setSpeed(int p_speed){
            if(p_speed < 0){
                    // 如果新的速度是小于 0 的，打印出错信息并使用 return 语句退出方法
                    System.out.println("汽车速度不能为负值，方法将退出。");
                    return;
            }
            this.speed = p_speed;
            // 如果速度是非负数，则将汽车速度设置为新的值
        }
        public void printCarRunningMessage(){
            System.out.print("车名为"" + this.name +
                            ""的汽车行驶速度为：");
            System.out.print(this.speed);
            System.out.println("，汽车行驶方向为："" +
                            this.direction + """);
        }
    }
```

Car 源码

为了更好地理解例程，先把 Car 类从头到尾写一遍，边写边想 Car 类里面的每一个方法的定义、参数传递、返回值定义、return 语句的使用等是不是都理解了。然后看一下两个重载的 raiseSpeed()方法，比较一下它们的签名，然后想一下 Java 重载的类型匹配规则。如果有不明白的地方，马上折回去看相应的内容。

7.10.2　使用例程将本章的知识穿起来

理解了 Car 类中的各个方法之后，下面将使用例程序模拟下面的过程。

（1）首先，有一辆普通（normalCar）的车以 55 的速度向"菜市场"方向行驶。然后半路杀出个疯狂赛车（crazyCar），开始以 65 的速度向"赛车场"方向行驶，接着它超过了普通车，可是它觉得不过瘾，使用 byte 做参数提速，之后又一次使用 int 做参数提速。

（2）这时候出现了一辆交通管理车（trafficAdminCar），首先它先对普通车进行了例行检查（得到其状态，并且判断其状态是否合法），普通车顺利通过了检查，交通管理车通过 setNameForAnotherCar()方法将普通车的名字改为"驾车典范"。

（3）然后交通管理车又尝试对疯狂赛车进行例行检查，结果发现它超速，疯狂赛车也知道事情不妙，想调用 stopAnotherCar()来让交通管理车停下，结果因为疯狂赛车的 isTrafficAdmin 属性值为 false，所以没有得逞，交通管理车行使自己的权利，调用 stopAnotherCar()使得疯狂赛车停下，并且调用 setNameForAnotherCar()方法将疯狂赛车的名字改为"疯狂超速车"。最后，普通车到达了"菜市场"通过调用 setSpeed()方法，将自己的速度设置为 0。我们模拟的整个过程也结束了。

现在为止，我们的程序对时间还没有概念，所以在用程序描述这个过程的时候，先不要去理会一辆车行驶了多久，只要将这个过程的先后顺序用程序表达出来就好了。读者可以先自己尝试一下将这个过程描述出来，先不要去看下面给出的程序，自己写出来以后和

下面的程序比对一下，看看有什么不一样的地方。

下面给出测试程序的代码。

```java
public class TestManyMethod {
    public static void main(String[] args) {
        Car normalCar = new Car("普通车","白色");
                    // 首先是一辆普通车，以 55 的速度向 "菜市场" 行驶
        normalCar.setSpeedAndDirection(55, "菜市场");
        normalCar.printCarRunningMessage();        // 输出汽车信息
        Car crazyCar = new Car("疯狂赛车","黑色");
                    // 然后是一辆疯狂赛车，开始很老实，以 35 的速度向 "赛车场" 行驶
        crazyCar.setSpeedAndDirection(35, "赛车场");
        crazyCar.printCarRunningMessage();        // 输出汽车信息
        crazyCar.overtakeCar(normalCar);// 疯狂赛车超车了,方向也变成了"菜市场"
        crazyCar.printCarRunningMessage();        // 输出汽车信息
        crazyCar.raiseSpeed((byte)50);  // 使用 byte 做参数的 raiseSpeed
        crazyCar.printCarRunningMessage();        // 输出汽车信息
        crazyCar.raiseSpeed((byte)55);  // 使用 int 做参数的 raiseSpeed
        Car trafficAdmin = new Car("汽车管理员","红色",true);// 汽车管理员登场
        trafficAdmin.setSpeedAndDirection(55, "交通管理中心");
        CarStatus normalStatus =
            trafficAdmin.getAnotherCarStatus(normalCar);
                                // 得到 normalCar 的状态
        boolean isLegal =
            trafficAdmin.isLegalCarStatus(normalStatus);
                                // 根据 normalStatus 判断车的状态是否合法
        if(isLegal){                // 如果合法就为它改名字
            trafficAdmin.setNameForAnotherCar(normalCar, "驾车典范");
        }
        normalCar.printCarRunningMessage();             // 输出汽车信息

        CarStatus crazyStatus =
            trafficAdmin.getAnotherCarStatus(crazyCar);
                                // 得到 crazyCar 的状态
        isLegal = trafficAdmin.isLegalCarStatus(crazyStatus);
                                // 根据 crazyStatus 判断车的状态是否合法
        crazyCar.stopAnotherCar(trafficAdmin);
                                // crazyCar 尝试让交通管理车停下，失败
        if(!isLegal){            // 若状态不合法则改它的名字并让它停下
            trafficAdmin.setNameForAnotherCar(crazyCar, "疯狂超速车");
            trafficAdmin.stopAnotherCar(crazyCar);
            crazyCar.printCarRunningMessage();
            // 输出汽车信息
        }
        normalCar.setSpeed(0);
        // 普通车到了 "菜市场"，停车
        normalCar.printCarRunningMessage();
        // 输出汽车信息
    }
}
```

TestManyMethod 源码

运行程序，输出如下：

车名为 "普通车" 的汽车行驶速度为：55，汽车行驶方向为："菜市场"
车名为 "疯狂赛车" 的汽车行驶速度为：35，汽车行驶方向为："赛车场"
车名为 "疯狂赛车" 的汽车行驶速度为：60，汽车行驶方向为："菜市场"

车名为"疯狂赛车"的汽车行驶速度为：110，汽车行驶方向为："菜市场"
车名为"驾车典范"的汽车行驶速度为：55，汽车行驶方向为："菜市场"
你不是交通管理员，无权调用此方法！
车名为"疯狂超速车"的汽车行驶速度为：0，汽车行驶方向为："菜市场"
车名为"驾车典范"的汽车行驶速度为：0，汽车行驶方向为："菜市场"

我们要对程序的流程有一个清楚的认识，知道每一行程序发生了什么事情，还需要找出每一个数据变化的原因，如发现自己想的和输出不一样，马上去前面的章节翻看一下找找原因。这里就不赘述这个过程了，相信大家一定能够找到答案。

其实 Car 类中还有很多方法在测试程序中没有使用，现在大家可以发挥自己的想象力，构造一个更复杂的过程，用程序表现出来。让程序的运行结果来印证自己的猜想是否正确，这是一个学习编程的好方法。

使用一个方法来给属性赋值而不是直接赋值是一个好习惯。例如 setSpeed()方法，也可以直接通过 myCar.speed = newSpeed;来设置车速，但是这样就没有对 newSpeed 的合理性进行判断，如果 newSpeed 的值小于 0，myCar 的 speed 属性值也将小于 0，而如果使用 setSpeed()方法则不会发生这种情况，因为 setSpeed()方法将会对参数进行判断，然后在参数不小于 0 的情况下才会将值赋给 speed 属性。方法的使用是灵活多变的，以后在编程中会体会到。

❑ 编写程序印证自己的猜想是学习语言最有效的方法之一。程序从来不说谎。
❑ 在编程中多多体会方法的灵活多变型。

7.11　小结：多方位理解 Java 方法

本章已经详细叙述了 Java 方法的方方面面。本节将对 Java 方法做一个总结性的归纳，尝试从不同的角度去理解 Java 方法。

本章中我们一起对 Java 的方法有了一个比较全面的认识。现在也许还有些疑问。可以说本章中的内容值得我们去再次读一遍，以加深记忆。章节中的小程序写一遍和写两遍的作用绝对是不一样的，开始学 Java 就是要抄程序，为的是培养自己驾驭语言的能力。现在我们可能看到几行或者十几行程序就有点晕晕的了，不知道从哪里着眼，等程序写得多了看得多了时，就可以思路清晰、心情愉快地在一个几万行代码的项目中自由穿梭了。

属性和方法是一个类最重要的组成部分。属性代表数据，方法代表功能。两者组合在一起就可以完成一定的事情。本章中的方法和例程的目的主要是帮助大家去理解 Java 方法和讲解相关的语法。所以本章中的方法都很简单，大家可能体会不到什么有意思的东西。不着急，本书第 3 部分将会带领大家构造一个又一个绝对有意思的程序。

在大家对方法没有任何概念的时候，笔者尽量以简单的方式让大家先理解方法。本章中，Java 方法是来自于对现实中 Car 这一类物体功能的抽象。下面再尝试从其他几个角度去看方法。

1．单个的方法是处理数据的代码块

其实撇开现实中对应的物体，还可以将 Java 方法理解为对数据的处理。其实从另一个

角度来看，程序的核心功能就是处理数据。当然处理数据的过程需要逻辑思维。例如，在 raiseSpeed()方法中改变了 speed 的值，大家必须知道这是什么意思。方法简单来说，就是对一些已知的数值（这些数值来自于参数和实例变量）进行处理，并在需要的时候返回一个值。其中处理才是重点。如何正确地处理这些数据，需要一个人发挥自己的思维能力。

2. 方法是用来重（chóng）用的

其实，方法调用就是在调用方法的地方重用被调用方法体的代码。所以，同样地，当我们自己写程序的时候，如果发现某些处理过程是相似的，就可以多动动脑筋将这个过程抽象成一个方法。

就好像最后一节讲的构造方法一样，我们发现两个构造方法都是给变量赋值，那么就重用有参数的那个。这样的好处首先就是代码量减少了，在完成相同功能的前提下，代码量越少，程序员功力越是高深；其次，如果以后要对两个属性的值进行约束，那么只需要在一个方法内进行判断处理就可以了，而不用两个都去判断，这样的好处就是减少了出错的几率。

3. 将方法组织起来，就是一个系统

世界就是这样，简单的东西在更高层次上进行组合，就会有千变万化的功能。平面几何靠自己的 5 个公理，构建出一个庞大的体系，靠的就是公理推定理这么一步步地推导。相似的道理，虽然 Java 中可以有无数方法，但是 Java 中绝大多数方法都是很简单、很容易理解的。就是使用这些方法，我们才用 Java 构建出无数个功能复杂的系统。

从某个角度来说，方法是用来被调用的。如何使用一个方法也是技巧。举例来说，两个人玩星际这个游戏，都用人族。对于两个人来说，人族的兵种、建筑等都是一样的。谁能胜过谁看的是本事而不是人族这个工具。一样的道理，如何使用方法和处理数据也是一个人编程功力的体现。别看一个小小 int，其中也有十几页纸说不完的事情（不是夸张哦）。驾驭一门语言的能力，一看对这门语言的语法的熟悉程度，二是看自己的编程思维能力，而这两者都是需要靠多写程序来进行锻炼的。想想那些职业的星际玩家，看看他们对战的录像，简直就是意识超前、操作精准，思维清晰、把握全局、决定果断。我们知道这一切肯定是在成千上万次实战中磨炼出来的。学习 Java 也是一样的，唯有多想、多写，才能以最快的速度驾驭 Java 这门语言。

在上面的 Car 类中，之所以把 Car 类的实例的默认名字定为"Java 护航者"而不是"Java 领航者"，原因就是没有任何一本书可以自称是"Java 领航者"，只有自己才是学习 Java 的"Java 领航者"。编程是需要实践的，再多的书，无论书写得多么好，都不能取代自己多练习写程序这个过程。不要怕出错，犯错误后找出原因就是成长和收获。笔者这本书，是力争成为 Java 学习路上的"Java 护航者"，让 Java 学习之路一帆风顺。

本章学习了方法的相关内容，方法是类中的重要组成成员。可以说，类中声明的变量都是为方法服务的。现在大家对类的认识又丰富了一层，现在的类看来已经是比较丰富多彩的了。可以说，现在对类的认识已经达到了 45%。还不到一半？没错，关于类，还有很重要的部分大家还没有接触。但是不着急，第 8 章先来接触一个轻松的话题——包。

7.12 习　　题

1．扩展第 6 章习题中的 Book 类，给类中添加两个构造方法。一个构造方法不接受任何参数，给 3 个属性赋初始值；另一个构造方法有 3 个参数，分别用来给 3 个属性赋值。

2．扩展第 6 章习题中的 Book 类，给类中每个属性添加得到属性值和设置属性值的方法。比如，对于 bookName() 方法，应该添加一个 getBookName() 方法，用来返回 bookName 属性的值；还要添加一个 setBookName() 的方法，用来设置 bookName 属性的值。

3．使用第 2 题中添加的方法，创建 Book 类的对象，然后给 Book 类的属性赋值，最后将属性值输出到控制台。

第 8 章　Java 中的包（Package）命名、习惯和注释

通过第 6 章和第 7 章，我们学习了类和方法。在第 6 章关于类的存放位置的内容中，UseCar 类使用到了 Car 类。当时我们必须把这两个类的源文件放在一起，才能使得 Java 编译器能够在编译 UseCar 类的时候找到 Car 类的源文件并一同编译。这种把所有的文件都放在同一个目录下的方式会显得很没条理，而且也不灵活。本章就专门学习一下如何更加有条理地组织源文件。

紧接着，我们会讲述两个更加简单的主题：命名习惯和 Java 中的注释。其实每次学习到一个需要命名的地方（如变量），我们都会简单描述一下它的命名习惯。但是这些内容都分散在不同的章节中，而且为了专注于章节的主要内容，命名习惯相关的内容一般都是被一笔带过的。现在则有必要把这些命名规则重新学习一下。

Java 中有 3 种格式的注释，前面学习并使用过的"双斜线"格式的注释，只能够用于向源代码添加单行的注释。因为语法简单，且很多时候注释只需要一行，所以它是程序中使用最多的一种注释。本章中将学习另外两种注释。

本章内容相对简单，没有抽象的需要理解的内容。我们来放松地学吧☺。

8.1　Java 中的包（Package）

通过前面章节的学习可以知道，Java 类必须放置在*.java 文件中。之前都是直接将所有的*.java 源文件放在同一个目录下，这样难免显得很乱。本节中将学习如何使用 Java 中的包和如何将类放置在不同的包中。

8.1.1　Java 中的包

为了将源文件更好地组织起来，Java 中的类可以存放到不同的文件夹中。Java 中用于存放源文件的文件夹叫做包（Package）。

Java 要求一个包的名字必须是符合 Java 标识符规定的名字，否则一个文件夹是不能作为包的。在我们的文件系统中（也就是磁盘上），包的存在形式就是一个普通的文件夹。Java 中的包内可以包含源文件，也可以包含其他的包。这点与文件夹也是类似的。可以认为 Java 中的包就是有着符合标识符规定的文件夹。

我们知道，对于一个文件夹，它有自己的名字，也有自己的全路径名字。例如在 Windows

8.1操作系统中，"C:\Program Files\"文件夹下有个叫做 Messenger 的文件夹。那么，Messenger 文件夹的名字就是 Messenger，它的全路径名就是"C:\Program Files\Messenger"。

Java 中的包也是类似的。包名我们不必多说。对于包的全路径名，它有一个专门的名称叫做"全限定名"，其实意思是一样的。包的全限定名不是从磁盘根目录开始的，而是从源代码的根目录开始的。源代码的根目录是我们人为规定的一个目录，这个目录下是专门用来存放 Java 源文件的。对于包的全路径名，间隔符号也不是常见的斜杠（/）和反斜杠（\），而是点号"."。例如，我们源代码的根目录中有一个叫做 container 的包，这个包中又含有一个叫做 items 的包，那么包 items 的全限定名就是 container.items。

关于包的知识先学到这里，下面以 Eclipse 为例，演示一下如何使用包。

❑　Java 中的包名必须是一个合法的标识符。

❑　包的全限定名是从源代码的根目录开始，以点号"."作为分隔符的。

8.1.2　在 Eclipse 中使用包

首先需要按照第 2 章中讲述的步骤，创建一个新的项目（Project）。然后开始规划类的目录结构。还是以汽车为例子。假设现在有 3 种汽车 Car、Bus 和 RaceCar。我们想把 Car 和 Bus 放在一个名为 common 的包中，然后把 RaceCar 放在 common 包内的另一个名为 special 的包中。这样，common 包中就既有源文件又有其他包了。

规划完毕后开始实施。本章主要学习包的使用。所以在这里假设这 3 个类的主体都是一样的，只是类名不一样。Car 类的代码与第 7 章中用到的相同。

（1）现在将新建的项目的树目录打开，可以看到类似如图 8-1 的结构。

其中 src 目录就是我们所说的"源代码的根目录"。在前面所有的章节中，所有的源代码都是直接放在这个根目录中的。

（2）下面在根目录中创建一个包。右击 src 目录，在弹出的快捷菜单中选择 New|Package 命令，在弹出的 New Java Package 对话框的 Name 属性里填上给包起的名字，如图 8-2 所示。

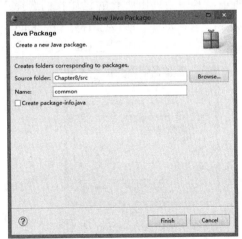

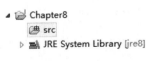

图 8-1　项目的结构　　　　　　　　　图 8-2　New Java Package 对话框

（3）单击 Finish 按钮，这样就成功创建出了一个包。这时候，项目的结构中也能够看到刚才新加入的包，如图 8-3 所示。

（4）为了将 Car 类和 Bus 类创建在 common 包中，使用光标右击 common 包，在弹出的快捷菜单中选择 New|Class 命令。在弹出的 New Java Class 对话框中，我们注意到 Package 属性的值就是 common，如图 8-4 所示。然后在 Name 属性中输入类名 Car。单击 Finish 按钮，就完成了在一个包中创建一个类的过程。

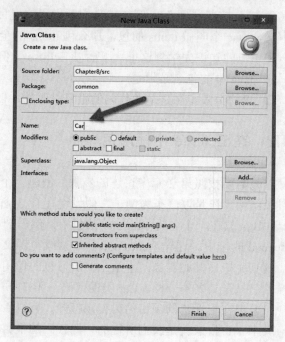

▲ 🗁 Chapter8
　▲ 🎏 src
　　　⊞ common
　　▷ 📚 JRE System Library [jre8]

图 8-3　添加了 common 包的项目　　　　　图 8-4　在包中添加一个类

如果发现 New Java Class 对话框中 Package 的属性值不是我们想要的 common，可以单击 Package 文本条后面的 Browse…按钮。这时候会弹出一个 Package Selection 对话框，如图 8-5 所示，其中会列出所有的包让我们选择。选择想要的 common 包，然后单击 Finish 按钮会发现，New Java Class 对话框中 Package 的属性值会改变为我们选择的包名。

成功地在 common 包中创建 Car 类后，我们的项目树会变成如图 8-6 所示。

图 8-5　Package Selection 对话框

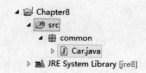

▲ 🗁 Chapter8
　▲ 🎏 src
　　▲ ⊞ common
　　　▷ 📄 Car.java
　　▷ 📚 JRE System Library [jre8]

图 8-6　在 common 包中增加 Car 类

（5）紧接着，以同样的方式在 common 包中添加 Bus 类。

好，下一步在 common 包内创建 special 包。右击 src 目录，在弹出的快捷菜单中选择

New|Package 命令。在弹出的 New Java Package 对话框的 Name 属性里填上包的全限定名，也就是 common.special，如图 8-7 所示。然后单击 Finish 按钮完成包的创建。

（6）然后再按与添加 Car 类同样的方式向 common.special 中添加 RaceCar 类。注意，为了向 common.special 中添加类，New Java Class 对话框中 Package 的属性值应该为 common.special。如果不是，可以手工输入，或者通过 Package Selection 对话框来选择。添加完毕后，整个项目的树目录结构应该如图 8-8 所示。

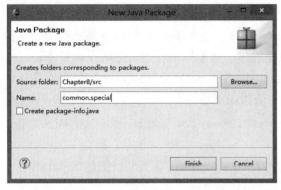

图 8-7　在 common 包中增加 special 包　　　　图 8-8　大功告成后项目的树目录结构图

好，到这里包和文件就创建完毕了。

在这里我们看到的包的结构与平时看到的 Windows 8.1 中的树目录结构有所不同。Eclipse 将每个包的全限定名平行排放，然后在包的全限定名下列出包中的类。这种包的外观形式在 Eclipse 中叫做 Flat。我们熟悉的那种类似 Windows 8.1 中的树目录的外观形式叫做 Hierarchical。可以通过 Eclipse 中 Package Explorer 提供的选项切换为 Hierarchical 外观。在 Package Explorer 的右端，有一个向下的箭头，单击此箭头，会弹出如图 8-9 所示的菜单，选择 Package Presentation|Hierarchical 选项。

然后我们会发现项目的树目录更改为了熟悉的形式，如图 8-10 所示。

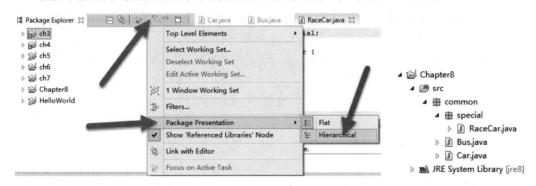

图 8-9　更改 Package Explorer 中的包外观形式　　　图 8-10　Hierarchical 外观形式

8.1.3　天上掉下个 Package

下面开始编写类的源代码。首先在 Eclipse 中打开 Car 类。

```
package common;
public class Car {
}
```

这时会发现类的开头多出了一句 package common;。它出现在类的主体之外。这句话是什么意思呢？大家知道，Car 类是在包 common 中的。类开头这句话的意思就是在源代码中标注这一点。package 是 Java 中的关键字，作用就是用来声明一个类所在的包。对于我们的 Car 类来说，package common;的意思就是声明 Car 类所在的包的全限定名是 common。

不要小看这句话，没了这句话，Car 类就是错误的了。因为 Java 要求类需要在源代码的第一行使用 package 语句标记出其所在的包，如果标记与类实际所在的包不符，Java 编译器将会给出一个错误。可以尝试将 common;改为 package commontest，保存源代码，然后 Eclipse 的 Problems 视图中将会给出一条错误信息。

```
The declared package "commontest" does not match the expected package
"common"
```

这个错误的意思就是 Car 类声明的包是 commontest，这与期待的包名 common 不符。通过上面的代码可以知道，package 语句的格式如下：

package + 空格 + 类所在的包的全限定名 + ;

那为什么之前的类中没有遇到 package 关键字呢？因为我们之前的所有类都是直接放在源代码根目录下的，所以它的包名是空。我们把这种空的包称为 default package（图 6-6 中我们也能看到这个包名）。对于在 default package 中的包，Java 规定不使用 package 语句标示出其所在的包，所以我们之前都没有遇到这个问题。

打开类 RaceCar 的源文件后，源文件的第一行就是 package common.special;。它表示类 RaceCar 是在包 common.special 中的。同样可以试一下修改 common.special 为别的值，保存源文件后，会在 Problems 视图中看到相应的错误。

这些 package 语句是 Eclipse 在创建类的时候，根据类所在的包的全限定名自动添加到类的源代码中的。否则，我们需要自己去把包名输入到源文件中去。Eclipse 又帮我们省去了一件繁琐的事情。后面大家会慢慢发现 Eclipse 更多的功能。

❑ package 语句用来标识类所在的包。这必须与源文件实际所在的包一样，否则 Eclipse 将会给出一个错误。

❑ Package 语句的格式是：package + 空格 + 类所在的包的全限定名 +;。

8.1.4　包带来了什么？

现在，熟悉了 Java 中包的使用，也知道了对于不在 default package 包中的类都需要使用 package 语句标识出类所在的包的全限定名。包带来的好处是显而易见的：它让类的结构更加清晰和有条理，可以根据类的不同用途将它们放在不同的包内。

同时引入了包后，还可以在不同的包中创建类名相同的类。例如，在上面的项目中，如果想在 common 包中也添加一个 RaceCar 类可不可以呢？答案是肯定的。可以通过前面讲述的方式向 common 包中也添加一个 RaceCar 类。

添加完毕后，整个项目的树状结构如图 8-11 所示。

图 8-11　在 common 包中添加 RaceCar 类

现在就有问题了。如何辨别这两个 RaceCar 类呢？这时候只用类名已经无法分辨这两个类了。其实 Java 中的类也有全限定名，这个名字格式如下：

类所在的包的全限定名字 + . + 类名

对于在 common 包中的 RaceCar 类，它的全限定名就是 common.RaceCar。对于在 common.special 包中的 RaceCar 类，它的全限定名就是 common.special. RaceCar。通过使用类的全限定名字，就可以唯一地确定一个类了。

对于不在同一个包中的类，必须通过类的全限定名来使用它。例如，当我们想在 common.special 包中的 RaceCar 类里添加一个 Car 类的引用作为其属性，那么 common.special.RaceCar 类的源代码应该修改为如下这种形式。

```
package common.special;
public class RaceCar {
    common.Car car;
}
```

在这里，为了能够让 Java 编译器找到 common.Car 类，需要使用 common.Car 而不能简单地使用 Car。同样，在创建类的对象时，也要使用类的全限定名，看下面的代码。

```
package common.special;
public class RaceCar {
    common.Car car = new common.Car();
}
```

全限定名仅仅与类相关，用于告诉 Java 编译器程序中使用的到底是哪一个类。例如上面的例子中，全限定名 common.Car 就明确地告诉 Java 编译器这里使用的类是源代码根目录下的 common 包中的 Car 类。

类的全限定名与引用没有任何关系。所以对 car 引用的使用与不使用包是没有变化的。只是在创建引用和创建对象的时候麻烦了一些。

这里有一种情况可以省略类的全限定名：一个类使用在同一个包中的其他类。例如，因为 common.Car 类和 common.RaceCar 类在同一个包中，所以当在 common.RaceCar 中使用 common.Car 类的时候，则无须使用 import 语句，请看下面的代码。

```
package common;
public class RaceCar {
    Car car;
}
```

好，包和类的全限定名已经学习得差不多了，现在继续下一个话题：源文件编译。如果现在想要通过命令行编译包中的源文件，则需要在命令行中进入源代码的根目录（也就是项目中 src 对应的目录），然后通过如下的格式对源代码进行编译。

"剩余路径名" + "\" + 源文件名字

如果要对 common.special 中的 RaceCar 类进行编译，那么要先进入 src 目录下，然后使用如下命令编译：

```
javac common\special\RaceCar.java
```

如果进入 common\special 目录下执行如下命令。

```
javac RaceCar.java
```

则会得到如下错误：

```
RaceCar.java:4: 错误: 找不到符号
      common.Car car;
            ^
  符号:   类 Car
  位置: 程序包 common
1 个错误
```

错误的意思是无法找到 common.Car 类。

关于 package 语句的位置大家需要特别注意一下。package 语句必须是程序中有效代码（除了注释和空行之外的代码）的第一行，也就是说，下面的代码是允许的。

```
// 一行注释

package common;
public class RaceCar {
    Car car;
}
```

但是下面的代码就是错误的了，因为 package 语句不是类中有效代码的第一行。

```
public class RaceCar {
    Car car;
}
package common;
```

看来包带来的不仅仅是好处，也带来了一点点麻烦。但是如果使用 Eclipse，这些小麻烦都会被 Eclipse 处理掉。

❑ 不同的包中可以有同名的类。

❑ 类的全限定名是：类所在的包的全限定名字 + . + 类名。

❑ 使用包中的类时都是要使用类的全限定名，包括创建类的引用和创建类的对象等。使用类的引用则与全限定名没有任何关系。

❑ 对于在同一个包中的类，可以省略类全限定名中的包名。

❑ 当编译包中的类时，需要进入源代码的根目录，然后根据类源文件的路径和源文件名进行编译，否则 Java 编译器将找不到其中用到的其他包中的类。

8.2　import 语句：化繁为简

通过 8.1 节的学习，我们发现虽然通过包将类组织起来会让源代码的结构更加清晰，但是在使用包中的类时，却要通过类的全限定名，这多少给程序带来了些许不便。本节将来学习使用 import 语句将繁琐降至最低点。

8.2.1　import 语句

import 是 Java 中的关键字，用于提供给 Java 编译器"类中使用到的其他类的寻找位置"。单词 import 的意思是"引入，导入"。在 Java 中，它的意思就是"引入其他的类"。

好，下面来学习一下 import 语句的使用。在 8.1 节中构建的项目中，新建一个叫做 useimport 的包，然后在包中创建一个名为 UseImport 的类，假设在类中要使用 common.Car 类，那么 UseImport 的源代码可以为下面的内容。

```
package useimport;
import common.Car;
public class UseImport {
    Car refToCommonDotCar = new Car();
}
```

程序的第 1 行是 8.1 节中学习过的 package 语句。它标志着这个类是在名为 useimport 的包中。紧接着源代码的第 2 行就是我们要学习的 import 语句，其语法如下：

```
import + 空格 + 类全限定名 + ;
```

它的作用是：在 Java 编译器编译类的时候（在这里就是指编译 useimport.UseImport 类），当遇到类中使用到了一个没有包含全限定名的类（如上例中 Car refToCommonDotCar 就使用了没有指定全限定名的 Car 类）时，会先去 import 语句中寻找被预先"引入"的类。如果找得到，Java 编译器则会认为那个没有使用全限定名的类（例程中的 Car）类就是 import 语句中引入的类（common.Car 类）。所以，在上面的例程中，Car refToCommonDotCar 中的 Car 类就是指的 import 语句中预先引入的 common.Car 类。

也就是说，import 语句实际上起到的是一种"预先引入，一劳永逸"的作用。在上面的例程中，我们通过 import 语句事先引入了 common.Car 类，然后在 useimport .UseImport 类的代码中，就可以简单使用 Car 类的名字来指代其全限定名 common.Car 了。

一个源程序代码中可以包含多个 import 语句。如果我们想在 UseImport 类中使用 common.Car 类和 common.Bus 类，那么可以通过给 UseImport 类添加两个 import 语句来避免在 UseImport 类的主体中使用类的全限定名，代码如下：

```
package useimport;
import common.Bus;
import common.Car;
public class UseImport {
    Car refToCommonDotCar = new Car();
    Bus refToCommonDotBus = new Bus();
}
```

好，理解了 import 语句的作用后，笔者再提醒一下，package 语句必须是源文件中有效代码的第 1 行。import 语句当然是类的有效代码，也就是说，如果把 import 语句放在 package 语句的前面，像下面的例程那样：

```
import common.Car;
package useimport;                // 错误! package 语句不能放在 import 语句的后面
public class UseImport {
    Car refToCommonDotCar = new Car();
}
```

则代码是错误的。

本节中学习了 import 语句的一种使用方法,但是我们发现,当需要用到很多外部类时,如果对于每个使用到的外部类都需要用一条 import 语句引入进来,那么还是很繁琐的。有没有别的好办法呢? 看 8.2.2 节。

- ❑ import 语句的一种使用语法是: import + 空格 + 类全限定名 +;。
- ❑ 在源代码中通过使用 import 语句预先引入的类的全限定名,可以在使用这些类直接使用类名而无须使用类的全限定名。
- ❑ 源文件中的 import 语句可以有多个。

8.2.2　一网打尽包中所有类

回到 8.2.1 节最后提出的问题。Java 中的 package 语句还有另一种类似的语法,可以用来将一个包中所有的类一起引入进来。这样,当使用到一个包中的多个类时,就不必一个个地输入 import 语句了。这种语法的格式如下:

```
import + 空格 + 包的全限定名 + . + * + ;
```

🔍提示:在计算机中,星号是很常用的一个符号,它代表"所有"。

下面在 useimport 包中新建一个叫做 UseImportII 的类,我们要在这个类中使用 common 包中的 RaceCar 类和 Car 类。那么 UseImportII 的源代码可以如下:

```
package useimport;
import common.*;
public class UseImportII {
    Car refToCommonDotCar = new Car();
    RaceCar refToCommonDotRaceCar = new RaceCar();
}
```

其中第 2 行 import common.*;就是本节中要学习的 import 语句的第 2 种语法形式。通过这个 import 语句,就可以使用 common 包中的所有类了,包括已经用到的 RaceCar 类和 Car 类,也包括没有用到的 Bus 类。

import 语句的两种语法可以在类中同时使用。

在这里,大家需要特别注意的是:此语法仅仅是用来引入包中的所有类,对于此包中的子包中的类则没有引入。也就是说,import common.*;引入的类就是 3 个:common.RaceCar 类,common.Car 和 common.Bus 类,却没有引入 common 的子包 special 中的 common.special. RaceCar 类。

- ❑ 通过 package 语句引入一个包中所有类的语法是: import + 空格 + 包的全限定名 + . + * +;。
- ❑ import 语句的两种语法可以在类中同时使用。
- ❑ 使用 import 引入一个包中的所有类,这里的所有类不包含类的子包中的类。

8.2.3　import 语句带来的小问题

前面学习了 import 语句的两种语法。但是 import 语句也有可能给我们带来一个小问题。首先看下面的源代码。

```
package useimport;
import common.*;
import common.special.*;
public class UseImportIII {
}
```

在类 UseImportIII 中，我们使用了两个 import 语句将两个包中的所有类都引入了进来，包括：common.RaceCar 类、common.Car 类、common.Bus 类和 common.special.RaceCar 类。我们发现，有两个 RaceCar 类被引入了进来。但是没关系，Java 允许两个使用 import 的第 2 种语法的 import 语句引入类名重复的类。

但是 Java 不允许两个使用第 1 种语法的 import 语句同时引入两个名字相同的类，也就是说下面的代码是错误的。

```
package useimport;
import common.special.RaceCar;
import common.RaceCar;                    // 冲突
public class UseImportIV {
}
```

对于类 UseImportIV，Eclipse 的 Problems 视图会给出错误：The import common.RaceCar collides with another import statement。错误的意思就是 import common.RaceCar 与另一个 import 语句（也就是 import common.special.RaceCar）冲突。

Java 允许一个使用第 1 种语法的 import 语句和一个使用第 2 种语法的 import 语句引入类名相同的类，也就是说下面的代码是正确的。

```
package useimport;
import common.*;
import common.special.RaceCar;
public class UseImportV {
}
```

好的，下面假设我们要在类 UseImportIII 和 UseImportV 类中使用类 common.special.RaceCar，应该怎么办呢？

在类 UseImportIII 中，因为两个 import 语句都包含有名字为 RaceCar 的类，所以，如果直接在类中使用类名 RaceCar，Java 编译器则会找到两个匹配的全限定类名 common.special.RaceCar 和 common.RaceCar（注意，import 语句的前后顺序是没关系的）。这时候 Eclipse 的 Problems 视图就会给出一个错误：The type RaceCar is ambiguous。错误的意思就是无法确定 RaceCar 的全限定名到底是哪一个。

所以需要在 UseImportIII 中使用到 RaceCar 的地方使用全限定名。

```
package useimport;
import common.*;
import common.special.*;
public class UseImportIII {
    common.special.RaceCar test;          // 使用全限定名确定 RaceCar 类
```

}

好，继续看类 UseImportV 中。当第 1 种 import 语句引入的类与第 2 种 import 语句引入的类都是同一个类的时候，Java 编译器会优先处理使用第 1 种 import 语句的（因为第 1 种 import 语法比较专一☺）。也就是说，在类 UseImportV 中，虽然 import common.*;和 import common.special.RaceCar;都同时引入了名为 RaceCar 的类，但是 Java 编译器会优先选择 import common.special.RaceCar;。所以在类 UseImportV 的主体中，Java 编译器会认为 RaceCar 类就是 common.special.RaceCar 类，而如果需要使用 common.RaceCar 类，则必须得在类 UseImportV 的主体中使用其全限定名，修改后的 UseImportV 中同时使用了 common.RaceCar 类和 common.special.RaceCar 类。

```
package useimport;
import common.*;
import common.special.RaceCar;
public class UseImportV {
    RaceCar refToCommonDotSpecialDotRaceCar;
                                        // 类 common.special.RaceCar 的引用
    common.RaceCar refToCommonDotRaceCar; // 类 common.RaceCar 的引用
}
```

通过上面的分析可知：refToCommonDotSpecialDotRaceCar 是类 common.special.RaceCar 的引用；refToCommonDotRaceCar 是类 common.RaceCar 的引用。

回到类 UseImportIII，因为使用第 1 种语法引入的类的优先级高于第 2 种格式，所以也可以给 UseImportIII 增加一个使用第 1 种语法的 import 语句，来告诉编译器类主体中的 RaceCar 代表的是类 common.special.RaceCar，看 UseImportVI 类的代码。

```
package useimport;
import common.*;
import common.special.*;
import common.special.RaceCar;
                    // 类主体中的 RaceCar 代表类 common.special.RaceCar
public class UseImportVI {
    RaceCar refToCommonDotSpecialDotRaceCar;
                    // 类 common.special.RaceCar 的引用
}
```

❑ Java 编译器不允许在同一个源文件中存在两个或者多个,使用第 1 种语法的 import 语句引入类名相同的类。

❑ 如果第 1 种语法的 import 语句引入的类和第 2 种 import 语句引入的类有冲突（类 UseImportV），Java 编译器会采用第 1 种 import 语法结构引入的类。

8.2.4　默认引入的包

记得在第一个例程中就使用到了 String 类，它明显不在默认包中。为什么我们没有使用 import 语句将它引入进来就可以直接使用了呢？原因是 Java 编译器会默认地给每个类添加一个 import 语句，用来引入最基本的类。

```
import java.lang.*;
```

lang 在这里就是 language 的缩写。java.lang 包中包含的类都是 Java 语言中最基础的类。

这些类几乎每段代码都在使用，所以 Java 编译器才会默认地将包中的类引入，免去每次添加 import 语句的麻烦。除了 String 类之外，System 类也是这个包中的类。这个包中还包含其他很多常用的类，在以后接触到的时候会做解释。

❑ Java 编译器会默认引入 java.lang 包中的所有类。

8.3　命名习惯大回顾

本节不涉及任何语法知识，只是一种命名习惯。

在第 3 章中，我们接触了标识符的概念。然后标识符被用于给很多东西起名字，如变量名（包括局部变量名和成员变量名）、类名、方法名、参数名和包名。它们除了必须是合法的标识符外，还有一些习惯命名规则，在这里我们回顾一下。

1．局部变量名（Local Variable Name）

❑ 局部变量名一般不包含动词，可以由多个单词组成，第一个单词的首字母小写。变量名最好能够突出这个变量的作用，如 myCar、counter、username、password 和 propValue 等。

❑ 如不能够突出变量的作用，则应该表现出变量的类型，例如对于 Car 类的引用，可以命名为 car；对于 String 类的引用，可以命名为 str、str1 等。

❑ 数组名字后面最好加个 s。对于 Car 类的数组，可以命名为 cars。对于 int 的数组，可以命名为 students。

❑ 对于 for 循环中用于控制循环的变量名，如果变量名不能够表现其作用，则习惯于使用 i、j 和 k。超过 3 层循环的情况比较少，遇到了就自由发挥吧☺。

❑ 对于 boolean 类型的变量名，习惯以 is 开头，如 isTrafficAdmin。

2．成员变量名（Member Variable Name）

成员变量名与局部变量名规则大致相同。为了从变量名上区分一个变量是不是成员变量，可以给成员变量的开头加上一个 m 作为前缀。对于成员变量 color，也可以将它的名字改为 mColor。这里的 m 代表 member。

3．类名（Class Name）

类名习惯上由一个或多个单词构成，每个单词的首字母都大写，如 Car 和 RaceCar 等。类名应该能够表达出这个类的作用。

4．方法名（Method Name）

方法名习惯由一个或者多个单词构成，其中第一个单词首字母小写。方法名应该能够表现出这个方法的功能，一般以动词开头，如 driverCar。

5．参数名（Parameter Name）

参数名与局部变量名规则大致相同。为了从变量名上区分一个变量是不是参数，可以给参数的开头加上一个 p 前缀，如 pSpeed。这里的 p 代表 parameter。

6．包名（Package Name）

包名一般由一个单词构成。包的全限定名应该能够表达出包中的类的作用。本章中最好是把 common 包放在一个叫做 car 的包中，这样全限定名 car.common 就能够表示出 common 包中放的是普通汽车类。

7．命名习惯的作用

好，介绍完这些习惯以后，下面来说下为什么要有这些习惯。简言之，是为了让程序阅读起来容易。具体来说，当我们面对变量 a 时，不知道 a 到底是什么；而当我们面对变量 str 时，至少知道它应该是一个 String 类的引用；当我们面对变量名 username 的时候，能清楚地知道它是用来保存用户名的，而且可以猜测它的类型应该是 String。

同样地，如果一个方法的名字起得很模糊，我们在使用这个方法的时候就会很不知所措，而当面对 driverCar 这个方法的时候，我们知道这个方法是让汽车开动起来的。对于类名也是一样的道理。平时写程序的时候除了应该在需要的时候使用注释来解释程序之外，遵循这些命名规则也是提高程序易读性的好方法。良好的命名规则可以让程序"说话"。

8.4　Java 中的注释

编程语言是一种抽象和逻辑的语言。仅仅养成良好的命名习惯还不足以让程序看起来很轻松，这时候就需要在源代码中使用自然语言来对代码的作用进行解释。这种用于解释源代码作用的文字就叫做注释。

为了区分有效的源代码和注释，向源代码中添加注释需要使用注释专用的语法。Java 中有 3 种注释语法，下面来分别介绍。

8.4.1　使用双斜杠的单行注释

前面已经讲述过使用双斜杠向源代码中添加一行注释。当源代码中出现了两个连续的双斜杠后（被双引号括起来的不算），那么这两个双斜杠以及双斜杠后面直到此行结束的所有内容都是注释的内容。看下面的例程。

```
// 注释可以出现在 package 语句的前面
package comment;
// 当然也可以出现在后面
public class SingleLineComment {
    // 注释可以出现在任何想要的地方
    public static void main(String[] arg) {
        String notComment = "// 这个不是注释";          // 这里才是注释
        System.out.println(notComment);
    }
}
// 甚至可以出现在类主体后面
```

在程序中，我们可以随意在程序的任何地方使用双斜杠开始注释的内容。但是这里需要注意的是，如果双斜杠出现在双引号中，那么这个双斜杠就是字符串的正常内容而不是注释。运行这个例程，输入如下内容：

```
// 这个不是注释
```

8.4.2　多行注释

程序中有时需要很多行注释，这时如果还使用双斜杠就显得太繁琐了。可以使用下面的语法添加多行注释。

```
/* + 一行或多行注释内容 + */
```

如果 Java 源文件中出现了连续的"/*"，那么 Java 会认为后面和下面的内容全部都是注释，空行也不会结束注释，直到遇到一个连续的"*/"。同样地，如果它们出现在双引号中，那么同样会被当作是字符串的内容而不会被当作注释。看下面的例程。

```
/*我们也可以使用这种语法写单行注释*/
package comment;
/*注释从这里开始
 一直到

 这里结束*/
public class MultiLineComment {/* 同样地，这种注释可
以放在任何想要的地方，可以不必从一行的开头*/
}
```

这种注释和单行注释唯一不同的就是语法。

8.4.3　Javadoc 注释

下面要讲述的是一种比较特殊的注释。对于上面的两种注释，它们的作用仅仅是在源代码中添加了说明性文字。对于下面这种格式的注释，Java 平台提供了专门的工具用来将注释内容从源代码中抽取出来，作为文档。首先看这种注释的语法。

```
/** +
 * 一行注释内容
 * …
+ */
```

与前面学习的多行注释最大的不同就是这种注释是以"/**"开头的，然后就是要求每行注释都以"*"开头。看上去没什么特别的，没错，这种注释的特殊性不是在其语法上，而是在 Java 处理它的方式上。使用 Java 平台提供的一个叫做 javadoc.exe 的程序，可以将这些注释以及它注释的主体抽取出来作为程序的文档（html 格式）。

这种语法可以为类、方法、成员变量等生成文档。这种语法的好处是可以在编写源代码的时候一起编写文档内容。文档的作用就是可以使得在不看源代码的情况下对程序的整个组成和功能有一个了解。文档还有很多商业上的作用，这里不再细说。作为一个良好的项目，完整而准确的文档是必不可少的。看下面的例程。

```
package comment;
/**
 * 这里就是 Javadoc 注释，放在类的前面可以用来描述类的内容
 * 这些描述可以用来生成 Javadoc
 */
public class JavaDocComment {
    /**
     * 放在成员变量前面以用来解释成员变量的作用
     */
    int property;
    /**
     * 放在方法前面可以用来对方法添加 Javadoc
     */
    public void testJavadoc() {
    }
    /*
     * 普通的多行注释不会被视为 Javadoc
     */
    public void testCommonComment() {
    }
    /**
     * 放在构造方法前面可以用来说明构造函数
     */
    public JavaDocComment() {
    }
}
```

JavaDocComment 源码

在上面的例程中，分别在类、成员变量、普通方法以及构造函数前面添加了这种注释。在源代码中，可以完全把这种注释与 8.4.2 节中的多行注释等同起来。

对于如何使用 javadoc.exe 生成文档已经超出的本书的范围。为了演示这种注释格式与普通多行注释的不同，我们来使用 Eclipse 中的 Javadoc 视图。

（1）如果 Javadoc 视图没有出现在 Eclipse 的右下部分，可以选择菜单中的 Window|Show View|Javadoc 命令（或者在 other…菜单项中找到 Javadoc），让 Javadoc 视图出现。

（2）然后，将光标移动到方法名 JavadocComment 上，这时会发现 Javadoc 视图中出现了方法名，还出现了我们添加的注释内容，如图 8-12 所示。

可以尝试把光标移动到添加了 Javadoc 注释的其他地方，如类名。这时候 Javadoc 视图就会显示其名字和相应的 Javadoc 的内容。但是，如果把光标移动到方法 testCommonComment 上，则在 Javadoc 视图中不会出现注释的内容。

图 8-12　通过 Javadoc 视图查看 Javadoc 注释

8.5　小结：包让 Java 的类更清晰优雅

本章中我们讲述的"包"是 Java 中一个相对轻松的话题。实际上，程序里的源文件多都是放在包中的，很少有直接放在源代码根目录（也就是 default package）里面。本章之后，我们的例程都会放在不同的包里。和包相关的两个语句是 package 语句和 import 语句。下面重温一下本章中的知识点。

- ❑ 一个 Java 项目中的源代码都是存放在某个目录下的，这个目录叫做源代码的根目录（Eclipse 中的 src 目录）。
- ❑ Java 中的包是用来给源文件分门别类的，包名必须是合法的标识符名。Java 中源代码的包在磁盘上就是一个目录。
- ❑ 包的全限定名是从源代码根目录开始的。包名与包名之间使用点号隔开。
- ❑ Java 的包中可以包含源文件，也可以包含子包。
- ❑ package 语句的语法。
- ❑ 如果一个源文件不是在 default package 中，那么此源文件的第一有效行（除去注释和空行）必须是能够正确表示该源文件所在包的 package 语句。
- ❑ package 语句的语法是：package ＋ 空格 ＋ 类所在的包的全限定名 ＋;。
- ❑ 类的全限定名可以唯一地确定一个类。它的格式是：类所在的包的全限定名字 ＋ . ＋ 类名。
- ❑ import 语句是用来引入其他类的。它有两种语法格式，分别可以引入一个类和一个包中的所有类（不包括子包中的类）。
- ❑ 当在类的源代码中使用了其他类，而这个类却没有使用全限定名，那么 Java 编译器会按照如下规则寻找这个类：使用第 1 种 import 语句引入的类；与这个类在同一个包中的类和使用第 2 种 import 语法引入的类。如果通过这两种途径都没有找到需要用的类，那么 Java 编译器将会抛出错误。
- ❑ Java 编译器会默认引入 java.lang 中的所有类。这个包中的类是非常常用的基础类。

紧接着又回顾了一下命名习惯。好的名字对于程序来说是很重要的。其实，如果起名字的时候不注意，那么很可能一个星期以后自己看自己写的代码都很费劲。

在本章的最后学习了 Java 中 3 种注释的语法。给程序添加注释是一个很好的习惯。准确的注释可以帮助理解程序。

包、命名规则和注释，这三者好像是风马牛不相及的内容，为什么要放在同一章中呢？其实从某个角度来讲，这三者的作用都是给我们的程序"做美容"。通过使用包，可以按照项目中类的作用来组织源代码的结构；通过在程序中使用符合习惯的名字，可以帮助理解程序中每个元素的作用和属性；通过注释，可以让我们使用自然语言来对抽象的编程语言进行解释和说明，帮助阅读程序，特定语法的注释还可以被抽取成为文档。

好，到这里本章的内容也要结束了。迄今为止，我们在例程中都是尽量少地使用 Java 提供的类（实际上现在只是直接使用了 String 类和 System 类），原因是为了专注于学习 Java 的语法。现在，我们已经学了足够多的语法可以去接触一下 Java 提供给我们的现成的类了。

8.6　习　　题

1．假设包 com.exercises 中有 3 个类 A、B 和 C。给出引入类 A 的 import 语句和同时引入 A、B 和 C 这 3 个类的 import 语句。

2．假设在第 1 题的基础上，如果 com.exercises.subpackage 中有 D 和 E 两个类，那么下面的语句会不会引入 E 类和 D 类？

```
import com.exercises.*
```

3．给下面的类添加符合 Javadoc 格式的注释，给类中的变量添加单行注释，给类中的方法添加多行注释（注释内容任意）。

```java
public class Exercise3 {
    private int variable;
    public void method(){
    }
}
```

第 9 章　再看数组、字符串和 main() 方法

前面的几章中我们的学习重点主要是 Java 的语法。为了学习 Java 的语法，我们接触了很多例程，这些例程很少有实际意义。本章将开始编写有实际意义的程序。为此，我们必须开始学习使用 Java 类库。

在第 1 章就接触了"Java 类库"这个概念，我们先来回忆一下它是什么。简单来说，它就是 Java 提供的"构建自己的 Java 世界的原材料"。Java 提供的类库中就有很多的 Java 类，例如之前学到的 String 类，它的功能就是可以用来表示一个字符串。还有在第 4 章中接触到的几个类，它们协同工作可以帮助我们从控制台读取数据。这些 Java 类可以完成很多基本的功能。这些功能属于一个语言应该提供的，可以说 Java 类库就是 Java 语言的一部分。就好像"鲁宾逊所在的荒岛上的水、阳光、风、木头、石头、食物、植物的藤条"。

前面学习的 Java 语法就是 Java 这个世界的规则。但是只有规则是没用的，必须借助外部资源来构建自己想要的东西。这里说的资源就是 Java 类库中的类。甚至连我们第 1 章到现在一直使用的向控制台输出内容的 System.out.println 也是属于 Java 类的。本章中我们将学习最基本的 Java 类，熟练使用这些类是构建一个 Java 程序的基础。

本章就来看看之前接触过的类有哪些诱人的方法。

9.1　数组也是类

在前面我们曾经提及过，数组也是类，只不过是一种特殊的类。它特殊并不是因为它复杂，而是因为它简单。简单到不用我们自己去定义数组类而是由 Java 自己提供数组类的定义。从学习使用一门编程语言的角度来看，无需去深究 Java 是如何定义数组类的。本节中我们将学习数组类中有什么需要关心的属性和方法。

9.1.1　得到数组的长度

之前关于数组的例程中，我们总是在程序中用一个变量保存数组的长度，如下：

```
int len = 9;
int[] arr = new int[9]
```

当需要遍历数组 arr 时，我们就使用变量 len 作为其长度。其实这是完全不必要的。对象 arr 本身就有一个属性 length 来保存数组的长度。看下面的例程。

```
package com.javaeasy.learnarray;
public class LengthOfArray {
    public static void main(String[] args) {
```

```
        int[] arr = new int[9]; // 创建一个长度为 9 的数组
        int len = arr.length;   // 使用数组对象的 length
                                // 属性给变量 len 赋值
        System.out.println("数组的长度为: " + len);
        // 将 len 的值输出
    }
}
```

LengthOfArray 源码

上面的例程中首先创建了一个 int 数组 arr。它包含的元素个数为 9。然后使用数组对象 arr 的 length 属性给 int 变量 len 赋值。最后将 len 的值输出到控制台。arr 的 length 属性值就是数组对象中包含的元素个数。运行例程，控制台输出结果如下：

数组的长度为：9

至此，数组的长度就再也不是一个问题了。我们只需要确定数组引用的值不是 null，然后就可以放心大胆地使用数组的 length 属性了。

❑ 数组对象的 length 属性代表了数组中元素的个数。

9.1.2　加餐：不可改变的 final 变量

前面学过，数组对象一旦创建出来以后，其中包含的元素的个数是不能够增减的。也就是说，如果想要数组对象的 length 变量的值可以代表数组中元素的个数，那么这个变量的值是不可改变的。如果想要一个变量拥有这种特性，那么就需要用到 Java 中的一个关键字——final 来修饰这个变量，看下面的类。

```
package com.javaeasy.usefinal;
public class UseFinalVariable {
    public static void main(String[] args) {
        final int unchangeable = 9;    // final 修饰的
变量必须赋初始值
        unchangeable = 8;              // 错误, final
修饰的变量不可再次赋值
    }
}
```

UseFinalVariable 源码

final 关键字可以用来修饰成员变量和局部变量。对于使用 final 关键字修饰的变量，Java 有如下两个语法要求。

❑ 使用 final 关键字修饰的变量，必须在创建/声明的时候赋初始值，且这个初始值必须是确定的值（case 语句也要求必须是个确定的值）。

❑ 使用 final 关键字修饰的变量，在赋初始值之后不能再次赋值。

这两个性质在类 UseFinalVariable 中体现了出来。类中只有一个 int 变量 unchangeable。与普通变量不同的是，在这个变量声明的时候我们使用了 final 关键字修饰它，所以在创建这个变量的时候，就给它赋了一个确定的值"9"。同样，当我们在第 2 行尝试去改变它的初始值时，Java 编译器会给出一个错误。

```
javac com/javaeasy/usefinal/UseFinalVariable.java
com\javaeasy\usefinal\UseFinalVariable.java:6: 错误 : 无法为最终变量
unchangeable 分配值
        unchangeable = 8;              // 错误, final 修饰的变量不可再次赋值
```

1 个错误

错误信息说得很清楚。当我们在编译的时候看到如此的错误信息，就需要去相应行看看是不是给 final 变量二次赋值了。

🔔提示：在这里大家只是对使用 final 关键字修饰变量有个简单的认识就好了。final 和前面接触过的 public、static 等都是修饰符。修饰符修饰类、方法或者变量会有特殊的意义。在后面会有专门的章节讲解修饰符。

数组的 length 属性也是使用 final 修饰的。创建数组对象的时候 Java 会使用数组长度给 length 变量赋初始值。因为使用 final 关键字修饰的变量不能进行第二次赋值，所以 length 变量的值肯定就是数组元素的个数。final 关键字的作用在这里也就可见一斑。对于很多变量的值，如果我们不想要它在程序运行中被改变，这时就需要使用 final 关键字了。

对于使用 final 修饰的引用类型变量，Java 也是要求必须在声明时给它赋初始值，并且在以后不允许修改其值。更详细的内容在后面章节中会专门讲述。

❏ 使用 final 关键字修饰的变量必须在创建时赋值，且赋值后其值不允许改变。

9.1.3 多维数组的长度

对于多维数组，length 属性同样代表数组对象的长度。这个长度是对应维度的长度，而不是所有元素的长度。看下面的例程。

```
package com.javaeasy.learnarray;
public class LenOfMutiDArray {
    public static void main(String[] args) {
        int[][] multiDArr = new int[9][19];
        System.out.println("第一维的长度为： " + multiDArr.length);
        System.out.println("第二维的长度为： " + multiDArr[3].length);
    }
}
```

例程中创建了一个二维 int 数组，第一维长度为 9，第二维长度为 19。首先回忆一下学习数组时的多维数组内部结构图，然后对 multiDArr.length 和 multiDArr[3].length 的值就了然于胸了，运行程序，输出如下：

第一维的长度为：9
第二维的长度为：19

multiDArr 是一个二维数组引用，它指向一个长度为 9 的数组。这个数组的每个元素都是一个指向一维数组的引用。所以 multiDArr.length 的值是 9。multiDArr[3]是一个指向一维数组的引用，它所指向的数组的元素个数为 19 个，所以 multiDArr[3]. length 的值是 19。如果对这个过程不是很清楚也正常，可以翻到前面重新复习图 5-17 的内容。

❏ 理解多维数组每个维度中的 length 属性的值。

9.1.4 一维数组的 clone()方法

前面学习了数组的 length 属性。下面学习数组类中的一个方法——clone()方法。clone

的意思就是"克隆"。方法的返回值就是数组中内容的复制。

看似简单的赋值，其实有些并不易理解的内容。首先以 int 类型为例，看一下基本数据类型中一维数组的 clone()方法到底做了些什么事情。看下面的例程。

```
package com.javaeasy.learnarray.clone;
public class PrimerArrClone {
    public static void main(String[] args) {
        int[] arr = { 7, 8, 9 };
        // （1）创建一个 int 类型一维数组
        int[] clonedArr = (int[]) arr.clone();
        // （2）调用此数组的 clone()方法
        arr[2] = 777;
        // （3）给原数组第 3 个元素赋值
        clonedArr[2] = 888;
        // （4）给 clone 处的数组第 3 个元素赋值

        //（5）分别输出两个数组的第 2 和第 3 个元素
        System.out.println("arr 的第二个元素的值是：" + arr[1]);
        System.out.println("arr 的第三个元素的值是：" + arr[2]);
        System.out.println("clonedArr 的第二个元素的值是：" + clonedArr[1]);
        System.out.println("clonedArr 的第三个元素的值是：" + clonedArr[2]);
    }
}
```

PrimerArrClone 源码

例程中的重点在于 main()方法第 2 行发生的事情。我们用图来看一下程序中标注的 5 点都发生了哪些事情。

（1）创建一个一维的 int 数组。数组中元素的值分别为 7、8 和 9，如图 9-1 所示。

（2）调用数组的 clone()方法，将数组复制一份，并让 cloneArr 指向复制出来的数组。在这里需要注意的是在使用 clone 方法时，需要强制转换数据类型，就如例程中的（int[]）。复制出来的数组中的元素值和原数组值一样。执行完毕后，程序状态如图 9-2 所示。

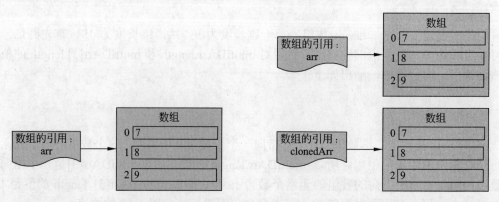

图 9-1　int 类型一维数组　　　　图 9-2　调用 clone()方法复制一个数组

（3）使用 arr 引用给原数组中第 3 个元素赋值 777。因为原数组与 clone 出来的数组是不同的数组对象，所以只有原数组的值发生变化，程序执行后系统状态如图 9-3 所示。

（4）然后使用 cloneArr 给 clone 出来的数组的第 3 个元素赋值 888。同样，这个赋值不会影响原数组对象中元素的值。程序执行后系统状态如图 9-4 所示。

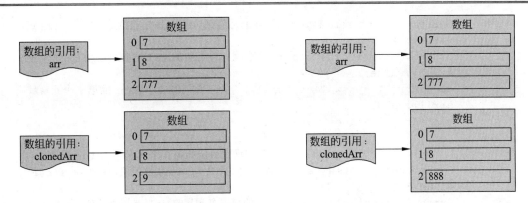

图 9-3　给原数组第 3 个元素赋值　　　　图 9-4　给复制出的数组的第 3 个元素赋值

（5）程序最后，将两个数组的第 2 个和第 3 个元素的值输出到控制台。根据图 9-4 已经能够看出控制台应该输出的内容了。运行程序，控制台输入如下内容：

```
arr 的第二个元素的值是：8
arr 的第三个元素的值是：777
clonedArr 的第二个元素的值是：8
clonedArr 的第三个元素的值是：888
```

9.1.5　当数组类型不再是基本数据类型

当数组元素的类型不是基本数据类型时，clone()方法的行为有可能会让我们吃惊。首先，创建一个类 TestClone。

```java
package com.javaeasy.learnarray.clone;
public class TestClone {
    int value = 9;
}
```

TestClone 源码

类的内容很简单，只有一个 int 变量 value，变量值初始化为 9。然后在下面的例程中创建这个类的数组并调用 clone()方法。对于非基本数据类型的数组，clone()方法也是赋值数组的内容。但是这时候数组的内容是指向对象的引用而不是对象本身，所以数组的 clone 并没有产生新的元素对象。看下面的例程。

```java
package com.javaeasy.learnarray.clone;
public class ObjArrClone {
    public static void main(String[] args) {
        TestClone [] arr = new TestClone[2];
        arr[1] = new TestClone();
        // （1）创建一个 TestClone 的一维数组，并给第 2 个元素赋值
        TestClone[] cloneArr=(TestClone[])arr.clone();
        // （2）clone 出一个新的 TestClone 的一维数组
        arr[1].value = 777;
        // （3）给 arr 的第 2 个元素的 value 属性赋值
        cloneArr[1].value = 999;
        // （4）给 cloneArr 的第 2 个元素的 value 属性赋值
        // （5）输出两个数组的第 2 个元素的 value 属性值
```

ObjArrClone 源码

```
System.out.println("arr 的第二个元素的 value 属性的值是: " + arr[1].
value);
System.out.println("cloneArr 的第二个元素的 value 属性的值是: " + clone
Arr[1].value);
cloneArr[1] = new TestClone(); // (6) 给 cloneArr 的第 2 个元素赋值
arr[1].value = 777;
cloneArr[1].value = 999;
                    // (7) 给 cloneArr 的第 2 个元素的 value 属性赋值
                    // (8) 输出两个数组的第 2 个元素的 value 属性值
System.out.println("arr 的第二个元素的 value 属性的值是: " + arr[1].
value);
System.out.println("cloneArr 的第二个元素的 value 属性的值是: " + clone
Arr[1].value);
    }
}
```

下面还是以图的方式描述程序运行的状态。

（1）程序开始的两行比较简单，我们之前已经对它们很熟悉。执行过后，程序状态如图 9-5 所示。

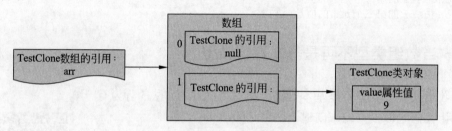

图 9-5　创建一个 TestClone 的数组

（2）这一步是理解程序的重点。对数组 arr 调用 clone()方法，并让 cloneArr 指向这个复制出来的数组。同样，这里使用 clone()方法时，需要强制转换数据类型，具体方式参看例程。因为数组中的内容是指向对象的引用，所以赋值的过程并没有产生新的 TestClone 对象。复制出来的数组与原数组一样。第 1 个元素值为 null，第 2 个元素指向同一个 TestClone 的对象。执行完毕后程序状态如图 9-6 所示。

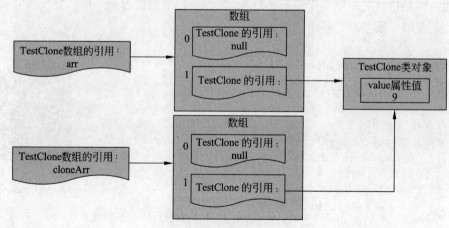

图 9-6　复制一个对象的数组

（3）给 arr 的第二个元素的 value 属性赋值 777，执行完毕后程序状态如图 9-7 所示。

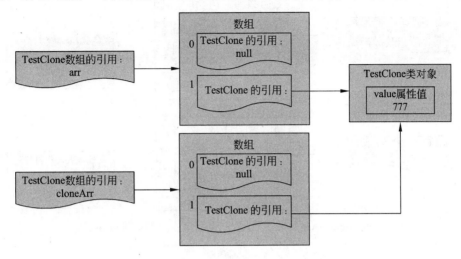

图 9-7　给原数组第二个元素的 value 属性赋值

（4）给 cloneArr 的第 2 个元素的 value 属性赋值 999。因为复制出来的数组和原数组的第 2 个元素都同时指向同一个 TestClone 对象，所以上一步中 value 属性的值 777 就被覆盖为了 999。执行完毕后程序状态如图 9-8 所示。

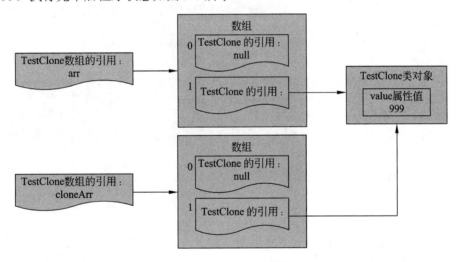

图 9-8　给 value 属性赋值 999

（5）通过新旧两个数组找到同一个 TestClone 对象，然后输出对象 value 属性的值。因为是用一个 TestClone 对象，所以值是相等的。通过图 9-8 可以看出输出的值应该都是 999。

（6）创建一个新的 TestClone 对象，并让 cloneArr 的第 2 个元素指向这个新创建的对象。这时 arr 和 cloneArr 的第 2 个元素就指向不同的对象了。执行后系统状态如图 9-9 所示。

（7）紧接着两行，给两个数组的第 2 个元素的 value 属性分别赋值 777 和 999。赋值后程序的状态如图 9-10 所示。

（8）再次向控制台输出两个数组第 2 个元素的 value 属性值。根据图 9-10 可以看出，这次输出的值应该分别为 777 和 999。

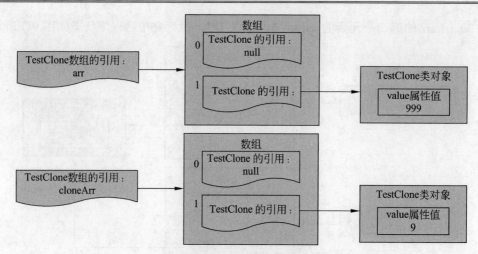

图 9-9　cloneArr 的第 2 个元素指向新创建的 TestClone 对象

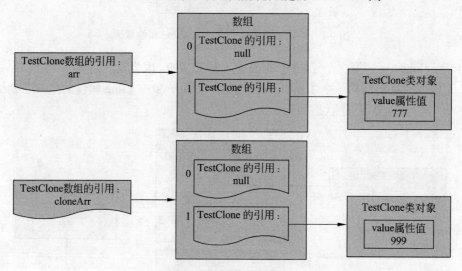

图 9-10　分别给两个数组第 2 个元素的 value 属性赋值

运行例程，控制台输出如下内容：

```
arr 的第 2 个元素的 value 属性的值是：999
cloneArr 的第 2 个元素的 value 属性的值是：999
arr 的第 2 个元素的 value 属性的值是：777
cloneArr 的第 2 个元素的 value 属性的值是：999
```

理解数组的 clone()方法的关键还是在于理解数组的结构，以及基本数据类型、引用、对象的不同。理解在数组的复制过程中，什么被复制了（数组的内容），什么没有被复制（数组指向的对象）。如果理解本节的内容有难度，可以复习一下数组的内容。

❑ 数组元素类型为类时，调用数组对象的 clone()方法，赋值的是数组的内容，也就是引用，而并没有赋值引用指向的对象。

9.1.6　多维数组的 clone()方法

其实明白了一维数组的 clone()方法，再去理解多维数组的 clone()方法就不是问题了。

clone()方法的实质就是复制了数组的内容。下面以一个例子来了解一下多维数组的赋值。

```
package com.javaeasy.learnarray.clone;
public class MultiDArrClone {
    public static void main(String[] args) {
        int[][] multiArr = new int[2][3];
        // （1）创建一个二维的 int 数组
        int[][] cloneMultiArr = multiArr.clone();
        // （2）让 cloneMultiArr 指向 clone 的数组
        cloneMultiArr[1][2] = 999;
        // （3）给元素 cloneMultiArr[1][2]赋值 999
        System.out.println("multiArr[1][2]的值为: " +
                            multiArr[1][2]);
        // （4）输出数组元素值
        System.out.println("cloneMultiArr[1][2]的值为: " + cloneMultiArr
        [1][2]);
        cloneMultiArr[1] = multiArr[1].clone();    // （5）再次 clone
        cloneMultiArr[1][2] = 777;                  // （6）分别给两个数组的元素赋值
        multiArr[1][2] = 999;
        System.out.println("multiArr[1][2]的值为: " + multiArr[1][2]);
                                                   // （7）输出数组元素值
        System.out.println("cloneMultiArr[1][2]的值为: " + cloneMultiArr
        [1][2]);
    }
}
```

MultiDArrClone 源码

（1）程序第 1 处创建了一个 int 类型的二维数组，这个数组的结构如图 9-11 所示。

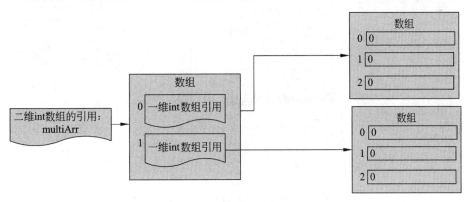

图 9-11　一个 int 二维数组

（2）调用数组的 clone()方法（注意强制类型转换，如例程）并使用 cloneMultiArr 指向复制出来的数组。被复制的数组是 multiArr 直接指向的那个数组，但是数组元素指向的内容并没有被赋值，执行完毕后如图 9-12 所示。

（3）程序第 3 处使用 cloneMultiArr[1][2]给数组元素赋值 999，赋值后系统状态为图 9-13 所示。

（4）向控制台输出 multiArr[1][2]和 cloneMultiArr[1][2]的值。通过图 9-13 可以看出，multiArr[1][2]和 cloneMultiArr[1][2]其实是同一个数组元素，它们的值都是 999。

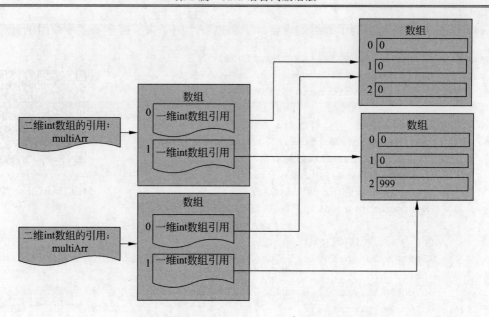

图 9-12　二维数组调用 clone()方法后的状态

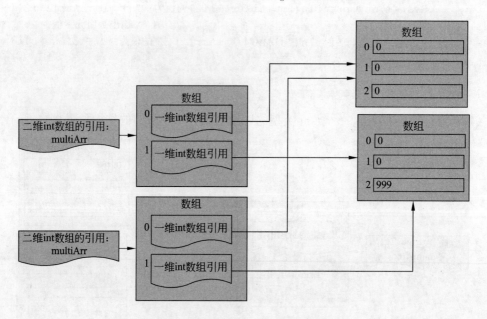

图 9-13　给 cloneMultiArr[1][2]赋值 999

（5）使用 multiArr[1]来调用 clone()方法，并将值赋给 cloneMultiArr[1]。multiArr[1]和 cloneMultiArr[1]都是一维数组的引用，这个过程和一维数组的 clone()方法的执行过程是一样的。程序执行完此行后状态如图 9-14 所示。

（6）然后再次给 multiArr[1][2]和 cloneMultiArr[1][2]所代表的元素赋值。这时 multiArr[1]和 cloneMultiArr[1]已经指向不同的数组对象了，赋值结束后，系统状态如图 9-15 所示。

（7）输出给 multiArr[1][2]和 cloneMultiArr[1][2]的值。通过图 9-15 已经可以看出这两个元素的值分别为 999 和 777 了。

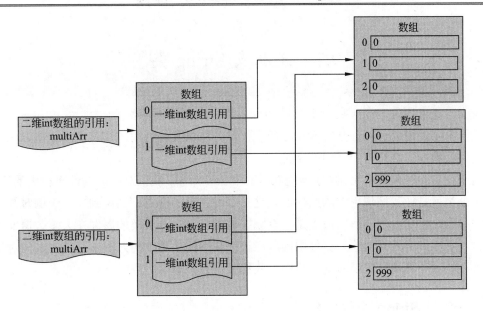

图 9-14　使用一维数组引用 multiArr[1]调用 clone()方法

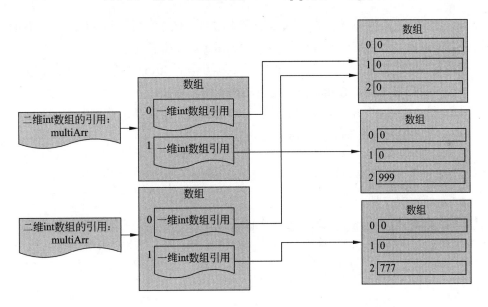

图 9-15　给 multiArr[1][2]和 cloneMultiArr[1][2]赋值

运行程序，控制台输出如下内容：

```
multiArr[1][2]的值为：999
cloneMultiArr[1][2]的值为：999
multiArr[1][2]的值为：999
cloneMultiArr[1][2]的值为：777
```

好的，到此已经将数组类中需要学习的东西讲解完了。没错，数组类就是这么简单，只有一个 clone()方法和一个 length 属性。

❑　通过例程，理解多维数组 clone()方法的执行过程。

9.2　老朋友 String 类

首先见见老朋友 String 类。我们对 String 类的认识远远不够。一直以来 String 类都被当作是一个字符串来使用，其实 String 类有很多方法供我们使用。学习使用这些方法可以让我们灵活地操作字符串和其中的字符。

先来纠正一个可能的错误观点。在第 6 章和第 7 章中，我们对类的属性有很大的依赖，仿佛一个类就是让我们使用它的属性的。这是一种错误的观点。当说到一个类的时候，最应该关心的是它有哪些方法，而不是它有哪些属性。其实一个类的属性在大多数情况下是不应该（不应该不是不能够）被使用的，应该被使用的是类中的方法。这是"面向对象编程思想"的一种体现。在以后的学习中，我们会慢慢熟悉这一点。

9.2.1　遍历 String 中的字符

String 类实际上是用来表示 0 个或多个字符的类。有时我们需要遍历其中所有的字符以找到需要的东西。下面来学习如何找出一个 String 对象中有几个 s 字符。

为了找到 String 对象中的 s 字符，我们需要遍历整个 String 对象中所有的字符。

（1）首先我们需要学习 String 类中提供的如下两个方法。

❑　int length()：这个方法的返回值是字符串的长度，也就是字符串中包含的字符的个数。下面的代码块演示了如何使用此方法。

```
String str = "ABC";
int len = str.length();
```

变量 len 的值应该是 3。

❑　char charAt(int index)：这个方法返回指定位置的字符。它的参数就是想要得到的字符所在的位置，而返回值就是处于此位置的字符。这里需要注意的是，第一个字符的位置是 0。这个和数组很相似，可以称之为"索引"。

```
String str = "ABC";
char ch = str.charAt(2)
```

变量 ch 的值应该是 C。

（2）然后还需要学习如何判断两个 char 变量是否相等。我们只需要简单地使用"=="操作符就可以判断两个 char 变量值是否相等了，和 int 变量一样。

```
char a = 'a';
char A = 'A';
char anotherA = 'A';
boolean equals1 = (a == A);
boolean equals2 = (anotherA == A);
```

boolean 变量 equals1 的值为 false，boolean 变量 equals2 的值为 true。

好的，掌握了两个 String 类的方法以及如何判断两个 char 变量是否相等之后，就可以使用一个循环语句（如 for 循环语句）遍历一个 String 的所有字符串，并在遍历过程中"数数看字符串中有几个 s 字符"了。看下面的例程。

```java
package com.javaeasy.learnstring;
public class IterateChars {
    public static void main(String args[]) {
        String str = "This is a simple string. We will
check how many \'s\'          chars in this.";
                // 需要统计的字符串
        char target = 's';        // 需要统计的字符
        int len = str.length();// 得到字符串的长度
        int count = 0;            // 用来保存结果的 int 变量
        for (int i = 0; i < len; i++) {
        // 遍历字符串中的每个字符
            char ch = str.charAt(i);
            // 得到字符串中的第 i 个字符
            if (ch == target) {        // 如果这个字符是需要统计的
                count++;               // 计数器加 1
            }
        }
        System.out.println("字符串：\"" + str + "\"中包含" + count + "个\'"
        + target + "\'个字符");               // 输出结果
    }
}
```

IterateChars 源码

运行例程，控制台输出如下内容：

字符串："This is a simple string. We will check how many 's' chars in this."
中包含 7 个 's' 个字符

可以自己数数看，确实是 7 个。关于例程中的代码没有太多额外的说明，程序中的注释可以很好地解释这个程序。

注意：例程中第一行是一个 package 语句，表示了例程所在的包的全路径名，以后的例程都会放在一个合理的包中而不会放在默认包（default package）中；之前我们都是在使用自己编写的方法，今后，我们会更多地学习 Java 类库中提供的类以及其中的方法。对于这些不是自己编写的方法，需要做的就是理解这些方法的作用，通过编写一些小程序来加深对这些方法的记忆。

关于 charAt() 方法，它和数组的中括号操作符有异曲同工之妙，它们都是用来返回执行索引的元素值的。同样，在使用 charAt() 方法时需要特别注意的一点就是不要使用一个超过 String 对象边界的索引去得到"不存在的字符"。对于一个 String 对象，charAt() 方法所能够接受的参数的最小值是 0，最大值是 length() 方法的返回值减 1（提示：索引是从 0 开始的）。程序运行时，如果参数超出边界，会在控制台得到错误输出。例如，在例程的 main() 方法最后一行加上一句 str.charAt(999);，程序运行时除了输出结果外，还有如下内容。

```
Exception in thread "main" java.lang.StringIndexOutOfBoundsException:
String index out of range: 999
    at java.lang.String.charAt(Unknown Source)
    at com.javaeasy.learnstring.IterateChars.main(IterateChars.java:17)
```

这个错误的意思就是 999 这个索引超出了界限。

- □ String 类的 length()方法的返回值是 String 对象中的字符数，不要与数组的 length 属性弄混了。数组对象的 length 属性代表其元素的个数，而 String 类的 length()方法的返回值是代表 String 对象中包含的字符个数。
- □ CharAt()方法的返回值是 String 对象中指定索引位置的字符。使用此方法时要保证索引大于 0，小于 length()方法的返回值减 1。
- □ 使用 "==" 操作符来判断两个 char 变量是否相等。

9.2.2　获取字符串中的一部分

有时我们需要截取一个 String 对象的一部分。String 类提供了现成的方法来完成这个功能，这个方法叫做 substring，它有两个重载。

- □ String substring(int beginIndex, int endIndex)：其作用是创建一个新的字符串，它的内容是原字符串中从第 beginIndex（beginIndex 是索引，第一个字符的索引是 0）个字符到第 endIndex（不包括此字符）为止的内容。需要注意的是，索引为 beginIndex 的字符是包含在新的字符串中的，索引为 endIndex 的字符不包含在内。

```
String str = "ABCDE";
String subStr = str.subString(1,3);
```

subStr 的内容应该为 BC。

- □ String substring(int beginIndex)：它是上一个方法的重载，作用是创建一个新的字符串，它的内容是原字符串中从第 beginIndex 个字符开始直到最后的所有内容。

```
String str = "ABCDE";
String subStr = str.subString(1);
```

subStr 的内容应该为 BCDE。

好的，学习了这两个方法之后，现在来写一个小程序，它的功能是：已知一个字符串和一个字符，需要输出字符串中第一次出现那个字符后的内容。例如，对于字符串 ABCDEFG 和字符 B，例程应该输出 CDEFG（注意，B 并不包含在结果字符串内）。例程中用到的是 substring 的第 2 种重载方式，需要用到类似上一个例程中遍历字符串的代码，在指定的字符串中找到指定的字符，然后使用当前的索引值加 1（目标字符并不包含在结果之内）作为参数调用 substring()方法，方法的返回值就是我们要的结果。看下面的例程。

```
package com.javaeasy.learnstring;
public class SubString {
    public static void main(String[] args) {
        String str = "ABCDEFGH";    // 目标字符串
        char target = 'C';          // 目标字符
        int len = str.length();     // 目标字符串长度
        String result = null;    // 指向结果字符串的引用
        for (int i = 0; i < len; i++) {      // 遍历目标字符串，寻找目标字符
            if (target == str.charAt(i)) { // 找到目标字符
                result = str.substring(i + 1); // 使用 i+1 作为参数调用
                                               // subString()方法
```

SubString 源码

```
            break;                              // 已经得到了结果，无需继续循环
        }
    }
    if (result != null) {                       // 如果结果不是 null
        System.out.println("结果如下。" + result);        // 输出结果
    } else {                                    // 否则
        System.out.println("没有在字符串中找到目标字符");   // 输出没有找到
                                                // 字符信息
    }
  }
}
```

运行程序，程序输出如下内容：

结果如下。DEFGH

输出内容如我们所想的那样。

❑ 学会使用 substring 的两种重载方式截取字符串的一部分。

9.2.3　判断两个字符串是否相等

对于两个类型相同的基本数据类型变量，可以使用 "==" 操作符来判断两个变量的值是否相等。对于两个 String 的对象，应该如何判断它们 "是否相等" 呢？

首先应该明确 "两个对象相等" 是什么含义。其实对于对象来说没有基本类型变量那样明确的相等或不相等的概念。两个对象是否相等其实就是一个逻辑判断的过程，需要和现实情况结合起来。例如在第 7 章中的 Car 类，它有 speed、color、name 和 direction 这 4 个属性。结合现实情况，只要两个 Car 对象的 name 和 color 两个属性的值相等，就可以认为这两个对象是相等的，否则就是不等的。当我们把这个判断逻辑封装到一个方法中，这个方法就可以用来判断两个 Car 类的对象是否相等了。可以看出，对象是否相等需要一个方法调用来判断。

理解了对象相等的概念，来看一下如何判断两个 String 对象是否相等。同样地，我们也需要通过一个方法来判断两个 String 类对象是否相等。String 类已经提供了这么一个方法，它的名字叫做 equals，方法返回值是一个 boolean 变量。String 类的 equals() 方法会比较两个字符串中的每个字符，如果完全相同（英文字符是区分大小写的），则返回 true，否则返回 false。现在通过下面的例程看一下这个方法的使用。

```
package com.javaeasy.learnstring;
public class StringEquals {
    public static void main(String[] args) {
        int value = 1;
        String str1 = "ABC" + value;
        String str2 = "abc" + value;
        String str3 = "ABC" + value;
        boolean equals12 = str1.equals(str2);
        // 调用 equals() 方法判断 str1 是否和 str2 相等
        boolean equals13 = str1.equals(str3);
        // 调用 equals() 方法判断 str1 是否和 str3 相等
        System.out.println("字符串 str1 和字符串 str2 相等: " + equals12);
        System.out.println("字符串 str1 和字符串 str3 相等: " + equals13);
    }
}
```

StringEquals 源码

例程中，使用了两次 equals()方法。程序没有什么可圈可点的，只是用来熟悉 String 类的 equals()方法的使用。运行例程，控制台输出如下内容：

```
字符串 str1 和字符串 str2 相等：false
字符串 str1 和字符串 str3 相等：true
```

在这里有必要明确一下两个引用的 "=="操作是什么意义。没错，两个引用之间也可以进行 "=="运算。这个运算的意义是：当两个引用指向同一个对象或者同时为 null 的时候，运算结果为 true；否则运算结果为 false。看下面的例程。

```
package com.javaeasy.learnstring;
public class StringRefEquals {
    public static void main(String[] args) {
        int value = 1;
        String str1 = "ABC" + value;
        String str2 = "ABC" + value;
        String str3 = str1;      // （1）字符串的复制
        boolean equals12 = (str1 == str2);
        boolean equals13 = (str1 == str3);
        System.out.println("引用 str1 和引用 str2 相等：" + equals12);
        System.out.println("引用 str1 和引用 str3 相等：" + equals13);
    }
}
```

程序执行完第（1）处标记的代码后，状态如图 9-16 所示。

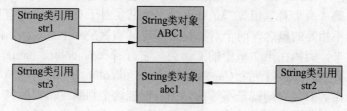

图 9-16　比较 String 的引用前程序的状态

通过图中的关系可以看出，str1 和 str3 指向同一个 String 类对象，而 str2 指向另一个不同的 String 类对象。所以 equals12 的值为 false，equals13 的值为 true。运行程序，控制台输出如下内容：

```
引用 str1 和引用 str2 相等：false
引用 str1 和引用 str3 相等：true
```

关于对象相等的问题，这里只是拿 String 类做例子，其实对于所有的类都是一样的。如果我们想要比较两个对象，就必须根据显示逻辑给对象的类添加一个用于比较的方法。而对象引用的 "=="运算只能够用来判断两个引用是否指向同一个对象。

- ❑ String 类的 equals()方法可以用来判断两个 String 对象是否相等。String 对象相等的意思是字符数相等且其中每个字符都是一样的。
- ❑ 对象只存在逻辑上的相等，这种判断需要借助方法来实现。
- ❑ 使用 "=="运算符可以判断两个引用是否指向同一个对象。

9.2.4　判断字符串的开头和结尾

有时我们需要判断一个字符串是不是以另一个字符串开头或者结束，这时就要用到

String 类的如下两个方法了。

❑ String startsWith(String prefix)：此方法用来判断一个字符串是不是以另一个字符串开头。当字符串以参数 prefix 开头时，此方法返回 boolean 值 true，否则返回 false。下面的代码演示了 startsWith()方法的作用。

```
String str = "ABCDE";
String prefix1 = "ABC";
String prefix2 = "BC";
boolean started1 = str.startsWith(prefix1);
boolean started2 = str.startsWith(prefix2);
```

started1 的值为 true；started2 的值为 false。

❑ String endsWith(suffix)：这个方法的作用与上一个方法类似，用来判断一个字符串是不是以另一个字符串结束的。如果字符串以参数 suffix 结尾，此方法返回 boolean 值 true，否则返回 false。下面的代码演示了 endsWiths()方法的使用。

```
String str = "ABCDE";
String prefix1 = "DE";
String prefix2 = "BDE";
boolean started1 = str.endsWith(prefix1);
boolean started2 = str.endsWith(prefix2);
```

started1 的值为 true；started2 的值为 false。

9.2.5 分割字符串

String 类提供一个 split()方法，它可以将一个字符串以另一个字符串为分隔符将字符串分割为 1 到多个字符串对象，它的返回值就是这些字符串对象的数组。看下面的例程：

```
package com.javaeasy.learnstring;
public class SplitString {
    public static void main(String[] args) {
        String str = "AAA#BBB#CCC";
        String[] pieces = str.split("#");
        // 以"#"为分隔符，将 str 分割
        // 成一个 String 数组。
        int len = pieces.length;    // 得到数组的长度
        System.out.println("将 str 按照\"#\"分割后得到的
                              结果。");
        for (int i = 0; i < len; i++) {
            // 输出数组中每个元素的值。
            System.out.println(pieces[i]);
        }
    }
}
```

SplitString 源码

运行程序，控制台输出如下内容：

```
将 str 按照"#"分割后得到的结果。
AAA
BBB
CCC
```

9.2.6　在字符串中查找子字符串或字符

在 9.1.1 节的例程中，我们使用 String 类的 length()方法和 charAt()方法实现了在字符串对象中查找特定字符的代码。其实 String 类提供了现成的 indexOf()方法来完成这个功能。这个方法有 4 种重载形式，这里看一下常用的 2 种。

- ❑ int indexOf (char ch): 此方法返回字符 ch 在字符串中首次出现的索引值，如果字符没有在字符串中出现，则返回值为–1。下面的代码演示了此方法的作用。

```
String str = "ABCDE";
int index1 = str.indexOf('C');
int index2 = str.indexOf('F');
```

index1 的值为 2，index2 的值为–1。

- ❑ String endsWith(suffix): 这个方法的作用与上一个方法类似，用来返回一个字符串中另一个字符串首次出现的索引值，如果没有则返回–1。下面的代码演示了此方法的作用。

```
String str = "ABCDE";
String target1 = "CD";
String target2 = "CE";
int index1 = str.indexOf(target1);
int index2 = str.indexOf(target2);;
```

index1 的值为 2，index2 的值为–1。

9.2.7　替换字符串中的内容

String 类提供一个叫做 replace()的方法用来将字符串中的字符/字符串替换成另一个字符串。使用这个方法可以方便地实现替换功能。这个方法有 3 种重载，其中有 2 个是最常用的。

- ❑ String replace(char oldChar, char newChar): 此方法会创建一个新的字符串作为返回值，新字符串中的 oldChar 将被替换为 newChar。

```
String str = "ABCDE";
String str1 = str. replace('C', 'c');
```

str1 的内容是 AbcDE。

- ❑ String replace(charSequence target, CharSequence replacement): 此方法会创建一个新的字符串作为返回值，新字符串中的 target 将被替换为 replacement。

```
String str = "ABCDE";
String str1 = str. replace("CD", "cd");
```

str1 的内容是 AbcdE。

9.2.8　String 对象——磐石刻字

String 类常用的方法已经介绍得不少了。现在来学习一个 String 对象的特性：String 对象的内容是不可改变的。也就是说，String 对象在创建出来以后，其中的内容就不可改变了。

对于 replace()方法，很容易让人误以为它修改了原始 String 对象的内容，其实不是这样的，它是创建了一个新的 String 对象保存替换后的结果。对于字符串的拼接，其实也是创建了新的字符串对象。看下面的例程。

```
package com.javaeasy.learnstring;
public class UnchangeString {
    public static void main(String[] args) {
        int value = 9;
        String base = "ABCDE";
        String str1 = base + value;
        String str2 = base.replace('C', 'c');
        System.out.println(base);
        System.out.println(str1);
        System.out.println(str2);
    }
}
```

UnchangeString 源码

运行例程，控制台输出如下内容：

```
ABCDE
ABCDE9
ABcDE
```

通过输出可知，base 一直都没有变。可以把 String 对象的内容看成是刻在磐石上的，无法增加，无法减少，更无法修改。以后大家会学到 String 对象内容不可改变有着很重要的意义。但是，很多时候 String 对象不可改变又会带来很多不便，这时就需要用到 String 类的最佳拍档——StringBuffer 类了。继续 9.3 节。

❑ String 对象的内容无法修改。

9.3 String 类的最佳拍档——StringBuffer 类

为了解决 String 对象内容不可改变带来的不便，Java 类库提供了另一个类——StringBuffer。它的内容可以随意改变。StringBuffer 类的方法专注于对字符进行拼接、插入、删除、替换和反转等操作，并且可以方便地将 StringBuffer 对象中包含的字符串转换为一个 String 对象。

9.3.1 StringBuffer：专业操纵字符

StringBuffer 类的对象可以灵活地操作字符。它也是 java.lang 包中的类，在程序中可以直接使用，无须添加 import 语句。StringBuffer 中最常用的方法就是 append()方法，它有很多种重载方式，可以把基本数据类型变量、字符串、字符数组等内容拼接到自己内容的尾部。

与 String 对象的"加法"不同的是，StringBuffer 对象的 append()方法不会产生新的对象。这也是为什么 Java 类库要提供 StringBuffer 这个类的原因。现在通过下面的例程学习一下 StringBuffer 类中操作字符的方法。

```java
package com.javaeasy.learnstring;
public class UsingStringBuffer {
    public static void main(String[] args) {
        StringBuffer strBuffer = new StringBuffer();
        strBuffer.append(true);                  // 添加 boolea 变量
        strBuffer.append("test");                // 添加一个字符串变量
        strBuffer.append('\t');                  // 添加一个字符
        for (int i = 0; i < 3; i++) {            // 循环添加 int 变量
            strBuffer.append(i);
        }
        String str = strBuffer.toString();       // 使用 StringBuffer 对象的内容生
                                                 // 成 String 对象
        System.out.println(str);                 // 输出字符串内容
        strBuffer.insert(1, "插入字符");          // 从指定索引开始插入字符
        str = strBuffer.toString();
        System.out.println(str);
        strBuffer.delete(0, 4);                  // 删除指定索引里的字符
        str = strBuffer.toString();
        System.out.println(str);
        strBuffer.replace(0, 1, "替换");          // 删除指定索引里的字符
        str = strBuffer.toString();
        System.out.println(str);
        strBuffer.reverse();                     // 反转字符
        str = strBuffer.toString();
        System.out.println(str);
    }
}
```

UsingStringBuffer 源码

上面的例程中展示了 StringBuffer 类提供的各种操作对象内字符的内容。这里需要注意一下 replace()方法，它和 String 类的 replace()方法的作用不一样。当我们完成了对字符的"加工"，就可以调用 StringBuffer 的 toString()方法，它会将 StringBuffer 对象中字符的内容转换成一个 String 类的对象并返回。因为 String 类提供了很多实用的方法（如 indexOf()、split()等），而 StringBuffer 则是专注于"加工字符"。运行例程，控制台输出如下内容：

```
truetest    012
t 插入字符 ruetest    012
符 ruetest    012
替换 ruetest 012
210 tseteur 换替
```

🔔提示：以后在讲解类和类中的方法时，主要采取两种方式，对于新接触的或者有些难度的方法，使用类似讲解 String 类中的方法那样的方式，在正文中描述方法的作用以及使用方法时的注意事项；对于简单的方法，使用讲解 StringBuffer 中的方法的方式，直接在例程中给出注释，并通过控制台输出展示方法的具体作用，对于需要注意的地方，则在例程后面通过正文集中讲述。

❏ 使用 StringBuffer 生成想要的内容，然后将内容转换为 String 对象使用是一种典型的做法，也是为什么 StringBuffer 和 String 是一对"最佳拍档"。

9.3.2　String 和 StringBuffer 一个都不能少

String 对象的一个重要特性就是其内容不能改变，所以每次内容变更都会生成新的 String 对象。虽然我们没有学习创建一个对象到底做了哪些事情，但是很明显的一点就是创建一个对象需要耗费更多的计算机资源。StringBuffer 类其实更像是一个 String 对象构造器，它的作用就是在构造出一组字符，然后使用这组字符生成 String 类的对象。

在实际使用字符和字符串的时候，很多时候我们都是在处理字符。如果处理的字符量很大或者处理的次数很多（例如从一个文件中读取出所有字符，然后做相应的替换字符处理），优先使用 StringBuffer 类是一个好习惯。在我们的例程中，代码相对很简单，所以都是在使用 String 对象。

提示：为什么 String 类不设计成内容可改的呢？原因之一就是在多线程环境下保证数据的正确性，现在大家还没有学习到线程的概念，在后面的章节中将会知道在多线程环境下，如果 Stirng 对象的内容可改，会带来很多麻烦。

9.4　最熟悉的陌生人：main()方法

main()方法是大家最早接触的方法，但是我们却对 main()方法却了解甚少。现在我们只知道 main()方法是 Java 程序的入口，因为 Java 平台总会在类中寻找 main()方法，然后通过调用它来启动整个程序。本章中学习了数组类中的 length 属性，也学习了 String 类的一些实用的方法。现在，我们已经学习了足够多的知识来掌握 main()方法中更多的知识点了。

9.4.1　main()方法的参数

main()方法一直都有个 String 数组的 args 参数。但是我们一直没有用到过 main()方法的那个 String 数组的参数。下面就来学习如何给 main()方法传递参数。其实很简单，在命令行中，只要在类名后面写上想要的字符就可以了。Java 系统会将类名后面的字符串以空格为分隔符分割成一个 String 数组（与 split()方法类似），然后传递给 main()方法，这样就可以在 main()方法中使用这个字符串数组了。看下面的例程。

UseArgs 源码

```
package com.javaeasy.uncovermain;
public class UseArgs {
    public static void main(String[] args) {
        int len = args.length;
        System.out.println("main()方法的参数是：");
        for (int i = 0; i < len; i++) {
            System.out.println(args[i]);
        }
    }
}
```

如果按照原来的方式运行程序，控制台将只输出如下一行：

main()方法的参数是：

想要改变程序输出的内容，还需要参数配合，当在命令行中以下面的方式运行例程时，

java com.javaeasy.uncovermain.UseArgs argtomain

控制台将输出：

main()方法的参数是：
argtomain

注意：我们需要在命令行中进入源文件根目录（也就是 src 目录），然后运行这个命令，否则将会得到一个异常：Exception in thread "main" java.lang.NoClassDefFound Error: UseArgs。异常的意思是 Java 平台无法找到相应的类。

空格将被默认作为一个字符串的结束。以下面的方式运行例程：

java com.javaeasy.uncovermain.UseArgs arg1 arg2 arg3

控制台将输出如下内容：

main()方法的参数是：
arg1
arg2
arg3

输出结果说明 args 参数这时是一个包含 3 个元素的 String 数组了。

如果空格是参数的内容怎么办呢？这时就需要使用双引号将包含空格的字符串括起来。下面的命令中，就使用引号将包含空格的字符串括了起来。

java com.javaeasy.uncovermain.UseArgs "arg with space character" arg2 arg3

运行程序，控制台输入如下内容：

main()方法的参数是：
arg with space character
arg2
arg3

如果引号是字符串的内容怎么办呢？这时候就需要使用转义符（\"）了。例如下面的命令，就是使用了这个转义符。

java com.javaeasy.uncovermain.UseArgs "arg with space character" "arg with space character and \"" arg3

程序运行结果如下：

main()方法的参数是：
arg with space character
arg with space character and "
arg3

好了，给 main()方法传递参数就是这么简单。

在 Eclipse 中怎么给 main()方法传递参数呢？首先打开源代码编辑窗口，然后在空白处

右击，在弹出的快捷菜单中选择 Run As|Run Configurations...命令。在弹出的 Run Configurations 对话框中选择 Arguments 标签进入 Arguments 选项卡，在 Program arguments 区域中输入需要的参数，如图 9-17 所示。单击对话框的 Run 按钮，Java 平台就会接受这个参数并运行程序。

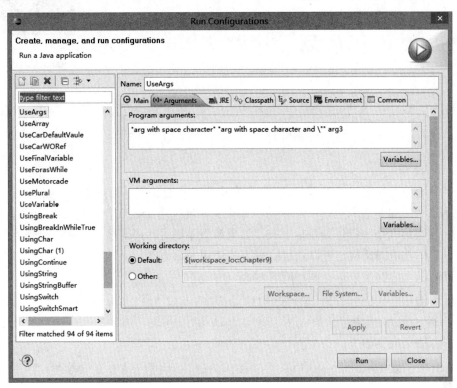

图 9-17　在 Eclipse 中给程序配置参数

在 Eclipse 的控制台，我们将看到输入内容和在命令行中是一样的。

```
Main()方法的参数是：
arg with space character
arg with space character and "
arg3
```

给 main()方法传递参数是很有用的一个小技巧。在本章中的例程 IterateChars（遍历 String 字符串，寻找目标字符的个数）中，就可以用到它。经过修改后就有了下面的例程 IterateCharsII。程序需要 2 个字符串，第 1 个可以是字符串，第 2 个就是只有目标字符的字符串。通过在运行时给 IterateCharsII 传递一个具有两个元素的 String 对象数组，这样就可以不修改源代码来使程序有不同的运行结果了。IterateChars 修改后的 IterateCharsII 例程如下：

```java
package com.javaeasy.learnstring;
public class IterateCharsII {
    public static void main(String args[]) {
        String str = "This is a simple string. We will check how many \'s\' 
        chars in this.";
        char target = 's';
        if ((args.length == 2)&&(args[1].length() == 1))
```

```
    {
        // 检查 main()方法带的参数是否符合要求
        str = args[0];// 使用参数中的值
        target = args[1].charAt(0);
    }
    int len = str.length();
    int count = 0;
    for (int i = 0; i < len; i++) {
        char ch = str.charAt(i);
        if (ch == target) {
            count++;
        }
    }
    System.out.println("字符串: \"" + str + "\"中包含" + count + "个\'"
        + target
            + "\'个字符");
    }
}
```

IterateCharsII 源码

程序中增加了使用 args 参数的代码。首先检查 args 的长度是否是 2（args.length == 2），且 args 第二个元素是否只包含一个字符。如果是，就使用 args[0]作为需要遍历的字符串，使用 args[1]的第一个字符作为目标字符。如果参数不满足程序需要，那就还是使用默认的参数。本章中其他的例程也可以通过这种方式使用 args 参数。

当我们以下面的参数执行例程的时候，

```
java com.javaeasy.learnstring.IterateCharsII "tell me how many 'm' in this
string" "m"
```

控制台输出内容如下：

```
字符串: "tell me how many 'm' in this string"中包含 3 个'm'个字符
```

❑ 学会给 main()方法传递 String 数组参数。

9.4.2　static 关键字

也许大家会发现 main()方法与我们自己编写的方法中有一点不同——使用了 static 关键字修饰。本节中将解释一下 static 关键字的作用。

static 关键字可以用来修饰方法和变量。如果一个变量使用 static 关键字修饰，那么这个变量就是类范围内的一个属性，所有这个类的对象将共享这个属性。也就是说，创建对象的时候不会创建使用 static 关键字修饰的变量。使用 static 修饰变量的语法如下：

```
static + 变量类型 + 变量名
```

使用 static 修饰的变量叫类变量或者静态变量（Static Variable）。其实类变量是在程序加载的时候创建的，先于类的所有对象的创建。使用类变量的时候，不需要使用对象而是可以直接使用类名。我们看下面的代码。

```
package com.javaeasy.learnstatic;
public class UseStaticVariable {
    static int staticVariable = 9;
}
```

在程序中如果需要使用类变量 staticVariable，那么直接用 UseStaticVariable.staticVarible 就可以了。类中给 staticVariable 赋初始值 9。如果不给类变量赋初始值，Java 会根据变量类型给变量赋初始值。在本例中，如果不在程序中给 staticVariable 赋值 9，Java 默认的给 staticVariable 赋初始值 0。基本数据类型的初始值前面已经讲述过，这里不再赘述。对于引用类型，大家可以再回忆一下，其初始值是 null。

因为类变量的这种性质，所以可以用它做一个对象计数器，用来保存一个类创建了多少对象。我们来看看类 CountObject。

CountObject 源码

```java
package com.javaeasy.learnstatic;
public class CountObject {
    static int objCounter = 0;
    public CountObject() {
        objCounter++;
    }
}
```

我们知道，一个对象在创建过程中肯定会调用类的构造方法，CountObject 只有一个构造方法，在构造方法中对 objCounter 的值加 1，那么 objCounter 的值也就是构造方法被调用的次数，即对象的个数。看下面的例程。

```java
package com.javaeasy.learnstatic;
public class CountObjMain {
    public static void main(String[] args) {
        CountObject obj1 = new CountObject();
        System.out.println("现在共创建了" +
CountObject.objCounter+ "个 CountObject 类的对象。");
        CountObject obj2 = new CountObject();
        CountObject obj3 = new CountObject();
        System.out.println("现在共创建了" +
CountObject.objCounter+ "个 CountObject 类的对象。");
    }
}
```

CountObjMain 源码

- ❑ 在类中，使用 static 关键字修饰变量叫作类变量或者镜头变量。
- ❑ 如果没有给类变量赋值，Java 会根据类变量的类型给它赋初始值。
- ❑ 关于类变量最重要的一点：类变量是类范围内中的一个属性。创建对象的时候，不会创建类变量。类变量可以通过类名直接访问。

9.4.3 当方法遇到 static 关键字

好，我们接着来看用 static 修饰的方法。使用 static 修饰的方法的准确名字叫做类方法或者静态方法（Static Method）。类方法也是类范围内的方法，可以在没有创建对象的时候就调用。从 Java 语法出发，它就有以下几点不同。

- ❑ 和使用 static 修饰的变量一样，static 修饰的方法可以通过类名直接调用。
- ❑ 类方法中不能够使用 this 关键字。因为 this 关键字代表对象，而类方法是类范围内的方法，所以代码内不能使用 this 关键字去访问变量和方法。

- ❑ 类方法内可以调用类方法和使用类变量。
- ❑ 没有使用 static 修饰的方法可以调用使用 static 修饰的方法。

使用 static 修饰方法时，static 关键字要放在方法的访问控制符和返回类型之间。其余与普通方法一样。static 方法的语法如下：

方法的访问控制符（public）＋ static ＋ 返回值类型 ＋ 方法名 ＋ （方法参数）＋ 方法体

下面通过一个例程来看看这几个特性。

```java
package com.javaeasy.learnstatic;

public class StaticMethod {
    static int base = 6;
    int variable = 7;
    public static void staticMethod1(int a) {
        //commMethod(variable);
        // （1）不能调用非 static 的方法或使用非 static 变量
        StaticMethod obj = new StaticMethod();
        // 创建一个对象
        obj.commMethod(a);
        // （2）通过指向对象的引用调用非 static 的方法
        //是没有问题的
        StaticMethod.staticMethod2(a+StaticMethod.base);
                                        // （3）通过类名直接调用类方法
        staticMethod2(a + base);     // （4）调用同一个类中的类方法可以省略类名
        System.out.println("类方法 staticMethod1 被调用了，参数为：" + a);
    }

    public void commMethod(int a) {
        System.out.println("commMethod 可以使用类变量" + StaticMethod.base);
        staticMethod2(variable);          // 非 static 方法也可以使用类方法
        System.out.println("方法 commMethod 被调用了，参数为：" + a);
    }

    public static void staticMethod2(int a) {  // 静态方法
        System.out.println("类方法 staticMethod2 被调用了，参数为：" + a);
    }

}
```

StaticMethod 源码

类中有 3 个方法，其中 staticMethod1 和 staticMethod2 是类方法，commMethod 是普通的方法。此外，类中还声明了两个 int 变量，base 是类变量，variable 是普通变量。首先来看一下类方法 staticMethod1 中的代码。

staticMethod1()方法的第 1 行是注释，在这里是为了说明类方法中不能够使用 this 关键字，也就是说调用 commMethod()方法或者使用 variable 变量都是不允许的（注意：前面我们学过，同一个类中 this 可以省略，但是实际上还是通过 this 关键字来访问方法和变量的，省略只是为了代码简洁）。如果去掉注释（删除双斜线），将得到类似如下的编译错误：

```
javac com/javaeasy/learnstatic/StaticMethod.java
com\javaeasy\learnstatic\StaticMethod.java:8: 无法从静态上下文中引用非静态变
量 variable
                commMethod(variable);      // （1）不能调用非 static 的方法或使用非
                                            // static 变量
                         ^
com\javaeasy\learnstatic\StaticMethod.java:8: 无法从静态上下文中引用非静态方
法 commMethod(int)
                commMethod(variable);      // （2）不能调用非 static 的方法或使用非
```

```
                              // static 变量
  ^
2 错误
```

第 2 行中创建了一个 StaticMethod 类的对象。这个是没问题的。紧接着在第 3 行，我们使用对象 obj 来调用非 static 的方法 commMethod()。因为不是在 static()方法中调用而是使用对象的引用调用，所以这行代码是正确的。

这里是一个比较费脑筋的地方。我们来解释一下。this 关键字代表对象，如果方法和属性的"所属范围"是对象级别的，则可以直接使用 this 关键字访问。类方法的"所属范围"是类级别的，所以无法访问。在类方法中，我们创建一个对象，然后使用这个对象去访问"所属范围"是对象级别的方法和属性则是没有问题的。

第 4 行中使用类名去调用一个类方法，同时还使用类名使用了类变量 base。这个语法和使用对象引用去调用对象中的方法，访问对象的属性是一样的。

第 5 行的意义与第 4 行一样，只是省略了类名。这种省略规则和省略 this 关键字一样。在同一个类中，可以省略类名直接调用类方法和使用类变量。

继续看方法 commMethod 这个方法不是类方法，根据 Java 语法规则，可以在里面使用类方法和类变量。因为 commMethod 和类方法 staticMethod2()以及类变量 base 在同一个类中，所以也可以省略类名来使用它们。

好，现在通过下面的例程运行程序。

```
package com.javaeasy.learnstatic;
public class UseStaticMethod {
    public static void main(String[] args) {
        StaticMethod.staticMethod1(9); // 调用静态方法
    }
}
```

运行程序，控制台输出如下内容：

UseStaticMethod 源码

```
commMethod 可以使用类变量 6
类方法 staticMethod2 被调用了，参数为：7
方法 commMethod 被调用了，参数为：9
类方法 staticMethod2 被调用了，参数为：15
类方法 staticMethod2 被调用了，参数为：15
类方法 staticMethod1 被调用了，参数为：9
```

❑ 类方法和类变量可以通过类名直接使用。
❑ 类方法中不能直接调用非 static 的方法。

9.5　小结：学会使用类中的方法

本章以数组类、String 类和 StringBuffer 类为主轴，介绍了这些类的常用方法和属性。下面总结一下本章中的语法知识点。

❑ 引用的"=="操作的意义：判断两个引用是否指向同一个对象。
❑ final 关键字用来修饰变量，该变量必须且只能在声明/创建的时候赋予它初始值。以后不允许再给该变量赋值或修改值。

学习类和方法中，需要注意的有下面几点。

❑　数组的 clone()方法的执行意义：复制一份数组的内容。

❑　String 对象数据不可变。

❑　理解 static 关键字、类方法和类变量。

本章其余重点都在介绍方法的作用以及如何使用。学习一个方法，首先要理解其作用，然后在编程中实际使用。本章之前的内容主要聚焦在 Java 语法上。学习一门编程语言，熟悉掌握语言提供的类库也是很重要的步骤。从本章开始，将接触到更多的 Java 类库中的类和方法。对于简单的方法（不是功能简单，而是使用简单），可以直接在注释中讲述其作用；如果方法使用起来比较复杂，笔者会使用单独的段落、小节甚至例程来讲述。

很多时候应该优先使用 Java 类库中提供的类和方法，因为这些类和方法的质量都比较高，是有着非常丰富编程经验的工程师编写出来的，而且全世界有无数双眼睛盯着这些类的源代码，以求让 Java 的类库更加优秀。其实我们自己也可以编写出与 String 中的 indexOf()方法功能类似的方法，但是 String 类中提供的 indexOf()方法肯定是已知的、对这个功能最优的实现。

好，本章内容到此就告一段落了。后面的第 10 章和第 11 章我们将学习本书中也是 Java 中最重要的内容——继承、接口和抽象类。打起精神！

9.6　习　　题

1．在第 6 章 Book 类的基础上，给 Book 类增加一个新的参数 chapters，代表每个章节的名称，类型是一维 String 数组。

2．纠正下面程序中的错误。

```
public class Exercise2 {
    public static void main(String[] args){
        Exercise2.printWords("Words to print");
    }
    public void printWords(String str){
        System.out.println(str);
    }
}
```

3．给出下面代码的运行结果。

```
public class Exercise3 {
    public static void main(String[] args) {
        String str = "OOPS";
        noUse(str);
        System.out.println(str);
    }
    public static void noUse(String str) {
        str = "O" + str;
    }
}
```

4．编写一个拼接字符串的程序。首先程序中有一个静态方法 appendTwoString()，它使用 StringBuffer 类将两个 String 对象拼接起来，返回 String 类型的运算结果。程序从命令行给程序传递两个参数，然后使用 appendTwoString()方法将两个参数拼接起来，最后将结果输出到控制台。

第 10 章 继承和多态

不得不说本章中所学的内容是 Java 中最为重要的内容。继承和多态是一门面向对象的编程语言必须具有的核心功能。本章的核心内容是理解继承的概念以及 Java 中继承的语法。围绕着继承我们将学习覆盖、多态和 Object 类等外围的知识点。

先来看一下本章中将涉及哪些之前学过的内容。

❑ Java 中的类的概念;

❑ 类是方法和属性的集合;

❑ 方法的签名是在类中一个方法的唯一标示;

❑ 类的构造方法是在 Java 平台创建出对象后执行的方法。从逻辑上来讲,构造方法的作用应该是用来初始化对象。

本章中将通过设计一组汽车类作为学习的出发点,为了给这组汽车类增加新的功能,笔者会通过分析一步步引出继承和多态,并在此过程中学习相关的语法和知识点。设计这组汽车类的分析过程其实就是利用面向对象的语法和思想,一步步分析和解决问题的过程。本章的重点是理解继承和多态的作用,理解面向对象的思想。

10.1 继承——最优的解决方案

本节将通过汽车的例子来引出继承的概念,然后将讲述继承的语法,将例子改造成使用继承的模式。通过这个例子大家将看到继承给程序带来哪些直观的好处。好,现在开始进入本节的内容。

10.1.1 饭前水果:实例变量的访问控制符

在学习继承之前,首先来学习一些外围的知识——实例变量的访问控制符。访问控制符这个名字已经不是第一次被提及了。在第 7 章学习方法的时候,我们学习过 Java 的方法是有访问控制符的。迄今为止我们学习的访问只有 public。

其实实例变量的访问控制符和方法的访问控制符是一个概念。如果使用 public 修饰一个实例变量,那么当创建一个此类的对象后,对象的这个属性将可以在任意代码中使用。使用访问控制符修饰变量的语法如下:

访问控制符 + 变量类型 + 变量名

例如下面的类中就定义了一个实例变量,它的访问控制符就是 public。

```
package com.javaeasy.variable;
```

```
public class PublicVariable {
    public int memberVarible = 0;
}
```

如上所示，使用起来很简单。为了方便讲述继承以及相关的内容，本章中所有类中的实例变量都将使用 public 访问控制符修饰。

说到了实例变量，我们再顺便提一下局部变量。根据之前的知识，局部变量是在方法中创建的，而且局部变量只能够在创建它的方法中使用，所以，对于局部变量而言，它的可访问范围就是其所属的方法。因此局部变量是没有访问控制符的。

```
package com.javaeasy.variable;

public class PublicVariable {
    public int memberVariable = 0;
    public void localVariableMethod(){
        public int localVariable;    // 本行是错误的，因为局部变量不能使用访问控制
                                     // 符修饰

    }

}
```

上面的例程中，在方法 localVariableMethod()内的局部变量 localVariable 使用了访问控制符修饰，这是不符合 Java 语法的。

为什么我们现在总是使用 public 修饰实例变量和方法呢？简言之，public 访问控制符允许的可访问程度是最大的，也就是说它的限制最少，所以使用 public 访问控制符可以避免不必要的麻烦。使用适当的访问控制符来限制方法和变量的可访问程序，属于设计程序所需要考虑的一部分内容，当学习完毕本章的内容后，大家会对设计程序有一个大概的认识，之后将会接着学习访问控制符以及修饰符。

好，水果到此结束，我们开始吃大餐。

❑ 访问控制符也可以用来修饰实例变量，以控制实例变量的可访问范围。

❑ 局部变量不能使用访问控制符修饰。

10.1.2　一切还是从汽车开始

假设现在需要为一个大的程序设计用来表示系统中汽车的类。汽车包含名字、速度、颜色 3 个属性。汽车应该有加速和减速两个方法。好，这很容易，与第 7 章中学习的类蛮相似的。这个类的代码如下：

```
package com.javaeasy.oneclass;
public class Car {
    public int speed;                       // int 变量，表示汽车速度
    public String name;                     // 表示汽车名字
    public String color;                    // 表示汽车颜色
    public void speedUp(int p_speed) {      // 给汽车提速的方法，参数是汽车需要增加
                                            // 的速度
        if (p_speed > 0) {                  // 如果需要增加的速度大于 0
            speed += p_speed;               // 那么让 speed 属性的值增加 p_speed
        }                                   // 否则不改变汽车速度
    }
```

```
    public void slowDown(int p_speed) {        // 给汽车减速的方法
        if (p_speed > 0) {                     // 如果 p_speed 大于 0
            int tempSpeed = speed - p_speed;   // 计算新的速度
            if (tempSpeed >= 0) {              // 如果新的速度大于 0
                speed = tempSpeed;             // 则给汽车减少相应的速度
            }
        }                                      // 否则什么都不做
    }
}
```

首先解释一下类中的代码。

在类中有 3 个变量，分别用来保存汽车的速度、名字和颜色 3 个属性。然后汽车中还有 2 个方法。分别用来完成加速和减速功能。

在 speedUp()方法中，其参数是需要增加的速度，这个参数值应该大于 0，因为增加的速度不可能小于 0，否则就是减速了，这与方法的作用不符。在方法中首先判断参数是否大于 0，如果是，则将 speed 属性的值加上参数的值作为 speed 属性新的值，否则不做任何处理。

在 slowDown()方法中，其参数值是需要减少的速度。同样地，其参数值也应该大于 0，否则就是加速了，不符合方法的意义。方法中首先判断参数值是否大于 0，如果大于 0 则让 speed 属性值减去参数值，并将计算结果赋给 temp 变量，如果 temp 变量的值大于 0，则表示新的速度大于 0，那么就用 temp 的值作为新的 speed 属性的值，否则不做任何处理。

好的，通过对类中代码的分析可以看出，上面的类出色地满足了系统的需求。但是一段时间后，系统升级，需要我们支持公交汽车，公交汽车除了包含普通汽车的所有属性和方法外，还有两个新的属性“最大承载旅客人数（默认值为 35）”和“当前旅客总数”，还有两个新的方法“增加旅客”和“减少旅客”。

这时候我们就面临两种选择了：可以增加一个新的类，也可以在原来类上做修改。我们决定偷个懒，在原来的基础上做如下修改。

给 Car 类增加 3 个属性，一个 boolean 属性用来表示 Car 类的对象是不是一个公共汽车，一个 int 属性用来保存最大承载旅客人数，一个 int 属性用来保存当前旅客人数；然后我们添加 2 个方法，方法中使用那个 boolean 属性的值来判断是否需要处理，如果需要处理，则使用另外两个变量来完成增加旅客和减少旅客的功能，增加旅客时需要判断旅客总数是否会超过最大承载旅客人数，减少旅客时需要判断旅客总数是否大于 0。

类的代码如下：

```
package com.javaeasy.oneclass;
public class Car {
    public int speed;                     // int 变量，表示汽车速度
    public String name;                   // 表示汽车名字
    public String color;                  // 表示汽车颜色
    public boolean isBus;                 // 下面是专门为公共汽车增加的 3 个属性
    public int max_Passenger = 35;        // 最大乘客数
    public int current_Passenger = 0;     // 当前乘客数

    public void speedUp(int p_speed) {    // 给汽车提速的方法，参数是汽车需要增加
                                          //  的速度
        if (p_speed > 0) {                // 如果需要增加的速度大于 0
            speed += p_speed;             // 那么让 speed 属性的值增加 p_speed
```

```
            }                                      // 否则不改变汽车速度
        }
    public void slowDown(int p_speed) {            // 给汽车减速的方法
        if (p_speed > 0) {                         // 如果 p_speed 大于 0
            int tempSpeed = speed - p_speed;       // 计算新的速度
            if (tempSpeed >= 0) {                  // 如果新的速度大于 0
                speed = tempSpeed;                 // 则给汽车减少相应的速度
            }
        }                                          // 否则什么都不做
    }
    // 专门为公共汽车增加的方法，完成乘客上车的功能
    public boolean getOnBus(int p_amout) {         // 参数为需要上车的乘客数
        if (isBus) {                               // 如果是 Bus
            int temp = current_Passenger + p_amout;   // 计算新的乘客数，保
                                                   // 存在 temp 变量中
            if (temp > max_Passenger) {            // 如果 temp 值大于最大乘客数
                return false;                      // 返回 false，表示乘客上车失败
            } else {                               // 否则
                current_Passenger = temp;          // 将当前乘客数设为 temp 的值
                return true;                       // 返回 true 表示乘客上车成功
            }
        }                                          // 如果不是 Bus
        return false;                              // 则直接返回 false
    }
    // 专门为公共汽车增加的方法，完成乘客下车的功能
    public boolean getDownBus(int p_amout) {       // 参数为需要下车的乘客数
        if (isBus) {                               // 如果是 Bus
            int temp = current_Passenger - p_amout;
                                                   // 计算新的乘客数，保存在 temp 变量中
            if (temp < 0) {                        // 如果新的乘客数小于 0
                return false;                      // 则返回 false，不做更改
            } else {                               // 否则
                current_Passenger = temp;          // 将 current_Passenger 设为
                                                   // temp 的值
                return true;                       // 返回 true，表示乘客下车成功
            }
        }                                          // 如果不是 Bus
        return false;                              // 则返回 false
    }
}
```

首先还是分析一下类的代码。

与前面的类相比，新的类多出了 3 个属性，分别用来表示一个汽车是不是公共汽车，以及公共汽车最大的乘客数还有公共汽车当前的乘客数。

同时类中还增加了两个方法，分别是 getOnBus 和 getDownBus，分别用来完成让乘客上车和下车的功能。

在 getOnBus()方法中，其参数是代表本次要上车的乘客数。我们首先需要判断这个实例是不是 Bus，也就是判断变量 isBus 的值是不是 true。如果是 true，则表示这个对象是用来表示公共汽车的对象，可以继续让乘客上车；否则就什么都不做。上车操作中，首先是判断参数是否大于 0，如果不大于 0，则返回 false；如果大于 0，则计算新的乘客数，保存在 temp 变量中。然后判断 temp 的变量值是否大于 max_Passenger，如果是，则返回 false，表示上车失败；否则就将 temp 的值赋给 current_Passenger，同时返回 true，表示上车成功。

在 getDownBus()方法中，其处理过程也是类似的，首先判断当前对象的 isBus 属性的值是不是 true，如果是则继续处理。在处理过程中，首先判断参数值是否大于 0，不是则返回 false 表示下车失败；是则计算新的乘客数，并保存在 temp 变量中。如果 temp 变量值小于 0，则返回 false 表示下车失败，否则将 temp 的值赋给 current_Passenger，并返回 true，表示下车成功。

好的，类看上去虽然有点乱，但是还是完成了系统要求的功能。

一段时间之后，系统再次升级，需要增加对跑车的支持。跑车有一个叫做"氮气含量"的新属性，还有一个"使用氮气加速"的方法。这时候我们还是面临两个选择：继续在同一个类中添加属性和方法或者创建新的类。

现在需要考虑：系统还是要升级的，不知道要支持多少种汽车，如果每次增加一种新的汽车都要使用 boolean 变量进行区分，还要在同一个类中增加繁乱的代码不是一个好的选择。关键是，用来标记汽车类别的 boolean 变量并没有做限制——我们可以让 isBus 和 isRaceCar 的值都是 true，这其实在逻辑上是错误的，而我们程序却没能避免这种错误的发生。如果在使用类的对象时，将这两个变量都设置成 true，这就意味着"本来用来表示公交车的对象也可以使用氮气加速了"，或者是"本来用来表示跑车的类也可以用来运送乘客了"。

> 提示：**关于氮气**：氮气是跑车为了加速而专门使用的一种助燃气。它不是空气中的氮气，而是俗称"笑气"的一氧化二氮（N_2O）。汽车在运行的时候，需要燃料和助燃气一起燃烧产生动力。普通汽车的助燃气都是空气中的氧气。氮气装在一个钢瓶里，使用时一氧化二氮会和氧气混合作为助燃气。这种混合的助燃气可以帮助燃料更完全地燃烧，以提升汽车发动机的功率。

通过上面的分析，为了避免使用对象的时候出现不应出现的逻辑错误，也为了让代码不这么繁乱，把不同种类的汽车分别用不同的类来表示才是长久之计。

10.1.3　一类车，一个类

现在重新编写代码，保持让一个类只代表某一类汽车。需要 3 个类来分别表示汽车、公共汽车和跑车。代码如下：

代表汽车的类。

```
package com.javaeasy.usemulticlass;
public class Car {
    public int speed;           // int 变量，表示汽车速度
    public String name;         // 表示汽车名字
    public String color;        // 表示汽车颜色
    public void speedUp(int p_speed) {
    // 给汽车提速的方法，参数是汽车需要增加的速度
        if (p_speed > 0) {  // 如果需要增加的速度大于 0
            speed += p_speed;
            // 那么让 speed 属性的值增加 p_speed
        }   // 否则不改变汽车速度
    }
    public void slowDown(int p_speed) {      // 给汽车减速的方法
```

Car 源码

```
        if (p_speed > 0) {                          // 如果 p_speed 大于 0
            int tempSpeed = speed - p_speed;        // 计算新的速度
            if (tempSpeed >= 0) {                    // 如果新的速度大于 0
                speed = tempSpeed;                   // 则给汽车减少相应的速度
            }
        }                                            // 否则什么都不做
    }
}
```

代表公交车的类。

```
package com.javaeasy.usemulticlass;
public class Bus {
    public int speed;            // int 变量，表示汽车速度
    public String name;          // 表示汽车名字
    public String color;         // 表示汽车颜色
    public int max_Passenger = 35; // 最大乘客数
    public int current_Passenger = 0; // 当前乘客数
    public void speedUp(int p_speed) {
        // 给汽车提速的方法，参数是汽车需要增加的速度
        if (p_speed > 0) {  // 如果需要增加的速度大于 0
            speed += p_speed;
            // 那么让 speed 属性的值增加 p_speed
        }                                            // 否则不改变汽车速度
    }
    public void slowDown(int p_speed) {              // 给汽车减速的方法
        if (p_speed > 0) {                          // 如果 p_speed 大于 0
            int tempSpeed = speed - p_speed;        // 计算新的速度
            if (tempSpeed >= 0) {                    // 如果新的速度大于 0
                speed = tempSpeed;                   // 则给汽车减少相应的速度
            }
        }                                            // 否则什么都不做
    }
    // 专门为公共汽车增加的方法，完成乘客上车的功能
    public boolean getOnBus(int p_amout) {           // 参数为需要上车的乘客数
        int temp = current_Passenger + p_amout;      // 计算新的乘客数，保
                                                     // 存在 temp 变量中
        if (temp > max_Passenger) {                  // 如果 temp 值大于最大乘客数
            return false;                            // 返回 false，表示乘客上车失败
        } else {                                     // 否则
            current_Passenger = temp;                // 将当前乘客数设为 temp 的值
            return true;                             // 返回 true 表示乘客上车成功
        }
    }
    // 专门为公共汽车增加的方法，完成乘客下车的功能
    public boolean getDownBus(int p_amout) {         // 参数为需要下车的乘客数
        int temp = current_Passenger - p_amout;      // 计算新的乘客数，保
                                                     // 存在 temp 变量中
        if (temp < 0) {                              // 如果新的乘客数小于 0
            return false;                            // 则返回 false，不做更改
        } else {                                     // 否则
            current_Passenger = temp;                // 将 current_Passenger 的设
                                                     // 为 temp 的值
            return true;                             // 返回 true，表示乘客下车成功
        }
```

Bus 源码

```
        }
    }
```

代表跑车的类。

```java
package com.javaeasy.usemulticlass;
public class SportsCar {
    public int speed;              // int 变量，表示汽车速度
    public String name;            // 表示汽车名字
    public String color;           // 表示汽车颜色
    public int nAmount = 90;       // 保存氮气的剩余量
    public void speedUp(int p_speed) {
        // 给汽车提速的方法，参数是汽车需要增加的速度
        if (p_speed > 0) {  // 如果需要增加的速度大于 0
            speed += p_speed;
        // 那么让 speed 属性的值增加 p_speed
        }// 否则不改变汽车速度
    }
    public void slowDown(int p_speed) {              // 给汽车减速的方法
        if (p_speed > 0) {                           // 如果 p_speed 大于 0
            int tempSpeed = speed - p_speed;         // 计算新的速度
            if (tempSpeed >= 0) {                     // 如果新的速度大于 0
                speed = tempSpeed;                    // 则给汽车减少相应的速度
            }
        }                                             // 否则什么都不做
    }
    // 使用氮气来让汽车加速的方法，代码中会首先根据剩余氮气量来计算本次使用的氮气量
    public void speedUpUsingN(int p_amout) {     // 参数表示想要用于加速的氮气量
        int realAmount = 0;                      // 表示真正用于加速的氮气量
        if (nAmount <= p_amout) {                // 如果剩余氮气不能满足本次使用量
            realAmount = nAmount;                // 则真正用于加速的氮气量就是所有剩余的
                                                 // 氮气量
            nAmount = 0;                         // 同时将剩余氮气量置 0
        } else {
            realAmount = p_amout;                // 否则，真正用于加速的氮气量就是
                                                 // p_amout 的值
            nAmount -= p_amout;                  // 剩余氮气量减少 p_amout
        }
        int speedUp = (int) (realAmount * 0.25); // 假设使用氮气的量乘以
                                                 // 25% 就是真正提升的速度
        speed += speedUp;                        // 速度增加
    }
}
```

SportsCar 源码

SportsCar 类中增加了一个 speedUpUsingN()方法。方法的作用就是使用一定量的氮气用于加速。这个方法中的参数就是想要使用的氮气。因为剩余的氮气也许不能满足想要使用的量，所以在方法中首先需要计算本次加速真正消耗的氮气数量。首先判断参数 p_amout是否大于等于 nAmount，如果是则表示剩余氮气量需要用光，所以真正使用的氮气量就是剩余氮气量，而剩余氮气量就是 0 了；否则就表示剩余氮气量能够满足需求，那么真正使用的氮气量就是 p_amout，而剩余氮气量就需要减少 p_amout，然后使用氮气加速。

好，现在代码完成了。这种表示方式确实清爽不少。

一段时间后，系统升级，需要为赛车类增加一个补充氮气的方法，这时候只需要修改类 SportsCar 的代码就可以了。

```
// 增加氮气
public void addN(int p_amout) {
    if (p_amout < 0) {              // 如果需要增加的氮气小于 0
        return;                     // 则什么都不做
    }
    nAmount += p_amout;             // 否则让氮气增加相应的数量
}
```

10.1.4　分开也有麻烦

系统总是在一次次地升级中完善的，这次系统需要给所有的车增加最高速度的限制（默认为 90），然后在加速的方法中保证速度不会超出这个限制。要想完成这个功能，需要给每一个类都增加一个新的属性，然后修改每一个类的 speedUp()方法。

Car 类的代码应该修改为下面的样子。

```
package com.javaeasy.usemulticlass;
public class Car {
    public int speed;       // int 变量，表示汽车速度
    public String name;     // 表示汽车名字
    public String color;    // 表示汽车颜色
    public int maxSpeed = 90; // 最大速度限制
    public void speedUp(int p_speed) {
        int tempSpeed = 0;
        if (p_speed > 0) {
            tempSpeed = speed + p_speed;
        }
        if (tempSpeed <= maxSpeed) {
            // 增加了判断速度是否超过最大速度限制的代码
            speed = tempSpeed;
        }
        else{                                   //若超出速度限制，则加速到最大速度
            speed = maxSpeed;
        }
    }
    public void slowDown(int p_speed) {         // 给汽车减速的方法
        if (p_speed > 0) {                      // 如果 p_speed 大于 0
            int tempSpeed = speed - p_speed;    // 计算新的速度
            if (tempSpeed >= 0) {               // 如果新的速度大于 0
                speed = tempSpeed;              // 则给汽车减少相应的速度
            }
                                                // 否则什么都不做
        }
    }
}
```

Car 源码

其中 maxSpeed 属性的值就是允许的最大速度，而 speedUp()方法也做了相应的修改。为了让所有的汽车都有新的功能，Bus 类和 SportsCar 类也要做出同样的修改。

这时也许大家会想：现在系统中只有 3 个汽车类，修改起来还算简单的。如果以后随着系统的升级而增加了很多表示汽车的类，那岂不是每次对汽车的修改都要涉及所有汽车类的代码？这样的坏处是显而易见的。

❑ 首先，代码多了肯定更容易出错。每个类中都有大量相同的代码。为了让这些代

码相同，每次都要对这些代码做出相同的修改，这个过程难免出错，而且出错后不容易排除错误——我们要一个类一个类地检查才知道具体是哪个类中的代码出了错。

- ❑ 其次，代码不够简洁。其实从常识出发，这些相同的代码应该只出现一次，这样就不用每次系统升级时都把所有类中的代码都修改一遍了。

面对着这两个问题，大家也许想回到"只使用一个类表示所有汽车"的做法，但是就像前面分析的那样，只使用一个类的解决方案有它难以克服的缺陷。

依靠现在仅有的知识，有些进退维谷了。有没有什么方式，可以同时完美地解决"给所有汽车增加属性和方法"的问题和"使用一个类代表太多的汽车类型而让代码繁乱"的问题呢？答案是有！让我们带着所有的问题进入 10.1.5 节。

10.1.5　使用继承——问题迎刃而解

现在来分析一下遇到的问题：如果使用一个类表示所有的汽车类型，那么就需要把所有汽车的属性和方法放在这个类中，这明显是一种错误的解决方案；如果使用一个类表示一个汽车类型，那么就会造成在修改全部汽车类型的属性和方法时，不得不对所有汽车类的源代码做出相同的修改，长远看来，这也不是一个好的解决方案。

想到这里我们已经发现了问题的症结所在。我们需要的最优解决方案是：把汽车类中公共的、相同的部分抽取出来放在一个类中作为基本，把不相同的部分按照汽车的类型放在不同的类中。然后，最重要的是，要让表示不同汽车类型的类能够把那个作为基本的类的代码视为自己的代码。为了做到这点，就需要使用"继承"了。

首先找出汽车类中相同的属性和方法。相同的属性有 speed、name、color 和 maxSpeed 这 4 个，相同的方法有 speedUp()和 slowDown()这两个。好，我们把这些内容写在一个类中。

```
package com.javaeasy.learnextends;
public class CarBase {
    public int speed;          // int 变量，表示汽车速度
    public String name;        // 表示汽车名字
    public String color;       // 表示汽车颜色
    public int maxSpeed = 90;  // 最大速度限制
    public void speedUp(int p_speed) {
        int tempSpeed = 0;
        if (p_speed > 0) {
            tempSpeed = speed + p_speed;
        }
        if (tempSpeed <= maxSpeed) {
            // 增加了判断速度是否超过最大
            // 速度限制的代码
            speed = tempSpeed;
        }
    }
    public void slowDown(int p_speed) {       // 给汽车减速的方法
        if (p_speed > 0) {                     // 如果 p_speed 大于 0
            int tempSpeed = speed - p_speed;   // 计算新的速度
            if (tempSpeed >= 0) {              // 如果新的速度大于 0
                speed = tempSpeed;             // 则给汽车减少相应的速度
            }
```

CarBase 源码

```
                                                          // 否则什么都不做
        }
    }
```

这时 CarBase 类就代表了所有汽车类中公共的部分。我们发现这个类的内容基本上就是之前的类 Car 的内容。没错，之前的 Car 类就是代表最普通的汽车。

下面来看如何使用继承来让其他汽车类可以"共享"这个类中的代码。既然这个类的内容和系统中普通汽车的类型是相同的，那么就不再需要原来的 Car 类了。下面从 Bus 类开始。

```java
package com.javaeasy.learnextends;
public class Bus extends CarBase {
    // 表示 Bus 类继承自 CarBase 类
    public int max_Passenger = 35;
    // 只需包含 Bus 特有的属性
    public int current_Passenger = 0;
    // 只需包含 Bus 特有的方法
    // 专门为公共汽车增加的方法，完成乘客上车的功能
    public boolean getOnBus(int p_amout) {
    // 参数为需要上车的乘客数
        int temp = current_Passenger + p_amout;
                    // 计算新的乘客数，保存在 temp 变量中
        if (temp > max_Passenger) {
        // 如果 temp 值大于最大乘客数
            return false;                  // 返回 false，表示乘客上车失败
        } else {                           // 否则
            current_Passenger = temp;      // 将当前乘客数设为 temp 的值
            return true;                   // 返回 true 表示乘客上车成功
        }
    }
    // 专门为公共汽车增加的方法，完成旅客下车的功能
    public boolean getDownBus(int p_amout) {    // 参数为需要下车的乘客数
        int temp = current_Passenger - p_amout;    // 计算新的乘客数，保
                                                    // 存在 temp 变量中
        if (temp < 0) {                    // 如果新的乘客数小于 0
            return false;                  // 则返回 false，不做更改
        } else {                           // 否则
            current_Passenger = temp;      // 将 current_Passenger 的设
                                           // 为 temp 的值
            return true;                   // 返回 true，表示乘客下车成功
        }
    }
```

Bus 源码

我们发现 Bus 类最特别的就是在类名后面多了 extends CarBase 这一句。它就是完成了我们期待的"把 CarBase 类的代码视为 Bus 类的代码"功能。extends 是 Java 中的关键字。单词 extends 的意思就是"延伸，扩展"。根据这个关键字的作用，将它翻译成"继承"。

代码 class Bus extends CarBase 的意思就是"类 Bus 是从类 CarBase 继承（扩展）而来的。"称 Bus 类为子类（Child Class），称 CarBase 类为父类（Parent Class）或基类。继承的作用就是让子类继承父类中的方法和属性。在本例中，从某种意义上来看，父类 CarBase 类中的属性和方法同样也是子类 Bus 中的属性和方法。

对于类方法和类属性，子类同样也将它们继承了过来。本例中的代码没有体现出来。

🔔**注意：**继承绝不是简单地"直接享用"父类中"所有的"方法和属性。子类中能够使用父类中的哪些属性和方法，在语法上是有着严格的规范的。这个规范主要和访问控制符有关。因为本章中类的所有属性和方法都是最大访问权限（public），所以在本章中看不出子类继承父类中的属性和方法时存在的一些限制。实际上，访问控制符的使用对继承有很大的意义，其语法规则也比较复杂，这也是笔者一直没讲解访问控制符的原因。

继承的语法格式如下：

子类类名 + extends + 父类类名

接着完成跑车类的构建。

```java
package com.javaeasy.learnextends;
public class SportsCar extends CarBase {                 // 继承自 CarBase 类
    public int nAmount - 90;// 保存氮气的剩余量
    // 使用氮气来让汽车加速的方法，代码中会首先根据剩余氮气量来计算本次使用的氮气量
    public void speedUpUsingN(int p_amout) {     // 参数表示想要用于加速的氮气量
        int realAmount = 0;                      // 表示真正用于加速的氮气量
        if (nAmount <= p_amout) {                // 如果剩余氮气不能满足本次使用量
            realAmount = nAmount;                // 则真正用于加速的氮气量就是所有
                                                 // 剩余的氮气量
            nAmount = 0;                         // 同时将剩余氮气量置 0
        } else {
            realAmount = p_amout;                // 否则，真正用于加速的氮气量就是
                                                 // p_amout 的值
            nAmount -= p_amout;                  // 剩余氮气量减少 p_amout
        }
        int speedUp = (int) (realAmount * 0.25);  // 假设使用氮气的量乘以
                                                  // 25%就是真正提升的速度
        speed += speedUp;                         // 速度增加
    }
    // 增加氮气
    public void addN(int p_amout) {
        if (p_amout < 0) {                        // 如果需要增加的氮气小于 0
            return;                               // 则什么都不做
        }
        nAmount += p_amout;                       // 否则让氮气增加相应的数量
    }
}
```

我们剔除了 SportsCar 中和所有基本类相同的部分，然后让类 SportsCar 继承自 CarBase，这样就完成了类 SportsCar 的代码。

- ❏ 子类继承了父类的属性和方法（包括类属性和类方法）。
- ❏ 了解子类（Child Class）和父类（Parent Class）的概念。
- ❏ 学会 Java 中继承的语法：子类类名 + extends + 父类类名。
- ❏ 开始注意理解继承的含义。

10.1.6　使用 Bus 类

本节的程序中使用 Bus 类和 SportsCar 类，使用子类和子类继承自父类中的方法与属性。

```java
package com.javaeasy.learnextends;

public class UseExtends {
    public static void main(String[] args) {
        Bus bus = new Bus();
        System.out.println("9 位乘客登上了公交车");
        bus.getOnBus(9);
        System.out.println("公交车出发！");
        bus.speedUp(50);
        System.out.println("公交车当前速度为：" +
                          bus.speed);
        System.out.println("公交车当前乘客数为：" +
                          bus.current_Passenger);
        System.out.println("到站停车！");
        bus.slowDown(50);
        System.out.println("5 位乘客下了公交车");
        bus.getDownBus(5);
        System.out.println("公交车当前速度为：" + bus.speed);
        System.out.println("公交车当前乘客数为：" + bus.current_Passenger);
        System.out.println("公交车出发！");
        bus.speedUp(70);
        bus.slowDown(70);
        System.out.println("4 位乘客下了公交车");
        bus.getDownBus(4);
        System.out.println("公交车当前速度为：" + bus.speed);
        System.out.println("公交车当前乘客数为：" + bus.current_Passenger);
    }
}
```

UseExtends 源码

在上面的例程中创建了一个 Bus 类的对象，然后让 bus 引用指向这个对象。紧接着下面中由通过 bus 引用来调用 Bus 类本身的方法和属性的代码（如 bus.getOnBus(9)、bus.getDownBus(5) 和 bus.current_Passenger 等），也有通过 bus 引用调用 Bus 类继承自父类 CarBase 的方法和属性的代码（如 bus.speedUp(50) 和 bus.slowDown(50)）。

当我们使用一个引用来访问方法和属性的时候，无论这个方法或者属性是其父类的还是它自己的，其语法形式是相同的。

❑ 使用父类中的属性和方法并没有语法上的差异。

10.1.7　Java 中的单继承

子类和父类是发生继承关系的类的一种相对称呼。Java 中的继承关系是单继承，也就是说一个子类只能继承自一个类，即 extends 关键字后面只可以跟一个类的名字。

🔍 说明：有些编程语言是支持多继承的，也就是说一个子类可以有两个或者两个以上的父类（也可以理解为子类继承了多个类的属性和方法）。而 Java 中使用了接口来完成多继承的功能（关于接口我们后面再讲）。而支持多继承在语法层面带来了很多不必要的复杂性，所以 Java 语言没有支持多继承。实际上，即使是在使用支持多继承的语言中，从设计和可读性的角度出发，也很少有程序员会使用多继承。

当然多个子类可以有共同的父类。在我们的例子中，Bus 类和 SportsCar 类都继承自同一个父类 CarBase 类。

同样，子类也可以做其他类的父类。现在给系统增加一个新的类——电车类。它也是公共汽车，只不过会有多节车厢。所以现在让电车类继承公共汽车类，然后给它加一个新的属性来表示这个电车的车厢数（默认值为 2）。那么电车类的代码可以是如下形式：

```
package com.javaeasy.learnextends;
public class ElectronicBus extends Bus {
    int carriageNumber = 2;
}
```

因为继承自 Bus 类，而 Bus 类又继承自 CarBase 类，这两个类包含了 ElectronicBus 类应该包含的大部分的属性和方法，所以 ElectronicBus 类中的代码很少，以至于只有一个新的属性。没错，ElectronicBus 可以使用父类（Bus 类）的父类（CarBase）中的方法和属性。

也可以这么理解：因为 Bus 类已经从其父类 CarBase 中将属性和方法"继承"到了自己身上，所以，作为 Bus 类子类的 ElectronicBus 类不管这些属性和方法是在 Bus 类中定义的，还是在 CarBase 类中定义的，都一股脑地全部继承为自己的了。

实际上，Java 的这种单继承可以无限地延续下去。在有些场合下，为了区分这种多代继承的关系，可以将 CarBase 类称为是 ElectronicBus 类的"祖先类"，将 Bus 类称作是 ElectronicBus 的"直接父类"。

多数情况下，我们没有必要去特意强调这种多代继承，祖先类和直接父类这两个名字其实很少使用。可以将 CarBase 类和 Bus 类都称作是 ElectronicBus 类的父类。这其实只是一个称呼而已，关键的一点是要记住 Java 中的继承是单继承。

❑ Java 中的继承可以无限延续下去。

❑ Java 中的继承是单继承。

10.1.8　Java 中的类图

好，现在来简单地接触一下所谓的类图（Class diagram）。在引入了继承以后，类与类之间的关系就变得相对复杂一些了。某个类的父类是什么？类中都有哪些属性和方法？这些问题在类代码中不能够直接地体现出来。类图是用来帮助我们直观地理解类与类之间的关系的。好，首先来看一下例子中这几个类的类图。

在图 10-1 中，每个"方块"代表一个类，方块中又分成了 3 部分：最上面的黑体居中的是类名；紧跟着下面的部分是代表了类中的属性；最下面的部分是类的方法。

类与类之间的继承关系由连接方块之间的箭头表示：箭头指向的部分是父类，箭头末端连接的方块是子类。图中连接 CarBase 和 SportsCar 的线中有箭头的一端指向了 CarBase 类；没有箭头的一端连着 SportsCar 类。这就说明 CarBase 是 SportsCar 的父类。

🔔说明：这里只是简单地介绍类图，并无意详细讲解。关于类图中可以包含的东西很多，包括方法的访问控制符、参数和参数类型、返回值等所有除了具体代码实现之外的所有信息；关于属性还可以有属性的类型、属性的初始值等更丰富的内容。在这里只是在类图中显示出类中的属性和方法，当然最关键的还是类的继承关系。

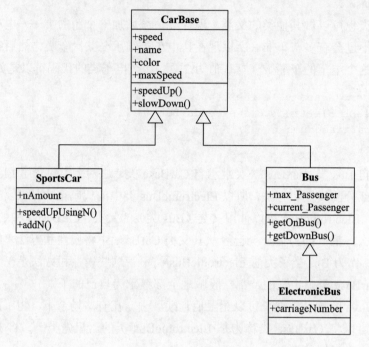

图 10-1　例子中的类图

我们发现，通过这个类图，类的层次关系和方法属性都很清晰地展现了出来。类图是隶属于 UML（Unified Modeling Language 的简称，即统一建模语言）图的一部分，其中有着非常丰富的内容，在这里只是简单地使用它。

🔔解释：类图是 UML 图中重要的一部分。UML 图主要用于程序系统设计等方面。在一个大的程序系统中，如果没有相应的类图和其他 UML，我们肯定会迷失在复杂的关系中。关于类图，本书中大家只需要把注意力放在属性、方法和继承的关系上。

好的，在本节中学了 Java 中继承的语法，也知道了如何使用继承来的属性和方法（其实用起来是一样的）。虽然 Java 中的继承为单继承，但是复杂的继承关系还是让人头疼。为了清晰地将类的关系表示出来，我们简单地学习了如何使用类图。继承的语法很简单，使用起来也很"顺手"，不过继承的内容远远不止这么简单，继续看下一节。

❑　能够看懂简单的类图：从类图中可以读出类与类之间的继承关系；可以从类图中看出各个类有哪些属性和方法。

10.1.9　万类之祖——Object 类

本节中，作为讲解继承的阶段性结束，我们隆重请出 Object 类！Object 类的全限定名是 java.lang.Object。前面介绍过 java.lang 包，这个包中的类都可以视为是构成 Java 语言的基础类。在这些类中，地位最重要的莫过于 Object 类！

　　Object 类的特殊性是：Java 中所有的类，除了 Object 类之外，都肯定直接或者间接地继承自 Object 类。本章之前大家没有接触过继承，更没有接触过 extends 关键字，为什么这些类也继承自 Object 类呢？这是因为 Java 编译器在编译类的源代码时，一旦发现除了 Object 类之外的类没有父类，则会默认地让类继承自 Object 类。下面的两个类定义是等价的。

CarBase 类的第 1 个定义：

```
public class CarBase {
    public int speed;                       // int 变量，表示汽车速度
    public String name;                     // 表示汽车名字
    public String color;                    // 表示汽车颜色
    public int maxSpeed = 90;               // 最大速度限制
// 其他内容省略
}
```

CarBase 类的第 2 个定义：

```
public class CarBase extends java.lang.Object{
    public int speed;                       // int 变量，表示汽车速度
    public String name;                     // 表示汽车名字
    public String color;                    // 表示汽车颜色
    public int maxSpeed = 90;               // 最大速度限制
// 其他内容省略
}
```

💡提示：Java 编译器可是个老好人，它帮我们做过不少事情，当类没有一个构造方法的时候，就会给类补上一个空的构造方法，会按照实例变量和类变量的类型给它们赋初始值等。当然还有让没有父类的类继承自 Object 类。

　　所以说，Java 中所有的类，肯定都是 Object 类的子类。

　　那么类从 Object 类中继承了哪些属性和方法呢？Object 类中没有属性，但是却有几个重要的方法，本节先不讲解。

　　因为 Object 类是所有除了自己之外的类的父类，所以它也经常被"忽略"。在前面的类图中，虽然 Object 类是 CarBase 类的父类，但是因为这是众所周知的，所以一般情况下是不会将 Object 类加入其中的。

　　❑　Java 中所有的类，除了 Object 类之外，都是直接或者间接继承自 Object 类的。

　　❑　Object 类中没有属性，有几个重要的方法。

10.2　子类对象？父类对象？

　　10.1 节中，我们主要在类的层面上理解了继承——子类继承了父类的属性和方法。但是从对象层面上，除了可以使用子类的引用无差别地调用子类自己的属性和方法或者继承自父类的属性和方法之外，继承还给对象带来一些精妙的功能。子类的对象和父类的对象并不是独立的。本节中我们来理解继承在对象层面上带来的惊喜。

10.2.1　父随子行

实际上，"Java 在创建一个子类的对象的同时，也创建了其父类的一个对象"。没错，这句话是事实。为什么子类中会包含父类的属性呢？可以这么理解——子类对象在创建的同时会创建一个其父类的对象，而这个对象是隐含（或者说是内嵌）在子类中的。当我们通过子类的引用使用其父类的属性时，其实可以理解为是访问这个内嵌的父类对象的属性。

当然，如果父类还有父类，那么同时在创建父类的对象的时候，又会创建一个父类的父类的对象。这个过程是一直传递下去的。例子中的类都没有构造方法。为了将这个过程描述清楚，我们给例子中的汽车类都增加一个构造方法，在构造方法中向控制台输出一行字。

CarBase 类代码如下：

```
package com.javaeasy.learnextends;
public class CarBase {
    public int speed;                       // int 变量，表示汽车速度
    public String name;                     // 表示汽车名字
    public String color;                    // 表示汽车颜色
    public int maxSpeed = 90;               // 最大速度限制
    public CarBase() {
        System.out.println("CarBase 类的构造方法被调用了！");
    }
// 其他内容省略
}
```

Bus 类代码如下：

```
package com.javaeasy.learnextends;
public class Bus extends CarBase {          // 表示 Bus 类继承自 CarBase 类
    public int max_Passenger = 35;          // 只需包含 Bus 特有的属性
    public int current_Passenger = 0;
    public Bus() {
        System.out.println("Bus 类的构造方法被调用了！");
    }
// 其他内容省略
}
```

ElectronicBus 类代码如下：

```
package com.javaeasy.learnextends;
public class ElectronicBus extends Bus {
    int carriageNumber = 2;
    public ElectronicBus() {
        System.out.println("ElectronicBus 类的构造方法
被调用了！");
    }
}
```

ElectronicBus 源码

SportsCar 类代码如下：

```
package com.javaeasy.learnextends;
public class SportsCar extends CarBase {    // 继承自 CarBase 类
    public int nAmount = 90;                // 保存氮气的剩余量
```

```
    public SportsCar() {
        System.out.println("SportsCar 类的构造方法被调用了！");
    }
    // 其他内容省略
}
```

然后，我们通过下面的例程来看一下 Java 调用构造方法的
过程。

```
package com.javaeasy.learnextends;
public class LearnConstructors {
    public static void main(String[] args) {
        System.out.println("=======开始创建 ElectronicBus
类的对象=======");
        ElectronicBus eBus = new ElectronicBus();
        System.out.println("=======创建 ElectronicBus
类的对象结束=======");
        System.out.println();
        System.out.println("=======开始创建 SportsCar 类
的对象=======");
        SportsCar sportsCar = new SportsCar();
        System.out.println("=======创建 SportsCar 类的对象结束=======");
    }
}
```

LearnConstructors 源码

运行例程，控制台输出如下内容：

```
=======开始创建 ElectronicBus 类的对象=======
CarBase 类的构造方法被调用了！
Bus 类的构造方法被调用了！
ElectronicBus 类的构造方法被调用了！
=======创建 ElectronicBus 类的对象结束=======

=======开始创建 SportsCar 类的对象=======
CarBase 类的构造方法被调用了！
SportsCar 类的构造方法被调用了！
=======创建 SportsCar 类的对象结束=======
```

我们再来回顾一下构造方法的相关知识。Java 在创建出一个类的对象后，就会给出调用相应的构造方法。虽然构造方法不能够创建一个对象，但是构造方法只能够由 Java 平台调用，而 Java 平台只会在创建出这个类的一个对象后调用。所以我们可以认为当一个类的某个构造方法被调用了，则肯定是创建出了这个类的一个对象。

通过控制台的输出可以很清楚地看出：在创建 ElectronicBus 类的对象时，Java 会首先找到这个类的父类，也就是 Bus 类，并先创建 Bus 类的对象；而创建 Bus 类的对象时，又会先找到 Bus 类的父类，也就是 CarBase 类，并先创建 CarBase 类的对象（CarBase 类的父类是 Object 类，因为无法修改其构造方法的代码，所以控制台对创建 Object 类的对象没有显示什么文字），当创建好 CarBase 类的对象并调用其构造方法时，控制台输出"CarBase 类的构造方法被调用了！"；然后 Java 会回过头来创建 Bus 类的对象并调用其构造方法，这时控制台输出"Bus 类的构造方法被调用了！"，最后才会去创建 ElectronicBus 类的对象，这时控制台输出"ElectronicBus 类的构造方法被调用了！"。创建一个对象就是这么一个循环的过程。

我们也可以认为 Java 创建 ElectronicBus 类的对象时，会先找到这个类最根部的祖先类 CarBase（最根部的祖先类当然是 Object 类。这里暂且认为系统中 CarBase 类是最根部的祖先类），然后自上向下一层层地创建对象——首先是创建 CarBase 类的对象，然后是创建 Bus 类的对象，最后才是创建 ElectronicBus 类的对象。

因为 Object 类是所有类的父类，所以当我们创建任何一个类的对象时，肯定都是首先创建出 Object 类的对象（创建 ElectronicBus 当然也是一样的）。

紧接着创建 SportsCar 类的对象，控制台的输出再次印证了这一点。

❑ 创建一个类的对象的过程：首先创建这个类的父类的对象，然后创建这个类的对象。这是一个循环递归的过程，大家要仔细揣摩 ElectronicBus 类的对象的流程。

10.2.2　当构造方法遇到继承

前面的一节中知道了子类从父类中继承了方法和属性。但是，构造方法是特殊的，这里大家要记住：子类唯一没有直接继承下来的就是父类的构造方法。可以这么理解：构造方法要求方法名和类名相同，子类和父类类名不要求相同，所以子类无法继承父类的构造方法。

那么父类的构造方法是否给子类带来了什么影响呢？答案是肯定的。在 10.2.1 节中大家知道了创建子类对象的同时会创建父类的对象。在构造方法层面来看，其实就是子类的构造方法会调用父类的构造方法等，在我们的例子中，子类的构造方法并没有调用父类的构造方法，而且子类怎么去调用父类的方法呢？

这时，我们需要了解 Java 中的另一个关键字——super。super 关键字可以在子类构造方法中使用，用来指定调用父类中的某个构造方法。其语法如下：

```
super(参数值列表)
```

这里的参数值列表必须与父类中的某个构造方法匹配。看上去和使用 this 关键字调用同一个类中的不同构造方法的语法是相同的。

等一下，子类的构造方法中并没有出现 super 关键字呀？怎么就调用了父类的构造方法了呢？这又是做好事不留名的编译器替我们写的。当一个类的构造方法中没有显示地使用 super 关键字去调用其父类的某个构造方法时，编译器就会默认在子类的构造方法的第 1 行添加 super()。也就是会去调用父类中没有参数的构造方法。

也就是说，下面两段代码是等价的。

代码 1：

```
package com.javaeasy.learnextends;
public class SportsCar extends CarBase {        // 继承自 CarBase 类
    public int nAmount = 90;                    // 保存氮气的剩余量
    public SportsCar() {
        System.out.println("SportsCar 类的构造方法被调用了！");
    }
// 其他内容省略
}
```

代码 2：

```
package com.javaeasy.learnextends;
```

```java
public class SportsCar extends CarBase {          // 继承自 CarBase 类
    public int nAmount = 90;                      // 保存氮气的剩余量
    public SportsCar() {
        super();                                  // 调用父类中无参数的构造方法
        System.out.println("SportsCar 类的构造方法被调用了！");
    }
// 其他内容省略
}
```

关于使用 super 关键字调用父类的构造方法，除了语法之外，还有以下 3 点需要注意，在后面的内容中会详细讲述这 3 点。

❏ 通过 super 关键字调用父类的构造方法，只能够在子类的构造方法中使用，即不能够在其他方法中使用 super 关键字调用父类的构造方法。

❏ 必须在子类的构造方法中的第一行使用此语法。

❏ 语法中的参数值列表需要和父类中某个构造方法的形式参数匹配，否则 Java 编译器会给出语法错误。

10.2.3　记得给类一个无参数的构造方法

下面通过例程来说明 super 关键字的使用。首先把 CarBase 类的构造方法修改一下。

```java
package com.javaeasy.learnextends;
public class CarBase {
    public int speed;                             // int 变量，表示汽车速度
    public String name;                           // 表示汽车名字
    public String color;                          // 表示汽车颜色
    public int maxSpeed = 90;                     // 最大速度限制
    public CarBase(String color, int maxSpeed, String name, int speed) {
                                                  // 构造方法
        this.color = color;            // 给 color、maxSpeed 和 speed 3 个属性赋值
        this.maxSpeed = maxSpeed;
        this.name = name;
        this.speed = speed;
        System.out.println("CarBase 类的有参数的构造方法被调用了！");
    }
// 其他内容省略
}
```

这时我们忽然发现 Eclipse 的 Package Explorer 视图中 Bus 类和 SportsCar 类都出了一个红叉号，在 Problems 视图中发现了如下错误描述。

```
Implicit super constructor CarBase() is undefined. Must explicitly invoke
another constructor
```

这句话的意思就是在类 Bus 中（同样也是类 SportsCar 中）调用的父类 CarBase 的构造方法 CarBase()是不存在的，需要在子类中调用一个存在的方法。事情是这样的：我们修改了 CarBase 类的默认无参数的构造方法，这时候 CarBase 类就没有了无参数的构造方法（Java 编译器不会给已经有构造方法的类添加一个空的构造方法）。而在 Bus 类和 SportsCar 类中却会默认调用父类无参数的方法（编译器帮我们调用的），所以出现了上面的错误。

正是由于编译器会在子类中没有显式地调用父类中的某个构造方法时，帮我们调用父

类的无参数构造方法，所以为了避免错误，最好在类中写一个无参数的构造方法。CarBase 类最后将有两个构造方法。

```
package com.javaeasy.learnextends;
public class CarBase {
    public int speed;                               // int 变量，表示汽车速度
    public String name;                             // 表示汽车名字
    public String color;                            // 表示汽车颜色
    public int maxSpeed = 90;                       // 最大速度限制
    public CarBase(String color, int maxSpeed, String name, int speed) {
        this.color = color;
        this.maxSpeed = maxSpeed;
        this.name = name;
        this.speed = speed;
        System.out.println("CarBase 类的有参数构造方法被调用了！");
    }
    public CarBase() {
        System.out.println("CarBase 类的构造方法被调用了！");
    }
// 其他内容省略
}
```

这时 Bus 类 SportsCar 类就没错了。

❑ 为了避免错误，记得保留一个无参数的构造方法。

10.2.4　调用父类中的构造方法

现在 CarBase 类有了两个构造方法，分别为有参数和没参数。通过给其子类 Bus 类和 SportsCar 类增加构造方法，来看看如何使用 super 关键字在子类中指定调用父类的构造方法。

Bus 类添加构造方法后的代码如下：

```
package com.javaeasy.learnextends;
public class Bus extends CarBase { // 表示 Bus 类继承自 CarBase 类
    public int max_Passenger = 35; // 只需包含 Bus 特有的属性
    public int current_Passenger = 0;
    public Bus() {
        super();                            // 通过 super 关键字调用父类无参数构造方法
        System.out.println("Bus 类的构造方法被调用了！");
    }
    public Bus(String color, int maxSpeed, String name, int speed,
            int current_Passenger, int max_Passenger) {
        super(color, maxSpeed, name, speed);
                                        // 通过 super 关键字调用父类的构造方法
        this.current_Passenger = current_Passenger;
        this.max_Passenger = max_Passenger;
        System.out.println("Bus 类有参数的构造方法被调用了！");
    }
// 其他内容省略
}
```

这时 Bus 类中有了两个构造方法，一个是无参数的，同样调用了父类的无参数构造方法（我们当然可以在 Bus 类无参数的构造方法中调用 CarBase 类有参数的构造方法），一

个是有参数的，调用了父类中有参数的构造方法。

我们发现 super()都是出现在子类构造方法的第一行的，这是 Java 中的语法要求。如果没有出现在第一行，则会在 Eclipse 的 Problems 视图中出现如下错误提示：

```
Constructor call must be the first statement in a constructor
```

意思就是调用父类构造方法的语句必须是子类构造方法中的第一行。

SportsCar 类添加构造方法后的代码如下：

```java
package com.javaeasy.learnextends;
public class SportsCar extends CarBase {    // 继承自 CarBase 类
    public int nAmount = 90;                // 保存氮气的剩余量
    public SportsCar() {                                     // 编译器默认添加 super()
        System.out.println("SportsCar 类的构造方法被调用了！");
    }
    public SportsCar(String color, int maxSpeed, String name, int speed, int
    amount) {
        super(color, maxSpeed, name, speed);    // 调用父类有参数的构造方法
        nAmount = amount;
        System.out.println("SportsCar 类有参数的构造方法被调用了！");
    }
// 其他内容省略
}
```

SportsCar 类中有两个构造方法，其中无参数的构造方法没有指定去调用父类的哪个构造方法，所以 Java 编译器会默认地调用父类无参数的构造方法；有参数的构造方法则是通过 super 关键字调用了父类中的有参数的构造方法。

好，下面通过例程看看构造方法的调用情况。

```java
package com.javaeasy.learnextends;
public class InvokeConstructors {
    public static void main(String[] args) {
        System.out.println("=======开始创建 Bus 类的对象=======");
        Bus bus = new Bus();
        System.out.println("=======创建 ElectronicBus 类的对象结束=======");
        System.out.println();
        System.out.println("=======开始创建 SportsCar 类的对象=======");
        SportsCar sportsCar = new SportsCar("红色", 200, "红色跑车", 0, 90);
        System.out.println("=======创建 SportsCar 类的对象结束=======");
    }
}
```

运行例程，控制台输出如下内容：

```
=======开始创建 Bus 类的对象=======
CarBase 类的构造方法被调用了！
Bus 类的构造方法被调用了！
=======创建 ElectronicBus 类的对象结束=======

=======开始创建 SportsCar 类的对象=======
CarBase 类有参数的构造方法被调用了！
SportsCar 类有参数的构造方法被调用了！
=======创建 SportsCar 类的对象结束=======
```

首先来分析 Bus 类对象创建的过程：我们使用 new Bus()；创建了 Bus 类的对象，所

以系统会调用 Bus 类中无参数的构造方法，而在这个构造方法的第一行就是 super()，所以 CarBase 类的无参数构造方法被调用了。

　　然后再来分析一下 SportsCar 类对象的创建过程：我们使用"new SportsCar("红色", 200, "红色跑车", 0, 90);"去创建 SportsCar 类的对象，所以 SportsCar 类的有参数的构造方法会被调用，而在这个构造方法的第一行就是调用父类有参数的构造方法。

　　我们发现，子类构造方法的第一行总会是父类构造方法：或者是编程中使用 super 来指定，如果不指定，Java 编译器则会默认指定父类无参数的构造方法。这也从另一个侧面解释了对象创建的过程以及构造方法的调用流程。因为子类构造方法的第一行总会去调用其父类的某个构造方法，所以父类的构造方法中的代码总会先于子类执行。

　　❑　熟练使用 super 关键字调用父类方法。

10.2.5　对象也会"变脸"

　　如果 Java 允许把一个子类的对象当作父类的对象使用，相信大家并不会太吃惊：通过前面的学习已经知道，子类的对象其实是内嵌了一个父类的对象，而子类又继承了父类除了构造方法之外的所有属性和方法。但是构造方法是不能够被类的对象调用的，所以，父类的对象中包含的内容子类的对象中都包含，完全可以把一个子类的对象当作父类的对象来使用——调用对象的方法和对象的属性！本节将来学学对象的这种"变脸"的本事。

　　Java 中只允许使用指向对象的引用来操作对象。所以对象这种"伪装"也是通过引用来实现的。如果我们想把子类的一个对象"伪装"成一个父类的对象，那么我们只需要"让一个父类的引用指向一个子类的对象"就可以了。如何才能做到这一点呢？其实我们无须做任何处理，只要使用子类的引用给父类引用赋值就可以了，看下面的例程。

```
package com.javaeasy.learnextends;
public class AutoConversion{
    public static void main(String[] args) {
        SportsCar sportsCar = new SportsCar();
                //（1）创建了一个 SportsCar 类的对象
        CarBase carBase = sportsCar;
                //（2）使用子类引用给父类引用赋值
        carBase.speedUp(77);
                //（3）使用 carBase 调用 speedUp()方法
        System.out.println("carBase.speed 的值为: " +
carBase.speed);
                //（4） 输出 speed 属性的值
        System.out.println("sportsCar.speed 的值为: " + sportsCar.speed);
        sportsCar.speedUpUsingN(77);    //（5）使用 sportsCar 调用 speedUp
                                              UsingN()方法
        System.out.println("carBase.speed 的值为: " + carBase.speed);
                                //（6）输出 speed 属性的值
        System.out.println("sportsCar.speed 的值为: " + sportsCar.speed);
    }
}
```

AutoConversion 源码

　　程序中的（1）处是创建一个 SportsCar 类的对象，并让 SportsCar 类的引用 sportsCar 指向这个对象，这时程序状态如图 10-2 所示。

　　程序中的（2）处是最关键的地方。在这里，我们创建了一个 SportsCar 的父类 CarBase

类的引用——carBase。然后子类的引用 sportsCar 给父类的引用 carBase 赋值。赋值结束后，系统状态如图 10-3 所示。

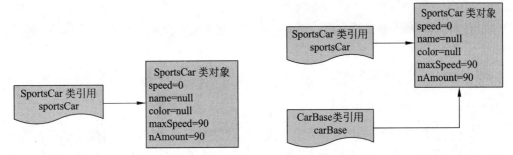

图 10-2　SportsCar 对象　　　图 10-3　carBase 和 sportsCar 引用指向同一个对象

因为一个子类的对象肯定被看做是一个父类的对象，所以这个赋值过程没有任何特殊的地方。赋值之后，我们就有了两个引用指向同一个对象了。

这个对象虽然是 SportsCar 类的对象，但是在两个引用的眼中却不完全是这样：对于 sportsCar 引用，它会把这个对象当作是 SportsCar 类的对象，所以可以通过这个引用来使用 SportsCar 类中的所有方法和属性——包括 SportsCar 类从其父类继承的方法和属性；对于 carBase 引用，它会把这个对象当作是 CarBase 类的对象，我们无法通过这个引用来使用 SportsCar 类中特有的方法和属性。也就是说下面的代码都是错误的。

```
carBase. speedUpUsingN(1);      // 错误!
carBase. nAmount;               // 错误!
```

上面的两行代码都是错误的，虽然 carBase 引用指向一个 SportsCar 类的对象，但是，因为 carBase 被声明为是 CarBase 类的引用，所以它指向的任何对象都会被当成是 CarBase 类的对象。CarBase 类中没有 speedUpUsingN()方法，也没有 nAmount 属性，所以无法通过 carBase 引用来使用 speedUpUsingN()方法或者 nAmount 属性。

好，紧接着在程序的第（3）处，通过 carBase 引用调用了 speedUp()方法。这个调用是没有错误的，因为 CarBase 类也有这个方法。方法调用完成后，系统状态如图 10-4 所示。

程序第（4）处分别通过 carBase 和 sportsCar 两个引用来访问 speed 属性的值，并且将值输出到控制台，通过图 10-4 可以看出输出的值。

紧接着，在程序的第（5）处，使用 sportsCar 引用调用了 speedUpUsingN()方法。执行完毕后系统状态如图 10-5 所示。

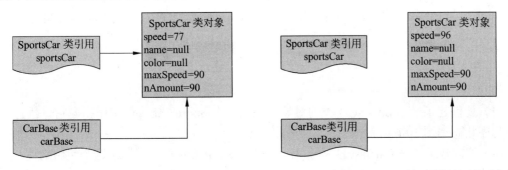

图 10-4　speedUp()方法调用完毕后的系统状态　　图 10-5　speedUpUsingN()方法调用完毕后的系统状态

在程序的最后，我们再次向控制台输出使用 carBase 和 sportsCar 两个引用来得到 speed 属性的值。

运行程序，控制台输出如下内容：

```
CarBase 类的构造方法被调用了！
SportsCar 类的构造方法被调用了！
carBase.speed 的值为: 77
sportsCar.speed 的值为: 77
carBase.speed 的值为: 96
sportsCar.speed 的值为: 96
```

学到这里我们知道如何让一个对象"伪装"成父类的对象了：直接使用子类引用给父类的引用赋值就行了。因为 Object 类是除了本身之外所有类的父类，所以，一个 Object 类的引用可以指向任何一个对象。Object 类的引用的这个功能大家以后经常使用到——当你不知道一个对象会是什么类型的时候，用 Object 引用指向它准没错。

学会了如何让对象"伪装"之后，接下来看看如何让一个对象"脱去伪装"。这个就需要用到之前学过的"强制类型转换"语法了。同样，为了让对象脱去伪装，我们需要使用父类的引用给子类的引用赋值。语法如下：

子类引用 = (子类) 父类引用

这种语法需要注意的是，"用来给子类赋值的父类的引用必须指向的是一个子类的对象，否则这种强制类型转换将会发生错误"——这种强制类型转换仅仅是让对象"撕去原来的伪装"。如果父类的引用指向的不是子类的对象，这种强制类型转换当然不可能把这个父类的对象转换成一个子类的对象。现在通过下面的例程来学习这种语法。

```java
package com.javaeasy.learnextends;
public class ForceConvertion {
    public static void main(String[] args) {
        SportsCar SportsCar = new SportsCar(); // （1）
        CarBase base = SportsCar;              // （2）
        System.out.println("尝试将 base 引用强制类型转换为
SportsCar 类的引用……");
        SportsCar converted = (SportsCar) base; // （3）
        System.out.println("转换成功！");
        System.out.println("使用 converted 调用 addN()方
法");
        converted.addN(45);                     // （4）
        System.out.println("converted.nAmount 的值为: "
+ converted.nAmount);
        Object objCar = converted;              // （5）
        System.out.println("将 Object 类引用强制类型转换为 CarBase 类引用");
        CarBase base2 = (CarBase) objCar;       // （6）
        System.out.println("将 Object 类引用强制类型转换为 SportsCar 类引用");
        SportsCar sports2 = (SportsCar) objCar; // （7）
    }
}
```

ForceConvertion 源码

（1）处创建了一个 SportsCar 类的对象，并让一个 SportsCar 类的引用指向它。执行完毕后程序状态如图 10-6 所示。

（2）处创建了一个 CarBase 类的引用，并使用 SportsCar 类的引用给这个引用赋值。这时不需要任何类型转换，因为在 Java 看来 SportsCar 类的对象就是 CarBase 类的对象，所以可以直接使用 CarBase 类的引用指向 SportsCar 类对象，程序执行完毕后状态如图 10-7

所示。

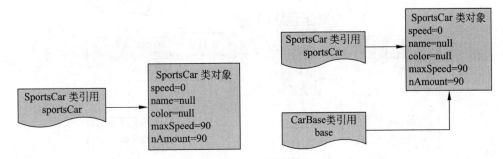

图 10-6 创建一个 SportsCar 类对象   图 10-7 使用 CarBase 类的引用指向 SportsCar 类对象

（3）处是最重要的一行，在这里，使用了引用的强制类型转换语法，将一个 CarBase 类的引用 base 强制类型转换为一个 SportsCar 类的引用，并将它赋值给 SportsCar 类的引用 converted。因为我们从图 10-7 中可以看出 base 引用指向的确实是一个 SportsCar 类的对象，所以强制类型转换是成功的——我们扯下了 base 引用给 SportsCar 对象做的"伪装"，让它显示出了自己的本来面目。程序执行后状态如图 10-8 所示。

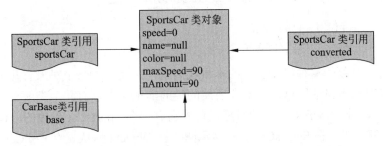

图 10-8 使用强制类型转换后的 base 引用给 converted 赋值

（4）处，使用 converted 引用调用了 SportsCar 的 addN()方法，程序运行后状态如图 10-9 所示。

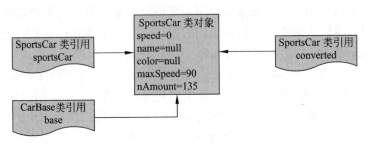

图 10-9 调用 addN()方法

然后在我们使用 converted 将 SportsCar 类对象的 nAmount 属性的值输出。

（5）处，使用 converted 给 Object 类引用 objCar 赋值。紧接着，在例程的（6）、（7）两处，分别将 objCar 强制类型转换为 CarBase 类的引用和 SportsCar 类的引用，并分别将强制类型转换后的值赋给 CarBase 类的引用 base2 和 SportsCar 类的引用 sports2。因为 SportsCar 类继承自 Carbase 类，而 CarBase 类又继承自 Object 类，所以这些赋值和强制类型转换都是正确的。程序执行完（7）处后，状态如图 10-10 所示。

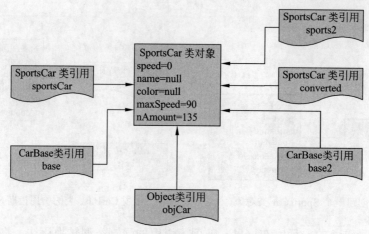

图 10-10　程序运行后的最终状态

运行例程，控制台输出如下：

CarBase 类的构造方法被调用了！
SportsCar 类的构造方法被调用了！
尝试将 base 引用强制类型转换为 SportsCar 类的引用……
转换成功！
使用 converted 调用 addN() 方法
converted.nAmount 的值为：135

到此为止，对象的这种"变脸"的本事我们就学习完了。一个对象有几个脸谱呢？简单来说，除了对象本身的脸谱，在对象所属的类的继承图上，有几个类就有几个脸谱。举例来说，对于我们的 SportsCar 类的对象，首先它有一个 SportsCar 对象的脸谱，通过 10-1 的类图我们发现，然后在 SportsCar 类的继承图上有 Object（默认就有）和 CarBase 两个类，所以 SportsCar 类的对象共有 3 个"脸谱"，我们可以通过操作对象的引用来让 SportsCar 有不同的脸谱。当然，SportsCar 的对象还是那个对象，变的只是指向这个对象的引用。

总结一下改变对象引用类型的 Java 语法规则：

❑ 一个子类的引用可以用来给父类引用赋值，无需进行强制类型转换。也就是说父类的引用可以无条件地指向子类的对象。为了简单地记住这条规则，大家只需记住"Object 类的引用可以指向 Java 中所有对象"。

❑ 引用类型决定了可以调用对象的哪些方法，访问对象的哪些属性。我们使用 CarBase 类的引用指向了 SportsCar 类的对象，则通过这个引用只能够调用 Carbase 类中有的属性和方法，而不能访问 SportsCar 类中的属性和方法。

❑ 如果我们确定某个父类的引用指向的是子类的对象，可以通过强制类型转换来将父类的引用转换为子类的引用，并使用转换后的值给子类的引用赋值。

10.2.6　遵守语法，正确"变脸"

本节中将针对 10.2.5 节中给出的语法转换规则，分别给出不正确的使用方式，以让大家在使用时引以为戒。

对于第 1 条，其实没有太多需要注意的。类的继承关系都是我们设计好的，只要我们

能够保证是使用子类的引用给父类赋值，就没有问题。当然，如果
没有遵守这个规则，Java 编译器会给出编译错误，看下面的例程。

```
package com.javaeasy.learnextends;
public class ErrorAssignment {
    public static void main(String[] args) {
        Bus bus = new Bus();
        SportsCar sportsCar = bus; // 错误
    }
}
```

ErrorAssignment 源码

例程中创建了一个 Bus 类的对象，并让 Bus 类的引用 bus 指向
这个对象。然后使用引用 bus 给 SportsCar 类的引用 sportsCar 赋值。
这个赋值操作是错误的，因为 Bus 类和 SportsCar 类并没有继承关
系。虽然这两个类都继承自 CarBase 类，但是 SportsCar 类并非是 Bus 类的父类，所以赋值
是错误的。编译这个程序，控制台输出如下内容：

```
javac com\javaeasy\learnextends\ErrorAssignment.java
com\javaeasy\learnextends\ErrorAssignment.java:6: 错误: 不兼容的类型: Bus 无
法转换为 SportsCar
            SportsCar sportsCar = bus;       // 错误
                                  ^
1 个错误
```

错误中所谓的"不兼容的类型"意思就是赋值的目标引用 sportsCar 所属的类（也就是
SportsCar 类）并不是 bus 引用指向的对象所属的类（也就是 Bus 类）的父类，所以无法将
Bus 类的对象视为 SportsCar 类的对象，因此也就不能使用 bus 给 sportsCar 赋值。

如果代码中的程序没有符合第 2 条中的语法，我们在编译程序的时候就会得到相应的
错误，例如下面的例程。

```
package com.javaeasy.learnextends;
public class AsSuperClass {
    public static void main(String[] args) {
        SportsCar sports = new SportsCar();
        // 创建一个 SportsCar 类对象，让 sports 引用指向它
        CarBase base = sports;
        // 用 sports 引用给 base 引用赋值
        base.addN(11);
        // 错误，CarBase 类中没有 addN() 方法
        sports.addN(30);
        // 正确，SportsCar 类中有 addN() 方法
    }
}
```

AsSuperClass 源码

当我们编译的时候，就会得到下面的错误。

```
javac com/javaeasy/learnextends/AsSuperClass.java
com\javaeasy\learnextends\AsSuperClass.java:7: 错误: 找不到符号
            base.addN(11);
                 ^
  符号:   方法 addN(int)
  位置: 类型为 CarBase 的变量 base
1 个错误
```

错误的意思是无法在 CarBase 类中找到 addN() 方法，原因就是前面说过的那样。如果

我们想用 addN()方法，需要将强制类型转换为 SportsCar 类的引用。

对于第 3 条，其实是最危险的。它不会在编译的时候给出错误，
而是在程序运行的时候才会给出错误，看下面的例程：

```
package com.javaeasy.learnextends;
public class ConversionError {
    public static void main(String[] args) {
        CarBase base = new CarBase();
        SportsCar sports = (SportsCar) base;
        // 隐藏的错误
        sports.addN(30);
    }
}
```

ConversionError 源码

编译的时候并没有任何错误，当运行程序的时候，Eclipse 的控
制台视图输出如下内容：

```
CarBase 类的构造方法被调用了！
Exception in thread "main" java.lang.ClassCastException: com.javaeasy.
learnextends.CarBase cannot be cast to com.javaeasy.learnextends.SportsCar
    at com.javaeasy.learnextends.ConversionError.main(ConversionError.
java:6)
```

控制台给出了一个 ClassCastException 错误，意思就是强制类型转换的时候出了错误。
因为 base 引用实际指向的是一个 CarBase 类的对象。base 是 CarBase 类的对象，无法将
CarBase 类的对象当作一个 SportsCar 类的对象使用。

当使用强制类型转换的时候，程序的正确性把握在程序员手中——程序员必须要保证
被转换的引用指向的对象是将要转换的类型。在上面这个错误的例程中，base 引用指向的
是 CarBase 类的对象，而将要转换为的类型却是 SportsCar 类型，因为 CarBase 类的对象不
能够被当作 SportsCar 类的对象使用，所以这种转换是不允许的。

对象引用的强制类型转换和基本数据类型的强制类型转换有所不同，毕竟基本数据类
型的强制类型转换只是丢失数据精度，运行时不会发生错误。

好的，关于继承的内容基本上学到这里就可以了。也许我们现在对"子类对象中内嵌
了父类对象"和"对象引用的类型转换"还没有完全接受。可以尝试将本节内容重新阅读
一遍，理解例程后，可以自己写几个类练习一下。在进入 10.3 节之前，一定要理解本节的
内容，至少要把例程看懂，因为 10.3 节我们将在继承和对象中发现更大的难题。

❑ 对象引用的强制类型转换的正确性需要程序员来保证。Java 不允许将一个引用随
　　便转换成其他的类引用。

10.3　覆盖——与继承如影随形

在 10.2 节中我们已经掌握了继承的基本用法。因为继承，一个类的对象不再只有一面，
可以通过使用不同类型的引用来让对象"伪装"成不同的类型。

从 10.2 节中的内容看，使用继承的基本功能其实很简单。但是对象的"变脸"并不仅
仅是 10.2 节中学到的那些内容。继承给程序带来了另一个功能——覆盖（Override）。覆

盖可以帮助我们解决更多的问题，提供更多的"最优解决方案"。它和继承一起，组成了"面向对象编程"的重要武器。本节中将学习关于覆盖（Override）的内容。

10.3.1 当方法不再通用

经过了上次的大变动，我们将继承引入了汽车类中，问题似乎被完美地解决了。这时候，系统又需要做出升级，要给跑车类增加一个功能：对于跑车的加速方法，可以设定在加速的时候就使用指定数量的氮气，以缩短加速所需时间。如何解决这个问题呢？

1. 分析可能的解决方案

当然，最简单的方法莫过于给 SportsCar 增加一个新的方法，在这个方法中来完成这个功能。但是系统要求我们必须是在 speedUp()方法中完成这个功能，不允许在新的方法中完成这种功能。系统的这种要求也是有道理的——对于跑车类，应该只有一个加速方法，即可以根据设置来自动使用一定量的氮气用于加速的 speedUp()方法。

现在，我们遇到了一个大问题：speedUp()方法不再通用了。对于除了 SportsCar 类之外的汽车类，speedUp()方法都是没有变化的，唯独 SportsCar 类需要特殊处理。这时应该怎么办呢？我们面临着两种解决方案。

❑ 为 SportsCar 类修改 CarBase 类中的 speedUp()方法。不过稍微思考就会发现这个解决方案肯定不行，这个方法是所有汽车类公有的。而除了 SportsCar 类之外，其他的汽车类中都是不支持使用氮气加速的。

❑ 把 speedUp()方法从 CarBase 类中移除掉，然后给每个汽车类都增加一个 speedUp()方法。这似乎是个不错的解决方案。根据我们前面的分析，既然 CarBase 类被设计成所有汽车类的父类，那么其中的方法和属性应该是所有汽车类中都相同的。现在既然跑车类的加速方法与其他类中的加速方法是不同的，那么不把这个加速方法放在 CarBase 类中也是顺理成章的。现在只要把 speedUp()方法从 CarBase 类中去掉，然后在每个汽车类中都增加一个 speedUp()方法，让跑车的 speedUp()方法与众不同，这个问题就解决了。

但是第二种方法总让我们觉得有些不够"完美"——除了 SpeedCar 类的 speedUp()方法与众不同之外，其余的汽车类的 speedUp()方法都是一样的代码。如果我们仅仅因为 SportsCar 类的 speedUp()方法这一个特例，就放弃了在 CarBase 提供那个可以供大多数汽车类使用的 speedUp()方法，这未免有点显得"可惜"。而且以后如果公用的 speedUp 需要做改动，则就需要把汽车类中的 speedUp()方法都修改一遍。这仿佛又有些回到了那个没有使用继承的解决方案了。

2. 问题变得更突出了

在我们刚刚做出决定，还没有把代码修改完毕的时候，系统又需要升级了。这次是公共汽车类。为了乘客的安全，公共汽车需要在减速的时候保证一次减速的值不能超过某个限定值（默认值是 27），因为如果速度降得太快（超过 27），站着的乘客可能会因为惯性而跌倒。这也就是说，我们需要在 Bus 类的 slowDown()方法中判断方法的实际参数值是不是超过了那个限定值。

好了，按照我们的第 2 个解决方案，CarBase 中的 slowDown()方法也需要被移除出去了。移除出去后，CarBase 类中就没有方法了。这时比起没有使用继承的解决方案，现在的状态仅仅是在父类中定义了几个公用的变量而已。

细想之下，第 2 个解决方案确实不是最优的。我们想要的最优的解决方案应该是这样的：在父类 CarBase 中尽量多地放置可以供大多数子类重用的方法。而当子类中的某个方法与父类中的方法不同时，可以针对这个子类的这个方法来专门实现。

也就是说，我们想要在 CarBase 类中保留 speedUp()方法和 slowDown()方法不变。而对于 SportsCar 类的 SpeedUp()方法，可以在 SportsCar 类中单独实现；同样，对于 Bus 类的 slowDown()方法，也可以在 Bus 类中单独实现。我们把这个解决方案称为第 3 个解决方案。

为了能够实现这个解决方案，仅仅是继承就不够用了，我们需要学习新的知识。好的，现在让我们进入 10.3.2 节——覆盖。

10.3.2　覆盖——让众口不再难调

本节中我们将首先使用"覆盖"来实现 10.3.1 节中的第 3 个解决方案。然后学习覆盖的概念。

好的，我们首先解决 SportsCar 的 speedUp()方法问题。在这里，覆盖其实并没有涉及我们没有学过的语法知识。我们只需要"在 SportsCar 类中把新的 speedUp()方法写出来"就可以了。为了在一个新的包中创建本节中的代码，首先创建一个叫做 com.javaeasy.override 的包。然后在包中创建一个和之前的 CarBase 类代码相同的类（当然 Package 语句是不同的）。准备工作完成后，来看看新的 SportsCar 类代码。

```
package com.javaeasy.override;
public class SportsCar extends CarBase {
    public int nAmount = 90;    // 保存氮气的剩余量
    public int autoUsingN = 5;  // 每次加速使用的氮气量

    public SportsCar() {
        System.out.println("SportsCar 类的构造方法被调用
了！");
    }
    public SportsCar(String color, int maxSpeed, String
name, int speed,
        int amount) {
        super(color, maxSpeed, name, speed);
        nAmount = amount;
        System.out.println("SportsCar 类有参数的构造方法被调用了！");
    }

    public void speedUp(int p_speed) {        // （1）SportsCar 类特有的
                                              // speedUp()方法

        int tempSpeed = 0;
        if (p_speed > 0) {
            tempSpeed = speed + p_speed;
        }
        if (tempSpeed <= maxSpeed) {
            speed = tempSpeed;
        }
```

SportsCar 源码

```
        if (nAmount >= autoUsingN) {              // 判断剩余氮气量是否大于一次
                                                  // 加速应该使用的氮气量
            nAmount -= autoUsingN;
        } else {
            nAmount = 0;                           // 不够则剩余多少用多少
        }
    }
    // 使用氮气来让汽车加速的方法，代码中会首先根据剩余氮气量来计算本次使用的氮气量
    public void speedUpUsingN(int p_amout) {
        int realAmount = 0;
        if (nAmount <= p_amout) {
            realAmount = nAmount;
            nAmount = 0;
        } else {
            realAmount = p_amout;
            nAmount -= p_amout;
        }
        int speedUp = (int) (realAmount * 0.25);
        // 假设使用氮气的量乘以 25%就是真正提升的速度
        speed += speedUp;
    }
    // 增加氮气
    public void addN(int p_amout) {
        if (p_amout < 0) {
            return;
        }
        nAmount += p_amout;
    }
}
```

程序中最大的亮点就在标记为（1）处的代码。它是跑车类特有的 speedUp(int)方法。方法内的代码并没有什么新奇之处，方法也没有使用任何新的语法。但是 SportsCar 类继承自 CarBase 类，CarBase 类中也有一个 speedUp(int)方法，而且这两个方法的签名是一模一样的！

我们在学习方法的时候知道，一个类中不允许出现两个方法签名相同的方法。因为在同一个类中，方法的签名是辨别方法的唯一标识，如果类中的两个方法有相同的签名，Java 就无法在调用一个方法时决定到底调用哪个方法了。

那么，既然我们的 SportsCar 类是 CarBase 类的子类，而且 CarBase 类中也有一个叫做 speedUp(int)的方法，既然 SportsCar 类从父类中继承了 speedUp(int)方法，又在自己的类体中定义了一个 speedUp(int)方法，那为什么没有出错呢？方法签名不能相同是针对同一个类中而言的。对于 SportsCar 类中这种"在子类中添加一个和父类中某个方法的方法签名完全相同的方法"的做法，就是本节需要学习的"覆盖"。

下面给 Bus 类的代码增加一个 slowDown()方法，让它覆盖父类中的 slowDown()方法，Bus 类的代码如下：

```
package com.javaeasy.override;
public class Bus extends CarBase {                // 表示 Bus 类继承自 CarBase 类
    public int max_Passenger = 35;                // 只需包含 Bus 特有的属性
    public int current_Passenger = 0;
    public int max_slow = 27;                      // 每次减速的最大值
    public Bus() {
        System.out.println("Bus 类的构造方法被调用了！");
    }
```

```java
    public void slowDown(int p_speed) {        // 覆盖了父类中的 slowDown()方法
        if (p_speed > max_slow) {              // 每次减速的最大值不得超过 max_slow
            p_speed = max_slow;
        }                                      // 其余处理一样
        if (p_speed > 0) {
            int tempSpeed = speed - p_speed;
            if (tempSpeed >= 0) {
                speed = tempSpeed;
            }
        }
    }
    public Bus(String color, int maxSpeed, String name, int speed,
            int current_Passenger, int max_Passenger) {
        super(color, maxSpeed, name, speed);
        this.current_Passenger = current_Passenger;
        this.max_Passenger = max_Passenger;
        System.out.println("Bus 类有参数的构造方法被调用了！");
    }
    // 专门为公共汽车增加的方法，完成乘客上车的功能
    public boolean getOnBus(int p_amout) {        // 参数为需要上车的乘客数
        int temp = current_Passenger + p_amout;   // 计算新的乘客数，保
                                                  // 存在 temp 变量中
        if (temp > max_Passenger) {               // 如果 temp 值大于最大乘客数
            return false;                         // 返回 false，表示乘客上车失败
        } else {                                  // 否则
            current_Passenger = temp;             // 将当前乘客数设为 temp 的值
            return true;                          // 返回 true 表示乘客上车成功
        }
    }
    // 专门为公共汽车增加的方法，完成乘客下车的功能
    public boolean getDownBus(int p_amout) {      // 参数为需要下车的乘客数
        int temp = current_Passenger - p_amout;
                                                  // 计算新的乘客数，保存在 temp 变量中
        if (temp < 0) {                           // 如果新的乘客数小于 0
            return false;                         // 则返回 false，不做更改
        } else {                                  // 否则
            current_Passenger = temp;             // 将 current_Passenger 的设
                                                  // 为 temp 的值
            return true;                          // 返回 true，表示乘客下车成功
        }
    }
}
```

完成了 Bus 类的代码后，还有 ElectronicBus 类，因为这个类中
没有什么修改，所以直接在包 com.javaeasy.override 中创建一个和
前面的 ElectronicBus 类相同的类就可以了（包名当然是不同的）。
现在已经完成了新的汽车类。

Bus 源码

正如大家在例程中看到的那样，覆盖本身并没有涉及新的语
法。顾名思义，覆盖的意思就是子类的方法"遮盖"住了父类的方
法。当子类的方法覆盖了父类的方法后，父类的方法将被屏蔽，再
次调用 SportsCar 对象的 speedUp()方法时，被真正执行的方法就是 SportsCar 类中的
speedUp()方法，而不是 CarBase 类中的 speedUp()方法。

听起来好像挺简单的，但是关于覆盖，难点就在于程序运行的时候，到底是执行了哪

个方法的代码。为了弄清这个问题，我们在 CarBase 的 speedUp(int)方法和 slowDown(int)方法、SportsCar 类的 speedUp(int)方法，以及 Bus 类的 slowDown(int)方法里面分别加上一行输出方法所在的类的信息。

CarBase 类的 speedUp(int)方法代码如下：

```java
public void speedUp(int p_speed) {
    System.out.println("CarBase 类中定义的 speedUp(int)方法被调用了。");
    int tempSpeed = 0;
    if (p_speed > 0) {
        tempSpeed = speed + p_speed;
    }
    if (tempSpeed <= maxSpeed) {
        speed = tempSpeed;
    }
}
```

CarBase 类的 slowDown(int)方法代码如下：

```java
public void slowDown(int p_speed) {
    System.out.println("CarBase 类中定义的 slowDown(int)方法被调用了。");
    if (p_speed > 0) {
        int tempSpeed = speed - p_speed;
        if (tempSpeed >= 0) {
            speed = tempSpeed;
        }
    }
}
```

SportsCar 类的 speedUp(int)方法代码如下：

```java
public void speedUp(int p_speed) { // （1）SportsCar 类特有的 speedUp()方法
    System.out.println("SportsCar 类中定义的 speedUp(int)方法被调用了。");
    int tempSpeed = 0;
    if (p_speed > 0) {
        tempSpeed = speed + p_speed;
    }
    if (tempSpeed <= maxSpeed) {
        speed = tempSpeed;
    }
    if (nAmount >= autoUsingN) {     // 判断剩余氮气量是否大于一次加速应该使用的
                                     // 氮气量
        nAmount -= autoUsingN;
    } else {
        nAmount = 0;                 // 不够则剩余多少用多少
    }
}
```

Bus 类中的 slowDown()方法代码如下：

```java
public void slowDown(int p_speed) {
    System.out.println("Bus 类中定义的 slowDown(int)方法被调用了。");
    if (p_speed > max_slow) {
        p_speed = max_slow;
    }
    if (p_speed > 0) {
        int tempSpeed = speed - p_speed;
        if (tempSpeed >= 0) {
            speed = tempSpeed;
```

```
        }
    }
}
```

通过这个改动,不同的 speedUp(int) 方法和 slowDown (int) 方法被调用会有不同的输出。

覆盖的本质含义就是让子类中的方法屏蔽父类中的方法。这样我们就可以尽量多地把通用的方法放在父类中维护。而对于某些特殊的子类,如果它的方法与父类有冲突,则使用覆盖来处理,不会影响到其他类。

例如在本例中就可以把 speedUp() 和 slowDown() 方法放在 CarBase 类中,因为这两个方法对大多数汽车类来说都是通用的。而对于 SportsCar 类,它需要一个特殊的、与继承自父类 CarBase 类的 speedUp() 方法不同的 speedUp() 方法,针对这个特例,就可以使用覆盖来处理。同样,Bus 类的 slowDown() 方法也是特殊情况特殊处理。

好,现在我们通过使用"覆盖",完成了第 3 个解决方案的代码。但是对于覆盖,我们还没有真正地在程序运行时使用它。掌握了覆盖的语法后,让我们进入 10.3.3 节,通过几个例程来学习覆盖带来的惊喜。

❑ 覆盖的含义是:特殊情况,特殊处理。

10.3.3　覆盖——到底调用了哪个方法

10.3.2 节中我们完成了新的汽车类的代码。但是对于覆盖的作用,还只是有了一个模糊的概念。首先来看一下覆盖最简单的作用。

```
package com.javaeasy.override;
public class UseOverrideSimple {
    public static void main(String[] args) {
        SportsCar sportsCar = new SportsCar();
        System.out.println("=====跑车开始加速=====");
        System.out.println(" 加 速 前 跑 车 速 度 为 : " +
sportsCar.speed + ",剩余氮气为: "+ sportsCar.nAmount);
        sportsCar.speedUp(50);
        System.out.println(" 加 速 后 跑 车 速 度 为 : " +
sportsCar.speed + ",剩余氮气为: "+ sportsCar.nAmount);
        System.out.println("=====跑车加速完毕=====");
    }
}
```

UseOverrideSimple
源码

例程中创建了一个 SportsCar 类的对象,并让一个 SportsCar 类的引用指向这个对象,然后使用这个引用调用了 speedUp() 方法。运行例程,控制台输出如下:

```
CarBase 类的构造方法被调用了!
SportsCar 类的构造方法被调用了!
=====跑车开始加速=====
加速前跑车速度为: 0,剩余氮气为: 90
SportsCar 类中定义的 speedUp(int) 方法被调用了。
加速后跑车速度为: 50,剩余氮气为: 85
=====跑车加速完毕=====
```

通过上面的输出可以看出,SportsCar 类确实覆盖了它继承自 CarBase 类中的 speedUp()

方法。对于这个新的 SportsCar 类，它的对象都会使用新的 speedUp()方法。

好，下面来学习覆盖最重要的一种用法。在 10.2 节中学习了对象的"变脸"，也就是我们可以使用父类的引用指向子类的对象，然后调用相应的属性和方法。那么，当我们使用 CarBase 类的引用指向 SportsCar 类的对象，并调用 speedUp()方法时，到底是哪个方法会被执行呢？答案是 SportsCar 类的 speedUp()方法，看下面的例程。

```java
package com.javaeasy.override;
public class UseOverriderComm {
    public static void main(String[] args) {
        SportsCar sportsCar = new SportsCar();
        CarBase base = sportsCar;
        System.out.println("=====汽车开始加速=====");
        System.out.println(" 加速前汽车的速度为： " +
sportsCar.speed + ",剩余氮气为: "+ sportsCar.nAmount);
        base.speedUp(50);
        // （1）注意，我们使用的是 base 引用调用的
        //speedUp()方法
        System.out.println("加速后汽车的速度为: " + sportsCar.speed + ",剩余
        氮气为: "+ sportsCar.nAmount);
        System.out.println("=====汽车加速完毕=====");
    }
}
```

UseOverriderComm
源码

除了输出的字符有少许不同之外，本例程与上面的例程不同的是"这个例程中我们使用了一个 CarBase 类的引用指向一个 SportsCar 类的对象，然后调用了 speedUp(int)方法"。运行例程，控制台输出如下：

```
CarBase 类的构造方法被调用了！
SportsCar 类的构造方法被调用了！
=====汽车开始加速=====
加速前汽车的速度为：0, 剩余氮气为：90
SportsCar 类中定义的 speedUp(int)方法被调用了
加速后汽车的速度为：50, 剩余氮气为：85
=====汽车加速完毕=====
```

通过控制台输出可以知道，Java 确实是调用了 SportsCar 类中的 speedUp()方法。当覆盖遇到了对象的"变脸"，问题开始变得有点让人迷惑。在 10.2 节中，当通过一个父类的引用指向一个子类的对象后，将只能够通过这个父类的引用访问那些父类中定义了的属性和方法。本节中我们发现，具体执行哪个方法却是由对象的类型决定的。对象的"变脸"并没有改变对象的实质。Java 平台执行的规则是"在编译程序的时候，可以调用哪些方法，访问哪些属性，是引用类型决定的；在程序运行的时候，具体访问哪个属性，执行哪个方法，是对象的类型决定的"。

具体到本例程中的代码，情况就是：因为我们使用了 base 引用指向了一个 SportsCar 对象，所以这个对象在外部看来，就"伪装"成了一个 CarBase 类的对象，所以只能够通过 base 引用调用 CarBase 类中包含的方法和属性。但是因为 base 引用指向的是一个 SportsCar 类中的对象，所以当调用 speedUp()方法时，Java 平台会优先执行 SportsCar 类中定义的 speedUp()方法。而实际上正是这种有限性，才带来了所谓的"覆盖"。

下面来看看上面例程中 base.speedUp(50)这一行代码到底发生了什么。

（1）在 Java 编译器编译例程的时候，当编译器处理到此行时，发现 base 是一个 CarBase 类的引用，而 CarBase 类中正好定义了一个 speedUp(int)方法，所以 base.speedUp(50)这个方法调用是没错的，编译通过。

（2）程序运行时，Java 平台运行到了 base.speedUp(50)这一行，发现 base 引用指向的对象是 SportsCar 类的对象，所以它会先去 SportsCar 类中寻找 speedUp(int)方法。因为 SportsCar 类中有这个方法，所以 Java 平台找到并执行了这个方法。

⌂注意：这里所说的"找到"就是可以访问的意思，与方法的访问控制符有关系。因为本章中都是使用 public 作为访问控制符的，所以看不到这个限制。

上面这个过程揭示了 Java 平台寻找并执行方法的规则。

- 必须找到符合方法签名的方法，这个和方法名、方法形参和方法实参之间的类型匹配等都有关系，这个详细的过程在学习方法的时候已经讲述过，这里不再赘述。
- Java 平台会首先根据在对象的实际所属的类中寻找符合方法签名的方法，如果找不到，则去它的父类中寻找符合方法签名的方法，如果再找不到，则去它父类的父类中寻找符合方法签名的方法，一直到找到为止。找到后，就执行找到的方法。

通过以上学习，我们知道了关于覆盖的含义和使用方法。在 10.3.4 节中，我们将学习覆盖这种语法的严格定义。

10.3.4　覆盖的语法不简单

本节中先看看前面覆盖的语法定义。当子类中的一个方法签名与继承自父类中的某个方法签名相同时，就意味着发生了覆盖。对于覆盖，有下面的几点语法规则需要注意。

- 首先，子类必须把这个方法从父类中继承过来。这个与方法的访问控制符有关系，对于父类中使用 public 修饰的方法，子类都是继承过来的（以后我们将学习其他的访问控制符，可以让父类中的方法不被子类继承）。这个条件是覆盖的前提，如果一个方法不是从父类中继承过来的，则肯定不会出现"覆盖"。
- 子类中的一个方法的签名与继承自父类中的某个方法的签名相同时，则 Java 语法要求：子类中的这个方法的访问控制符赋予方法的访问权限必须与父类中那个方法的访问权限相同或者更宽松。这个规则看上去很绕。其实很简单，大多数情况下，都应该使用与父类方法相同的访问控制符。我们的例子中，SportsCar 类的 speedUp()方法覆盖了 CarBase 类中的 speedUp()方法。CarBase 类中的 speedUp()方法的访问控制符是 public，SportsCar 类的 speedUp()方法的访问控制符也是 public。
- 子类中的一个方法的签名与继承自父类中的某个方法的签名相同时，则 Java 语法要求：子类中方法的返回值类型必须能够赋值给父类方法的返回值类型。举例来说，如果父类中的方法返回值是 int，则子类中对应方法的返回值就不允许是 double，因为无法使用 double（子类方法返回值）变量给 int（父类方法返回值）变量直接赋值（需要强制类型转换）；同样的道理，如果父类中的方法返回值是 String，子类中对应的方法的返回值就不能是 Object，因为无法使用一个 Object 类的引用（子类方法返回值）给一个 String 类的引用（父类方法返回值）赋值。当然，最简单的还是在覆盖的时候，让子类和父类方法的返回值一样。我们的例子中的返回值都是一样的。

🔔**注意**：这里所说的第 3 点特性在 Java8 中已经不可使用，会提示为错误语句。这种特性
仅仅在 Java7 以下（包含 Java7）的版本才支持。在使用时请确认自己的运行环境！

呼呼，好复杂的规则呀！对于规则的前两条，属于访问控制符的内容，在第 11 章中
讲解访问控制符的时候将会给出详细的例程来学习。对于第 3 点，通过一个例子看一下。

（1）我们构建两个类：父类 ParentClass 和子类 SubClass。

ParentClass 的代码如下：

```
package com.javaeasy.override;
public class ParentClass {
    public Object getName() {
        String name = "ParentClass 类的 getName()方法";
        Object objName = name;
        return objName;
    }
}
```

这个类中只有一个 getName()方法，方法的返回值类型是 Object。

（2）然后是 SubClass 类的代码。

```
package com.javaeasy.override;
public class SubClass extends ParentClass {
    public String getName() {
        String subName = "SubClass 类的 getName()方法";
        return subName;
    }
}
```

这个类继承自 ParentClass，因为父类中的 getName()方法是使用 public 修饰的，子类
中的 getName()也是使用 public 修饰的，所以就构成了覆盖。而子类中 getName()方法的返
回值却是 String。因为可以让使用 String 类的引用（子类方法返回值）给 Object 类的引用
（父类方法返回值）赋值，所以这个是没有语法错误的。

但是如果反过来就不行了。如果父类中的 getName()方法的返回值是 String，而子类中
的 getName()方法的返回值是 Object，则子类中会出现一个编译错误。下面修改一下代码，
让这个错误出现，修改后的 ParentClass 代码如下：

```
package com.javaeasy.override;
public class ParentClass {
    public String getName() {
        String name = "ParentClass 类的 getName()方法";
        return name;
    }
}
```

修改后的 SubClass 类代码如下：

```
package com.javaeasy.override;
public class SubClass extends ParentClass {
    public Object getName() {
        String subName = "SubClass 类的 getName()方法";
        Object objName = subName;
        return objName;
```

```
        }
    }
```

ParentClass 是没有错误的，但是当尝试编译 SubClass 类的时候，会得到下面的错误输出。

```
javac com\javaeasy\polymorphism\SubClass.java
com\javaeasy\polymorphism\SubClass.java:4:
com.javaeasy.override.SubClass 中 的 getName() 无 法 覆 盖 com.javaeasy.
override.ParentClass 中的 getName()；正在尝试使用不兼容的返回类型
找到：java.lang.Object
需要：java.lang.String
        public Object getName() {
                     ^
1 错误
```

错误信息中所说的"不兼容的返回类型"就是指我们所说的子类的返回值类型没有兼容父类中的返回值类型。

看到这里，覆盖的语法也许让大家觉得太复杂了。其实绝大多数情况下，我们无须关心这么复杂的语法。就像本节开始时那样，虽然我们并没有学习覆盖这种严格而复杂的语法，但是同样使用覆盖完成了第 3 个解决方法☺。使用覆盖，最简单也是使用最多的方式就是我们构造汽车类中所使用的方式。

❑ 在父类中，使用 public 修饰符修饰可能被子类覆盖的方法。

❑ 在子类中，使用与父类完全相同的方法签名、访问控制符和返回值类型。

10.3.5　更复杂的使用覆盖的情况

现在，从代码到语法，我们已经充分理解了第 3 个解决方案。紧接着，系统又需要升级了：系统要求所有的汽车类都要增加一个同步汽车速度的方法，方法的逻辑是：如果汽车比另一辆汽车速度快，则调用汽车的减速方法，让汽车与另一辆汽车速度相同；如果汽车比另一辆汽车速度慢，则调用汽车的加速方法，让汽车与另一辆汽车速度相同。

1．覆盖引出的疑问

因为是所有汽车类都必须有的方法，所以这个方法应该添加到 CarBase 类中，我们给这个方法起名为 followSpeed 吧。修改后的 CarBase 类代码如下：

```
package com.javaeasy.override;

public class CarBase {
    public int speed;
    public String name;
    public String color;
    public int maxSpeed = 90;

    public CarBase(String color, int maxSpeed, String
name, int speed) {
        this.color = color;
        this.maxSpeed = maxSpeed;
        this.name = name;
        this.speed = speed;
        System.out.println("CarBase 类的有参数构造方法被调用了！");
```

CarBase 源码

```
    }
    public CarBase() {
        System.out.println("CarBase 类的构造方法被调用了！");
    }
    public void followSpeed(CarBase car) {          // (1)  与 car 的速度同步
        int newSpeed = car.speed;                    // 汽车新的速度
        if (newSpeed > speed) {                      // 如果新的速度大于当前速度
            speedUp(newSpeed - this.speed);          // 则调用加速方法加速
        } else {                                     // 否则
            slowDown(this.speed - newSpeed);         // 调用减速方法
        }
    }
    public void speedUp(int p_speed) {
        System.out.println("CarBase 类中定义的 speedUp(int)方法被调用了。");
        int tempSpeed = 0;
        if (p_speed > 0) {
            tempSpeed = speed + p_speed;
        }
        if (tempSpeed <= maxSpeed) {
            speed = tempSpeed;
        }
    }
    public void slowDown(int p_speed) {
        System.out.println("CarBase 类中定义的 slowDown(int)方法被调用了。");
        if (p_speed > 0) {
            int tempSpeed = speed - p_speed;
            if (tempSpeed >= 0) {
                speed = tempSpeed;
            }
        }
    }
}
```

CarBase 类中，我们增加了一个 followSpeed()方法，它判断另一辆汽车的速度与自己速度的大小，然后通过调用 speedUp()和 slowDown()方法来实现两个汽车的速度同步。

因为 CarBase 类是所有汽车类的父类，而这个 following()方法的访问控制符又是 public的，所以所有的汽车类都有了这个方法。

但是这个方法并不简单。首先是方法的参数。在没有学习继承之前，我们要求方法的实参的类型和形参的类型要完全相同。这个其实是不必要的。学习了继承之后，我们要求方法的实参兼容方法的形参。看下面的例程。

```
package com.javaeasy.override;
public class UsingPara {
    public static void main(String[] args) {
        SportsCar sportsCar = new SportsCar();
        Bus bus = new Bus();
        sportsCar.speedUp(90);
        System.out.println("sportsCar 的速度为：" +
sportsCar.speed);
        bus.followSpeed(sportsCar);
            // (1) 传递 SportsCar 类的引用作为实参
        System.out.println("bus 的速度为:" + bus.speed);
    }
}
```

UsingPara 源码

在上面的例程中，用 SportsCar 类的引用作为参数传递给 followUp()方法。其实这个理解起来并不难，而且前面也多次使用到了。在讲解方法的时候，我们知道参数传递的实质其实就是用实参给形参赋值。所以，使用 sportCar 作为参数其实就是用 sportsCar 给 CarBase

类的引用赋值。这个过程在这里不再赘述。运行程序，控制台输出如下内容：

```
CarBase 类的构造方法被调用了！
SportsCar 类的构造方法被调用了！
CarBase 类的构造方法被调用了！
Bus 类的构造方法被调用了！
SportsCar 类中定义的 speedUp(int)方法被调用了。
sportsCar 的速度为：90
CarBase 类中定义的 speedUp(int)方法被调用了。
bus 的速度为：90
```

好，下面才是本节的重点。看下面的例程。

```
package com.javaeasy.override;

public class WhichMethod {
    public static void main(String[] args) {
        SportsCar sportsCar = new SportsCar();
        Bus bus = new Bus();
        bus.speedUp(90);
        System.out.println("bus 的速度为:" + bus.speed);
        System.out.println("sportsCar 开始 followUp 参数
bus");
        sportsCar.followSpeed(bus);// （1）注意这个方法
        System.out.println("followUp 结束");
        System.out.println("sportsCar 的 速 度 为 ： " +
sportsCar.speed);
    }
}
```

WhichMethod 源码

这个程序看上去没有什么特殊之处，运行例程，控制台输出如下内容：

```
CarBase 类的构造方法被调用了！
SportsCar 类的构造方法被调用了！
CarBase 类的构造方法被调用了！
Bus 类的构造方法被调用了！
CarBase 类中定义的 speedUp(int)方法被调用了。
bus 的速度为：90
sportsCar 开始 followUp 参数 bus
SportsCar 类中定义的 speedUp(int)方法被调用了。
followUp 结束
sportsCar 的速度为：90
```

注意看输出的倒数第 3 行。这里赫然写着"SportsCar 类中定义的 speedUp(int)方法被调用了。"！为什么会这样呢？需要走进新添加的这个 followUp()方法说起。

2．理解覆盖——它并非如此简单

我们之所以在例程中可以使用 SportsCar 类的引用 sportsCar 来调用 followUp()方法，就是因为 SportsCar 类从其父类 CarBase 类那里继承了这个方法。而执行这个方法的时候，实际上是在 SportsCar 类的对象上执行这个方法的。换句话说，也就是在"执行这个方法的时候，是以 SportsCar 类的对象的身份执行的"。

我们是以 SportsCar 类的对象的身份来调用 followUp()方法，那么在 followUp()方法执行的时候，就会因为自己是一个 SportsCar()类的方法。在 followUp()方法的代码里可能调用两个方法——speedUp()方法和 slowDown()方法，我们的这个例程是调用了 speedUp()方法。在调用 speedUp()这两个方法的时候，也是以 SportsCar 类的对象身份进行的。

这时候问题清晰了一些，在 10.3.3 节中专门讲述了方法覆盖时调用顺序的问题——"Java 平台会首先根据在对象的实际所属的类中寻找符合方法签名的方法"。既然我们是以 SportsCar 类的对象的身份调用 followUp()方法，然后又以 SportsCar 类对象的身份调用 speedUp(int)方法，Java 平台当然会首先在 SportsCar 类中寻找 speedUp(int)方法。SportsCar 类覆盖了 CarBase 类的 speedUp(int)方法，所以真正被调用的方法就是 SportsCar 类中的那个 speedUp(int)方法。

好，分析到这里就结束了。虽然没有涉及新的知识点，但是重载的这种用法实际上比 10.3.3 节中的用法更加常见，也更难理解。

🔔建议：这个过程是相对比较复杂且难以一下接受的，需要一段时间理解和消化。建议读者自己写几个类练习一下，加深理解。

根据本节中学习到的知识我们发现：当覆盖被加入到类中以后，在程序代码执行的时候，具体会调用哪个方法是不能够在编写源代码的时候就确定的。在编写 CarBase 类中的 followUp()方法代码时，我们不能确定在这个方法被调用的时候，具体是哪个类的 speedUp()方法或 slowDown()方法会被调用——这个取决于使用哪个类的对象去调用 followUp()方法。

❑ 重载的方法必须在运行的时候才能知道具体会执行哪个类的哪个方法。

10.3.6　覆盖——不得不打开的潘多拉魔盒

根据 10.3.4 节中学习的知识可以看到，覆盖给类带来了很大的灵活性。但是这种灵活性有时也会造成问题。

1．覆盖可能带来的错误

首先，看下面的例程。

```
package com.javaeasy.override;

public class FirstBug {
    public static void main(String[] args) {
        SportsCar sportsCar = new SportsCar();
        Bus bus = new Bus();
        sportsCar.speedUp(30);
        bus.speedUp(70);
        System.out.println("bus 的速度为:" + bus.speed);
        System.out.println("sportsCar 的速度为： " +
sportsCar.speed);
        System.out.println("bus开始followUp参数sportsCar");
        bus.followSpeed(sportsCar);      // （1）程序重点
        System.out.println("followUp 结束");
        System.out.println("bus 的速度为： " + bus.speed);
        System.out.println("sportsCar 的速度为：" + sportsCar.speed);
    }
}
```

FirstBug 源码

运行这个例程，控制台输出如下内容：

```
CarBase 类的构造方法被调用了！
SportsCar 类的构造方法被调用了！
CarBase 类的构造方法被调用了！
Bus 类的构造方法被调用了！
SportsCar 类中定义的 speedUp(int) 方法被调用了。
CarBase 类中定义的 speedUp(int) 方法被调用了。
bus 的速度为：70
sportsCar 的速度为：30
bus 开始 followUp 参数 sportsCar
Bus 类中定义的 slowDown(int) 方法被调用了。
followUp 结束
bus 的速度为：43
sportsCar 的速度为：30
```

注意看控制台输出的最后两行：bus 的速度和 sportsCar 的速度不同！这个结果和 followUp()方法的本意是不符的。也就是说，程序的运行结果是错误的（程序员的习惯用语就是：程序中有 bug）。为什么会发生这种情况呢？通过仔细查找才发现原来正是 Bus 类覆盖了 CarBase 类中的 slowDown()方法，我们看看这个过程。

💡说明：关于 bug，当程序的运行结果与期待的结果不同时，我们就称程序中有 bug。bug 这个词是"臭虫"的意思。在编程术语中，bug 泛指程序中各种各样的"不好之处"。在上面的例程中，因为程序的输出结果和期待的正确结果不同，我们就可以说程序中存在一个 bug。在中文中，我们没有一个完全贴切的词来翻译 bug。很多情况下都是会使用单词 bug，必须要翻译的时候，可以根据不同的情况翻译为"错误，缺陷"。

2. 程序执行的过程

程序在运行到（1）处之前，如控制台输出的那样：bus 的速度为 70，sportsCar 的速度为 30。然后在程序的（1）处，我们使用一个指向 Bus 类对象的 Bus 类引用 bus 来调用了 followUp()方法。因为 bus 的速度高过 sportsCar 的速度，所以在 followUp()方法中会调用 slowDown()方法。而因为我们是在 Bus 类对象上调用的 followUp()方法，而 Bus 类中覆盖了 CarBase 类的 slowDown()方法，所以 Java 平台会去调用 Bus 类中的 slowDown()方法。

在 Bus 类的 slowDown()方法里我们找到了问题的原因：Bus 类的 slowDown()方法会根据 Bus 类的 max_slow 属性来进行减速，如果一次减速的值大于 max_slow，则按照 max_slow 的值进行减速。bus 与 sportsCar 的速度差为 70–30=40，而 Bus 类的 max_slow 的默认值是 27，所以 Bus 类的 slowDown()方法仅仅把 bus 对象的 speed 减少了 27，也就是 bus 的 speed 值为 70–27=43。这个正是控制台输出的 bus 的 speed 属性的值。

在这里，我们不去修改这个错误。本节的重点是揭示覆盖带来的"潜在的危险性"。无疑，覆盖给程序带来了极大的灵活性。覆盖也是面向对象的编程语言必须要有的一个特性。但是我们必须看到，覆盖给程序带来了不可预知性，让程序的运行结果变得难以确定。造成这个问题的根结就在于"当子类覆盖了父类的方法时，却没有完成被覆盖的方法应该完成的事情"。

以 Bus 类中的 slowDown()方法为例。按说这个方法必须完成的功能就是"让车的速度降低一定数值，除非汽车的速度到了 0"。CarBase 类的 slowDown()方法做到了这一点，但是 Bus 类的 slowDown()方法却没有做到这一点。而在 CarBase 类中的 followUp()方法里，它默认的以为 CarBase 类和其子类的 slowDown()方法都是正确地完成了减速功能，所以才造成了程序结果错误。

使用覆盖当然不是程序 bug 的唯一来源。但是为了正确地使用覆盖，我们应该首先理解父类的方法中都完成了哪些功能，保证子类中覆盖的方法也要完成这些功能；或者能够确定即使没有完成父类中被覆盖的方法所完成的某些功能，程序执行的时候也不会出错。

覆盖可以说是面向对象编程语言中的潘多拉魔盒。覆盖是面向对象中必不可少的一部分，但是当我们在打开这个盒子的时候一定要小心，否则程序的运行结果可能会让我们大吃一惊。

❑ 当子类的方法覆盖父类的方法时，除了完成子类特殊的功能之外，我们还应该保证子类中的方法完成了父类中方法应该完成的功能。

10.3.7　使用 super 调用父类中的方法和属性

本章的内容让我们学习得并不轻松。在本节的最后来学习一个相对轻松点的语法——如何使用 super 关键字调用父类中的方法。

前面学习了如何使用 super 关键字在子类的构造方法中调用父类的构造方法。其实还可以使用 super 关键字在子类中调用父类的方法和属性。我们学习过使用 this 关键字调用本类中的方法和属性，只要将 this 换成 super，就是调用父类中的方法和属性了，这个语法格式如下：

```
super + . + 父类中的方法或属性
```

注意：子类中是否可以访问父类中的某个方法或者属性，是由父类中这个方法或属性的访问控制符决定的。对于父类中使用 public 修饰的方法和属性，在子类中都是可以访问的。

下面在 SportsCar 类中使用这个语法。SportsCar 类的 speedUp()方法其实唯一特殊的地方就是在加速的时候使用一定量的氮气。其余的操作其实与 CarBase 类中的 speedUp()方法是一样的。我们只需要在 SportsCar 类的 speedUp()方法中对氮气进行处理就可以了，剩下的操作可以通过调用 CarBase 类中的 speedUp()方法来完成。更新后的 SportsCar()类的 speedUp()方法代码如下：

```
public void speedUp(int p_speed) {
    System.out.println("SportsCar 类中定义的 speedUp(int)方法被调用了。");
    if (nAmount >= autoUsingN) {          // 判断剩余氮气量是否大于一次加速应该使
                                          // 用的氮气量
        nAmount -= autoUsingN;
    } else {
        nAmount = 0;                      // 不够则剩余多少用多少
    }
    super.speedUp(p_speed);               // 剩下的功能调用父类中的 speedUp 实现
}
```

在方法的最后一行，我们调用了父类中的 speedUp()方法，这个方法将完成加速的功能。

下面用一个例程来测试一下。

```
package com.javaeasy.override;

public class UseSuperMethod {
    public static void main(String[] args) {
        SportsCar car = new SportsCar();
        car.speedUp(70);
        System.out.println("car 的 speed 属性值为: " +
car.speed);
    }
}
```

UseSuperMethod 源码

运行例程，控制台输出如下内容：

CarBase 类的构造方法被调用了！
SportsCar 类的构造方法被调用了！
SportsCar 类中定义的 speedUp(int) 方法被调用了。
CarBase 类中定义的 speedUp(int) 方法被调用了。
car 的 speed 属性值为: 70

从控制台输出也可以看出，父类中的 speedUp() 方法确实被调用了。

当然还可以通过 super 关键字访问父类中的属性，这里不再给出例程。this 和 super 的区别就是一个操作本类的属性和方法，一个操作父类的属性和方法。

本节的内容就要结束了，但是本章的标题是"继承与多态"，可是迄今为止我们都还没提多态这个词。10.4 节中将会学习多态。

❏ 使用 super 关键字操作父类的属性和方法。

10.4　多态（Polymorphism）以及其他

什么是多态呢？Java 中的"多态"来自于英语单词"Polymorphism"。这个单词原本的意思是"多形性，同质异像"，但从字面上理解不是很容易。其实我们在不知不觉中已经学习了多态的内容了。本节中我们将正式引入多态的概念，并学习使用多态。

同时，本节中还会讲解重载给程序带来的多态性。

10.4.1　多态——运行方知结果

多态的本质是：同一个东西在不同的环境下有不同表现。前面 10.3 节中学习的覆盖其实就是多态的一种形式，它让程序只有在执行的时候才能够断定调用哪个方法。多态还有一种形式，就是重载，当我们通过不同的实参调用方法名相同的函数时，执行的方法会有不同。

就像在学习覆盖时所说的那样，多态给程序带来了很大的灵活性。多态和继承一起，让编程语言可以更好地具备面向对象的性质。面向对象最简单的理解就是：把所有的实物都抽象成类来进行描述。就好像我们把不同种类的汽车抽象成不同的类来进行描述一样。

在构建汽车类的时候，我们发现继承是 Java 语言必不可少的一个功能（10.1.4 节中，我们遇到了进退维谷的情况，使用继承才让汽车类达到了最优解决方案）。而随着系统的升级，我们发现如果没有覆盖（也就是多态），继承将变成一个空架子（导火索就是 SportsCar

类的 speedUp()方法不能够直接使用从父类 CarBase 中继承来的 speedUp()方法）。所以说，继承和多态是如影随形、相辅相成的功能。程序中有了继承，就必须要有多态。

好，关于覆盖的多态性已经在前面的章节中仔细学习过了。重载的多态性我们其实也在学习重载的时候学习过了。本章中学习了继承，它给重载带来了新的内容，10.4.2 节中将会学习重载的多态性。

❑　理解多态的本质。

10.4.2　重载也不简单

我们来温习一下重载的定义：当同一个类中出现方法名相同而方法签名不同的多个方法时，这个方法就称为重载的方法。

如果一个重载方法的形式参数有继承关系，那么具体会调用哪个方法与形参的内容有关。下面使用 com.javaeasy.overload.UseCar 类来说明这个问题。

UseCar 类的源代码如下：

```
package com.javaeasy.overload;
import com.javaeasy.override.CarBase;
import com.javaeasy.override.ElectronicBus;
public class UseCar {
    public CarBase car;
    public void setCar(CarBase car) {
        System.out.println("setCar(CarBase) 方法被调用
了");
        this.car = car;
    }
    public void setCar(ElectronicBus bus) {
        System.out.println("setCar(ElectronicBus) 方法
被调用了");
        this.car = bus;
    }
}
```

UseCar 源码

UseCar 类中有两个方法，这两个方法显然是重载关系。而且这两个方法的参数是有继承关系的：ElectronicBus 类是 CarBase 类的子类（虽然不是直接子类）。然后我们通过下面的例程来使用这两个重载的方法。

```
package com.javaeasy.overload;
import com.javaeasy.override.Bus;
import com.javaeasy.override.CarBase;
import com.javaeasy.override.ElectronicBus;
import com.javaeasy.override.SportsCar;
public class UseOverLoad {
    public static void main(String[] args) {
        UseCar useCar = new UseCar();
        CarBase base = new CarBase();
        SportsCar sports = new SportsCar();
        Bus bus = new Bus();
        ElectronicBus eBus = new ElectronicBus();
        System.out.println("使用 CarBase 类的对象做参数调
        用 UseCar 类的 setCar()方法: ");
        useCar.setCar(base);
        System.out.println("使用 SportsCar 类的对象做参数调用 UseCar 类的
```

UseOverLoad 源码

```
        setCar()方法: ");
        useCar.setCar(sports);
        System.out.println("使用 Bus 类的对象做参数调用 UseCar 类的 setCar()方
        法: ");
        useCar.setCar(bus);
        System.out.println("使用 ElectronicBus 类的对象做参数调用 UseCar 类的
        setCar()方法: ");
        useCar.setCar(eBus);
    }
}
```

例程中尝试使用 CarBase、SportsCar、Bus 和 ElectronicBus 类的对象的引用作为参数去调用 UseCar 类的 setCar()方法。根据 Java 的参数匹配原则，在重载的函数中，如果程序运行时传递的实参能够与某个重载的形参"最大限度的匹配"，则那个重载的函数就会被调用。

在上面的例程中，CarBase、SportsCar 和 Bus 类都无法与 ElectronicBus 类匹配，而它们却都可以与 CarBase 类匹配（或是自身，或是其子类），所以当以这 3 个类的引用做参数调用 UseCar 类的 setCar()方法时，运行时执行的方法就是 setCar(CarBase)。而当在运行时以 ElectronicBus 类的引用为实参调用 UseCar 类的 setCar()方法时，setCar(ElectronicBus)方法的形参正好与实参匹配，所以这个方法会被调用，执行程序，控制台输出如下内容：

```
CarBase 类的构造方法被调用了！
CarBase 类的构造方法被调用了！
SportsCar 类的构造方法被调用了！
CarBase 类的构造方法被调用了！
Bus 类的构造方法被调用了！
CarBase 类的构造方法被调用了！
Bus 类的构造方法被调用了！
ElectronicBus 类的构造方法被调用了！
使用 CarBase 类的对象做参数调用 UseCar 类的 setCar()方法:
setCar(CarBase)方法被调用了
使用 SportsCar 类的对象做参数调用 UseCar 类的 setCar()方法:
setCar(CarBase)方法被调用了
使用 Bus 类的对象做参数调用 UseCar 类的 setCar()方法:
setCar(CarBase)方法被调用了
使用 ElectronicBus 类的对象做参数调用 UseCar 类的 setCar()方法:
setCar(ElectronicBus)方法被调用了
```

通过控制台输出可以看出，除了最后使用 ElectronicBus 类的引用作为实参时调用了 setCar(ElectronicBus)方法之外，都是调用的 setCar(CarBase)方法。

在这里需要注意的是，能够影响哪个方法被调用是引用的类型，而不是引用指向的对象类型，来看下面的例程。

```
package com.javaeasy.overload;
import com.javaeasy.override.Bus;
import com.javaeasy.override.CarBase;
import com.javaeasy.override.ElectronicBus;
import com.javaeasy.override.SportsCar;
public class UseOverLoadII {
    public static void main(String[] args) {
        // main()方法
        UseCar useCar = new UseCar();
```

UseOverLoadII 源码

```
        // 创建 UserCar 的实例
        CarBase base = new CarBase();
        // 创建 CarBase 的实例
        System.out.println("使用 CarBase 类的对象做参数调用 UseCar 类的 setCar()
        方法：");
        useCar.setCar(base);
        System.out.println("使用 SportsCar 类的对象做参数调用 UseCar 类的
        setCar()方法：");
        base = new SportsCar();
        useCar.setCar(base);
        System.out.println("使用 Bus 类的对象做参数调用 UseCar 类的 setCar()方
        法：");
        base = new Bus();
        useCar.setCar(base);
        System.out.println("使用 ElectronicBus 类的对象做参数调用 UseCar 类的
        setCar()方法：");
        base = new ElectronicBus();
        useCar.setCar(base);
    }
}
```

上面的例程中都是使用 CarBase 类的引用 base 调用 setCar()方法，但是 base 却变换着其所指向的对象。运行例程，控制台输出如下内容：

```
CarBase 类的构造方法被调用了！
使用 CarBase 类的对象做参数调用 UseCar 类的 setCar()方法：
setCar(CarBase)方法被调用了
使用 SportsCar 类的对象做参数调用 UseCar 类的 setCar()方法：
CarBase 类的构造方法被调用了！
SportsCar 类的构造方法被调用了！
setCar(CarBase)方法被调用了
使用 Bus 类的对象做参数调用 UseCar 类的 setCar()方法：
CarBase 类的构造方法被调用了！
Bus 类的构造方法被调用了！
setCar(CarBase)方法被调用了
使用 ElectronicBus 类的对象做参数调用 UseCar 类的 setCar()方法：
CarBase 类的构造方法被调用了！
Bus 类的构造方法被调用了！
ElectronicBus 类的构造方法被调用了！
setCar(CarBase)方法被调用了
```

因为我们使用的 base 是 CarBase 类的引用，所以只有 setCar(CarBase)方法被调用。通过控制台的输出也能看出这点。

❑ 当继承被引入到重载的参数中时，决定函数重载的那个方法被调用的是实参。这里的实参指的是引用的类型，而不是引用指向对象的类型。

10.4.3　使用多态构建车队

现在，系统又要升级了，需要我们提供一个车队类。车队类中包含一个领队车和一组随从车，车队类中应该让所有的随从车与领队车保持相同的速度。车队的构造方法不允许为空，它需要一个领队车和随从车队（数组表示）的引用。

根据系统的要求，车队类的代码如下：

```
package com.javaeasy.polymorphism;
import com.javaeasy.override.CarBase;
public class CarGroup {
    public CarBase leadingCar;
        // 领队车
    public CarBase[] followingCars;
        // 随从车

    public  CarGroup(CarBase  leadingCar,  CarBase[]
followingCars) {
        // 构造方法，不允许空构造方法
        this.leadingCar = leadingCar;
        this.followingCars = followingCars;
    }
    public void speedUp(int p_speed) {          // 车队的加速方法，首先让领队车
                                                // 加速，然后让其余车跟进
        leadingCar.speedUp(p_speed);
        for (int i = 0; i < followingCars.length; i++) {
            followingCars[i].followSpeed(leadingCar);
        }
    }
    public void slowDown(int p_speed) {          // 车队的减速方法，首先让领队车
                                                // 减速，然后让其余车跟进
        leadingCar.slowDown(p_speed);
        for (int i = 0; i < followingCars.length; i++) {
            followingCars[i].followSpeed(leadingCar);
        }
    }
}
```

CarGroup 源码

下面我们给出一个使用车队类的例程。

```
package com.javaeasy.polymorphism; // 引入需要使用的类
import com.javaeasy.override.Bus;
import com.javaeasy.override.CarBase;
import com.javaeasy.override.ElectronicBus;
import com.javaeasy.override.SportsCar;
public class UseCarGroup {
    public static void main(String[] args) {
    // main()方法
        CarBase leading = new SportsCar();
    // 创建一个 CarBase 对象，用来领队
        CarBase[] followingCars = new CarBase[] { new
CarBase(),
    // 创建一个 CarBase 数组
        new SportsCar(), new Bus(), new ElectronicBus() };
        CarGroup group = new CarGroup(leading, followingCars);
                                                // 创建车队对象
        group.speedUp(50);                      // 车队加速
        group.slowDown(10);                     // 车队减速
    }
}
```

UseCarGroup 源码

例程中创建了 CarGroup 构造方法需要的参数，然后创建了一个 CarGroup 类的对象，并调用了车队类的加速和减速方法。运行代码，控制台输出如下内容：

```
CarBase 类的构造方法被调用了！
SportsCar 类的构造方法被调用了！
CarBase 类的构造方法被调用了！
CarBase 类的构造方法被调用了！
SportsCar 类的构造方法被调用了！
CarBase 类的构造方法被调用了！
Bus 类的构造方法被调用了！
CarBase 类的构造方法被调用了！
Bus 类的构造方法被调用了！
ElectronicBus 类的构造方法被调用了！
SportsCar 类中定义的 speedUp(int)方法被调用了。
CarBase 类中定义的 speedUp(int)方法被调用了。
CarBase 类中定义的 speedUp(int)方法被调用了。
SportsCar 类中定义的 speedUp(int)方法被调用了。
CarBase 类中定义的 speedUp(int)方法被调用了。
CarBase 类中定义的 speedUp(int)方法被调用了。
CarBase 类中定义的 slowDown(int)方法被调用了。
CarBase 类中定义的 slowDown(int)方法被调用了。
CarBase 类中定义的 slowDown(int)方法被调用了。
Bus 类中定义的 slowDown(int)方法被调用了。
Bus 类中定义的 slowDown(int)方法被调用了。
```

我们能够写出车队类的代码，实际上是依靠了继承和多态——如果没有继承，则无法使用一个 CarBase 类的数组来表示所有的随从车。如果没有多态，则无法在车队类中管理每种不同车的加速和减速方法。

❑　根据本节中的例子理解继承和多态。

10.5　在多态的环境中拨开迷雾

前面学习了继承和多态。对待纷杂的面向对象的世界，也许大家有些不知所措了：不知道一个引用到底指向哪个类的对象。而多态和继承的特性决定了程序的执行流程需要在执行的时候才能够确定下来。本节将学习如何在多态的环境中拨开这重重迷雾。

10.5.1　神秘的 Class 类

Java 中有一个非常神秘的类——java.lang.Class。没错，这个类的名字就叫做 Class。而且它是在 java.lang 包中的。这也表明了它的身份——它是 Java 语言中的基础类。Class 类的功能十分强大，它包含一个类所有的信息，即类名、属性、方法和父类等。

Class 类的内容太过丰富，随着学习的深入，会慢慢接触 Class 类中越来越多的属性和方法。在这里我们只要学习 Class 类中的 getName()方法就可以了。getName()方法会返回一个 String 类的对象，内容是 Class 类所表示的类的全限定名。

💬提示：class 是 Java 中的关键字，不能用于标识符。但是 Java 是区分大小写的，所以 Class 并不是 Java 中的关键字，所以用 Class 作为类名是没问题的。

Class 类的另一点特殊之处就是无法通过常见的 new 关键字来创建出 Class 类的一个对象。不过实际上我们也无须这么做，Java 平台已经为每一个类都创建了一个 Class 类的对象。如何得到这个 Class 类的对象呢？Object 类中提供了一个叫做 getClass() 的方法，用来返回一个对象所属的类的 Class 类。看下面的例程。

```java
package com.javaeasy.uncover;
import com.javaeasy.override.CarBase;
import com.javaeasy.override.SportsCar;
public class UseClass {
    public static void main(String[] args) {
        CarBase base = new SportsCar();
        // 创建一个 SportsCar 类的对象，用 base 指向这个对象
        Class clazz = base.getClass();
        // 调用 getClass() 方法，得到其 Class 类的对象
        System.out.println("base 引用指向的对象所属的类
是: " + clazz.getName());
    }
}
```

UseClass 源码

例程中首先创建了一个 SportsCar 类的对象，并让 CarBase 类的引用指向这个对象。然后我们通过 base 引用调用 getClass() 方法，这个方法是继承自 Object 类的。方法的返回值就是 Class 类的实例，这个实例就是用来描述 base 指向对象所属的类的。我们用返回值给 Class 的引用 clazz 赋值，最后调用 clazz 的 getName() 方法。根据前面的分析，它的返回值应该是 base 类指向的对象所属的类的全限定名，针对本例也就是 com.javaeasy.override.SportsCar。运行例程，控制台输出如下内容：

```
CarBase 类的构造方法被调用了！
SportsCar 类的构造方法被调用了！
base 引用指向的对象所属的类是：com.javaeasy.override.SportsCar
```

程序的输出和期待的一样。

❑ 通过对象的 getClass() 方法，可以得到用于描述对象所属类的 Class 类的对象。

❑ Class 类的 getName() 方法用来返回其所表示的类的全限定名。

10.5.2　覆盖不再神秘

在 10.3.5 中，CarBase 类的 followUp() 方法具体调用了哪个类的 speedUp() 或 slowDown() 方法，这个问题现在还不清楚。现在通过使用 Class 类的 getName() 方法让它不再是个问题。首先把 com.javaeasy.override.CarBase 类的 followUp() 方法做如下修改。

```java
public void followSpeed(CarBase car) {          // 与 car 的速度同步
    String className = this.getClass().getName();
    System.out.println("调用者的类型为" + className);
    int newSpeed = car.speed;                   // 汽车新的速度
    if (newSpeed > speed) {                      // 如果新的速度大于当前速度
        speedUp(newSpeed - this.speed);         // 则调用加速方法加速
    } else {                                     // 否则
        slowDown(this.speed - newSpeed);        // 调用减速方法
    }
}
```

在方法的前两行，使用 this 自引用得到调用 followUp()方法的对象所属的类的 Class
类对象。然后将类名输出到控制台。下面再次运行 10.3.5 节中的 WhichMethod 例程，程序
执行完毕后，控制台输出如下内容：

```
CarBase 类的构造方法被调用了！
SportsCar 类的构造方法被调用了！
CarBase 类的构造方法被调用了！
Bus 类的构造方法被调用了！
CarBase 类中定义的 speedUp(int)方法被调用了。
bus 的速度为：90
sportsCar 开始 followUp 参数 bus
调用者的类型为 com.javaeasy.override.SportsCar
SportsCar 类中定义的 speedUp(int)方法被调用了。
CarBase 类中定义的 speedUp(int)方法被调用了。
followUp 结束
sportsCar 的速度为：90
```

输出的倒数第 5 行是"调用者的类型为 com.javaeasy.override.SportsCar"，这正表明
了在 WhichMethod 类中，是使用 SportsCar 类的对象调用 followUp()方法。

❑　使用 this 自引用得到调用方法的对象所属的类。

10.5.3　instanceof 运算符——让对象告诉你它的类是谁

除了通过上面的方法得到一个对象是属于哪个类外，还可以通过使用 instanceof 操作
符来判断一个引用指向的对象所属的类是不是某个类或者某个类的子类。instanceof 是 Java
中的关键字，它的运算结果是一个 boolean 值，使用它的语法如下：

```
对象的引用 instanceof 类名
```

在这里通过一个简单的例程来看一下 instanceof 的用法。

```java
package com.javaeasy.uncover;
import com.javaeasy.override.Bus;
import com.javaeasy.override.CarBase;
import com.javaeasy.override.ElectronicBus;
import com.javaeasy.override.SportsCar;
public class UseInstanceof {
    public static void main(String[] args) {
        ElectronicBus eBus = new ElectronicBus();
        CarBase base = eBus;
        if (base instanceof Object) {
        // 使用 instanceof 关键字判断 base 指向
        // 的是不是 Object 类的实例
            System.out.println("base 指向的对象是 Object
类的一个对象");
        } else {
            System.out.println("base 指向的对象不是 Object 类的一个对象");
        }
        if (base instanceof CarBase) {
            System.out.println("base 指向的对象是 CarBase 类的一个对象");
        } else {
            System.out.println("base 指向的对象不是 CarBase 类的一个对象");
        }
```

UseInstanceof 源码

```
        if (base instanceof Bus) {
            System.out.println("base 指向的对象是 Bus 类的一个对象");
        } else {
            System.out.println("base 指向的对象不是 Bus 类的一个对象");
        }
        if (base instanceof ElectronicBus) {
            System.out.println("base 指向的对象是 ElectronicBus 类的一个对象");
        } else {
            System.out.println("base 指向的对象不是 ElectronicBus 类的一个对象");
        }
        if (base instanceof SportsCar) {
            System.out.println("base 指向的对象是 SportsCar 类的一个对象");
        } else {
            System.out.println("base 指向的对象不是 SportsCar 类的一个对象");
        }
    }
}
```

例程中首先创建了一个 SportsCar 类的对象，然后让 CarBase 类的引用 base 指向这个对象，紧接着使用 instanceof 关键字来判断 base 是否是那些类的对象。运行例程，控制台输出如下内容：

```
CarBase 类的构造方法被调用了！
Bus 类的构造方法被调用了！
ElectronicBus 类的构造方法被调用了！
base 指向的对象是 Object 类的一个对象
base 指向的对象是 CarBase 类的一个对象
base 指向的对象是 Bus 类的一个对象
base 指向的对象是 ElectronicBus 类的一个对象
base 指向的对象不是 SportsCar 类的一个对象
```

控制台输出的结果和我们汽车类的类图是一致的。因为 instanceof 关键字判断的是引用所指向的对象是否属于某个类，所以这个和引用本身的类型是没有关系的。在例程中，即使使用 Object 类的引用指向 ElectronicBus 类的对象，程序的输出结果也是一样的。

❑ 使用 instanceof 运算符来判断一个引用指向的对象所属的类是不是某个类或者某个类的子类。

10.6　小结：继承和多态让世界丰富多彩

前面说过，直到第 7 章，我们对类的内涵仅仅了解了 45% 而已。而通过本章内容的学习，这个比例上升到了 85%。本章中的内容可以说是 Java 语言的核心。其实本章中的语法内容并不算太多，难度也不大，但是本章的内容涉及了 Java 语言的思想——面向对象。

面向对象的语言必须具备的 3 个特性就是封装、继承和多态。本章中我们一次学了两个。而封装，其实已经在第 6 章和第 7 章学过了。为了理解面向对象，首先回过头来把这 3 个已经学习过却没有正式讲解的概念重新看一下。

1. 封装

什么是封装呢？其实类就是封装。类中封装了属性和方法。前面第 6 章和第 7 章中的

Car 类，它封装了汽车的属性值以及汽车的方法。我们在编程使用 Car 类的时候，创建 Car 类的对象并调用 Car 类的 speedUp()方法时，无需去关心 Car 类的内部是如何实现这个加速功能的，只要知道 Car 类的对象代表了一个具体的汽车，而调用 speedUp()方法会让这个汽车提升一定的速度就可以了。说通俗点，就是"类办事，我们放心"。

再例如前面学习过的 String 类，当时说过，String 类是通过一个 char 数组来表示一个字符串的。那只是处于学习的目的。在实际使用 String 类编程的时候，我们不用去关心 String 类内容是如何将一个字符串表示出来的；当调用 String 类的 split()方法的时候，更不用关心 String 类是如何实现这个功能的。String 类帮我们"封装"了这些细节，我们只要关心如何使用 String 类暴露给我们的方法就可以了。

其实封装在现实中是再平常不过的了，我们使用显示器的时候，不用去关心显示器是如何将内容显示出来的，只要知道将显示器信号输入端和显卡输出端连接好，然后打开显示器，显示器就会显示出内容来。

类是封装的最大的表现，当然封装不仅仅表现在类上。封装是一种思想，其核心就是"暴露出必要的内容给外部使用，而对于内部细节，使用者则不用去关心"。

2. 继承

继承的含义很清楚。其实在现实中继承的例子无处不在。以石头为例：当它被雕刻成一个石雕以后，它当然还是保留着作为石头的性质。这其实就是石雕从石头继承了其作为石头的性质，而石雕本身又有新增的特征。

继承的优点在本章构建汽车类的过程中已经体验过了。继承提供了一种可以让我们以一种"与现实中的逻辑相近的方式"构建自己的类和代码。真正编程时不可能一直都是遇到像本章中汽车类这种显而易见的例子。所以在使用继承的时候，应该先把系统中类的层次结构分析清楚，最好能在纸上画出一个大概的类图，然后再去编写这些类的代码。

使用继承其实是一个抽象的过程。继承的语法简单，但是如何能够正确地使用继承来设计出一个合理的类结构却是需要经验积累的。

3. 多态

多态很大程度上是伴随继承而来的。多态包括重载和覆盖，这两个特性可以在"具体执行哪个方法"的问题上给予编程者足够大的灵活性，也让继承有了更大的用武之地。

4. 最重要的还是思想

Java 语言是一门面向对象的语言，但是这并不代表使用 Java 语言编写出来的程序就是面向对象的。Java 语言就好像一支狙击枪。如果完全无视狙击枪的功能而是拿着它当铁棍使，那不算使用狙击枪。Java 语言为面向对象编程提供了足够的语法支持，但是如果不去以面向对象的思维设计程序，最终写出来的程序也不可能是面向对象的。

即使使用了类，使用了继承，并不代表什么。在本章架构汽车类的过程中，我们给出了很多解决方案，例如开始的时候想要使用一个类来表示所有汽车类型；然后在没有使用继承的情况下将每种汽车类型分别用不同的类表示；以及后来在不使用覆盖时，CarBase 类被迫只能够包含几个共有的属性等。这些做法都是"使用面向对象的语法写着糟糕的程序"。本章中最后完成的汽车类可以说是在这个特定的环境下比较符合面向对象的实现思想。

对面向对象的理解需要一层层加深，仅靠看书或者看几个例程是不可能领会的。最好的办法莫过于自己多写程序，写的过程中才能体会到面向对象的好与不好（面向对象也不是万金油，在特定的环境下也有不好的地方）。

一个优秀的设计，可以让代码易于维护。我们本章中的汽车类，只需要在 CarBase 类中维护一份 speedUp 和 slowDown()方法的代码就可以了——如果所有汽车的加速或者减速方法需要修改，那么需要修改的代码也仅仅是 CarBase 类的代码。而同时，它也不缺乏灵活性——可以在子类中对这两个方法进行覆盖而实现与父类不同的逻辑。当然代码维护仅仅是一部分，在后面的学习中会发现更多值得称赞的地方。

其实 Java 中的继承以及与继承相关的语法并不算难。也许很多面试题中搞出的很多"极端"的题目，会让很多编程许久的人紧锁双眉。但是继承真正的难点是在设计整个程序的时候，如何正确地使用继承来给程序一个优良的架构。学习 Java 语法固然重要，但是如果在编程中合理地使用继承之前，过度钻语法的牛角尖，就好像在会写文章之前先去研究"茴香的茴字有 6 种写法"一样，没有任何意义。

编程语法仅仅是一个技术，如果能够把这个技术用得好，编程就是一门艺术。

5．本章知识点回顾

本章中主要学习了以下知识点：

- ❑ 变量的访问控制符。
- ❑ 继承的语法（extends 关键字）。
- ❑ 继承的结果——从父类中继承了方法和属性。
- ❑ 如何看简单的类图。
- ❑ Object 类是所有除 Object 类之外类的父类。
- ❑ 创建一个子类对象同时会创建其父类的对象。
- ❑ 在子类构造方法中，使用 super 关键字调用父类构造方法。
- ❑ 对象引用的类型转换——父类引用可以指向子类对象，也就是说子类引用可以直接给父类引用赋值；而反过来，则需要强制类型转换。
- ❑ 覆盖的语法。在程序运行时，判断哪个覆盖的方法被调用的规则。
- ❑ 使用 super 关键字操作父类的方法和属性。
- ❑ 多态的含义。
- ❑ 继承给重载带来的多态。
- ❑ 通过对象的引用，得到用于描述对象所属类 Class 类的实例。
- ❑ 学习使用 Class 类实例的 getName()方法。
- ❑ 学会使用 instanceof 关键字，判断一个引用指向的对象所属的类是哪某种类型。

10.7　习　　题

1．练习方法的覆盖：编写一个名为 Parent 的类，类中有一个叫 method1()和一个叫 method2()的方法，方法的内容就是将方法所属的类和方法名输出到控制台。然后编写一个

Child 类继承 Parent 类，让 Child 类覆盖 method1()方法，方法内容也是向控制台输出方法所属类和方法名。

2．练习使用覆盖的方法：编写一个静态方法 invokeMethods，参数为 Parent 类的引用。方法中首先使用 instanceof 判断参数指向对象所属的类，然后调用 method1()方法和 method2()方法。然后编写一个程序，分别使用 Parent 类的实例和 Child 类的实例为参数，调用 invokeMethods()方法。

3．在第 1 题的基础上，编写一个 Child2 类，覆盖 Parent 类的 method2()方法。然后编写一个程序，使用 Child2 类的实例调用 invokeMethods()方法。

第 11 章　修饰符（Qualifier）

本章将系统地学习一下修饰符。关于修饰符前面已经接触很多次了，但是因为修饰符比较分散，而且涉及的东西很多，所以一直没有展开详细讲解。现在，我们终于学习了足够多的知识，可以在本章中将修饰符"一举拿下"了。先来看一下本章中将涉及哪些之前学过的内容。

- ❑ Java 中的类的概念，类源代码的存放；
- ❑ 类的变量；
- ❑ 类中的方法；
- ❑ 方法中的局部变量；
- ❑ Java 中的包；
- ❑ 类的继承。

从上面的列表中可以看出，修饰符基本上和本书第 2 部分学习过的所有东西都有关系。本章中我们会按照"自上而下"的顺序学习修饰符。这个顺序大概就是类，方法，变量。好，让我们开始学习本章的内容，看看小小的修饰符到底有哪些作用。

11.1　插曲：类的组成部分的名字

本节先来学习一下类中各个部分的名字。看下面的 ClassA 类。

```
public class ClassA{                  // 使用public修饰的类的类名必须和源文件名相同
    public int instanceVariable;           // （1）
    public static int staticVariable;      // （2）
    public void method(){                  // （3）
    }
    public static void staticMethod(){     // （4）
    }
}
```

ClassA 中标记了 4 个部分。下面分别从不同的角度出发，来看看相同的东西有多少不同的名字。

1. 从所属关系的角度出发

ClassA 中标记的 4 个部分都是类的组成部分，它们分别是非静态变量、静态变量、非静态方法和静态方法。因为是类的组成部分，所以它们统称为类的"成员（Member）"。当我们说一个类的成员的时候，就是指类中所有的变量和方法。

因为它们都是类的成员，所以它们又有了如下名称。

❑ 非静态变量：也称为成员变量。
❑ 静态变量：也称为静态成员变量。
❑ 非静态方法：也称为成员方法。
❑ 静态方法：也称为静态成员方法。

2. 从作用范围的角度出发

对于静态变量和静态方法来说，它是属于类这个范围的，也就是说，它们是属于某个类的；对于非静态变量和非静态方法，它们是属于实例这个范围的，也就是说，它们是属于某个实例的。从这个角度出发，它们又有了如下的名称：
❑ 非静态变量：也称为实例变量。
❑ 静态变量：也称为类变量。
❑ 非静态方法：也称为实例方法。
❑ 静态方法：也称为类方法。

因为一个定义在方法中的变量只能够在这个方法"局部"中使用，所以局部变量其实也是从它的作用范围来讲的。

好，讲完了类中各个部分的名字，下面进入本章的正文。

11.2 类中的修饰符

类的主体是类中的代码。但是类中的修饰符对类也有着重要的意义。前面的几章中零零散散地讲解了一些类的修饰符，本节中将集中学习一下类的修饰符。

类中可以用到的修饰符有很多，分别影响着类的可见性、类的可继承性等。本章之前学习的类的修饰符只有 public。

11.2.1 无修饰符类

Java 语法要求，在存放类代码的源文件中，必须包含一个使用 public 修饰的类，而且这个类的名字必须和源文件的名字相同。所以使用 public 修饰一个类是最常见的情况，本书中绝大多数的例程都是使用 public 作为修饰符的。

同时，Java 允许将多个类放在同一个源文件中。但是如果需要在一个源文件中存放两个类的源文件，那么第 2 个类就不能够用 public 修饰了。也就是说，在一个 Java 源文件中可以保存多个类的定义，但是只能有一个类用 public 修饰。

好的，我们看源文件 ClassOne.java 的内容。

```
package com.javaeasy.accessclass;        // 注意 package 语句
public class ClassOne {        // 使用 public 修饰的类的类名必须和源文件名相同
// 类中的其他内容
}

class ClassTwo {        // 其他类可以使用任意合法标识符作为类名，和源文件名无关
// 类中的其他内容
}
```

首先，从源文件第一行的 package 语句可以看出，这个 ClassOne.java 文件是存放在项目源文件根目录下的 com/javaeasy/accessclass 目录下。

因为 ClassOne 是使用 public 关键字修饰的，所以源文件的名字才会是 ClassOne.java。此源文件中的第二个类——ClassTwo，我们不使用任何访问控制符来修饰它。在源文件 ClassOne.java 中，除了被 public 关键字修饰的 ClassOne 的类名不能是别的名字之外，其他的类的名字可以是任意合法的标识符。一个源文件中至少要有一个和源文件名相同的、使用 public 修饰的类之外，可以包含 0 到多个类似 ClassTwo 这种类。

ClassTwo 这种非 public 的类的全限定名也是"包名"+"类名"。对于本例中的 ClassTwo，它的全限定名就是 com.javaeasy.accessclass.ClassTwo。对于 ClassTwo，我们可以称它是使用"默认"修饰符或者"缺省"修饰符修饰的，也就是没有修饰符。

当两个或多个类在同一个源文件中存放的时候，package 语句同样必须是源代码中第一行有效行的内容。紧跟着应该是 import 语句，这里的 import 语句应该引入源文件中的类使用到的外部类，也就是说，如果我们的 ClassTwo 用到了外部的类，也必须将 import 语句写在这里。注意，当源文件中出现了类的内容之后，就不能够再使用 import 语句了。也就是说，import 语句必须在 package 语句之后，而且必须在类的内容之前。Java 源文件的结构如图 11-1 所示。

其中"1：package 语句"和"2：import 语句"的位置是固定的，"3：使用 public 修饰的、类名与源文件名相同的类"和"4：其他类"的位置可以交换，没有关系。

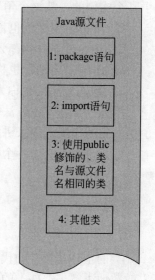

图 11-1　Java 源文件结构

- ❑ 结合图 11-1，学会如何在一个源文件中定义多个类。
- ❑ 一个 Java 源文件中至少包含一个使用 public 修饰的、类名与源文件相同的类。
- ❑ 源文件中可以包含 0 到多个没有使用 public 修饰的类，这些类的类名没有特殊的语法限制，可以使用任何合法修饰符。
- ❑ 当一个源文件中包含多个类的时候，import 语句部分引入的类应该涵盖了源文件中所有类所需要引入的类。

11.2.2　类的可见性

Java 语法规定，对于使用 public 修饰的类，只要在其他源文件中使用 import 语句将这个类引入，源文件中的所有类就都可以使用这个被引入的类了。我们前面的类都是使用 public 修饰符修饰的。在 11.2.1 节中学习了没有使用 public 修饰的类。Java 对于在哪些地方可以使用这些类是有规定的，不仅仅是使用 import 语句引入就可以，还涉及了类的可见性。

类的可见性就是一个类在某些场景下是否可以被使用的性质。所谓的使用一个类包含对类的各种操作——创建类的引用、创建类的对象、通过类名调用静态方法、继承这个类等。当一个类是可见的，那么上面列出的这些操作都是允许的。类的可见性分为 3 种。

- ❑ 同个包中的类：一个类是否可以被同个包中的类使用；
- ❑ 不同包中的类：一个类是否可以被不在同一个包中的类使用；
- ❑ 同一个源文件中的类：一个类是否可以被在同一个源文件中不同的类使用。

好的，为了说明类的可见性，我们添加两个新的类，并尝试在它们内部测试 11.2.1 节中创建的两个类的可见性。

在源文件根目录的 com/javaeasy/accessclass 目录下添加下面这个类。

```
package com.javaeasy.accessclass;       // 注意 package 语句
public class SamePackage {
    ClassOne one;                // 使用 ClassOne 类，创建一个 ClassOne 的引用
    ClassTwo two;                // 使用 ClassTwo 类，创建一个 ClassTwo 的引用
}
```

在源文件根目录的 com/javaeasy/accessclass 目录下添加下面这个类。

```
package com.javaeasy.forclass.useclass;             // 注意 package 语句
import com.javaeasy.accessclass.ClassOne;           // 使用 import 语句引入
                                                    // ClassOne 类

public class AnotherPackage {
    ClassOne one;                                   // 使用 ClassOne 类，创建
                                                    // 一个 ClassOne 的引用

}
```

对于 SamePackage 类，它和 ClassOne 以及 ClassTwo 在同一个包中。根据 import 语句的语法，可以不使用 import 语句引入同一个包中的类。Java 语法规定，对于没有使用 public 修饰的类，对于同一个源文件中的类是可见的，对于同一个包中的类也是可见的，所以在 SamePackage 类中可以创建 ClassOne 和 ClassTwo 的引用。当然，也可以在 ClassTwo 中使用 ClassOne，在 ClassOne 中使用 ClassTwo。

对于 AnotherPackage 类，它和 ClassOne 以及 ClassTwo 不在同一个包中。Java 语法规定，对于不在同一个包中的类，只有被 public 修饰的类才可见。也就是说，AnotherPackage 类可以使用 import 语句引入 ClassOne 类并使用它，却不能使用 import 语句引入或使用 ClassTwo 类。如果尝试在 AnotherPackage 类中引入 ClassTwo 类，Eclipse 会提示错误 The type com.javaeasy.accessclass.ClassTwo is not visible，意思就是 ClassTwo 类不可见。

关于使用 import 引入一个类和一个类的可见性，大家要弄清楚。只有一个类（例如 ClassOne 类）对另一个类（如 AnotherPackage 类）是可见的，才能在这个类（AnotherPackage 类）的源代码中使用 import 语句将这个类（ClassOne 类）引入进来，进而使用这个类。如果一个类（例如 ClassTwo 类）对另一个类（如 AnotherPackage 类）是不可见的，那么 Java 语法是不允许使用 import 语句将它引入的，更不允许使用这个类。

到这里我们发现，使用默认访问控制符的类的可见性其实只带来了"不便"和"限制"。为什么对于一些类 Java 会让它对外部不可见呢？这主要是从程序设计角度出发而增加的限制。

在设计一个程序的时候，放在同一个包中的类应该协作起来完成某个任务，例如第 10 章中的汽车类，它们就在同一个包中，用来表示系统中的汽车。

有时候我们需要一些类只为包中的类服务，在包的外面，这些类是完全用不到的。例如第 10 章的汽车类，如果我们的汽车在 slowDown() 方法中需要一个刹车片类，那么就可

以把这个类的定义放在 CarBase.java 中，因为刹车片类对于外部的类是完全用不到的，它只可能在 slowDown()方法中用到，所以没必要让刹车片类暴露出去。

也就是说，对于使用默认修饰符的类，它应该是专门为同一个包中的类所设计的，而不应该被外部的类所使用。通过这种限制，可以避免错误地使用某个类而造成不必要的错误。如果我们想让一个类可以在外部被使用，应该使用 public 修饰一个类。

通过表 11-1 来总结这个规律。

表 11-1　类的可见性

类的访问控制符	对同个源文件中的类可见	对同个包中的类可见	对不同包中的类可见
public	√	√	√
默认修饰符	√	√	×

- ❏ 掌握类的可见性。
- ❏ 区分类的可见性与 import 的不同。
- ❏ 理解为什么 Java 要限制类的可见性。

11.2.3　final——让类不可被继承

第 10 章中我们学习了继承。如果想要一个类不能够被继承，可以使用 final 关键字修饰这个类。看下面的例程。

```
package com.javaeasy.classextend;
public final class UnableToBeExtended {  // 注意使用了 final 关键字修饰这个类
// 类中的其他内容
}
```

例程中使用了 final 修饰符来修饰上面的 UnableToBeExtended 类，这就代表这个类不可以被继承。当尝试继承它的时候就会有错误提示，看下面的类：

```
package com.javaeasy.classextend;
public class ErrorExtends extends UnableToBeExtended {
                              // 错误，继承了一个被 final 关键字修饰的类
// 类中的其他内容
}
```

类 ErrorExtends 继承了类 UnableToBeExtended。因为类 UnableToBeExtended 是被 final 关键字修饰的，所以这个继承是不符合 Java 语法的。打开 Eclipse 的 Problems 视图，会看到一条相关的错误信息，内容如下：

```
The type ErrorExtends cannot subclass the final class UnableToBeExtended
```

当编译这个类的时候，控制台输出如下错误信息：

```
javac com\javaeasy\classextend\ErrorExtends.java
com\javaeasy\classextend\ErrorExtends.java:3: 无法从最终  com.javaeasy.
classextend.UnableToBeExtended 进行继承
public class ErrorExtends extends UnableToBeExtended {
                  ^
1 错误
```

使用关键字时还要注意 final 关键字的位置：final 关键字要放在类的访问控制符后面，放在 class 关键字的前面。语法格式如下：

访问控制符 + final + class + 类名 +　类主体部分的内容

看下面的例子：

```
package com.javaeasy.classextend;
public final class UsingFinal {
// 类中的其他内容
}

final class UsingFinalII {
// 类中的其他内容
}
```

上面的类中使用 final 关键字修饰了 UsingFinal 类和 UsingFinalII 类。这样，这两个类就不能有子类了。

❑ 使用 final 关键字修饰一个类，代表这个类不可以被继承
❑ final 关键字要放在类的访问控制符后面，放在 class 关键字的前面。

11.2.4　理解 final 关键字

11.2.3 节中我们知道了如果不想让一个类被继承，就可以使用 final 修饰它。

我们之前接触过 final 关键字，当时是使用 final 关键字修饰变量，代表这个变量的值不可改变。同样地，当用 final 关键字修饰一个类的时候，也从某种程度上代表"类是不可变的"。联系前面学习过的"覆盖"，如果一个类被继承了，那么其方法就有可能会被子类覆盖。而这时候，父类的行为就有可能被改变。下面来回忆一下前面的一个例子。

在第 10 章中，使用 Bus 类继承了 CarBase 类。在 CarBase 类中有个叫做 followSpeed (CarBase car)的方法，它会根据参数 car 的 speed 属性和自己的 speed 属性值，调用 speedUp() 和 slowDown()方法来实现两车的速度同步。然而 Bus 类覆盖了它继承自 CarBase 的 slowDown()方法，并对每次减速的值做出了限制。这个覆盖有如下两个结果。

❑ 当对 Bus 类的对象调用 slowDown()方法的时候，speed 属性的值可能无法真正降低指定的值。这个行为和父类中的 slowDown()方法不同。
❑ 当对 Bus 类的对象调用 followSpeed()方法的时候，Bus 类的 slowDown()方法会被调用。这就有可能无法完成速度同步。

第一个结果还是覆盖带来的最直接的结果，我们可以勉强认为它没有改变父类的行为，但第二个结果就彻底改变了父类的行为了。所以，使用 final 关键字修饰一个类时，就从语法层面上避免了类被继承，从而让类中的方法不可能被覆盖，也就保证一个类的行为不被改变。

那么何时使用 final 关键字才合适呢？对于普通的程序来讲，其实 final 关键字很少被使用。只有像 Java 类库这种被外部开发人员使用的类库中的类才会使用这种限制。例如，我们一直以来接触的 String 类其实就是被 final 关键字修饰的。因为作为一个基础的类，String 类的行为不需要被普通开发者扩展或者修改，否则可能会让 String 类的行为不可预期。

当然还有一些人认为如果一个类不是为了被继承而设计的，那么就应该使用 final 关键字修饰——这样可以避免程序继承本不应被继承的类。这种思想也有正确的地方。对于如何以及何时使用 final，这是一个见仁见智的事情。

在这里，首先应该掌握的是 final 关键字的使用语法，然后是当程序继承了被 final 关键字修饰的类时，应该可以看懂错误提示信息，并找出错误所在。

- ❑ 从某种程度上说，用 final 修饰一个类和一个变量都代表它们"不可改变"——一个是行为不可改变，一个是值不可改变。

11.2.5　总结：类的修饰符

本章学习了类的修饰符。回过头来我们发现其实这些修饰符只是带来了更多的限制，并没有给类带来更多直接的功能。其实修饰符很多情况下都是出于设计目的而使用的。下面看图 11-2 所示的现在的源文件结构。

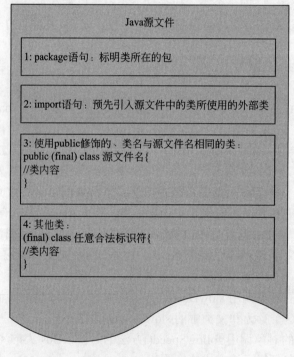

图 11-2　Java 源文件结构

在图 11-2 中，Java 源文件是由 4 部分组成的。大多数情况下，一个源文件只包含一个类。

11.3　方法的修饰符

与类的修饰符相比，方法的修饰符真可谓是丰富多彩。方法的修饰符在前面接触最多的就是 public。本节将学习可以用于方法的其他修饰符。public 属于方法的访问控制符，用于限制方法的可见性，在前面的章节提到过，public 会赋予方法最大的可访问权限。Java 中还有其他的访问控制符，可以让方法的可见性灵活多变。

同时还将学习将 static 和 final 两个修饰符用于方法中，这两个修饰符可以给方法赋予特殊的性质。好的，让我们开始本节的内容。

11.3.1 方法的访问控制符

与类的访问控制符作用相同，方法的访问控制符用来控制一个方法是不是可见的。当然，方法的可见性是受制于类的可见性的，一个类没有使用 public 修饰（如上一节中的 ClassTwo），对于别的包中的类（如上一节中的 AnotherPackage 类），这个类（ClassTwo 类）中的方法无论使用什么修饰符修饰，对于它们（AnotherPackage 类）来说都是不可用的。为了专注于学习方法的访问控制符，本节中使用的类的修饰符都是 public。

方法的可见性有 4 个方面。

❑ 方法是否可以在本类中使用；

❑ 方法是否可以被同个包中的类使用；

❑ 方法是否可以被不同包中的类使用；

❑ 方法是否可以被子类使用。

方法的访问控制符有 4 个。

❑ public：没有使用限制；

❑ 默认：只能被同一个包中的类使用；

❑ protected：只能被子类使用；

❑ private：只能在本类中使用。

public 修饰符我们已经很熟悉了。默认其实和类的默认修饰符一样，就是不使用访问修饰符，protected 和 private 是新接触的修饰符，这两个也是 Java 中的关键字。

为了方便解释这 4 个修饰符，首先写一个类，类中包含 4 个方法，分别用这 4 个访问控制修饰符，代码如下：

```
package com.javaeasy.accessMethod;
public class AccessMethods {
    public void publicMethod() {          // 使用public修饰的方法
        // 方法中的代码
    }
    void defaultMethod() {                 // 使用默认修饰符修饰的方法
        // 方法中的代码
    }
    protected void protectedMethod() {     // 使用protected修饰的方法
        // 方法中的代码
    }
    private void privateMethod() {         // 使用private修饰的方法
        // 方法中的代码
    }
}
```

下面就来一个个地学习方法的这 4 个访问控制符。

11.3.2　public：没有限制的修饰符

对于使用 public 修饰的方法，完全没有任何访问限制，这个在前面已经用了很多了。本节将分别通过 4 个例子来说明。

下面的例子是在同一个类中使用 public 修饰的方法。

```
package com.javaeasy.accessMethod;

public class AccessMethods {
    public void publicMethod() {            // 使用 public 修饰的方法
        // 方法中的代码
    }
    // 类中的其他方法
    public void usingMethods() {            // 在本类中使用方法
        this. publicMethod();               // 使用 this 关键字调用本类中的
                                            // public 方法
    }

}
```

下面的例子是在同一个包中的其他类里使用 public 修饰的方法。

```
package com.javaeasy.accessMethod;          // 注意，这个类所在的包与 Access
                                            // Methods 类相同
public class SamePackage {
    public void usingPublicMethod() {       // 测试方法
        AccessMethods methods = new AccessMethods ();
                                            // 创建 AccessMethods 类的一个对象
        methods.publicMethod();             // 调用 public 的方法
    }
}
```

💭说明：例程中注释所说的 "public 的方法" 是使用 public 访问控制符修饰的方法的简称，本章以及以后的内容，在没有歧义的情况下都可能使用这种简称。例如 protected 的方法就是指使用 protected 访问控制符修饰的方法。

下面的例子是在其子类中使用 public 修饰的方法。

```
package com.javaeasy.accessMethod.diffpackage;
                                    // 注意，这个类所在的包与 AccessMethods 类不同
import com.javaeasy.accessMethod. AccessMethods;
                                    // 使用 import 语句引入 AccessMethods 类

public class SubClassInDiffPackage extends AccessMethods {
                                    // 继承了 AccessMethods 类
    public void usingPublicMethod() {  // 测试方法
        super.publicMethod();          // 通过 super 关键字调用父类中的方法
    }
    public void publicMethod() {       // 覆盖父类中的方法
    }
}
```

在这里，我们不仅通过 super 关键字调用了父类中 public 的方法，而且还覆盖了父类中 public 的方法。只要一个方法是可见的，那么就可以以任何符合 Java 语法的方式使用这个方法，包括但不仅限于通过其对象调用方法，通过 super 关键字调用方法、覆盖方法等。

如下例子是在不同包中的类使用 publicMethod。

```
package com.javaeasy.accessMethod.diffpackage;
                            // 注意，这个类所在的包与 AccessMethods 类不同
import com.javaeasy.accessMethod. AccessMethods;
                            // 使用 import 语句引入 AccessMethods 类

public class DiffPackage {
    public void usingPublicMethod() {  // 测试方法
        AccessMethods methods = new AccessMethods ();
                                    // 创建 AccessMethods 类的一个对象
        methods.publicMethod();          // 调用 public 的方法
    }
}
```

好的，例子到这里已经足够了。我们发现 public 修饰的方法其实是没有任何访问限制的。public 修饰符也是方法最常用的访问修饰符。

❑ 使用 public 修饰符修饰的方法没有访问限制，对于本类、子类、同包的类以及不同包的类都是可见的。

11.3.3　protected：仅对子类和同包的类可见

如果一个方法是使用 protected 修饰的，那么这个方法就只对其子类和与之在同一个包中的类可见。看下面的例程。

```
package com.javaeasy.accessMethod;              // 注意，这个类所在的包与 Access
                                                // Methods 类相同
public class SubClassInSamePackage extends AccessMethods {
    public void usingProtectedMethod() {   // 使用父类中 protected 的方法
        super.protectedMethod();
    }
    public void protectedMethod() {            // 覆盖父类中 protected 的方法
    }
}
```

类 SubClassInSamePackage 继承了类 AccessMethods，同时类 SubClassInSamePackage 也和类 AccessMethods 在同一个包中。两个条件都让类 AccessMethods 中 protected 的方法对类 SubClassInSamePackage 是可见的。

当然，无论子类是不是和父类在同一个包中，父类中 protected 的方法总是对其子类可见的，我们看下面的例程。

```
package com.javaeasy.accessMethod.diffpackage;      // 注意，这个类所在的包与
                                                    // AccessMethods 类不同
import com.javaeasy.accessMethod. AccessMethods;    // 使用 import 语句引入
                                                    // AccessMethods 类

public class SubClassInDiffPackage extends AccessMethods {
                                            // 继承了 AccessMethods 类
```

```
    public void usingPublicMethod() {   // 测试方法
        super.publicMethod();            // 通过 super 关键字调用父类中的方法
    }
    public void publicMethod() {         // 覆盖父类中的方法
    }

    public void usingProtectedMethod() {    // 使用父类中 protected 的方法
        super.protectedMethod();
    }
    public void protectedMethod() {          // 覆盖父类中 protected 的方法
    }
}
```

类 SubClassInDiffPackage 继承了类 AccessMethods，所以可以在类 SubClassInDiff
Package 中使用类 AccessMethods 中 protected 的方法。

当然，即使没有继承类 AccessMethods，类 AccessMethods 中 protected 方法对于在同
一个包中的类也是可见的。

```
package com.javaeasy.accessMethod;      // 注意，这个类所在的包与 Access
                                        // Methods 类相同
public class SamePackage {
    public void usingPublicMethod() {   // 测试方法
        AccessMethods methods = new AccessMethods ();
                                        // 创建 AccessMethods 类的一个对象
        methods.publicMethod();         // 调用 public 的方法
        methods.protectedMethod();      // 调用 protected 的方法
    }
}
```

类 SamePackage 与类 AccessMethods 在同一个包中，所以可以访问类 AccessMethods
中 protected 的方法。

当然，protected 的方法也可以在本类中使用，类 AccessMethods 当然永远都和它本身
在同一个包中，看下面的例程。

```
package com.javaeasy.accessMethod;

public class AccessMethods {
    protected void protectedMethod () {      // 使用 protected 修饰符的方法
        // 方法中的代码
    }
    // 类中的其他方法
    public void usingMethods() {  // 在本类中的使用方法
        this.publicMethod();          // 使用 this 关键字调用本类中 public 的方法
        this.protectedMethod();   // 使用 this 关键字调用本类中 protected 的方法
    }
}
```

❑ 使用 protected 访问控制符修饰的方法对同一个包中的类或其子类可见。

11.3.4　默认控制符：仅在本包中可见

如果一个方法的访问控制符是默认（也就是没有）的，那么这个方法只能够被类所在
的包中的类使用，也就是本类所在的包中其他类也可使用。下面我们看两个例子。

下面的例子在同一个类中使用了默认修饰的方法。

```
package com.javaeasy.accessMethod;

public class AccessMethods {
    void defaultMethod () {                      // 使用默认修饰符的方法
        // 方法中的代码
    }
    // 类中的其他方法
    public void usingMethods() {                 // 在本类中使用方法
        this.publicMethod();     // 使用 this 关键字调用本类中的 public 方法
        this.protectedMethod();// 使用 this 关键字调用本类中 protected 的方法
        this.defaultMethod();    // 使用 this 关键字调用本类中的默认控制符的方法
    }
}
```

下面的例子在同一个包的不同类中使用了默认修饰的方法。

```
package com.javaeasy.accessMethod;       // 与 AccessMethods 在同一个包中

public class SamePackage {
    public void usingPublicMethod() {  // 测试方法
        AccessMethods methods = new AccessMethods();
                                        // 创建 AccessMethods 类的一个对象
        methods.publicMethod();         // 调用 public 的方法
        methods.defaultMethod();        // 调用默认的方法
    }
}
```

好的，除了以上两种情况之外，使用默认访问控制符修饰的方法都是不可使用的了。下面的代码尝试在不同包的类中使用这个方法。

```
package com.javaeasy.accessMethod.diffpackage;
                              // 注意，这个类所在的包与 AccessMethods 类不同
import com.javaeasy.accessMethod. AccessMethods;
                              // 使用 import 语句引入 AccessMethods 类

public class DiffPackage {
    public void usingPublicMethod() {  // 测试方法
        AccessMethods methods = new AccessMethods ();
                                        // 创建 AccessMethods 类的一个对象
        methods.publicMethod();         // 调用 public 的方法
        methods.defaultMethod();        // 错误！调用默认访问控制符修饰的方法
    }
}
```

编译此代码，编译程序的时候会在控制台看到如下错误信息。

```
javac com\javaeasy\accessMethod\diffpackage\DiffPackage.java
com\javaeasy\accessMethod\diffpackage\DiffPackage.java:9: defaultMethod()
在 com.javaeasy.accessMethod.AccessMethods 中不是公共的；无法从外部软件包中对其
进行访问
            methods.defaultMethod();
                    ^
1 错误
```

这里特别需要注意的是，即使是类 AccessMethods 的子类，如果与类 AccessMethods

在不同的包中，那么类 AccessMethods 中使用默认访问控制符修饰的方法对其也是不可见的，看下面的例子。

```
package com.javaeasy.accessMethod.diffpackage;
                              // 注意，这个类所在的包与 AccessMethods 类不同
import com.javaeasy.accessMethod. AccessMethods;
                              // 使用 import 语句引入 AccessMethods 类

public class SubClassInDiffPackage extends AccessMethods {
                              // 继承了 AccessMethods 类
    // 类中的其他方法
    public void usingDefaultMethod(){          // 尝试使用 private 的方法
       super.defaultMethod(); // 错误！父类默认访问控制符修饰的方法对子类不可见
    }
}
```

在上面的例子中，类 SubClassInDiffPackage 继承了类 AccessMethods，但是类 SubClassInDiffPackage 与类 AccessMethods 不在同一个包中，所以类 AccessMethods 中默认控制符修饰的方法对类 SubClassInDiffPackage 是不可见的。也就是说类 SubClassInDiffPackage 中的 usingDefaultMethod()方法中，使用 super 调用父类的 defaultMethod()方法是违反 Java 语法的。编译上面的代码可以在控制台看到如下错误：

```
javac com\javaeasy\accessMethod\diffpackage\SubClassInDiffPackage.java
com\javaeasy\accessMethod\diffpackage\SubClassInDiffPackage.java:23:
defaultMethod() 在 com.javaeasy.accessMethod.AccessMethods 中不是公共的；无
法从外部软件包中对其进行访问
             super.defaultMethod();          // 错误！父类默认访问控制符修饰的方
                                             // 法对子类不可见
                      ^
1 错误
```

在前面讲解继承的时候提到过，子类并不是把父类中的方法完全继承过来。使用默认访问控制符修饰的方法对子类就是不可见的。从另一个角度来说，既然子类无法使用这个方法，则可以认为子类没有继承父类中这个方法。

Java 之所以会有这么一个修饰符，是因为同一个包中的类经常在一起完成一个功能。而在完成这个功能的时候，有时候一些方法是不想被外部的包所调用的，这时这些方法就可以使用默认的访问控制符来修饰。

❑ 使用默认访问控制符修饰的方法，只能够在本包中可见。

❑ 如果子类与父类不在同一个包中，我们就可以认为这个子类没有继承父类中使用默认访问控制符修饰的方法。

11.3.5　private：仅对本类可见

private 修饰的方法可见性最小，它只能够在本类中访问。类 AccessMethods 中 private 的方法就只能够在类 AccessMethods 中使用，我们看下面的例程。

```
package com.javaeasy.accessMethod;
public class AccessMethods {
    // 类中的其他方法
```

```
        private void privateMethod() {          // 使用 private 修饰的方法
            // 方法中的代码
        }
        public void usingMethods() {            // 在本类中使用方法
            this.publicMethod();      // 使用 this 关键字调用本类中的 public 方法
            this.protectedMethod();// 使用 this 关键字调用本类中 protected 的方法
            this.defaultMethod();    // 使用 this 关键字调用本类中的默认控制符的方法
            this.privateMethod();    // 使用 this 关键字调用本类中 private 的方法
        }

    }
```

除了在本类中使用之外，private 的方法不能在任何地方使用。最需要注意的是，private 方法对于类的子类也是不可见的，看下面的例程。

```
package com.javaeasy.accessMethod;              // 注意，这个类所在的包与 Access
                                                // Methods 类相同

public class SubClassInSamePackage extends AccessMethods {
    public void usingProtectedMethod() {    // 使用父类中 protected 的方法
        super.protectedMethod();
    }
    public void protectedMethod() {     // 覆盖父类中 protected 的方法
    }
    public void usingPrivateMethod() { // 尝试使用父类中的 private 的方法
        super.privateMethod();              // 错误！父类 private 的方法对子类不可见
    }

}
```

上面的例程中，类 SubClassInSamePackage 是类 AccessMethods 在同一个包中的子类。类 SubClassInSamePackage 的 usingPrivateMethod()方法中尝试调用父类的 private 方法，这是一个语法错误。在编译时可以在控制台看到如下错误。

```
javac com\javaeasy\accessMethod\SubClassInSamePackage.java
com\javaeasy\accessMethod\SubClassInSamePackage.java:12: privateMethod()
可以在 com.javaeasy.accessMethod.AccessMethods 中访问 private
            super.privateMethod();
                  ^
```

1 错误

错误信息的内容就是"SubClassInSamePackage.java 的第 12 行调用了 private 的方法，而 private 的方法只可以在类 AccessMethods 中访问"。

❑ 使用 private 修饰的方法，只能够在本类中可见。
❑ 父类中使用 private 修饰的方法对子类不可见，或者也可以理解为子类没有继承父类中 private 的方法。

11.3.6　理解 4 个访问控制符

4 个访问控制符所表达的可见性从大到小依次为：public > protected > 默认> private。Java 中提供的 4 个访问控制符，主要用来从语法上避免编程上的错误。

举例来说，我们有一个汽车类，它有下面几个方法：启动汽车、向汽缸喷油、吸入空气、排出尾气以及点燃火花塞（Java 中的方法名最好不要使用中文，在这里是为了表述起来清晰）。这个类写出来以后要发布出来给所有的程序开发者使用。如果开发者清楚地知道这些方法具体做了什么事情，应该怎样使用，那么没有一点问题。

但是程序开发者在使用这个类的时候，不可能把这个类研究透：哪些方法可以直接访问，哪些方法可以用来覆盖等。而这样就会造成潜在的问题——如果使用者错误地覆盖或者调用了一些方法，那么这个类就可能不会按照预期的那样工作了，所以可以按照图 11-3 所示来使用不同的访问控制符修饰这几个方法。

首先，"启动汽车"应该是可以在任何地方调用的，它是汽车的一个功能，所以我们应该使用 public 修饰这个方法。

对于"向汽缸喷油"和"吸入空气"这两个方法，应该属于汽车内部的方法，但是为了方便编程者扩展汽车功能（例如赛车类就有可能需要覆盖掉"吸入空气"这个方法，因为它可能需要判断在"吸入空气"的同时是否向汽缸喷出氮气），这两个方法都使用了 protected 修饰，代表这两个方法可以被子类以及同个包中的类使用。这样，我们让汽车类在语法层面上限制了对内部方法的随意调用：如果程序只是需要使用

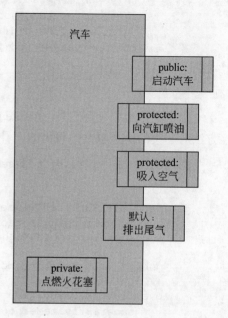

图 11-3　汽车中方法的不同的可见性

汽车类，那么就应该调用汽车的"启动汽车"方法，不应去调用"向汽缸喷油"或"吸入空气"方法。

同样，对于"排出尾气"方法也是类似的道理。我们使用默认修饰符修饰这个方法，是考虑到同个包中的类可能会对这个方法做些处理。例如我们可能预想到将来会在汽车类所在的包中增加一个"尾气过滤"类，让它来调用汽车的排出尾气方法。当然，"排出尾气"也是影响到汽车内部运行状态的方法，我们"相对信任"在同一个包中的类。因为前面说过，同一个包中的类从逻辑上来讲是作为一个整体来完成某个功能的，所以在同一个包中的类一般关系比较紧密，它们彼此之间开放一些内部的方法是为了完成一些功能。

而对于"点燃火花塞"方法，则是完全对外部不可见的。它是一个汽车正常运行所必须的内部功能，不应该也不需要对外部可见。这个方法既没有被通过包中的类使用的必要，也没有被覆盖的必要，更没有被包外的类调用的必要。所以，为了避免不必要的错误，对于这种显然关系类的内部状态且不需要被外部所知的方法，应该使用 private 修饰。

经过上面这个例子可以初步看到访问修饰符的用处。通过不同的访问控制符，汽车这个类间接地告诉了编程者应该如何使用它，从而在语法层面上避免潜在的错误。当然，在程序中最多的还是使用 public 修饰一个方法，但是在一些方法被调用后可能会造成类或者类的对象内部状态错误时（例如"点燃火花塞"方法，如果允许外部程序随便调用，那么可能让汽车正在执行"向汽缸喷油"操作时就点燃燃油，这对于汽车类的对象来说显然是一种"错误的内部状态"），应该根据方法的作用，选择一个合适的访问控制符。

❑ 理解每个访问控制符在设计程序时的作用。能够使用合适的访问控制符修饰

方法。

11.3.7　访问控制符可见性汇总

前面学习了 4 个访问控制符（默认也算一个），下面通过一个表格来把这 4 个访问控制符所代表的可见性通过表 11-2 总结一下。

表 11-2　使用访问控制符修饰的方法的可见性

访问控制符	对所在的类可见	对同个包中的类可见	对子类可见	对不在同个包中的类可见
public	√	√	√	√
protected	√	√	√	×（1）
默认	√	√	×（2）	×
private	√	×	×	×

- ❑ 并不是说一个方法使用 protected 修饰，那么这个方法就一定对不在同个包中的类不可见。使用 protected 修饰的方法是对子类可见的。所以，如果 A 类中有个 tcst() 方法是使用 protected 修饰的，B 类与 A 类不在同一个包中，但是继承 A 类，那么 test()方法对 B 类也是可见的。这时候 B 类的身份是"A 类的子类"，而不仅仅是"与 A 类不在同个包中的类"。
- ❑ 并不是说一个方法使用默认访问控制符修饰，那么它肯定对子类不可见。如果这个子类是与父类在同一个包中的，那么父类中默认访问控制符修饰的方法对子类也是可见的。因为这时候子类的身份是"同个包中的类"。

对于表 11-2 中的内容，我们需要以理解为主，死记硬背是没有意义的。在 11.3.8 节将会讲述访问控制符给覆盖带来的问题。

11.3.8　访问控制符带来的覆盖问题

在前面的内容中，我们知道如果父类的方法是使用默认访问修饰符或者 private 修饰的，那么方法对子类是不可见的。也就是说子类没有继承这些方法。这时，如果子类中有与父类中这些方法签名相同的方法，也是无法构成覆盖的，因为这些方法对子类根本就是不可见的。下面通过一个例子来演示这种不同。

首先创建一个父类。

```
package com.javaeasy.override;        // 注意类所在的包

public class ParentClass {
    private void privateMethod() {
        // private 方法，对子类不可见
        System.out.println("这是类 ParentClass 中的
privateMethod()方法");
    }
    void defaultMethod() {
        // 默认控制符，对同个包中的子类可见
        System.out.println("这是类 ParentClass 中的
defaultMethod()方法");
    }
```

ParentClass 源码

```
public void publicMethod() {              // public 控制符，对所有子类可见
    System.out.println("这是类 ParentClass 中的 publicMethod()方法");
}
protected void protectedMethod() {
                                  // protected 方法，对同个包中的类和子类可见
    System.out.println("这是类 ParentClass 中的 protectedMethod()方法");
}
public void test() {          // 测试方法
    privateMethod();          // 调用 private 的方法
    defaultMethod();          // 调用自己或被子类覆盖的 defaultMethod()方法
    protectedMethod();        // 调用自己或被子类覆盖的 protectedMethod()方法
    publicMethod();           // 调用自己或被子类覆盖的 publicMethod()方法
}
}
```

　　类 中 有 5 个方法，其中 privateMethod()，defaultMethod()，protectedMethod() 和 publicMethod()是用来测试方法是否可以被子类覆盖的，方法中唯一的代码就是向控制台输出方法所属的类以及方法名。test()方法则是用来测试覆盖结果的——通过使用子类或者自己的对象来调用 privateMethod()、defaultMethod()和 publicMethod()这 3 个方法，通过输出就可以看到覆盖的结果。

　　然后是同一个包中的子类。

```
package com.javaeasy.override;
// 与父类 ParentClass 在同一个包中

public class SubClassInSamePkg extends ParentClass {
    private void privateMethod() {
    // 与父类中的 privateMethod()方法签名相同
        System.out.println("这是类 SubClassInSamePkg 中的
privateMethod()方法");
    }
    void defaultMethod() {
    // 与父类中的 defaultMethod()方法签名相同
        System.out.println("这是类 SubClassInSamePkg 中的
defaultMethod()方法");
    }
    protected void protectedMethod() {     // 与父类中的 protectedMethod()
                                           // 方法签名相同
        System.out.println("这是类 SubClassInSamePkg 中的 protectedMethod()
        方法");
    }
    public void publicMethod() {      // 与父类中的 publicMethod()方法签名相同
        System.out.println("这是类 SubClassInSamePkg 中的 publicMethod()方法");
    }
}
```

SubClassInSamePkg
源码

　　上面的子类 SubClassInSamePkg 继承了类 ParentClass，而且与类 ParentClass 在同一个包中。类 SubClassInSamePkg 中的 4 个方法与父类中方法的签名都一样。方法的内容就是输出方法所在的类以及方法名。

　　根据访问控制符的作用，类 ParentClass 中默认访问控制符修饰的方法 defaultMethod，protected 访问控制符修饰的 protectedMethod 以及 public 访问控制符修饰的方法 publicMethod，是被类 SubClassInSamePkg 继承了的（也就是说这 3 个方法对类

SubClassInSamePkg 是可见的）。因为类 SubClassInSamePkg 中的 4 个方法与父类中的方法签名相同，这 3 个对类 SubClassInSamePkg 可见的方法都被类 SubClassInSamePkg 中相应的方法覆盖了。

这也就是说，如果使用类 SubClassInSamePkg 的对象调用 test()方法，那么被调用的方法应该是父类的 privateMethod()，以及子类中覆盖了父类中的 defaultMethod()，protectedMethod()和 publicMethod()3 个方法。

我们再添加一个与父类不在同一个包中的子类。

```java
package com.javaeasy.override.diffpkg;
// 与父类所在包不同
import com.javaeasy.override.ParentClass;

public class SubClassInDiffPkg extends ParentClass {

    private void privateMethod() {
    // 与父类中的privateMethod()方法签名相同
        System.out.println("这是类 SubClassInDiffPkg 中的
privateMethod()方法");
    }
    void defaultMethod() {              // 与父类中的 defaultMethod()方
                                        // 法签名相同
        System.out.println("这是类SubClassInDiffPkg中的defaultMethod()方法");
    }
    protected void protectedMethod() {   // 与父类中的 protectedMethod()
                                         // 方法签名相同
        System.out.println("这是类 SubClassInDiffPkg 中的 protectedMethod()
        方法");
    }
    public void publicMethod() {    // 与父类中的 publicMethod()方法签名相同
        System.out.println("这是类 SubClassInDiffPkg 中的 publicMethod()方法");
    }
}
```

SubClassInDiffPkg 源码

上面的子类 SubClassInDiffPkg 继承了类 ParentClass，而且与类 ParentClass 在不同的包中。类 SubClassInDiffPkg 中的 4 个方法与父类中方法的签名也一样，方法的内容也是输出方法所在的类以及方法名。

根据访问控制符的作用，类 ParentClass 中 protected 访问控制符修饰的 protectedMethod()以及 public 访问控制符修饰的方法 publicMethod()，是被类 SubClassInDiffPkg 继承的。因为类 SubClassInSamePkg 中的 4 个方法与父类中的方法签名相同，而且 protectedMethod()和 publicMethod()对子类 SubClassInSamePkg 可见，所以类 SubClassInSamePkg 覆盖了父类中的 protectedMethod()和 publicMethod()，但是却没有覆盖父类中的 defaultMethod()方法和privateMethod()方法。

这也就是说，如果我们使用类 SubClassInDiffPkg 的对象调用test()方法，那么被调用的方法应该是父类的 privateMethod()和defaultMethod()，以及子类中覆盖了父类中的 protectedMethod()和publicMethod()两个方法。

下面给出测试类的代码。

```java
package com.javaeasy.override;
```

TestOverride 源码

```
import com.javaeasy.override.diffpkg.SubClassInDiffPkg;

public class TestOverride {
    public static void main(String[] args) {
        System.out.println("=====使用 ParentClass 的对象调用 test()方法:
        =====");
        ParentClass test = new ParentClass();        // 创建一个父类的对象
        test.test();                                 // 通过父类的对象调用 test()方法
        System.out.println("=====使用 SubClassInSamePkg 的对象调用 test()方
        法: =====");
        SubClassInSamePkg subSame = new SubClassInSamePkg();
                                                     // 创建一个同包子类的对象
        subSame.test();                              // 通过这个子类对象调用 test()方法
        System.out.println("=====使用 SubClassInDiffPkg 的对象调用 test()方
        法: =====");
        SubClassInDiffPkg subDiff = new SubClassInDiffPkg();
                                                     // 创建一个不同包子类的对象
        subDiff.test();                              // 通过这个子类对象调用 test()方法
    }
}
```

因为类 SubClassInSamePkg 和类 SubClassInDiffPkg 都是类 ParentClass 的子类，而且类 ParentClass 的 test()方法是使用 public 修饰的，所以它们都继承了类 ParentClass 的 test()方法。例程中分别创建了 ParentClass、SubClassInSamePkg 和 SubClassInDiffPkg 这 3 个类的对象，然后通过这 3 个类的对象调用 test()方法。

好的，到这里如果大家还没有理解为什么分析的结果会是这样，可以先回忆一下前面的内容。CarBase 类中的 followUp()方法中使用了 slowDown()方法，但是因为 Bus 类覆盖了 CarBase 类的 slowDown()方法。当使用 Bus 类的对象调用 followUp()方法的时候，因为 Bus 类覆盖了其父类的 slowDown()方法，所以 followUp()会去调用 slowDown()方法，实际上是 Bus 类中覆盖了父类的 slowDown()方法，这是多态的内容之一。

在 test()方法中，调用了 privateMethod()、defaultMethod()和 publicMethod()。但是，类 SubClassInSamePkg 和类 SubClassInDiffPkg 都有着与父类中这 3 个方法的签名完全相同的方法，当我们以子类的对象调用 test()方法的时候，具体哪个方法会被调用到就依赖于覆盖了。

运行例程，控制台输出如下内容。

```
=====使用 ParentClass 的对象调用 test()方法: =====
这是类 ParentClass 中的 privateMethod()方法
这是类 ParentClass 中的 defaultMethod()方法
这是类 ParentClass 中的 protectedMethod()方法
这是类 ParentClass 中的 publicMethod()方法
=====使用 SubClassInSamePkg 的对象调用 test()方法: =====
这是类 ParentClass 中的 privateMethod()方法
这是类 SubClassInSamePkg 中的 defaultMethod()方法
这是类 SubClassInSamePkg 中的 protectedMethod()方法
这是类 SubClassInSamePkg 中的 publicMethod()方法
=====使用 SubClassInDiffPkg 的对象调用 test()方法: =====
这是类 ParentClass 中的 privateMethod()方法
这是类 ParentClass 中的 defaultMethod()方法
这是类 SubClassInDiffPkg 中的 protectedMethod()方法
```

这是类 `SubClassInDiffPkg` 中的 `publicMethod()` 方法

上面的输出有 3 部分，首先是以 ParentClass 的对象调用 test()方法的输出。因为是 ParentClass 的对象，所以不存在覆盖，输出内容也显示所有方法都是调用的 ParentClass 类的方法。

第 2 部分输出是我们以类 SubClassInSamePkg 的对象调用 test()方法的结果。因为 SubClassInSamePkg 继承了类 ParentClass，且与类 ParentClass 在同一个包中，所以 ParentClass 的 defaultMethod、protectedMethod 和 publicMethod 对子类是可见的。也就是说子类中 defaultMethod、protectedMethod 和 publicMethod 3 个方法会覆盖父类中对应的那 3 个方法签名相同的方法。所以，test()方法输出显示，只有 privateMethod()是调用的 Parent-Class()方法，剩下的 defaultMethod()、protectedMethod()和 publicMethod()都是调用的子类 SubClassInSamePkg 中的方法。

第 3 部分是以类 SubClassInDiffPkg 的对象调用的 test()方法。因为 SubClassInSamePkg 继承了类 ParentClass，且与类 ParentClass 不在同一个包中，所以类 SubClassInSamePkg 覆盖了父类中的 protectedMethod()和 publicMethod()，剩下的两个方法都没有覆盖。

❑ 覆盖的前提：父类中的方法对子类可见。

11.3.9　final：不允许方法被覆盖

前面学习了方法的访问控制符，本节学习可以用于方法的另一个修饰符——final。final 关键字前面已经接触过了。当用 final 来修饰类的时候，它表示这个类不能被继承；当用 final 来修饰变量的时候，它表示变量值不能改变。本节中我们将学习 final 用于修饰方法时的作用——不允许方法被子类覆盖。

下面我们通过一个类来展示 final 如何用于修饰方法。

```
package com.javaeasy.method.usefinal;
public class UsingFinalInMethod {
    public final void finalMethod() {          // 使用 final 修饰的方法
        System.out.println("这是一个使用 final 修饰的方法");
    }
    public void commonMethod() {                // 没有使用 final 修饰的方法
        System.out.println("这是一个没有使用 final 修饰的方法");
    }
}
```

在上面的类中，有两个方法：finalMethod 和 commonMethod。其中 finalMethod 是使用 final 关键字修饰的方法。如这个方法所示，final 关键字的使用语法如下：

访问控制符 + `final` + 返回值类型 + 方法名 + 参数列表 + 方法体

也就是说，当使用 final 修饰一个方法的时候，final 关键字一定要放在访问控制符之后，返回值类型之前。

好的，下面用一个类来继承类 UsingFinalInMethod，并尝试覆盖类 UsingFinalInMethod 中使用 final 修饰的方法。

```
package com.javaeasy.method.usefinal;
public    class    SubClassOfUsingFinal    extends
```

SubClassOfUsingFinal
源码

```
UsingFinalInMethod {
                        // 继承 UsingFinalInMethod
    public final void finalMethod() {
                        // 错误，覆盖了父类中 final 的方法
        System.out.println("尝试覆盖父类中的 final 方法。");
    }
    public void commonMethod() {
                        // 覆盖父类中的普通方法，没问题
        System.out.println("覆盖父类中的普通方法。");
    }
}
```

上面的类 SubClassOfUsingFinal 继承了类 UsingFinalInMethod，并且在代码中尝试覆盖父类中的 finalMethod()方法和 commonMethod()方法。因为父类中的 finalMethod()方法是使用 final 修饰的，所以它不能够被覆盖。编译代码，控制台输出下列内容。

```
javac com\javaeasy\method\usefinal\SubClassOfUsingFinal.java
com\javaeasy\method\usefinal\SubClassOfUsingFinal.java:4:        错   误   ：
SubClassOfUsingF
inal 中的 finalMethod()无法覆盖 UsingFinalInMethod 中的 finalMethod()
        public final void finalMethod() {

                                ^
    被覆盖的方法为 final
1 个错误
```

错误的内容与预想的一样，父类中 final 的方法不允许被子类中的方法覆盖。

好的，学习了使用 final 关键字的修饰方法的语法和语法含义后，接下来学习 final 关键字在编程中的作用。其实用 final 关键字修饰类和修饰方法有"异曲同工之妙"。当我们用它修饰一个类的时候，其实就是代表这个类不能被继承，也就是说这个类中的所有方法都不可能被覆盖。而如果仅是想要类中的一些方法不被覆盖，就可以使用 final 关键字来修饰这些方法而不必对整个类"痛下狠手"。

例如第 10 章中的 CarBase 类，如果我们确定 slowDown()方法不应该被子类覆盖，那么就可以使用 final 关键字来修饰它。这样，就可以保证 CarBase 类所有的子类都不可能覆盖 slowDown()方法，也就保证了 slowDown()方法行为的唯一性。当我们在 CarBase 类的 followUp()方法里调用 slowDown()方法时，也就不必担心子类覆盖 slowDown()方法而造成 followUp()方法执行结果不对了。

当然，如果使用 final 修饰 CarBase 类的 slowDown()方法，Bus 类将会出错，因为它的代码中覆盖了 CarBase 类的 slowDown()方法。在这里只是拿第 10 章的程序举个使用 final 关键字的例子而已，至于在编程中如何取舍，需要根据具体情况做出判断。

❑ 使用 final 关键字修饰方法的语法：访问控制符+final+返回值类型+方法名+参数列表+方法体。即 final 关键字一定要放在方法的访问控制符之后，返回值类型之前。

❑ 使用 final 关键字修饰的方法不可以被子类覆盖。

❑ 理解在编程中何时使用 final 关键字修饰方法。

11.3.10　重温静态方法

在第 9 章的最后曾经简单介绍了 static 的用法。作为方法的重要修饰符，这里将对使

用 static 修饰方法展开论述。

使用 static 修饰的方法称作静态方法，又称作类方法。同样地，使用 static 修饰的变量又称作类变量或者静态变量。本节中主要回顾前面学过的静态方法的性质。

静态方法的语法如下：

访问控制符 + static + 返回值类型 + 方法名字 + 方法参数 + 方法体

当然，静态方法也可以使用 final 修饰，final 和 static 都应该放在访问控制符和返回值类型之间，final 和 static 谁先谁后都正确。

静态方法有如下特点：

❑ 应该通过类名直接调用，不用通过引用调用。

❑ 方法内部代码只能够使用本方法内的局部变量、方法的参数、静态变量和静态方法。也就是不能使用非静态的变量和非静态的方法。同样，也不能够使用 this 关键字和 super 关键字来访问非静态方法或变量。

通过下面的例程来认识静态方法的这两个特点。

```
package com.javaeasy.staticmethod;
public class StaticMethodClass {
    public static int staticValue = 5;               // 创建一个静态变量并赋值
    public int common = 7;                           // 创建一个普通变量

    public static void staticMethod(int baseValue) {
                                // 静态方法，参数为一个 int 变量
        int resultValue = baseValue + staticValue;
                                // 使用了局部变量、参数和静态变量
                                // 静态方法不能够使用非静态变量（common）
                                // 静态方法也不能调用非静态方法（commonMethod）
        System.out.println("resultValue 的值是: " + resultValue);
                                // 向控制台输出局部变量的值
    }
    public static void anotherStaticMehtod() {       // 另一个静态方法
        StaticMethodClass.staticMethod(5);
                                // 在静态方法中调用另一个静态方法
    }
    public void commonMethod() {                     // 这不是一个静态方法
        StaticMethodClass.staticMethod(6);
                                // 可以在非静态方法中调用静态方法
                                // 但是在静态方法中不能调用非静态方法
    }
}
```

在上面的例程中通过代码和注释解释了静态方法的使用方式和语法。在 11.3.11 节中我们将去理解静态方法特殊的原因。

❑ 重温静态方法的使用方法和语法。

11.3.11　静态方法——类范围里的概念

为了理解静态变量和静态方法，这里还是以汽车类为例（这个汽车类与我们之前的汽车类没什么关系）。假设现在需要编写一个汽车类 SimpleCar，要求这个类能保存一个汽

车的速度，并能更改速度的值，同时还要求 SimpleCar 类中需要有一个速度限制值，用来在改变汽车速度值的时候检查速度值是否过高。

　　根据前面的知识，我们知道 SimpleCar 类肯定需要一个实例变量 speed，表示汽车的速度。但是对于速度的限制值，用一个实例变量来保存就不合适了。因为实例变量是每个实例都拥有的属性值，而对于 SimpleCar 的要求则是这个限制值是属于类 SimpleCar 的，而不是属于每个对象的。根据前面学习的知识，这时就应该使用静态变量（static variable）来实现这个功能了。我们用名为 MAX_SPEED 的静态变量来表示这个限制。

　　也就是说，每个 SimpleCar 类的对象都拥有一个 speed 属性，用来表示这个汽车的速度，但是所有的 SimpleCar 类的对象都共享同一个 MAX_SPEED 作为速度的限制。为了让这个 MAX_SPEED 的值是类的一个属性而不是对象的一个属性，我们就需要用到静态变量进而用到静态方法了。SimpleCar 类代码如下：

```java
package com.javaeasy.staticmethod;

public class SimpleCar {
    public static int MAX_SPEED = 90;
    // 静态变量，用来保存速度限制值
    public int speed = 0;
    // 实例变量，用来保存 SimpleCar 对象的速度

    public void setSpeed(int p_speed) {// 非静态方法
        if (p_speed < MAX_SPEED) {
        // 如果新的速度小于最大速度
            this.speed = p_speed;
        // 设置汽车速度为新的速度
        } else {                              // 否则
            this.speed = MAX_SPEED;           // 将速度设置为最大速度
        }
    }
    public static void setMAXSpeed(int maxSpeed) { // 静态方法
        MAX_SPEED = maxSpeed;                 // 更改最大速度限制
    }
}
```

SimpleCar 源码

　　SimpleCar 类中有一个静态变量 MAX_SPEED，它对于整个类来说就只有一份。在程序的任何地方，通过 SimpleCar. MAX_SPEED（或者在同个类中省略类名直接使用 MAX_SPEED）都是得到的同一个 int 变量。所以，使用任何一个 SimpleCar 类的对象调用方法 setSpeed 时，方法中使用的 MAX_SPEED 值都是同一个。

　　抛开方法的返回值不说，执行一个方法，其实就是使用方法里的代码处理数据。我们知道，非静态方法和静态方法，最大的区别就是非静态方法可以访问类定义的实例变量。非静态方法是通过指向对象的引用调用的，所以非静态方法可以操作调用它的那个对象内部的实例变量；静态方法是通过类名调用的，它无法直接操作类中某一个对象的实例变量，所以它只能访问静态变量和静态方法。

　　通过上面的例程我们看到，可以在非静态方法中使用非静态变量（例如在 setSpeed() 方法中使用静态变量 MAX_SPEED）。静态变量是与类绑在一起的，在类被创建出来的时候创建，一个类的静态变量只有一份。同样地，静态方法 setMAXSpeed 可以通过类名直接调用，因为静态方法所需要的数据不需要从对象中获取。因此，静态方法和静态变量又被称为类方法和类变量。

　　所以，如果一个方法不使用实例变量或实例方法，那么这个方法就可以是静态的，静态方法在 Java 类库中被广泛使用，最常见的例子就是 java.lang.Math 类，Math 类中的方法是用来处理常见的数学运算的。它里面所有的方法（除了构造方法之外，因为构造方法不允许是静态的）都是静态方法。先来看看 Math 类中两个比较简单的方法。

- ❑ pow()方法：接受两个 double 类型的参数，用来计算 a 的 b 次方的结果。其中 a 和 b 是方法的两个参数。
- ❑ random()方法：不接受参数，每次调用都会是一个 double 类型的随机数。随机数的范围在 0~1 之间。

🔔注意：**关于随机数**：随机数就是我们常说的"随便一个数"。就好像掷骰子一样，不知道结果会是多少。当然计算机中的随机数也是计算机通过一个科学的过程运算得来的，并不是严格意义上的"随机"。但是在我们使用者看来，计算机生成的随机数是"一个没有规律可循的随机数"。

通过下面的例程我们来看看这两个方法的使用。

```java
package com.javaeasy.staticmethod;

public class UsingMath {
    public static void main(String[] args) {
        int a = 5;                 // 创建 int 变量 a
        int b = 3;                 // 创建 int 变量 b
        double result = Math.pow(a, b);
        // 调用 Math 类的静态方法 pow()计算 a 的 b 次方
        System.out.println("a 的 b 次方的结果如下。
"+result);
                                   // 输出运算结果
        double random = Math.random();
        // 调用 Math 类的静态方法 random()生成一个随机数
        System.out.println("本次生成的随机数是："+random);   // 输出运算结果
    }
}
```

UsingMath 源码

　　上面的例程展示了 Math 类中两个方法的使用。我们并没有去创建 Math 类的对象，而是直接通过 Math 类调用其中的静态方法。其实我们一直在使用静态变量：System 类中的 out 变量就是一个静态变量（注意，println()方法并不是静态方法）。

　　运行上面的例程，控制台输出如下内容：

```
a 的 b 次方的结果如下。125.0
本次生成的随机数是：0.3351653857956568
```

　　本节中尝试从类的范围来理解静态方法和静态变量。但是静态方法并不是这么简单的，静态方法何以被称作"静态方法"呢？在 11.3.12 节的内容中将给出解释。

- ❑ 从"类方法"和"类变量"这两个名字上来理解静态方法和静态变量，它们都属于类管理范围，与对象无关。

11.3.12　静态方法何以为"静态"

　　静态方法何以称为"静态"呢？在 Java 中，与静态对立的就是动态，也就是前面重点讲解的"多态"。对于静态方法而言，是不存在动态的。具体来说，就是不存在覆盖。我们在编写程序的时候，其实就很明确哪个方法会被调用。

下面通过一个例子来看看静态方法的这个特性。首先创建一个父类。

```java
package com.javaeasy.staticmethod;

public class ParentClass {
    public static void staticMethod() {
    // 静态方法
        System.out.println(" 这 是 ParentClass 类 的
staticMethod()方法。");
    }
    public void commonMethod() {
    // 非静态方法
        System.out.println(" 这 是 ParentClass 类 的
commonMethod()方法。");
    }
}
```

ParentClass 源码

然后创建一个这个父类的子类。

```java
package com.javaeasy.staticmethod;

public class SubClass extends ParentClass {
    // 继承了 ParentClass
    public static void staticMethod() {
    // 静态方法，不存在覆盖
        System.out.println(" 这 是 SubClass 类 的
staticMethod()方法。");
    }
    public void commonMethod() {
    // 非静态方法，覆盖了父类中的同名方法
        System.out.println(" 这 是 SubClass 类 的
commonMethod()方法。");
    }
}
```

SubClass 源码

上面的 ParentClass 类中有两个方法，一个是静态方法，一个不是静态方法。其子类 SubClass 中有两个与前面完全相同的方法。根据前面的学习我们知道，子类中的 commonMethod() 方法覆盖了父类中的 commonMethod() 方法。但是对于静态方法 staticMethod()，却不存在覆盖。因为我们是使用类名来调用方法的，看下面的例程。

```java
package com.javaeasy.staticmethod;

public class TestStaticMethod {
    public static void main(String[] args) {
        System.out.println(
        "====调用 ParentClass.staticMethod====");
        ParentClass.staticMethod();
        // 通过类名 ParentClass 调用静态方法 staticMethod
        System.out.println(
        "====调用 SubClass.staticMethod====");
        SubClass.staticMethod();
        // 通过类名 SubClass 调用静态方法 staticMethod
    }
}
```

TestStaticMethod 源码

运行例程，控制台输出如下内容：

```
====调用 ParentClass.staticMethod====
这是 ParentClass 类的 staticMethod()方法。
====调用 SubClass.staticMethod====
这是 SubClass 类的 staticMethod()方法。
```

也许上面的例子没有说服力。其实 Java 语法也允许我们通过对象的引用来调用静态方法，虽然这种用法是不被推荐的。这时，"Java 会根据引用的类型而非引用指向对象的类型来决定调用哪个静态方法"。在这里，使用对象的引用调用静态方法更能说明静态方法是"静态的"。下面来看看这个例程。

```
package com.javaeasy.staticmethod;

public class TestStaticMethodII {
    public static void main(String[] args) {
        ParentClass parent = new ParentClass();    // parent 指向类 Parent
                      // Class 的对象
        System.out.println("====通过 ParentClass 类的引用 parent 调用 commonMethod()方法====");
        parent.commonMethod();
        // 通过 parent 调用 commonMethod()
        System.out.println("====通过 ParentClass 类的引用 parent 调用 staticMethod()方法====");
        parent.staticMethod();              // 通过 parent 调用 staticMethod()
        System.out.println("====让 parent 引用指向 SubClass 的对象====");
        parent = new SubClass();        // 让 parent 指向 SubClass 的对象
        System.out.println("==== 通 过 ParentClass 类 的 引 用 parent 调 用 commonMethod()方法====");
        parent.commonMethod();          // 通过 parent 调用 commonMethod()
        System.out.println("==== 通 过 ParentClass 类 的 引 用 parent 调 用 staticMethod()方法====");
        parent.staticMethod();                  // （1）通过 parent 调用 staticMethod()
    }
}
```

TestStaticMethodII
源码

例程中首先创建了一个 ParentClass 类的对象，并让 ParentClass 类的引用 parent 指向这个对象。紧接着使用这个引用调用了 commonMethod 和 staticMethod。

然后，我们创建了上一个 SubClass 类的对象并让 parent 指向这个对象。因为 SubClass 是 ParentClass 的子类，所以这个操作没有错。

最后，我们使用 parent 引用调用了 commonMethod 和 staticMethod。因为这时候 parent 已经指向了 SubClass 类的对象，SubClass 类中的 commonMethod 覆盖了其父类中的 commonMethod，所以这时候被调用的其实是 SubClass 中的 commonMethod。但是对于静态方法，Java 会根据引用的类型而非引用所指向的对象的类型来决定调用哪个方法。此时虽然 parent 指向的是子类的对象，但是它还是 ParentClass 的引用，所以最终被调用的还是 ParentClass 中的 staticMethod。

运行例程，控制台输出如下内容：

```
====通过 ParentClass 类的引用 parent 调用 commonMethod()方法====
这是 ParentClass 类的 commonMethod()方法。
```

```
====通过 ParentClass 类的引用 parent 调用 staticMethod()方法====
这是 ParentClass 类的 staticMethod()方法。
====让 parent 引用指向 SubClass 的对象====
====通过 ParentClass 类的引用 parent 调用 commonMethod()方法====
这是 SubClass 类的 commonMethod()方法。
====通过 ParentClass 类的引用 parent 调用 staticMethod()方法====
这是 ParentClass 类的 staticMethod()方法。
```

注意，控制台最后一行输出为"这是 ParentClass 类的 staticMethod()方法"。因为对于普通的方法"Java 会根据引用所指向的对象类型来决定执行哪个方法，引用指向的对象是动态可变的"，所以给 Java 程序带来了多态；而对于静态方法，"Java 会根据类名或者引用所属的类来决定调用哪个静态方法"。类名固然是不可随便改的，同样，引用的类型在引用创建出来后就不可改变了。所以，静态方法不存在多态的性质。

提醒：因为静态方法不存在多态，所以使用引用来调用静态方法是没有任何意义的。Java 推荐使用类名直接调用静态方法或者访问静态变量。

注意：静态方法和非静态方法之间不存在覆盖，静态方法和非静态方法是类中两个不同范围的组成部分。可以说静态方法是"看不到"非静态方法或变量的。

❏ Java 会根据类名或者引用的类型来决定调用哪个静态方法。
❏ 理解静态方法为什么是"静态"的。

11.4　变量的修饰符

前面学习了方法的修饰符。本节将进一步学习变量的修饰符。通过 11.3 节的学习，本节的学习将变得相对轻松很多。

变量的修饰符作用和用法与方法十分类似。在本节的学习过程中，可以联系相同的修饰符在修饰方法和变量时的意义有何"相似之处"，通过对比加深记忆。

11.4.1　变量方法皆成员

在前面的学习中，是将方法和变量（局部变量除外）分开来看的。其实从类定义的组成部分来看，两者是"平级"的，都是类的成员：方法用来描述类（类的对象）的行为，变量用来表示类（类的对象）的属性。可以通过图 11-4 来表示类定义的组成。

其实从获取值的角度看，可以把一个方法认为是一个"变量"，这个"变量"的类型就是方法的返回值，只是在获取这个"变量"值之前，需要传递参数，然后还需要经过一段代码的运算。当然这只是一个错误的理解方式，在这里举这个例子是为了让方法"看

图 11-4　一种理解类的组成部分的方式

上去更像变量"。虽然变量看上去没有方法包含的内容丰富，但是变量（局部变量除外）和方法都是类组成的部分，两者在类的组成的层面上看是平等的。

所以，类中的变量（静态变量或者实例变量，即不包括局部变量）又称为类的成员变量，同样地，类中的方法又称为类的成员方法。

- ❑ 方法和变量（局部变量除外）都是类的组成部分，都是类的成员。
- ❑ 成员变量指的是类中定义的变量（局部变量是在方法中定义的，不算）；成员方法指一个类的所有方法。

11.4.2 变量的访问控制符

既然方法和变量都是类的组成成员，那么也就同样有着"可见性"的问题。前面学过的 4 种访问控制符都可以用在变量上，而且其作用也是完全一样的。为了明确起见，通过下面的表 11-3 来说明访问控制符对变量的作用。

表 11-3 使用访问控制符修饰的成员变量的可见性

访问控制符	对所在的类可见	对同个包中的类可见	对子类可见	对不在同个包中的类可见
public	√	√	√	√
protected	√	√	√	×
默认	√	√	×	×
private	√	×	×	×

表 11-3 与表 11-2 的内容完全相同。掌握方法的访问控制符后，变量的访问控制符其实就比较容易了。

前面说过，如果没有特殊的原因，一个方法的访问控制符绝大多数都是使用 public，因为方法写了就是为了让外界使用的。但是与方法的访问控制符不同，如果没有特殊的原因，变量的访问控制符一般使用 private。为什么呢？在 11.4.3 节将详细介绍。

11.4.3 使用 private 修饰类的成员变量

在前面的例程中，几乎都是在使用默认访问控制符或者 public 访问控制来修饰变量。这是为了让例程看上去简单一些，让大家的注意力集中在所要表达的语法重点上。本节中，将讲解为什么要尽量用 private 作为变量的访问控制符。

以前面的 CarBase 类为例，在这里将 CarBase 类简化一下，只关心 CarBase 类的 speed 属性。下面是简化了的 CarBase 类。

```
package com.javaeasy.accessvariable;

public class CarBase {
    public int speed;// 实例变量 speed，用来表示汽车的速度
    public static int MAX_SPEED = 90;
    // 静态变量 MAX_SPEED，用来表示最大速度

    public void speedUp(int p_speed) { // 加速方法
        int tempSpeed = 0;// 局部变量，用来保存临时速度
```

CarBase 源码

```
        if (p_speed > 0) {// 如果提速的值大于 0
            tempSpeed = speed + p_speed;
            // 则计算新的速度
        }
        if (tempSpeed <= MAX_SPEED) {        // 如果新的速度没超过速度限制
            speed = tempSpeed;               // 则给 speed 属性赋新的值
        }
    }
    public void slowDown(int p_speed) {        // 减速方法
        if (p_speed > 0) {                     // 如果需要减少的速度大于 0
            int tempSpeed = speed - p_speed;   // 计算新的速度
            if (tempSpeed >= 0) {              // 如果新的速度大于 0（减速不能
                                               // 减成负的速度）
                speed = tempSpeed;             // 则给 speed 属性赋新的值
            }
        }
    }
}
```

在上面的 CarBase 类中，有一个 speed 实例变量用来保存汽车的速度，同时还有一个静态变量 MAX_SPEED 用来保存最大速度限制（这点跟之前的 CarBase 类不一样，当时也是使用实例变量保存最大速度限制的）。然后还有两个方法，分别是为汽车提速的 speedUp() 方法和为汽车减速的 slowDown() 方法。

在 speedUp 和 slowDown() 方法中，根据 speed 变量的实际意义，使用各种判断来保证 speed 变量的值不会小于 0，也不会大于 MAX_SPEED。但是这一切都有可能白费心思，因为 speed 变量是 public 的，所以可以绕开这两个方法，通过程序直接操作 speed 变量的值！这时 speed 变量就可以是任何 int 类型值域中的值了，看下面的例程。

```
package com.javaeasy.accessvariable;

public class ChangeSpeed {
    public static void main(String[] args) {
        CarBase car = new CarBase();
        // 创建一个 CarBase 类的对象
        car.speed = 999;
        // 给这个对象的 speed 属性赋值 999
        System.out.println("car 的 speed 值为：" +
car.speed);// 输出 speed 属性的值
    }
}
```

ChangeSpeed 源码

在上面的例程中，创建了一个 CarBase 类的对象，然后给这个对象的 speed 属性赋值为 999，这个值远远超过了 MAX_SPEED 的限制。这都是因为我们使用 public 修饰符修饰 speed 所致。运行例程，控制台输出如下：

```
car 的 speed 值为：999
```

按说 CarBase 类的对象的 speed 属性值应该不能超过 MAX_SPEED 的值，否则，这个对象的属性值就失去了应有的意义。可以把这种情况俗称对象状态错误，也就是说对象中某些属性的值不是一个合理的值。这就好像使用 "–1" 元钱买东西一样，钱应该是正整数，"–1" 元钱本身就是一种错误的不应该有的状态。

也许我们 "可以在每次设置 speed 值的时候都做一下检查"，也许我们在想 "使用

CarBase 类的人都知道如何避免这种错误"。

　　但是实际的情况是复杂的，一个程序中可能会有上千个类，面对这么多的类，使用者很难会对类中每个变量的意义都清清楚楚。就算笔者自己，也有可能在一段时间之后不记得 CarBase 类中的 speed 属性的值还有一个限制，这就为错误埋下了隐患。

　　而且在实际应用程序中，对象中的变量值是否有意义并不像我们的例子中这么简单。在这里举个相对简单的例子：如果我们写了一个类来表示三角形，类中有 3 个变量 a、b 和 c 表示三角形的三条边长。那么，三条线段能够组成一个三角形的前提是：任意两个边长的和大于第三边。也就是说，a、b 和 c 这 3 个变量中任意变量的值是否合法，都依赖于其他两个变量的值，如果在每次给 a、b 或 c 赋值的时候，都要写一段代码检查它们的值是否合法，那么程序将看上去不仅会一团糟，而且还很容易出错。

　　虽然直接使用操作变量的值很方便，但是为了避免对象状态错误，应该尽量关闭这个"潘多拉魔盒"。除非我们很明确地知道一个成员变量的值可以随便在类的外部被改动，否则应该切断一切可能在外部修改成员变量值的道路——使用 private 修饰所有成员变量。private 访问控制符可以让变量只能够在类中被访问。也就是说，对于如下的 CarBase 类：

```
package com.javaeasy.accessvariable;

public class CarBase {
    private int speed;                       // 实例变量 speed，用来表示汽车的速度
    private static int MAX_SPEED = 90; // 静态变量 MAX_SPEED，用来表示最大速度

    public void speedUp(int p_speed) { // 加速方法
        // 方法体省略
    }
    public void slowDown(int p_speed) {          // 减速方法
        // 方法体省略
    }
}
```

　　因为使用 private 修饰类中的两个成员变量 speed 和 MAX_SPEED，所以只能够在成员方法 sppedUp()和 slowDown()中使用类中的那两个成员变量。这样，在例程 ChangeSpeed 中就无法操作 CarBase 类对象的 speed 变量了。

　　在修改之前，我们可以直接访问 CarBase 类对象的 speed 属性来获得它的值。修改后，如何才能够获得 speed 的值呢？继续 11.4.4 节的内容。

　　❑　为了避免类外部直接操作成员变量的值，在没有特殊需要的情况下，我们应该尽量使用 private 访问控制符修饰成员变量。

11.4.4　使用 private，然后呢？

　　在 11.4.3 节中介绍了允许在类外部修改成员变量值的潜在危险。同时我们知道，为了避免这种危险，应该尽量使用 private 作为成员变量的修饰符。但是因为 private 的变量不允许在外部访问，所以无法在类外部直接操作成员变量的值。可以在类中添加几个方法来轻松弥补这个缺陷，看新的 CarBase 类，如下。

```
package com.javaeasy.accessvariable;
```

```java
public class CarBase {
    public int speed;                          // 实例变量 speed，用来表示汽车的速度
    public static int MAX_SPEED = 90;          // 静态变量 MAX_SPEED，用来表示最大速度

    public int getSpeed() {                    // 为 speed 属性准备的方法，返回 speed
                                               // 属性的值
        return speed;
    }
    public void setSpeed(int speed) {          // 为 speed 属性准备的方法，允许修
                                               // 改 speed 属性的值
        this.speed = speed;
    }

    public static int getMaxSpeed () {         // 为 MAX_SPEED 属性准备的方法，返
                                               // 回 MAX_SPEED 属性的值
        return MAX_SPEED;
    }
    // 为 MAX_SPEED 属性准备的方法，允许修改 MAX_SPEED 属性的值
    public static void setMaxSpeed(int max_speed) {
        MAX_SPEED = max_speed;
    }

    public void speedUp(int p_speed) {         // 加速方法
        int tempSpeed = 0;                     // 局部变量，用来保存临时速度
        if (p_speed > 0) {                     // 如果提速的值大于 0
            tempSpeed = speed + p_speed;       // 则计算新的速度
        }
        if (tempSpeed <= MAX_SPEED) {          // 如果新的速度没超过速度限制
            speed = tempSpeed;                 // 则给 speed 属性赋新的值
        }
    }
    public void slowDown(int p_speed) {        // 减速方法
        if (p_speed > 0) {                     // 如果需要减少的速度大于 0
            int tempSpeed = speed - p_speed;   // 计算新的速度
            if (tempSpeed >= 0) {              // 如果新的速度大于 0（减速不能
                                               // 减成负的速度）
                speed = tempSpeed;             // 则给 speed 属性赋新的值
            }
        }
    }
}
```

在新的类中，我们添加了 4 个方法，分别为 setSpeed()、getSpeed()、setMaxSpeed()和 getMaxSpeed()。这 4 个方法分别用于设置 speed 的值，获得 speed 的值，设置 MAX_SPEED 的值以及获得 MAX_SPEED 的值。

注意：对于静态变量，也应该使用静态方法来获得/修改其值。

通过使用 setSpeed()和 getSpeed()这两个方法，我们可以直接操作 speed 属性。同样，通过使用 setMaxSpeed()和 getMaxSpeed()两个方法，我们就能够直接操作 MAX_SPEED 属性。

现在这 4 个方法的内容仅仅是简单地修改/返回属性的值，并没有起到检查变量值的作用。但是为每个成员变量"配备"了 getXXX 和 setXXX 方法后，就可以在方法代码中做想做的任何事情了。下面给这 4 个方法添加代码，让它们拥有检查变量值的作用。

```
package com.javaeasy.accessvariable;

public class CarBase {
    private int speed;                      // 实例变量 speed，用来表示汽车的速度
    private static int MAX_SPEED = 90;      // 静态变量 MAX_SPEED，用来表示最大速度

    public int getSpeed() {        // 为 speed 属性准备的方法，返回 speed 属性的值
        return speed;
    }
    public void setSpeed(int speed) {  // 为 speed 属性准备的方法，允许修改
                                       // speed 属性的值
        if (speed < 0 || speed > MAX_SPEED) {  // 如果新的速度小于 0，或者大于
                                               // MAX_SPEED
            return;                            // 则不修改 speed 属性的值
        }
        this.speed = speed;        // 否则修改 speed 属性的值
    }

    public static int getMaxSpeed () {  // 为 MAX_SPEED 属性准备的方法，返回
                                        // MAX_SPEED 属性的值
        return MAX_SPEED;
    }
    // 为 MAX_SPEED 属性准备的方法，允许修改 MAX_SPEED 属性的值
    public static void setMaxSpeed(int max_speed) {
        if (max_speed < 0) {            // 如果新的最大速度限制值小于 0
            return;                     // 则不修改 MAX_SPEED 的值
        }
        MAX_SPEED = max_speed;          // 否则修改 MAX_SPEED 的值
    }

    public void speedUp(int p_speed) {              // 加速方法
        // 省略方法体
    }
    public void slowDown(int p_speed) {             // 减速方法
        // 省略方法体
    }
}
```

到这里，我们不但避免了成员变量值被外界随意改动（通过使用 private 作为成员变量的访问控制符），而且还通过为每个成员变量添加一对 get/set 方法，让我们可以在外界修改/获取变量的值——当然，必须通过方法内部代码的检查。在进行 ChangeSpeed 类里的赋值就需要进行如下例程的修改。

```
package com.javaeasy.accessvariable;
public class ChangeSpeed {
    public static void main(String[] args) {
        CarBase car = new CarBase();    // 创建一个 CarBase 类的对象
        car.setSpeed(999);              // 给这个对象的 speed 属性赋值 999
        System.out.println("car 的 speed 值为：" + car.getSpeed());
                                        // 输出 speed 属性的值
    }
}
```

其操作就不能将 Speed 成员的值修改，输出结果如下。

car 的 speed 值为：0

到这里问题被完美解决了，唯一的麻烦就是在使用的时候程序没有以前简洁。不过为了避免程序出现错误，这点附带条件还是值得的。

这种 private 变量＋方法的模式灵活多变，在很多时候都应该采用这种模式。如果对于某个变量，在内部可以获取/修改它的值，但是对类的外部仅允许获取它的值，而不允许修改它的值，那么就可以只提供 getXXX 方法而不提供 setXXX 方法。如果不使用这种模式，而是使用放松访问控制的方法（如使用 public 修饰成员变量），那么外部可以同时修改和获取这个成员变量的值。而如果同时使用 public 和 final 修饰这个成员变量，那么不仅类外部不可以改变这个变量的值，类的内部也不可以了。

❑ 对于成员变量，我们应该尽量使用 private 修饰变量；根据程序的需要提供 getXXX 和 setXXX 方法。在 getXXX 和 setXXX 方法中检查变量的新值，并根据结果进行相应操作。

11.4.5　变量的覆盖

在前面的内容中曾说过，变量和方法皆是成员。对于方法，有覆盖的概念。对于变量，其实同样也有覆盖的概念。

变量的覆盖与方法的覆盖定义类似：如果子类从父类中继承了一个变量，而同时子类本身中也定义了一个类型与变量名相同的成员变量，那么子类的变量将覆盖父类的变量。

🔔注意：与方法一样，静态变量和非静态变量之间也不存在覆盖。

方法的覆盖是面向对象的一个重要的特性，而变量的覆盖很多时候没有方法的覆盖这么有用。实际上，变量的覆盖最好不要使用。下面给出一个变量覆盖的例子。

首先我们给出一个父类。

```
package com.javaeasy.varibleoverride;
public class ParentClass {
    public int overrideValue;
    // 创建一个 int 变量，使用 public 修饰

    public ParentClass(){// ParentClass 的构造方法
        overrideValue = 5; // 给 overrideValue 赋值为 5
    }
    public void showOverrideValue() {
    // 输出 overrideValue 的值
        System.out.println("overrideValue 的值是 " +
overrideValue);
    }
}
```

ParentClass 源码

类中有一个 int 的成员变量 overrideValue，还有一个 showOverrideValue()方法，用于输出 overrideValue 的值。ParentClass 的构造方法中，将 overrideValue 的值初始化为 5。这样，当一个 ParentClass 的对象被创建出来后，overrideValue 的值就是 5。

然后给出一个子类，并让子类的变量覆盖父类的变量。

```
package com.javaeasy.varibleoverride;
```

```
public class SubClass extends ParentClass {
    public int overrideValue;   // 覆盖父类中的同名变量

    public SubClass(){              // SubClass 的构造方法
        overrideValue = 9;  // 给 overrideValue 赋值为 9
    }
}
```

SubClass 源码

在上面的子类中，也包含一个 int 变量 overrideValue，同时在子类的构造方法中，我们将 overrideValue 的值设置为 9。在这里说点题外话，回顾一下构造方法的执行。在子类的构造方法中，首先会去调用父类的构造方法，父类的构造方法是将 overrideValue 的值设为 5，然后才会执行子类的构造方法，这时 overrideValue 的值会被设为 9。

好的，根据覆盖的语法规则，现在子类中的 overrideValue 覆盖了父类中的 overrideValue。但是变量的覆盖与方法的覆盖的结果有所不同：对于方法的覆盖，具体哪个方法会被调用取决于引用指向的对象；而对于变量的覆盖，我们会得到哪个变量的值取决于引用的类型而不是引用指向的对象类型。看下面的例程。

```
package com.javaeasy.varibleoverride;

public class TestVariableOverride {
    public static void main(String args[]) {
        ParentClass parent = new ParentClass();
                    // 使用 parent 指向 ParentClass 的对象
        System.out.println("===使用 ParentClass 的引用
parent 获取 overrideValue 的值===");
        System.out.println("parent.overrideValue 的值
是: " + parent.overrideValue);
        System.out.println("===parent 指向了 SubClass 的
对象===");
        parent = new SubClass();              // 使用 parent 指向 SubClass 的对象
        System.out.println("的值是: " + parent.overrideValue);
        System.out.println("===sub 指向了 SubClass 的对象===");
        // 因为 parent 指向一个 SubClass 的对象，所以我们可以使用强制类型转换
        SubClass sub = (SubClass) parent;
        // 这时 sub 和 parent 已经指向同一个对象了
        System.out.println("sub.overrideValue    的  值  是 :  " +
sub.overrideValue);
        System.out.println("parent.overrideValue   的  值  是 :  " +
parent.overrideValue);
    }
}
```

TestVariableOverride
源码

上面的例程中，首先创建了一个 ParentClass 的对象，并用 ParentClass 的引用指向这个对象。这时 ParentClass 对象的 overrideValue 值是 5。紧接着输出了 parent.overrideValue 的值。没有任何悬念，这个值肯定是 5。

下面接着让 parent 指向 SubClass 类的对象。对于 SubClass 对象，overrideValue 值是 9。然后输出 parent.overrideValue 的值，因为变量的覆盖结果取决于访问变量时引用的类型，而在这里 parent 是 ParentClass 类的引用，所以得到的值是 ParentClass 对象中 overrideValue 的值（提示：前面讲过，每个子类对象中都内含着一个父类的对象，这里我们得到的就是这个隐藏着的父类中的 overrideValue 值），也就是 5。

再下面，声明了一个 SubClass 类的引用 sub。因为 parent 引用此时指向的是一个 SubClass 类的对象，所以直接通过 parent 的强制类型转换给 sub 赋值。这时 sub 和 parent 就指向同一个对象了。紧接着输出了 sub.overrideValue 和 parent.overrideValue 的值。根据变量覆盖的语法规则知道，这两个值分别是 9 和 5。

运行例程，控制台输出如下内容：

```
===使用 ParentClass 的引用 parent 获取 overrideValue 的值===
parent.overrideValue 的值是：5
===parent 指向了 SubClass 的对象===
parent.overrideValue 的值是：5
===sub 指向了 SubClass 的对象===
sub.overrideValue 的值是：9
parent.overrideValue 的值是：5
```

好的，程序的运行结果也说明了"在变量的覆盖中，所得到的变量值取决于引用的类型而非引用所指向的对象的类型"。

学习了变量的覆盖，看下面的例程。

```java
package com.javaeasy.varibleoverride;

public class TestVariableOverrideII {
    public static void main(String args[]) {
        ParentClass parent = new ParentClass();
            // 使用 parent 指向 ParentClass 的对象
        System.out.println("===调用 parent.showOver
rideValue()===");
        parent.showOverrideValue();        // 调用 showOverrideValue()方法
        SubClass sub = new SubClass();      // 使用 sub 指向 SubClass 的对象
        System.out.println("===调用 sub.showOverrideValue()===");
        sub.showOverrideValue();            // 调用 showOverrideValue()方法
        System.out.println("===使用 sub 给 parent 赋值===");
        parent = sub;                       // 使用 parent 指向 SubClass 的对象
        System.out.println("===调用 parent.showOverrideValue()===");
        parent.showOverrideValue();         // 调用 showOverrideValue()方法
    }
}
```

TestVariableOverrideII 源码

例程中演示了以下 3 种情况时 showOverrideValue 的执行结果。

❑ ParentClass 的引用指向 ParentClass 的对象，调用 showOverrideValue()方法。

❑ SubClass 的引用指向 SubClass 的对象，调用 showOverrideValue()方法。

❑ ParentClass 的引用指向 SubClass 的对象，调用 showOverrideValue()方法。

对于运行输出的结果是什么，我们通过分析 showOverrideValue()方法来得出结论。showOverrideValue()方法代码如下：

```java
public void showOverrideValue() {              // 输出 overrideValue 的值
    System.out.println("overrideValue 的值是" + overrideValue);
}
```

因为在同一个类中访问成员变量可以省略 this 关键字，所以在方法中直接使用 overrideValue 来获得 overrideValue 的值。其实这只是一种省略形式，编译器会帮我们加上 this 关键字。也就是说，showOverrideValue()方法等价于：

```
public void showOverrideValue() {                // 输出 overrideValue 的值
    System.out.println("overrideValue 的值是" + this.overrideValue);
}
```

知道了 showOverrideValue()方法的"原型"，我们来进一步分析例程的执行结果。首先，this 关键字肯定是指向对象本身的引用，showOverrideValue()方法是 ParentClass 类中的方法，所以 this 关键字肯定是 ParentClass 类的引用。那么 this. overrideValue 的值肯定是 ParentClass 类的对象中 overrideValue 的值。所以，这与我们使用什么类型的引用调用 showOverrideValue()方法无关，与这个引用具体指向哪个对象也无关。在上面这 3 种情况下，showOverrideValue()方法中得到的 overrideValue 的值是一样的，都是 5。

运行例程，控制台输出如下内容：

```
===调用 parent.showOverrideValue()===
overrideValue 的值是 5
===调用 sub.showOverrideValue()===
overrideValue 的值是 5
===使用 sub 给 parent 赋值===
===调用 parent.showOverrideValue()===
overrideValue 的值是 5
```

到这里我们已经学习了足够多关于成员变量覆盖的知识了。

一般来说，成员变量代表类或者对象的状态，在类之外改变（包括在父类中修改子类的成员变量值）都有可能引发不必要的问题。所以变量的覆盖很少使用。尤其是使用 private 修饰成员变量时，不存在变量的覆盖。

🔔注意：和静态方法一样，静态变量是不存在覆盖的。

❑ 在成员变量的覆盖中，引用属于哪个类，就会得到哪个类的对象的成员变量。这与引用指向的对象无关。
❑ 尽量不要使用变量的覆盖。

11.4.6　使用 final 修饰成员变量

前面已经讲述过使用 final 修饰成员变量的语法了，这里再重温一下。

访问控制符 + final + 成员变量类型 + 成员变量名字 + "=" + 值;

对于使用 final 修饰的成员变量，最大的两个特点如下：
❑ 必须在创建变量时给变量赋值。
❑ 变量的值以后不可再改变，即不可给 final 的成员变量再次赋值。

在这里，首先来回顾一下"定值"的概念。在第 4 章，学习 switch 语句中的 case 语句时曾经提及过这个词。case 语句要求其条件值必须是一个定值。当时我们简单地把定值解释为直接写在源代码中的值。这里来完整地理解一下定值。

（1）写在源代码中的值，如"int a = 5;"，这里的"5"就是定值。

（2）整数类型的 final 变量。byte、short、int、long 类型的成员变量，如果是使用 final 修饰的，那么这个变量的值就可以认为是定值。

（3）全部都是由（1）和（2）规定的值所组成的运算表达式，例如下面这段代码。

```
public final int FINAL_VALUE = 9;
```

那么表达式 FINAL_VALUE * 2 就是一个定值。表达式中使用了值 FINAL_VALUE 和 2，而 FINAL_VALUE 和 "2" 都是定值，所以这个表达式的值也是定值。

需要说明的一点是，Java 语法规定 case 语句的条件表达式的值可以是 byte、short 或者 int，但是不能为 long。所以即使一个变量使用了 final 修饰，如果其类型是 long，也不能用在 case 语句的条件表达式中。

❑ final 修饰成员变量的作用。

❑ 定值的概念。

11.4.7　静态成员变量

同样，成员变量也可以使用 static 修饰。前面我们已经接触过几个使用 static 修饰成员变量的例子了。其实这里没有再多的内容需要讲述。

使用 static 修饰成员变量的语法如下：

访问控制符 + static + 成员变量类型 +　成员变量名字

同样，我们可以同时使用 static 和 final 修饰一个成员变量。这时与方法一样，static 和 final 谁在前谁在后都可以。

因为程序中可以直接通过类名使用静态成员变量，所以静态成员变量的一个重要作用就是让一个变量值在不同的对象之间共享。在前面讲解静态方法的 SimpleCar 例程中，我们就使用了静态变量 MAX_SPEED，这个变量用来保存最大速度限制。SimpleCar 类的对象都可以使用同静态变量 MAX_SPEED。同时，因为静态变量对于一个类来说只有一份，这样就可以保证对于所有的 SimpleCar 对象，其速度限制都是一个值。

这里需要说明的一点是，静态变量当然不是只能够在声明它的类中使用。只要引入一个类，就可以使用它的静态变量。例如，在一个类中，只要使用 import 语句引入类 SimpleCar，就可以在这个类中使用 SimpleCar. MAX_SPEED 来操作这个变量。

关于静态成员变量的语法内容，在这里总结如下：

❑ static 可以用来修饰成员变量，这时的成员变量可以称作类成员变量（从其所属的范围来看）或静态成员变量。

❑ 一个静态变量对于一个类来说只有一份。对于 SimpleCar 类，静态变量 MAX_SPEED 只有一份。无论在什么地方使用 SimpleCar. MAX_SPEED 来访问这个静态变量，所操作的都是同一个变量。

❑ 静态成员变量可以通过类名直接操作。

❑ 静态成员变量可以在静态方法中使用。

❑ 因为静态变量的唯一性，可以使用静态变量在对象中访问同一个值。

❑ 只要一个类是可见的，而且这个静态变量也是可见的（根据静态变量的访问控制符），那么就可以使用这个类中的静态变量。不要错误地以为一个类的静态变量仅仅可以在本类中或者本类的对象中使用。

11.4.8 局部变量的修饰符

前面讲的都是用于成员变量的修饰符。对于局部变量（方法中创建的变量）来说，只有一个修饰符可以使用，那就是 final。

其实这也很好理解，因为局部变量只能够在方法内部使用，所以不存在访问控制，也就用不到访问控制符；同时，因为局部变量无法在方法外部使用，所以更谈不上使用 static 修饰了。这么算下来，就只剩下 final 了。

使用 final 修饰局部变量的语法如下：

```
final + 局部变量类型 + 局部变量名字 = 值；
```

使用 final 修饰局部变量，其语法要求和语法含义也与成员变量一样。

❑ 必须在创建变量时给变量赋值。

❑ 变量的值不可改变。

下面给出一个使用 final 修饰局部变量的例子。

```
package com.javaeasy.finalvariable;

public class UseFinalInMethod {
    public static void staticMethod(){ // 静态方法
        final int a = 9;    // 使用 final 修饰局部变量 a
    }
    public  void commonMethod(){         // 非静态方法
        final int a = 9;    // 使用 final 修饰局部变量 a
    }
}
```

UseFinalInMethod 源码

在上面的例子中，分别在静态方法和非静态方法中使用 final 修饰了局部变量。对于局部变量而言，是没有"静态方法中的局部变量"与"非静态方法中的局部变量"之分的，只要是局部变量，它们就是一样的语法要求。

当然，根据 final 关键字的语法含义，在上面的两个方法中，都不能修改局部变量 a（两个局部变量都叫 a）的值。

❑ 对于局部变量，能够使用的修饰符只有 final。

❑ 使用 final 修饰局部变量的作用与修饰成员变量的作用是一样的。

11.4.9 当 final 遇到引用类型成员变量

11.4.8 节中学习了 final 关键字的作用。本节中来学习使用 final 关键字修饰引用时可能带来的一个误解。

当使用 final 修饰基本数据类型时，情况很简单，只要不给这个变量赋值就可以了。但是当使用 final 修饰引用时，只要不改变这个引用的值，也就是不给这个引用赋值就可以了。但是这容易让人错误地以为"引用指向的对象中的属性也不赋值"。

首先创建一个类。

FinalVariable 源码

```
package com.javaeasy.finalvariable;

public class FinalVariable {
    public final int finalVariable = 9;
    // 一个 final 的 int 变量
    public int commonVariable = 5;
    // 一个普通的 int 变量
}
```

类的内容很简单，就只有两个成员变量。其中 finalVariable 使用 final 修饰，其值不可改变；commonVariable 则是一个普通的变量。为了能够方便地使用这两个变量，在这里还是使用 public 来修饰它们。

好，看下面的例程：

```
package com.javaeasy.finalvariable;

public class UseFinalInReference {
    public static void main(String[] args) {
        // （1）使用 final 修饰引用 finalRef，并且让 finalRef
        // 指向一个 FinalVariable 类的对象
        final FinalVariable finalRef =
            new FinalVariable();
        // finalRef = new FinalVariable();
            // （2）错误，不能给 final 变量赋值
        finalRef.commonVariable = 10;
            // （3）使用 finalRef 修改其指向对象的属性值
    }
}
```

UseFinalInReference
源码

例程中使用 final 修饰了 FinalVariable 类的引用 finalRef，并给 finalRef 赋初始值，让 finalRef 指向一个 FinalVariable 类的对象。

在程序的第（2）处，根据 final 修饰符的作用，这个赋值操作是错误的（因为是错误的，所以使用注释把这行代码注释掉了）。

程序的第（3）处是最容易引起歧义的地方。这里需要注意 final 修饰符的作用，因为使用了 final 修饰 finalRef 变量，所以 finalRef 变量的值不可改变。也就是说 finalRef 不能指向其他的对象（例如第（2）处的代码就是错误的），但是，可以使用 finalRef 改变其指向的对象中的属性。例如上面的例程中，就使用 finalRef.commonVariable = 10 给 finalRef 所指向的对象中的 commonVariable 属性赋值。

当然，如果对象中的属性也是 final 的，那么当然不能使用引用来改变它的值，例如在上面例程中的 main()方法里，不能通过 finalRef.finalVariable 来改变 finalVariable 的值。这是因为 finalVariable 是使用 final 修饰的，并不是因为 finalRef 是使用 final 修饰的。

举例来说，如果对象是宠物，引用是拴着宠物的绳子，那么使用 final 修饰的引用就是"只能拴住一个宠物不松开，不能解开绳子再拴住另一个宠物"的绳子。但是，这并不影响被这条特殊的绳子拴住的宠物，还是可以用这根绳子牵着宠物到处走，与使用其他绳子牵着宠物一样。也就是可以使用被 final 修饰的引用来操作其所指向的对象，包括修改对象的属性值，但是不能够让一个被 final 修饰的引用指向另一个对象。

❑ 当使用 final 修饰一个引用时，不能让这个引用指向别的对象，但是可以使用这个

引用正常地操作其所指向的对象，包括修改对象的属性值。也就是说，如果 final 代表不可变，那么"不可变的是引用，而不是引用指向的对象"。

11.5 小结：修饰符作用大

本章详细学习了 Java 中的修饰符。对于之前接触过的修饰符，我们也做了相应的总结。整章是按照类、方法和变量的顺序讲解修饰符的作用。下面给出一个表格，以修饰符为主导，通过表 11-4 横向总结一下修饰符的作用。

表 11-4 修饰符的作用（横向）

被修饰元素	public	default	protected	private	final	static
类	类名与源文件名字相同	"本章未涉及"	类名与源文件名不同	"本章未涉及"	类不可被继承	"本章未涉及"
方法	方法在任何地方都可见	方法只对所属类的子类以及与所属类在同一个包中的类可见	方法只对与其所属类在同一个包中的类可见	方法只对其所属的类可见	方法不可被覆盖	方法是静态方法
成员变量	成员变量在任何地方都可见	成员变量只对所属类的子类以及与所属类在同一个包中的类可见	成员变量只对与其所属类在同一个包中的类可见	成员变量只对其所属的类可见	成员变量的值不可改变	成员变量是静态成员变量
局部变量					局部变量的值不可改变	

表格中的空白格表示此修饰符不可用于此元素。对于表格中"本章未涉及"的部分表示此修饰符可以用于此元素，但是本章中未涉及相关内容。

注意：对于未涉及的内容，是关于"内部类"的。后面的章节中将会学习什么是内部类，以及如何使用这些修饰符修饰内部类。

通过上面的表格可以看出，其实修饰符的语法作用很简单，真正难的地方是如何根据编程时的需要正确地使用这些修饰符。

围绕这些修饰符的语法作用，本章还学习了如下内容：

- ❏ 保存类的源文件的组成结构；
- ❏ 何时应该使用 final 来修饰一个类；
- ❏ 修饰符对方法覆盖的影响；
- ❏ 方法可见性的意义；
- ❏ 何时应该使用 final 修饰一个方法；
- ❏ 静态方法的含义；
- ❏ 成员变量与成员方法的含义；
- ❏ 使用 private 修饰成员变量，给变量配以 getXXX 和 setXXX 方法；
- ❏ final 修饰引用时，不可变的是引用而不是引用指向的对象。

　　修饰符就是红绿灯，指挥着马路上的汽车来来往往，红绿灯会让车停止，但这是为了让交通秩序井然。修饰符有时候乍看之下只是带来限制，实际上，正确地使用修饰符会让程序避免不必要的错误。当然有些修饰符也会给程序带来更多功能。

　　如何正确使用修饰符并不像修饰符的语法意义那么简单而直接。本章中其实用了大量的笔墨在介绍如何合理地使用修饰符。对于每个修饰符都需要理解 Java 为什么要有这个修饰符，使用这个修饰符能够给程序带来什么功能，这样才能合理地使用修饰符。

　　对于访问控制类的修饰符，应该遵守"够用就行"的原则，尽量把可见范围缩小。尤其是对于成员变量，尽量使用 private 作为其修饰符。而如果某个方法是被设计为由子类覆盖的，那么使用 protected 就再合适不过了。

　　static 修饰符和 final 修饰符都有特殊的作用，相对比较容易判断是否需要使用它们。

　　好，关于修饰符的内容就暂时告一段落了。在第 12 章中将继续学习与继承有关的内容——接口和抽象类。

11.6　习　　题

1．访问控制符可以修饰 Java 中的哪些元素？
2．final 可以修饰 Java 中的哪些元素？分别有什么作用？
3．static 可以修饰 Java 中的哪些元素？分别有什么作用？

第 12 章　接　　口

本章的内容是与继承相连的。在本章中，我们将学习 Java 中的接口（Interface）和抽象类（Abstract Class）。其实在学习了继承之后，学习本章的内容将不会有太大难度。接口是面向对象编程的另一把利器。

在学习继承的时候曾经提到过 Java 的单继承，也就是说 Java 中的类只能有一个父类。同时还提到了接口，它在 Java 中用来弥补单继承中的不足。抽象类则是混杂了接口和类两者的特性。本章我们将专注于学习接口。

首先给出学习本章需要的背景知识。

❑　理解类的概念；

❑　理解类的继承；

❑　理解方法。

好，让我们开始进入本章的内容。

12.1　自行车带来的问题

本节将完成一个小程序，这个小程序的作用是记录所有经过车辆的名字和速度。我们可以继续沿用学习继承时那几个汽车类来表示汽车。然而当系统需要升级，添加一个记录经过的自行车的名字和速度时，麻烦就来了。

12.1.1　记录马路上的车辆

本节来完成一个记录马路上经过车辆的程序。马路上的汽车还是使用在学习继承时编写的汽车类来表示，也就是 CarBase、Bus、SportsCar、ElectronicBus 这几个类。下面我们先把这几个类迁移到本章中。类代码现在可以不变，当然包名需要根据源文件位置不同而改变。在本章的例程中，这几个类的包名改成下面的值。

```
package com.javaeasy.car;
```

为了搞清这几个类的关系，我们首先通过图 12-1 回顾一下这几个汽车类。

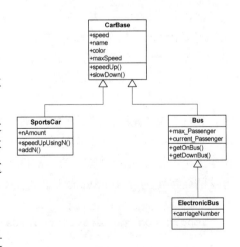

图 12-1　汽车类图

准备好了汽车类后开始设计这个程序。根据程序的功能，可以设计如下：

（1）首先写一个类，用来保存经过车辆的信息。这个类名字定为 CarStatus，类中的属性就是需要记录的汽车的属性，也就是汽车的速度和汽车的名字。

（2）然后写一个用于记录汽车信息的类。类名字叫做 CarRecoder，这个类中有一个方法，方法参数为 CarBase 的引用，方法作用就是记录汽车的信息。因为 CarBase 类是所有汽车类的父类，所以 CarBase 类的引用可以指向所有汽车类，也就是说这个方法其实不仅仅可以记录 CarBase 类的对象，也可以记录其他 3 种汽车类的对象。

好，下面用代码来实现这个程序，首先是 CarStatus 类的代码。

```
package com.javaeasy.logcar;
import com.javaeasy.logcar.CarStatus;
public class CarStatus {
    private String name;      // 用于记录经过车辆的名字
    private int speed;        // 用于记录经过车辆的速度

    public CarStatus(String name, int speed) {
        // CarStatus 类的构造方法，接受 name 和 speed 两个参数
        this.name = name;         // 给 name 属性赋值
        this.speed = speed;       // 给 speed 属性赋值
    }
    public String getName() {              // 用于得到 name 属性值的方法
        return name;                       // 返回 name 属性值
    }
    public void setName(String name) {     // 用于设置 name 属性值的方法
        this.name = name;                  // 设置 name 属性值
    }
    public int getSpeed() {                // 用于得到速度属性值的方法
        return speed;                      // 返回 speed 属性值
    }
    public void setSpeed(int speed) {      // 设置 speed 属性值的方法
        this.speed = speed;                // 设置 speed 属性值
    }
}
```

CarStatus 源码

CarStatus 类很简单，包含两个属性 name 和 speed，分别用来表示路过车辆的名字和速度。然后是 CarStatus 类的构造方法。注意，CarStatus 类中没有空的构造方法，也就是说在创建 CarStatus 类的实例时，必须提供 name 和 speed 两个参数。因为 name 和 speed 两个属性是使用 private 修饰的，所以后面为 name 和 speed 属性提供了 getXXX 和 setXXX 方法。

准备好了 CarStatus 类，我们就要开始考虑如何来生成 CarStatus 类的对象了。既然这个 CarStatus 类是用来保存经过汽车的信息的，最简单的方法还是在汽车类中提供一个方法，让这个方法根据汽车当前的属性值创建一个 CarStatus 类的对象，并使用方法的返回值将这个对象的引用返回。这样就可以通过调用这个方法来得到能够反映当前汽车状态的 CarStatus 类了。这个方法的名字定为 getCarStatus，首先在 CarBase 类中添加如下方法。

```
package com.javaeasy.car;
import com.javaeasy.logcar.CarStatus;
public class CarBase {
    public int speed;
    public String name;

    public CarStatus getCarStatus() {
```

CarBase 源码

```
                    // 用于得到当前汽车对象状态的方法
        CarStatus CarStatus = new CarStatus(name, speed);
                                            // 根据汽车当前状态生成 CarStatus 对象
        return CarStatus;                   // 返回 CarStatus 对象的引用
    }
    public int getSpeed() {                 // 得到汽车的速度
        return speed;
    }
    public String getName() {               // 得到汽车的名字
        return name;
    }
    // 类中的其他属性和方法
}
```

通过给 CarBase 类添加这个 getCarStatus()方法，就可以通过调用这个方法来得到一个汽车对象的当前状态了。同时，因为 getCarStatus()方法是 public，所以 CarBase 类的子类——Bus、SportsCar 和 ElectronicBus 类都继承了这个方法。也就是说我们不用再去给这几个 CarBase 类的子类一一添加 getCarStatus()方法了。在这里我们再一次享受了继承带来的方便。

同时，根据在学习修饰时学到的知识，我们来推断一下应该使用何种修饰符修饰 CarBase 类中的变量。首先这些变量是对其子类可见的，因为子类中需要使用这些变量，但是同时子类不一定非要与 CarBase 类在同一个包中，所以 CarBase 类中的属性应该使用 protected 修饰。还有，为了能够让外部程序得到汽车的名字和速度，也需要为相应的属性附带上相应的 getXXX 方法，但是我们不想让这些属性被外部随意更改，所以不提供 setXXX 方法。

💡提示：根据本章内容的需要，在这里使用的汽车类与讲解继承时使用的汽车类有些不同。
　　　除了上述几点修改之外，本章中使用的汽车类还将构造方法以及方法中的一些向控制台的输出删去了，同时也删去了最大速度属性。

好，修改完了 CarBase 类，继续来看 CarRecoder 类的源代码。

```
package com.javaeasy.logcar;
import com.javaeasy.car.CarBase;
public class CarRecoder {                   // 记录汽车信息的类
    public static int counter = 0;          // 静态变量，用于保存经过的汽车数
    public static void recordCar(CarBase car) {
                                            // 静态方法，用于处理一辆经过的汽车
        if (car == null) {                  // 如果 car 的值是 null
            return;                         // 则方法结束，不做任何处理
        } else {                            // 否则
            counter++;                      // 汽车计数器加 1
            CarStatus status = car.getCarStatus(); // 得到汽车的状态信息
            // 将汽车状态信息输出到控制台
            System.out.println("以下是经过的第" + counter + "辆车的信息: ");
            System.out.println("车为: " + status.getName() + ", 车速为: "
            + status.getSpeed());
        }
    }
}
```

在上面的 CarRecoder 类中，我们使用静态 int 变量 counter 来作为经过汽车数量的计数器。在静态方法 recordCar()中，首先判断参数 car 的值是否为 null，如果为 null 则代表 car 不指向任何汽车，是对方法 recordCar 的错误调用，所以不做任何处理，直接使用 return 关键字结束方法；如果不为空，则首先将计数器 counter 的值加 1，然后调用 getCarStatus() 方法得到汽车的当前状态对象，最后将汽车的状态输出到控制台。

类都准备好了，下面使用一个例程将这些类串起来。

```java
package com.javaeasy.logcar;

import com.javaeasy.car.Bus;
import com.javaeasy.car.CarBase;
import com.javaeasy.car.SportsCar;

public class LogCarOnAStreet {
    public static void main(String[] args) {
        CarBase car = null; // 创建一个 CarBase 类的引用
        car = new CarBase("红色", 90,"天津大发", 0);
                                    // 让 car 指向一个 CarBase 类的对象
        car.speedUp(50);            // 提速 50
        CarRecoder.recordCar(car);  // 记录 CarBase 类对象的状态
        car = new Bus("黄色",80, "大桥六线", 0, 0, 0);
                                    // car 指向一个 Bus 类的对象
        car.speedUp(60);            // 提速 60
        CarRecoder.recordCar(car);  // 记录 Bus 类对象的状态
        car = new SportsCar("黄色",100, " Eclipse", 0, 0);
                                    // 让 car 指向一个 SportsCar 类的对象
        car.speedUp(70);            // 提速 70
        CarRecoder.recordCar(car);  // 记录 SportsCar 类对象的状态
    }
}
```

LogCarOnAStreet 源码

上面的例程演示了如何使用 CarRecoder 和 CarStatus 类来记录一辆车的状态。例程中首先创建了一个 CarBase 类的引用，然后分别让这个引用指向 CarBase、Bus 和 SportsCar 类的对象，并分别记录这些对象的状态。因为类的继承关系，所以使用这个 CarBase 类的引用可以指向所有子类及其自己类的对象，同时可以将这个引用作为 recordCar()方法的参数。

因为汽车类都继承自 CarBase 类，所以我们在 CarRecoder 类中的 recordCar()方法中，无须关心 car 引用指向的具体是哪种类型的汽车，都可以通过 car 引用调用 getCarStatus() 方法得到汽车的状态，进而将汽车的状态记录下来。

运行例程，控制台输出如下内容：

```
以下是经过的第 1 辆车的信息：
车为：天津大发，车速为：50
以下是经过的第 2 辆车的信息：
车为：大桥六线，车速为：60
以下是经过的第 3 辆车的信息：
车为：大桥六线，车速为：70
```

好，现在试想一下，如果系统中要增加一种非汽车类的新类型，reacordCar()方法将变得臃肿，如何臃肿呢？来看 12.1.2 节。

12.1.2　引发问题的自行车

现在，系统升级了，需要记录马路上经过的自行车。首先给出自行车类的代码。自行车应该也有速度属性，也有名字属性，还有其他属性，我们在这里先不关心。很明显，自行车不是汽车，所以它不应该继承自 CarBase 类。自行车类的源代码如下：

```java
package com.javaeasy.othertransport;

import com.javaeasy.logcar.CarStatus;

public class Bike {
    private int speed;                          // 表示自行车的速度
    private String name;                        // 表示自行车的名字

    public int getSpeed() {                     // 得到自行车的速度
        return speed;
    }
    public void setSpeed(int speed) {           // 设置自行车的速度
        if (speed < 0) {                        // 如果速度小于 0
            return;                             // 则退出方法
        } else {
            this.speed = speed;                 // 否则设置新的速度
        }
    }
    public String getName() {                   // 得到自行车的名字
        return name;
    }
    public void setName(String name) {          // 设置自行车的名字
        if (name == null) {                     // 如果名字为空
            return;                             // 则结束方法
        } else {
            this.name = name;                   // 否则设置自行车的名字
        }
    }
}
```

为了能够方便地记录自行车类的状态，我们来为自行车类添加一个类似于 getCarStatus()的方法，用来获取 Bike 类的状态，这个方法名为 getBikeStatus()。

```java
package com.javaeasy.othertransport;

import com.javaeasy.logcar.CarStatus;

public class Bike {
    private int speed;                          // 表示自行车的速度
    private String name;                        // 表示自行车的名字

    public CarStatus getBikeStatus () {
        // 用于得到当前汽车对象状态的方法
        CarStatus  CarStatus  =  new  CarStatus(name,
speed);
```

Bike 源码

```
        // 根据汽车当前状态生成 CarStatus 对象
        return CarStatus;                          // 返回 CarStatus 对象的引用
    }
    // 其他方法和属性
}
```

🔔注意：现在我们还是使用 CarStatus 类的对象来代表自行车的状态，虽然自行车已经不是汽车了。

为了能够记录自行车类的对象，我们需要改造 CarRecoder 类中的 recordCar。我们发现自行车类远没有汽车类处理起来简单，需要处理 3 个问题。

1. 类名和方法名

这个问题是最简单的。类名 CarRecoder 和方法名 recordCar 不再合适了，因为 Bike 类不算是汽车。其实现在这个类的作用应该是记录马路上的交通工具。所以为了让类名和方法名能更确切地体现出它的作用，我们把类名改为 TransportRecorder，把方法名改为 recordTransport。

同样地，CarStatus 这个类名也不再合适了。我们想要用这个类表示所有交通工具的状态，所以，可以把 CarStatus 这个类改名为 TransportStatus。新的 TransportRecorder 代码如下：

```
package com.javaeasy.logcar;
import com.javaeasy.car.CarBase;
public class TransportRecorder{            // 记录交通工具信息的类
    public static int counter = 0;         // 静态变量，用于保存经过的交通工具数
    public static void recordTransport (CarBase car) {
                                           // 静态方法，用于处理一辆经过的交通工具
        // 省略方法中的代码
    }
}
```

当然，在原来使用了 CarStatus 的地方也需要修改为 TransportStatus，例如 CarBase 类的 getCarStatus()方法，以及 Bike 类的 getBikeStatus()方法。

为了让类名更加贴切，我们做了如下名字的修改。

❑ 原来的 CarStatus 类改名为 TransportStatus；

❑ 原来的 CarRecorder 改名为 TransportRecorder；

❑ 原来的 recordCar()方法改名为 recordTransport()。

好，因为只是名字不同而已，所以在这里不再给出改后的代码。我们继续看下一个问题。

2. 方法的参数

在 recordTransport()方法中，我们的参数是 CarBase 类的引用。因为 SportsCar、Bus 和 ElectronicBus 类继承自 CarBase，所以 recordCar()方法的参数可以是这 4 个类的引用。

但是 Bike 类不能像汽车类那样被 recordTransport()方法一起处理，根源就是 Bike 类没有继承自 CarBase 类。所以我们无法让一个 CarBase 类的引用指向一个 Bike 类的对象。同样，我们也无法使用 Bike 类的引用给 CarBase 类的引用赋值。所以对于现有的 recordCar()

方法来说，我们是不能传递一个 Bike 类的引用作为参数的。

那么应该怎么处理这个问题呢？需要修改 recordTransport()方法的形式参数，让它既能指向所有汽车类的对象，又能指向 Bike 类的对象。这时就用到了万类之祖的 Object 类了。前面讲过，Object 类的引用可以指向任何类。

好的，我们把 recordTransport 类的参数类型修改为 Object，这样就可以给 recordTransport()方法传入任何类的对象了。修改方法参数后，recordTransport()方法的签名如下：

```
recordTransport (Object transportObj)
```

这样修改以后，recordTransport()方法就可以接受一个 Object 类的引用作为参数了。而 Object 引用可以指向所有类的对象，所以我们当然可以让它指向 Bike 类的对象以及所有汽车类的对象。但是修改后，recordTransport()方法中的代码就不可以再使用了。参数类型改了，方法代码肯定也要进行相应的修改。

3．如何判断参数的类型

现在来看 recordCar()方法的内部代码。当 recordCar 的形参为 CarBase 的时候，可以直接调用 car.getCarStatus()方法得到表示汽车状态的对象。但是，现在参数是 Object 类型的。根据现在的情况，这个参数有可能指向 CarBase 类或者其子类的对象，也有可能指向 Bike 类的对象。为了能够知道这个 Object 引用指向的是什么类型的对象，就需要用到前面学习过的 instanceof 关键字了。

instanceof 关键字用来判断一个引用指向的对象是不是某种类型。现在，recordTransport()方法的参数有可能指向 CarBase 类型，也有可能指向 Bike 类型。我们需要使用 instanceof 关键字做出判断，然后使用强制类型转换，最后才能够记录汽车或自行车对象的状态。

好的，新的 TransportRecorder 类的代码如下：

```
package com.javaeasy.logcar;

import com.javaeasy.car.CarBase;
import com.javaeasy.othertransport.Bike;

public class TransportRecorder {
    public static int counter = 0;       // 静态变量，用于保存经过的交通工具数
    public static void recordTransport (Object transportObj) {
                                         // 静态方法，用于处理一辆经过的交通工具
        if (transportObj == null) {      // 如果 transportObj 的值是 null
            return;                      // 则方法结束，不做任何处理
        } else {                         // 否则
            counter++;                   // 计数器加 1
            TransportStatus status = null;      // TransportStatus 类的引用
            if (transportObj instanceof CarBase) {
                         // 判断 transportObj 指向的是不是 CarBase 的对象
                CarBase car = (CarBase) transportObj;
                         // 如果是则强制类型转换为 CarBase 类型的引用
                status = car.getCarStatus();
                         // 调用 getCarStatus()方法得到汽车状态
            } else if (transportObj instanceof Bike) {
```

```
                                // 否则, 就判断是不是 Bike 类的对象
                Bike bike = (Bike) transportObj;
                                // 是则强制类型转换为 Bike 类的引用
                status = bike.getBikeStatus();
                                // 调用 getBikeStatus()方法得到自行车状态
            } else {
// 如果既不是 CarBase 类型, 也不是 Bike 类型, 那么系统现在暂不支持, 方法直接结束
                return;
            }
            // 向控制台输出交通工具状态信息
            System.out.println("以下是经过的第" + counter + "个交通工具的信息:
            ");
            System.out.println("交通工具名字为: " + status.getName() + ",
            车速为: "+                              status.getSpeed());
        }
    }
}
```

我们看到, 在方法 recordTransport()中, 使用了 instanceof 关键字来对两种交通工具——汽车和自行车, 并分别做出判断, 在确定了引用指向的对象的类型后, 我们可以放心地使用强制类型转换, 并最终得到交通工具的状态。

🔖提示: 前面学习过, 通过一个引用可以调用什么方法, 是由引用的类型决定的。所以在这里, 当使用 instanceof 关键字知道 Object 引用指向的是 CarBase 类型时, 我们不能直接使用这个 Object 引用来调用 getCarStatus()方法。

正确的做法是在确定 Object 引用指向 Carbase 类的对象后, 首先创建一个 CarBase 类的引用, 然后将 Object 类的引用强制类型转换后, 给这个新创建的引用赋值。

好的, 现在我们让新的类支持了 Bike 类。就像前面说的, 没有了继承, recordTransport()方法变得十分臃肿——因为 Bike 类没有继承 CarBase 类, 所以在 TransportRecorder()方法代码中, 我们需要对每种支持的交通工具类型逐一做出判断。然后使用强制类型转换, 最后才能调用相应的方法, 进而得到相应交通工具的状态。

试想一下, 如果 recordTransport()方法需要支持更多的交通工具类——摩托车、卡车、拖拉机等, 那么方法代码将会更加臃肿, 而且每次增加一个支持的类, 都需要修改recordTransport()方法（如果没有继承关系的话）, 这不是一个好程序应该做的事情。那么有没有好的解决方法呢？别急, 在 12.1.3 节中, 我们首先仔细分析一下 recordTransport()方法。

12.1.3　仔细分析 recordTransport()方法

本节中我们仔细分析一下 recordTransport()方法。recordTransport()方法需要做的事情就是得到交通工具的状态（具体说就是得到反映交通工具状态的 TransportStatus 类的对象）, 然后将这个状态记录下来。其中与外界有关的就是得到交通工具状态的 TransportStatus 类的对象。为了得到这个对象, 有两种选择。

（1）将 recordTransport()方法的形参改为 TransportStatus 类的对象。这种做法实际上是把获得“交通工具状态的 TransportStatus 类的对象”这个任务推给了外部程序。如何一劳

永逸地支持多种交通工具类的任务，在本质上还是没有解决——外部程序还是需要使用 instanceof 关键字来做本来在 recordTransport()方法中处理的事情。当然，这么做是可以的，但是在这里，我们需要的是在 recordTransport()方法中解决这个问题，所以在这里采取这种方法。

（2）现在我们不局限于已经学到的知识，来分析一下 recordTransport()方法最理想的参数应该是怎样的。在 recordTransport()方法中，最繁琐的过程莫过于需要判断参数所指向的对象的类型。"如果在 recordTransport()中可以不去判断参数的类型，而直接调用某个返回值类型为 TransportStatus()方法得到 TransportStatus 类的对象"，那么 recordTransport()方法就会变得简洁。

如果 recordTransport()方法的参数是这么一种类型：它符合某种标准，这个标准就是"此类型包含一个签名为 getTransportStatus()，返回值类型为 TransportStatus 的方法"。那么在 recordTransport()方法中就可不必去判断参数的类型，而是直接通过调用这个标准中规定的 getTransportStatus()方法来得到 TransportStatus 对象了。

好，分析到这里，问题的关键就在于 recordTransport()方法的参数类型了。如何能够创建一个"期待的标准"，以在 recordTransport()方法中作为参数类型呢？这就需要用到我们本章将要学习的重点——接口了。现在进入 12.2 节。

12.2　初　用　接　口

本节将讲解接口（Interface）的语法、概念和作用。接口是 Java 编程中的利器。在本节学习接口的过程中，我们将继续上一节中的例子，利用接口来实现前面提出的"理想的参数类型"。同时，我们还将从本节开始，走入接口的世界。

12.2.1　准备好需要用到的类

本节中将开始学习接口，为了让学习接口时使用的类与前面的类区分开来，我们创建两个专门的 package，用来放置本节中使用到的类。

首先创建一个名字为 com.javaeasy.logcarinterface 的包，这个包中将放置和接口有关的类。创建出这个包之后，把 TransportRecoder 类和 TransportStatus 类复制到这个包中（TransportStatus.java 和 TransportRecoder.java 两个源文件中的 package 语句也要做相应的修改），然后将 TransportRecoder 类重新命名为 TransportRecoderForLog，把 TransportStatus 类重新命名为 TransportStatusForLog。同时，为了编译正确，还需要修改 TransportRecoderForLog 中的 recordTransport()方法，把方法中用到的 TransportStatus 类改为 TransportStatusForLog 类。

然后创建一个名字为 com.javaeasy.transport 的包，包中专门用来放置交通工具类，也就是 Bike 类以及所有汽车类。同时，我们修改一下 Bike 类和汽车类中用于得到交通工具状态的方法（即 Bike 类中的 getBikeStatus()方法和 CarBase 类中的 getCarStatus()方法），将它们的返回值类型修改为 com.javaeasy.logcarinterface 包中的 TransportStatusForLog 类。

所有这些其实都是改名字而已，目的是为了让本节中的代码更清晰，还没有涉及接口相关的内容。做完上面的修改后，本节中的程序就都围绕着 com.javaeasy.logcarinterface 和 com.javaeasy.transport 这两个包中的类来进行了。本节中所用到的 Bike 类等交通工具类都是指的 com.javaeasy.transport 包中的类。

❑ 为了让源代码组织得更清晰，像本节中这样重新对代码进行组织和重命名的工作是难免的。

12.2.2　认识接口的代码组成

做好准备后，接下来创建一个接口。接口其实和类很相似，也有接口名，而且保存接口的源文件名也要求与接口名相同。创建一个接口与创建一个类的过程是很类似的。如果是手动创建，我们需要首先在包代表的文件夹中创建一个 Java 源文件（文件名要与接口名相同）；如果是在 Eclipse 中创建，那么想在哪个包中创建这个接口就右击这个包（本例中也就是 com.javaeasy.logcarinterface 包）。

然后把接口的代码输入到源文件中就可以了。下面就是我们要创建的接口的源代码。

```
package com.javaeasy.logcarinterface;  // 接口所在的包

public abstract interface RecordeAble {
    // RecordeAble 接口
    public        abstract        TransportStatusForLog
getTransportStatus();// 抽象方法
}
```

上面代码的结构是不是跟类的代码结构很相似呢？下面我们来看这个接口。

RecordeAble 源码

首先是 package 语句。这个与类中的 package 语句的作用和语法是完全一样的，代表存放源文件的包名。这个接口中没有使用到别的类，所以没有 import 语句。接口中也可以有 import 语句，其作用和语法与类中的 import 语句完全一样。

然后是接口的主体部分。首先是访问控制符，和类一样，Java 语法要求使用 public 修饰一个与源代码名字相同的接口。然后是关键字 abstract。单词 abstract 的意思就是"抽象的"。在这里使用 abstract 修饰接口，是表示这个接口是"一种抽象的类型"。什么意思呢？后面细细分析，这里先记住它。再后面是 interface 关键字，它的作用是表示这是一个接口（对于类，在这个位置使用的就是"class"关键字）。紧接着的就是接口名，接口名应该是一个合法的标识符，当然对于 public 的接口，也要与源文件名相同。

最后面的一对大括号里的内容就是接口的主体，这里面的内容是接口与类最大的不同。在接口的主体内部，所有的方法都是没有方法体的！而是直接使用";"作为方法的结束。同时，每个方法都在访问控制符和返回值类型之间也都添加了一个 abstract 关键字。在这里，abstract 关键字的作用也是用来表示这个方法是抽象方法。对于"抽象"的具体意义，我们在本节中先不做论述。当然，接口中可以有多个方法。

好，经过上面的分析，接口的代码结构已经清楚了。

图 12-2 展示了接口的代码结构以及接口中组成部分类的比较。我们发现，接口与类其

不同之处有 3 点。

❑ 在接口的代码中，需要使用 abstract 关键字来表示这个接口类型是抽象的。

❑ 在接口的代码中，需要使用 interface 关键字来表示这个类型是一个接口。对于类，则要使用 class 关键字表示这个类型是一个类。

❑ 接口中的方法都使用 abstract 关键字修饰，表示这个方法是抽象的方法。同时，接口中的方法没有方法体，而是直接以分号结束。

好的，本节展示了一个完整的接口的代码，但是接口的语法意义到底是什么呢？11.2.4 节中将细细道来。

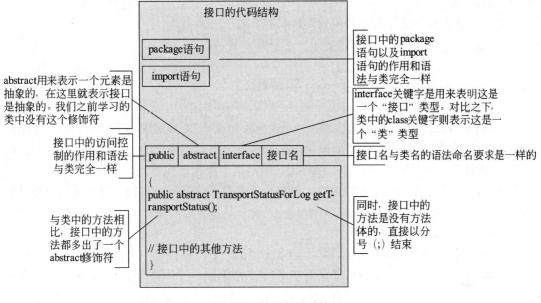

图 12-2　接口代码结构

❑ interface 关键字和 abstract 关键字在接口中的使用。

❑ 接口的代码结构。

12.2.3　什么是接口

在了解接口之前，首先来学习一下什么是"类型"。其实在前面已经使用了"类型"这个名词。类型是什么呢？简单来说，符合某种规范的，都叫做类型。前面学习过"Java 中 8 种基本数据类型"。其中每种基本数据类型都有自己精确的定义和规范，所以它们都可以称为是一种类型。同时，在开始学习类时，也是称呼一个类为"自定义数据类型"（当然，现在我们知道类不仅仅是自定义数据类型），也就是说类其实也是"类型"。类的代码其实就是这个类型的定义。

接口，其实也是一种类型，习惯上称呼接口为"抽象类型"。从某种程度上，接口与类十分相似，而它们本质上的不同就是：类是一种具体的类型，它包含了每个方法的代码；而接口是一种抽象的类型，它只包含方法的定义，却没有包含方法具体的代码。

接口其实就是定义了一个"抽象的规范"。这个规范的规则就是接口中的"抽象方法"。

所谓抽象，就是只有"方法的定义"而没有"具体如何实现这个方法的代码"。而满足这个抽象规范的方法就是"实现这个规范中定义的所有抽象方法"。

　　例如 12.2.2 节中创建的 RecordeAble 接口，它就是一个抽象的规范。接口 RecordeAble 中只有一个方法，也就是说这个规范只规定了一个规则。其实接口 RecordeAble 正是规定了 12.2.2 节最后提出的"方法 recordTransport 的最理想的参数类型"。我们看 RecordeAble 接口中这个抽象方法，除了这个方法访问修饰符是 public，方法名字为 getTransportStatus 以及方法参数为空之外，最重要的是它正是一个返回值为 TransportStatusForLog() 的方法。所以，如果 recordTransport() 方法的参数类型是 RecordeAble，那么在方法 recordTransport() 中处理起来就简单多了。

　　好，知道了接口是什么，如何使用接口呢？看 12.2.4 节。

　　❑　接口也是一种类型，它规定了一个抽象的规范。

12.2.4　使用接口仅需一步——实现接口

　　好的，在 12.2.3 节中我们说接口是一个"抽象的规范"。其实现实中也有无数"接口"。例如现实中有一个接口，叫做"能够供电的物体"。接口中规定的规范就是"能够稳定提供 1.5V 电压"。这个接口规定了一种行为，但是这个规范是抽象的，不能拿来用，它只是一个抽象的规范而已。在使用的时候，需要有一个满足此规范的实物。而满足这个规范的一种实体就是我们常见的 5 号 AA 电池——无论它是哪个公司生产的，只要满足这个规范，它就是一个"能够供电的物体"。

　　同样的道理，在 Java 中，接口是不能拿来用的，必须要有一个类型去实现这个接口才行。在 Java 中，实现一个接口的重任就落在了"类"的身上。一个类如果想要实现 RecordeAble 这个接口，就需要有一个 public TransportStatus getTransportStatus() 方法。这个方法在类中不能再是抽象的，所以不能有 abstract 关键字，同时需要在方法体中完成具体的代码。

　　也就是说，接口只负责描绘出一个规则（即定义抽象方法）；具体如何实现这些接口中定义的方法，则要交给某个类来处理。一个类想实现一个接口，需要"两步走"。

　　（1）首先，在类声明中要使用 implements 关键字，以表示这个类需要实现哪些接口。

　　（2）然后，在类体中需要提供接口中规定的方法。

　　下面，就让 Bike 类来实现 RecordeAble 接口。

```
package com.javaeasy.transport;                    // package 语句

import com.javaeasy.logcar.TransportStatus;
import com.javaeasy.logcarinterface.RecordeAble;   // 引入使用到的接口
import
com.javaeasy.logcarinterface.TransportStatusForLog;

// 使用 implements 语句实现 RecordeAble 接口
public class Bike implements RecordeAble {

    private int speed;
    private String name;

    // 实现接口 RecordeAble 中规定的方法
    public TransportStatusForLog getTransportStatus()
```

Bike 源码

```
{
        // 创建一个 TransportStatusForLog 的引用 status,        // 并让它指向一
个 TransportStatusForLog 对象
        TransportStatusForLog status = new TransportStatusForLog(name,
        speed);
        return status;                                         // 返回 status 引用
    }
    // 类中的其他方法
}
```

下面来分析一下 Bike 类为了实现 RecordeAble 接口都做了哪些工作。

首先，在 Bike 类的 package 语句中，使用 import 语句引入了 RecordeAble 接口。接口也是一种类型，当我们需要在程序中使用一个接口的时候，就需要引入它或者使用接口的全限定名。在这一点上接口和类是一样的。

然后，我们在类的声明处添加了 implements RecordeAble。implements 是 Java 中的关键字。单词 implements 的意思就是"实现，履行"，implements 关键字的作用就是表示一个类要实现某个接口。implements 关键字后面的接口名就代表了类想要实现的接口的名字。在本例中，就代表 Bike 类需要实现 RecordeAble 接口。

implements 关键字后面可以跟一个或者多个接口名字。当后面有多个接口名时，不同接口名之间需要使用逗号隔开。只有一个接口时，其使用语法如下：

类名 + implements + 接口 1 + 类体

当一个类需要实现多个接口时候，其语法如下：

类名 + implements + 接口 1 + , + 接口 2 …… + 类体

好，完成了"两步走"的第 1 步后，我们继续看 Bike 类。Bike 类仅仅号称自己实现了 RecordeAble 接口是不行的，"为了让 RecordeAble 这个抽象的接口规范在 Bike 类中不再抽象"，Bike 类中还必须提供 RecordeAble 接口中规定的方法。RecordeAble 接口中仅有一个抽象方法 getTransportStatus()，Bike 类中提供了这个方法的具体实现。下面我们来对比一下 RecordeAble 接口中的 getTransportStatus()方法和 Bike 类中的 getTransportStatus()方法。

```
public abstract TransportStatusForLog getTransportStatus();
                                                          // RecordeAble 接口
public TransportStatusForLog getTransportStatus()      // Bike 类
```

我们发现，Bike 类中的 getTransportStatus()方法声明中，除了没有 abstract 关键字外，其余都与 RecordeAble 接口中 getTransportStatus()方法的声明一样。这样，就实现了接口中的抽象方法，当一个类实现了接口中定义的所有抽象方法时，Java 就认为这个类实现了这个接口。因为 RecordeAble 中只有一个抽象方法 getTransportStatus()，所以我们的 Bike 类现在已经实现了 RecordeAble 接口。两步走中的第 2 步完成了。

下面来解释一下实现一个接口的"两步走"。第 1 步，使用 implementes 关键字是告诉 Java 编译器这个类将要实现这个接口。也就是说，对于接口中规定的所有抽象的、没有方法体的方法，这个类将给出具体的方法体。第 2 步，其实就是在类中添加接口中规定的方法，以实现这个接口，"让抽象的接口具体化"，让类中实实在在的方法来实现接口中的抽象方法。所谓的实现，就是对于接口中每个抽象方法，都要在类中提供一个与之签名

相同、返回值兼容的方法。

⌂提示：本章 12.3.8 节将对上述内容进行详细讲述。在这里，我们先认为类中提供的方法的返回值和参数需要与接口中完全相同。

　　在本节的例子中，RecordeAble 是一个接口，一个抽象的规范。Bike 类通过 implementes 关键字来告诉 Java 编译器它要实现这个规范。然后，在 Bike 类中添加接口 RecordeAble 中规定的方法，也就是实现了这个接口。当然，一个接口可以有无数个实现方法。只要提供满足 RecordeAble 接口规定的方法，任何一个类都可以实现 RecordeAble 接口。

　　好，现在已经成功地让 Bike 类实现了 RecordeAble 接口，那么实现了 RecordeAble 接口的 Bike 类有什么新的特性呢？继续看 12.2.5 节。

❑ implements 关键字用来实现接口的语法是：类名 + implements + 接口 1 + 类体。让一个类实现多个接口的时候，可以在 implements 后加多个接口，并使用逗号隔开。

❑ Java 语法规定：当一个类通过 implements 关键字声明实现一个接口的同时，类中必须提供接口中规定的所有抽象方法的具体实现。

❑ 一个接口可以有无数个实现。

12.2.5　接口——让类集多重类型于一身

　　本节中，我们来看看接口到底起了什么作用。接口是一种类型，而当一个类实现一个接口后，这个类也就同时具有了接口的类型。在学习本章之前我们知道，类本身就可以通过继承来集多种类型于一身。例如汽车类中的 Bus 类，首先，它具有 Bus 类；同时，因为 Bus 类继承了 CarBase 类，所以它也同时是 CarBase 类这种类型；CarBase 类又继承了 Object 类，所以 CarBase 类和 Bus 类也同时是 Object 类这种类型。也就是说，Bus 类集 Bus 类型、CarBase 类型和 Object 类型 3 种类型于一身。下面通过一个类型来展示一下 Bus 类的这 3 个"身份"。

```
package com.javaeasy.logcarinterface;// 注意程序所在的
包

import com.javaeasy.transport.Bus; // 注意引入的类所在
的包
import com.javaeasy.transport.CarBase;

public class TypesInBus {
    public static void main(String[] args) {
        // main()方法
        Bus bus = new Bus();    // 创建一个 Bus 类的引用
                          //bus,让它指向一个 Bus 类的对象
        if (bus instanceof Bus) {          // 使用 instanceof 判断 bus 引用指
                                           // 向的对象是不是 Bus 类型
            System.out.println("bus 指向的对象是一个 Bus 类型的实例。");
        } else {
            System.out.println("bus 指向的对象不是一个 Bus 类型的实例。");
        }
        if (bus instanceof CarBase) {      // 使用 instanceof 判断 bus 引用指
```

TypesInBus 源码

```
                                          // 指向的对象是不是 CarBase 类型
        System.out.println("bus 指向的对象是一个 CarBase 类型的实例。");
        System.out.println("使用 bus 给 CarBase 类的引用赋值。");
        CarBase base = bus;      // bus 也是 CarBase 类型，所以可以这样赋值
    } else {
        System.out.println("bus 指向的对象不是一个 CarBase 类型的实例。");
    }
    if (bus instanceof Object) {    // 使用 instanceof 判断 bus 引用指向的
                                    // 对象是不是 Object 类型
        System.out.println("bus 指向的对象是一个 Object 类型的实例。");
        System.out.println("使用 bus 给 Object 类的引用赋值。");
        Object obj = bus;           // bus 也是 Object 类型，所以可以这样赋值
    } else {
        System.out.println("bus 指向的对象不是一个 Object 类型的实例。");
    }
    }
}
```

我们知道，instanceof 关键字的作用是判断一个引用指向的实例（对象）是不是某种类型的实例（对象）。在上面的例程中，首先创建了一个 Bus 类的对象，并让 Bus 类的引用指向这个对象。然后紧接着使用 3 个 if-else 语句判断 Bus 类的对象是不是同时是 Bus 类型、CarBase 类型和 Object 类型的实例，并根据判断结果输出相应的内容。

同时，重要的是，我们还使用了 bus 给 CarBase 和 Object 类的引用赋值。之前我们是从"子类的引用可以给父类的引用赋值"和"父类的引用可以指向子类的对象"的角度来理解这种赋值关系的。通过本节的学习，我们还可以从类型的角度来理解这种赋值。既然 Bus 类集 3 种类型于一身，当然可以"扮演 3 种角色"，当我们使用 bus 给 CarBase 类型的引用赋值时，bus 类就是"扮演 CarBase 类型这个角色"；当我们使用 bus 给 Object 类型的引用赋值时，bus 类就是"扮演 Object 类型这个角色"，运行例程，控制台输出如下内容：

```
bus 指向的对象是一个 Bus 类型的实例。
bus 指向的对象是一个 CarBase 类型的实例。
使用 bus 给 CarBase 类的引用赋值。
bus 指向的对象是一个 Object 类型的实例。
使用 bus 给 Object 类的引用赋值。
```

通过输出可以看出，继承不但当子类继承了父类的方法和属性等成员，更是让"子类继承了父类的类型"。也就是说，通过继承，子类已经集多种类型于一身了。但是，Java 只允许单继承，所以，我们无法随心所欲地通过继承来让一个类获得需要的"类型"。为何这么说呢？下面我们通过一个假想来说明一下这个问题。

假设 RecordeAble 是个类（这只是本段中的假设），那么怎么才能让 Bus 类同时具备 CarBase 和 RecordeAble 两种类型呢？因为 Java 中只允许单继承，所以 Bus 类在继承了 CarBase 类之后，肯定不能让 Bus 类再去继承 RecordeAble 类了。唯一的方法就是让 CarBase 类再去继承 RecordeAble 类。这样处理的坏处是显而易见的——如果子类想要包含更多的类型于一身的话，就不得不让父类去继承，也就意味着要修改父类。

同时，如果同为 CarBase 类子类的 SportsCar 类想要包含一种新的类型，如运动器材类型，那么也不得不把这个任务推给父类，让父类去继承运动器材类型。从类的设计来看，这显然是不对的——只有 SportsCar 类才应该包含运动器材类型，SportsCar 的父类不应该具备这种类型。再加上 Bus 类推给父类的类型，这一堆类将变得一团糟，毫无逻辑。

通过上面两段的分析可以看出，没有了多继承，想让一个类具备多种类型是十分不方便的（其实本章中的例子还很简单，很多情况下都是不可能的）。而接口正是用来处理这种情况的。Java 不允许一个类有多个父类，但是允许一个类实现多个接口。这样就可以通过实现不同的接口来让一个类集多种类型于一身了。

需要注意的是，当一个类实现了一个接口后，其子类同样也将被认为实现了这个接口，即获得了接口的类型。也就是说，当 CarBase 类实现了 RecordeAble 接口后，其所有子类也就同样获得了 RecordeAble 这种类型。下面就让 CarBase 类实现 RecordeAble 接口。

```
package com.javaeasy.transport; // 注意类所在的包

import com.javaeasy.logcarinterface.RecordeAble;
// 注意引入的类
import
com.javaeasy.logcarinterface.TransportStatusForLog;

public class CarBase implements RecordeAble {

        // 让 CarBase 类实现 RecordAble 接口
    protected int speed;                    // 速度属性
    protected String name;                  // 名字属性
    protected String color;                 // 颜色属性

    public TransportStatusForLog getTransportStatus() {
        TransportStatusForLog status = new TransportStatusForLog(name,
        speed);
        return status;
    }
        // 类中的其他方法和属性
}
```

CarBase 源码

通过在 CarBase 类的声明处添加 implements RecordeAble，表明了 CarBase 类需要实现 RecordeAble 类。然后，在 CarBase 类中添加了接口中规定的方法，CarBase 类就完成了实现接口 RecordeAble 的所有工作。这样，CarBase 类就包含了 RecordeAble 类型了。下面使用一个例程来展示一下 CarBase 类获得了这种新类型。

```
package com.javaeasy.logcarinterface;

import com.javaeasy.transport.Bus;
import com.javaeasy.transport.CarBase;

public class TestType{
    public static void main(String[] args) {
        CarBase base = new CarBase();
        // 创建一个 CarBase 类引用,
        //并让它指向一个 CarBase 对象
        Bus bus = new Bus();
        // 创建一个 Bus 类引用,并让它指向一个 Bus 对象
        // 使用 instanceof 判断 CarBase 类的对象是不是 RecordeAble 类型的实例
        if (base instanceof RecordeAble) {
            System.out.println("base 指向的对象是一个 RecordeAble 类型的实
            例。");
```

TestType 源码

```
            System.out.println("使用 base 给 RecordeAble 类的引用赋值。");
            RecordeAble recordeAble = base;
                            // 使用 base 给 RecordeAble 的引用赋值
        } else {
            System.out.println("base 指向的对象不是一个 RecordeAble 类型的实
            例。");
        }
        // 使用 instanceof 判断 Bus 类的对象是不是 RecordeAble 类型的实例
        if (bus instanceof RecordeAble) {
            System.out.println("bus 指向的对象是一个 RecordeAble 类型的实例。");
            System.out.println("使用 bus 给 RecordeAble 类的引用赋值。");
            RecordeAble recordeAble = bus;
                            // 使用 bus 给 RecordeAble 的引用赋值
        } else {
            System.out.println("bus 指向的对象不是一个 RecordeAble 类型的实
            例。");
        }
    }
}
```

上面的例程是使用 instanceof 运算来判断引用指向的对象是不是 RecordeAble 类型的实例。例程中测试了 CarBase 类的对象和 Bus 类的对象。因为我们让 CarBase 类实现了 RecordeAble 接口，所以，CarBase 类的实例同时也是 RecordeAble 类型的实例；因为 Bus 类继承了 CarBase 类，所以 Bus 类同样继承了 CarBase 类拥有的所有类型，也就是说 Bus 类的对象同样也是 RecordeAble 的对象。

同时，例程中最值得注意的就是：创建了接口的引用，并使用 base 和 bus 给这两个引用赋值。因为 Bus 和 CarBase 类都包含 RecordeAble 类型，所以 Java 语法中同样允许这样使用 base 和 bus 给 RecordeAble 类型的引用赋值。运行上面的例程，控制台输出如下内容：

```
base 指向的对象是一个 RecordeAble 类型的实例。
使用 base 给 RecordeAble 类的引用赋值。
bus 指向的对象是一个 RecordeAble 类型的实例。
使用 bus 给 RecordeAble 类的引用赋值。
```

好的，本节中我们学到了接口让一个类可以方便地集多种类型于一身，这又有什么作用呢？我们说了这么多，对于简化 TransportRecoderForLog 类中的 recordTransport()方法有什么帮助呢？在 12.2.6 节中将会介绍。

- ❑ 一个类实现一个接口，就拥有了接口的类型。
- ❑ 继承可以让子类获得父类的各种成员（属性和方法等），同样也让子类获得了父类的所有类型（包括继承接口获得的类型）。

12.2.6 简化 recordTransport()方法

前面的两节中，我们让 Bike 类和 CarBase 类实现了 RecordeAble 接口。同时，因为所有汽车类都继承了 CarBase 类，所以在包 com.javaeasy.transport 中的所有类其实都拥有了 RecordeAble 类型。也就是说，我们可以使用 RecordeAble 的引用指向所有这些交通工具类；同时，RecordeAble 这种类型也包含了 recordTransport()方法中需要的特性（得到

TransportStatusForLog 对象）。所以，我们可以让 recordTransport()方法的参数类型为 RecordeAble。

下面来看修改后的 recordTransport()方法。

```java
package com.javaeasy.logcarinterface;

public class TransportRecoderForLog {
    public static int counter = 0;        // 静态变量，用于保存经过的交通工具数

    public static void recordTransport(RecordeAble recordeAble) {
                                          // 静态方法用于处理一辆经过的交通工具
        if (recordeAble == null) {        // 如果 recordeAble 的值是 null
            return;                       // 则方法结束，不做任何处理
        } else {                          // 否则
            counter++;                    // 计数器加 1
            // （1）通过 RecordeAble 接口的引用 recordeAble，调用 getTrans-
            // portStatus()方法来得到
            // TransportStatusForLog 类的对象
            TransportStatusForLog status = recordeAble.getTransport-
            Status();
            // 向控制台输出交通工具状态信息
            System.out.println("以下是经过的第" + counter + "个交通工具的信息：");
            System.out.println("交通工具名字为：" + status.getName() + "，车速为："
                    + status.getSpeed());
        }
    }
}
```

在新的 recordTransport() 方法中，方法的参数类型为 RecordeAble。因为 Bike 类和所有的汽车类都实现了 RecordeAble 接口，所以 recordeAble 引用可以指向所有这些交通工具类。同时，因为接口 RecordeAble 中定义了 getTransportStatus()方法，所以可以通过 RecordeAble 的引用调用 getTransportStatus()方法。这样，就可以轻松地简化 recordTransport()方法了。

TransportRecoderForLog
源码

🔔提示：我们前面学过，通过一个引用可以调用哪些方法，是由引用的类型决定的。就好像当使用父类的引用指向子类的对象时，不能通过父类的引用调用只有子类才有的方法。当然，具体执行哪个方法，是由引用指向的对象的类型决定的，这是多态。

下面通过一个例程，展示一下如何使用新的 recordTransport()方法。

```java
package com.javaeasy.logcarinterface;

import com.javaeasy.transport.Bike;
import com.javaeasy.transport.Bus;
import com.javaeasy.transport.CarBase;

public class UseInterfaceToLogCar {
    public static void main(String[] args) {
        // 创建一个 CarBase 类的引用 car,
```

UseInterfaceToLogCar
源码

```
            // 并让 car 指向一个 CarBase 类的对象
            CarBase car = new CarBase(
                    "红色", 80, "天津大发", 0);
            car.speedUp(50);                        // 提速 50
            TransportRecoderForLog.recordTransport(car);
            // （1）记录 CarBase 类对象的状态
            // 创建一个 Bus 类的引用 bus，并让 bus 指向一个 Bus 类的对象
            Bus bus = new Bus("黄色", 80, "大桥六线", 0, 0, 0);
            bus.speedUp(60);                        // 提速 60
            TransportRecoderForLog.recordTransport(bus);
                                                    // （2）记录 Bus 类对象的状态
            // 创建一个 Bike 类的引用 bike，并让 bike 指向一个 Bike 类对象
            Bike bike = new Bike();
            bike.setName("自行车一辆");                // 设置自行车的名字
            bike.setSpeed(10);                       // 设置自行车的速度
            TransportRecoderForLog.recordTransport(bike);
                                                    // （3）记录 Bike 类对象的状态
        }
    }
```

在例程的（1）、（2）和（3）处，当调用 recordTransport()方法时，程序中直接使用
Carbase 类、Bus 类以及 Bike 类的引用作为 recordTransport()方法的实参。因为
recordTransport()方法的形参是 RecordeAble，这也就是意味着直接使用 Carbase 类、Bus 类
以及 Bike 类的引用给 RecordeAble 的引用赋值。所以，在程序的（1）、（2）和（3）处
执行 recordTransport()方法的时候，实参 recordeAble 指向的对象就分别是 CarBase 类的对
象、Bus 类的对象以及 Bike 类的对象。

运行上面的例程，控制台输出如下内容：

以下是经过的第 1 个交通工具的信息：
交通工具名字为：天津大发，车速为：50
以下是经过的第 2 个交通工具的信息：
交通工具名字为：大桥六线，车速为：60
以下是经过的第 3 个交通工具的信息：
交通工具名字为：自行车，车速为：10

好的，到此为止，我们已经使用接口完美地解决了"在 recordTransport()方法中，如果
需要多支持新的交通工具，就要增加新的 instanceof 判断这种类型"的麻烦。以后如果要
支持新的类型，例如摩托车类，那么就可以让摩托车类实现 RecordeAble 接口，然后直接
传递摩托车类的引用给 recordTransport()方法就可以了。

❑ 使用接口的引用指向实现了接口的类的对象，然后通过这个接口的引用来调用接
口中定义的方法。

12.3 再探接口

12.2 节中通过一个例子学习了接口的语法和使用方法。本节内容将继续围绕接口展开，
展示接口更多的性质，帮助大家更好地理解接口的内涵。

紧接着，本节还将讲述接口中各种语法细节。

12.3.1　重温上节中的程序

12.2.6 节中的侧重点在于将接口引入到程序中来，所以中心点在于接口的语法和接口的使用。为了突出这个重点，12.2.6 节在内容的安排上有些不符合常规的思维逻辑。现在我们已经懂得了接口的基本语法和使用方法，本节中将按照普通的思维逻辑顺序，一步步地完成上一节中的程序。通过本节的内容，大家会更自然地使用接口而不是生搬硬套；同时，除去和接口相关的内容之外，本节也是编写一个小程序的普通步骤。

（1）首先需要分析程序的功能，并根据程序功能设计出程序中需要的类。在这里，程序的功能就是记录一个交通工具的状态（即交通工具的速度和名字），并将状态信息输出到控制台，同时保存一个计数器，记录经过了多少辆汽车。

程序中的数据其实就是交通工具的状态，记录这个状态就是程序的功能。所以程序的状态应该封装为一个类，以方便处理和作为参数传递，而处理这个交通工具状态对象的则是完成程序功能的类。所以这个程序需要两个类就可以完成这个功能，一个是用来封装交通工具状态的类，一个是用来完成记录交通工具状态这个功能的类。

通过本步骤，应该能够对程序中有哪些数据、这些数据如何封装和表示以及如何处理这些数据有一个大概的想法，然后继续下一步。

（2）细分每个类的功能，并开始编写类中的代码。

❑ **com.javaeasy.logcarinterface.TransportStatusForLog 类**

包含两个属性：name 和 speed，分别用于表示一个交通工具的名字和速度。使用这个类，我们就可以将一个交通工具的状态封装到这个类的一个对象中了。封装是面向对象编程的重要特性，在设计和编写程序时，将多个属性封装在一个类中（TransportStatusForLog 类），然后使用这个类的对象来表示一个有意义的实体（交通工具的状态），可以方便地使用和管理这些被封装的属性（可以在需要时给类添加新的属性来表示更多的状态值，可以在类中添加新的方法，对交通工具的状态值进行运算）。类源代码就是 12.1.2 节中 TransPortStatus 类的代码。

❑ **com.javaeasy.logcarinterface.TransportRecoderForLog 类**

这个类用于实现记录交通工具状态的功能。经过简单分析可以发现，这个类需要实现的"计数器"和"记录交通工具状态"这两个功能都是对整个应用程序而言的，也就是说，这个类可以不需要实例就直接使用。因此在这里将计数器变量和记录交通工具状态方法都设计为静态成员。记录交通工具方法的方法名定为 recordTransport。

紧接着需要考虑的就是 recordTransport()方法的参数。作为一个单独的程序，我们现在完全不知道外部会怎么使用 recordTransport()方法，也就是说 CarBase 类、 Bike 类等这些交通工具类还都没有出现在程序中，recordTransport()方法支持哪些类型完全是未知的。那么怎么办呢？只能使用接口，让外部需要作为此方法参数的类实现这个接口，于是进入下一步。

（3）设计程序中对外部的接口。

首先，什么是程序外部呢？这个在不同部分有不同的意义。在这里，设计的是一个用来记录交通工具状态的程序，所有与这个程序无关的都算是程序外部。好，现在我们手头有的就是上面提到的两个类，而 recordTransport 则是用来给外部程序使用的，recordTransport 的功能就是记录交通工具状态，其参数应该是一个能够获得交通工具状态的接口，接口中有一个返回值类型为 TransportStatusForLog 的方法就可以了。

根据这些分析，可以给这个接口起名为 RecordeAble，接口中定义了一个返回值类型为 TransportStatusForLog 的方法。然后就可以按照程序功能来编写 recordTransport()方法的代码了（当然首先需要完成接口代码的编写）。程序代码在这里跟 12.2.6 节是一样的。

❑ **com.javaeasy.logcarinterface.接口**

其接口内容的分析是在上一步中完成的。按照 Java 语法，给 RecordeAble 添加一个返回值为 TransportStatusForLog 的方法，方法名为 getTransportStatus()。

到现在为止，我们这个程序的代码已经写完了，程序中没有用到 CarBase 类或者 Bike 类。这个程序是一个通用的程序。当外部程序需要使用它时，首先需要让被记录的类实现 RecordeAble 接口（例如，让 CarBase 类实现 RecodeAble 接口），然后当外部程序需要记录其状态时，就可以将这个类的对象作为参数传递给 recordTransport()方法了（例如以 CarBase 类的对象作为参数传递过去）。但是无论外部程序传递过来的对象具体是什么类型，在我们这个程序的眼中，所有这些都是 RecordeAble 类型。在方法 recordTransport()中，也是把它们都当作 RecordeAble 类型使用。

当然，这只是实现需要功能的一种比较普通的方法，还有很多方法可以使用。每个人的想法都不会完全一样，只要一种程序设计的方法能够以足够简洁的代码完成一个功能，易于扩展和使用，那么这个程序设计就是优秀的。

好，本节的内容就要结束了。在学习语言和语法的过程中，同样要学着理出一个适合自己的思维和分析方式，当需要编程实现某个功能的时候，按照这个方式可以设计出程序中的类以及实现程序中的代码。这种用编程语言实现某个功能的能力是很重要的。通俗地讲，这就是所谓的"会写程序"。

❑ 培养自己分析问题和使用 Java 解决问题的能力。

12.3.2 面向接口编程

本节中首先从依赖性上来分析一下 12.3.1 节中几个类。所谓的依赖性，就是一个程序是否使用外部的类，如果使用，则是依赖于外部程序的。例如在 12.1.2 节中，使用很多的 instanceof 关键字判断参数类型的实现方式中，recordTransport()方法中就需要使用每种支持类型的类（用到了 CarBase 类，Bike 类以及以后需要支持的所有的类）。

不同程序之间有太多的依赖性对程序来说是一个很不好的事情，举例来说，如果以后需要支持更多的类型，那么 recordTransport()方法就需要添加新的代码；如果某个类被删除了（如果 Bike 类被删除了），那么同样就需要在 recordTransport()方法中删除相关的代码（因为 Bike 类已经没有了，不删除会有编译错误）。

而 12.3.1 节中的程序的功能是不依赖（使用）于外部程序的（程序中没有使用 CarBase 类等外部的类）。在这个程序中使用接口 RecordeAble，巧妙地将程序对外部程序的依赖消除了。我们可以称这个程序是"面向接口编程"的。什么叫面向接口编程呢？

面向接口编程可以理解为：在程序中，一旦遇到需要使用外部的类时，就使用接口来让程序避免依赖于外部的某些类。这样一来，外部程序对这个程序来说，就是一个个的抽象接口，而不是一个个具体的类了。例如在本例中，无论外接的 CarBase 类或 Bike 类等怎么增删，这个程序都无须修改一行代码（当然，如果支持新的类型，例如摩托车，这个新的类型需要实现 RecodeAble 接口，但对我们这个程序来说，摩托车类显然属于外部程序）。使用这种方法，不但使得程序不再依赖外部的类，更增加了程序的可扩展性，同样可以使代码更简洁。

接口就好像一个屏障，斩断了程序对外部程序的依赖，下面通过图 12-3 来看看接口在程序与外部程序之间的位置和作用。

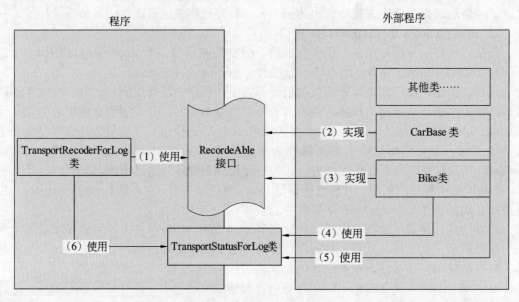

图 12-3　接口的"屏障作用"

在图 12-3 中，左边方块内的内容表示本程序，右边方块内的内容代表外部程序，通过图可以直观地看出 TransportStatusForLog 类其实没有使用到任何外部类。原因就是接口 RecodeAble 屏蔽了外部所有类的不同，让它们以统一的"面孔（也就是 RecodeAble 接口类型）"展现给 TransportStatusForLog 类，而 TransportStatusForLog 类则直接使用 RecodeAble 接口类型。

同时，接口带来的可扩展性也是很好的特性。当外部程序中需要让这个程序记录更多的类型时，程序本身不需要做任何修改，而是需要让外部程序中想要被记录的类来实现 RecodeAble 接口。这样，程序支持的类型可以根据需要进行扩展。

俗话说"物极必反"，到处使用接口也不是一个好习惯。例如在图 12-3 中，TransportStatusForLog 类的设计其实也可以引入接口元素。首先添加一个接口，然后让 TransportStatusForLog 类实现这个接口。但是这么做其实没有任何好处。TransportStatusForLog 的主要用途是封装数据，类中的方法也都是一些简单的 getXXX 和 setXXX 方法。同时类中代码并不会使用外部类，所以谈不上依赖外部类。所以虽然可以在 TransportStatusForLog 类和外部类之间加一层接口，但是这么做在这个程序中并没有什么实际的意义。在使用接口时候，应该明确接口的意义。

在使用接口以后，其实依赖关系就被"倒转"了。在图 12-3 中可以看出，其实，CarBase 类等交通工具类，都需要依赖（使用）程序中的 RecodeAble 接口。这种依赖是可以接受的，因为 CarBase 类之所以依赖于 RecodeAble 接口，就是因为 CarBase 类想要能够被这个记录程序所支持，而当 CarBase 类不想要这种支持的时候，就可以移除这个接口的实现，同时也就移除了这种依赖关系。

我们也可以从一个现实中的例子来理解接口的特性。图 12-4 展示了程序中的接口与现实中的规范的对比。

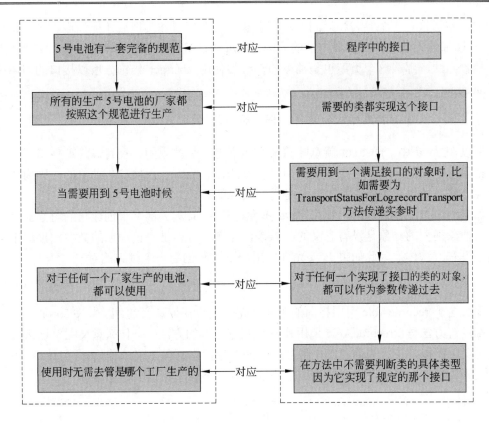

图 12-4 接口与现实中规范的对比

如果没有这个规范（不使用接口），那么事情就麻烦了——每个厂家都按照自己的标准生产五号电池（每个类的类型都不一样，不能通用）。在使用五号电池的时候，必须根据具体的电池来判断是哪个厂家的，还要根据不同厂家的规格进行不同的处理（在程序中需要使用 instanceof 关键字判断参数具体类型）。

在这里我们可以将它理解为面向对象编程的另一种形式。面向对象，可以理解为在编程和设计程序的时候，心中想着如何使用类和对象来完成程序中的功能；面向接口，就是在设计程序时心中想着如何使用接口来减少程序的依赖性，让程序更灵活，更通用，更简洁。当然，面向接口编程的优点还有很多，在后面的章节中会有涉及。

❑ 理解接口在解决程序与外部程序的依赖性的作用。
❑ 理解接口可扩展性的作用。
❑ 学习在实际编程中使用面向接口编程的思想。

12.3.3 话说"抽象"

在前面几节中，多处使用了"抽象"这个词。本节将来谈谈"抽象"的含义。抽象是伴随着 abstract 关键字而来的。接口使用了 abstract 关键字修饰，我们说接口是抽象的；接口中的方法使用 abstract 关键字修饰，我们说它们是抽象方法。抽象到底是何含义呢？

在学习接口之前，方法都是有方法体的，也就是一个类型中的某个方法的代码是确定的。而在接口中，方法被 abstract 修饰就不能有方法体，也就是表示接口中方法的代码是未知的，方法只有一个签名和返回值，剩下的都要在接口被实现后才能知道。这就是使用 abstract 修饰的方法被称为抽象方法的原因。Java 语法规定如果一个类型（接口或者类）中有了抽象方法，那么这个类型也是抽象的，必须使用 abstract 修饰。所以接口的声明中使用了 abstract 关键字修饰。

🔔注意：关于类中有抽象方法的情况，将在后面讲述。

所以在 Java 中，abstract 就意味着某个元素是一个抽象的、没有最终地使用代码来实现。抽象方法就是一个没有被实现（即没有方法体）的方法；接口是抽象的，因为接口包含抽象方法，所以它本身也有一部分是没有实现的。

如果一个类型是抽象的，那么 Java 不允许使用 new 关键字来创建它的对象。因为创建一个抽象类型的对象是没有意义的。以接口为例，接口是一种抽象的类型，接口中的方法甚至没有方法体。因此如果 Java 允许使用如下代码创建一个接口的对象：

```
RecordeAble recordeAble = new RecordeAble();   // 错误!不允许创建接口的对象!
```

那么这个 recordeAble 引用指向的东西是完全没有任何意义的，因为 RecordeAble 中的方法都没有方法体，recordeAble 调用那些没有方法体的方法，有什么意义呢？这么做没有任何意义。所以，正因为创建一个抽象类型的对象没有任何意义或作用，"Java 中不允许创建抽象类型的对象"。下面通过一个例程，看一下这个错误会是怎样的。

```
package com.javaeasy.aboutabstract;                        // 一个新的包
import com.javaeasy.logcarinterface.RecordeAble;
                                                           // 和类一样,使用接口也要先引入
public class NoInstanceForAbstractType {
    public static void main(String[] args) {               // main()方法
        RecordeAble noInstance = new RecordeAble();
                                                           // 错误!无法创建一个接口的实例
    }
}
```

当编译这个程序时，Java 编译器在控制台输出如下错误：

```
javac com\javaeasy\aboutabstract\NoInstanceForAbstractType.java
com\javaeasy\aboutabstract\NoInstanceForAbstractType.java:8:
com.javaeasy.logcarinterface.RecordeAble 是抽象的；无法对其进行实例化
             RecordeAble noInstance = new RecordeAble();
                                          ^
1 错误
```

错误信息就是说明了"无法创建抽象类型的实例"这个语法规则。所以，接口类型就是用来被类实现的。当一个类实现了一个接口后，接口在这个类中变得不再抽象——每个抽象的方法都在类中被实现。这时候就能够让接口的引用指向这个类的对象，然后调用接口中规定的方法了。本章中的内容正是这么使用接口的。正确的使用方法如下：

```
package com.javaeasy.aboutabstract;

import com.javaeasy.logcarinterface.RecordeAble;
import com.javaeasy.transport.Bike;
```

NoInstanceForAbstractType
源码

```
import com.javaeasy.transport.CarBase;

public class NoInstanceForAbstractType {

    public static void main(String[] args) {
        RecordeAble instance1 = null;
        // 创建一个接口的引用
        // （1）让 RecordeAble 的引用指向 Bike 类对象，
        // Bike 类实现了 RecordeAble 接口，
        // 所以赋值是正确的
        instance1 = new Bike();      // （2）通过接口的引用调用接口中定义的方法
        // 让接口指向 CarBase 类的对象，CarBase 类实现了 RecordeAble 接口，所以赋值
        // 也是正确的
        RecordeAble instance2 = new CarBase();
        ;                 // 通过接口的引用调用接口中定义的方法
    }
}
```

上面的例程展示的接口的用法其实在上面的程序中都已经用过了。例程中（1）处，Bike 类实现了 RecordeAble 接口，也就是说 Bike 类包含了 RecordeAble 类型，所以赋值是正确的。在例程（2）处，instance1 引用指向的是一个 Bike 类的对象，所以 instance1.getTransportStatus()实际调用的是 Bike 类的 getTransportStatus 的方法。这就和"覆盖"一样，我可以认为 Bike 类的 getTransportStatus()方法覆盖了 RecordeAble 接口中的 getTransportStatus 方法。在后面的两行代码中，Bike 类被 CarBase 类代替，在执行 instance2.getTransportStatus()时，instance2 指向的是一个 CarBase 类的对象，所以实际被调用的是 CarBase 类的 getTransportStatus()方法。

❑ 抽象的含义就是一个元素有没有完成的部分：对于方法来说，就意味着方法是抽象方法，没有方法体，对于类型来说，就意味着类型是抽象类型，类型中包含有抽象方法。

❑ 抽象类型不能创建实例。当尝试创建抽象类型的对象时，编译器会给出错误。

❑ 熟悉接口的使用方式：接口创建后，可以让接口的引用指向实现了接口的类的对象，然后通过这个引用调用被类实现了的方法。

❑ 可以通过一个引用调用哪些方法，是由引用的类型决定的，所以当使用一个接口的引用指向一个对象后，只能够调用接口中规定的方法。就好像使用父类的引用指向子类的对象后，只能使用父类的引用调用父类中的方法一样。

❑ 从重载的角度理解使用接口引用调用一个方法的过程和意义。

12.3.4　接口大瘦身

本节中学习一点轻松的东西。Java 语法中做了如下规定：

❑ 接口中只能够包含抽象方法，同时接口必须是抽象的。所以，在定义接口的时候，必须使用 abstract 修饰接口。

❑ 接口中的抽象方法的访问控制符必须是 public。

正是因为 Java 语法中的这两个规定，Java 编译器允许我们在编写接口的代码时，省略接口中一成不变的东西，包括下面几点：

❑ 修饰接口的 abstract 关键字。因为接口肯定是使用 abstract 修饰的，所以写不写都

无所谓，Java 编译器允许省略它。如果省略了，Java 编译器也会在编译源代码时当作写了 abstract。

❑ 修饰接口中抽象方法的访问修饰符。既然接口中的抽象方法肯定都是使用 public 作为访问修饰符的，所以 Java 编译器允许省略这个 public。同样，Java 编译器如果发现没有写，则当作这个抽象方法的访问修饰符是 public（注意，不是默认修饰符）。如果给接口中的抽象方法使用 protected 这样的修饰符，则是语法错误。

❑ 修饰接口中抽象方法的 abstract 关键字。因为 Java 语法规定接口中的方法必须是抽象的，所以这个 abstract 关键字也可以省略。

好，根据这 3 个规则，前面的 RecordeAble 接口的代码可以简化为如下形式：

```
package com.javaeasy.logcarinterface;
public interface RecordeAble {
    TransportStatusForLog getTransportStatus();
}
```

上面这种简化形式和最初没有简化的形式，在 Java 编译器看来是完全一样的。

12.3.5　实现多个接口

本节中将展示如何让一个类实现两个接口，实现更多的接口也是一样。实现多个接口其实与实现一个接口没有什么本质的区别。首先来准备两个接口。

第 1 个接口 InterfaceA 代码如下：

```
package com.javaeasy.multiinterfaces;  // 一个新的包

public interface InterfaceA {        // 省略了 abstract
    void method1(); // 抽象方法，省略了 public 和 abstract
    void method2();
}
```

InterfaceA 源码

第 2 个接口 InterfaceB 代码如下：

```
package com.javaeasy.multiinterfaces;

public interface InterfaceB {
    void method3(); // 抽象方法，省略了 public 和 abstract
}
```

好，接口准备完毕，接下来创建一个类，来实现这两个接口。

```
package com.javaeasy.multiinterfaces;
```

InterfaceB 源码

```
// 实现多个接口时，在 implements 关键字后面，将类需要实现的接
//口列出来，接口与接口之间使用逗号隔开
public  class  ImplClass  implements  InterfaceA,
InterfaceB {
    public void method1() {
        // 实现 InterfaceA 中的 method1
        System.out.println("method1");
    }
    public void method2() {
        // 实现 InterfaceA 中的 method2
        System.out.println("method2");
    }
```

ImplClass 源码

```
    public void method3() {// 实现 InterfaceB 中的 method3
    }
}
```

上面的 ImplClass 就实现了 InterfaceA 和 InterfaceB 两个接口。首先，ImplClass 类在声明的时候，使用 implements 关键字声明要实现多个接口。然后，在 ImplClass 的类体中，应该提供所有接口中的所有抽象方法。通过上面的例子可以看出，在一个类中实现一个接口和实现多个接口没有本质区别——都是首先声明实现哪些接口，然后在类中提供接口中定义的所有抽象方法。

在这里需要注意一下 method3。它可以说是一个"空方法"。因为方法体中没有任何代码。但是这种空方法和接口中的抽象方法完全不是一个概念。抽象方法没有方法体，而这种空的方法有方法体，只是方法体中没有代码而已。对于抽象方法来说，它没有方法体，是未知的；对于这种空方法，它明确地表示自己什么都不做，两者是完全不同的。

当一个类实现了多个接口后，它当然同时集多个接口类型于一身。看下面的例程：

```
package com.javaeasy.multiinterfaces;

public class TestTypes {
    public static void main(String[] args) {
        ImplClass impl = new ImplClass();
        // impl 指向 ImplClass 类的对象
        InterfaceA a = impl;
        // 使用 impl 引用给 InterfaceA 的引用赋值
        a.method1();
        // 通过 InterfaceA 的引用调用 method1()方法
        InterfaceB b = impl;
        // 使用 impl 引用给 InterfaceB 的引用赋值
        b.method3();
        // 通过 InterfaceB 的引用调用 method3()方法
        if (impl instanceof InterfaceA) {
                            // 判断 ImplClass 的对象是不是 InterfaceA 类型
            System.out.println("ImplClass 也是 InterfaceA 类型");
        }
        if (impl instanceof InterfaceB) {
                            // 判断 ImplClass 的对象是不是 InterfaceB 类型
            System.out.println("ImplClass 也是 InterfaceB 类型");
        }
        if (impl instanceof Object) {
                            // 判断 ImplClass 的对象是不是 Object 类型
            System.out.println("ImplClass 也是 Object 类型");
        }
    }
}
```

TestTypes 源码

在上面的例程中，首先创建了一个 ImplClass 类的对象，并让 ImplClass 类的引用 impl 指向这个对象。然后，使用 impl 给 InterfaceA 的引用赋值，并使用赋值后的引用调用 InterfaceA 中定义的方法；紧接着也使用 impl 给 InterfaceB 的引用赋值，并使用赋值后的引用调用 InterfaceB 中定义的方法。程序的最后，使用 instanceof 关键字判断 impl 指向的对象（本例中就是 ImplClass 类的对象）是不是 InterfaceA、InterfaceB 和 Object 类型。

运行例程，控制台输出如下内容：

```
method1
```

```
ImplClass 也是 InterfaceA 类型
ImplClass 也是 InterfaceB 类型
ImplClass 也是 Object 类型
```

❑ 掌握让一个类实现多个接口的语法。

❑ 实现多个接口后，类同时集成了这些多个接口类型。

12.3.6　接口中的变量

接口中也可以定义变量，但是 Java 语法要求：接口中的变量必须是使用 static 和 final 修饰的，同时，其访问控制符必须是 public 的。也就是说，接口中的变量必须是静态变量，而且其值是不可改变的。我们可以这么理解 Java 语法的这个要求：既然接口是一个"规范"，这个规范中定义的变量也是规范中的一部分，其值不能改变。

下面我们用一个五号电池的接口来演示接口中变量的用法。在这个接口中，将包含 3 个变量，分别用来表示五号电池的半径、高度以及电压，然后还将包含一个抽象方法，表示五号电池提供稳定电压的功能，接口代码如下：

```
package com.javaeasy.interfacevariable;    // 一个新的包
public interface BatteryNoFive {           // 接口名字
    public static final int r = 1;         // 五号电池的半径，单位 cm
    public static final int height = 5;    // 五号电池的高度，单位 cm
    public static final double v = 1.5;    // 五号电池提供的电压，单位伏

    void getEnergy();                      // 抽象方法，代表提供能量
}
```

🔔说明：接口中五号电池的半径和高度与实际可能不符，在这里只是用五号电池做例子☺。

BatteryNoFive 源码

在上面的接口中，分别使用 3 个变量 r、heigh 和 v 来表示五号电池的半径、高度和电压。作为一个规范，这 3 个值显然是不应该改变的。这和接口的设计理念是相符的。

在前面说过，修饰接口的 abstract 以及修饰接口中抽象方法的 public 和 abstract 可以省略，因为 Java 语法规定必须使用它们。同样，因为接口中的变量必须使用 public、static 和 final 修饰，所以这 3 个修饰符也可以省略，下面是省略后的 BatteryNoFive 接口的代码。

```
package com.javaeasy.interfacevariable;// 一个新的包
public interface BatteryNoFive {          // 接口名字
    int r = 1;                    // 五号电池的半径，单位 cm
    int height = 5;               // 五号电池的高度，单位 cm
    double v = 1.5;               // 五号电池提供的电压，单位伏

    void getEnergy();             // 抽象方法，代表提供能量
}
```

它与原来的 BatteryNoFive 接口是完全等价的。

❑ 接口中的变量必须使用 static 和 final 修饰，其访问控制符必须是 public。

❑ 用于接口中变量的 public、static 和 final 这 3 个修饰符可以省略。

□　理解为什么接口中的变量必须使用 public、static 和 final 修饰。

12.3.7　接口的继承

与类一样，接口也可以继承。只是接口的继承没有类的继承这么常用。接口的继承语法规则如下：

□　接口只能继承接口，不能继承类。

□　接口也是单继承的，不能继承多个接口。

□　继承后，子接口也具备父接口的类型。这点与类的继承是相同的。

□　子接口从父接口中继承的元素就是父接口中的抽象方法和变量。

□　接口继承的语法与类的继承相同。

```
接口名 + extends + 父接口名字
```

下面通过一个例子来讲解一下接口的继承。首先定义两个接口。

父接口 ParentInterface 的代码如下：

```
package com.javaeasy.interfaceextend;        // 一个新的包

public interface ParentInterface {
    void parentMethod();                     // 父接口中的抽象方法
}
```

子接口 SubInterface 的代码如下：

```
package com.javaeasy.interfaceextend;

public interface SubInterface extends ParentInterface {
                            // 使用 extends 关键字继承 ParentInterface 接口
    void subMethod();       // 子接口中的抽象方法
}
```

在 SubInterface 的声明中，使用 extends 关键字继承了父接口 ParentInterface。这种语法与类中的继承可以说完全一样。下面使用一个类 ImplSubInterface 来实现 SubInterface 接口，因为 SubInterface 从父类中继承了抽象方法，所以当一个类要实现 SubInterface 接口时，要给所有的抽象方法都提供一个具体的实现。类 ImplSubInterface 的代码如下：

```
package com.javaeasy.interfaceextend;

public class ImplSubInterface implements SubInterface {
                                    // 实现接口 SubInterface
    public void subMethod() {       // 实现 subMethod() 方法
    }
    public void parentMethod() {    // 实现 parentMethod() 方法
    }
}
```

在类 ImplSubInterface 中，subMethod 实现了 SubInterface 接口中的抽象方法 subMethod()；parentMethod 则实现了 SubInterface 接口继承自父接口的抽象方法 parentMethod()。只有实现了所有的抽象方法，才是实现了一个接口。

实际上，接口的继承是很少被使用的，因为理论上讲，接口的继承可以被避免，因为一个类可以实现多个接口。在上面的例子中,如果 SubInterface 没有继承 ParentInterface,那么没有关系,我们也可以在类 ImplSubInterface 的声明中同时实现 SubInterface 和 ParentInterface 这两个接口。

```
package com.javaeasy.interfaceextend;
// 如果没有接口继承,也可以通过实现多个接口来达到同样的目的
public class ImplSubInterface implements SubInterface, ParentInterface{
    public void subMethod() {                      // 实现 subMethod()方法
    }
    public void parentMethod() {                   // 实现 parentMethod()方法
    }
}
```

上面的代码假设 SubInterface 接口没有继承 ParentInterface 接口。类 ImplSubInterface 也同时实现了所有抽象方法,也是同时包含了 SubInterface 和 ParentInterface 两种类型。所以,这样就可以"绕过"接口的继承了。

❑ 接口继承的语法。

12.3.8　匹配抽象方法中的类型

在前面,当一个类需要实现接口中的一个抽象方法时,类中的方法与接口中的方法都保持了完全的一致性——方法名、参数类型和返回类型。一个类要想实现一个接口,Java 语法要求,对于接口中每个抽象方法,类中都必须提供一个非抽象方法,且此方法有下面几个要求。

❑ 方法签名与抽象方法完全相同,即方法名和方法参数中的参数类型完全相同。

❑ 如果抽象方法的返回值类型是基本数据类型,则此方法的返回值类型也必须是类型一样的基本数据类型。例如,抽象方法返回值的类型是 short,那么类中相对的方法返回值类型也必须是 short,不能是 int 或 byte。

❑ 如果抽象方法的返回值类型是自定义类型,则此方法的返回值类型必须包含此类型。即方法返回值类型的引用必须能够在不经类型转换的前提下,可以直接用来给抽象方法返回值类型的引用赋值。例如,抽象方法的返回值类型是 Bus,那么类中相对的方法返回值类型也必须是 Bus 或者是 Bus 类的子类;如果抽象方法的返回值类型是 RecordeAble,那么类中对应方法的返回值类型必须包含此接口类型——也就是说返回值类型可以是继承了 RecordeAble 接口的接口,可以是实现了 RecordeAble 接口或者其子接口的类。

第 1 个语法规则比较直观,在这里不再赘述。第 2 个规则是确定的,在这里也不再给出例子。对于第 3 个规则,用两个例子来说明。第 1 个例子的返回值类型是类,首先创建一个新的接口。

```
package com.javaeasy.arguments;              // 新的包

import com.javaeasy.transport.Bus;           // 引入接口中需要使用的类

public interface GiveMeABus {
    Bus giveMeABus(Bus bus);                 // 抽象方法
}
```

在上面的接口中，定义了一个抽象方法，它的参数是 Bus 类的引用，它的返回值也是 Bus 类的引用。好，接下来使用一个类来实现这个接口。

```
package com.javaeasy.arguments;

import com.javaeasy.transport.Bus;

public class GiveBusClass1 implements GiveMeABus { // 实现 GiveMeABus 接口
    // 实现 GiveMeABus 接口中的 giveMeABus 抽象方法，类型与接口的抽象方法完全一致
    public Bus giveMeABus(Bus bus) {
        return bus;                              // 本例中不用关心方法体内的代码
    }
}
```

🔔注意：本节中的例子都是为了展示方法返回类型和方法参数类型的兼容问题，所以方法体内的代码没有什么现实意义，可以不用关心。

在上面的 GiveBusClass1 类实现了 GiveMeABus 接口。在 GiveMeABus 接口中只有一个抽象方法，类 GiveBusClass1 中用于实现这个抽象方法的方法如下：

```
public Bus giveMeABus(Bus bus) { // 实现了 GiveMeABus 中的 giveMeABus 抽象方法
    return bus;                        // 本例中不用关心方法体内的代码
}
```

在这个方法中，方法的返回值类型、参数类型与接口中对应的抽象方法完全一致，这也是本章一直以来的做法。其实 Java 语法并不要求两者完全相同，下面来看另一个类。

```
package com.javaeasy.arguments;                          // 程序在的包

import com.javaeasy.transport.Bus;                       // 引入使用到的类
import com.javaeasy.transport.ElectronicBus;

public class GiveBusClass2 implements GiveMeABus {
                                                  // 声明实现接口 GiveMeABus
    // 实现接口 GiveMeABus 中的抽象方法，方法签名与接口中抽象方法相同，但是返回值类型
    // 并不完全相同
    public ElectronicBus giveMeABus(Bus base) {
        return new ElectronicBus();
    }
}
```

上面的 GiveBusClass2 类也实现了 GiveMeABus 接口。但是在实现这个接口的抽象方法 giveMeABus 时，GiveBusClass2 类并没有使用与接口中的抽象方法 giveMeABus()完全一样的返回值类型 Bus，而是用了 Bus 的子类 ElectronicBus。既然 ElectronicBus 类是 Bus 类的子类，ElectronicBus 类型也自然包含了 Bus 类型。ElectronicBus 类的引用也可以无需类型转换而直接用来给 Bus 类的引用赋值，所以这是符合 Java 语法的。

第 2 个例子的返回值类型是接口。如果抽象方法的返回值类型是接口，则在类中实现这个抽象方法时，返回值类型也必须包含这个接口类型。首先还是要创建一个新的接口。

```
package com.javaeasy.arguments;

import com.javaeasy.logcarinterface.RecordeAble;   // 引入需要使用的类型
```

```
public interface GiveMeARecodeAble {
    RecordeAble giveMeARecodeAble();        // 抽象方法的返回值类型是接口类型
}
```

然后使用一个类去实现这个接口。

```
package com.javaeasy.arguments;

import com.javaeasy.transport.CarBase;

public class GiveRecordeAble implements GiveMeARecordeAble {
                                        // 实现 GiveMeARecordeAble 接口
    // 方法前面与接口中对应的抽象方法相同。返回值类型为 CarBase,它实现了 RecordeAble
    // 接口
    public CarBase giveMeARecodeAble() {
        return new CarBase();
    }
}
```

类 GiveRecordeAble 实现了接口 GiveMeARecordeAble。类 GiveRecordeAble 中的 giveMeARecodeAble()方法与接口中 giveMeARecodeAble()方法签名一样,但是返回值类型并不一样。后者的返回值类型是 RecordeAble 接口,而后者的返回值类型是 CarBase 类。因为 CarBase 类实现了 RecordeAble 接口,所以 CarBase 类的引用可无须类型转换而直接用来给 RecordeAble 接口的引用赋值,所以这是符合 Java 语法的。

❏ 实现一个抽象方法时,类中对应的方法签名必须与抽象方法一致;
❏ 实现一个抽象方法时,若抽象方法的返回值是基本数据类型,则类中对应方法的返回值类型也必须是同一种基本数据类型;若抽象方法的返回值是自定义类型,则类中对应的方法的返回值类型必须兼容(即包含)此类型。

12.3.9　空接口

一个接口中可以没有任何抽象方法。当然,如果接口中没有任何抽象方法,当一个类实现这个接口的时候,也就无须去实现任何的方法,只要在类声明中使用 implements 关键字声明实现此接口就可以了。

空接口有什么作用呢? 其实它主要用来给类增加新的类型,然后在必要时根据类型对类进行区分。例如当需要在 recordTransport()方法中对记录的机动车和非机动车分数量分别进行统计时,就可以首先创建两个空的接口,分别代表机动车和非机动车类型。

机动车接口 MotorVehicle 代码如下:

```
package com.javaeasy.emptyinterface;    // 新的包
public interface MotorVehicle {        // 机动车接口,接口中没有任何抽象方法
}
```

非机动车接口 NonMotorVehicle 代码如下:

```
package com.javaeasy.emptyinterface;
public interface NonMotorVehicle {      // 非机动车接口,接口中没有任何抽象方法
}
```

然后,对于机动车(例如 CarBase 类),就让它实现 MotorVehicle 接口,对于非机动

车（例如 Bike 类），就让它实现 NonMotorVehicle 接口。这样，在 recordTransport()方法中就可以使用 instanceof 运算符来判断交通工具类型是 NonMotorVehicle 还是 MotorVehicle，并进行不同的处理了。

```
package com.javaeasy.logcarinterface;

import com.javaeasy.emptyinterface.MotorVehicle;     // 引入需要使用的类型
import com.javaeasy.emptyinterface.NonMotorVehicle;

public class TransportRecoderForLog {
    public static int counter = 0;
                                        // 静态变量，用于保存经过的交通工具数
    public static int MotorVehicleCounter = 0;
                                        // 静态变量，用于保存经过的机动车数
    public static int NonMotorVehicleCounter = 0;
                                        // 静态变量，用于保存经过的非机动车数

    public static void recordTransport(RecordeAble recordeAble) {
                                        // 静态方法
        // recordTransport()方法中原来的代码省略
        if (recordeAble instanceof MotorVehicle) { // 如果是机动车类型
            MotorVehicleCounter++;                  // 则机动车计数器加 1
        }
        if (recordeAble instanceof NonMotorVehicle) {// 如果是非机动车类型
            NonMotorVehicleCounter++;               // 则非机动车计数器加 1
        }
    }
}
```

通过这个例子可以看出，空接口主要用来给类增加新的类型，以满足编程中的需要。
❑　理解空接口的作用。

12.4　小结：接口的难点在于何时使用

本章学习了接口的语法和使用。关于接口的语法，零零散散地分散在本章中的很多章节里，在这里首先对接口语法做一个汇总。

❑　当创建接口类型时，需要在类型声明时使用 interface 关键字（对应于类，就是 class 关键字），来表示这个类型是一个接口。

❑　接口需要使用 abstract 修饰，表示类型是抽象的。当省略 abstract 时，Java 编译器会在编译时默认给接口加上这个修饰符（注意，这里说的"加上这个修饰符"的意思不是说编译器会在源文件中加上这个修饰符，而是表示编译器会在读取源文件时，若是发现没有 abstract 关键字，则也认为有。Java 编译器是不会修改源文件内容的）。

❑　接口中的方法都只能是抽象方法，必须是使用 public 和 abstract 修饰的。同样，这里的 abstract 和 public 也可以省略。

❑　因为接口是抽象的，接口的对象是没有任何意义的，所以 Java 语法不允许使用 new 关键字创建接口的对象。

- ❏ 在类中使用 implements 关键字可以声明一个类需要实现一个或多个接口。实现一个接口需要在类中提供接口中规定的所有抽象方法，否则在编译时会有错误。
- ❏ 实现一个抽象方法时，类中对应的方法必须与抽象方法的签名完全相同，但是返回值类型则要求类中的方法返回值兼容抽象方法的返回值。具体的语法规则详见 12.3.8 节"匹配抽象方法中的类型"。
- ❏ 接口的引用可以指向实现接口类的实例（对象），并调用接口中规定的方法。因为当一个类实现一个接口后，这个类就包含了接口这种类型，所以可以把它当成接口的对象来使用。这与"父类的引用可以指向子类的对象"是一样的，因为子类在继承父类后，也同时包含了父类类型。可以调用哪些方法是由引用的类型决定的，所以当使用接口的引用指向一个对象后，也只能调用接口中定义的方法，就好像使用父类的引用指向一个子类的对象后，也只能调用父类中包含的方法一样。
- ❏ 我们可以认为实现一个接口中的抽象方法其实就是子类覆盖父类中的方法。
- ❏ 接口可以继承，但是也只能是单继承，且接口只能继承接口。
- ❏ 接口中的变量必须是 public、static、final 的。
- ❏ 接口中可以没有任何抽象方法。

好，回顾完了接口的语法后，继续谈谈接口在编程中的作用。通过本章的学习可以发现，接口的作用可以理解为是"让一个类具备更多的类型"。其实接口的语法学习起来并不难。接口中真正的难点是在设计程序时的使用——何时使用接口？接口中应该包含哪些抽象方法？这两个问题都必须在程序设计之初决定。虽然接口的内容很单薄，抽象方法甚至连方法体都没有，但是接口的内涵却很丰富。能否玩转接口，还是取决于编程能力。

当然，设计程序的能力需要在"阅读代码，编写代码，再阅读，再编写"这个循环中慢慢培养。本章中 12.3.1 节其实就是在向读者展示"设计一个简单程序的基本流程"。随着在编程中经验的积累，每个人都会慢慢地形成自己的一套编程习惯。

12.3.2 节的内容其实就是在展示接口在程序设计中的作用。当在编程中遇到类似的情景时，我们就应该考虑是不是可以使用接口。从语法上看，接口是"当一个类具备更多的类型"的方法；从程序设计角度看，接口是"斩断程序对外部程序依赖"的利剑。

程序就是一组可以完成某个功能的类和接口。一个程序是给外部程序使用的（例如本节的程序中，TransportRecoderForLog 类就是用来给外部程序使用的），所以程序不可能对外部程序没有依赖（例如程序的 recordTransport()方法，它的参数就必须依赖于外部程序），而当这种依赖过多时，就会让程序变得难以维护（例如 recordTransport()方法中，如果要支持更多的交通工具，则必须修改代码，这是很繁琐的事情）。使用接口（RecodeAble 接口），则是解决这种依赖的完美方案。

好，到这里，本章的内容就要结束了。本章中我们一再强调一个类实现接口时，必须实现接口中所有的抽象方法，如果没有实现所有的抽象方法，到底会怎样呢？第 13 章的内容将给出答案。

12.5　习　　题

1. 练习使用接口：编写一个名为 MyInterface 的接口，在接口中定义 method1()和 met-

hod2()两个方法。然后编写 MyImpl1 类和 MyImpl2 类，都实现 MyInterface 接口。

2. 接口屏蔽了类型之间的差异：编写一个静态方法 useMyInterface()，参数为 MyInter-face 的引用。方法中首先使用 instanceof 判断参数指向的对象所属的类，然后调用 method1() 方法和 method2()方法。然后编写一个程序，分别使用 MyImpl1 类的实例和 MyImpl2 类的实例为参数，调用 useMyInterface()方法。

3. 练习使用一个类实现多个接口：编写一个 MyInterface2 接口，在接口中定义 meth-od3()方法，然后编写一个 MyImpl3 类，同时实现 MyInterface 和 MyInterface2 接口。

第 13 章　抽象类和内部类

在第 12 章中讲述了 Java 中的接口。通过前面的学习我们知道，Java 中的类型除了类之外，还有接口。本章中将继续学习 Java 中的另外两种类型——抽象类（Abstract Class）和内部类（Inner Class）。从名字上可以看出，它们都是属于类的范畴。迄今为止我们已经学习了很多关于类的知识，也学习了接口，这些内容对本章的学习有很大帮助。

首先给出学习本章需要的背景知识。

❑ 理解类的概念；
❑ 理解接口的概念；
❑ 理解抽象的含义；
❑ 理解类的成员。属性和方法是前面我们学习到的类的成员；
❑ 访问控制符的作用。

好，让我们开始本章的内容。

13.1　抽象类（Abstract Class）

本节中讲述抽象类的相关内容，抽象类在 Java 中的名字叫做 Abstract Class。它可以说是接口和类的融合体。本节中将讲述抽象类的语法，以及在何种情况下需要使用抽象类。抽象类的语法和类十分相似，本节的学习应该说难度不大，下面开始本节的内容。

13.1.1　不知道怎么打招呼的 Person 类

本节中，设想我们需要设计一组类，用来表示学校中的人员系统。学校中有 3 种不同身份的人，分别是：学生、老师和校长。我们需要使用 3 个类来表示这 3 种不同的人员。这 3 个类的功能也很简单——保存一个名字属性，并可以介绍自己。很明显，既然这 3 个类如此相似，可以使用继承来简化代码。下面是对这组类的设计。

首先编写一个 Person 类，这个类将作为其他类的父类，类中的属性只有一个——名字（name 属性）。类中的方法有 3 个，分别用来设置名字（setName()方法），得到名字（getName()方法）和介绍自己（introduceSelf()方法）。然后，学生（Student）、老师（teacher）和校长（Schoolmaster）类都继承这个 Person 类，并在这些类中分别覆盖 introduceSelf()方法，以实现符合类所代表身份的人介绍自己的不同行为，系统类图如图 13-1 所示。

好，分析完毕，下面开始编写程序。Person 类代码如下：

```
package com.javaeasy.learnabstractclass;          // 包名
```

```
public class Person {                    // 类名
    private String name;                 // 名字属性

    public Person(String name) {         // 构造方法
        this.name = name;                // 给 name 属性赋值
    }
    public String getName() {            // 得到名字属性
        return name;                     // 返回 name 属性
    }
    public void setName(String name) {
        // 设置 name 属性的方法
        this.name = name;                // 设置 name 属性的值
    }
    // 介绍自己, 在这里, 因为不知道自己的具体身份, 所以方法留空, 子类应该覆盖此方法
    public void introduceSelf() {
    }
}
```

Person 源码

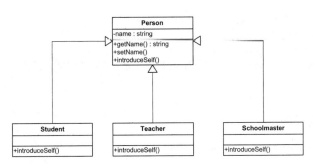

图 13-1　学校中人员系统类图

　　Person 类的代码完成了。Person 类就是设计给其他类继承的, 所以类中最核心的方法 introduceSelf()没有任何代码, 因为 Person 类实际上并不代表系统中的某种人员类别, 而是出于程序设计的目的创建的一个父类, 系统并没有规定 Person 类中的 introduceSelf()方法应该做的事情, 所以在这个方法中, 就什么事情都不做。

　　也许有人会想, 如果 introduceSelf()方法对 Person 类没有意义, 为什么不省略它呢? 原因很简单, 如果在 Person 类中没有 introduceSelf()方法, 那么当使用 Person 类的引用指向一个 Student 类的对象时, 将无法调用 introduceSelf()方法(可以调用什么方法, 取决于引用所属的类型包含哪些方法); 同时, 类设计的一个原则就是: 既然子类中都包含某个方法, 那么这个方法就应该出现在父类中, 即使子类中需要覆盖这个方法。

　　好, 解释完了这个空的 introduceSelf()方法的作用, 下面来完成 Student 类的代码。

```
package com.javaeasy.learnabstractclass;    // 包名

public class Student extends Person {
// Student 类继承了 Person 类
    public Student(String name) {              // 构造方法
        super(name);                           // 调用父类的构造方法
    }
    // Student 类覆盖了 Person 类的 introduceSelf()方法,
    // 来完成介绍自己的功能
    public void introduceSelf() {
        System.out.println("嗨, 大家好, 我是一名学生, 我的
```

Student 源码

```
名字叫" + getName());
    }
}
```

在 Studenet 类中，覆盖了父类中的 introduceSelf()方法，并在方法中向控制台输出了一行符合自己身份的介绍自己身份的语句。这就完成了 Student 类中 introduceSelf()方法应该有的功能。下面继续完成其余两个类的代码。

Teacher 类代码。

```
package com.javaeasy.learnabstractclass;    // 包名

public class Teacher extends Person {
// Teacher 类继承了 Person 类

    public Teacher (String name) {        // 构造方法
        super(name);                   // 调用父类的构造方法
    }
    // 覆盖父类中的 introduceSelf()方法，
    // 输出老师介绍自己的方法
    public void introduceSelf() {
        System.out.println("学生们好，我是一名老师，我的名字叫" + getName());
    }
}
```

Teacher 源码

Schoolmaster 类代码。

```
package com.javaeasy.learnabstractclass;

public class Schoolmaster extends Person {
// Schoolmaster 类继承了 Person 类

    public Schoolmaster (String name) {     // 构造方法
        super(name);                   // 调用父类的构造方法
    }
    // 覆盖了父类中的 introduceSelf()方法，
    // 输出校长介绍自己的话
    public void introduceSelf() {
        System.out.println("大家好，我是本校校长，我的名字
叫" + getName());
    }
}
```

Schoolmaster 源码

好，现在所有的类都完成了。没有任何问题。但是根据系统的需求来说，对于 Person 类中那个空的 introduceSelf()方法，还是让人觉得有两点不舒服。

- ❑ Person 类的 introduceSelf()方法是不能够被调用的，因为这在系统中没有任何意义。
- ❑ Person 类中的 introduceSelf()方法是必须要被其子类覆盖的，否则的话，当调用 introduceSelf()方法时，Person 类的 introduceSelf()方法就会被执行了，我们前面说过，Person 类的 introduceSelf()方法是没有任何意义的，不应该被调用。所以，如果 Person 类的子类没有覆盖 introduceSelf()方法，可以说这个子类就没有完成自己的"任务"。

好，带着上面这两个问题，继续 13.1.2 节的内容。

13.1.2 当类中有了抽象方法

让我们回忆一下接口中抽象方法的作用：不能被调用，因为方法是抽象的，没有方法体；实现者必须提供此方法抽象方法的具体实现。这两个性质仿佛正是 Person 类的 introduceSelf()方法所期待的。前面学习了抽象方法，也学习了类，但是抽象方法都是定义在接口中的。其实 Java 语法允许我们在类中定义抽象方法。同时 Java 语法规定：当一个类中有了抽象方法，它就必须是一个抽象类。

好，下面来把 Person 类中的 introduceSelf()方法变成一个抽象方法，然后 Person 类将必须成为一个抽象类，下面是新的 Person 类的代码。

```
package com.javaeasy.learnabstractclass;        // 包名
// （1）类声明中使用 abstract 关键字修饰这个类，表示此类是一个抽象的类，这点与接口很
// 类似
public abstract class Person {
    private String name;                        // 名字属性

    public Person(String name) {                // 构造方法
        this.name = name;                       // 给 name 属性赋值
    }
    public String getName() {                   // 得到名字属性
        return name;                            // 返回 name 属性
    }
    public void setName(String name) {          // 设置 name 属性的方法
        this.name = name;                       // 设置 name 属性的值
    }
    // （2）将此方法变成一个抽象方法，使用 abstract 修饰此方法，并去掉方法体
    public abstract void introduceSelf();
}
```

类中变化的部分就是（1）和（2）两处标记的部分。在程序的第（1）处，类声明中使用了 abstract 修饰了类，这就标记了这个类是一个抽象类。标记一个类是抽象类的语法如下：

```
abstract + class + 类名 + 其他内容
```

这点和接口很像，当然，对于接口来说，是使用 interface 关键字来标记这是一个接口类型的。在这里，Person 是一个类，而不是接口，所以还是使用 class 关键字来标记这是一个类类型。

在程序的第（2）处，方法 introduceSelf()被修改成了一个抽象方法。抽象类中的抽象方法与接口中的抽象方法也很类似，只要使用 abstract 修饰这个方法，并去掉方法的方法体用分号（;）代替，这个转换过程就完成了。下面通过后面的内容来讲述抽象类的语法。

13.1.3 抽象类语法详解

到此为止，Person 类已经变成了一个抽象类。抽象类相关的语法有如下几点。

❑ 抽象类是抽象的类型，和接口一样，在编程中不能通过 new 关键字创建其对象。

- □　抽象类中可以包含抽象方法。注意，这里说的是可以，而不是必须，只要一个类使用 abstract 修饰，那么它就是抽象类，即使类中没有抽象方法。
- □　抽象类中的抽象方法可以使用除了 private 之外的所有访问控制符修饰。
- □　抽象类的子类继承了抽象类的抽象方法。所以，如果一个类继承了抽象类，那么它或者实现父类中的抽象方法；或者将自己声明为抽象类。
- □　当一个类声明实现某个或者某些接口，但是却没有实现接口中定义的所有抽象方法时，那么这个类也必须声明为抽象类。

下面结合 Person 类，来解释这几条语法规则。

Person 类首先是一个类，所以 Person 类中还是可以包含正常的属性和方法，这是抽象类中"类"的属性；Person 类是一个抽象类型（包括抽象类和接口），所以不能创建 Person 类的对象，也就是说，对于抽象类 Person，是无法通过"new Person("人名")"来创建一个对象的，这是抽象类中"抽象"的属性。

对于 Person 类来说，想让它成为一个抽象类，其实只要修改代码中的第（1）处就可以了，Java 语法并不要求抽象类必须包含抽象方法。但是，如果类中有了抽象方法（无论是来自继承还是类中本来就有），那么这个类就必须声明为抽象的。

与接口中的抽象方法不同，类中的抽象方法可以拥有自己喜欢的访问控制符（接口中抽象方法的访问控制符必须是 public 的）。但是抽象方法的访问控制符不能是 private 的，因为没有任何意义：private 修饰的方法对子类是不可见的，但是抽象方法却又必须让子类覆盖，这就矛盾了。所以 Java 语法中规定抽象类中的抽象方法不能使用 private 修饰。

其次，Java 还要求，抽象类的子类必须实现其父类中的抽象方法，否则这个子类也必须是抽象的。也就是说，如果 Student 类没有实现 Peron 类中的 introduceSelf 抽象方法，那么 Student 类也必须声明为抽象的。

除了可以直接在类中添加抽象方法外，类还可以通过接口来获得抽象方法。例如，Person 类通过 implements 关键字实现某个接口，但是却没有实现接口中的所有抽象方法，那么 Person 类同样是需要声明为抽象类的，因为它获得了接口中的抽象方法。

- □　熟悉抽象类语法。

13.1.4　理解抽象类的作用

抽象类主要的作用是：在语法上层面上，强制其子类覆盖某些方法。抽象类的作用，主要还是用来解决在 13.1.1 节最后给出的两个问题。用来让程序避免做一些不应该可以做的事情（例如调用 Person 类中的 introduceSelf()方法），并在语法上通知其子类应该覆盖某些方法。

相比接口，抽象类中可以包含属性和方法，子类可以继承并使用它们。接口中只能包含抽象方法，所以实现一个接口其实无法获得任何有实际代码的方法。如果将 Person 类完全改造成接口，那么每个子类其实都要重新添加一个 name 属性，并且添加 getName 和 setName 两个方法。有了抽象类，这些都可以添加到父类中。

如果 Person 类的 introduceSelf()方法不是抽象的，那么子类就可以不去覆盖

introduceSelf()方法。这在语法上没有任何问题，但是具体到程序的实际意义则是不被允许的。想要把这种"不允许"扩展到语法层面，就需要使用抽象类了。

当然，抽象类在用法上与类相似，子类应该使用 extends 继承它，而不能使用 implements。同时，子类也只能单继承，不能继承多个抽象类。

❑ 理解抽象类，抽象类首先是一个类，其次它是抽象的。除了不能够创建其实例，其余都与类一样。

13.2　内部类的分类（Inner Class）

本节中将介绍 Java 中的内部类，引入内部类的概念。内部类是 Java 中另一种特殊的类。这里说的特殊是指内部类所处的位置特殊。所谓内部类，就是指在成员内部的类——类的内部、方法的内部等都可以包含类，它们统称为内部类。定义在类内部的类叫做成员内部类，定义在方法中的内部类叫做局部内部类。内部类也许会颠覆一直以来对类的习惯性认识。

13.2.1　成员内部类

下面直入主题，首先给出一个成员内部类的例子。

```
package com.javaeasy.innerclass;       // 包名

public class OutClass {                // 类名
    private int Variable = 9;
                        // OutClass 类中声明的一个变量

    public OutClass() { // OutClass 类的构造方法
    }
    public int getVariable() {
                        // OutClass 类中声明的一个方法
        return Variable;
    }
    // 以下为内部类的代码
    public class InnerClass {          // （1）类中声明的另一个类，也就是内部类
        // 内部类中可以包含任何符合 Java 语法格式的元素：
        public InnerClass() {          // 内部类 InnerClass 的构造方法
        }
        private int innerVariable;     // 内部类 InnerClass 中声明的变量

        public int getInnerVariable() {    // 内部类 InnerClass 中的方法
            return innerVariable;
        }
    }
    // 内部类的代码结束
}
//（2）注意，OutClass 的代码到这里才结束，所以 InnerClass 是包含在 OutClass 之内的
```

OutClass 源码

在上面 OutClass 类的代码中，首先包含了我们熟悉的变量、构造方法和方法等成员，

紧接着，就是我们本章学习的内部类。没错，OutClass 类中还可以再定义一个新的类，它也将会作为类 OutClass 的一个成员。上面的内部类 InnerClass，除了所处的位置和我们之前接触过的类不同（InnerClass 的代码在 OutClass 的代码内部）之外，其余看上去都是一样的——InnerClass 中也有变量，也有构造方法，也有方法等。实际上，内部类的语法要求首先与类的语法要求是一样的，例如构造方法必须与类名相同等，至于内部类的特殊性质，将在后面的内容中来学习。

好，首先认识一下 InnerClass 这个内部类的身份。InnerClass 内部类作为一个整体，和上面的变量、构造方法、方法等成员在类的组成结构中是在同一个等级上的。我们发现，OutClass 类中的内部类 InnerClass 也是有访问控制符的，是 public。这也是和 OutClass 中的其余组成部分（变量、构造方法和方法等）一样的。可以通过图 13-2 来认识内部类的身份。

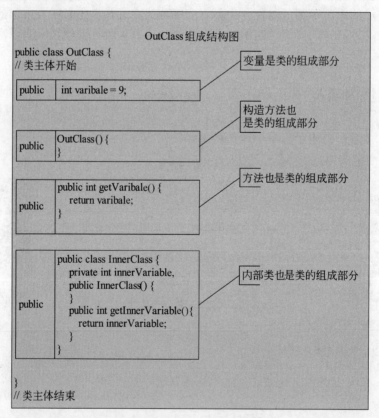

图 13-2　OutClass 组成结构图

图 13-2 直观地表现出了 OutClass 的结构图。从图中可以看出，其实变量、构造方法、普通方法以及我们的内部类都是类的组成元素，是类中的成员。它们都有访问控制符，访问控制符的作用也是一样的——控制类的组成部分是否对外部可见。

注意：内部类是在一个类内部的类，这与我们之前学过的"一个源文件中包含多个类"是有本质上的不同的。看下面的代码：

```
package com.javaeasy.innerclass;
```

```
public class ClassA {          // 类 ClassA
}
class ClassB{                  // 类 ClassB，ClassB 不在 ClassA 的内部，不是内部类！
}
```

在上面的代码中，ClassA 和 ClassB 是两个并列的类，它们在同一个源文件中，但是不存在属于被属于的关系，这不是内部类。

❑ 成员内部类是定义在类中的类，它与类中的其他成员（成员变量、方法等）是同一等级的。

13.2.2　局部内部类

好，弄明白了类中内部类的身份后继续看下一种内部类——方法中的内部类，即局部内部类。没错，方法中也可以包含内部类。它的本质和类中的内部类是一样的。看下面的类代码：

```
package com.javaeasy.innerclass;          // 包名

public class ClassInMethod {// ClassInMethod 类
    public int variable;// ClassInMethod 类的成员变量
    public ClassInMethod() {//ClassInMethod 类的构造方
法
        // 内部类 InnerClassInConstructMethod 的代码开始
        class InnerClassInConstructMethod {
        //构造方法中的内部类 InnerClassInConstructMethod
            public int variable;
            // InnerClassInConstructMethod 内部类的变量

            public InnerClassInConstructMethod() {
                        // InnerClassInConstructMethod 内部类的构造方法
            }
            public int getVariable() {
                    // InnerClassInConstructMethod 内部类的方法
                return variable;
            }
        }
        // 内部类 InnerClassInConstructMethod 的代码结束
    }

    public int getVariable() {                // ClassInMethod 类的方法
        // 内部类 InnerClassInMethod 的代码开始
        class InnerClassInMethod { // 普通方法中的内部类 InnerClassInMethod
            public int variable;      // 内部类 InnerClassInMethod 的变量

            public InnerClassInMethod() {
                            // 内部类 InnerClassInMethod 的构造方法
            }
            public int getVariable() {
                            // 内部类 InnerClassInMethod 中的方法
                return variable;
            }
        }
        // 内部类 InnerClassInMethod 的代码结束
```

ClassInMethod 源码

```
        return variable;
    }
}
```

　　类 ClassInMethod 有 3 个元素——变量 variable、构造方法和普通方法 getVariable。在其构造方法和普通方法中各有一个内部类。我们先不去管内部类里的内容，还是先要清楚内部类的身份。方法中的内部类是属于方法的成员，它与方法中的局部变量是同等级的。

　　内部类就其所在的位置不同而分为两种——成员内部类和局部内部类。它们分别对应成员变量和局部变量。成员内部类就是我们接触的第一个内部类，它在类中，与类中的成员变量、类的构造方法和类的方法等是处在同一级别的。局部内部类就是我们刚刚接触的内部类，它被定义在方法中，类中的任何方法都可以包含局部内部类，它与方法中的局部变量处在同一级别。好，下面还是通过一个图来认识方法中的内部类。

　　图 13-3 直观地列出了局部内部类在类中的层次结构，它与方法中的局部变量是同一个级别的。

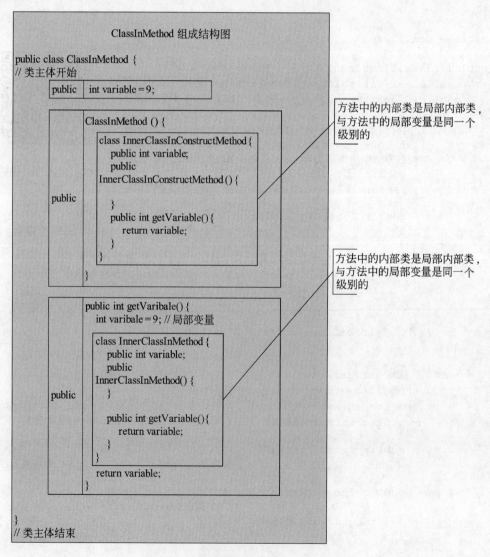

图 13-3　局部内部类在类中的层次结构

现在我们已经接触了内部类的两种形式。通过上面的两个例子可以看出，内部类（两种内部类都包含在内）与普通类的语法规则都是相近的，在上面的例子中，内部类中有成员变量、方法，构造方法等。除此之外，内部类还可以与普通类一样使用继承，也可以实现接口等。

🔔注意：引入了内部类的概念之后，为了区分内部类与内部类所在的类，习惯上会称呼内部类所在的类为外部类，例如本节中的 OutClass 和 ClassInMethod 都是外部类。

当然，内部类与普通类的身份不同，它们不是独立的类，而是作为其他元素的组成部分（成员内部类是类的组成部分，局部内部类是方法的组成部分），所以它们有些特殊的语法和性质。下面来分别学习这两种内部类，首先是成员内部类。

❑ 内部类按照其所处位置不同分两种：成员内部类和局部内部类。

❑ 理解两种内部类的"身份"：成员内部类与类中的方法等成员是同级别的；局部内部类与方法中的局部变量是同级别的。理解了其身份，内部类只是定义在不同地方的类而已。

13.3　成员内部类

本节将学习成员内部类。成员内部类也是类，所以普通类所有的特性它都具有。但是成员内部类既然定义在类内部，Java 语法还赋予了它一些普通类所不具备的特殊性质，这种特殊性质主要来自两个地方，首先是成员内部类的"类成员"这个特殊身份，然后是成员内部类和包含这个类的外部类之间的关系。本节将就成员内部类的语法展开学习。

13.3.1　使用成员内部类

本节中展示一下如何使用成员内部类。首先说明的是，Java 中引入内部类的主要目的是为了辅助外部类，所以内部类绝大多数情况下是在外部类的内部使用，很少会在外部类之外使用一个类的内部类。例如，对于外部类 OutClass 来说，其内部类 InnerClass 就是主要在 OutClass 内部使用，而不会在外部使用。如果想要在外部使用一个类，则不应该将这个类定义成一个内部类，而应该将它定义成一个普通类。

🔔提示：在外部类之外使用其内部类，是很别扭的一件事情，这与内部类和外部类之间的关联有关。后面的内容中将会学到这一点。此外，在本节以及后面几节中都是讲解成员内部类的，所有内部类，如果没有特殊说明，都是指成员内部类。

下面来看如何在外部类中使用内部类。

```
package com.javaeasy.innerclass;          // 包名

public class OutClass {                   // 类名
    // 省略外部类中的无关内容
    // 以下为内部类的代码
    public class InnerClass {          // （1）类中声明的另一个类，也就是内部类
```

```
        // 内部类中可以包含任何符合 Java 语法格式的元素：
        public InnerClass() {          // 内部类 InnerClass 的构造方法
        }
        private int innerVariable; // 内部类 InnerClass 中声明的变量

        public int getInnerVariable() {    // 内部类 InnerClass 中的方法
            return innerVariable;
        }
    }
    // 内部类的代码结束
    public int useInnerClass() {                // 添加新的方法，在方法中使用内部类
        // 创建一个内部类的实例，并让内部类的引用指向这个实例
        InnerClass inner = new InnerClass();
        // 通过内部类的引用，调用内部类的方法，并使用方法返回值给局部变量赋值
        int valueFromInner = inner.getInnerVariable();
        return valueFromInner;                       // 返回结果，方法结束
    }
}
```

在 OutClass 中，添加了一个新的方法 useInnerClass()，在方法中使用了内部类。通过代码可以看出，内部类的使用与普通类的过程一样：创建类的对象，让引用指向类的对象，通过引用调用方法（以及访问其中的变量）。内部类的使用就是这么简单，但是内部类还有更复杂的东西，下面的几节我们将一一展开学习。

❑ 内部类主要是用来辅助其所属的外部类的。除了在很少数的情境下，内部类不应该在其所属的外部类之外使用。

❑ 使用内部类的步骤与普通类是一样的。

13.3.2　成员内部类的修饰符

成员内部类有两个"身份"，首先它是其所在的类的成员，然后它还是一个类。作为类的成员，以下修饰符可以用来修饰内部类。

❑ 访问控制符：public、默认、protected 和 private；

❑ static 修饰符。

和使用访问控制符修饰类的成员变量一样，使用访问控制符修饰内部类的作用就是"控制内部类的可见性"，这种可见性是对于类的外部来说的。所以，如果一个内部类的访问控制符是 public，那么这个内部类就可以在所有可以使用外部类的地方使用；如果想要一个内部类只能在外部类所在的包以及外部类的子类中使用，那么应该使用修饰符 protected 修饰这个内部类。

🔖提示：后面会有专门的内容来讲解如何在外部类之外使用其中的内部类。

但是，按照 13.3.1 节中所说的，内部类一般不应该在外部类之外使用，所以，我们可以使用 private 修饰大部分内部类。这样，就从语法上限制了内部类的使用范围，它就只能在其所属的外部类的内部使用了。

好，了解完了访问控制符，继续看 static 关键字修饰内部类的意义。当使用 static 修饰类中的成员变量时，这个变量就是类的范畴内的属性，而不属于某个对象。同样，当一个

内部类使用 static 修饰后，它也将是一个类范畴的属性，而不属于某个对象。对于使用 static 修饰的内部类，可以称之为静态内部类。

我们前面学习过，静态方法中只能使用静态变量，不能使用非静态变量。对于内部类也是一样的，静态方法中是不能使用非静态内部类的。对于内部类来说，静态内部类和非静态内部类在使用上有较大的差异，在后面的学习中请注意这种区别。

内部类作为 "类"，可以使用下面的修饰符。

❏ abstract：内部类也可以是抽象类。

❏ final：标记内部类不可以被继承。

内部类有着普通类所有的特性，所以可以用于普通类的修饰符都可以用在内部类上。在内部类中使用这两个关键字的意义也与普通类上的用法一样。同样，内部类也可以使用 extends 来继承某个类，可以使用 implements 来实现接口。

好，接下来需要学习内部类一个重要的特性了，同时它也与 static 关键字有关，让我们进入 13.3.3 节的内容。

❏ 内部类同时兼具类成员和类两个属性，所以可以用于内部类的修饰符分为两类，分别针对内部类的类成员这个身份和类这个身份。

❏ 访问控制符和 static 修饰符可以用于修饰内部类，其作用和意义与使用相应的修饰符修饰类中的成员变量一样。使用访问控制符修饰内部类的意义是用于在 "外部类之外使用内部类"。使用 static 修饰内部类的意义在于 "标识内部类所属的是类范畴还是实例范畴"。这两部分内容后面会展开讲述。

❏ 静态内部类（使用 static 修饰的内部类）可以在静态方法中使用，非静态内部类则不能。

❏ 可以用于普通类的修饰符也都可以用于内部类。

13.3.3　在类外部使用内部类

本节介绍如何在外部类之外使用其中的内部类。在这里不去纠缠于不同的访问控制符的作用，因为关于访问控制符的作用在前面已经详细讲述了。所以，为了让内部类可以在外部使用，在本节中将用 public 作为内部类的访问控制符。一个内部类是否使用 static 修饰，对于在外部类之外使用其中的内部类也是有影响的，在这里我们准备两个内部类，一个使用 static 修饰，一个不使用。好，下面是本节中需要使用的类代码。

```
package com.javaeasy.innerclass;

public class UseInnerClassOutside {// 外部类
    private int variable = 6;        // 成员变量
    public int getVariable() {       // 外部类中的方法
        return variable;
    }

    public class InnerClass {  // 内部类 InnerClass
        private int variable = 5;  // 内部类中的变量
        public int getVariable() { // 内部类中的方法
            return variable;
        }
```

UseInnerClassOutside
源码

```
    }

    public static class StaticInnerClass {      // 静态内部类
        private int variable = 5;               // 静态内部类的变量
        public int getVariable() {              // 静态内部类的方法
            return variable;
        }
    }
}
```

上面是 UseInnerClassOutside 类的代码，类中定义了一个成员变量和一个方法，以及两个内部类。这两个内部类分别是非静态（InnerClass）的和静态（StaticInnerClass）的。和普通类一样，使用一个类必须引入一个类或者使用类的全限定名指定这个类。在编程中，可以通过 import 语句或者内部类的全限定名指明所使用的内部类。成员内部类的全限定名是什么呢？因为成员内部类是类的一个成员，所以在 Java 语法中，内部类的全限定名语法如下：

```
外部类全限定名 + . + 内部类的类名
```

没错，就好像访问外部类里的一个成员一样，内部类的全限定名需要加上其所属的外部类的全限定名。解决了引入内部类的问题，我们就可以使用内部类。下面分别展示如何在外部类之外使用这两个内部类。

（1）在外部类（UseInnerClassOutside）之外创建外部类里面非静态内部类的对象时，必须有一个外部类对象的引用才行，其语法如下：

```
new + 外部类引用 + . + new + 内部类类名(构造方法参数)
```

下面的例程展示了这种语法。

```
package com.javaeasy.useinnerclass;

import com.javaeasy.innerclass.UseInnerClassOutside;
        // 引入外部类
import
com.javaeasy.innerclass.UseInnerClassOutside.InnerClass;
// （1）引入需要使用的内部类
public class UseInnerClass {
        // 例程类
    public static void main(String[] args) {                // main()方法
        // 创建一个外部类的对象，因为创建内部类的对象需要这个对象
        UseInnerClassOutside out = new UseInnerClassOutside();
        // （2）创建 InnerClass 类的对象，并让 InnerClass 的引用 inner 指向这个对象
        InnerClass inner = out.new InnerClass();
        // 通过引用 inner 调用内部类 InnerClass 的方法
        System.out.println("内部类方法的返回值：" + inner.getVariable());
    }
}
```

UseInnerClass 源码

在上面例程中，第（1）处使用 import 语句引入一个内部类，与普通类一样，import 语句后面是内部类的全限定名。main()方法中，首先创建了一个外部类的对象，并让 out 指向这个对象。紧接着就是创建非静态内部类的语法了。代码 out.new InnerClass()创建了

一个 InnerClass 的对象。InnerClass 的引用 inner 指向了这个对象。程序中的下一行通过 inner 这个引用调用了 InnerClass 中的 getVariable()方法，并将返回值输出到控制台。运行例程，控制台输出如下内容：

内部类方法的返回值: 5

（2）接下来继续看静态内部类。在外部类（UseInnerClassOutside）之外创建外部类里面静态内部类的对象时，没有特殊的语法要求。看下面的例程：

```java
package com.javaeasy.useinnerclass;        // 包名
import
com.javaeasy.innerclass.UseInnerClassOutside.StaticI
nnerClass;// （1）引入静态内部类
public class UseStaticInnerClass {         // 例程类
    public static void main(String[] args){
        // main()方法
        // （2）创建静态内部类 StaticInnerClass 的对象，
        // 并让 inner 指向这个对象
        StaticInnerClass inner = new StaticInner
Class();
        // 通过 inner 引用调用 StaticInnerClass
        // 中的 getVariable()方法
        System.out.println("内部类方法的返回值: " + inner.getVariable());
    }
}
```

UseStaticInnerClass
源码

好，在外部类之外使用内部类方法已经讲述完毕了。但是在这里还要强调一下，内部类的主要作用是辅助外部类。所以，虽然使用也没错，但是除非在必要的时候，否则不要在外部类之外使用外部类中的内部类。

- ❑ 内部类的全限定名。
- ❑ 在外部类之外使用静态内部类的语法。
- ❑ 在外部类之外使用非静态内部类的语法。

13.3.4　非静态内部类的特性

本节所说的内部类都是指非静态内部类。本节核心内容就是"内部类可以访问外部类的变量，可以调用外部类的方法，就好像这些方法和变量是自己的一样（即使变量或者方法是 private 的，内部类也可以访问）"。通俗来说，就是内部类可以访问外部类中所有的成员，无论这个成员的访问控制符是什么。下面用一个例程来展示内部类的这种特权。

```java
package com.javaeasy.innerclass;           // 包名

public class UseMembers {                  // 外部类
    private int variableInOutClass = 5;
    // 外部类中的 private 变量

    public class InnerVariableClass {      // 内部类
        private int variableInInnerClass;
        // 内部类中的 private 变量
        public int useOutVariable() {// 内部类中的方法
```

UseMembers 源码

```
        // （1） 在内部类中使用外部类中的
        // private 变量 variableInOutClass
        return variableInInnerClass + variableInOutClass;
      }
   }
}
```

上面的代码中，UseMembers 定义了一个 private 变量 variableInOutClass，UseMembers 中还有一个名为 InnerVariableClass 的内部类。在这个内部类的 useOutVariable()方法中，直接使用了外部类中的 Private 变量，为什么会这样呢？原因有以下两个。

- □ 从 Java 语法角度出发，内部类是属于外部类的，所以，即使是使用可见性的 private 修饰一个成员（方法或者变量），在内部类中也是可以访问它的。也就是说，Java 语法允许内部类访问外部类的所有属性，无论它们的访问控制符是什么。
- □ Java 在内部类中定义了一个指向外部类的引用，这个引用是隐藏的。所以在内部类中使用外部类的变量，其实是通过这个引用完成的。

原因一的解释：在讲解访问控制符时我们说过，对于使用 private 修饰的变量（和方法），只能够在类内部使用。这里所说的类内部，不仅仅是指类本身，也包括类内部定义的内部类。所以，第 1 个原因证明了这一点。我们知道了"为什么"在内部类中可以访问外部类的 private 变量，那么内部类是"怎么样"访问外部类的 private 变量的呢？下面看第 2 个原因。

原因 2 的解释：因为内部类是被设计为辅助外部类的，所以，内部类与外部类的关系一般会十分密切。Java 在设计内部类之初，就在内部类中添加了一个"指向外部类的对象的引用"。实际上，内部类对外部类成员的访问，都是通过这个引用完成的。但是大多数情况下 Java 允许在编程中省略这个引用。可以通过下面的语法获得这个引用。

```
外部类类名 + . + this
```

这个隐藏的引用为什么要加上这个外部类的名字呢？这是因为内部类也有 this 引用。添加外部类名字正是为了避免冲突。也就是说，如果我们不省略这个引用，那么类 UseMembers 的内部类 InnerVariableClass 中，useOutVariable()方法的完整代码应该如下：

```
public int useOutVariable() {          // 内部类中的方法
  // 在内部类中通过隐含的外部类引用 "UseMembers.this" 访问 variableInOutClass
  return variableInInnerClass + UseMembers.this.variableInOutClass;
}
```

上面的方法中使用 UseMembers.this.variableInOutClass 来获得外部类的变量 variableInOutClass 的值。其中 UseMembers.this 是指向外部类对象的引用，variableInOutClass 是外部类的变量名。新的代码与原来的代码是完全一样的作用。

那么，为什么内部类的对象一定能够获得这个外部类对象的引用呢？这与内部类（注意，本节中的内部类都是指非静态内部类）的使用有关。

- □ 当我们在外部类之外创建非静态内部类的对象时，Java 语法要求我们提供一个外部类的对象（13.3.3 节中学习过的语法）：外部类引用.new 内部类（构造方法参数）。所以，这种情况下，内部类对象是可以获得外部类的引用的。
- □ 当在外部类的方法（这里同样指的是非静态方法，我们前面说过，静态方法中不能使用非静态内部类）中创建一个内部类的对象时，其实也是使用的同一种语法：

　　Java 默认使用 this 自引用来创建内部类对象，也就是说，在这种情况下，"new 内部类（构造方法参数）"只是"this. new 内部类（构造方法参数）"的省略形式。

　　好，通过上面两段的分析我们知道，无论在何种情况下，内部类的对象是肯定可以获得一个外部类的对象引用的。这个过程比较抽象，为了加深理解，通过下面一个例程来看看在外部类之外创建内部类的对象时的过程。

```
package com.javaeasy.useinnerclass;              // 包名
import com.javaeasy.innerclass.UseMembers;        // 引入使用的类
import com.javaeasy.innerclass.UseMembers.InnerVariableClass;
                                                  // 引入使用的内部类

public class RefToOut {                           // 例程类
    public static void main(String[] args) {
    // main()方法
        UseMembers out = new UseMembers();
        // （1）创建外部类对象
        // （2）使用 out 引用创建一个内部类对象
        InnerVariableClass inner = out.new InnerVariable
        Class();
        // （3）通过 inner 调用 useOutVariable()方法
        System.out.println(" 内部类方法的返回值： " +
inner.useOutVariable());
    }
}
```

RefToOut 源码

　　在上面的例程中，分别标记了 3 处。下面对每一处使用图来描述其内部状态。

　　（1）创建 UseMembers 的对象并让引用 out 指向这个对象。执行完毕后，out 引用和 UseMembers 类的对象中的 this 自引用都指向同一个对象。程序的内部状态如图 13-4 所示。

　　（2）使用 out 引用创建出 InnerVariableClass 类的对象。程序执行完毕后，InnerVariableClass 类对象中的外部对象引用 UseMembers.this 同 out 指向同一个对象。图 13-5 描述了程序状态。

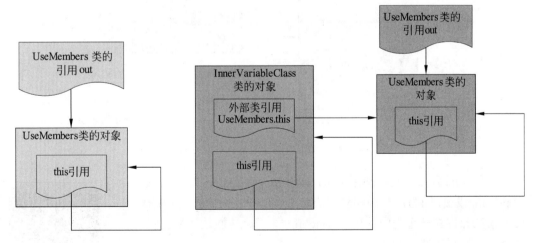

图 13-4　创建 UseMembers 类的对象程序状态　　　图 13-5　创建内部类对象后程序状态

　　（3）使用 inner 引用调用 useOutVariable()方法。此时的程序状态和图 13-5 所示的是一样的。在执行 useOutVariable()方法时，其实就是通过 UseMembers.this 引用获得外部类

UseMembers 对象中的 variableInOutClass 变量的。

好，走通了上面这个过程，其实在外部类内部使用内部类的情形是一样的。下面在 UseMembers 类中添加一个方法，并在方法中创建一个内部类的实例。

```
package com.javaeasy.innerclass;            // 包名

public class UseMembers {                   // 外部类
    private int variableInOutClass = 5;     // 外部类中的 private 变量

    public class InnerVariableClass {       // 内部类
        private int variableInInnerClass;   // 内部类中的 private 变量
        public int useOutVariable() {       // 内部类中的方法
            // 在内部类中使用外部类中的 private 变量 variableInOutClass
            return variableInInnerClass + variableInOutClass;
        }
    }
    public void useInnerClassInstance() {    // 在方法中使用内部类
        InnerVariableClass inner = new InnerVariableClass();
                                             //（1）创建内部类对象
        inner.useOutVariable();              //（2）调用内部类方法
        // （3）在外部类中，可以访问内部类里 private 变量
        System.out.println("内部类中的 private 变量: " + inner.
        variableInInnerClass);
    }
}
```

在类 UseMembers 中，添加了一个新的方法 useInnerClassInstance()，方法中创建了一个内部类的对象。这里没有提供一个外部类对象的引用，这是因为在外部类里面，Java 会默认使用 this 来作为外部类引用。也就是说，new InnerVariableClass() 其实就等价于 this.new InnerVariableClass()。执行完第（1）处的代码后，系统状态如图 13-6 所示。

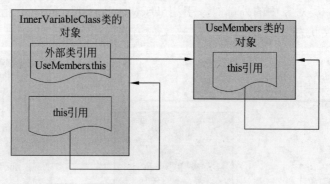

图 13-6　在外部类中创建内部类对象后的程序状态

在程序的第（3）处，使用 inner 访问 InnerVariableClass 对象中的 private 成员，因为内部类和外部类都在同一个类中，是一个整体。Java 语法允许在一个类中使用 private 成员，无论它们是不是在同一个类中，这点需要注意。

这个隐含的引用还可以用来解决内部类和外部类成员名冲突的问题，这时就不能够省略隐含的引用了。看下面的例程。

DuplicatedName 源码

```
package com.javaeasy.innerclass;    // 包名
```

```
public class DuplicatedName {// 外部类 DuplicatedName
    private int variable = 5;
    // （1）外部类 DuplicatedName 的成员变量

    class InnerClass {
        // 外部类 DuplicatedName 中的内部类 InnerClass
        private int variable = 7;
        // （2）内部类中的成员变量
        public int useOutVariable() { // 内部类中的方法
            // （3） 通过 "DuplicatedName.this" 解决变量
            //名冲突的问题
            return variable + DuplicatedName.this.variable;
        }
    }
}
```

　　在上面的例程中，外部类 DuplicatedName 和内部类 InnerClass 中都包含一个名为 variable 的变量，这时候，在内部类 InnerClass 的 useOutVariable()方法中，如果想要指明使用的是内部类中的 variable 变量还是外部类中的 variable 变量，就需要使用 DuplicatedName.this 这个隐含的引用了。直接写 variable，则是使用的内部类中的 variable 变量，DuplicatedName.this. variable 则是使用的外部类中的 variable 变量。所以在方法中，return variable + DuplicatedName.this.variable;里第一个使用的是内部类里的变量，DuplicatedName.this.variable 则是使用的外部类里的变量。

　　对于非静态内部类，还有一点需要注意：非静态内部类不能有静态的成员。也就是说，如果一个内部类是非静态成员内部类，那么这个内部类中就不能有静态变量或静态方法。

　　到此为止，本节的内容就快结束了。非静态内部类可以使用外部类中的成员变量，这是内部类的特权，这让内部类和外部类的关系更加紧密。同时，内部类和外部类严格来说是一个整体，所以，彼此之间可以访问哪怕是 private 修饰的成员。

- ❑　理解非静态内部类对象中隐含的指向外部类的对象引用。这个引用的名字是"外部类名 + . + this"。
- ❑　内部类和外部类是一个整体，所以内部类可以通过其中隐含的指向外部类的对象引用，来访问外部类中的成员，即使是外部类中的 private 成员，在内部类中也可以访问。
- ❑　当内部类和外部类中有成员（变量和方法等）重名时，如果想要使用外部类中的成员（变量和方法等），则不能省略隐含的引用，否则就是访问内部类中的成员（变量和方法等）。
- ❑　非静态内部类不能有静态的成员。

13.3.5　外部类访问成员内部类中的属性

　　13.3.4 节中我们讲过，因为内部类和外部类是一个整体，所以内部类可以通过其中隐含的指向外部类的对象引用，来访问外部类中的成员。同样的道理，外部类也可以访问内部类中的成员，即使这些成员是 private 的。但是外部类中没有指向内部类的引用，所以使用之前需要创建内部类的实例。看下面的例程：

```
package com.javaeasy.innerclass;      // 包名
```

```
public class UserInnerVariable {          // 外部类
    public class InnerClass {             // 内部类
        private int variable = 5;         // 内部类中的变量，是 private 修饰的
    }
    public int useVariableOfInner() {     // 外部类中的方法
        InnerClass inner = new InnerClass();   // 创建内部类实例
        return inner.variable;            // （1）访问内部类中的 private 变量
    }
}
```

在上面的代码中，UserInnerVariable 类是一个外部类，其中包含一个内部类 InnerClass。内部类 InnerClass 中有一个使用 private 修饰的变量 variable。外部类中有一个方法 useVariableOfInner()，此方法中首先创建了一个内部类 InnerClass 的对象，然后就到了程序中的重点——通过引用访问对象中的私有变量 variable。

可以在外部类中访问内部类中的 private 变量，是因为内部类和外部类是一个整体，这种访问在外部程序中是不允许的。看下面这个例程：

```
package com.javaeasy.useinnerclass;          // 包名

import com.javaeasy.innerclass.UserInnerVariable;
// 引入使用的内部类和外部类
import
com.javaeasy.innerclass.UserInnerVariable.InnerClass
;

public class UseInnerClassVraiableOutside {// 例程类
    public static void main(String[] args) {
    // main() 方法
        UserInnerVariable out = new UserInnerVariable();
        // 创建外部类 UserInnerVariable 的实例
        InnerClass inner = out.new InnerClass();
        // 创建内部类 InnerClass 的实例
        int a = inner.variable;
        // （1）错误，在类的外部不能访问 private 修饰的变量
    }
}
```

UseInnerClassVraiable
Outside 源码

上面的例程很简单，首先创建一个外部类 UserInnerVariable 的对象，然后利用这个对象创建内部类 InnerClass 的对象。最后尝试去访问内部类 InnerClass 中的 private 变量。因为这是在类的外部，所以 private 变量是不能被访问的。编译上面的程序，控制台输出如下错误：

```
com\javaeasy\useinnerclass\UseInnerClassVraiableOutside.java:10: 错 误 :
variable 可以在 UserInnerVariable.InnerClass 中访问 private
             int a = inner.variable;
                          ^
```

1 个错误

❑ 外部类的代码中，可以访问成员内部类的对象中的变量。

13.3.6　静态成员内部类

前面的内容都是在讲述非静态成员内部类的性质。本节讲述一下静态成员内部类。首

先，静态成员内部类是使用 static 修饰的成员内部类。在 13.3.1 节中，我们已经学习过如何使用它。它的很多特性与静态变量和静态方法类似。相比非静态成员内部类，静态成员内部类简单许多。下面列出静态成员内部类与非静态成员内部类之间的语法区别。

❑ 静态成员内部类是使用 static 修饰的成员内部类。

❑ 静态成员内部类是类范畴中的元素，所以静态成员内部类中没有指向外部类对象的引用。也就是说，不能在静态成员内部类中使用外部类中的非静态成员（注意，非静态成员内部类之所以可以使用，正是因为其隐含有指向外部类对象的引用）。

❑ 静态成员内部类可以在外部类的静态方法中使用，但是非静态成员内部类不能这么使用。

下面对它们之间的区别一一做出解释。对于第 1 点无须多说，这是静态内部类和非静态内部最直接的区别。对于第 2 点，我们可以参考静态变量、静态方法、非静态变量和非静态方法直接的关系，如图 13-7 所示。

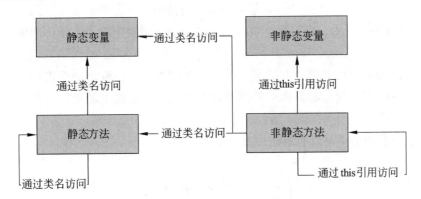

图 13-7　同一个类中的类成员访问权限图

在非静态方法体内，它可以通过 this 引用访问类的非静态变量和非静态方法，还可以通过类名访问静态变量和静态方法；在静态方法体内，则只能够通过类名访问静态方法和静态变量。其实静态方法规则等同于静态类，非静态方法的规则也等同于非静态类。总结一下，这个规则就是：非静态成员可以访问非静态成员（通过 this 引用，或者"父类.this"引用），也可以访问静态成员（通过类名）；静态成员只可以访问静态成员。

"静态内部类不能够访问非静态内部类"的含义是在静态内部类中，不能够直接使用非静态内部类中的变量或方法。但是在这里需要注意的是，这并不意味着在静态内部类中不能使用非静态内部类这种类型。看下面的代码：

```
package com.javaeasy.innerclass;    // 包名

public class InnerClasses {          // 外部类
    class Inner {                    // 非静态内部类
        public int variable;// 非静态内部类中的成员变量
    }

    static class StaticInner {       // 静态内部类
        public static int useInner() {
            // 静态内部类中的静态方法
```

InnerClasses 源码

```
        InnerClasses out = new InnerClasses();
        // 创建外部类的对象
        Inner inner = out.new Inner();              // 创建非静态内部类的对象
        return inner.variable;
                              // 通过 inner 引用访问非静态内部类对象的成员变量
    }
  }
}
```

在上面的例程中，InnerClasses 中包含两个内部类，分别是静态成员内部类 StaticInner 和非静态成员内部类 Inner。在静态成员内部类 StaticInner 中，包含了一个静态方法，静态方法中通过正常的步骤使用了非静态成员内部类，并创建了它的对象，访问了其对象的成员变量。这都是没有语法错误的。我们所说的"静态内部类不能够访问非静态内部类"是指在 StaticInner 的 useInner()方法中，不能够直接访问（不创建对象）而使用 Inner 中的 variable 属性。

静态内部类还有一个特点，就是它内部可以有静态方法和静态变量。这一点是非静态内部类所不具有的。好的，到这里，我们已经学习完了成员内部类。下面将继续学习局部内部类。

- ❑ 区分静态成员内部类和非静态成员内部类的不同——静态成员内部类是类范围内的属性，其中没有隐含指向外部类对象引用，因此就不能使用外部类中的非静态成员。
- ❑ 静态成员内部类可以有静态成员。

13.4　局部内部类

本节将讲述局部内部类的相关内容。通过 13.3 节的学习，内部类已经不是一个陌生的概念了。所谓内部类，就是包含着其他元素内部的类。局部内部类是定义在方法代码中的类，它与局部变量是在一个级别上的。在 13.2.2 节中，展示了两个局部内部类，它们分别定义在构造方法和普通方法中。好，下面开始详细学习局部内部类。

13.4.1　局部内部类之"局部"

首先回顾一下 13.2.2 局部内部类中讲述的内容。在继续本节的内容之前，我们可以先回过头去看看 13.2.2 节的内容，尤其是图 13-3。在 13.2.2 节中，我们知道局部内部类是一个定义在方法中的类，就好像局部变量一样。"局部内部类"这个名字表示它有两方面的性质：首先它是"局部的"；其次它还是一个"内部类"。

本节将使用局部变量里"局部"的性质作为对比，来学习局部内部类里"局部"的性质。在本节的学习中，我们专注于它的"局部"二字，暂时把局部内部类当作一个普通的类来看待。下面是本节中的程序代码。

🔔注意：同成员内部类一样，习惯上会把包含局部内部类的类称为外部类。

```
package com.javaeasy.localeinnerclass;      // 包名

public class ShowLocaleInnerClass {          // 外部类
    public void method() {        // 外部类中的方法
        int variableA = 200;      // （1）方法中的局部变量
        class LocaleInnerClass {
            // （2）定义在方法中的局部内部类
            // 局部内部类定义，在这里先不去管它
        }     // 局部内部类定义结束
        int variableB = variableA * 10 + 9;
            // （3）方法中的局部变量
    }                                          // 方法结束
}
```

ShowLocaleInnerClass
源码

在上面的类 ShowLocaleInnerClass 中，包含一个方法 method()，此方法中依次定义了局部变量 variableA，局部内部类 LocaleInnerClass 和局部变量 variableB。图 13-8 将局部内部类和局部变量的"局部"特性做了一个对比。

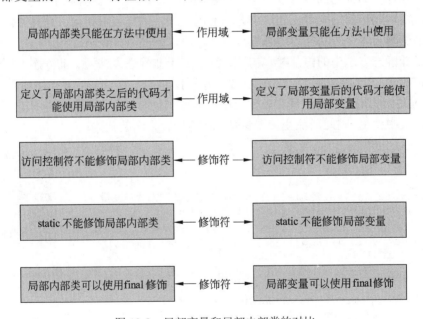

图 13-8　局部变量和局部内部类的对比

图 13-8 列出的都是局部内部类的语法要求。下面逐一说明。

第 1 点是局部内部类的作用域。和局部变量一样，局部内部类只能够在定义它的方法中使用，除了这个方法，局部内部类就不可见了。

第 2 点是关于局部内部类的使用顺序的。局部内部类必须先定义后，才能够使用（使用局部内部类和使用成员内部类相似，本节后面会讲述）。例如在 ShowLocaleInnerClass类的 method()方法中，（1）处定义了 variableA，在后面的（3）处才能够使用 variableA；在第（1）处，因为还没有定义 variableB，所以不能够使用 variableB。同样，对于局部内部类 LocaleInnerClass，也只能够在类定义之后的代码使用 LocaleInnerClass。也就是说，在上面的代码中，只有第（2）处和第（3）处可以使用局部内部类（局部内部类里也可以使用自己）。所以，局部内部类的作用域严格来说应该是：从局部内部类的定义开始，到包含局部内部类的方法结束。

紧接着下面的 3 点都是关于修饰符的。因为局部内部类只能在定义它的方法内使用，所以，访问控制符对局部内部类是没有意义的。同理，static 关键字对于局部内部类也没有意义。还有就是局部内部类可以使用 final 修饰，意义就是此类不可被继承。严格来说，这应该算是局部内部类作为类而言的一个修饰符。

以上就是局部内部类中"局部"的性质。把局部内部类看作和局部变量一个等级的元素，这些语法都是很好理解的。下面在 13.4.2 节继续学习局部内部类作为"内部类"的语法。

❑ 局部内部类中"局部"的性质给局部内部类带来的语法要求。

13.4.2　局部内部类之"内部类"

局部内部类和普通类一样，可以在里面定义变量和方法。成员内部类可以访问其外部类的成员，同样，局部内部类可以访问其所在的方法中所有可以访问的成员。通俗地讲，在一个方法中可以访问的变量，在这个方法的内部类中同样可以访问。因为方法中是否可以访问静态变量与这个方法是否静态方法有关，所以下面分开论述。

首先是非静态方法中的内部类（构造方法也属于非静态方法）。非静态方法中的局部内部类中也包含一个隐含的指向外部类对象的引用，而且这个引用也是"外部类类名 + . + this"。通过这个引用，就可以使用外部类中的成员了；而对于方法内部本身的变量，若想在局部内部类中使用，则此局部变量需要是 final 的。看下面的代码：

```
package com.javaeasy.innerclass;           // 包名

public class UnStaticMethod {              // 外部类
    private int variableInClass = 2;// 非静态成员变量
    private static int staticVariableInClass = 1;
                                // 静态成员变量
    public void method() {              // 注意！非静态方法
        final int variableInMethod = 3;
        // 方法中的局部变量，注意！使用 final 修饰的
        class InUnStaticMethod {// 局部内部类
            public int variableInner = 4;
        // 局部内部类中的成员变量
            public void innerMethod() {              // 局部内部类中的方法
                int innerMethodVariable = 5;
                System.out.println("内部类 UnStaticMethod 中 innerMethod()方
                法里的局部变量: "
                        + innerMethodVariable);     // （1）
                System.out.println("内部类 InUnStaticMethod 中的成员变量" +
                variableInner);                     // （2）
                System.out.println("外部类中 method()方法中的 variableIn-
                Method 变量"
                        + variableInMethod);        // （3）
                System.out.println("外部类 UnStaticMethod 的对象中的成员变量
                variableInClass"
                        + UnStaticMethod.this.variableInClass);   // （4）
                System.out.println("外部类 UnStaticMethod 的静态变量
                variableInClass"
                        + UnStaticMethod. staticVariableInClass);
```

UnStaticMethod 源码

```
                                            //（5）
            }
        }
    }
}
```

在 UnStaticMethod 中，定义了非静态成员变量 variableInClass 和静态成员变量 staticVariableInClass，还定义了非静态方法 method()，在这个方法里，定义了局部变量 variableInMethod，然后是局部内部类 InUnstaticMethod，在局部内部类中，定义了成员变量 variableInner，然后是内部类中的方法 innerMethod()。这个方法就是重头戏了，在方法内部，首先定义了局部变量 innerMethodVariable，然后开始访问前面定义的这些变量。

🔔说明：因为每个类的实例都会拥有一份非静态成员变量的备份，所以非静态成员变量也叫做实例变量（Instance Variable）。

（1）使用内部类 UnStaticMethod 中 innerMethod() 方法里的局部变量。这个很好理解，使用方法中的局部变量，这个没有什么好说的，只要这个变量定义在使用它的代码之前就可以了。

（2）使用内部类 InUnstaticMethod 中的成员变量。使用类中的变量，这个也没什么好解释的。内部类当然也具备类的这个执行能力。

（3）使用外部类中 method() 方法中的 variableInMethod 变量。这是局部内部类的特性，它可以直接使用方法中定义的 final 的局部变量（当然前提是这个局部变量定义在内部类之前，而且必须是 final 的）。当内部类中有个变量方法中的局部变量重名时，则方法中的局部变量就不可访问了（可以说是被掩盖了），因为 Java 会默认使用内部类中的变量。

（4）使用外部类 UnStaticMethod 对象中的成员变量 variableInClass。这个过程是通过隐含的指向外部类的引用（即 UnStaticMethod.this）完成的。

（5）使用外部类 UnStaticMethod 的静态变量 variableInClass。这个没有什么需要解释的，对于任何静态变量或静态方法，都可以使用类名来访问。

也就是说，作为局部内部类，它与普通类不同的就是第（3）和第（4）两点，与局部内部类不同的就是第（3）点。好，下面继续看静态方法中的局部内部类。

```
package com.javaeasy.innerclass;                    // 包名

public class UnStaticMethod {                       // 外部类
    private int variableInClass = 2;                // 非静态成员变量
    private static int staticVariableInClass = 1;   // 静态成员变量

    public static void staticMethod() {
        final int variableInMethod = 3;
                                    // 方法中的局部变量，注意！使用 final 修饰的
        class InUnstaticMethod {                    // 局部内部类
            // 在类中可以使用 staticVariableInClass 和 variableInMethod
        }
    }
    // 类中的其他内容省略
}
```

因为静态方法是不能访问类中的非静态成员的，所以静态方法中的内部类也不可以。所以，比起静态局部内部类，静态方法中的局部内部类（InUnstaticMethod 局部内部类）

的特殊之处就是可以访问方法中（staticMethod()方法）final 的变量（variableInMethod）。

到这里我们发现了内部类的一个特性，之所以它们被称为内部类，就是因为内部类可以访问包含内部类的元素中的成员，如成员内部类，就可以访问外部类中的相应成员；而局部内部类则可以访问包含它的方法中的相应变量，以及包含这个方法的类中的相应成员。

关于局部内部类，还有一点语法需要记住：局部内部类中不能包含静态成员。也就是说局部内部类中的方法、变量等都不能使用 static 修饰。其实使用 static 修饰局部内部类的成员是没有什么意义的，因为局部内部类的作用域被限定在了方法的内部。

❑ 局部内部类可访问包含这个内部类的方法中的变量。

❑ 非静态方法中的局部内部类隐含有指向外部类的引用，可以访问外部类中的成员。

❑ 局部类中不能包含静态成员。

13.4.3　使用局部内部类

因为局部内部类只能在方法内部使用，所以局部内部类的使用就相对简单了很多。无论是在静态方法还是在非静态方法中，使用局部内部类都是一样的。看下面的例子。

```
package com.javaeasy.localeinnerclass;       // 包名

public class UseLocaleInnerClass {           // 外部类
    public void method() {          // 外部类中的方法
        class UseInner {            // 局部内部类
            private int variable = 9;
            // 局部内部类中的成员变量
            public int getVariable() {
            // 局部内部类中的成员方法
                return variable;
            }
        }   // 局部内部类结束
        UseInner inner = new UseInner();       // 创建局部内部类的对象
        inner.getVariable();                   // 调用局部内部类中的方法
    }                                          // 外部类中的方法结束
}
```

UseLocaleInnerClass
源码

在上面的例程中，UseLocaleInnerClass 类的 method()方法中定义了一个内部类，叫做 UseInner，紧接着，在这个方法内部就使用了这个局部内部类——创建对象，用类的引用指向这个对象，通过这个引用调用方法。一切与普通类没有不一样的地方。唯一需要注意的地方就是必须在局部内部类的定义之后才能使用这个局部内部类。

好，到这里局部内部类的相关内容就学习完毕了，局部内部类和成员内部类的差异不大，两者在很多地方是相似的。在 13.5 节中我们将继续学习另一种特殊的类：匿名类。

❑ 使用局部内部类。

13.5　匿名内部类（Anonymous inner classes）

匿名内部类也许是最特殊的一种类了。首先它是内部类，它最大的特点就是没有名字，而且我们不能显式地通过代码为它添加构造方法。除了这两点特殊之外，匿名内部类可以说就是前面学习过的内部类。好，下面让我们开始学习这种没名字的类。

13.5.1　准备工作

匿名内部类（简称匿名类）和抽象类型（也就是接口以及抽象类）关系紧密。因此，为了使用匿名类，我们首先创建一个接口和一个抽象类。

接口 AnInterface 的代码。

```
package com.javaeasy.anonymousclass;    // 包名
public interface AnInterface {          // 接口
    void method();                      // 一个抽象方法
}
```

AnInterface 源码

上面的接口中定义了一个抽象方法 method()，没有什么特殊之处。

抽象类 AnAbstractClass 代码如下：

```
package com.javaeasy.anonymousclass;

public abstract class AnAbstractClass {     // 抽象类
    public AnAbstractClass(int variable) {
        // 抽象类中的构造方法
    }
    public AnAbstractClass() {// 抽象类中的构造方法
    }
    public abstract void method();// 抽象类中的抽象方法
}
```

AnAbstractClass 源码

抽象类 AnAbstractClass 中定义了一个抽象方法 method()。

下面我们就可以开始使用匿名内部类了。

13.5.2　匿名内部类的语法

除了使用匿名内部类的语法之外，匿名内部类有以下需要注意的语法规则。
- ❑ 匿名内部类没有名字。
- ❑ 不能给匿名内部类添加构造方法。
- ❑ 匿名内部类无法显式地继承某个类或者实现某个接口。
- ❑ 匿名内部类没有任何修饰符。
- ❑ 匿名内部类是内部类。除了自己本身的语法规则之外，当在类内部使用匿名内部类时，匿名内部类就需要符合成员内部类的语法规则；当在方法里使用匿名内部类时，匿名内部类就需要符合局部内部类的语法规则。

好，下面来看看一个没有名字的类是如何使用的，定义匿名内部类和创建一个匿名内部类对象的语法是绑在一起的，其语法如下：

```
new 抽象类型名(构造方法实际参数) {
```

```
        实现抽象类型中的抽象方法
    }
```

这里的抽象类型就是指接口或者抽象类。两者具体的语法细节有所不同。接下来的内容中，都是以成员内部类来讲解匿名类的。而对于在方法中使用匿名内部类，则遵循局部内部类的语法，对于匿名内部类而言，是没有特殊的语法点的。下面首先来看抽象类型名是接口的情况。

13.5.3　通过接口使用匿名类

当抽象类型名是接口时，语法中的"构造方法实际参数"必须是空的，因为接口是没有构造方法的，而匿名类也是没有构造方法的。上面匿名类的语法还是显得太抽象，和我们之前接触过的语法有很大的差异，下面看一个例子。

```
package com.javaeasy.anonymousclass;        // 包名
public class UseAnonymous {                 // 例程类
    AnInterface intf = new AnInterface() {
// 创建一个抽象内部类对象，并让接口的引用指向该对象
        public void method() {
            // 实现接口中定义的抽象方法
        }
    };
}
```

UseAnonymous 源码

下面来把这段代码分割一下，以便让程序看得更清楚，如图 13-9 所示。

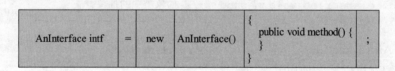

图 13-9　匿名类语法分解图

了解了匿名类的过程，下面从左到右一一来看。

首先是创建了一个接口的引用，这个没有需要解释的部分；然后是等号赋值操作符，意味着要给这个引用赋值；紧接着是 new 关键字，我们知道这个关键字的作用就是创建一个对象。到此为止，语法还都是很熟悉的语法。对于前面的语法来讲，new 关键字后面必须是一个类，但是在这里，new 关键字后面竟然是一个接口！

如果不去看最后一部分，这个语法仿佛就是创建了一个接口的对象。玄机就在最后一部分，我们可以认为它就是匿名类的类体。这个匿名类没有名字，但是它实现了接口 AnInterface，并在自己的类体中实现了接口 AnInterface 中定义的抽象方法。这下事情就清楚了，原来 new 后面跟着的不是一个接口，而是一个没有名字的、实现了那个接口的类。图中的最后一部分就是分号（;），它的作用就是标识一个语句的结束。

至于匿名内部类的其他相关内容，和内部类一样，这里不再重复叙述。接下来看如何通过抽象类使用匿名类。

❑ 通过图 13-9 理解匿名类的语法含义。其实创建的不是接口的对象，而是一个没有名字的、实现了这个接口的类的对象。

13.5.4　通过抽象类使用匿名类

其实通过抽象类来实现匿名类的本质和使用接口是一样的，都是让一个没有名字的类来提供抽象方法。这样，原本抽象的类型就不再抽象了，也就可以创建这个类型的实例了。下面我们看一个通过抽象类使用匿名类的例子。

```
package com.javaeasy.anonymousclass;                    // 包名
public class UseAnonymous {                             // 例程类
    // 省略部分
    AnAbstractClass absCls = new AnAbstractClass() {
                                              // 通过抽象类使用匿名类
        public void method() {                // 实现抽象类中的抽象方法
        }
    };
}
```

通过上面的代码可以看出，通过抽象类或接口来使用匿名类的语法是很相近的。核心部分都是对于抽象类型中的抽象方法，在匿名类的类体中需要给予实现。

好，下面来看一下两者唯一的不同点。因为抽象类是可以有构造方法的，所以匿名类的语法中允许调用抽象类中的构造方法（注意，是调用抽象类中的构造方法，不是匿名类的构造方法）。看下面的例子。

```
package com.javaeasy.anonymousclass;                    // 包名
public class UseAnonymous {                             // 例程类
    // 省略部分
    AnAbstractClass absClsII = new AnAbstractClass(5) {
                            // 使用匿名类，并给抽象类传递构造方法参数
        public void method() {     // 实现抽象类中的抽象方法
        }
    };
}
```

上面的代码中，抽象类后面的括号内是有实际参数的，Java 会根据参数匹配原则来调用抽象类中相应的构造方法。除此之外，没有其他特殊之处。

❑ 本小节中通过接口和抽象类来使用匿名类。这是使用匿名类的两种常见的形式。还有一种不常见的方式是通过类来使用匿名类，语法格式是一样的。

13.6　类，这样一路走来

到本章为止，我们已经学习完了关于类的所有内容，下面本节来回顾一下学习类的历程，同时也加深一下对类的认识。

最开始，在第 6 章中，类是用来构造自定义类型的。当需要使用几个变量来表示一个类型的时候，使用类是一个方便的解决方案。于是有了 Car 类，它封装了颜色、速度等几个属性，用来表示汽车这种类型。有了类型，下一步就是使用这种类型。

　　类是一种自定义类型，或者说是一种非基本类型（Java 中的基本数据类型就是 int 等 8 个）。使用一个类，首先需要创建这个类的实例。为了长久地使用这个实例，还需要使用一个引用指向这个实例。创建类的实例需要用到 new 关键字，而当对象创建出来以后，使用一个引用指向这个类的对象，才方便使用它。在这里需要明确的概念有两个：首先，引用是指向对象的，在程序中都是通过引用来使用一个对象；其次，引用不是对象，它只是"拴着对象的绳子"。

　　当然，引用和对象有着密切的关系，一个引用不指向一个对象的话，它就是一个空引用，是不能使用的；而一个对象如果没有引用这根"绳子"拴着，也不能在程序中使用。所以在书中，当没有歧义的时候，会直呼某个引用为"对象"，意思就是"这个引用指向的对象"。多个引用可以指向同一个对象，这时这些引用从程序的角度来说就是等价的——引用的作用依赖于它指向的对象。如图 13-10 简单说明了引用和对象的关系。

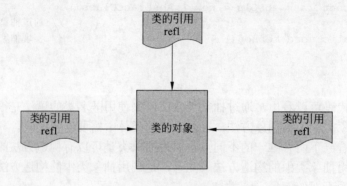

图 13-10　引用和对象的关系

　　如果类仅仅是属性的封装，那么未免太过单薄。第 7 章中我们学习了方法。方法的内容可谓十分丰富，有访问控制符、返回值、局部变量、参数和方法体等。当然还有一种特殊的方法，叫做构造方法。构造方法用来在对象创建出来之后，执行一些相关的初始化工作。方法中还可以使用指向对象的自引用 this。方法是用来处理变量的，它给类添加了"功能"。

　　方法让类除了可以定义一个类型的数据之外，还可以定义这个类型所具有的行为。可以说方法就是对行为的封装，而类则同时封装了方法和变量。面向对象编程中的"封装"二字在这里可以说已经体现得淋漓尽致了。类不仅能够通过封装属性来描述一类物体，还能够通过封装方法来表述这类物体是如何处理这些属性的。从第 7 章中开始，汽车类就有了多种多样的方法，可以行驶，可以停下，可以做很多很多事情了。图 13-11 描述了方法的作用。

　　然后，为了合理地组织类的结构，我们在第 8 章中学习了包（package）的概念。有了包，就可以有条理地把 Java 源文件组织起来了。引入了包的概念后，类名不足以唯一地确定一个类了，这时需要使用类的全限定名和 import 语句来方便地使用类。包中可以包含不定数量的类和子包，如图 13-12 所示为包和类的从属关系。

　　第 9 章中学习了一些之前遇到过但是没有详细讲述的内容。在这一章中可以加深我们对类和方法的认识。通过第 9 章也可以学习一些编程中经常用到的 Java 类库中的类。我们还在第 9 章中接触到了 static 关键字的作用。当一个类的成员使用 static 修饰的时候，这个成员就是静态的，也就是说它是属于类范围的属性，可以不通过对象而使用类名直接访问。

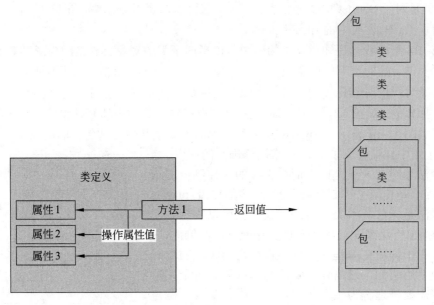

图 13-11　类中定义的方法　　　　图 13-12　包和类的从属关系

　　在第 10 章中，我们学习了类最重要的概念——继承和多态。从本章开始，类就不再是一个独立的东西了，它有父类，有了错综复杂的关系。多态也让类的方法调用呈现出让人"无法预知"的状态。可以说，精彩是从这一章中开始的。继承让父类的代码可以在子类中被重用；多态让子类中的方法可以覆盖父类的方法，从而"屏蔽"自己不想要的代码。CarBase 类作为汽车类的父类，提供了各种通用的属性和方法来供子类继承。同时，在SportsCar "不喜欢"父类的 speedUp()方法时，它也可以选择提供自己的 speedUp()方法来覆盖掉父类的这个方法。这一切都让 Java 的类变得灵活且强大。代码被最大程度地重用了，面向对象的思想此时开始发出了些许光芒。我们通过图 13-13 可以直观地看出父类和子类之间继承和覆盖的关系。

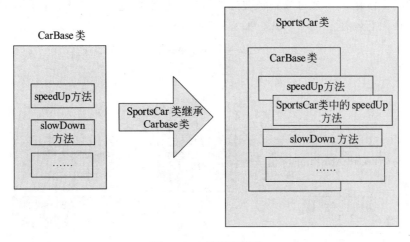

图 13-13　继承和覆盖

在图 13-13 中，SportsCar 类继承了 CarBase 类。SportsCar 类继承了 CarBase 类中所有的成员，但是对于 SportsCar 类不需要的成员，它可以选择覆盖。例如图 13-13 中，SportsCar 类就覆盖了 CarBase 类中的 speedUp()方法。

在第 10 章中我们还知道父类的引用可以指向子类的对象。这是因为子类其实包含了父类这种类型。这时类型的概念出现了，类型（Type）和类（Class）并不是两个等同的概念。一个类可以同时具备多种类型。类型其实就是一个定义，它可以是具体的，像类；它也可以是抽象的，如第 12 章中学习的接口；它也可以是具体中掺有抽象的，如本章中学习的抽象类。图 13-14 表示了 SportsCar 类所包含的类型及其包含被包含的关系。

第 11 章中详细介绍了 Java 中常用修饰符的作用。修饰符的语法相对来说还是比较简单直接的。控制符的难点有两个：一是使用了控制符后会怎样，例如覆盖，private 修饰的方法是无法被子类覆盖的（我们也可以联想到后面，对于抽象方法来说，是不能够使用 private 修饰的）；二是难点在于如何在编程中，按照程序需要实现的功能来正确地使用它们，这需要理解这些修饰符。对于此章中的内容需要以理解为主。例如，当子类、父类、覆盖和重载等关系遇到了不同的访问修饰符时，表现各不相同。何时应该使用 static 修饰一个类的成员，何时应该使用 final 修饰符变量或者类，修饰符虽小，但是其作用还是很大的。

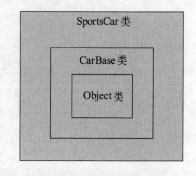

图 13-14　SportsCar 类所包含的类型

在第 12 章中，我们学习了接口。接口是一种抽象的类型，它包含抽象方法。实现一个接口就是在类中提供接口中定义的所有抽象方法。在单继承的 Java 世界里，类通过实现接口，可以方便地融合多种类型于一身。例如本章中，我们让 CarBase 类实现了 RecordeAble 接口，这样 CarBase 类就集成了 Object、RecordeAble 和 CarBase 这 3 种类型于一身。其中 Object 类型源自继承；RecordeAble 类型源自实现了 RecordeAble 接口，CarBase 类型则是它本身的类型。

同时，CarBase 类的对象也成了多面手，可以被认为是这 3 种类的对象——当使用 Object 类的引用指向 CarBase 类的对象时，就可以把它当作一个 Object 类型的实例使用；当使用 RecordeAble 的引用指向这个对象的时候，就可以把这个对象当作是 RecordeAble 的实例来使用。没错，一个对象到底被当作何种类型来使用，取决于在程序中通过何种类型的引用来指向它。在图 13-15 中，展示了这种多样性。

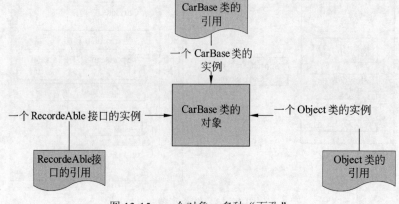

图 13-15　一个对象，多种“面孔”

当使用 RecordeAble 接口的引用指向一个 CarBase 类的对象时，这个对象就是一个 RecordeAble 类型的实例。在程序中就可以通过这个引用，按照 RecordeAble 中的定义来使用这个对象。当然，调用的方法是 CarBase 类中的方法。我们可以认为这是一种覆盖——当一个类获得了一个非抽象方法时（通过继承），子类可以选择覆盖或者不覆盖；而当类获得了一个抽象方法时（通过继承抽象类或者实现某个接口），子类就在语法上被强制来覆盖这个抽象方法（或者声明为一个抽象类）。我们不能够创建出接口的实例，所有接口的实例都是实现了这个接口的类的实例。

紧接着，本章中学习了抽象类和内部类。这些特殊的类在某些情况下可以大显神通。

13.7 小结：丰富多彩的类

本章学习了抽象类和内部类这两种特殊的类。所有这些种类的类，其实都是在普通类的基础上发展向来的。下面我们从语法层面来对这些类做一个总结，首先是抽象类。

- ❑ 抽象类是包含了抽象方法的类。
- ❑ 抽象类是一种抽象类型，不能够创建抽象类的对象。
- ❑ 抽象类是类，所以应该使用 extends 来继承，而不能使用 implements 去实现。
- ❑ 抽象类的子类同样继承了抽象类的抽象方法。子类可以选择实现这些抽象方法或者定义自己也为抽象类。
- ❑ 即使没有抽象方法，只要使用 abstract 修饰一个类，那么这个类就是抽象类。

通过本章 13.1 节的学习，除了学会抽象类的语法之外，最重要的是理解抽象类的意义，能够在以后编程中正确使用抽象类。

然后是内部类。内部类占据了本章大部分内容。内部类的分类很多，下面我们通过图 13-16 看一下内部类具体有哪些种类。

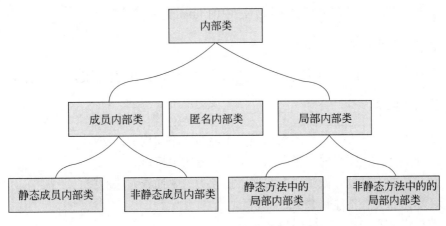

图 13-16 内部类的种类

在图 13-10 中列出了内部类的所属关系。对于匿名内部类，图中没有根据其所在的位置分为"成员匿名内部类"等。下面分层次来说明它们的语法规则。

1. 内部类语法要点

❑ 内部类也是类，拥有类的性质。

❑ 内部类是定义在其他元素内部的类。它是外部类的一部分，所以内部类外部类之间可以"无视"访问控制符。

❑ 定义了内部类的实体中的成员，可以被内部类访问。具体的访问规则与内部类的种类有关。

2. 成员内部类语法要点

❑ 成员内部类是定义在类中的类。

❑ 成员内部类可以使用访问控制符修饰和 static 修饰符。

❑ 成员内部类的全限定名是"外部类名字+ . + 成员内部类类名"。通过其全限定名，可以在外部类之外使用成员内部类。

3. 静态成员内部类语法要点

❑ 静态成员内部类中可以定义静态成员（变量和方法）。

4. 非静态成员内部类语法要点

❑ 非静态成员内部类中隐含一个指向其外部类的对象的引用。通过这个引用可以访问外部类对象中的所有成员。

❑ 创建非静态成员内部类对象时需要一个指向外部类对象的引用。在外部类中的非静态方法中使用内部类时，这个引用默认就是 this。

5. 局部内部类语法要点

❑ 局部内部类是定义在方法中的类。

❑ 局部内部类的作用域是在方法内部，在方法外部无法使用。

❑ 局部内部类可以使用其所在的方法中的 final 变量。

6. 静态方法中的局部内部类

隐含一个指向外部类对象的引用，可以通过这个引用访问外部类对象中的成员。

7. 匿名内部类

❑ 匿名内部类是没有名字的内部类，不能为它添加构造方法。

❑ 不能显式地让匿名内部类继承一个类或者实现接口。

❑ 匿名内部类可以看做是一个实现了抽象类型中抽象方法的类。

❑ 匿名内部类中不能包含 static 成员。

❑ 匿名内部类没有任何修饰符。

好，上面列出了一长串语法。但是现在可能大家对何时应该使用内部类还是不清楚。这是因为本章中的例程并不具备代表性，因为抽象类和内部类最大的用处是在图形编程的事件处理中，现在还没有学到相关的内容。本章中学习内部类的目标有 3 个：

□　认识内部类，知道什么是内部类。

□　熟悉内部类的语法。

□　当后面的章节用到内部类时，可以回过头来翻看本章内容。

同时，本章也给类的学习画上了一个句号。到现在为止，关于"类"的所有内容都学习完毕了。类，其实更是类型，是自定义类型。在第 14 章中我们将学习 Java 编程中另一个重要的部分：异常处理。

13.8　习　　题

1．编写一个抽象类 MyAbstractClass，抽象类中包含一个抽象方法 abstractMethod()。

2．编写一个类 ExerciseOutClass，然后在其中添加一个成员内部类 ExerciseInnerClass。

3．创建一个叫做 IExercise 的接口，在接口中定义一个无参数的名为 method() 的方法，然后添加编写一个叫做 ExerciseIII 的类，添加一个 method() 方法，然后在其中使用 IExercise 接口，添加一个匿名内部类。

第 14 章　Java 的异常处理机制

本章将要讲述的是 Java 语言编程中的另一个强大的功能——异常（Exception）。这里说的异常并不是 Java 语言中有什么异常，而是指程序运行中出现的错误或不正常的情况。其实 Java 中的异常前面已经接触过多次，例如 NullPointException，就是常见的一种异常。本章的内容，需要用到之前学到的以下内容：

❑ 类的继承；

❑ 接口；

❑ 程序执行流程。

异常怎么能算是语言的一个功能呢？没有任何异常不是很好吗？没有异常当然好，但是实际上想让程序没有异常是不可能的（或者说要付出很大代价的）。Java 的异常处理机制是一个相对独立的系统，它专门用来表示和处理程序中出现的错误。在程序中正确地使用和处理异常，程序才可以正常运行。好，下面开始本章的内容。

14.1　认　识　异　常

程序运行难免会出现错误，这种错误就是 Java 中的异常。本节中将讲述什么是 Java 中的异常。异常可以说是 Java 语法中一个新的领域，有些新的概念需要接受和学习。本节中正式提出了异常的概念，与之前的错误分开来。通过本节的学习，我们应该能够分清什么是异常，异常何时发生，异常发生后怎么样处理。

14.1.1　异常什么时候发生

在之前的学习过程中，我们其实已经遇到过一些编程中的错误了。这些错误中，有些是编译器的错误，有些是程序执行期间的错误。这里需要注意的是，编译器能够发现的是语法错误，不是异常。源代码没有语法错误，经过编译器编译就可以生成可执行的代码（class 文件）。class 文件就是 Java 世界中的程序，我们可以使用 main() 方法为入口执行 Java 程序，这都是在前面学习过的知识，而程序在运行期间，由于各种各样的原因而导致的错误或不期待出现的情况，就叫做异常。

下面使用一个最简单的例子来展示一下什么是编译错误。

```
package com.javaeasy.whatisexception;  // 包名

public class Calculator {              // Calculator 类
```

Calculator 源码

```
    public static void divide(String a, String b) {// 静态方法，进行除法运算
        double valueA = Double.valueOf(aa);       // 注意，这里会有一个编译错误
        double valueB = Double.valueOf(b);        // 将 b 转换为 double 值
        double result = valueA / valueB;          // 计算两个值的除法
        System.out.println(a + "除以" + b + "的结果是: " + result);
                                                  // 向控制台输出结果
    }
}
```

在上面的 Calculator 类中，有一个静态方法 divide()。它的参数是两个 String 对象。方法中首先将这两个 String 对象转换为 double 变量的值，然后用这两个转换来的值来进行相除运算，并将结果输出到控制台。但是在 divide()方法的第一行，错将参数 a 写成了 aa，这就导致了一个语法错误。编译这个程序，控制台输出如下内容：

```
com\javaeasy\whatisexception\Calculator.java:5: 错误: 找不到符号
            double valueA = Double.valueOf(aa);
                                           ^
    符号:   变量 aa
    位置: 类 Calculator
1 个错误
```

这个错误就是说 aa 这个变量没有定义，所以使用它就是错误的。这是一个语法错误，不属于异常。下面来修正这个编译错误。

```
package com.javaeasy.whatisexception;              // 包名

public class Calculator {                          // Calculator 类
    public static void divide(String a, String b) {// 静态方法，进行除法运算
        double valueA = Double.valueOf(a);         // 将 a 转换为 double 值
        double valueB = Double.valueOf(b);         // 将 b 转换为 double 值
        double result = valueA / valueB;           // 计算两个值的除法
        System.out.println(a + "除以" + b + "的结果是: " + result);
                                                   // 向控制台输出结果
    }
}
```

源代码中已经没有了语法错误，这时再次编译，就生成了 Calculator.class 文件。下面来使用这个程序来计算除法。看下面的例程。

```
package com.javaeasy.whatisexception;              // 包名

public class HereIsException {                     // 例程
    public static void main(String[] args) {       // main()方法
        Calculator.divide("9", "3");   // 使用 Calculator.divide 计算除法
    }
}
```

运行例程，控制台输出如下内容：

```
9 除以 3 的结果是: 3.0
```

好，一切看似正常，但是这个 Calculator 类的 divide()方法其实并不是总能够正确工作的。在例程中添加下面一行后，再运行程序：

```
package com.javaeasy.whatisexception;                  // 包名
```

```
public class HereIsException {                          // 例程
    public static void main(String[] args) {            // main()方法
        Calculator.divide("9", "3");   // 使用 Calculator.divide 计算除法
        Calculator.divide("9M", "3");  // 使用 Calculator.divide 计算除法
    }
}
```

当我们传递的字符串不能被转换为 double 变量（9M 这个字符串无法转换为一个 double 变量）时，则程序将无法执行下去。那么将会发生什么事情呢？运行程序，控制台输出如下内容：

HereIsException 源码

```
9.0 除以 3 的结果是: 3.0
Exception in thread "main" java.lang.NumberFormat
Exception: For input string: "9M"
    at sun.misc.FloatingDecimal.readJavaFormatString
(Unknown Source)
    at sun.misc.FloatingDecimal.parseDouble(Unknown Source)
    at java.lang.Double.parseDouble(Unknown Source)
    at java.lang.Double.valueOf(Unknown Source)
    at com.javaeasy.whatisexception.Calculator.divide(Calculator.java:5)
    at
com.javaeasy.whatisexception.HereIsException.main(HereIsException.java:
6)
```

首先看输出的第一行，这一行的内容是 main()方法中第一行。

```
Calculator.divide("9", "3");            // 使用 Calculator.divide 计算除法
```

我们期待紧接着控制台的下一行也是类似的一个结果，但却是一段文字。控制台输出的这段文字意味着程序在执行过程中发生了一个"异常"。造成这个异常的原因就是 9M 这个字符串无法被 Double 类转换为一个合法的 double 变量。本章的后面会介绍异常是如何被处理的，以及这段关于异常的文字是如何而来的。

提示：我们在学习 Double 类的时候已经介绍过这种情况，只是当时没有引入"异常"这个概念，而是笼统地称之为一个错误。

语法错误和程序运行时发生的异常其实都是错误，都需要我们处理。对于语法错误，编译器会在编译源文件的时候给出相关错误信息，Eclipse 也会在源代码编辑器中给出错误提示（如果源代码有错误，Eclipse 的 Error 视图中会有相关语法错误的条目），然后我们就需要通过修改源代码中不符合语法的部分来纠正错误；异常则是程序在运行期间所发生的问题，不一定（注意，是不一定）是程序代码有问题，处理起来就没有这么简单了，当然大多数情况下还是需要从代码入手来解决异常。本章将围绕如何处理和使用异常而展开。本节中，大家需要分清程序的语法错误和程序的异常的区别。如图 14-1 所示，从两者发生的时间角度，描述了两者的不同。

好，知道了语法错误和异常的不同，下面就开始学习如何处理异常。

❑ 语法错误是由编译器发现的。如果有语法错误，则编译器无法生成类文件。语法错误必须通过修改源代码来修正。

❑ 异常是程序在执行过程中发生的错误。

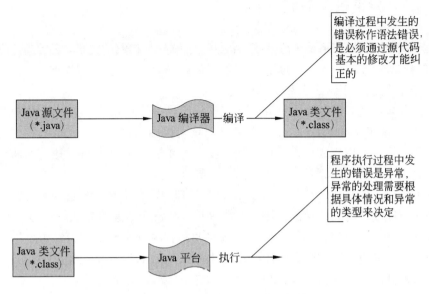

图 14-1　语法错误和异常的不同

14.1.2　异常是什么

正如 14.1.1 节所说的，异常其实是程序在执行过程中遇到的错误。上例中，这个错误就是"给定的字符串 9M 无法被转换成一个 double 变量"。在 Java 中，使用类来表示一种错误；自然地，对于某个具体的错误，就是使用这个类的实例来表示。

在上例中，就是使用类 java.lang.NumberFormatException 来表示该字符串到数字的转换错误的。当出现这种转换错误的时候，就会创建出一个类 java.lang.Number-FormatException 的实例，并使用这个实例来描述这个转换的错误。控制台所输出的内容，其实就是根据这个实例而来的。错误输出的第一行中的 java.lang.NumberFormatException: For input string: "9M"，就是输出的错误的类型（NumberFormatException）和相关的错误信息（For input string: "9M"）。根据异常类型和异常信息可以找到错误的原因。在编程术语中，程序发生一个异常通常称为"程序抛出一个异常"。这里的异常就是指一个异常类的实例。

那么，当异常发生了之后，或者说是程序抛出了一个异常之后，应该怎么办呢？当然，直接将错误信息输出到控制台不是一个好的做法。比较合理的做法应该是获取这个异常，然后根据异常信息来向控制台输出有意义的信息。异常机制是 Java 语言提供的一个功能。围绕着异常，在 Java 中有一套专门的语句。这也是本章学习的重要内容。14.1.3 节中将会简单地了解一下 Java 异常机制的整个处理流程。关于 Java 异常机制的语法，先别着急☺。

❑ 每种异常都是使用一个 Java 类来表示的。

❑ 每个具体的异常都是使用对应的 Java 类的实例来表示。

❑ 程序发生了一个异常，通常称程序抛出了一个异常。这里所谓的抛出一个异常其实就是产生了一个对应异常类的实例。

14.1.3　Java 异常机制的流程

为了能够顺畅地学习 Java 异常机制的语法，了解异常机制的处理流程还是有必要的。关于 Java 的异常机制有 3 个重要的环节：抛出异常、异常传递和异常处理。下面首先简单并且不十分严谨地说一下这 3 个环节的作用。

- ❑ 抛出异常：此步骤首先是创建一个能够描述异常的对象（实例）。如 14.1.2 节中的 NumberFormatException 类的实例，就可以用来描述"转换成数字时发生了异常"。这个对象生成后，就可以通过我们将要学习的一个 Java 语法来将这个对象"抛出"。这时就算是"发生了"一个异常。
- ❑ 异常传递：异常传递其实是由 Java 自行处理的，关于异常传递的语法很简单，但是我们需要理解其传递的规则。简单来说，异常会传递给方法的调用者。
- ❑ 异常处理：简单来说，异常的处理就是"捕捉住异常并根据异常类型做出相应处理"。Java 里有一个专门的语法来"捕捉"和"按照异常类型处理"异常。一个异常被处理了，也就不会再被传递了，这个异常也就结束了。

下面用图 14-2 来简单描述这个过程。

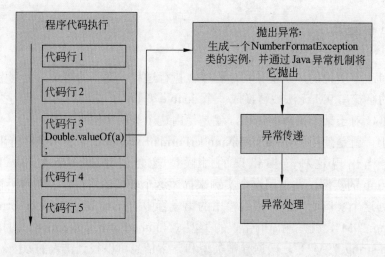

图 14-2　异常处理流程

在图 14-2 中，程序本来是按照其既定的顺序执行的。但是代码行 3 是尝试将 a 转换为一个 double 的变量。我们知道这个转换可能出现一个异常，所以当 a 无法被转换为一个 double 变量的时候，程序就会终止其原来的执行顺序，而转向异常机制处理流程：首先是生成一个能表示异常类型的类的实例，在这里也就是 NumberFormatException 类的实例，并抛出这个实例；然后这个异常实例就会通过 Java 异常机制中规定的异常传递规则来传递；最后会被捕捉住并处理掉。

从图中我们可以看出，异常机制打破了程序既定的执行顺序。这也是很好理解的。程序发生了异常，其实就是代表"程序已经不满足继续执行下去的条件了"，例如，在图 14-2 中，如果代码行 4 需要用到代码行 3 中生成的 double 变量进行运算，这样的话，如果代码行 3 不能正确执行，不能够计算出这个 double 变量，那么代码行 4 当然不应该继续去执行了。所以程序会被 Java 的异常处理机制"接手"，并让这个异常最终得到处理。

本章中将按照顺序来学习异常处理的这 3 个环节，首先是抛出异常。

❑ 异常是 Java 语言提供的一个功能，使用这个功能，编程者可以用来表示和处理程序中出现的错误而不是在错误发生的时候听之任之，放着不管。

14.2　抛　出　异　常

14.1 节中我们认识了什么是异常，并对异常中的 3 个环节做了大致的说明。按照这个顺序，本节来学习一下如何生成并抛出异常。本节中我们将学习 Java 中异常类型的父类型，如何将错误信息通过异常类表达出来，以及如何抛出一个异常。当然，异常的 3 个过程是有机地结合在一起的，为了学习抛出异常的相关内容，本节中也将介绍相关的异常传递和异常处理的知识。

14.2.1　异常类的父类——Throwable

异常机制中第一个环节就是使用异常类的对象表示一个异常。在这里，并不是随便什么类都可以被 Java 异常机制认同为是一个 Java 异常的。在 Java 异常机制中，有一个特殊的类——java.lang.Throwable，它是所有异常类的父类型。在 Java 异常机制中，只有一个类继承了 Throwable 类时，才会当作是一个异常，才能够被当作一个异常来"抛出"。Throwable 这个类名也很直观——直译就是"可以被抛出"，意思就是可以被当作异常抛出。

🔔说明：关于继承和直接继承，一个子类所继承的类包括这个类的父类、父类的父类直到 Object 类，所以我们说所有的类都继承了 Object 类，而直接继承就是指的子类的父类。例如前面的 Bus 类，它继承了 Object 类、CarBase 类，但是它直接继承了 CarBase 类。

实际上，Java 类库中仅仅有两个类直接继承了 Throwable 类，它们是 java.lang.Error 和 java.lang.Exception。Error 类不是我们现在学习的重点，本章最后一节中将会介绍。Exception 类是我们平时在处理异常时最常用的类，本节重点学习这个类。

异常类最重要的功能就是反映错误信息。错误信息有两个来源，一是异常类的类型名，二是异常的信息。没错，异常的类型也是错误信息的来源，而且是很重要的错误信息的来源。例如我们前面的 NumberFormatException，它本身就包含着错误信息——转换数字发生了异常。那么异常是如何获得这个类型的呢？这个其实我们不用关心，但是在这里解释一下。我们前面学习过 getClass()方法，它可以返回实例所属的类的 Class 类实例，再通过 Class 类的 getName()方法，就可以得到类的名字了。异常类正是这样得到类名的。

另外，仅仅有错误类型也还是不够的，有引发错误的详细信息将更有助于表述异常。NumberFormatException 类继承了 Exception 类。在 14.1 节 NumberFormatException 异常的例子中，我们看到控制台还输出了 For input string: "9M"。这个错误信息才是错误的根源。

通常，像这种错误描述信息是通过异常的构造方法传递过去的。Exception 类有很多构造方法，最简单、用得最多的是下面这个构造方法：

❑ Exception(String message)：参数 message 就是异常的错误描述信息，也就是作用类似于 For input string: "9M"的一个字符串。NumberFormatException 继承了 Exception 类，并覆盖了这个构造方法。在创建 NumberFormatException 的实例时，通过调用这个构造方法将错误信息保存于异常之中。

好，现在我们知道了错误信息的两大来源了，那么如何将错误信息输出到控制台呢？这就需要借助于父类 Throwable 了。Throwable 类是异常类中最重要的类。它提供了很多有用的方法，用来显示错误信息，其中最重要的方法就是 printStackTrace()方法。它会向控制台输出错误发生时程序的执行信息，也就是我们在 14.1 节中看到的类似下面的错误信息。

```
Exception in thread "main" java.lang.NumberFormatException: For input string:
"9M"
    at sun.misc.FloatingDecimal.readJavaFormatString(Unknown Source)
    at sun.misc.FloatingDecimal.parseDouble(Unknown Source)
    at java.lang.Double.parseDouble(Unknown Source)
    at java.lang.Double.valueOf(Unknown Source)
    at com.javaeasy.whatisexception.Calculator.divide(Calculator.java:5)
    at
com.javaeasy.whatisexception.HereIsException.main(HereIsException.java:
6)
```

异常的第一行中的 java.lang.NumberFormatException 就是异常的类型，后面的 For input string: "9M"就是构造方法中传递过来的异常信息。对于后面的几行，涉及 14.1 节要学习的异常传递的内容，这里先不去介绍。

实际上，在所有的异常类之中，除了 Throwable 之外，代码都是很简单的。基本上都是只有几个构造方法而已。而构造方法也基本上仅仅是调用父类的构造方法。这也很好理解，因为异常类的名字需要被用来表示异常的类型（当然还有别的更重要的原因，我们在异常处理一节中学习），所以每种异常都需要使用一个类来表示；同时，异常类仅仅是用来封装异常信息的，一个异常类不需要有什么其他的功能，所以异常类一般都是只有几个构造方法而已。

例如我们接触到的 Exception 类以及它的子类 NumberFormatException 类，它们的代码都很简单，绝大部分代码都是构造方法而已。它们处理异常所需要的方法，例如向控制台输出错误信息的 printStackTrace()方法，都继承自父类 Throwable 类。

好，学习了异常类之后，下面继续学习如何抛出一个异常。

❑ 只有继承了 Throwable 类的 Java 类才会被 Java 异常机制认为是一个异常类，才能使用 Java 中相关的语法抛出和处理。也就是说，所有的 Java 异常类都是 Throwable 类的子类。Throwable 类提供了异常处理时所需的部分方法。

❑ 异常类型也是异常信息的来源，同时异常类型在异常处理时也有重要的作用。应该使用一个异常类表示一种类型的异常。

❑ 异常类的作用就是表示一个异常的信息。除了 Throwable 类之外，异常类的内容大部分是构造方法，并不复杂。

14.2.2　在代码中使用 throw 抛出一个异常

14.2.1 节中我们了解了 Java 中的异常类的相关内容，下面继续学习如何将异常类的实例抛出。为了学习这个语法，首先写一个例程类，它会发生异常。这里我们定义一个 Cup 类，它有一个 capacity 属性用来表示杯子的容量，同时还允许通过 setCapacity()方法来设置杯子的容积。下面是 Cup 类的代码。

```
package com.javaeasy.throwexception;          // 类所在的包

public class Cup {                             // 类名
    private int capacity;                      // 杯子的容积

    public int getCapacity() {                 // 得到杯子的容积
        return capacity;
    }
    public void setCapacity(int capacity) {    // 设置杯子的容积
        this.capacity = capacity;
    }
}
```

但是，程序规定杯子的容积不能超过 10000，不能小于 0。所以我们想要在使用 setCapacity()方法尝试将杯子容积设置为超过 10000 或者小于 0 的数值时候，程序就会抛出一个异常。为了抛出一个异常，需要创建一个异常类实例并用 Java 中的 throw 关键字抛出这个实例。这里先使用 Exception 类。下面是修改过的 Cup 类。

```
package com.javaeasy.throwexception;    // 类所在的包

public class Cup {                       // 类名
    private int capacity;                // 杯子的容积

    public int getCapacity() {           // 得到杯子的容积
        return capacity;
    }
    public void setCapacity(int capacity) {
        // 设置杯子的容积
        if (capacity > 10000 || capacity < 0) {
        // 如果杯子的容积大于 10000 或者小于 0
            // （1）那么就创建一个 Exception 类的实例，描述这个异常的信息
            Exception ex = new Exception("杯子的容积不能超过 10000 或小于 0，非
            法的容积为："+ capacity);
            // （2）并抛出这个异常实例
            throw ex;
        }
        // 正常情况下更改 capacity 的值
        this.capacity = capacity;
    }
}
```

Cup 源码

说明：上面的例程其实有个语法错误，但是在这里并不影响学习 throw 关键字的用法，本节的最后会说明这个语法错误并在 14.2.3 节中纠正这个错误。

在 setCapacity()方法中，首先判断参数 capacity 是否在合法的数值区间内（小于 10000，

大于 0），如果不在，则创建一个 Exception 类的实例，并通过构造方法将错误的信息字符串传递给这个实例，然后就是使用 Java 中的"throw"关键字来将这个异常抛出了。"throw"是 Java 中的关键字，专门用于抛出一个异常类的实例，语法如下。

```
throw + 空格 +  异常类的实例
```

关于语法的格式，唯一需要再次注意的就是：throw 关键字后面必须跟一个异常类的实例，也就是说必须是 Throwable 类或其子类的实例。否则将是一个 Java 语法错误。因为在 Java 异常机制中，所有的异常都必须要包含 Throwable 类型。

这个语法的作用就是抛出一个异常。这个异常会按照 Java 异常机制中的传递规则传递，并最终被处理掉。在本例中，这个异常所处理的事情是：当 setCapacity()方法的参数为小于 0 或者大于 10000 的数值时，根据程序的要求，不能够更改 capacity 属性的值，而且 setCapacity()方法不知道应该如何处理这种情况，所以 setCapacity()方法通过抛出一个异常，来让外界知道它这儿有一个无法处理的错误。在 Java 语言中，只有异常能满足这种功能。

> 注意：**关于异常类**：通常情况下，在本例中应该需要创建一个新的异常类。因为我们前面说过，每种异常类都应该用来表示一种特定的异常。Exception 类是一个通用的类，并不能说明上面程序中异常的类型。但是在这里，我们重点关注 throw 语法。在后面的内容中，会创建一个新的异常类，并修改这个例程，在里面使用自定义的异常类的实例。

我们也可以从这里联想一下 NumberFormatException 抛出的场景：当把一个无法被转换为 double 变量的字符串（例如 9M）传递给 Double 类的 valueOf()方法时，valueOf()方法不知道该把这个字符串转换成什么样的一个 double 变量，进而方法无法返回一个合理的值，而程序当然也不应该就此以错误结束。Java 的异常机制提供了一个好的解决方法——抛出异常。这时候，程序的流程被异常处理机制接手，并能够得以进入异常传递和处理的流程，避免了错误的扩大。

试想一下，如果 valueOf 不去抛出一个异常，而是强行地继续执行下去，那么情况将会有可能是这样的：因为 9M 是肯定无法被转换为一个合理的 double 变量的，所以 valueOf()方法肯定会"想方设法"返回一个不知道是什么的 double 变量（可能是 9 或者 90，反正无论返回什么都是错误的，因为 9M 就不可能被转换为一个正确的 double 变量），而如果后面的程序继续使用这个错误的 double 变量，去进行运算或者别的处理，将有可能给程序造成不可知的错误，至少程序不会得出完全正确的结果，这是绝对不被允许的。

当然异常不是随便抛出的，否则就没有意义了。它会按照异常处理机制的异常传递规则来传递，传递到应该处理这个异常的地方。关于这点会在 14.2.3 节中详细讲述。

但是这个时候如果尝试编译这个类，其实是有一个语法错误的。

```
javac com\javaeasy\throwexception\Cup.java
com\javaeasy\throwexception\Cup.java:15: 未报告的异常 java.lang.Exception;
必须对其进行捕捉或声明以便抛出
                throw ex;
                ^
1 错误
```

这个语法错误的意思是对于在方法中抛出的异常，必须进行处理。也就是说，代码中抛出了一个异常，那么就面临着两条路可走：首先是捕捉并处理这个异常；其次是让方法抛出这个异常。捕捉并处理异常将在后面讲述，在这里需要让方法抛出这个异常。请看 14.2.3 节。

- ❑ 在方法代码中，可以使用 throw 关键字抛出一个异常类的实例，这就是抛出一个异常。
- ❑ 在方法代码中抛出一个异常的含义就是：在当前的代码中，遇到了一个不知道怎么处理的情况（在本例中，参数的值不在能够处理的范围之内），所以代码需要创建一个异常来将这个错误描述清楚，并且将这个异常抛出。
- ❑ 程序抛出异常后，程序的执行流程被 Java 异常处理机制接手，直到异常被处理掉，程序再次按照既定顺序执行。这个流程在学习完本章的内容后将会变得清晰。

14.2.3　在方法声明中使用 throws

继续 14.2.2 节中的内容。在 14.2.2 节中，例程是有个语法错误的，这是因为方法代码中抛出了一个异常，但是没有处理它，同时方法的声明中也没有声明要抛出这个异常。本节中，我们就学习如何声明一个方法可能会抛出的异常。下面是新的 setCapacity()方法的代码。

```java
// 使用 throws 关键字声明方法可能会抛出 Exception 类型的异常
public void setCapacity(int capacity) throws Exception {
    if (capacity > 10000 || capacity < 0) {
                                        // 如果杯子的容积大于 10000 或者小于 0
        // 那么就创建一个 Exception 类的实例，描述这个异常的信息
        Exception ex = new Exception("杯子的容积不能超过 10000 或小于 0，非法的
        容积为: "+ capacity);
        // 并抛出这个异常实例
        throw ex;
    }
    // 正常情况下更改 capacity 的值
    this.capacity = capacity;
}
```

在上面的代码中，setCapacity()方法的参数列表后面多出了 throws Exception 一段内容。throws 也是 Java 中的关键字。要理解 throws 关键字的作用，必须先学习一些异常传递的知识。当一个异常在方法代码中被抛出之后，程序的执行就被异常处理机制接手了，也就是说程序不会再按照既定的顺序执行下去（在本例中，如果参数不合法，那么 this.capacity = capacity；将不会执行）。这时，如果没有代码来处理异常，异常处理机制就会传递这个异常，而如果想将这个异常传递出方法，Java 异常机制要求这个方法必须要声明它有可能要抛出某种类型的异常。

我们可以这么理解为什么要在方法声明中声明方法可能抛出的异常：这和异常的处理是有关系的。如果一个方法可以抛出一个异常，那么就代表调用这个方法是不安全的，有可能出现问题，这时候，通过在方法声明中增加异常声明，就可以让编程者在使用这种方法的时候有所注意——这个方法可能会出现异常，并使用 Java 异常处理的相关语法来处理这个可能出现的异常。

throws 关键字用在方法的声明中，正是用来表示一个方法有可能会抛出某种或某些类型的异常。setCapacity()方法中 throws Exception 这个内容的含义就是：setCapacity()方法的代码中有可能会抛出类型为 Exception 的异常。throws 关键字的语法如下：

方法声明 + throws + 空格 + 异常类型 + 方法体

如果方法中可能会抛出多种类型的异常，那么需要在 throws 关键字后面使用逗号将这些异常类型分隔开，语法如下：

方法声明 + throws + 空格 + 异常类型 + , + 异常类型 + …… + 方法体

好，通过上面的修改，Cup 类的代码就没有语法错误，可以通过编译了。

throws 关键字其实也可以理解为是异常传递的内容，throw 关键字用来在方法代码中抛出异常，而 throws 关键字则用来将方法代码中抛出的异常继续抛出去。它的语法作用是：如果方法代码中抛出的异常实例（如上例中的 ex），是 throws 关键字后面的异常类型列表中的某个类型（throws 关键字后面是 Exception 类）的实例，那么方法将继续抛出这个异常。

举例来说：对于 setCapacity()方法，如果方法的参数是 10001，那么根据我们前面的学习可以知道，方法的代码中会抛出一个异常，这个异常就是 Exception 类的一个实例。这时 Java 异常机制就接手了程序，它发现方法代码中没有相关的异常处理代码，于是它就去看 setCapacity()方法的声明中声明了哪些异常类型可以被抛出，它发现 Exception 类型正好是可以被抛出的，于是，它就将这个异常实例继续向外抛出，如图 14-3 描述了这个过程。

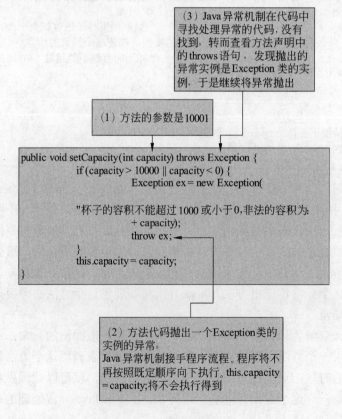

图 14-3　异常抛出的过程

在这里需要说明的是，对于方法中使用 throw 关键字抛出的异常，仅仅有两种处理方法：一种是使用异常处理语句在方法内部处理掉；另一种就是本节中学的，在方法声明中使用 throws 关键字声明方法可能抛出的异常种类，将异常继续抛出去。如果对于方法中抛出的异常，既没有使用异常处理语句处理掉，也没有在方法声明中声明可能抛出的异常类型，那么这就会是一个 Java 编译错误，错误的内容在 14.2.2 节中已经看到过了。

所以说，Java 编译器也帮助了 Java 异常处理机制，让所有的异常或者继续传递下去，或者被处理掉。当然，继续被传递下去的异常最终也会被处理掉。在 Java 编译器和 Java 异常处理机制的联合作用下，不可能有异常被漏掉的。

好，截止到现在，我们都是使用 Java 类库中现有的 Exception 类来表示 Cup 类中的异常，但是 Exception 这个类型显然不能够表示 Cup 类的 setCapacity()方法中的异常类型，在 14.2.4 节中，将展示如何创建自定义的异常类。

❑ throws 关键字用来声明一个方法可能抛出的异常类型。

❑ 在 Java 编译器和 Java 异常机制的作用下，方法中的异常要么是在方法代码中被处理掉，要么按照方法声明中的 throws 语句中的类型继续向外抛出。

14.2.4　构造自定义异常类

通过前面的学习我们知道，只要继承了 Throwable 类，就是一个异常类。但是，Java 异常机制中最常用的异常类是 Exception 类（它也继承了 Throwable 类），所以在这里通过继承 Exception 类来创建我们自己的异常类。Cup 类的 setCapacity()方法中的异常有两种——容积太小和容积太大。所以在这里我们创建两个异常类：CapacityTooSmallException 类和 CapacityTooBigException 类，分别用来表示这两种异常。首先创建一个新的包 com.javaeasy.selfdefineexception，然后在里面添加这两个类。

📖注意：异常类类名的命名习惯：异常类的类名通常会以 Exception 结束，表示这个类是异常类。

CapacityTooSmallException 类代码如下：

```
package com.javaeasy.selfdefineexception;  // 包名

public   class   CapacityTooSmallException   extends
Exception { // 异常类继承自 Exception 类
    public CapacityTooSmallException (String message)
{   // 构造方法，参数就是错误信息
        super(message);      // 简单的调用父类的构造方法
    }
}
```

CapacityTooSmall
Exception 源码

CapacityTooBigException 类代码如下：

```
package com.javaeasy.selfdefineexception;  // 包名

public class CapacityTooBigException extends Exception
{// 异常类继承自 Exception 类
    public CapacityTooBig (String message) {
    // 构造方法，参数就是错误信息
```

CapacityTooBig
Exception 源码

```
        super(message); // 简单的调用父类的构造方法
    }
}
```

通过上面的代码可以看出，构造自定义的异常类还是很简单的，只需要提供需要的构造方法就可以了。程序中需要注意的就是要让异常类继承 Exception 类。好，异常类构造完毕了，下面就在 Cup 类中使用这两个自定义异常。

- 构造异常类的关键就是要让异常类继承自合适的父类。在绝大多数情况下，编程时的自定义异常类继承 Exception 类就可以了。
- 构造自定义异常类的时候，通常要按照编程的实际需求，在自定义异常类中提供相应的构造方法。一般构造方法中需要调用父类中相应的构造方法。

14.2.5　使用自定义异常类

为了区分没有使用自定义异常类的 Cup 类，首先来把 Cup 类的代码复制到新的软件包中。然后，再将原来 Cup 类做如下修改。

```
package com.javaeasy.selfdefineexception;        // 类所在的包

public class Cup {                                // 类名
    private int capacity;                         // 杯子的容积

    public int getCapacity() {                    // 得到杯子的容积
        return capacity;
    }
    public void setCapacity(int capacity) throws Exception {
                                                  // （1）方法抛出异常的种类
        if (capacity > 10000) {
            // （2）如果参数大于10000，创建 CapacityTooBigException 实例，传递
            // 相关的错误信息给构造方法
            CapacityTooBigException big = new CapacityTooBigException ("
            杯子的容积不能超过 10000：" + capacity);
            // （3）抛出 CapacityTooBigException 的实例
            throw big;
        } else if (capacity < 0) {
            // （4）如果参数小于0，创建 CapacityTooSmallException 实例，传递相关
            // 的错误信息给构造方法
            CapacityTooSmallException small = new CapacityTooSmall-
            Exception ("杯子的容积不能小于 0：" + capacity);
            // （5）抛出 CapacityTooSmallException 的实例
            throw small;
        }
        // 如果参数合法，则 capacity 的值将被修改
        this.capacity = capacity;
    }
}
```

在上面的代码中，第（2）、（3）处是创建并抛出 Capacity TooBig Exception 异常的相关代码。第（4）、（5）处是创建并抛出 CapacityTooSmallException 异常的相关代码。创建异常类实例的时

Cup 源码

候，需要将错误信息传递过去，这有助于解决问题，当然，这不是语法要求，是习惯做法。

　　程序中还需要注意的是第（1）处，在这里，throws 语句还是声明为抛出异常的类型 Exception。这是没有语法错误的。因为 setCapacity()方法代码中可能出现的异常的实例类型分别是 CapacityTooBigException 和 CapacityTooSmallException，而这两个类都是 Exception 的子类，所以这两种类型也同样是 Exception 类型的异常。和 "父类的引用可以指向子类的对象" 一个道理。第 14.3 节将详细讲述这个过程。在这里，我们可以这么想：因为 big instanceof Exception 或者 small instanceof Exception 的结果都是 true，所以 throws Exception 可以将 big 或者 small 两个异常抛出。

　　好，通过使用 throw 和 throws 关键字，setCapacity()方法已经成功地在 Java 异常机制的作用下，将异常抛出到了方法之外。那么这个异常接下来会怎么传递呢？继续看 14.3 节的内容。

- ❑　使用自定义的异常没有什么特殊之处。
- ❑　方法声明中的 throws 语句代表这个方法可能抛出的异常的类型，当然这些类型的子类型也会包括在内。

14.3　异常的传递

　　前面讲述了异常的创建、异常的抛出和自定义异常类。同时，也涉及了异常传递的内容。本节将展开讲述 Java 异常机制中异常传递的相关内容。在本节中将学习 Java 异常传递的规则、Java 异常在传递中的变化等内容。

14.3.1　抛出最确切的异常类型

　　前面介绍了 throws 语句的语法。本节继续讲述使用 throws 语句时需要注意的地方。我们还是回到 14.2.5 节中使用 throws 语句的那个例子。在 com.javaeasy.selfdefineexception.Cup 类中，setCapacity() 方法的代码里抛出的异常类型是 CapacityTooBigException 和 CapacityTooSmallException，而方法本身的 throws 语句中声明抛出的异常却是 Exception 类型的。当然，通过前面的学习我们知道，因为 CapacityTooBigException 和 CapacityTooSmallException 是 Exception 类的子类，所以这样是没有语法错误的。

　　但是在 Java 异常处理机制中，一个方法抛出的异常类型直接与方法声明中的 throws 语句有关。也就是说，在上面的例子中，虽然 setCapacity()方法的代码中可能抛出的异常类型是 CapacityTooBigException 和 CapacityTooSmallException，但是因为 setCapacity()方法的 throws 语句中声明此方法抛出的异常是 Exception 类型的，所以 Java 异常机制就会将方法代码中抛出来的异常转换为 Exception 类型的，并向外抛出。也就是说，对于使用 setCapacity()方法的程序来说，它们所看到的 setCapacity()方法抛出的异常类型不是 CapacityTooBigException 或 CapacityTooSmallException，而是 throws 语句中声明的 Exception 类型。

　　🔔注意：异常类型：在这里需要注意一点，异常类型虽然与方法声明中的 throws 语句有关，但是不管 throws 语句中声明的异常类型是什么，实际抛出的异常实例是不会改变的。举例来说，如果我们传递 10001 给 setCapacity()方法，那么我们知道方法代

码中会抛出一个 CapacityTooBigException 的实例。因为 setCapacity()方法声明中
的 throws 语句声明此方法抛出的异常类型为 Exception 类型，所以 Java 异常机制
会把这个 CapacityTooBigException 的实例当作是 Exception 类的实例进行传递（因
为 CapacityTooBigException 是 Exception 类的子类，所以这就相当于是使用父类
的引用指向子类的实例，是没有问题的）。但是实际的异常对象当然还是那个
CapacityTooBigException 类的对象。

当然这不是我们想要的结果。我们辛辛苦苦创建了自定义的异常类型，为的就是能够
清楚地说明 "setCapacity()方法有可能抛出 CapacityTooBigException 或 CapacityTooSmall-
Exception 异常"。所以，在这里应该尽可能地将方法代码内部抛出的异常类型完整地反映
在方法的 throws 语句中，下面是修改后的 setCapacity()方法。

```
// （1）声明方法可能抛出的异常类型是 CapacityTooBigException 或
// CapacityTooSmallException
public void setCapacity(int capacity) throws CapacityTooBigException,
CapacityTooSmallException{
    if (capacity > 10000) {
    // 如果参数大于 10000，创建 CapacityTooBigException 实例，传递相关的错误信息给
    // 构造方法
        CapacityTooBigException big = new CapacityTooBigException ("杯子的
        容积不能超过 10000: " + capacity);
        // 抛出 CapacityTooBigException 的实例
        throw big;
    } else if (capacity < 0) {
    // 如果参数小于 0，创建 CapacityTooSmallException 实例，传递相关的错误信息给构
    // 造方法
        CapacityTooSmallException small = new CapacityTooSmallException ("
        杯子的容积不能小于 0: " + capacity);
        // 抛出 CapacityTooSmallException 的实例
        throw small;
    }
    // 如果参数合法，则 capacity 的值将被修改
    this.capacity = capacity;
}
```

新的 setCapacity()方法没有修改方法代码，只是修改了方法的 throws 语句。这种语法
在讲述 throws 关键字的语法时已经讲过：如果 throws 语句后面跟着多种异常类型，那么需
要使用逗号将它们隔开。好的，这时候的 setCapacity()方法已经成功地将方法代码中抛出
的异常反映在了方法的声明中，使用此方法的程序也知道此方法可能抛出的异常种类了。
接下来看在使用这个方法的时候，方法中抛出的异常将如何传递。

❑ 方法代码内部抛出的异常类型并不等同于方法抛出的异常类型。方法抛出的异常
类型是由方法声明中的 throws 语句决定的。

❑ Java 异常传递允许在 throws 语句中抛出实际异常的类型或者实际异常类型的父类
型。当然，异常实例是不会改变的。如果抛出的异常类型是实际异常类型的父类
型，那么这就好像使用父类引用指向子类的实例。但是为了让方法的声明更精确，
throws 语句应该抛出最确切的异常类型，而不是让 throws 语句将方法代码中抛出
的异常类型 "吃掉"。

14.3.2　Java 异常的传递

前面讲述了"使用 throws 语句需要抛出方法代码中所有可能抛出的异常类型或者其父类型"。其实在 14.3.1 节中，我们已经接触到了 Java 异常传递的内容。在 Java 方法的代码中，使用 throw 关键字抛出一个异常，其实就算是异常在方法内部传递了，紧接着，在方法声明中使用 throws 关键字继续抛出异常，算是异常在方法之间的传递。

Java 异常传递的规则是：将异常传递给方法的调用者，直到被处理掉或者到达 main() 方法。异常传递给 main() 方法之后，其实就是被 Java 平台处理掉了。我们知道 main() 方法是 Java 程序开始的入口，所有的方法调用都是从 main() 方法开始的，所以一个异常最多也就是传递到 main() 方法这里。本节先不去管异常处理，只关心异常的传递，详细讲述异常传递的过程。在这里将继续使用前面的例子，同时为了展示异常在方法之间的传递，首先来创建一个新的类 CupDesigner，这个类会调用 Cup 类的 setCapacity() 方法，代码如下：

```
package com.javaeasy.selfdefineexception;  // 程序所在
的包

public class CupDesigner {                  // 类名
    private Cup cup;                        // Cup 类的引用

    public CupDesigner(Cup cup) {
    // CupDesigner 类的构造方法，参数是 Cup 类的引用
        this.cup = cup;
    }
    public void designCupCapacity(int capacity) {
    // 设计 cup 的容积
    // 调用 cup 的 setCapacity() 方法来修改其 capacity 属性
        cup.setCapacity(capacity);
    }
}
```

CupDesigner 源码

CupDesigner 类有一个构造方法，以 Cup 类的对象为参数。CupDesigner 类中还有一个 designCupCapacity() 方法，它的作用就是通过调用 Cup 类的 setCapacity() 方法来修改 Cup 对象实例中 capacity 属性的值。因为 Cup 类的 setCapacity() 方法声明了可能会抛出一个异常，所以按照 Java 异常传递的规则，在这个例子中，这个异常会被传递给调用 setCapacity() 方法的 designCupCapacity() 方法。这时编译 CupDesigner 类的源代码，Java 编译器会给出一个异常。

```
javac com\javaeasy\selfdefineexception\CupDesigner.java
com\javaeasy\selfdefineexception\CupDesigner.java:11:  未 报 告 的 异 常
java.lang.Exception: 必须对其进行捕捉或声明以便抛出
            cup.setCapacity(capacity);
                          ^
1 错误
```

这个错误和之前在 setCapacity() 方法声明中没有使用 throws 语句的错误是一样的。也就是说，对于"一个方法中出现的异常，不管是由于在方法代码中使用 throw 语句产生的，还是由于调用某个其他抛出异常的方法而传递过来的，方法都需要继续抛出这个异常"。在这里，也就是说我们需要给 CupDesigner 类的 designCupCapacity() 方法添加 throws 语句，并将所有可能的异常类型都添加到 throws 语句中。修改后的 designCupCapacity() 方法代码

如下：

```
// （1）在方法中抛出代码由于调用 setCapacity()而传递过来的异常
public void designCupCapacity(int capacity) throws CapacityTooBigExcep-
tion, CapacityTooSmallException {
    // 调用 cup 的 setCapacity()方法来修改其 capacity 属性
    cup.setCapacity(capacity);
}
```

修改后的 designCupCapacity 其实就是加了一个 throws 语句，将异常继续抛出。当然，throws 语句的用法也还是一样的，可以抛出异常的类型（CapacityTooBigException 和 CapacityTooSmallException），也可以抛出异常的父类型（Exception 和 Throwable，当然这里要保持与 Cup 类中的 setCapactiy 抛出异常的类型一致，否则会有语法错误）。这时再编译 CupDesigner 类，就不会再有编译错误了。

其实也可以从另一个角度理解异常的传递：异常其实就是从方法的代码传递到方法中来的。在上面的例子中，designCupCapacity()方法调用了 setCapacity()方法，setCapacity()方法的代码中使用 throw 语句抛出了异常，这个异常被传递给了 setCapacity()方法。而此时，setCapacity()方法本身就是 designCupCapacity()方法中的一行代码，所以当 setCapacity()方法抛出异常时，就是相当于 designCupCapacity()方法中的代码抛出的异常，这个异常继续"从方法的代码传递到方法"。当然，将来使用 designCupCapacity()方法时，它也会是某个其他方法中的一行代码，这个方法也将继续按照这个规则从 designCupCapacity 手中接过异常，并继续传递。按照这样循环下去，一直到 main()方法。

在这里需要再次强调的一点是，在程序运行时，当一个异常在方法的代码中发生的时候，方法中后面的代码将不会被执行。在上面的 designCupCapacity()方法中，在 cup.setCapacity(capacity);后面再加上一行代码。

```
public void designCupCapacity(int capacity) throws CapacityTooBigExcep-
tion, CapacityTooSmallException {                        // 设计杯子的容积
    // 调用 cup 的 setCapacity()方法来修改其 capacity 属性
    cup.setCapacity(capacity);
    System.out.println("成功设计出了容积为" + capacity + "的杯子。");
}
```

在程序运行时（注意，是在程序运行时），如果异常真的发生了（capacity 的值不合法），那么 designCupCapacity()方法代码中 cup.setCapacity(capacity);后面的那行向控制台输出成功信息的代码是不会被执行到的。当然，作为异常的始作俑者，setCapacity()方法中抛出异常之后的代码也是无法被执行到的。这时就像前面学过的那样，程序已经进入了异常处理机制的控制之下，直到异常被处理掉。为了在后面的例程中展示出这一点，cup.setCapacity(capacity);后面这行控制台的输出就保留在例程中。

❑ 异常传递的语法规则是：从某个方法（如 setCapacity()方法）中的某个 throw 语句开始，异常将从这个方法（setCapacity()方法）传递到调用这个方法的地方（如 designCupCapacity()方法），并按方法调用的顺序去继续传递。直到到最初的方法，也就是 main()方法。

❑ 异常必须被传递出去（或者被处理掉），否则在编译源代码的时候，Java 编译器就会输出一个语法错误。

❑ 在程序运行的时候，如果方法的某行代码处抛出了异常，那么方法中此行之后的所有代码都不会被执行。这个规则不仅仅是对异常的"始作俑者"起作用，对于所有的在异常传递路线上的方法都是一样的。

14.3.3　图说 Java 异常的传递

在 14.3.1 和 14.3.2 节中，已经详细讲述了异常传递过程中异常类型的变化规则和异常传递的语法规则。本节将使用一个例子，并配图来说明异常传递的过程。在这里，为了程序的灵活性，将使用 9.4.1 节中讲述的方法向 main()方法传递参数。下面首先来看例程代码。

```java
package com.javaeasy.selfdefineexception;  // 包名

public class DesignCupMain {                    // 例程类
    public static void main(String[] args) throws
CapacityTooBigException,
        CapacityTooSmallException {
        // （1）main()方法也是一样，需要用 throws 语句
        if (args.length != 1) {
        // （2）main()方法参数 args 数组长度不等于 1
        System.out.println("请将杯子的容积作为参数传
递给 main()方法！");                             // 输出提示
        return;                                  // 程序直接退出
        }
        Cup cup = new Cup();     // 创建一个 Cup 类的实例
        CupDesigner cupDesinger = new CupDesigner(cup);
        // 创建一个 CupDesigner 的实例
        // （3）将参数转换为 int 变量 capacity 的值，这个值将作为设计的杯子的容积
        int capacity = Integer.valueOf(args[0]);
        System.out.println("开始设计杯子，杯子的容积为：" + capacity)
        // 输出提示信息
        cupDesinger.designCupCapacity(capacity);   // （4）开始设计杯子
        System.out.println("设计杯子结束。");        // （5）输出完成信息
    }
}
```

DesignCupMain 源码

上面的例程的功能是：将杯子的容积作为参数传递给 main()方法，然后在 main()方法中借助 Cup 类和 CupDesigner 类，"设计"出相应容积大小的杯子。下面来看代码。

程序中注释标记第（1）处，因为在 main()方法的声明中，使用了可能抛出异常的方法，所以需要使用 throws 语句抛出相应的异常。在 main()方法的代码中，首先检测 main()方法的参数字符串数组 args 的长度，如果它的长度小于 0，说明使用者犯了错误，没有传递参数，那么程序就输出错误提示信息，然后直接退出；否则程序就进入正式的处理过程。

接下来就是创建 Cup 类和 CupDesigner 类的实例。然后在程序中注释标记第（3）处，使用 Integer.valueOf()方法将传递给 main()方法的参数转换为 int 数，并作为杯子的容积。在输出相应信息后，进入程序注释标记第（4）处，开始调用 CupDesigner 类的 designCupCapacity()方法来进行"杯子的设计"。如果程序运行没有异常，那么在程序注释标记第（5）处，将输出结束信息，然后整个程序执行结束；如果出现了异常，那么根据前面的学习，程序的第（5）处是运行不到的。

好，分析完了上面的例程，接下来运行程序，看看传递不同的参数时，程序运行的流

程。如果使用 Eclipse 继承环境，那么 Eclipse 会帮我们编译，我们只需要去 Eclipse 的 Run
Configuration 对话框中填写 main()方法的参数就可以了（详见本书 9.4.1 节）；如果是使用
控制台，那么首先需要通过如下的命令编译 DesignCupMain 类。

```
javac com\javaeasy\selfdefineexception\DesignCupMain.java
```

如果没有语法错误，那么就可以通过下面的命令来运行并给程序传递参数。

```
java com.javaeasy.selfdefineexception.DesignCupMain 1000
```

首先给 DesignCupMain 类的 main()方法传递的参数是 1000。这时控制台（无论是命令
行还是 Eclipse 的 Console 视图）的内容如下：

```
开始设计杯子，杯子的容积为：1000
成功设计出了容积为 1000 的杯子
设计杯子结束。
```

通过控制台的输出我们知道，程序以 1000 作为参数来运行是没有任何问题的。控制
台的第 1 行和第 3 行是在 main()方法中输出的内容。控制台的第 2 行是在 CupDesigner 的
designCupCapacity()方法中输出的内容。这时程序的运行流程如图 14-4 所示。

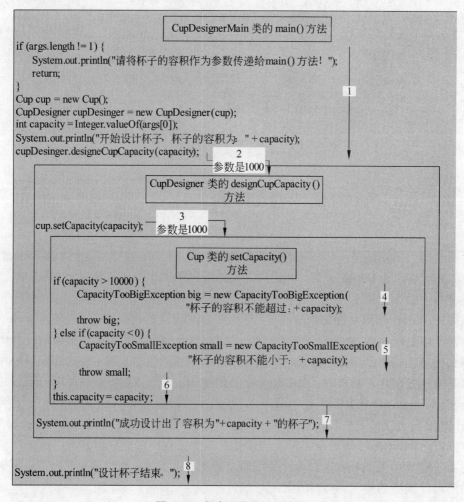

图 14-4　程序正常的运行流程

好，下面我们来分析图 14-4。在图中，标有数字的箭头表示程序执行的顺序流程。首先是 main()方法。箭头 1 代表了 main()方法中对应代码行执行过去了，这时 capacity 变量的值是 1000，控制台输出了"开始设计杯子，杯子的容积为：1000"。

当程序到了箭头 2 的时候，CupDesigner 类的 designCupCapacity()方法被调用，参数是 1000，程序进而进入到了方法 designCupCapacity 的代码中执行，在这里，首先就是调用 Cup 类的 setCapacity()方法（箭头 3），程序进而进入到了 Cup 类的 setCapacity()方法，参数就是 1000。

在 setCapacity()方法中，箭头 4 和箭头 5 分别代表两个判断语句，用来判断参数 capacity 的合法性，如果参数值不合法，那么将会有异常抛出，在这里，因为 1000 是一个合法的参数值，所以并没有异常抛出。程序继续运行到箭头 6 处，设置了杯子的 capacity 属性，然后方法执行完毕，退出。

这时候程序返回到 designCupCapacity 的代码中继续执行（箭头 7），向控制台输出了"成功设计出了容积为 1000 的杯子"。然后 designCupCapacity()方法也执行完毕并退出了，程序返回到 main()方法继续执行，输出"设计杯子结束。"，然后程序执行结束。

在参数为 1000 的情况下，整个程序运行都没有异常发生。下面将参数改为 99999，再次运行这个程序，控制台输出如下内容：

```
Exception in thread "main" 开始设计杯子，杯子的容积为：99999
com.javaeasy.selfdefineexception.CapacityTooBigException: 杯子的容积不能超
过 10000: 99999
    at com.javaeasy.selfdefineexception.Cup.setCapacity(Cup.java:12)
    at
com.javaeasy.selfdefineexception.CupDesigner.designCupCapacity(CupDesig
ner.java:11)
    at
com.javaeasy.selfdefineexception.DesignCupMain.main(DesignCupMain.java:
15)
```

我们知道，99999 对于程序来说是一个不合法的参数，所以肯定会有异常抛出。下面我们还是通过流程来分析一下程序的执行过程，看图 14-5。

当参数为 99999（大于 10000，参数非法）时，与参数为 1000 时的流程分歧点发生在箭头 4 处。这时，在 Cup 类的 setCapacity()方法中，if 语句条件满足，程序创建并抛出了一个异常。然后，程序流程被异常处理机制接手，异常按照传递规则从 setCapacity()的方法代码中传递到 setCapacity()方法，然后从 setCapacity()方法传递到调用 setCapacity()方法的 designCupCapacity()方法（箭头 5），再传递到 main()方法（箭头 6），最后异常被传递到 Java 平台（箭头 7），最后这个异常会被 Java 平台处理掉。Java 平台处理异常的方式简单直接——向控制台输出异常信息。也就是说，我们在控制台看到的以下输出就是 Java 平台做的。

```
Exception in thread "main" 开始设计杯子，杯子的容积为：99999
com.javaeasy.selfdefineexception.CapacityTooBigException: 杯子的容积不能超
过 10000: 99999
    at com.javaeasy.selfdefineexception.Cup.setCapacity(Cup.java:12)
    at
com.javaeasy.selfdefineexception.CupDesigner.designCupCapacity(CupDesig
```

```
ner.java:11)
    at
com.javaeasy.selfdefineexception.DesignCupMain.main(DesignCupMain.java:
15)
```

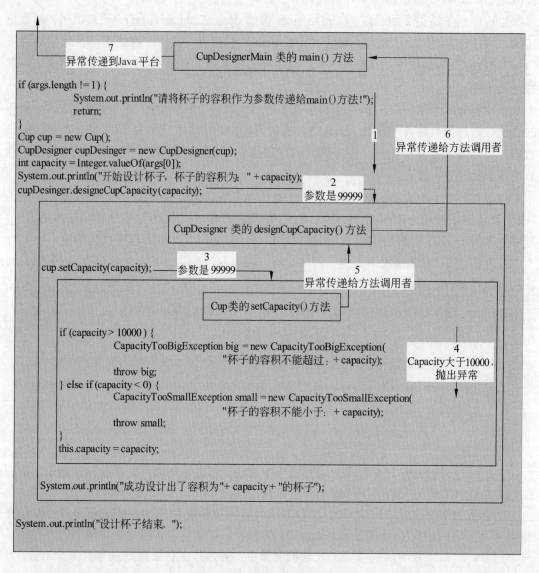

图 14-5　参数非法时程序执行流程

其中 com.javaeasy.selfdefineexception.CapacityTooBigException 正是异常的类型，而"杯子的容积不能超过 10000：99999"则是程序在创建异常实例的时候传递给构造方法的参数。这个异常信息和之前见到的 NumberFormatException 很类似。

好的，到这里，我们已经学习完了 Java 异常传递的过程。当然，在实际的程序系统中，异常可能会在十几层甚至二十几层的方法调用过程中传递，但是原理和过程是一样的。但是，Java 平台处理异常的方法是输出异常信息，基本上只能给程序开发者看看，对于程序的用户没有任何意义。如何能够让我们自己处理异常呢？来进入 14.4 节，异常的处理。

❑　通过本节的内容，理解异常传递的过程。

❑　如果一个异常最后被传递到 Java 平台，那么异常信息将会被输出到控制台。

14.4　异常的处理

通过上面几节的学习，我们已经知道了异常的创建和传递。但是如果不去处理异常，那么异常机制将没有太大的实际作用。本节中我们将学习异常的处理机制。本节可以说是本章内容的重点，本节的知识也是在平时编程中使用最多的。本节包括的内容有 try-catch 语句，try-catch-finally 语句，以及相关的 Java 语法规则。通过本节的学习，我们就可以随心所欲地处理代码中抛出的异常了。好，下面让我们进入本章的内容，首先看看如何捉住一个异常。

14.4.1　把异常捉住

在前面的例程中，因为参数 99999 是一个非法的容量值，所以程序抛出了一个类型为 CapacityTooBigException 的异常。那么应该怎么处理这个异常呢？如果听之任之，在控制台输出这种错误信息是肯定不行的，因为这样会让用户完全看不懂。Java 异常处理机制的做法是根据异常的类型，将异常对象传递到对应的代码块中，并让这个代码块根据异常对象的信息做出相应的补救处理。在 Java 中，能够"接住"异常并处理的语句就是 try-catch 语句，其语法如下：

```
try {
    // 可能发生异常的代码
} catch (异常类型 异常引用) {
    // 异常处理代码
}
```

try 和 catch 都是 Java 中的关键字。try 关键字后面的一对大括号中的内容叫做 try 语句块，catch 关键字后面的小括号就好像是声明了一个异常的引用，紧接着的就是 catch 语句块。try-catch 语句需要在方法代码块中使用，其语法规则如下：

当 try 语句块中发生了异常时，Java 异常处理机制知道这段代码是在 try 语句块中，这时候就会去与 try 语句块对应的 catch 语句块中的"异常类型"中，寻找能够匹配抛出的异常实例的异常类型（匹配的意思是与其类型相同或是其父类型），如果找到，那么就让"异常引用"指向这个抛出的异常实例，并进入异常处理代码，这时这个异常就算是被处理了。在执行完毕异常处理代码后，Java 异常处理机制将交出程序控制权，程序将继续按照顺序向下执行；如果没有找到匹配的异常类型，那么异常将继续抛出。catch 语句中处理的异常类型就不需要再出现在方法的 throws 语句中了，因为这个异常已经被 catch 语句处理掉了，无需再传递了。

上面的语法规则太抽象了。下面在例程 DesignCupMain 的基础上，使用 try-catch 语句来处理可能存在的 CapacityTooBigException 异常。添加了 try-catch 代码块的 main() 方法代码如下：

```
// （1）因为 CapacityTooBigException 已经被 try-catch 语句处理掉了，
// 所以无须再用 throws 语句抛出
public static void main(String[] args) throws CapacityTooSmallException {

    if (args.length != 1) {              // main()方法参数 args 数组长度不等于 1
        System.out.println("请将杯子的容积作为参数传递给 main()方法！");
                                         // 输出提示
        return;                          // 程序直接退出
    }
    Cup cup = new Cup();                 // 创建一个 Cup 类的实例
    CupDesigner cupDesinger = new CupDesigner(cup);
                                         // 创建一个 CupDesigner 的实例
    // 将参数转换为 int 变量 capacity 的值，这个值将作为设计的杯子的容积
    int capacity = Integer.valueOf(args[0]);
    System.out.println("开始设计杯子，杯子的容积为： " + capacity);
                                         // 输出提示信息
    try {                                            // （2）try 语句块
        cupDesinger.designCupCapacity(capacity);     // 开始设计杯子
    } catch (CapacityTooBigException e) {
                                     // （3）catch 语句捕捉并处理的异常类型是
                                     //     CapacityTooBigException
        // （4）catch 语句块，处理异常：
        System.out.println("捕捉到了 CapacityTooBigException 类型的异常。异常
        信息如下。");
        System.out.println(e.getMessage());          // （5）输出错误信息
        System.out.println("异常处理结束。");
    }                                    // catch 语句块结束，程序继续运行
    System.out.println("设计杯子结束。");            // 输出完成信息
}
```

好，下面我们来分析一下这个使用了 try-catch 语句之后的 main()方法代码。首先是（1）处，方法声明中的 throws 语句中不再有 CapacityTooBigException 这种异常了。原因就是使用了 try-catch 语句处理掉了 CapacityTooBigException 类型的异常。前面说过，对于异常有两种处理方法：传递和处理。既然异常已经处理掉了，那么在 main()方法的代码中不会再抛出这种异常了，也就不需要在 throws 语句中添加这种异常了。

🔔注意：**异常的类型**：在前面讲到过，对于每种异常，都需要使用一种对应的异常类型来表示，而这么做的原因正是因为 catch 语句是根据异常类型来进行匹配的。也就是说，对于异常采取何种处理，是建立在异常类型的基础上的，所以，异常类型很重要。

下面看程序代码的第（2）处，这是 try 语句块的开始。try 语句块告诉程序，语句块中的代码在运行的时候可能会抛出异常，当异常抛出的时候，别先急着把异常抛出到方法，先在与 try 语句配套的 catch 语句中找找看有没有对应的 catch 语句处理这种异常，如果有，就进入相应的 catch 语句去处理这个异常，如果没有，再去向方法外面传递。

我们知道，try 语句块中那唯一的一行代码恰好有可能在运行时抛出 CapacityTooBigException 和 CapacityTooSmallException。这时候与这个 try 语句对应的一个

catch 语句（程序代码中标注为 3 处）中的异常类型是 CapacityTooBigException，这代表"这个 catch 语句块会处理与之对应的 try 代码块中抛出的类型为 CapacityTooBigException 的异常"。在 catch 语句块中，向控制台输出了相应的错误处理信息，然后 catch 语句块就结束了。Java 语法规定，如果一个异常被 try-catch 语句处理掉了，那么这个异常也就结束了，程序将恢复正常的执行次序。

相信学习过 if-else 等程序控制流程语句后，对于 try-catch 语句的结构也不会觉得难以接受。其实 try-catch 语句就是用来处理异常的语法。当 try 语句块中发生异常后，就会根据异常实例的类型去与 try 语句配套的 catch 语句中寻找能够匹配这个异常实例的 catch 语句。匹配规则是异常实例的类型是 catch 语句的异常类型或者是其子类型。也就是说，如果一个 catch 语句的异常类型是 Exception 类型，那么，它将用来处理 try 语句块中所有 Exception 类型的实例或者 Exception 子类（非直接子类）的实例；如果一个 catch 语句的异常类型是 Throwable 类型，那么它将用来处理 try 语句块中抛出的所有异常——因为所有的异常类型都是 Throwable 类型的子类。

如果找到了一个匹配的 catch 语句，那么 Java 异常机制将首先让 catch 语句中声明的那个引用（在本例中也就是"e"）去指向那个异常对象。在本例中异常对象也就是 CapacityTooBigException 的一个对象。这时，在 catch 语句中，就可以通过这个引用来操作异常对象了。catch 语句块执行完毕后，这个引用就不可再使用了（可以与 if-else 语句对比，在 if 语句块中创建的变量，出了 if 语句块就不能再使用了）。在 catch 语句块中的标记为 5 处，我们使用引用 e 来操作这个异常对象——调用了 getMessage()方法，这个方法是继承自 Throwable 的，其返回值其实就是传递给创建异常实例时候传递给构造方法的参数。

> 注意：**关于 catch 语句的异常类型**：如果 catch 语句的异常类型是 CapacityTooBigException 类的父类，例如 Exception 类。那么程序也会进入到 catch 语句中。这时赋值过程就是"使用父类的引用指向子类的过程"，根据前面学习的知识可以知道，这是没有问题的。从这个角度，我们也可以理解"异常实例类型与 catch 语句的异常类型"匹配的规则。

所以，当再次传递超过 10000 的参数时，异常传递到 main()方法之后，将不会再向外传递，而是被 try-catch 语句处理掉。下面再次使用参数 99999 来运行这个程序，控制台输出如下内容：

```
开始设计杯子，杯子的容积为：99999
捕捉到了 CapacityTooBigException 类型的异常。异常信息如下
杯子的容积不能超过 10000：99999
异常处理结束。
设计杯子结束。
```

我们看到，控制台输出了 5 行内容，其中第 2～4 行是在 catch 语句中输出的。为了清晰地反映程序是如何执行的，使用一个图来描绘程序的执行流程，请看 14.4.2 节。

> 注意：**关于异常的处理**：在本例程中，重点学习 try-catch 语句的语法和程序流程。catch 语句在得到程序控制权后，可以根据异常对象的信息做出相应的处理，尽量让程序可以继续运行下去。当然，本例程中的 catch 语句代码块其实并没有真正将这个异常处理好。在本章的最后，会给出符合实际意义的异常处理的代码。

❑　try-catch 语句是用来捕捉并处理异常的语法。

- ❑ 对于 try 语句块中的异常，首先会根据异常实例的类型去与 catch 语句中的异常匹配，如果匹配成功，那么程序将会进入到这个 catch 语句块中执行，这个异常也就结束了。
- ❑ 异常实例与 catch 语句异常类型的匹配规则是：catch 语句中的异常类型必须是异常实例类型本身或是其父类。

14.4.2　图说异常处理流程

本节继续前面的内容，为了理解异常处理的流程，首先看图 14-6。

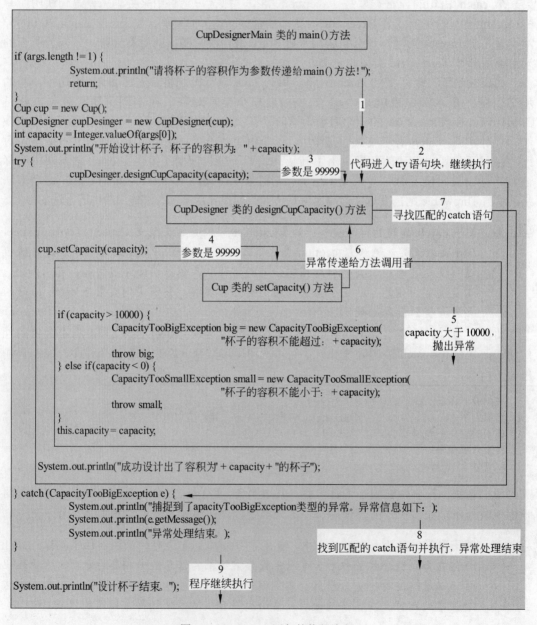

图 14-6　try-catch 语句的执行流程

在箭头 2 处，程序进入了 try 代码块，程序继续执行。对于 try 代码块中的代码所抛出来的异常，首先会经过与 catch 语句的类型匹配，只有匹配不上的异常才会被抛出到方法。程序运行到箭头 5 处的时候，因为 capacity 参数的值过大，程序抛出了一个 Capacity TooBigException，然后，异常处理机制接手程序流程，异常被从 setCapacity() 方法抛出到调用它的 designCupCapacity() 方法（箭头 6）。

因为调用 designCupCapacity() 的地方是在 try 块之中，所以 Java 异常处理机制首先会拿着这个异常去 catch 语句中匹配（箭头 7）。这时如果匹配成功，Java 异常处理机制会将 catch 语句块中声明的那个异常引用（在这里就是 e）指向实际的异常对象（也就是箭头 5 处创建的异常对象）。然后去执行这个 catch 语句的语句块（箭头 8）。catch 语句块执行完毕后，异常也就被处理完毕了，程序再次回到正常的顺序执行（箭头 9）。

当然，如果没有对应的 catch 语句块处理异常，也就是异常对象与 catch 语句的异常类型匹配失败后，异常还是会被传递出去的。例如对于 CapacityTooSmallException 类型的异常，例程中的 catch 语句就无法处理，那么，异常处理机制在发现 catch 语句无法处理这个异常后，还是会继续将这个异常按照方法定义中的 throws 语句抛出到方法之外的。下面以"–1"为参数执行这个程序，那么程序将会抛出一个 CapacityTooSmallException 异常，控制台输出如下：

```
开始设计杯子，杯子的容积为：-1
Exception in thread "main" com.javaeasy.selfdefineexception.CapacityToo-
SmallException：杯子的容积不能小于0：-1
    at com.javaeasy.selfdefineexception.Cup.setCapacity(Cup.java:18)
    at com.javaeasy.selfdefineexception.CupDesigner.designCupCapacity
    (CupDesigner.java:12)
    at com.javaeasy.selfdefineexception.DesignCupMain.main
    (DesignCupMain.java:15)
```

这说明，对于 CapacityTooSmallException 类型的异常，因为 CapacityTooBigException 并不是 CapacityTooSmallException 类的父类，所以程序中用来处理 CapacityTooBig-Exception 类型的 catch 语句当然是无法处理 CapacityTooSmallException 类型的异常的。根据异常处理的规则，这个 CapacityTooSmallException 类型的异常还是会被继续抛出来，然后这个异常还是会被 Java 平台处理，所以控制台还是会输出相应错误信息。下面用图 14-7 来描述这个过程。

相比参数为 99999 时程序的流程图，使用–1 作为参数时，首先是箭头 5 处代码执行情况不同——因为参数 capacity 的值是–1，所以抛出的异常实例的类型是 CapacityTooSmall-Exception。然后，异常处理机制会将这个异常一级级地抛出（箭头 6），但是因为代码在 try 代码块中，所以程序会首先去与 try 代码块对应的 catch 代码块尝试匹配（箭头 7），但是因为异常类型是 CapacityTooSmallException 而 catch 语句的异常类型是 CapacityToo-BigException，所以匹配失败。这时异常没有被处理，所以还是会按照 main() 方法中的声明那样，被 throws 语句抛出（箭头 8，注意，这时 main() 方法后面的代码当然也是不会执行的）。最后，这个异常还是会被 Java 平台处理（箭头 9），因为异常的错误信息会被输出到控制台。

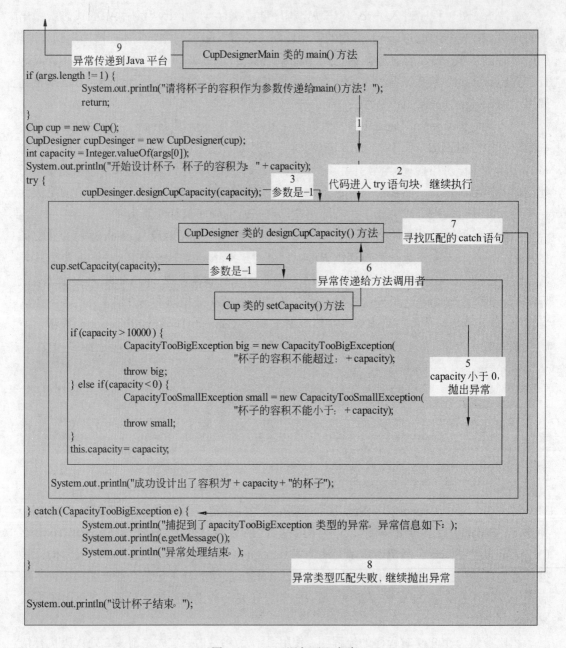

图 14-7　catch 语句匹配失败

try-catch 语句的基本用法在本节中就讲述完毕了。理解了本节的内容后，继续看本节后面的内容就相对简单多了。try-catch 语句的核心就是：使用 try 语句标记出可能出现异常的代码块，使用 catch 语句将这些异常按照类型进行处理。下面继续学习 try-catch 语句中的语法细节。

❑　通过本节的学习，理解异常处理的流程。

❑　对于没有被处理掉的异常，还是会继续抛出到方法之外的。

14.4.3　多类异常，一并处理

在 Java 中，所谓的处理异常其实就是根据异常类型，提供不同的 catch 语句分类进行处理，Java 异常处理机制会将异常类型传递给匹配的 catch 语句，然后，catch 语句就可以根据异常对象的信息，具体问题具体分析，进行相应的补救措施，使程序可以继续运行下去。所以说，一个异常被处理以后，程序就可以继续按照既定的次序向下运行了。

好，通过前面的学习，我们已经学会了使用 try-catch 语句处理异常。下面来看一下如何处理掉 14.4.2 节中没有处理掉的 CapacityTooSmallException 类型的异常。首先我们知道，异常处理时是按照异常类型进行匹配的，如果 catch 语句的异常类型同时是 CapacityTooSmallException 和 CapacityTooBigException 的父类，那么对于这两种异常都可以匹配成功。下面的代码简单地将 catch 语句的异常类型更改为 Exception 类型。

```
// （1）因为两种异常都已经被 try-catch 语句处理掉了，所以无须再用 throws 语句
public static void main(String[] args) {
    if (args.length != 1) {                    // main()方法参数 args 数组长度不等于 1
        System.out.println("请将杯子的容积作为参数传递给 main()方法！");
                                               // 输出提示
        return;                                // 程序直接退出
    }
    Cup cup = new Cup();                        // 创建一个 Cup 类的实例
    CupDesigner cupDesinger = new CupDesigner(cup);
                                               // 创建一个 CupDesigner 的实例
    // 将参数转换为 int 变量 capacity 的值，这个值将作为设计杯子的容积
    int capacity = Integer.valueOf(args[0]);
    System.out.println("开始设计杯子，杯子的容积为：" + capacity);
                                               // 输出提示信息
    try {                                      // （2）try 语句块
        cupDesinger.designCupCapacity(capacity);        // 开始设计杯子
    } catch (Exception e) {  // （3）catch 语句捕捉并处理的 Exception 类型的异常
        // （4）catch 语句块，处理异常
        System.out.println("捕捉到了 Exception 类型的异常。异常信息如下。");
        System.out.println(e.getMessage());             // （5）输出错误信息
        System.out.println("异常处理结束。");
    }                        // catch 语句块结束，程序继续运行
    System.out.println("设计杯子结束。");              // 输出完成信息
}
```

因为 getMessage()方法是继承自 Throwable 类的，所以这时使用 e 去调用这个方法也是没有错的。这时再次以 99999 和–1 为参数运行程序，控制台的输出分别为下面两段内容。

```
开始设计杯子，杯子的容积为：99999
捕捉到了 Exception 类型的异常。异常信息如下。
杯子的容积不能超过 10000：99999
异常处理结束。
设计杯子结束。
```

和

```
开始设计杯子，杯子的容积为：-1
```

捕捉到了 Exception 类型的异常。异常信息如下。
杯子的容积不能小于 0：-1
异常处理结束。
设计杯子结束。

好，通过修改异常类型，确实将异常捕捉到了。因为在这里处理异常的代码仅仅是向控制台输出一些简单的信息，所以这么做看起来是没问题的。但是，很多时候使用异常的父类来捕捉异常是不值得推荐的方法，原因很简单——在实际情况下，很少有两种类型不同的异常可以用同一种方式处理。那么如何更好地处理两种不同类型的异常呢？Java 中的 try-catch 语法其实是允许有多个 catch 语句的，也就是说可以处理多种类型的异常。完整的 try-catch 语句的语法如下：

```
try {
    // 可能发生异常的代码
} catch (异常类型1 异常引用) {
    // 异常处理代码
} catch (异常类型2 异常引用) {
    // 异常处理代码
}
...
```

也就是说，一个 try 语句可以匹配多个 catch 语句，分别用来处理不同类型的异常。当然匹配的顺序就是按照 catch 语句的顺序来的。所以，再为 CapacityTooSmallException 类型添加一个新的 catch 语句就可以了。新的 main()方法代码如下：

```
// （1）因为两种异常都已经被 try-catch 语句处理掉了，所以无须再用 throws 语句
public static void main(String[] args) {
    if (args.length != 1) {          // main()方法参数 args 数组长度不等于 1
        System.out.println("请将杯子的容积作为参数传递给 main()方法！");
                                     // 输出提示
        return;                      // 程序直接退出
    }
    Cup cup = new Cup();             // 创建一个 Cup 类的实例
    CupDesigner cupDesinger = new CupDesigner(cup);
                                     // 创建一个 CupDesigner 的实例
    // 将参数转换为 int 变量 capacity 的值，这个值将作为设计的杯子的容积
    int capacity = Integer.valueOf(args[0]);
    System.out.println("开始设计杯子，杯子的容积为：" + capacity);
                                                     // 输出提示信息
    try {                                            // （2）try 语句块
        cupDesinger.designCupCapacity(capacity);     // 开始设计杯子
    } catch (CapacityTooBigException e) {
                        // （3）处理 CapacityTooBigException 类型的异常
        System.out.println("捕捉到了 CapacityTooBigException 类型的异常。异常信息如下。");
        System.out.println(e.getMessage());
        System.out.println("异常处理结束。");
    } catch (CapacityTooSmallException e) {
                        // （4）处理 CapacityTooSmallException 类型的异常
        System.out.println("捕捉到了 CapacityTooSmallException 类型的异常。异常信息如下。");
        System.out.println(e.getMessage());
        System.out.println("异常处理结束。");
    }                   // catch 语句块结束，程序继续运行
    System.out.println("设计杯子结束。");              // （5）输出完成信息
}
```

这时候分别使用两个不同的 catch 语句来处理两种不同类型的异常。添加了新的 catch 语句后，唯一不同的是：Java 异常处理机制会将异常对象与 catch 语句中的异常类型按照顺序进行匹配，一旦匹配上后，就会进入 catch 语句块执行，然后异常处理结束，程序继续执行。这时候再以 99999 和–1 为参数执行程序，控制台输出内容如下：

```
开始设计杯子，杯子的容积为：99999
捕捉到了 CapacityTooBigException 类型的异常。异常信息如下。
杯子的容积不能超过 10000：99999
异常处理结束。
设计杯子结束。
```

和

```
开始设计杯子，杯子的容积为：-1
捕捉到了 CapacityTooSmallException 类型的异常。异常信息如下。
杯子的容积不能小于 0：-1
异常处理结束。
设计杯子结束。
```

当有多个 catch 语句的时候，Java 异常处理机制只会找到第一个匹配的 catch 语句并执行其代码块，剩余的 catch 语句将不会再继续尝试匹配。但是一个 try 语句必须至少含有一个 catch 语句。这个也很好理解，因为 try 语句就是用来标记 try 语句块中的代码可能抛出的异常，如果一个 catch 语句都没有，try 语句也就没意义了。下面 14.4.4 节中，将讲述另一种异常处理的语句。

❑ try-catch 语句中，一个 try 语句可以包含一个或多个 catch 语句。

❑ Java 异常机制会按照顺序匹配 catch 语句中的异常类型，只有第一个匹配的 catch 语句才会被用来处理异常。

14.4.4　try-catch-finally 语句

本节将讲述另一种处理异常的语句，它就是 try-catch-finally 语句，这种语句的语法结构如下：

```
try {
    // 可能发生异常的代码
} catch (异常类型 1 异常引用) {
    // 异常处理代码
} catch (异常类型 2 异常引用) {
    // 异常处理代码
}
...
} catch (异常类型 n 异常引用) {
    // 异常处理代码
}finally{
    // finally 语句代码块
}
```

与 try-catch 语句唯一的不同就是在语句的最后，多出了一个 finally 块。这种语句的作用是：无论 try 语句块中的代码是否发生异常，无论是否有 catch 语句可以与异常匹配，finally 语句块中的内容都会在之后执行。也就是说，这种语法是给原来的 try-catch 语句多加了一个功能，使用一个 finally 块让一段代码肯定可以被执行到。

需要注意以下两点：

❑ finally 语句块并不处理异常。也就是说，如果一个异常没有被 catch 语句处理掉，那么在这个异常被抛出到方法之前，会首先执行 finally 语句块。但是，在 finally 语句块执行完毕之后，异常还是会被抛出去。

❑ finally 语句块一定会被执行，哪怕在 catch 语句中使用了 return 来结束方法，finally 语句块也会被执行到。

还是在之前的例程上做修改：首先删掉 try-catch 语句中处理 CapacityTooSmall-Exception 类型异常的 catch 语句，当然，还需要在 main() 方法的声明中添加 throws 语句，抛出 CapacityTooSmallException 类型的异常；然后在处理 CapacityTooBigException 异常的 catch 语句中的最后加上一个 return 语句；最后 try-catch 语句添加一个 finally 块。

```java
// （1）因为两种异常都已经被 try-catch 语句处理掉了，所以无须再用 throws 语句
public static void main(String[] args) throws CapacityTooSmallException
{
    if (args.length != 1) {              // main()方法参数 args 数组长度不等于1
        System.out.println("请将杯子的容积作为参数传递给 main()方法！");
                                          // 输出提示
        return;                          // 程序直接退出
    }
    Cup cup = new Cup();                  // 创建一个 Cup 类的实例
    CupDesigner cupDesinger = new CupDesigner(cup);
                                          // 创建一个 CupDesigner 的实例
    // 将参数转换为 int 变量 capacity 的值，这个值将作为设计的杯子的容积
    int capacity = Integer.valueOf(args[0]);
    System.out.println("开始设计杯子，杯子的容积为： " + capacity);
                                          // 输出提示信息
    try {                                // （2）try 语句块
        cupDesinger.designCupCapacity(capacity);    // 开始设计杯子
    } catch (CapacityTooBigException e) {
                         // （3）处理 CapacityTooBigException 类型的异常
        System.out.println("捕捉到了 CapacityTooBigException 类型的异常。
        异常信息如下。");
        System.out.println(e.getMessage());
        System.out.println("异常处理结束。");
        return;
    } finally{
        System.out.println("这里是 finally 语句块。");
                                          //（4）finally 语名块
    }
    System.out.println("设计杯子结束。");        //（5）输出完成信息
}
```

下面我们分别以 1 000，99 999 和−1 为参数，执行这个程序，并分别分析程序的执行流程。首先是以 1 000 为参数的程序执行流程，请看图 14-8。

当参数为 1 000 时，不会发生异常，try 语句块执行完毕后，如果没有 finally 语句块，那么程序将继续执行，但是在有 finally 语句块的时候，程序将首先执行 finally 语句块，然后再继续执行程序，控制台输出内容如下：

```
开始设计杯子，杯子的容积为：1000
成功设计出了容积为 1000 的杯子
```

这里是 finally 语句块。
设计杯子结束。

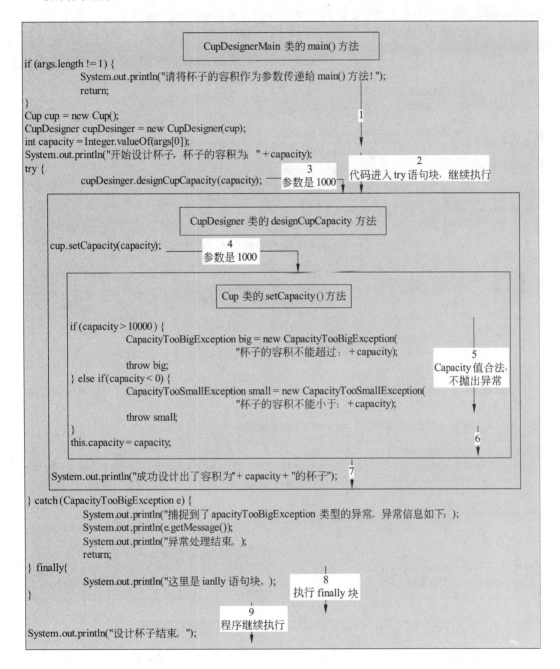

图 14-8　加入 finally 语句后在参数合法时的程序执行流程

从输出中也可以发现，finally 语句块确实执行了。

使用 99999 作为参数执行程序时，程序将抛出一个 CapacityTooBigException 异常，并且这个异常会被对应的 catch 语句处理掉。同时，catch 语句的最后是一个 return 语句，也就是说后面的代码其实是执行不到的了。但是，根据 finally 语句的语义我们知道，finally 语句会执行到。图 14-9 描述了这个程序执行的流程。

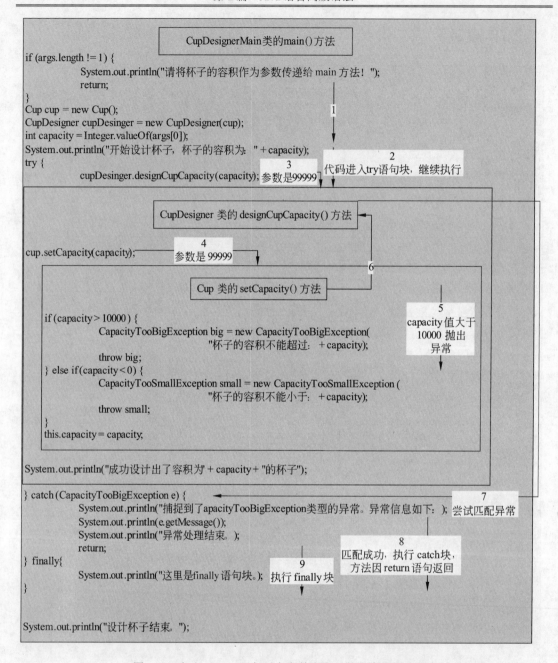

图 14-9　加入 finally 语句后在参数太大时的程序执行流程

在图 14-9 中，直到箭头 7 处都是我们熟悉的内容。在箭头 8 处，因为异常类型匹配成功，所以 catch 代码块会执行，但是 catch 代码块最后一行是 return 语句，也就是说方法执行结束。但是，即使是 return 语句也无法阻止 finally 语句的执行。在 finally 语句执行完毕后。方法才会返回。运行程序，控制台输出如下内容：

```
开始设计杯子，杯子的容积为：99999
捕捉到了 CapacityTooBigException 类型的异常。异常信息如下。
杯子的容积不能超过 10000：99999
异常处理结束。
```

这里是 finally 语句块。

从控制台输出可以看到,异常确实发生了,而且确实被 catch 语句处理掉了。同时,finally 语句也执行到了。但是,"设计杯子结束"这句话没有输出来,说明方法确实返回了,而没有继续执行下去。

好,下面我们用 –1 做参数执行这个程序。这时我们知道会有一个 CapacityTooSmallException 类型的异常抛出。图 14-10 描述了这时的程序执行流程。

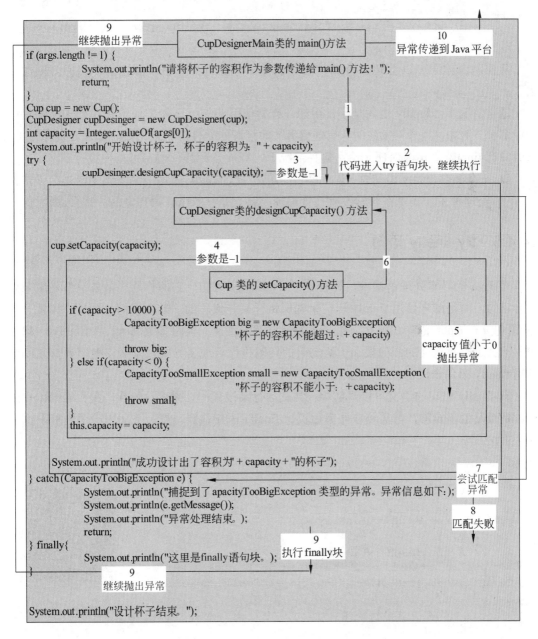

图 14-10　加入 finally 语句后在参数太小时的程序执行流程

在程序执行到箭头 7 和箭头 8 时,异常匹配失败。但是这时 finally 语句还是会执行,执行完毕后,才会继续抛出异常,一直抛给 Java 平台并输出错误内容。此时程序运行的控制台输出如下：

```
开始设计杯子，杯子的容积为：-1
这里是 finally 语句块。
Exception in thread "main" com.javaeasy.selfdefineexception.Capacity-
TooSmallException: 杯子的容积不能小于 0：-1
        at com.javaeasy.selfdefineexception.Cup.setCapacity(Cup.java:18)
        at com.javaeasy.selfdefineexception.CupDesigner.designCupCapacity
        (CupDesigner.java:12)
        at com.javaeasy.selfdefineexception.DesignCupMain.main(DesignCup-
        Main.java:14)
```

从控制台输出可以看到，finally 语句执行了，并且异常也按照之前学习的规则抛出去了。

通常情况下，finally 语句是不常用的。典型使用 finally 语句的场景是在 finally 语句中释放资源。例如，当异常发生时，有些资源（如打开的文件等）无论如何都需要被释放掉。这时只有 finally 语句能保证无论在何种情况下，释放资源的代码都可以被执行到。

❑ try-catch-finally 语句是 try-catch 语句的扩展，finally 语句中的代码无论是在异常被处理掉了，还是在异常没有被处理掉，甚至是在 return 语句之后，都会被执行。

14.4.5　try-finally 语句

在 Java 的异常处理语法中，还有一个 try-finally 语句。它的作用严格来说不是用来处理异常的，而是用来使用 finally 语句来确保执行某些代码的。前面我们分析过，如果一个 try 语句没有 catch 语句，那么就失去了处理异常的意义。但是如果将 try 和 finally 一起使用，那么还是有意义的：如果 try 语句中的代码执行出现了异常，那么在抛出异常之前，利用 finally 语句来进行一些扫尾工作。

try-finally 语句的语义可以理解为：尝试运行某段代码，无论这段代码是否有 return 语句，是否发生了异常，都需要在结束后执行 finally 语句代码。好，下面用一个例程来说明这个语法。

```
package com.javaeasy.selfdefineexception;
    // 包名

public class UsingTryFinally {
    // 例程名
    // 方法需要抛出两种类型的异常
    public static void main(String[] args) throws
CapacityTooBigException, CapacityTooSmallException {

        Cup cup = new Cup();
    // 创建 Cup 类的实例
        CupDesigner cupDesinger = new CupDesigner(cup);
    // 创建 CupDesigner 类的实例
        try {
            cupDesinger.designCupCapacity(99999);
                            // 使用一个过大的参数调用 designCupCapacity()
```

UsingTryFinally 源码

```
        } finally {                         // finally 语句块肯定会被执行到
            System.out.println("这里是 finally 语句块。");
        }
    }
}
```

运行上面的例程，控制台输出如下内容：

```
这里是 finally 语句块。
Exception in thread "main" com.javaeasy.selfdefineexception.Capacity-
TooBigException: 杯子的容积不能超过 10000: 99999
    at com.javaeasy.selfdefineexception.Cup.setCapacity(Cup.java:14)
    at com.javaeasy.selfdefineexception.CupDesigner.designCupCapacity
    (CupDesigner.java:12)
    at com.javaeasy.selfdefineexception.UsingTryFinally.main
    (UsingTryFinally.java:9)
```

try-finally 语句可以说是 try-catch-finally 语句块的简化。因为在这里没有什么需要释放的资源，所以在 finally 语句块中仅仅是向控制台输出一行字。从控制台的输出可以看出，finally 语句块中的代码即使是在 try 代码块中发生了异常的时候，也会执行到。

好的，到这里，关于异常处理的内容基本讲述完毕了。14.4.6 节中我们将改进例程，让 catch 语句中异常处理的代码真正发挥作用。

❑ 使用 try-finally 语句。

❑ try-finally 语句并没有处理异常，异常还是会传递出去的。

14.4.6　好好利用 catch 语句

在上面的例程中，catch 语句一旦捕捉到了异常之后，除了输出错误信息，其实并没有进行任何的补救措施，如果程序真的是用来设计杯子的话，那么其实在参数非法的时候杯子是不会被设计出来的。下面通过修改程序，让程序在异常发生以后，在对应的 catch 语句中进行修正，让程序可以继续运行下去，下面看修改后的 main()方法。

```
public static void main(String[] args) {
    if (args.length != 1) {                 // main()方法参数 args 数组长度不等于1
        System.out.println("请将杯子的容积作为参数传递给 main()方法! ");
                                            // 输出提示
        return;                             // 程序直接退出
    }
    Cup cup = new Cup();                    // 创建一个 Cup 类的实例
    CupDesigner cupDesinger = new CupDesigner(cup);
                                            // 创建一个 CupDesigner 的实例
    // 将参数转换为 int 变量 capacity 的值，这个值将作为设计的杯子的容积
    int capacity = Integer.valueOf(args[0]);
    System.out.println("开始设计杯子, 杯子的容积为: " + capacity);
                                            // 输出提示信息
    try {                                   // （1）try 语句块
        cupDesinger.designCupCapacity(capacity);   // 开始设计杯子
    } catch (CapacityTooBigException e) {
                                            // 处理 CapacityTooBigException 异常
        // （2）在 catch 语句中首先输出异常的相应信息
```

```
        System.out.println("捕捉到了 CapacityTooBigException 类型的异常。异常
        信息如下。");
        System.out.println(e.getMessage());
        // （3）然后，既然是容积过大，那么在这种情况下，就使用允许的最大容积设计杯子
        System.out.println("尝试使用最大的杯子容积设计杯子：");
        // （4）catch 语句中也可以再嵌套 try-catch 语句或者任何符合 Java 语法的语句
        try {
            cupDesinger.designCupCapacity(10000);
        } catch (CapacityTooBigException e1) { // （5）因为知道肯定不会有异常
                                        // 所以在这里将 catch 语句的处理留空
        } catch (CapacityTooSmallException e1) {
        }
    } catch (CapacityTooSmallException e) {
                                    // 处理 CapacityTooSmallException 异常
        System.out.println("捕捉到了 CapacityTooSmallException 类型的异常。异
        常信息如下。");
        System.out.println(e.getMessage());
        System.out.println("尝试使用最小的杯子容积设计杯子：");
        try {                                   // 再次使用 try-catch 语句
            cupDesinger.designCupCapacity(0);   // 设计容积为 0 的杯子
        } catch (CapacityTooBigException e1) {
        } catch (CapacityTooSmallException e1) {
        }
    }                                   // catch 语句块结束，程序继续运行
    System.out.println("设计杯子结束。");        // 输出完成信息
}
```

　　在上面的程序中标注了 6 点需要注意的部分。在第（1）处，程序进入 try 代码块。在处理 CapacityTooBigException 异常的 catch 块中，首先输出相应的错误信息（第 2 处），然后使用程序允许的最大的容积去设计杯子（第（3）处和第（4）处）。当然，这时还是需要调用 designCupCapacity()方法，也就是说还是需要处理异常。处理异常的方式在此时还是使用 try-catch 语句，但是 catch 语句的代码块中留空，因为我们知道肯定不会有异常发生（第（5）处）。对于 CapacityTooSmallException 异常的处理也是一样的方式。

　　这样，无论参数是什么，都会设计出一个杯子。当然，使用异常来做到这一点其实并不是最好的方案，我们可以使用 if-else 语句首先判断 capacity 变量的值，然后当这个值不合法时，根据它是太大还是太小来给 capacity 赋一个新的值。在这里仅仅是为了演示 try-catch 语句才这么做的。catch 语句的一个作用就是在发生异常的时候，在 catch 语句块中修改参数并重新尝试运行。

❑　在 catch 语句中处理异常的方式有很多种，修改参数并再尝试一次是一种方式。还有些情况下使程序只能输出错误信息到控制台。

14.5　异常的类型

　　前面的几节中，我们学习了 Java 异常的创建和抛出、传递以及处理的相关内容。同时也知道，只有继承自 Throwable 类或其子类才会被 Java 异常机制当作异常类。其实在 Java

异常机制中，还有 3 个类是有特殊地位的——Exception 类、Error 类和 RuntimeException
类。这里所说的特殊性并不是指这些类的代码有何特殊之处，而是说这 3 个类在 Java 异常
机制中被分别赋予了不同的含义，并且有不同的处理方式。在本节中，将讲述这 3 个类在
Java 异常处理机制中的特殊性。

14.5.1　3 个类的继承关系

首先来看一下这 3 个类的继承关系。这 3 个类都是包 java.lang 中的类。它们都是
Throwable 类的子类，图 14-11 是继承关系类图。

从图中可以看出，Throwable 类是 Exception 类和
Error 类的直接父类，而 Exception 类是 RuntimeException
类的直接父类。前面已经学习过了 Throwable 类的相关知
识，知道它是异常类的父类，而且其中定义了很多用于
异常处理的方法。实际上，Java 异常处理机制并不提倡
直接使用或是继承 Throwable 类，而是应该根据编程时的
实际情况，分别使用或继承剩下的 3 类。下面来一一介
绍这 3 个类的作用。

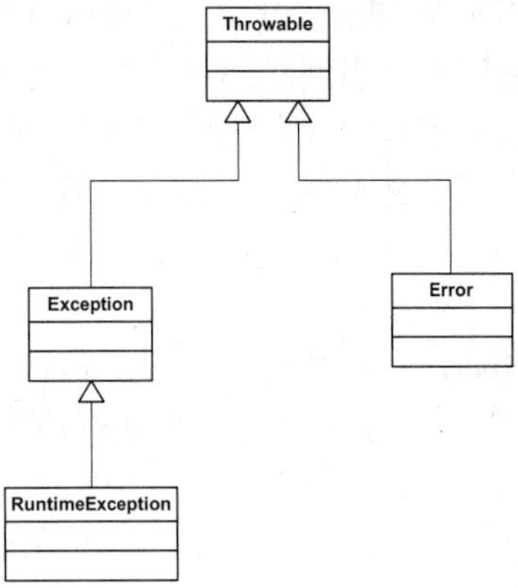

图 14-11　继承关系类图

14.5.2　必须处理的 Exception 类

Exception 类是 Java 异常机制中最常见也是最常用的类。从字面意义上理解，Exception
类似乎是异常类。其实可以认为 Throwable 类的类名的意义是"可以被 throw 语句抛出"。
Exception 类在 Java 异常处理机制中是这么一个类：如果一个异常类的父类是 Exception
类，那么这个异常就必须被处理，当然处理的方式就是在前面所讲的抛出异常或者处理
异常。

例如在本节的例子中，CapacityTooSmallException 类和 CapacityTooBigException 类就
是 Exception 类的子类，所以，对于抛出的这两个类的异常，必须在程序代码中使用 throws
语句继续抛出或者使用异常处理语法将这个异常处理掉，否则在编译的时候将会有一个语
法错误。

Exception 类就是这样一个类，在 Java 异常处理机制中，它和它的子类（注意，不知
直接子类）被当作程序在运行时发生的异常（例如在本节的例子中，参数不合法时就会抛
出相应的异常）。这些异常在很大程度上都是可以处理的，而且一般是认为可控制的
（capacity 参数是在代码中传递过去的）。catch 语句可以让我们针对异常信息来进行处理。

但是，有一个 Exception 类的子类却很特别，它就是 RuntimeException 类，继续看下
一节的内容。

❑ Exception 类在 Java 异常机制中代表普通的异常类，当它或它的子类的实例在程序
中被使用 throw 语句抛出的时候，Java 编译器要求必须对这个异常进行处理——或
者继续抛出异常，或者将异常处理掉。

14.5.3　灵活掌握的 RuntimeException 类

RuntimeException 类是一个特殊的类。它的特殊支出在于：当它和它的子类的对象在程序中抛出的时候，Java 编译器允许程序不做任何处理。也就是说，可以既不在方法中添加 throws 语句，也可以不用异常处理语法来处理。为什么这样呢？因为在 Java 异常处理机制中，RuntimeException 代表的是"在 Java 平台正常的操作都有可能发生的异常"。

例如前面介绍过的 NullPointerException。当使用一个值为 null 的引用（也就是一个引用不指向任何对象）来调用某个方法或者访问某个属性的时候，就会发生这个异常。但是，通过一个引用调用某个方法是再平常不过的操作了。所以，如果连这种异常都需要处理，那么可以说"代码中遍地都是异常处理和异常传递的代码"。这完全没有意义。而且，从实际意义上讲，这类异常通常是无法处理的。一般来说在怀疑一个引用有可能为 null 的时候，完全可以使用 if 语句来判断一下。

但是当这种异常发生的时候，异常的传递规则还是一样的，都会按照方法的调用路径传递，直到被处理掉或者传递到 main() 方法。当然，允许不处理不是说不能处理。可以在 Java 代码中使用异常处理机制来处理 RuntimeException，也可以使用 throws 语句抛出 RuntimeException，只不过 Java 编译器不会强制要求这么做。

当然，本节中还有一个 RuntimeException 类的子类，它就是 NumberFormatException。也就是在尝试使用 valueOf() 方法将 9M 转换为 double 变量时抛出的异常。随着学习的深入，还会接触到更多的 RuntimeException。它们都是 Java 平台在进行一些很普通很频繁的操作时，可能发生的异常。对于这些异常，编程者可以根据实际情况选择处理还是不处理。

❑ 在 Java 异常处理机制中，RuntimeException 代表了 Java 平台在进行平常的、频繁的操作时可能抛出的异常。

❑ 因为可能造成 RuntimeException 异常的操作实在是太普通太频繁了，如果从语法上强制要求，那么将会让 Java 代码中异常处理的语句无处不在。所以 Java 对这种异常采取了"可以处理，也可以不处理"的策略，让编程者根据程序的实际情况来选择到底如何处理。除了这点之外，RuntimeException 没有别的特殊之处。

14.5.4　不用处理的 Error 类

Error 类是另一种特殊的异常。Java 对待 Error 的态度和对待 RuntimeException 是一样的——从语法角度不强制要求处理 Error 异常，编程者自己灵活掌握。Error 类一般是用来表示程序中出现的严重异常，而且这种异常一般严重到无法处理，甚至有可能造成整个程序崩溃。所以，对于 Error 类的异常，按照惯例是不用处理的。

Error 类的异常一般不常见，但是一旦出现，一般就说明程序有严重的错误或者是程序运行的环境有严重的错误。举例来说，我们前面接触过的 StackOverflowError 就是一个 Error 类的异常（在 6.2.2 节中，在构造方法里面创建自己的实例，相当于无限循环地调用构造方法）。当我们在一个方法中无条件限制地去调用方法本身的时候，程序就会进入无限的循环。这时，当 Java 平台拥有的计算机资源被耗尽后，就会抛出这么一个异常。

从上面 StackOverflowError 的例子中可以看出，Error 类型的异常一般是没法处理的。例如 StackOverflowError，它被抛出的时候，已经耗尽了资源了，根本不可能通过 catch 语句中的代码去将它处理了，唯一能做的就是根据异常信息，寻找根源并修改掉。例如对于 StackOverflowError，应该做的是找出循环调用构造方法的那行，将它去掉。

- ❑ 对于 Error 类的异常，Java 允许程序不去做处理。
- ❑ Error 类用来代表 Java 平台本身出现了严重的错误。而且这种错误一般不可能通过 catch 语句修复。所以，当程序运行时发生这种异常，一般的做法是根据错误类型寻找源代码中的错误根源，并修复它。

14.6　小结：终止错误的蔓延

　　本章学习了 Java 异常处理机制的相关内容。Java 异常机制的作用是：当程序在无法继续正常运行下去时，根据异常的类型，创建一个异常类的对象，将错误信息保存在里面，然后 Java 异常处理机制将接手程序的控制权，将这个异常按照方法调用的顺序逐层抛出，直到异常被捕捉，并做出相应的处理进行补救，然后，异常处理机制交出程序控制权，使程序将继续运行下去。当然，如果不处理这个异常，它将会最终被传递到 Java 平台，然后其中的错误信息将会被输出到控制台，这也算是一种解决方法。整个过程可以用图 14-12 简单地描述。

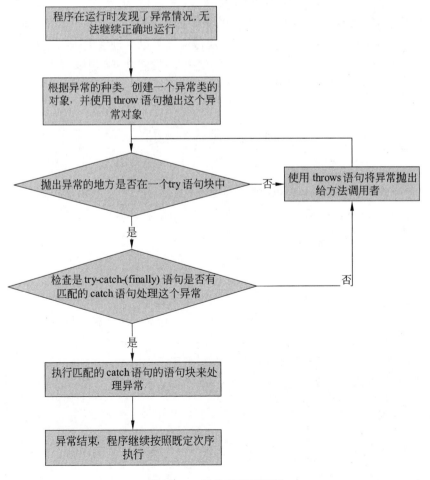

图 14-12　异常处理流程图

本章中围绕着 Java 异常处理讲述了以下内容。
- ❑　异常类的概念。
- ❑　异常的传递规则。
- ❑　在方法代码中使用 throw 关键字抛出异常。
- ❑　在方法声明中使用 throws 关键字抛出异常。
- ❑　创建和使用自定义的异常类描述异常。
- ❑　在 throws 语句中异常类型的语法要求：必须是实际的异常类本身或其父类。
- ❑　在程序抛出异常后的执行流程。
- ❑　使用 try-catch 语句捕捉并处理异常。
- ❑　try-catch 语句中异常类型的匹配规则：catch 语句的异常类型可以匹配的类型是此类型以及此类型的所有子类型。
- ❑　使用 try-catch 处理异常时程序的执行流程。
- ❑　try-catch-finally 语句的语法规则。
- ❑　使用 try-catch-finally 语句时程序的执行流程。
- ❑　try-finally 语句。
- ❑　Java 异常机制中 3 种特殊的异常类——Exception 类、RuntimeException 类和 Error 类，以及它们分别代表何种类型的异常。

异常处理机制是 Java 语言中一个重要的功能。它的目的是"与其让错误听之任之地发生，不如把错误明明白白地描述出来，将错误传递到可以处理它的地方进行处理，尝试让程序可以继续正常地运行下去。"在后面的学习中，我们会遇到很多类型的异常，也会慢慢加深对 Java 异常处理机制的认识。

14.7　习　　题

1. 使用两种不同的方式，纠正下面代码中异常处理中出现的语法错误。

```java
public class Exercise1 {
    public static void method(){
        throw new Exception();
    }
}
```

2. 创建一个名为 TestException 的异常类，要求这个异常不强制要求处理。

3. 给下面程序代码中的 try-catch 语句增加一个 final 语句块，向控制台输出一行字。

```java
public class Exercise3 {
    public static void main(String[] args){
        try{
            throw new Exception();
        }catch(Exception e){
        }
    }
}
```

第 15 章　多线程编程

本章将要讲述 Java 中线程（Thread）相关的内容。它是一个全新的事物。为了理解本章的内容，需要用到前面学到的以下知识点。

- ❑　方法的调用过程；
- ❑　程序执行流程；
- ❑　继承和覆盖；
- ❑　接口和内部类；
- ❑　类文件即是 Java 平台的可执行文件。

线程原本是操作系统中的一个概念。在绝大多数平台上，Java 平台中的线程其实就是利用了操作系统本身的线程。对于学习 Java 线程而言，最重要的内容是理解线程。在理解了线程之后，再去学习 Java 中常用的线程编程其实不难。除了介绍线程的概念，本章还会讲解 Java 线程的使用、多线程编程和线程同步的基本知识。这些都是最常用的线程编程技术。

本章 15.1 节用来讲述线程的概念，是本章中最重要的一节。对于线程这种抽象的概念，一次看不懂也是正常的。15.1 节是全章的基础，理解了 15.1 节的内容，本章剩余的内容就不难理解了。所以请读者在继续后面的内容之前，务必将 15.1 节的内容看懂。好，下面首先理解线程的概念。

15.1　线程——执行代码的机器

线程是编程中极其重要的一部分内容，但是对于初学线程的读者来说，它的概念显得过于抽象而不好理解。和程序的代码不同，线程是隐藏在程序背后的，对于编程者来说它是看不见摸不着的。为了形象地描绘线程的作用，本节将使用一个"CD 机模型"和"演奏会模型"来与线程进行类比。为了明白线程，首先需要了解 Java 程序是如何运行的。

15.1.1　线程——执行代码的基本单位

什么是线程呢？它不是 Java 语言语法的一部分。在 Java 中，线程可以说是一个"机器"，它的作用就是执行 Java 代码。换句话说，Java 中的代码，都是通过线程为基本单位来执行的。图 15-1 描绘了前面学习的从 Java 源代码到生成 Java 类文件的过程。

相信这个过程大家并不陌生，本章后面的内容对上面这个过程将不再叙述。生成了 Java 类文件之后，就是运行 Java 程序了。上段中说过，线程是 Java 中程序执行的基本单位，执行一个 Java 程序（有 main()方法的 Java 类）的过程如图 15-2 所示。

图 15-1　生成 Java 类文件的过程

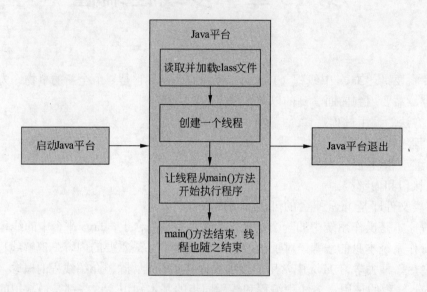

图 15-2　Java 程序执行过程

在图 15-2 中，启动 Java 平台就是我们在命令行执行 java 命令，Java 平台退出就是 java 命令执行结束。中间的图表示了 Java 平台执行的过程。因为是在控制台上直接使用 java 命令执行一个类文件的，所以很容易觉得 java 命令是执行 Java 代码的基本单位。实际上，java 命令是通过创建一个 Java 线程来执行 Java 代码的。

说明：Java 线程当然也是 Java 平台的一部分。在本章中为了突出 Java 线程，从概念上将它从 Java 平台中剥离了出来单独讲解。

1．Java线程和CD机

从线程的角度来看，Java 平台更像是一个线程管理器。下面我们通过一个例子，来说明类文件、Java 线程和 Java 平台的关系。大家都用过 CD 机，CD 机中读取 CD 碟片内容的部件就是 CD 机上的激光头。CD 和 Java 之间各个元素可以做如下类比，如图 15-3 所示。

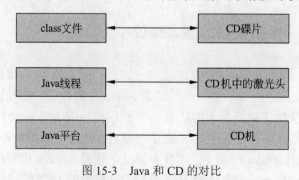

图 15-3　Java 和 CD 的对比

class 文件就如同 CD 碟片：class 文件中包含 Java 程序的可执行代码；CD 中包含着音乐文件。它们都是数据的载体。

Java 线程就如同 CD 中的激光头：Java 线程负责执行 class 文件中的代码；激光头负责读取并处理 CD 上的音乐文件。它们都是负责处理数据的。

Java 平台就如同 CD 机：Java 平台包含 Java 线程，然后，Java 线程还负责管理 Java 线程，包括创建 Java 线程，为 Java 线程提供各种资源（在这里不去深究是什么资源，可以将之理解为 Java 线程执行代码的各种基础条件）；CD 机包括激光头，同时它也管理着激光头，为激光头供电，同时还提供外壳、马达、播放控制、音频解码和音频输出等各种功能，没有这些功能，激光头本身无法处理数据。Java 平台和 CD 机可以说是独立的系统，可以完成一个功能；线程和激光头是它们中的核心部件，但是并不是可独立完成整个工作的部件。

2．从CD机的工作机制看Java线程

通过上面这个例子，相信线程这个概念已经不完全陌生了。对于激光头，它会从 CD 的某个位置开始，按照顺序读取 CD 上的数据。那么线程的工作模式是怎样的呢？其实和激光头很类似——只要给线程一个"开头"，线程就会一直沿着这个"开头"执行下去。对于前面的所有例程来说，这个"开头"在图 15-2 中已经说明了，它就是我们再熟悉不过的 main() 方法。也就是说，线程会从 main() 方法开始执行程序。

CD 机的作用就是播放音乐，当 CD 在播放完 CD 后，激光头就会关闭，CD 机也会自动关机。同样的道理，Java 平台的作用就是执行 Java 程序代码。线程在执行完 main() 方法后，也就结束了。而当 Java 平台发现自己里面的线程都退出以后，也就会退出。这时 Java 程序就运行完毕了。

那么，线程是如何执行代码的呢？这个超出了本书的范围。就好像使用 CD 机一样，使用者只要知道 CD 机中激光头是用来读取和处理 CD 碟片上的内容就可以了，没必要去追究它是如何读取 CD 碟片上的内容的。对于线程也是一样的道理。前面说过，线程是操作系统中的一个概念，所以"线程是如何执行程序的"这个问题属于操作系统课程中的内容。对于学习 Java 而言，在这里先知道如下几点就可以了。

❑ 线程是执行 Java 程序代码的基本单位。
❑ Java 线程也是 Java 平台的一部分。
❑ Java 线程是运行在 Java 平台内部的，Java 平台负责管理 Java 线程。
❑ Java 线程执行程序代码时，Java 平台为其提供各种所需的条件。
❑ 当线程执行完给它的方法后，就会退出。Java 平台中如果没有正在运行的线程，就代表程序执行完毕，Java 平台也就自动退出了。

本节的内容就先到这里。本节中使用的"CD 机模型"比较容易理解，但是它和线程还不是十分相似。在 15.1.2 节中将通过"演奏会模型"来加深对线程的理解。

15.1.2　演奏会模型

线程是隐藏在 Java 平台之中的，它的工作方式并没有展露在 Java 语法中。我们只能够通过类比的方式来理解 Java 线程以及程序代码、Java 线程和 Java 平台三者之间的关系。

本节将要介绍的就是"演奏会模型"。演奏会并不是一个陌生的概念，可以把它看成是由一个指挥家、一个或多个演奏家、 乐谱组成的事物。它的最终结果就是演奏乐谱。我们的这个演奏会模型与现实中的演奏会差不多，区别有以下几点。

- ❑ 演奏会中使用的乐谱不是纸质的乐谱，而是用一个显示器显示乐谱。
- ❑ 所有的乐谱都保存在一个存储设备上。所以在演奏会开始之前要先将乐谱输入到存储设备中。
- ❑ 每个演奏家使用一个单独的显示器来看乐谱，但是所有的显示器都从同一个存储设备上读取乐谱。
- ❑ 显示器每次只显示一小节乐谱内容，演奏家演奏完这个小节后，显示器会自动显示出乐谱下一小节的内容，直到乐谱结束。

演奏会的工作模式也不同。

- ❑ 首先将所有的乐谱输入到存储设备中。
- ❑ 指挥家按照演奏的进度，每当需要演奏一个乐谱的时候，这个指挥家首先请上一位演奏家，然后搬上一个显示器来显示需要演奏的乐谱。
- ❑ 演奏家按照显示器上的内容进行演奏。当演奏家演奏完当前小节后，显示器自动显示乐谱下一小节的内容。
- ❑ 当乐谱结束后，演奏家就退场了。当所有的演奏家都退场以后，指挥家就退场，演奏会就结束了。

1．Java线程和演奏会模型

下面用图 15-4 将 Java 程序和这个演奏会模型做一个类比。

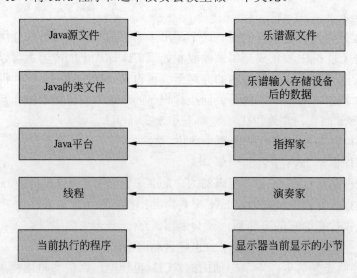

图 15-4　Java 线程和演奏会模型的类比

2．运行中的Java线程和演奏会模型

通过图 15-4 可以更清晰地看出线程、Java 平台和程序代码之间的关系。一个演奏家专心演奏摆在面前的乐谱，就好像 Java 线程一行行地执行代码。Java 平台则是指挥家，管理

着整个程序，包括 Java 线程。Java 平台为了让 Java 线程能够执行代码，做了很多的工作。下面的图 15-5 将一个程序的执行过程和一个演奏会的执行过程做了一个类比。

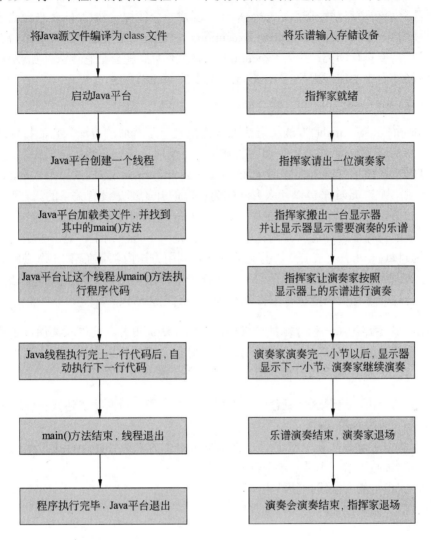

图 15-5　Java 程序执行流程和演奏会流程

下面以一个简单的例程来说明图 15-5 中所示的流程。

```
package com.javaeasy.execution;            // 例程所在的包
public class Execution {                   // 例程名
    public static void main(String[] args) { // main()方法，这就是程序执行
                                           // 的起点，也是线程执行的起点

        int i = 3 + 5;                     // 第一行代码是一个运算操作
        System.out.println(i);             // 第二行代码是一个方法调用
    }
}
```

上面的例程很简单，这里不再解释。使用如下的 javac 命令对例程的源代码进行编译。

```
javac com\javaeasy\execution\Execution.java
```

编译结束后，就会生成相应的类文件 Execution.class。Execution 类是有 main()方法的，所以可以使用 java 命令来执行这个类文件。在使用如下命令执行 Execution 类的时候，首先 Java 平台会启动，启动完毕后，Java 平台会创建一个线程。然后 Java 平台会读取给它的参数，也就是 com.javaeasy.execution.Execution。它是类的全限定名，Java 平台会根据这个名字来寻找需要执行的类，找到 Execution.class 文件后，就会把它读取并加载到程序中，然后让开始创建出来的线程去执行 Execution 类中的 main()方法。

```
java com.javaeasy.execution.Execution
```

关于 main()方法：main()方法从语法上来说只是一个普通的方法，它的特殊之处在于"Java 平台会将 main()方法作为一个程序的开始，让线程从这里开始执行程序"。这也是为什么所有可以直接被执行的 Java 程序都必须有这么一个 main()方法的原因。main()方法是一个约定俗成，无论 Java 平台以什么方法作为程序的开始都是没有关系的。

例程中的第 1 行是一个 int 变量的加法运算和 int 变量的赋值操作。线程在执行的时候就会为变量分配内存并进行运算。例程中的第 2 行是一个方法调用。对于方法调用，线程执行的时候会将这个方法"展开"（也就是进入被调用方法内部。在第 14 章讲解异常传递时，就在方法调用的时候将方法展开了），这样一个方法调用就变成了执行方法中的代码了。线程就会这样逐行代码地执行下去，直到 main()方法结束。

💭说明：线程始终都是在一行行地执行代码，遇到方法调用时，就进入被调用方法内部去一行行执行。当然，我们在阅读程序的时候，可以简单地认为方法调用就是一个运算。只有在必要的时候，我们才将一个方法调用"展开"。

通过上面的分析，线程这个概念已经了解得差不多了，后面将讲述线程编程的基础。本节的内容是后面内容的基础。

- ❏ 线程的作用就是从某个指定的方法（如 main()方法）开始逐行执行代码，就好像演奏家按照乐谱一小节一小节演奏一样。
- ❏ 执行完指定的方法线程就结束了。
- ❏ 通过演奏会模型加深对线程的理解。

15.2　Java 中的线程编程

前面对"线程是什么"做了大量的讲述和类比。本节中将讲述如何使用线程编程。通过前面的内容我们知道，线程的作用就是"执行一个方法，执行完这个方法后，线程就结束了"。在 Java 中我们可以自由地使用线程：创建线程，指定它需要执行的方法，然后启动线程，这个线程就会执行下去了。请看本节的内容。

15.2.1　线程类 Thread

在 Java 语言中，线程被封装为 Thread 类（全限定名是 java.lang.Thread）。当然，线程核心的内容并不在这个类中，因为真正的线程是存在于 Java 平台中的。可以把这个类认为是真正的线程的"代理人"。我们操作 Thread 类时，Thread 类就会操作真正的线程，这就好像"使用引用操作引用指向的对象"。

在程序中，可以按照需要创建和使用线程。当创建一个 Thread 类的实例时，在 Java平台内部，一个真正的线程同时被创建了出来。其实使用线程很简单，根据前面对线程的介绍，使用线程的时候只需要关心下面两点就可以了。

- □ 如何指定线程需要执行的方法。我们知道，线程的作用就是执行一个方法，直到方法结束，线程也完成了使命。
- □ 如何启动一个线程。当创建出了线程，也指定了线程需要执行的方法，下面的事情就是"推动一下"，让线程启动起来。

下面就来讲述使用 Java 线程的第一种办法。

15.2.2　覆盖 Thread 类的 run() 方法

为了使用线程，首先需要学习 Thread 类中的两个重要方法。

- □ Thread()：这是 Thread 类的一个构造方法，它没有任何参数，所以说创建线程的实例也是很简单的，可以不提供任何参数。
- □ void start()：start() 方法就是启动线程的方法，这个方法是线程类中最核心的方法。当调用这个方法以后，它就会启动线程，并让线程去执行指定的方法，而这里说的"指定的方法"，就是下面要说的 run() 方法。
- □ void run()：run() 方法是 Thread 类中一个普通的方法，它的特殊之处仅仅在于 start()方法会将它作为线程的起点。

好，知道了 Thread 类中这两个方法的作用后，如何让 run() 方法变成想让线程去执行的方法呢？这里就要用到继承和覆盖了。我们使用一个类去继承 Thread 类，然后为这个Thread 类的子类添加一个 run() 方法，用来覆盖 Thread 类中原来的 run() 方法。那么，根据Java 覆盖的原则，start() 方法再调用 run() 方法的时候，其实就是调用的 Thread 类中子类的run() 方法了。也就是说，"只要在 Thread 类的子类中的 run() 方法内部，编写需要让线程执行的代码"就可以了。

下面以一个例子来演示这种使用线程的方法，首先创建一个 Thread 类的子类，并覆盖Thread 类中的 run() 方法。

```
package com.javaeasy.usethread;          // 程序所在的包
public class MyThread extends Thread {   // MyThread 类继承自 Thread 类

    public void run() {                  // 覆盖 Thread 类中的 run() 方法
        System.out.println("这是在另一个线程中执行的代码。");
                                         // 向控制台输出一行字
    }                                    // run() 方法结束
}
```

上面的类很简单。首先需要注意的就是 MyThread 类继承自 Thread 类，然后是 MyThread类覆盖了 Thread 类中的 run() 方法。这样才能够让线程在启动后（调用 start() 方法后）执行到想让线程执行的内容。好，下面是一个使用 MyThread 类的例程。

```
package com.javaeasy.usethread;              // 程序所在的包
public class UseMyThread {                    // 例程类

    public static void main(String[] args) {  // main()方法
        MyThread thread = new MyThread();      // 创建一个 Thread 类的实例
        thread.start();                        // 启动一个新的线程
    }
}
```

运行上面的例程，控制台输出如下内容：

这是在另一个线程中执行的代码。

到这里，线程似乎还没有带来什么让人兴奋的特征。不过不着急，下面首先在图 15-6 中使用"演奏家模型"说明一下上面例程的执行过程（省略关于编译等无关的步骤）。

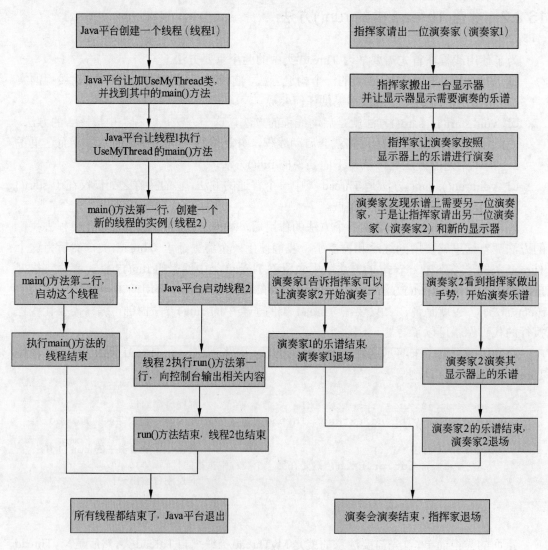

图 15-6　创建并启动线程的程序执行过程

图 15-6 可以看出如下几点内容。

❏ 新线程的创建和启动其实都是通过 Java 代码触发的。实际上，除了第一个线程（也就是启动程序的、运行 main()方法的线程）是由 Java 平台直接创建的之外，其余的线程都是在 Java 代码中通过"创建 Thread 类的实例，启动线程"这种方式创建并启动的。

❏ 当启动一个新的线程时，其过程是：由 Java 代码通知 Java 平台，Java 平台再启动线程。例如在图 15-6 中，线程 1 启动线程 2 的过程实际上就是：线程 1 执行 thread.start()，这个方法在内部会让 Java 平台启动第二个线程。所以，启动线程 2 对于线程 1 来说，是一个很短的过程，因为启动线程的具体事情都是 Java 平台做的，线程 1 只是"通知"Java 平台要启动线程 2 而已，通知完了就继续执行代码，不等待线程 2。

❏ 只有所有的线程都退出以后，程序才会退出。

如果这个过程看上去太抽象，请对比着右边演奏会的过程进行理解。下面学习另一种使用 Java 线程的方式。

❏ Thread 类的 start()方法是用来启动一个线程的。

❏ Thread 类的 run()方法是一个线程启动后执行的方法。

15.2.3　使用 Runnable 接口

我们知道，Java 中的类只能够是单继承，也就是说，如果一个类为了使用线程而继承了 Thread 类，它就不能再继承别的类了。这很可能给编程带来不便。本节中介绍的就是一种脱离继承来使用线程的方法。这个方法的核心就是 Runnable 接口。

Runnable 接口的全限定名是 java.lang.Runnable。它其中只有一个抽象方法 void run()。为了了解如何在线程中使用 Runnable 接口，我们还需要看一下 Thread 类中的一个叫做 target 的属性和 Thread 类中的 run()方法。Thread 类中有一个类型为 Runnable 的属性，叫做 target。而 Thread 类的 run()方法用到了这个属性，run()方法的代码如下：

```
public void run() {          // Thread类的run()方法
    if (target != null) {    // 检查target属性是否为空, target属性是Runnable
                             // 类型的引用
        target.run();        // 如果不为空则执行run()方法
    }                        // 否则什么都不做
}                            // run()方法结束
```

如何让 target 的值不为 null 呢？Thread 类的另一个构造方法就是用来给 target 属性赋值的，这个构造方法是 Thread（Runnable）。当调用这个构造方法时，传递过来的参数就会赋值给 target 属性。也就是说，如果直接使用 Thread 类也是可以的，步骤如下：

（1）实现 Runnable 接口，例如叫做 MyRunnable，并在 MyRunnable 类的 run()方法里编写想要让线程做的事情。

（2）创建一个 MyRunnable 的实例。

（3）通过构造方法 Thread（Runnable）来创建 Thread 类的实例。

这时再调用 start()方法启动这个线程，执行的就是 MyRunnable 中 run()方法的代码了。下面我们来使用以下这种方法，首先是 MyRunnable 类。

```
package com.javaeasy.usethread;                          // 程序所在的包

public class MyRunnable implements Runnable {            // 实现 Runnable 接口
    public void run() {                                  // 实现 run()方法
        System.out.println("这是在另一个线程中执行的代码。");
                                                         // 向控制台输出一行字
    }                                                    // run()方法结束
}
```

MyRunnable 实现了 Runnable 接口，其 run()方法就是线程会去执行的方法。然后是例程。

```
package com.javaeasy.usethread;

public class UseMyRunnable {
    public static void main(String[] args) {            // 例程的 main()方法
        // 创建一个 MyRunnable 类的实例，MyRunnable，MyRunnable 实现了 Runnable
        // 接口
        MyRunnable runnable = new MyRunnable();
        Thread thread = new Thread(runnable);           // 调用 Thread 相应的构造
                                                        // 方法，传入参数
        thread.start();                                 // 启动线程
    }
}
```

在例程中，按照步骤分别创建 MyRunnable 类的实例，调用 Thread 相应的构造方法，最后启动线程。因为 Runnable 是个接口，为了简单一些，还可以使用前面学到过的匿名类来实现相同的功能。使用匿名类的例程如下：

```
package com.javaeasy.usethread;

public class UseRunnable {
    public static void main(String[] args) {    // 测试类的 main()方法
        // 创建一个线程，参数为一个实现了 Runnable 接口的匿名类的实例
        Thread thread = new Thread(new Runnable() {
            public void run() {                        // 实现抽象方法 run()
                System.out.println("这是在另一个线程中执行的代码。");
            }
        });
        thread.start();                                // 启动线程
    }
}
```

例程 UseRunnable 其实和例程 UseMyRunnable 是一样的。当然，从本质上讲，无论是使用继承还是使用 Runnable 接口，其目的都是一样的。让线程执行我们写的一段代码。使用继承并覆盖 run()方法也好，使用 Runnable 接口也好，都是为了指定线程执行的方法。本节不再给出程序执行的实例图，图 15-6 可以涵盖本节的程序流程。

下面我们回过头去看看图 15-6：当一个新的线程启动以后，程序就相当于是有两个同时在执行的线程。没错，事情就是这样的。就好像演奏会上的两个演奏家一样，两个演奏家是一起演奏各自的乐谱。两个线程也是各自执行自己的代码，彼此之间互不影响。但是事情到这里就开始变得有意思了：一个程序内有两个线程。好，下面让我们进入 15.2.4 节，看看两个线程的故事。

❑ 使用 Runnable 接口来让线程执行自己编写的 run()方法。

15.2.4　两个线程

前面介绍了如何设定线程执行的方法和如何启动一个线程。但是 main()方法在启动完第二个线程后就直接退出了。本节我们来看一下如果 main()方法在启动完第二个线程后不直接退出，会出现什么情况。下面在 main()方法启动线程后，再添加一行向控制台输出一行字的代码，新的例程如下：

```
package com.javaeasy.usethread;              // 程序所在的包
public class UseMyThread {                   // 例程类

    public static void main(String[] args) { // main()方法
        MyThread thread = new MyThread();    // 创建一个 Thread 类的实例
        thread.start();                      // 启动一个新的线程
        System.out.println("这是在 main()方法中执行的代码。");
                                             // 启动线程后，再输出一行代码
    }
}
```

在添加了这一行后，线程 1 和线程 2 有一段时间就是同时运行的了。先想想程序运行的结果，然后运行例程，控制台可能输出如下内容：

这是在 main()方法中执行的代码。
这是在另一个线程中执行的代码。

这个输出的结果确实令人吃惊：为什么首先启动的线程 2，但是控制台输出的第一行却是线程 1 所运行的 main()方法的内容呢？原因正是我们前面所说的那样：线程在执行代码的时候是相对独立互不影响的。也就是说，哪个线程执行得快，哪个线程执行得慢，并不是确定的。下面用图 15-7 来演示这个过程。

在图 15-7 中，线程 2 启动的时间稍长了一些，线程 1 在通知 Java 平台去启动线程 2 之后，快速地执行了下一行代码，也就是向控制台输出一行字，而线程 2 则落在了线程 1 的后面，所以在控制台上看到的是那样的内容。当然，这只是一种可能性，也有可能线程 2 会跑到线程 1 的前面，我们可以认为这个是随机的。这点也是线程与演奏会模型最大的不同。我们假设演奏会模型里的演奏家也是这样的，演奏家彼此之间互不影响，各自演奏各自的部分，这就和线程中的情况很类似了。

🔔**并行**：有一个术语专门用来形容"多个事情同时进行"的情况，叫做并行。对于线程来说，就是"线程是并行的"或"线程并行执行"。

当然，这里还有一个角色——Java 平台。Java 平台作为所有线程的管理者，会让每个线程运行的时间差不多。就好像演奏会里的指挥家一样，虽然每个演奏家可能有快有慢，但是总体上来说会按照指挥家的指挥进行演奏。也就是说，我们不能确定线程 1 中的某行代码是否肯定在线程 2 的某行代码之前或之后执行，但是可以肯定的是线程 1 和线程 2 都在执行代码。好，15.3 节中我们通过一个相对复杂点的例程来进一步看看多个线程之间的故事。

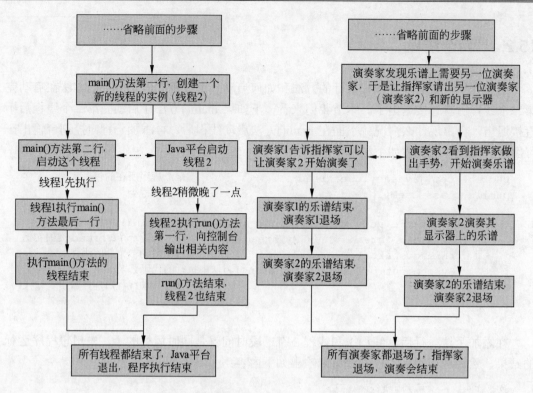

图 15-7　两个线程执行的快慢速度不能确定

🔔主线程：对于那个"由 Java 平台创建的，用来执行 main()方法的线程"，习惯上称之为"主线程"。当然，这个线程在执行代码等方面并没有任何特殊之处。对于上面说到的"线程 1"，在后面的内容中将称之为主线程。

☐ 启动一个线程对于 Java 程序来说是很快的，因为 Java 程序仅仅是"通知"Java 平台去启动线程而已，真正的启动工作是 Java 平台做的。

☐ 在一个 Java 程序中的多个线程是并行执行的，线程之间在执行代码的时候互不影响。

15.3　深入学习 Thread 类

前面的内容讲解了 Thread 类最基本的方法和用法，包括 run()方法、一些构造方法以及 start()方法。仅通过这些方法还不能够释放线程最大的能量。本节中将继续讲述 Thread 类中一些重要的方法和属性，包括让线程挂起、线程的名字和得到执行当前代码的线程。

15.3.1　线程的名字

本节中学习一下 Thread 类的 name 属性，它的类型是 String。它其实就是线程的名字，和演奏家的名字是一样的。在 Thread 类中，有 String getName()和 void setName（String）两个方法用来设置和获取这个属性的值。

同时 Thread 类还提供相应的构造方法，让 Thread 类的对象在创建的时候就有一个名字，在这里列出两个 Thread 类的构造方法。

❑ Thread（String name）：接受一个 String 实例为参数的 Thread 类构造方法，这个参数就将是这个线程的名字。

❑ Thread（Runnable target, String name）：接受一个 Runnable 实例和一个 String 实例为参数的 Thread 类构造方法。其中 Runnable 中的 run()方法就是线程将要执行的方法；String 实例就将是这个线程的名字。

如果在创建一个 Thread 类实例的时候没有为 Thread 实例提供一个名字，那么 Thread 实例将使用一个默认的名字。我们可以认为 Thread 实例的名字就是演奏家的名字。好，下面通过一个例程来学习一下 Thread 类的 name 属性。首先给出一个 Thread 类的子类。

```
package com.javaeasy.threadname;        // 程序所在的包

public class ShowThreadName extends Thread {
// 继承自 Thread 类
    public ShowThreadName() {    // 构造方法，没有参数
        super();                 // 调用父类相应的构造方法
    }
    public ShowThreadName(String name) {
    // 构造方法，提供线程的名字
        super(name);             // 调用父类相应的构造方法
    }

    public void run() {          // 覆盖 run()方法
        System.out.println("这个线程的名字是: " + this.getName());
                                 // 输出线程的名字
    }
}
```

ShowThreadName 源码

类 ShowThreadName 很简单，首先它继承自 Thread 类。然后提供了两个构造方法，这两个构造方法都是直接调用父类相应参数的构造方法。如果通过没有参数的构造方法创建 Thread 类的实例，那么这个实例将会有一个默认的名字；如果通过有 String 参数的构造方法创建 Thread 类的实例，那么这个线程就会使用这个 String 实例作为名字。run()方法仅仅是输出了线程的名字。

🔖 **线程的默认名字**：对于在程序中创建的线程，线程的默认名字一般是 "Thread-" 加上一个递增的整数；而对于主线程，它的名字一般会被设置为 main。

下面是例程。

```
package com.javaeasy.threadname;            // 程序所在的包

public class ShowThreadNameMain {           // 例程
    public static void main(String[] args) {
    // main()方法
    // 使用无参数的构造方法创建 Thread 类实例,
    // 这时它将有一个默认的名字
        ShowThreadName    defaultName    =    new
ShowThreadName();
        // 使用构造方法给线程指定一个名字
        ShowThreadName name = new ShowThreadName("线程
的名字");
```

ShowThreadName
Main 源码

```
        // 启动两个线程
        defaultName.start();
        name.start();
    }
}
```

上面的例程中，首先以无参数的构造方法创建了一个 ShowThreadName 类的实例，然后通过用一个 String 实例为参数的构造方法创建了一个 ShowThreadName 类的实例。最后启动这两个线程，根据 ShowThreadName 的 run()方法的内容可以知道，程序的运行结果是在控制台上输出这两个线程的名字。运行例程，控制输出。

```
这个线程的名字是：Thread-0
这个线程的名字是：线程的名字
```

通过 setName(String)方法还可以更改线程的名字。name 属性的操作很简单，在这里就不给出例程了。当一个 Java 程序中有多个线程在运行的时候，给线程一个名字还是很有用的。

- ❑ Thread 类的实例的名字。
- ❑ 如果不通过构造方法给线程实例一个名字，那么它将拥有一个默认的名字。主线程的名字一般叫做 main。
- ❑ 可以通过 setName 和 getName 来设置/得到线程的名字。

15.3.2　得到当前的线程

既然线程是代码的执行器，那么每行代码在真正执行的时候，都是由某个线程负责的。如何得到这个线程呢？下面的内容给出了答案。

1．Thread类的静态方法currentThread()

我们知道，Java 的线程是执行 Java 程序的基本单位。也就是说，所有的 Java 代码最终都是由线程执行的，就好像所有的音符都是由演奏家演奏的。如果在程序中需要得到"执行当前代码的线程的引用"，那么就可以使用 Thread 类的静态方法 Thread currentThread()。这个方法的返回值是 Thread 的引用，这个引用所指向的 Thread 类的实例正是"指向执行当前代码的线程"。下面通过一个简单的程序来演示一下如何使用这个方法。

2．使用Thread.currentThread()方法

下面将给出一个程序，展示 Thread.currentThread()的用法。

```
package com.javaeasy.currentthread;    // 包名

public class PrintCurrentThreadName {
// 类名，此类不是 Thread 类的子类
    public void printCurrentThreadName() {
        // 打印当前线程名字的方法
        Thread currentThread = Thread.currentThread();
        // 获得当前的线程
        String threadName = currentThread.getName();
        // 得到当前线程的名字
```

PrintCurrentThread

Name 源码

```
        System.out.println("执行代码的线程名叫做: " + threadName);// 向控制台
输出当前线程的名字
    }
}
```

在上面的程序中，首先使用 Thread.currentThread()方法得到执行当前代码的线程引用，并将它赋值给 currentThread，然后使用 currentThread 执行 getName()方法来得到当前线程的名字，最后将这个名字输出到控制台。

3．在主线程中使用PrintCurrentThreadName

下面的例程使用了 PrintCurrentThreadName 类。

```
package com.javaeasy.currentthread;          // 程序包

public class CurrentThreadMain {             // 例程类
    public static void main(String[] args) {
        // main()方法
        // 创建一个 PrintCurrentThreadName 类的实例
        PrintCurrentThreadName    printer    =    new
PrintCurrentThreadName ();
        // 调用 PrintCurrentThreadName ()方法,
        // 用来输出执行此方法的线程的名字
        printer.printCurrentThreadName();
    }
}
```

CurrentThreadMain
源码

在上面的例程中，首先创建了一个 CurrentThreadNamePrinter 类的实例，然后通过这个实例调用了 printCurrentThreadName()方法。在 printCurrentThreadName()方法中，会使用 Thread.currentThread()得到"执行当前代码的线程的引用"，并通过这个引用来得到线程的名字，将它输出到控制台。运行例程，控制台输出如下内容：

执行代码的线程名叫做: main

在上面的例程中，没有创建新的线程，执行 printCurrentThreadName()方法的线程肯定就是主线程。我们前面说过，主线程的名字一般会被设置为 main。通过控制台的输出，也可以证明这一点。

4．在新的线程中使用printCurrentThreadName

下面的例程将创建一个新的线程,并在这个线程中执行 printCurrentThreadName()方法。

```
package com.javaeasy.currentthread;          // 包名

public class CurrentThreadMainII {           // 例程名
    public static void main(String[] args) {
    // main()方法
        Runnable runnable = new Runnable() {
        // 通过匿名内部类创建一个 Runnable 的实例
            public void run() { // 实现抽象方法 run()
            // 创建一个 CurrentThreadNamePrinter 类的实例
                CurrentThreadNamePrinter printer = new
CurrentThreadNamePrinter();
                // 调用 printCurrentThreadName()方法,
```

CurrentThreadMainII
源码

```
                    // 用来输出执行此方法的线程的
                    // 名字
                    printer.printCurrentThreadName();
                }
            };
            // 使用 runnable 创建一个线程, 线程名字叫做 "线程-1"
            Thread thread = new Thread(runnable, "线程-1");
            thread.start();                          // 启动线程
        }
    }
```

在上面的例程中, 首先创建了一个实现 Runnable 接口的匿名内部类的实例(关于匿名内部类的内容, 请参见 13.5 节)。然后使用这个实例, 创建了一个 Thread 类的实例, 它的名字是 "线程–1", 最后启动这个线程。运行例程, 控制台输出如下内容:

执行代码的线程名叫做: 线程-1

同样, printCurrentThreadName()方法获得了执行当前代码的线程名字。

5. 理解Thread.currentThread()方法

我们可以假设乐谱中有一个特殊的符号@, 每当演奏家演奏这个 "音符" 的时候, 就会报出自己的 "编号" (注意, 不是名字)。编号对每个演奏家都是不同的。通过这个编号就可以找到这个演奏家, 那么这个编号其实就相当于 Java 中的引用的值。

对于一段程序, 任何一个线程都可以去执行它。在程序中, 就可以通过 Thread.currentThread()来得到执行程序的线程; 同样, 对于一段乐谱, 任何一个演奏家也都可以演奏, 而通过乐谱中的@符号就可以得到演奏家的编号。得到这个编号以后就可以在乐谱中来 "指挥" 演奏家(当然现实中的乐谱并没有这个功能)。图 15-8 说明了这个对应关系。

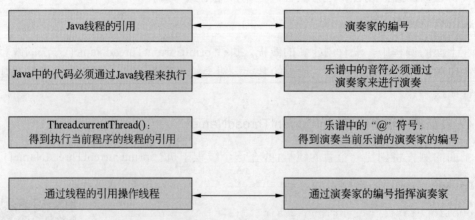

图 15-8　得到当前线程的引用和得到当前演奏家的编号

图 15-9 中, 假设 "演奏会" 模型中的乐谱中有特殊的符号, 可以通过演奏家的编号来指挥演奏家。而符号@就是得到演奏当前乐谱的演奏家。好, 本节已经介绍了足够多的关于线程的内容, 下面开始新的一节, 让我们看看 "多个线程的故事"。

❑　理解 Thread.currentThread()方法的作用: 对于任何一段程序, 肯定都是由一个线程来执行的，而 Thread.currentThread()方法的返回值则正是"指向执行当前程序的线程的引用"。

15.3.3　让线程"沉睡"

在前面所有的程序中，其实都没有时间这个概念。线程会一直不停地向下执行代码，直到执行完毕。但有时程序需要停顿一下。例如，现在需要这样一个小程序。程序的功能是给用户提供加法运算测验，程序首先生成两个 0～100 的整数，将这两个整数输出到控制台上，而后程序会给用户 5 秒钟的思考时间，最后程序输出运算结果，供用户与自己的运算结果比较。

整个程序是很简单的，唯一没有接触过的地方就是如何检查让程序"给用户 5 秒钟的思考时间"。通过前面的学习，我们知道线程是用来执行程序的。也就是说，只要线程暂停执行程序，"沉睡"5 秒钟，那么目的就达到了。Thread 类中的静态方法 void sleep（long）方法就是能够让"当前线程沉睡"的方法，下面首先看一下这个 sleep()方法。

1. Thread类的静态方法sleep()

sleep()方法是一个静态方法，没有返回值，接受一个 long 类型的参数。这个参数的意义是"线程需要沉睡的毫秒数"。也就是说，如果参数为 5000，sleep()方法的执行结果就应该是让线程"沉睡"5 秒钟。5 秒钟后，线程会自动苏醒，并继续向下执行代码。

当一个线程在"沉睡"的时候，编程术语中有一个专门的名词来形容线程此时的状态，叫做"被挂起"或者"挂起"。相对应地，当一个线程在执行代码的时候，编程术语中称呼此时线程的状态为"运行"。

在这里需要解释一下线程沉睡的时间。sleep()方法并不能够让程序"严格"地沉睡指定的时间。例如当使用 5000 作为 sleep()方法的参数时，线程可能在实际被挂起 5000.001 毫秒后才会继续运行。当然，对于一般的应用程序来说，sleep()方法对时间控制的精度足够了。

sleep()方法会抛出一个类型为 InterruptedException 的异常。这个异常的含义就是"线程在处于挂起状态时，因为某种原因被打断了"。例如，当以 5000 为参数执行 sleep()方法时，线程应该挂起 5 秒钟左右，但是在线程挂起了 3 秒钟以后，"因为某种原因线程被打断了"，那么就会抛出这个异常。对于这个异常，如果没有特殊的需求，则这个异常是没有必要向外传递的，一般直接使用 try-catch 语句处理掉就可以了。

2. 加法测验程序

好，学习了线程的 sleep()方法以后，这个加法测验程序就很容易了。看下面的例程。

```
package com.javaeasy.threadsleep;

public class TestAddingInMain {
    public static void main(String[] args) {
        int a = (int) (100 * Math.random());
```

TestAddingInMain

源码

```
                    // 生成一个 0～100 的随机数
    int b = (int) (100 * Math.random());      // 生成另一个 0～100 的随机数
    System.out.println("请在 5 秒钟内计算出下面两个整数的和：" + a + "+" + b);
                                              // 输出两个随机数
    try {
        Thread.sleep(5000);                   // （1）让线程挂起 5 秒钟
    } catch (InterruptedException e) {        // sleep()方法可能抛出 Inte-
                                              // rruptedException 异常
        // 输出异常信息
        System.out.println("对不起，程序运行出错，错误信息为：" + e.get-
        Message());
        return;                               // 程序出错，不再向下执行
    }
    int result = a+b;
    System.out.println(a + "+" + b + "的运算结果是" + result);
                                              // 输出运算结果
    }
}
```

在 main()方法中，首先是生成两个 0～100 的 int 变量。前面讲过，Math.random()会生成一个 0～1 的 double 类型的随机数，将这个数乘以 100，再将结果强制类型转换为 int，就得到了一个 "0～100 的 int 变量"。程序向控制台输出这两个随机数后，会调用 Thread 类的 sleep()方法进入挂起状态。5 秒钟后，如果发生了异常，那么程序会将错误信息输出并退出；否则，程序会继续向下执行，计算正确的结果并输出。运行例程，控制台输出如下内容：

```
请在 5 秒钟内计算出下面两个整数的和：85+53
85+53 的运算结果是 138
```

其中在第一行输出和第二行输出之间，会间隔 5 秒钟。

3．sleep()方法是个静态方法

在这里必须强调的一点是：sleep()方法是个静态方法。在上面的例程中，是用 Thread 直接调用 sleep 方法的。sleep()方法的作用准确来说，应该是 "让当前线程挂起"。关于 "当前线程" 这个概念已经在前面讲解了。也就是说，Thread.sleep()方法会让 Thread.currentThread()这个线程挂起指定的时间。下面我们用程序说明这一点。

首先写一个 TestAdding 类，用来完成加法测验的功能。

```
package com.javaeasy.threadsleep;        // 程序所在的包

public class TestAdding{                 // 没有继承自 Thread 类
    public void giveAddingTest () {// 加法测验方法
        int a = (int) (100 * Math.random());
        // 生成一个 0～100 的随机数
        int b = (int) (100 * Math.random());
        // 生成另一个 0～100 的随机数
        System.out.println("请在5秒钟内计算出下面两个整数
的和：" + a + "+" + b);              // 输出两个随机数
        // 通过 Thread.currentThread()得到当前线程，进而得到其名字
        String currThreadName = Thread.currentThread().getName();
        // 向控制台输出当前线程的名字
```

TestAdding 源码

```
        System.out.println("执行当前代码的线程名叫做: " + currThreadName);
        try {
            Thread.sleep(5000);                    // 让当前线程挂起 5 秒钟
        } catch (InterruptedException e) {         // sleep()方法可能抛出 Inte-
                                                   // rruptedException 异常
            // 输出异常信息
            System.out.println("对不起，程序运行出错，错误信息为: " + e.get-
            Message());
            return;                                // 程序出错，不再向下执行
        }
        int result = a+b;
        System.out.println(a + "+" + b + "的运算结果是" + result);
                                                   // 输出运算结果
    }
}
```

TestAdding 类中 giveAddingTest()方法中的内容和上一个例程中 main()方法的内容相似，在这里就不多做解释了。唯一的不同之处是在调用 Thread.sleep()方法之前，会使用 Thrcad.currentThread()方法获得当前线程，并向控制台输出当前线程的名字。

下面使用一个例程来运行上面的程序。

```
package com.javaeasy.threadsleep;         // 程序所在的包

public class TestAddingMain {            // 例程名
    public static void main(String[] args) {
    // main()方法
        Runnable runnable = new Runnable() {
        // 通过匿名类创建 Runnable 的
        // 实例
            public void run() { // 实现抽象方法 run()
                TestAdding adding = new TestAdding();
                // 创建 TestAdding 的实例
                adding.giveAddingTest();
                // 调用 giveAddingTest()方法
            }
        };
        // 使用 runnable 创建一个线程实例，名字是"加法测试线程"
        Thread thread = new Thread(runnable, "加法测试线程");
        thread.start();
        System.out.println("主线程结束了");
    }
}
```

TestAddingMain
源码

在上面的例程中，首先通过匿名内部类创建一个实现了 Runnable 接口的实例（关于匿名内部类的内容，请参见 13.5 节）。这个匿名类的 run()方法中会创建一个 TestAdding 类的实例并调用 giveAddingTest()方法。然后使用这个实例创建了一个名字为"加法测试线程"的线程。启动这个线程后，主线程输出一行字，然后就退出了。

这样，"加法测试线程"就会执行 giveAddingTest()方法了。也就是说 giveAddingTest()方法中 Thread.currentThread()所得到的就是这个名字叫做"加法测试线程"的线程了。而主线程将不会挂起。运行上面的例程，控制台输出如下内容：

主线程结束了
请在 5 秒钟内计算出下面两个整数的和：62+94

执行当前代码的线程名叫做：加法测试线程

62+94 的运算结果是 156

在实际运行程序的时候会发现，"主线程结束了"会首先输出，并没有等待 5 秒钟，这说明主线程确实没有挂起。第 3 行输出的线程的名字是"加法测试线程"，同时第 3 行和第 4 行输出之间会间隔 5 秒钟，这正说明了被挂起的是叫做"加法测试线程"的线程。所以说，Thread.sleep()方法虽然是个静态方法，但是它的作用是"让当前线程挂起"。

4．理解线程挂起

前面的例程展示了如何让线程挂起。在编程中，经常会需要让一个线程挂起，等待用户的操作。例如上面的例程中，就是为了给用户 5 秒钟的时间计算。如何理解线程的挂起呢？我们可以认为线程的挂起就是和演奏家的"暂停演奏"是一样的。下面通过图 15-9 来对两者进行一个对比。

在图 15-9 中，线程在执行方法中的代码，演奏家在演奏乐谱中的音符。当线程执行到 sleep（5000）这行代码的时候，就相当于演奏家看到乐谱上将有 5000 个 0 音符。假设 1 个音符耗时 1 毫秒，那么乐谱中的 5000 个 0 音符就是让演奏家在 5 秒内不做任何事情。这就和使用 sleep()方法让线程挂起 5000 毫秒的结果是类似的。

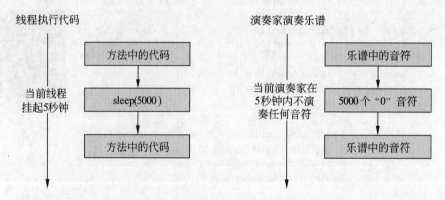

图 15-9　线程挂起与演奏家暂停演奏

- ❑ Thread 类的静态方法 sleep()可以让"当前线程"挂起一段时间。理解 sleep()方法必须先理解什么是"当前线程"。
- ❑ sleep()方法不能绝对精确地控制线程挂起的时间，但是精确度对于一般的应用程序是足够的。
- ❑ sleep()方法会抛出一个 InterruptedException 的异常。

15.4　多个线程的故事

很多时候程序需要有多个线程一起执行，每个线程分别负责不同的任务。实际上，学习线程编程的最重要的目的，就是让程序能够有多个线程一起执行。在本节中，将会使用一个"复印社模型"来展示多线程编程。

如果说单线程是一场只有一个演奏家的独奏会，那么多线程就好像是"一场有多个演奏家参与的演奏会"，有负责小提琴的，有负责大提琴的，有负责钢琴的。多线程让程序内容更加丰富，让程序变成一场气势恢宏的演奏会。好，下面就开始本节的内容。

15.4.1　一个有多个线程的程序

线程是代码的执行器。一个程序中其实可以有多个线程在执行代码。本节中就来演示一个程序中有多个线程的情况。

1. 多线程编程

本节将在以前内容的基础上继续讲述"在一个 Java 平台上运行多个线程"的故事。在本节中使用的例程是这样的：创建一个 Thread 类的子类 PrintNumberThread，这个类中的 run()方法就是向控制台输出多个数字。在主线程中，创建两个 PrintNumberThread 类的实例并启动它们。这时，程序中就会有两个线程在同时执行。好，下面首先看 PrintNumber-Thread 类的代码。

```
package com.javaeasy.multithreads;          // 程序所在的包

public class PrintNumberThread extends Thread {
// 继承自 Thread 类
    private int times;
    // times 属性，用来控制输出内容的次数

    public PrintNumberThread(int times) {
    // 构造方法，以一个 int 变量为参数
        this.times = times; // 给 times 属性赋值
    }
    public void run() {        // 覆盖 Thread 类的 run()方法
        for (int i = 0; i < times; i++) {   // for 循环，循环次数为 times 次
            // 生成需要输出的内容。其中 this.getName()是得到线程的名字
            String content = this.getName()+ "\t:\t" + i;
            try {
                this.sleep(1);                 // 让程序沉睡 1 毫秒
            } catch (InterruptedException e) {
                System.out.println("对不起，程序运行出错，错误信息为: " +
                e.getMessage());
            }
            System.out.println(content);       // 向控制台输出内容
        }
        // 在 run()方法的最后一行，输出线程结束的信息
        System.out.println("线程\"" + this.getName() + "\"结束了。");
    }
}
```

PrintNumberThread 源码

PrintNumberThread 类并不复杂。它继承自 Thread 类，有一个 int 类型的 times 变量。PrintNumberThread 类照惯例覆盖了 Thread 类的 run。在这个 run()方法中，有个循环 times 次的 for 语句，每次循环会生成一个由线程名字和递增变量 i 组成的字符串，然后将它输出到控制台。在 run()方法的最后一行，向控制台输出线程结束的信息。

好，下面是例程的代码。

```
package com.javaeasy.multithreads;

public class RunMultiPrintNumThread {          // 例程
    public static void main(String[] args) {
    // main()方法
        // 分别创建两个 PrintNumberThread 的实例。
        PrintNumberThread       threadOne      =       new
PrintNumberThread(3);
        PrintNumberThread       threadTwo      =       new
PrintNumberThread(5);
        // 给两个 PrintNumberThread 的实例设置不同的名字
        threadOne.setName("线程 1");
        threadTwo.setName("线程 2");
        // 分别启动两个线程
        threadOne.start();
        threadTwo.start();
        System.out.println("主线程结束了。");          // main()方法最后一行，输
                                                        // 出线程结束的语句

    }
}
```

RunMultiPrintNum
Thread 源码

　　在上面的例程中，分别创建了两个 PrintNumberThread 类的实例 threadOne 和 threadTow，并分别给这两个实例设置不同的名字，然后分别启动这两个线程。main()方法在输出一行文字后就结束了，同时主线程的任务也完成了，主线程将退出。

2．好戏拉开序幕

　　下面来运行这个例程，控制台"有可能"会输出如下内容：

```
主线程结束了。
线程 1    :    0
线程 2    :    0
线程 2    :    1
线程 1    :    1
线程 2    :    2
线程 1    :    2
线程"线程 1"结束了。
线程 2    :    3
线程 2    :    4
线程"线程 2"结束了。
```

　　下面分析一下程序的执行过程。首先，在主线程中，创建了两个 PrintNumberThread 的实例，并启动这两个线程，然后主线程在输出"主线程结束了。"后就结束了。后面的内容都是由 PrintNumberThread 的两个线程输出的。

　　读者在运行后可能会发现与笔者的结果不太相同，而读者可以多次执行该程序，然后发现"线程 1 和线程 2 的执行顺序没有任何规律"。程序并不是"线程 1，线程 2，线程 1，线程 2……"这样按照顺序执行的。而且，上面的这个结果只是笔者某次在自己电脑上运行程序得到的结果。没错，如果再次执行这个程序，控制台的输出内容极可能是与这次不一样（相同也只是巧合）。

　　也就是说，如果不进行任何控制，多个线程之间的执行顺序是没有任何规律可言的，有可能是线程 1 执行 2 行，然后线程 2 再执行 3 行；也有可能是线程 1 执行 1 行，然后线程 2 再执行 1 行。在本例程中，这并没有什么影响，因为线程 1 和线程 2 之间并没有逻辑上的关联。但是对于绝大多数的多线程的程序来说，线程之间的关系并没有这么简单，如果不好好协调，则程序无法正确工作。在 15.4.2 节的内容中我们将讲解一个多线程带来的问题。

- 当一个程序中运行着多个线程的时候，Java 平台并不保证这多个线程之间执行代码的顺序。也就是说，这多个线程执行代码的速率是随机的。

15.4.2　复印社模型

　　本节将引入"复印社模型"，"CD 机模型"和"演奏会模型"用来帮助大家理解线程。这里的"复印社模型"则是用来展示"多线程之并行的问题与多线程相互协调的必要性"的。首先介绍一下这个"复印社模型"。

- 复印社模型中有一个或多个复印机。
- 复印社有一个经理，负责员工之间的协调工作。
- 复印社中员工的工作就是使用复印机复印稿件。
- 每个复印机只能由一个员工使用（这是关键点）。
- 如果员工找不到空闲的复印机，那么他必须等待。直到有复印机空闲下来，他才可以使用复印机复印稿件。

　　在这个复印社模型中，"复印机"是一个新的东西。它可以被认为是某种"资源"。只有获得了这个资源，工作才能够继续，而这个资源每次只能由一个人来使用。我们在本节中将使用 Java 程序把这个"复印社模型"编写出来。在这里，复印机将使用一个叫做 Copier 的 Java 类来表示。"复印社模型"中的其他元素则与"演奏会模型"很类似。如图 15-10 所示为"复印社模型"和 Java 程序中各个元素的对应关系。

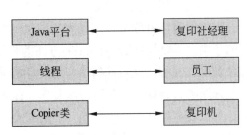

图 15-10　Java 程序与复印社模型的对应关系

　　下面完成这个复印社程序，复印社程序中有两个重要的类，第一个是 Copier 类，代表复印机；一个是 Employee 类，用来代表员工，它是线程类的子类。Employee 使用 Copier 进行复印工作。在复印期间，Employee 实例处于挂起状态。

1. Copier类

首先给出 Copier 类的代码。

```
package com.javaeasy.simplecopier;        // 程序所在的包
```

Copier 源码

```
public class Copier {                    // 复印机类
    private String name;                 // 复印机的名字

    public Copier(String name) {
    // 构造方法，参数为复印机的名字
        this.name = name;
    }
    public String getName() {         // 得到复印机的名字
        return name;
    }
    public void copyPages (int pages) {      // 复印
        Thread employee = Thread.currentThread();// 得到当前的"员工"线程
        // 向控制台输出哪个员工正在使用哪个复印机
        System.out.println(employee.getName() + "\t 正在使用复印机\t" +
        name);
        long time = pages * 1000;              // 假设复印一张纸需要 1 秒钟
        try {
            Thread.sleep(time);                // 以挂起线程代表工人正在忙着复印
        } catch (InterruptedException e) {
            System.out.println("对不起，程序运行出错，错误信息为：" +
            e.getMessage());
        }
        // 向控制台输出哪个员工使用完了哪个复印机
        System.out.println(employee.getName() + "\t 用完了打印机\t" + name);
    }
}
```

上面的 Copier 类并不复杂，首先是一个 String 类型的 name 属性，它是复印机的名字。构造方法和 getName()方法都很简单，不再解释了。Copier 类最核心的方法就是 copyPages()方法，它的作用是模拟复印机进行复印。

根据"复印社模型"，操作复印机的都是员工在操作复印机，而员工又是一个 Thread 类的子类。所以执行 copyPages()方法的肯定是员工线程。在 copyPages()方法中，首先获得代表员工的线程，然后获得员工的名字（也就是线程的名字），并向控制台输出哪个员工正在使用哪台复印机。假设每次复印一张纸需要 1 秒钟，在计算完需要"忙"多少秒之后，就让员工线程挂起，代表此员工正在忙着复印。忙完之后，向控制台输出哪个员工使用完了哪个复印机，方法也就执行完毕了。

2．Employee类

然后是员工线程类的代码。

```
package com.javaeasy.simplecopier;       // 包名

public class Employee extends Thread {
// 继承自 Thread 类的 Employee 类
    private int workTimes;        // 该员工一天的工作份额
    private Copier copier;        // 复印机

    // 构造方法，name 是线程的名字，也是员工的名字，
    // 剩下两个参数直接赋值给相应的属性
    public Employee(String name, int workTimes, Copier
```

Employee 源码

```
copier) {
        super(name);                        // 调用父类的构造方法
        this.workTimes = workTimes;
        this.copier = copier;
    }

    public void run() {                          // 覆盖 Thread 类的 run()方法
        System.out.println(this.getName() + ": 开始工作。");
                                                  // 开始一天的工作
        for (int i = 0; i < workTimes; i++) {  // 工作 workTimes 次
            // 生成一个从 1~6 的随机数，代表此次需要复印的张数
            int pageAmount = (int) (5 * Math.random()) + 1;
            copier.copyPages (pageAmount); // 调用 printPages()方法进行复印
        }
        // 完成了 workTimes 次循环后，员工完成了当天的工作份额，下班回家
        System.out.println(this.getName() + ": 完成了工作，下班。");
    }
}
```

Employee 类继承自 Thrcad 类，以线程的名字作为员工的名字，同时还有以下两个属性。

❑ workTimes：一个 int 类型的变量，代表此员工一天工作的份额。

❑ copier：Copier 类型的实例，被此员工用来复印。

Employee 类的 run()方法还是最重要的。在这个方法中，首先输出一条信息，代表此员工开始了一天的工作；在方法最后，也会输出一句话，代表此员工结束了一天的工作。run()方法的中间部分就是进行 workTimes 次循环，每次都生成一个 1~6 的随机数，代表此次需要复印的张数。然后调用 Copier 的 copyPages()方法，进行复印。我们知道，在 copyPages()方法中，此线程会根据工作量的不同而挂起相应的时间，代表员工正在工作。

15.4.3　一个简单的复印社例程

准备好了 Copier 类和 Employee 类，就可以开始写复印社类了。

1. 一个员工一台复印机

下面的 SimpleCopyShop 类是一个简单的复印社程序。

```
package com.javaeasy.simplecopier;      // 程序所在的包

public class SimpleCopyShop{                 // 例程
    public static void main(String[] args) {
    // main()方法
        Copier canon = new Copier("佳能");
        // 创建一台佳能复印机
        Copier sharp = new Copier("夏普");
        // 创建一台夏普复印机
        // 创建一个叫做 Simth 的员工线程，每天工作 2 次，
        // 并让他使用佳能复印机
        Employee simth =  new  Employee("Simth",  2,
```

SimpleCopyShop
源码

```
canon);
        // 创建一个叫做 John 的员工线程，每天工作 3 次并让他使用夏普复印机
        Employee john = new Employee("John", 3, sharp);
        simth.start();                    // 启动两个线程
        john.start();
    }
}
```

上面的例程很简单，创建两台复印机和两个员工线程，每个员工线程使用一台复印机。然后启动线程，每个员工线程就会按照设计好的步骤进行复印工作。运行例程，控制台输出如下内容：

```
Simth:  开始工作。
Simth   正在使用复印机      佳能
John:   开始工作。
John    正在使用复印机      夏普
John    用完了复印机        夏普
John    正在使用复印机      夏普
Simth   用完了复印机        佳能
Simth   正在使用复印机      佳能
Simth   用完了复印机        佳能
Simth:  完成了工作，下班。
John    用完了复印机        夏普
John    正在使用复印机      夏普
John    用完了复印机        夏普
John:   完成了工作，下班。
```

当然，每次运行程序的输出都可能是不一样的。因为给 John 和 Simth 分配了不同的复印机，所以这两位员工不存在"等待复印机"的情况。但是根据常识判断，复印机大部分时间都是空闲的，所以不需要给不同的人分配不同的复印机，只要有一台公用的复印机就可以了。

2．当多个员工共享一台复印机

下面的例程和上面的例程只有一点不同：两个员工只有一台复印机可以使用。那么会发生什么呢？首先看例程代码。

```
package com.javaeasy.simplecopier;

public class OneCopierCopyShop {
    public static void main(String[] args) {
        Copier canon = new Copier("佳能");
        // 创建一台佳能复印机
        // 创建一个叫做 Simth 的员工线程，每天工作 1 次，
        // 并让他使用佳能复印机
        Employee  simth  =  new  Employee("Simth",  1,
canon);
        // 创建一个叫做 John 的员工线程，每天工作 2 次，
        // 也让他使用佳能复印机
        Employee john = new Employee("John", 2, canon);
        simth.start();                    // 启动两个线程
        john.start();
```

OneCopierCopyShop
源码

```
        }
    }
```

运行例程，控制台输出如下内容：

```
Simth:   开始工作。
Simth    正在使用复印机      佳能
John:    开始工作。
John     正在使用复印机      佳能
Simth    用完了复印机        佳能
Simth:   完成了工作，下班。
John     用完了复印机        佳能
John     正在使用复印机      佳能
John     用完了复印机        佳能
John:    完成了工作，下班。
```

从控制台输出可以看出问题来了：在控制台的第 2 行，说明 Simth 正在使用佳能复印机，在控制台的第 5 行，说明 Simth 结束了此次复印机的使用。但是，在控制台的第 4 行，John 却在使用同一个佳能的复印机！这肯定是不允许的，因为一台复印机同时只能有一个人在使用。

这时程序的状态就好像一个乱了套的复印社。每个员工都只顾做自己的事情，而相互没有协调。如何才能让"一台复印机只能由一个线程使用"呢？这时就需要请出"复印社经理（Java 平台）"，让他来负责协调"员工（线程）"之间的工作了。

❑　理解"多个员工线程同时访问一台复印机实例"的问题。

15.5　多个线程的同步

本节将讲述线程中的另一个重要内容——多线程编程和线程同步。我们知道，一个程序可以有多个线程在同时运行，这就叫做多线程。在多线程的环境下，才会有线程同步的问题。对于线程同步这个话题，多个一起执行的线程并不是彼此丝毫互不影响地执行。所谓的线程同步，就是多个线程在同时执行的时候，如何互相进行协调。

很多时候程序需要有多个线程一起执行，每个线程分别负责不同的任务。实际上，学习线程编程最重要的目的，就是让程序能够有多个线程一起执行；而多线程编程中最难解决的问题，则是线程同步。多线程就好像是"一场有多个演奏家参与的演奏会"，有负责小提琴的，有负责大提琴的，有负责钢琴的；线程同步则是如何协调这些演奏家，让他们的演奏能够完成一场完美的演奏会。好，下面开始学习本节的内容。

15.5.1　线程同步之 synchronized 关键字

在 Copier 类中，copyPages 就是复印机工作的方法。其实，需要做的就是"只有一个线程能够执行 copyPages()方法"。在 Java 中，关键字 synchronized 就是用来完成这个目的的。

1．synchronized关键字

synchronized 是方法的修饰符，在英语中这个单词的意思叫做"同步"，其语法如下：

访问控制符 + synchronized + 方法的其他部分

一个使用 synchronized 关键字修饰的方法我们称之为"同步方法"。在一个类的实例中，所有同步方法将有一个非常有用的特性：每次只能有一个线程执行此类中的同步方法，只有线程退出同步方法以后，另外的线程才能继续执行类中的同步方法，否则后来的线程将处于挂起状态，直到前面的线程退出同步方法，才能进入方法执行。

对于没有被 synchronized 修饰的方法，所有的线程都可以随意执行，例如在上面的例子中，Simth 和 John 两个线程都同时执行 copyPages()方法中的代码。但是根据 copyPages()方法的意义，它应该只能够同时被一个线程访问。下面，我们给 Copier.copyPages()方法加上 synchronized 关键字。

```java
// 使用 synchronized 修饰 copyPages()方法，这时就只有一个线程能够进入这个方法了
public synchronized void copyPages (int pages) {
    // 方法中的其他代码不需要改变
}
```

这时 copyPages()方法就可以满足我们的需要了。为了明确地显示 synchronized 的作用，我们在线程中调用 copyPages()方法之前加上一行输出。

```java
public void run() {                                    // 覆盖 Thread 类的 run()方法
    System.out.println(this.getName() + ": 开始工作。"); // 开始一天的工作
    for (int i = 0; i < workTimes; i++) {  // 工作 workTimes 次
        // 生成一个从 1～6 的随机数，代表此次需要复印的张数
        int pageAmount = (int) (5 * Math.random()) + 1;
        // （1）在调用 copyPages()方法之前，首先输出一行字
        System.out.println("\"" + this.getName() + "\"尝试调用\""
                        + copier.getName() + "\"的 copyPages()方法");
        copier.copyPages (pageAmount);        // 调用 printPages()方法进行复印
    }
    // 完成了 workTimes 次循环后，员工完成了当天的工作份额，下班回家
    System.out.println(this.getName() + ": 完成了工作，下班。");
}
```

在第(1)处，输出一行字应该和调用 copyPages()方法是一个连贯的过程，而 copyPages()方法第一行就会输出哪个线程在使用这个方法。

2．使用例程演示新的copyPages()方法

下面使用一个 UseSyncCopierCopyShop 例程来测验一下。

```java
package com.javaeasy.simplecopier;

public class UseSyncCopierCopyShop {
    public static void main(String[] args) {
        Copier canon = new Copier("佳能");
```

UseSyncCopierCopy

Shop 源码

```
                // 创建一个佳能复印机
                // 创建一个叫做 Simth 的员工线程，每天工作 1 次，
                // 并让他使用佳能复印机
                Employee simth = new Employee("Simth", 1, canon);
                // 创建一个叫做 John 的员工线程，每天工作 1 次，
                // 也让他使用佳能复印机
                Employee john = new Employee("John", 1, canon);
                simth.start();                          // 启动两个线程
                john.start();
        }
}
```

运行例程，控制台输出如下内容：

```
Simth：   开始工作。                                // 1，Simth 线程的输出
"Simth"尝试调用"佳能"的 copyPages()方法            // 2，Simth 线程的输出
Simth     正在使用复印机     佳能                   // 3，Simth 线程的输出
John：    开始工作。                                // 4，John 线程的输出
"John"尝试调用"佳能"的 copyPages()方法             // 5，John 线程的输出
Simth     用完了复印机   佳能                       // 6，Simth 线程的输出
John      正在使用复印机      佳能                  // 7，John 线程的输出
Simth：   完成了工作，下班。                        // 8，Simth 线程的输出
John      用完了复印机   佳能                       // 9，John 线程的输出
John：    完成了工作，下班。                        // 10，John 线程的输出
```

🔔说明：以上输出中每行“// ”后的行数和线程是笔者为了方便阅读，根据程序执行结果
而添加的，不是程序输出的内容。

　　在输出第 5 行之后，程序停顿了几秒钟，这几秒钟正是 Simth 在进行复印工作。而后
程序继续运行。下面我们分析一下程序执行的流程，请看图 15-11。

　　从图 15-11 中可以看出，John 线程在输出了第 5 行之后，应该马上输出第 7 行。但是，
因为此时 Simth 线程正在执行 copyPages()方法，而 copyPages()方法是一个同步方法。所以
John 线程必须等待 Simth 线程执行完毕 copyPages()方法后，才能够进入 copyPages()方法执
行。这就造成了第 5 行与第 7 行之间，John 线程有了几秒钟的挂起时间——从图中可以看
出，这段时间正是 Simth 线程执行 copyPages()方法的时间。本程序的重点也就在于此。

3. 理解synchronized带来的线程挂起

　　在“复印社模型”中，还有一个重要的角色没有上场，那就是复印社经理。在介绍这
个模型的时候说过，经理的作用就是负责协调员工之间的工作。对应于 Java 程序，经理的
角色就是由 Java 平台扮演的，也就是说 Java 平台会负责协调线程之间的协作。

　　对于一个使用 synchronized 修饰的同步方法，每当有一个线程需要调用它的时候，Java
平台都需要根据 synchronized 关键字的语法来判断这个线程是要挂起等待，还是进入方法
执行。下面用几张图来解释上面两个员工线程使用同一个打印机的例子。

　　首先是图 15-12，它是系统的初始状态，有两个员工、一个经理，一台复印机。

　　图 15-12 中的经理负责协调打印机的使用情况。每个员工在使用打印机之前，都必须
先问问经理他是不是可以使用打印机。原因很简单，打印机在同一个时间只能由一人使用，
其他人必须等待。然后系统开始运作，看图 15-13。

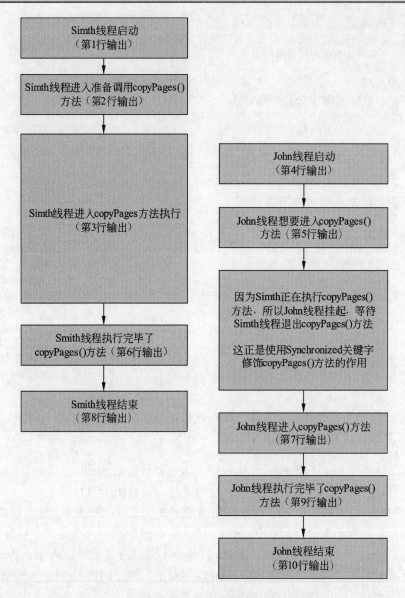

图 15-11　程序执行流程

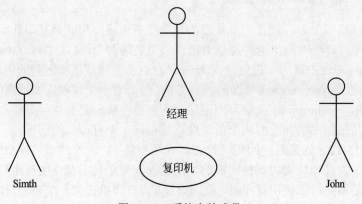

图 15-12　系统中的成员

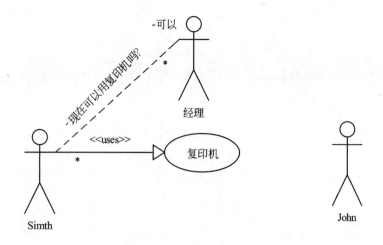

图 15-13　Simth 获得允许后使用复印机

在图 15-13 中，Simth 首先问经理他现在是否可以使用复印机，在得到经理的许可后，他就开始使用复印机。然后，John 也想使用复印机，看图 15-14。

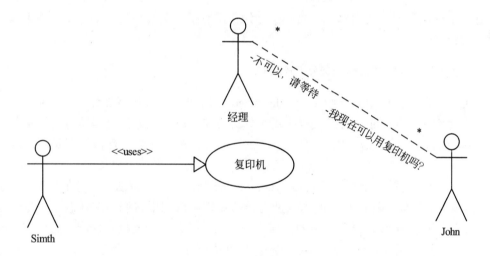

图 15-14　John 请求使用复印机

因为经理知道 Simth 正在使用复印机，所以他让 John 等待。Simth 使用完复印机后，系统状态如图 15-15 所示。

Simth 使用完复印机后，首先告诉经理这件事情，经理马上让等待使用复印机的 John 去使用复印机。这样既避免了两个人同时使用复印机的错误，又可以充分利用复印机这个资源。把经理看做是 Java 平台，Simth 和 John 为线程，复印机为同步方法，这样对同步方法的理解就会容易些。本部分内容有助于理解本节以及后面两节的内容，建议理解它之后再继续。

❑　使用 synchronized 关键字修饰方法的语法。

❑　理解同步方法。

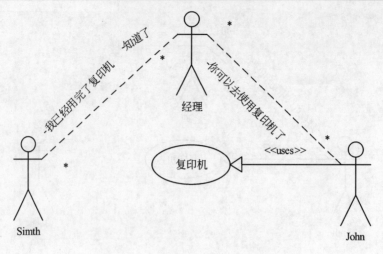

图 15-15　John 继 Simth 后开始使用复印机

15.5.2　深入学习 synchronized 关键字

通过上面的学习，我们对 synchronized 的作用有了一个直观的认知。本节中来深入学习这个关键字。

1．回头看synchronized关键字的作用

上面的例程只是简单地介绍了 synchronized 的用法。下面有必要对 synchronized 完整的用法做个介绍。synchronized 关键字用来修饰方法，就是让方法同步执行，避免多个线程同时执行方法。Java 语法中，"静态方法"和"非静态方法"有相似但是不同的同步规则。

- 静态方法：同一个类中所有被 synchronized 修饰的静态方法，它们在类范围内是同步的。也就是说同一时间内只能有一个线程可以调用它们中的任意一个方法。如果有第 2 个线程调用其中的任何一个方法，那么这个线程将挂起，直到前面的线程执行完同步静态方法后，才会再次被唤醒，执行相应的静态方法。
- 非静态方法：对于同一个类中的所有被 synchronized 修饰的非静态方法，它们在同一个对象上是同步的。也就是说，对于这个类的某个对象，当一个线程调用某个同步方法的时候，如果有第二个线程在"同一个对象上"调用某个同步的非静态方法，那么这个线程将挂起，直到前面的线程执行完毕同步非静态方法后，才会再次被唤醒，执行相应的非静态方法。而对于不同对象调用各自的非静态方法，则不会挂起。

上面这些规则是 Java 语法，而具体实施这些规则的则是 Java 平台。在多线程环境中，多个线程之间不能相互协调，Java 平台的一个作用就是按照程序的语法语义，对多个线程进行协调：线程什么时候挂起，什么时候再次启动等操作都是 Java 平台完成的。

2．通过例程学习同步方法

下面给出两个类，用来学习同步方法，它们并没有实际的意义。首先是 Sync-

Methods 类。

```
package com.javaeasy.sync;                    // 包名

public class SyncMethods {                    // 提供方法的类
    public synchronized static void syncStaticMethod1()
{    // 静态同步方法
        System.out.println("这是一个静态的同步方法");
    }
    public synchronized static void syncStaticMethod2()
{    // 静态同步方法
        System.out.println("这是一个静态的同步方法");
    }
    public static void staticMethod() {
        // 静态方法
        System.out.println("这是一个静态的方法");
    }
    public synchronized void syncMethod1() {          // 同步方法
        System.out.println("这是一个同步方法");
    }
    public synchronized void syncMethod2() {          // 同步方法
        System.out.println("这是一个同步方法");
    }
    public synchronized void method() {               // 方法
        System.out.println("这是一个普通方法");
    }
}
```

SyncMethods 源码

然后是 SyncMethodsII 类。

```
package com.javaeasy.sync;

public class SyncMethodsII {                          // 另一个方法类
    public synchronized static void syncStaticMethod() {    // 静态同步方法
        System.out.println("这是一个静态的同步方法");
    }
}
```

在上面的 SyncMethods 类中，分别包含 syncStaticMethod1()和
syncStaticMethod2() 两个静态同步方法； syncMethod1() 和
syncMethod2() 两个同步方法；静态方法 staticMethod() 和方法
method()。在 SyncMethodsII 类中，只包含一个静态同步方法
syncStaticMethod()。

SyncMethodsII 源码

准备好了类，下面我们开始演示同步方法的语法。为了避免控
制台输出无法显示线程挂起这个过程，下面的讲解使用流程图而不是例程。

15.5.3　静态同步方法

本节中我们来学习非静态同步方法的相关内容。

1. 同个类中的静态同步方法的访问规则

首先学习同个类中的静态同步方法。前面讲过，静态方法是在类范围内的属性。调用

一个静态方法可以直接使用类名。同样地，对于静态同步方法来说，是在"类"的级别上进行同步的。图 15-16 描绘了当线程 1 和线程 2 尝试访问同一个类的静态同步方法（为了做图方便，图中两线程访问不同的静态同步方法），线程 3 访问同一个类的非静态同步方法时，程序的执行流程。

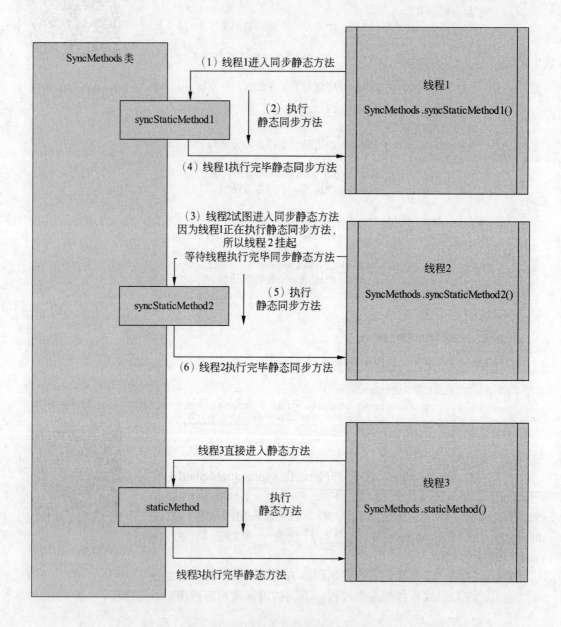

图 15-16　多线程访问静态同步方法

下面按照图 15-16 中标注的步骤，对这个过程进行讲解。

（1）假设线程 1 比线程 2 捷足先登，首先进入了 SyncMethods 类的一个同步静态方法 syncStaticMethod1()。这时任何想要执行 SyncMethods 类中的同步静态方法的线程都将挂起，并等待线程 1 执行完毕 syncStaticMethod1()。

（2）线程 1 开始执行 syncStaticMethod1()的代码。

（3）这时候线程 2 来了，它也想访问类 SyncMethods 中的同步静态方法 sync-StaticMethod2()。但是这时 Java 平台发现线程 1 已经在执行同一个类中的静态同步方法，而且还没有结束，所以 Java 平台就让线程 2 挂起，等待线程 1 执行完毕 syncStaticMethod1()。

（4）线程 1 执行完毕了 syncStaticMethod1()方法。

（5）Java 平台发现线程 1 执行完毕 syncStaticMethod1 后，马上唤醒了线程 2，让它得以执行 syncStaticMethod2()方法。这时任何想要执行 SyncMethods 类中的同步静态方法的线程也将被挂起，等待线程 2 执行完毕 syncStaticMethod2()方法后才会继续。

（6）线程 2 执行完毕 syncStaticMethod2()方法。

（7）对于线程 3，它可以随意在任何时间执行 staticMethod()方法。因为这个方法不是同步方法，所以 Java 平台不会在调用此方法时进行同步控制。

看完了上面的流程，相信静态同步方法的语法规则已经很清晰了。当然，在图 15-16 中，如果线程 2 也要访问 syncStaticMethod1()，结果也是一样的。先挂起，等待线程 1 执行完毕后才能够进入这个方法执行。而对于非同步的静态方法，如 staticMethod()方法，Java 平台则不会对其进行同步访问控制，可以有多个线程同时执行这个方法。

2．不同类中的静态同步方法互不影响

前面说过，静态同步方法是类级别的。也就是说以类为单位进行控制的。如果两个线程想要访问不同类中的同步方法，这两个线程是不需要等待的，下面看图 15-17。

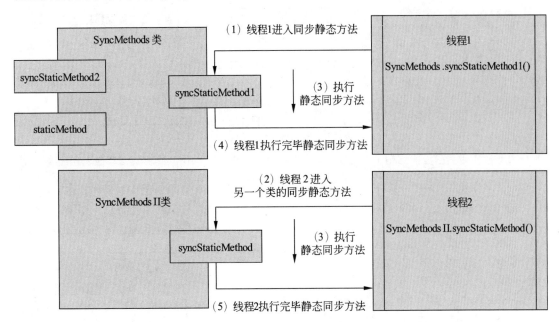

图 15-17　不同类中的同步静态方法不会被同步

下面讲解图 15-17 中的各个步骤。

（1）线程 1 进入 SyncMethods 类中的静态同步方法 syncStaticMethod1()。

（2）因为不属于同一个类，所以线程 2 可以进入 SyncMethodsII 类中的静态同步方法 syncStaticMethod()。

（3）线程 1 和线程 2 并行执行代码。

（4）线程 1 执行完毕 SyncMethods 类中的静态同步方法 syncStaticMethod1()。退出此方法。

（5）线程 2 执行完毕 SyncMethodsII 类中的静态同步方法 syncStaticMethod()。退出此方法。

通过上面的例子，理解"静态同步方法是以类为单位进行同步控制"的。对于同一个类中的所有静态同步方法，在同一时间内，只允许有一个线程执行其中的一个；其余想要进入这些方法的线程都必须挂起等待。

15.5.4　非静态的同步方法

本节中我们来学习静态同步方法的相关内容。

1. 同一个对象上访问非静态同步方法的规则

理解了静态同步方法的同步控制之后，非静态同步方法的控制就容易理解了。与静态同步方法唯一不同的是，"非静态同步方法是以实例为单位进行同步控制的"。也就是说，对于类中的非静态同步方法，当在一个对象上有多个线程调用这些方法时，只有一个线程能够进入这些方法，其余的线程必须挂起等待，请看图 15-18。

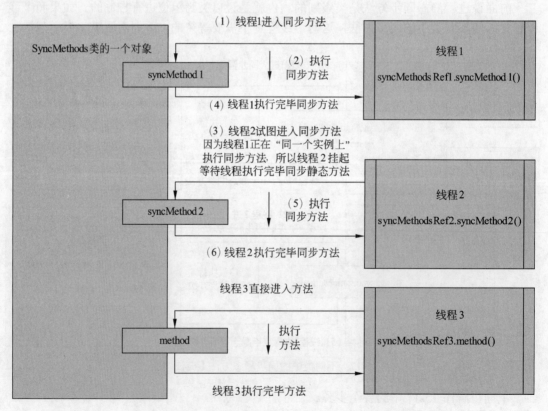

图 15-18　多线程在同一个对象上访问非静态同步方法

在图 15-18 中，syncMethodRef1、syncMethodsRef2 和 syncMethodsRef3 都是类 SyncMethod 的引用，而且它们都指向同一个对象。syncMethod1() 和 syncMethod2() 则是

SyncMethods 类中的同步非静态方法，method 则是 SyncMethods 类中的一个普通方法。
图 15-8 左边的 SyncMethods 的对象就是这 3 个引用指向的那个对象（注意，这 3 个引用指向的是同一个对象，这一点很重要）。下面讲解图 15-18 的程序流程。

- ❑ 假设线程 1 使用引用 syncMethodRef1 首先进入了同步方法 syncMethods1()。这时任何想要在这个对象上执行 SyncMethods 类中同步方法的线程都将挂起，并等待线程 1 执行完毕 syncMethods1()。
- ❑ 线程 1 开始执行 syncMethods1() 的代码。
- ❑ 这时线程 2 来了，它通过 syncMethodRef 2 执行同步方法 syncMethods2()。但是因为 syncMethodRef 2 和 syncMethodRef 1 指向同一个对象，且线程 1 正在这个对象上执行同步方法 syncMethod1()。所以，按照 Java 语法规则，Java 平台就让线程 2 挂起，等待线程 1 执行完毕 syncMethod1()。
- ❑ 线程 1 执行完毕了 syncMethod1() 方法。
- ❑ Java 平台发现线程 1 执行完毕 syncMethod1() 后，马上唤醒了线程 2，让它得以执行 syncMethod2() 方法。这时任何想要在这个对象上执行同步方法的线程也将被挂起，等待线程 2 执行完毕 syncMcthod2() 方法后才会继续。
- ❑ 线程 2 执行完毕 syncMethod2() 方法。
- ❑ 对于线程 3，它可以随意在任何时间执行 method() 方法。因为这个方法不是同步方法，所以 Java 平台不会在调用此方法时进行同步控制。

通过上面的分析可以看出，在方法同步控制的原理上，静态方法和非静态方法都是一样的。不同的是同步的单位——对于静态方法，类是同步的单位；对于非静态方法，对象是同步的单位。在图 15-18 中，如果线程 2 是通过 syncMethodRef 2 访问 syncMethod1()，那么流程也是一样的——线程 2 会挂起，直到线程 1 执行完毕 syncMethod1()。

2．在不同对象上访问非静态同步方法不受同步限制

如图 15-19 是不同线程访问不同对象的同步方法的流程图。

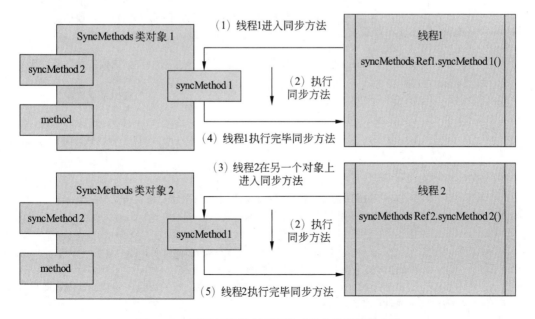

图 15-19　不同的线程在不同的对象上执行同步方法

在图 15-19 中，假设线程 1 中的 syncMethodsRef 1 引用指向的是左边的 SyncMethods 类的对象 1，而线程 2 中的 syncMethodsRef 2 指向的是左边的 SyncMethods 类的对象 2。图 15-19 代表的程序执行流程如下：

（1）线程 1 在 syncMethodsRef 1 指向的对象上进入同步方法 syncMethod1()。

（2）因为 syncMethodsRef 1 和 syncMethodsRef 2 指向不同的对象，所以线程 2 在 syncMethodsRef 2 指向的对象上进入同步方法 syncMethod1()。

（3）线程 1 和线程 2 并行执行代码。

（4）线程 1 执行完毕 syncMethod1()。退出此方法。

（5）线程 2 执行完毕 syncMethod1()。退出此方法。

记住"非静态方法是以对象为单位进行同步的"，那么上面的流程就很容易理解了。

15.5.5　银行的麻烦——账户乱套了

本节中将通过一个银行模型，演示多线程环境下可能出现的问题。

1. 银行账户模型

本节将通过一个"银行账户模型"，展示了没有同步方法带来的问题。从而有助于理解同步方法的语法。大家平时都接触过银行账户，它有一个余额属性，并且通过这个账户可以从账户取钱、向账户存钱和查看账户余额。首先看下面的 BankAccount 类。

```
package com.javaeasy.property;                    // 包名

public class BankAccount {                        // 代表银行账户的类
    private int money = 0;                        // 账户余额

    public void getMoneyOutOfBank(int cash) {     // 取钱方法
        if (cash <= 0) {                          // 如果取钱的数额小于 0
            System.out.println("取钱数额必须大于 0");  // 则输出错误信息
            return;                               // 方法结束
        }
        if (money < cash) {                       // 如果取钱数额超过现金
                                                  // 余额
            System.out.println("现金不足！");      // 输出错误提示
            return;                               // 方法结束
        }
        System.out.println("正在处理，请稍候……");// 可以进行取钱，输出等待消息
        try {
            Thread.sleep(1000);       // 线程挂起，表示银行正在处理这笔取钱业务
        } catch (InterruptedException e) {
            System.out.println("对不起，程序运行出错，错误信息为：" +
            e.getMessage());
            return;
        }
        money = money - cash;         // 将账户中的钱减去相应的数额
        // 输出本次取钱金额，并输出账户余额
        System.out.println("取钱成功，请拿好现金：" + cash + "元。现在账户余额
        为：" + money + "元。");
    }
```

```
public void putMoneyToBank(int cash) {        // 存钱方法
    if (cash <= 0) {                          // 如果存钱数额是小于等于 0 的
        System.out.println("存钱数额必须大于 0");       // 输出错误提示
        return;                               // 方法返回
    }
    System.out.println("正在处理存钱操作，请稍候……");
                                              // 输出正在处理的提示
    int tempMoney = money + cash;   // 用一个临时变量保存新账户的余额
    try {
        Thread.sleep(1000);                   // 线程挂起，表示银行正在处理存钱业务
    } catch (InterruptedException e) {
        System.out.println("对不起，程序运行出错，错误信息为: " +
        e.getMessage());
        return;
    }
    money = tempMoney;                        // 给账户余额赋值
    // 输出本次存钱金额，并输出账户余额
    System.out.println("存钱成功，金额为: " + cash + "元。现在账户余额为: "
+ money + "元。");
    }

    public void peekMoney() {    // 输出账户余额的方法
        System.out.println("现在账户余额为: " + money + "
元。");                                       // 输出账户余额
    }

}
```

BankAccount 源码

　　类 BankAccont 是用来代表银行账户的。int 类型的变量 money 代表账户余额。围绕这个属性，有取钱、存钱和查看余额 3 个方法。

　　❑ 取钱方法：检查用户要取钱的数额是否大于等于 0，并且小于账户当前余额。通过检查后，就进行取款操作（以线程挂起一秒钟代替实际操作过程），然后将用户余额减去相应的数额，最后输出本次取钱的数额和账户余额。

　　❑ 存钱方法：检查用户要存的钱数是不是大于等于 0。通过检查后，就进行取款操作（以线程挂起一秒钟替代实际操作过程），然后将账户余额增加相应的数额，最后输出存钱数额和账户余额。

　　❑ 查看账户余额：直接输出账户余额。

　　从代码上看，似乎没有任何问题，对金额操作之间也都会做相应的检查。但是在多线程环境下，取钱和存钱方法都是有严重问题的！

2. 取钱方法的问题

　　在这里只看取钱的问题，首先添加一个实现了 Runnable 接口的类 GetMoney 的代码。

```
package com.javaeasy.property;         // 包名

public class GetMoney implements Runnable {
// GetMoney 实现了 Runnable 接口
    private BankAccount account;// 银行账户类的引用
    private int cash;                              // 取
钱的数额
```

GetMoney 源码

```
    public GetMoney(BankAccount account, int cash) {    // 构造方法
        this.account = account;                          // 想从哪个账户取钱
        this.cash = cash;                                // 取多少钱
    }

    public void run() {                                  // 实现 run()方法
        String name = Thread.currentThread().getName();// 得到当前线程的名字
        System.out.println("线程\"" + name + "\"开始取钱！");
                                                         // 输出开始取钱信息
        account.getMoneyOutOfBank(cash);                 // 调用取钱方法
        System.out.println("线程\"" + name + "\"取钱完毕！");
                                                         // 输出取钱完毕信息
    }
}
```

类 GetMoney 实现了 Runnable 接口，是专门用来给不同的线程实施取钱操作用的。其中 account 是银行账户的实例，cash 是要从银行账户取钱的数额。在 run()方法里，会输出取钱的进度——开始取钱和结束取钱，以及线程的名字。

下面的例程会揭示出取钱方法的问题。

```
package com.javaeasy.property;
public class GetMoneyInMutiThread {            // 例程
    public static void main(String[] args) {
    // main()方法
        BankAccount account = new BankAccount();
        // 创建银行账户类
        account.putMoneyToBank(100);    // 存入 100 元
        // 创建 3 个 GetMoney 的实例，
        // 注意，它们都是使用 account 为参数的，也就是说
        // 它们会从同一个银行账户取钱
        GetMoney money1 = new GetMoney(account, 100);
        GetMoney money2 = new GetMoney(account, 100);
        GetMoney money3 = new GetMoney(account, 100);
        // 使用前面创建的 GetMoney 实例，分别创建 3 个 Thread 类实例
        Thread moneyThread1 = new Thread(money1, "取钱线程 1");
        Thread moneyThread2 = new Thread(money2, "取钱线程 2");
        Thread moneyThread3 = new Thread(money3, "取钱线程 3");
        // 启动这 3 个线程。
        moneyThread1.start();
        moneyThread2.start();
        moneyThread3.start();
    }
}
```

GetMoneyInMuti
Thread 源码

在上面的例程中，创建了一个银行账户的实例，并向里面存入了 100 元钱。但是却使用这一个银行账户创建了 3 个 GetMoney 类的实例。并使用 3 个线程来分别执行 GetMoney 实例中的取钱操作。运行例程，控制台输出如下内容：

```
正在处理存钱操作，请稍候……                          // 1 主线程
存钱成功，金额为：100 元。现在账户余额为：100 元。    // 2 主线程
线程"取钱线程 1"开始取钱！                            // 3 取钱线程 1
正在处理，请稍候……                                  // 4 取钱线程 1
线程"取钱线程 2"开始取钱！                            // 5 取钱线程 2
```

正在处理,请稍候……	// 6 取钱线程 2
线程"取钱线程 3"开始取钱!	// 7 取钱线程 3
正在处理,请稍候……	// 8 取钱线程 3
取钱成功,请拿好现金:100 元。现在账户余额为:0 元。	// 9 取钱线程 1
线程"取钱线程 1"取钱完毕!	// 10 取钱线程 1
取钱成功,请拿好现金:100 元。现在账户余额为:-100 元。	// 11 取钱线程 2
线程"取钱线程 2"取钱完毕!	// 12 取钱线程 2
取钱成功,请拿好现金:100 元。现在账户余额为:-200 元。	// 13 取钱线程 3
线程"取钱线程 3"取钱完毕!	// 14 取钱线程 3

说明:以上输出中每行 "//" 后的行数和线程是笔者为了方便阅读,根据程序执行结果
而结果添加的,不是程序输出的内容。

在多次执行该程序以后,读者可以发现结果每次都不一定是一样的。3 个取钱线程取
钱都会成功,而最后账户余额最低时为-200!为了理解为什么会这样,首先来分析一下这
个例程。

首先,例程中只有一个 BankAccount 的实例,使用这一个实例创建了 3 个 GetMoney
的实例,然后又使用这 3 个 GetMoney 实例创建了 3 个不同的线程。在启动这 3 个线程之
前,程序内部的状态如图 15-20 所示。

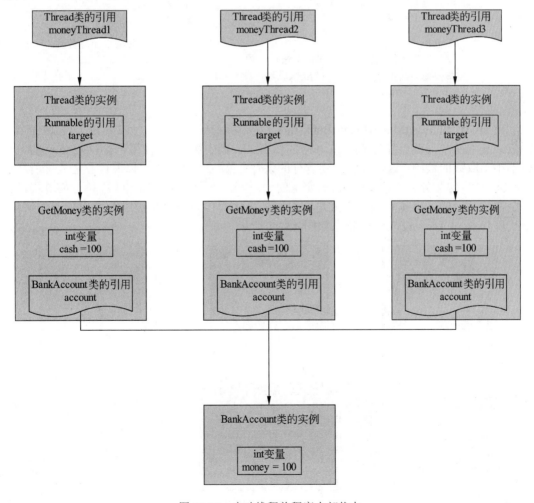

图 15-20 启动线程前程序内部状态

好，下面启动线程，那么会分别有 3 个线程执行 GetMoney 的 run()方法。而 run()方法中最重要的操作，就是调用了 BankAccount 的 getMoneyOutOfBank(int)方法。因为 3 个 GetMoney 实例中的 account 引用都是指向同一个 BankAccount 实例，所以"3 个线程会先后在同一个 BankAccount 实例上调用 getMoneyOutOfBank(int)方法"。为了清晰讲述程序的执行流程，下面在 getMoneyOutOfBank(int)方法中标记几个关键点。

```java
public void getMoneyOutOfBank(int cash) {          // 取钱方法
    if (cash <= 0) {                               // 如果取钱的数额小于 0
        System.out.println("取钱数额必须大于 0");   // 则输出错误信息
        return;                                     // 方法结束
    }
    if (money < cash) {                  // （1）判断是否能够取出相应数额的钱
        System.out.println("现金不足！");            // 输出错误提示
        return;                                     // 方法结束
    }
    System.out.println("正在处理，请稍候……");        // 可以取钱，输出等待消息
    try {
        Thread.sleep(1000);                         // （2）执行取钱操作
    } catch (InterruptedException e) {
        System.out.println("对不起，程序运行出错，错误信息为：" +
        e.getMessage());
        return;
    }
    money = money - cash;                // （3）将账户余额减少相应数额
    // 输出本次取钱金额，并输出账户余额
    System.out.println("取钱成功，请拿好现金: " + cash + "元。现在账户余额
    为: " + money + "元。");
}
```

上面的代码在 getMoneyOutOfBank(int)方法中标记出了（1）、（2）和（3）这 3 个关键点。其中两个关键点都与变量 money 的值有关。其中第（1）处用于检查 money 的值是否不小于取钱的数额，这是代码继续运行的条件；第（2）处用于模拟银行业务处理所耗费的时间；第（3）处用于改变 money 变量的值。好，下面用图来描述线程执行的过程，首先是在控制台输出第 4 行后（也就是在输出了第 4 行但是还没有输出第 5 行的时候），3 个线程和 BankAccount 实例的状态如图 15-21 所示。

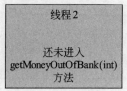

图 15-21　输出第 4 行后的程序状态

如图 15-21 所示，这时线程 1 已经执行到了第（2）处，并处于挂起状态；线程 2 和线程 3 都还没有进入 getMoneyOutOfBank(int)方法。这意味着线程 1 在被唤醒后马上就要执行第（3）处——将 money 的值减去 100 了。下面，当控制台输出第 8 行之后，状态如图 15-22 所示。

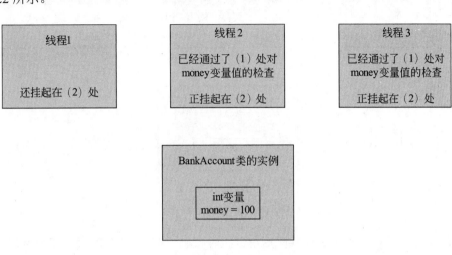

图 15-22 输出第 8 行后的程序状态

在输出第 8 行后，线程 1 还是挂起在（2）处（1 秒钟对于执行程序来说是很长一段时间了）。因为线程 1 还没有对 money 的值进行操作，所以 BankAccount 对象中 money 属性的值还是 100。故线程 2 和线程 3 都能够通过第（1）处的验证。此时，线程 2 和线程 3 都还挂起在（2）处。也就是说，这时 3 个线程所执行的代码都通过了第（1）处的验证，并准备操作同一个 money 变量的值。紧接着，输出第 10 行后程序状态如图 15-23 所示。

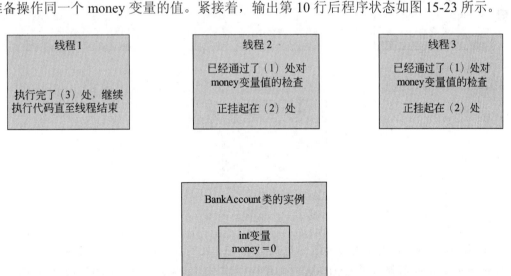

图 15-23 程序输出第 10 行后的状态

如图 15-23 所示，线程 1 在挂起了 1 秒后，继续执行代码。在线程 1 执行完（3）处时，BankAccount 实例中的 money 变量的值被减去 100，已经被更改为 0 了。然后线程 1 继续执行，直到线程 1 结束。而线程 2 和线程 3 还在挂起中，等待执行（3）处的代码。图 15-24

是程序在输出第 12 行后的状态。

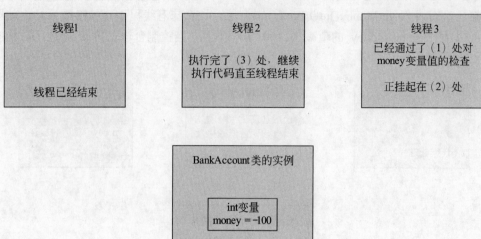

图 15-24　程序输出第 12 行后的状态

如图 15-24 所示，线程 2 被唤醒后继续执行代码，在（3）处的代码将 money 的值又减去 100，变成了–100！这就是一个错误的值了，银行账户的值是不允许为负数的。线程 2 将继续执行代码，直到线程结束，线程 3 则还在挂起状态。当输出完最后一行后，程序最终状态如图 15-25 所示。

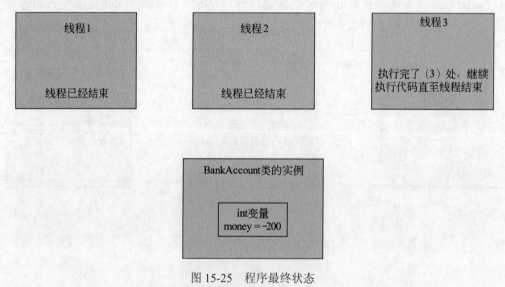

图 15-25　程序最终状态

如图 15-25 所示，线程 3 被唤醒后也执行了（3）处的代码，将 money 的值减少了 100。这时 money 变量的值就成了–300！这也就是程序输出的结果。其实存钱的问题和取钱的问题是一样的，因为在存钱方法中使用了 tempMoney 变量，那么就有可能在多个线程进行存钱时，最后会发现"存了多次钱，但是账户余额只增加了其中一次的存钱数额"。

3．错误的根源

整个错误发生的过程就如前面所述。根据流程可以看出来，错误的直接原因是"检查

money 值和修改 money 值的时间之内，有别的线程进入操作"。例如，在线程 2 检查 money 值并修改 money 值的过程中，线程 1 悄悄修改了 money 的值，这让线程 2 最先做的验证失去了意义。同样，线程 3 在检查并修改 money 值的过程中，也被线程 2 打扰。

在本例程中，检查 money 值和操作 money 值之间有 1 秒钟的间隔，也许大家认为让程序挂起一秒钟才是错误的根本。其实这只是一种"侥幸"的心理。

前面说过，在多线程的程序中，线程执行代码的顺序根本无法预料。也就是说，即使没有那 1 秒钟，上面的过程也是有可能发生的，只不过线程 1 在检查完毕 money 的值后，可能只是停顿一个很短的时间，但是这并不代表线程 2 不能趁这个时间间隙对 money 的值进行验证。增加了这 1 秒钟只是增加了程序出错的概率，让问题更明显。

好，知道了问题的所在，剔除了侥幸心理，那么如何才能够让程序正确地工作呢？请看 15.5.6 节的内容。

❑　理解本节中例程的执行流程，能够看出错误的原因。

15.5.6　多角度理解同步方法

其实只要使用同步方法，就可以解决 15.5.5 节中遇到的问题。在此之前，有必要加深对同步方法的理解。

1．理解同步方法的作用

为了理解同步方法的内在意义和语法规则，首先要理解同步方法的本质（或者说是目的）。同步方法的本质是："在多线程环境下，保证变量是由某个线程独享的"。等一下，同步方法不是一直都是在讨论方法吗，怎么又说到属性上了？在前面讲过，方法的作用应该是"封装对属性的操作"。也许有时候方法中的大部分代码都是在调用别的方法，但是方法一层层地调用下去，最终还是用来操作属性的。

方法是用来操作属性的，例如 15.5.5 节中的取钱方法，它就操作了 money 这个属性。但是因为"检查 money 值和修改 money 值的时间之内，有别的线程进入操作"，所以程序执行的结果是错误的。想想同步方法的作用——当一个线程在执行同步方法时，其余线程都不能进入同步方法，这样不就解决了 15.5.5 节的问题吗！

没错，同步方法就是避免"多线程访问同一个属性"的良方。在这里趁热打铁，通过同步方法的本质，反过来理解同步方法的语法。

2．理解同步方法的语法

静态方法和非静态方法之所以有着不同的同步语法规则，从表面上看，是因为它们的访问方式不同：静态方法只需要通过类名就可以访问，所以只能以类为单位进行同步；非静态方法需要在一个对象上执行，所以是以对象为同步单位的。"同步"这个词也许不好理解，其实可以把"同步"理解为"互斥"。某些方法是同步的，其实就是线程在访问这些方法的时候，线程彼此之间是"互斥"的：一个线程进来，其他线程都不允许进来。

在这里，还是以银行账户为例，以一问一答的方式来解释为什么 Java 要这样设计非静态同步方法的语法规则。

3．为什么一个线程在执行同步方法，别的线程就无法进入这个同步方法

为什么一个线程在执行同步方法，别的线程就无法进入这个同步方法？相信现在回答这个问题已经不难了。如果不这么做，就会出现 15.5.5 节中遇到的那种问题。所以，同步方法必须是线程之间"互斥"的。

4．不能进入同一个同步方法也就算了，那为什么别的线程不能进入别的同步方法

不能进入同一个同步方法也就算了，那为什么别的线程不能进入别的同步方法？假设银行账户中还有一个转账方法，方法代码和取款方法差不多：检查 money 属性的值，并且最后要将 money 属性的值减去一定数量。

那么很明显，如果有两个线程，一个执行取钱方法，一个执行转账方法，最后还是有可能让账户余额变为负数的，如图 15-26 所示。

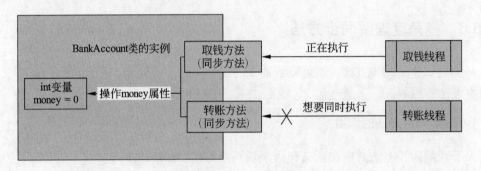

图 15-26　不允许多线程在同一个对象上同时执行同步方法

在图 15-26 中，取钱方法和转账方法都是同步方法，它们都可以访问 money 属性。取钱线程正在通过取钱方法进行取钱操作。那么转账线程就不可以同时去执行转账方法。正是因为所有的方法都可以访问 money 属性，所以为了保证线程独享 money 属性的操作权，避免别的线程在其他同步方法中操作 money 属性，必须禁止其他线程进入任何一个同步方法，如图 15-27 所示。

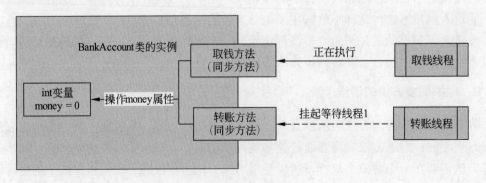

图 15-27　后来的转账线程要等待

在图 15-27 中，因为取钱线程正在执行取钱方法，所以转账线程在调用转账方法时，Java 平台会根据语法规则让它挂起，直到取钱方法执行完毕。

5. 为什么同步方法要以实例为单位进行同步

这个问题的答案也很明显，因为同步方法操作的属性是属于一个对象的。如果不是同一个对象的属性，那么当然是没必要同步的。例如，有两个银行账号类的对象，还有两个线程，每个线程操作一个银行账号类的对象，状态如图 15-28 所示。

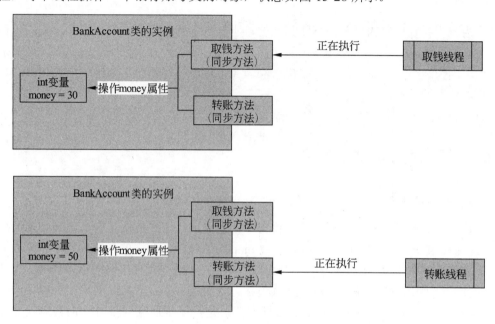

图 15-28　在不同的对象上执行同步方法

在图 15-28 中，转账线程和取钱线程在不同的对象上执行同步方法，所以这两个同步方法操作的属性值不是一个（因为操作的不是同一个对象）。同步方法的意义是保证"属性只被一个线程操作"，既然操作的属性不是一个，则它们之间互不影响，那么当然不会被同步。

6. 理解静态同步方法的语法

通过上面的内容，可以对非静态同步方法的语法规则有一个初步的了解。同样的道理，为了让"静态变量同一时间只被一个线程操作"，通过与非静态同步方法的对比，静态同步方法的语法规则也好理解了，这里不再叙述。

7. 让银行账户类工作正常

在这里，其实只要使用 synchronized 修饰 getMoneyOutOfBank(int)和 putMoneyTo-Bank(int)两个方法，让它们成为同步方法，就可以解决问题了。这个修改很简单，这里不再给出代码。修改完代码后，运行例程 GetMoneyInMutiThread，控制台输出如下内容：

正在处理存钱操作，请稍候……
存钱成功，金额为：100 元。现在账户余额为：100 元。
线程"取钱线程 1"开始取钱！
正在处理，请稍候……
线程"取钱线程 2"开始取钱！

线程"取钱线程 3"开始取钱！
取钱成功，请拿好现金：100 元。现在账户余额为：0 元。
现金不足！
线程"取钱线程 3"取钱完毕！
线程"取钱线程 1"取钱完毕！
现金不足！
线程"取钱线程 2"取钱完毕！

因为线程执行代码的顺序是不能预测的，所以运行例程输出的内容也不尽相同，但是结果都是一样的。首先进入取钱方法的（在这里是取钱线程 1）可以取出钱来，而其余两个线程则因为现金不足无法取钱。账户余额为 0，程序执行正常。通过使用同步方法，银行账户的问题就被解决了。

❑　借助于银行账户模型，从操作属性的角度理解同步方法的语法规则。

15.5.7　闲话同步方法的使用

1. 闲话属性修饰符

在这里，有必要再说一下属性的修饰符。在上面银行账户的例子中，通过使用同步方法，可以保证账户余额的正确性。但是如果 money 属性是 public 的，那么就可以无须通过方法，直接操作它的值。在 Java 中，直接操作属性的值是不会有任何同步操作的。也就是说，即使通过使用同步方法，避免了属性值在方法中被多个线程访问而修改为错误的值，但是如果这个属性是 public 的，那么属性的值还是可以不通过同步方法而被修改为非法值的。

如果 money 属性是 public 的，那么下面的代码：

```
BankAccount account = new BankAccount();
account.money = -100;
```

就是可以执行的。执行过后，money 的属性值就是负数了。当然，不管是否有线程正在 account 对象上执行同步方法，其他的线程都可以随意修改 account 对象中 money 属性的值。这是不应该出现的情况。所以这也是为什么建议使用 private 来修饰一个属性——当一个属性的值是 private 的，那么它就只能被本类中的方法访问了，也就可以通过同步机制来保证其正确性了。

对于使用 private 修饰的属性，可以提供 get/set 方法来获得/设置属性的值。如果必要，可以将 set 方法声明为同步方法，并加上相应的检查条件，保证新的属性值是正确的。这样，既能够在对象之外获得/修改属性的值，又能够保证属性不会在多线程环境中被弄乱。

2. 何时应该使用同步方法

同步方法有它的好处，当然也有它的缺点。当多个线程访问同步方法时，只有一个能够执行，其余线程都必须挂起。这是同步方法的作用。但是从另一个角度来看，这会造成线程挂起。线程挂起也就是意味着线程什么事情都不做，这当然影响了线程执行的效率，也就是影响了程序执行的效率。所以极端地说，如果每个方法都是同步方法，那么多线程和单线程在程序执行效率上就没有任何优势了。所以应该只在必要的时候使用同步方法。

- ❑ 一般来说，当方法修改关键属性值的时候，需要使用同步方法。例如取钱方法和存钱方法都应该是同步方法。
- ❑ 当方法访问多个属性的值，并根据多个属性的值进行逻辑判断的时候，需要使用同步方法。例如当需要根据 money 的值判断一个用户级别的时候，可能就需要使用同步方法，避免在判断过程中 money 的值被修改。
- ❑ 如果仅仅是取得属性的值，可以根据情况判断是否需要使用同步方法。例如在上面的 BankAccount 类中，peekMoney()方法就不需要是一个同步方法。它仅仅是输出当前余额，就算输出的不对，也不会影响 BankAccount 对象的状态。

  当然，何时使用同步方法大部分还是需要根据编程经验来判定，没有绝对正确的准则。
- ❑ 只在必要的时候使用 public 修饰属性。对于 private 的属性，可以提供相应的 get/set 方法来得到/修改属性的值。
- ❑ 只在必要的时候使用同步方法。

15.5.8　同步代码块

1．同步代码块的语法

前面讲述了同步方法，本节介绍一下同步代码块，其语法如下：

```
synchronized(对象的引用){
同步代码
}
```

同步代码块可以使用在任何方法中。它的作用与同步方法类似：对于同步代码块中的代码，将以括号中的引用所指向的对象为单位进行同步。也就是说，如果有多个线程同时访问同步代码块，而且同步代码块中对象的引用又是指向同一个对象的，那么就只有一个线程能够进入代码块执行。

2．同步代码块的使用

其实同步方法可以解决大部分线程同步问题。同步代码块的使用对于初学 Java 的人来说并不是很实用的语法。可以通过同步方法来加深对同步代码块的理解，看下面的方法。

```
public synchronized void setValue(int p_value){
    this.value = p_value;
}
```

可以把整个方法体看成是一个同步代码块，而对象的引用就是对象的自引用 this。也就是说，同步的 setValue(int)方法和下面不同步的 setValue(int)方法基本是等价的。

```
public void setValue(int p_value){
    synchronized(this){
        this.value = p_value;
    }
}
```

上面的方法中，synchronized 代码块就是以这个对象本身（this 引用肯定指向对象本身）为单位，将代码块中的代码进行同步的。它和上面同步的 setValue(int)方法是一个作用。相比之下，同步代码块更灵活，它可以在括号内放入任何对象的引用，而同步方法则只能对本对象进行同步。

但是同步代码块的这种灵活性也是危险的根源——如果不恰当地使用同步代码块，它就有可能造成线程死锁。关于这个话题在这里不适宜展开论述。但是同步代码块在实际使用中的意义远比它的语法更复杂。笔者建议优先使用同步方法，它其实可以解决大部分的编程需求；在同步方法无法处理的情况下，谨慎使用同步代码块。

❑ 通过与同步方法对比，理解同步代码块的语法和作用。

❑ 优先使用同步方法，谨慎使用同步代码块。

15.5.9　锁（Lock）

通过上面的学习，已经知道了线程同步的原因。本节将从"锁"的观点出发，简单理解线程同步的实现机制。"锁"是计算机科学中的一个术语。在计算机科学的不同应用领域，"锁"有着相同的思想，但是其实现机制根据应用的需要会有些差异。

对于 Java 语言中的线程同步语法来说，"锁"有两种类型，一是类锁，二是对象锁。两种锁其实学懂一个另一个自然就懂了，我们只要学习对象锁就可以了。

对象锁是用于非静态同步方法的。在 Java 平台内部，会给每个拥有同步方法的对象分配这么一个对象锁。它对于非同步的方法没有任何作用，Java 平台使用它来实现同步方法。Java 平台实现方法同步的原则如下：

❑ 当一个线程要在一个对象上调用同步方法时，它会首先向 Java 平台申请将此对象的对象锁给锁上。

❑ 如果这时候对象锁已经是锁住的了，那么这个线程就需要等待对象锁再次打开。

❑ 如果此时对象锁还没有锁上，那么 Java 平台将锁上此对象锁。我们也称这时候线程获得了该对象的对象锁。

❑ 线程在获得了一个对象的对象锁后，就可以进入同步方法执行了。

❑ 在执行方法代码的过程中，因为线程已经获得了对象锁，这时 Java 平台会允许此线程调任何同步方法。

❑ 线程执行完毕该同步方法后，必须归还对象锁。归还对象锁就是将锁上的对象锁打开，允许其他线程将它锁住。

❑ 当对象锁被打开以后，Java 平台会检查是不是有线程在等待获得这个对象锁，有就将对象锁给那个线程，那个线程在获得对象锁以后就会被唤醒并继续执行，没有就打开对象锁。

下面用图 15-29 来描述 Java 平台控制这个过程。

在图 15-29 中，展示了 Java 平台使用对象锁，对于线程执行同步方法的控制流程。下面使用 15.5.5 节中的例程 GetMoneyInMutiThread 来说明一下这个过程。

❑ 线程 1 获得了 account 对象的对象锁。

❑ 线程 1 执行同步方法 getMoneyOutOfBank(int)。

❑ 线程 2 发现 account 的对象锁已经被其他线程拿走了，挂起等待对象锁。

❑ 线程 3 也发现 account 的对象锁已经被其他线程拿走了，挂起等待对象锁。

❑ 线程 1 执行完毕了同步方法 getMoneyOutOfBank(int)，释放对象锁。

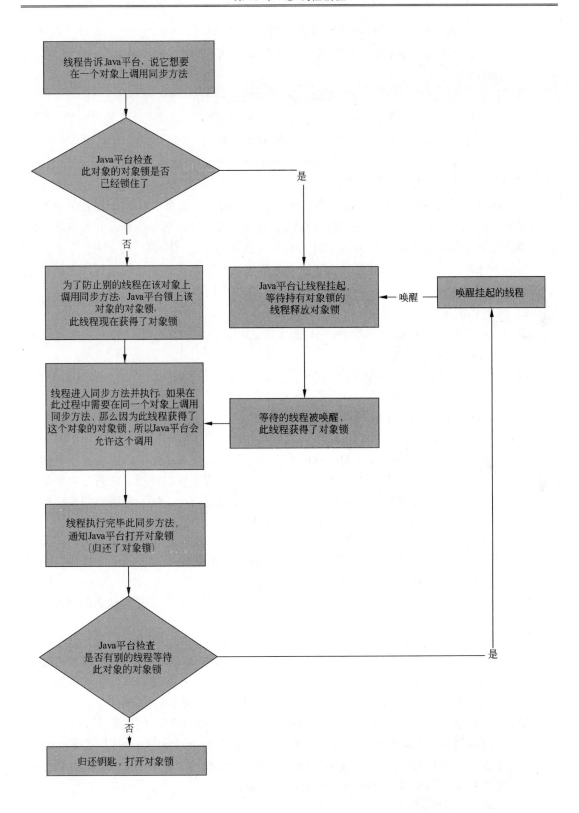

图 15-29 Java 平台对同步方法的控制

❑ Java 平台发现线程 2 和线程 3 都在等待此对象锁。按照等待的先后顺序，线程 2 首先获得了 account 对象的对象锁，被唤醒并执行同步方法 getMoneyOutOfBank (int)。

❑ 线程 2 执行完毕了同步方法 getMoneyOutOfBank(int)，释放对象锁。

❑ Java 平台发现线程 3 在等待此对象锁。线程 3 获得了 account 对象的对象锁，被唤醒并执行同步方法 getMoneyOutOfBank(int)。

❑ 线程 3 执行完毕了同步方法 getMoneyOutOfBank(int)，释放对象锁。

❑ Java 平台发现没有线程在等待此对象锁了，对象锁被打开。

好，通过上面的分析，"锁"这个概念应该不陌生的了。虽然学习 Java 语言可以不必学习对象锁，但是理解对象锁将对理解线程同步有很大的帮助。对于类锁，其实唯一不同的是类锁是每个有静态同步方法的类才有一个，其余规则都是一样的。

Java 对于进入 synchronized 代码块和进入同步方法其实是一样的处理过程，也就是说必须要先获得对象锁，进入相应的 synchronized 代码块或同步方法。

❑ 理解锁的概念。

❑ Java 平台中有对象锁和类锁，分别用于实现非静态同步方法、静态同步方法和 synchronized 代码块。

❑ 理解 Java 平台如何利用锁实现同步方法。

15.5.10　线程同步之 wait()和 notify()方法

wait()和 notify()方法是 Object 类中的两个方法。除了使用 synchronized 关键字来协调线程之间的执行状态，还可以使用这两个方法以另一种模式来协调线程。这两个方法是非静态的，因为这两个方法都是 Object 类中的方法，所以通过继承，Java 中所有的实例都可以调用这两个方法。首先认识一下这两个方法的作用。

❑ wait()方法：让执行此行代码线程进入挂起状态。如果在处于挂起状态时，因为某些原因挂起被打断了，那么此方法就会抛出一个 InterruptedException 异常。这个异常和 sleep(long)方法抛出的异常是同一个类型。

❑ notify()方法：唤醒因为在同一个对象上调用 wait()方法而处于挂起状态的线程，让线程可以继续执行下去。

❑ 同一个对象：因为在一个对象上调用 wait()方法而进入等待状态的线程，只能够由另一个线程在同一个对象上调用 notify()方法来唤醒。举例来说，obj 是一个指向类 Object 实例的引用，线程 1 调用 obj.wait()方法而进入挂起状态后，如果想要唤醒这个线程，只能够在指向同一个类 Object 实例上调用 notify()方法才可以。

❑ 调用方法的要求：必须在一个获得了此对象锁的代码内部才能调用这个对象的 wait()方法或者 notify()方法。也就是说，如果要调用一个对象的 wait()方法或 notify()方法，那么就首先需要使用 synchronized 代码块获得这个对象的对象锁，否则程序将抛出一个 IllegalMonitorStateException 异常。

❑ 当调用 wait()方法后，线程马上释放对象的对象锁。

从这两个方法的作用可以看出，它们也肯定是和 Java 平台紧密相关的，因为这两个方法可以控制线程挂起和执行。下面通过一个例程来演示一下这两个方法的使用。根据上面

的分析，使用这两个方法，必须要有两个线程。下面首先给出两个
实现了 Runnable 接口的类。

```java
package com.javaeasy.waitnotify;          // 包名

public class Waiting implements Runnable {
// 实现了 Runnable 接口的类

    private Object waitObj;
    // 将在此对象上调用 wait()方法

    public Waiting(Object waitObj) {
    // 构造方法，传入一个对象的引用
        this. waitObj = waitObj;
    }

    public void run() {                        // 覆盖抽象方法 run()
        String name = Thread.currentThread().getName();
        // 在调用 wait()方法之前，向控制台输出一段文字
        System.out.println(name+": 线程将进入挂起状态，等待被别的线程唤醒……");
        try {
            synchronized (waitObj) {      // 获得 waitObj 对象的对象锁
                waitObj.wait();            // 调用 wait()方法，同时释放
                                           // waitObj 对象的对象锁
            }
        } catch (InterruptedException e) { // 捕捉异常并输出错误消息
            System.out.println("对不起，程序运行出错，错误信息为: " +
            e.getMessage());
            return;                        // 出错后线程将不再向下执行
        }
        // 线程一旦被唤醒，将继续执行代码，向控制台输出下一行文字
        System.out.println(name+": 线程被唤醒了。");
    }
}
```

Waiting 源码

Waiting 类代码并不复杂。首先，它实现了 Runnable 接口，并在 run()方法中引用 waitObj
调用了 wait()方法。引用 waitObj 的值是通过类 Waiting 的构造方法传入的。在调用 wait
Obj.wait();之前，必须使用 synchronized 语句获得 waitObj 的对象锁，使用 wait()方法的要
求。Waiting 类是用于构造一个等待被唤起的线程的。

下面是实现了 Runnable 接口的 Notifier 类。

```java
package com.javaeasy.waitnotify;

public class Notifier implements Runnable {

    private Object notifyObj;
    // 将在此对象上调用 notify()方法

    public Notifier(Object notifyObj) {
    // 构造方法，传入一个对象的引用
        this.notifyObj = notifyObj;
    }

    public void run() {                        // 覆盖抽象方法 run()
        String name = Thread.currentThread().getName();
```

Notifier 源码

```
        // 为了让程序运行结果明显，让负责唤醒的线程先挂起 5 秒钟
        System.out.println(name + "：将挂起 5 秒钟");
        try {
            Thread.sleep(5000);
        } catch (InterruptedException e) {
            System.out.println("对不起，程序运行出错，错误信息为：" +
            e.getMessage());
        }
        // 在调用 notify () 方法之前，向控制台输出一段文字
        System.out.println(name + "：开始 notify 线程");
        synchronized (notifyObj) {        // 获得 notifyObj 的对象锁
            notifyObj.notify();            // 调用 notify()方法，唤醒因为调用
                                           // wait()而挂起的线程
        }
        // 唤醒结束后，向控制台输出下一行文字。
        System.out.println(name + "：notify 线程结束");
    }
}
```

Notifier 类也不复杂，它和 Waiting 类最大的不同就是它调用的是 notify()方法，其余的不同不是很重要。看下面的例程 SimpleWaitNotify 的代码。

```
package com.javaeasy.waitnotify;

public class SimpleWaitNotify {                    // 例程类

    public static void main(String[] args) {
    // main()方法
        Object obj = new Object();
        // 创建用于执行 wait()和 notify()方法的类 Object 的
        // 对象
        Waiting waiting = new Waiting(obj);
        // 以 obj 为参数，创建 Waiting 类的实例
        Notifier notifier = new Notifier(obj);
        // 以 obj 为参数，创建 Notifier 类的实例
        Thread waitingThread = new Thread(waiting, "挂起线程");
                                                    // 创建"等待线程"
        Thread notifierThread = new Thread(notifier, "唤醒线程");
                                                    // 创建"唤醒线程"
        waitingThread.start();                      // 启动两个线程
        notifierThread.start();
    }

}
```

在例程中，首先创建了一个 Object 类的实例，并使用这个实例创建了 Waiting 类和 Notifier 类的对象。而这两个对象又被分别用来创建两个线程。根据 Waiting 类和 Notifier 类的代码可以知道，两个线程将共同操作先前创建的那个 Object 类对象，在这个对象上调用 wait()和 notify()方法。启动两个线程之前，程序内部状态如图 15-30 所示。

注意，waitObj 和 notifyObj 是指向同一个对象的。运行例程，控制台输出如下内容。

```
挂起线程：线程将进入挂起状态，等待被别的线程唤醒……
唤醒线程：将挂起 5 秒钟
唤醒线程：开始 notify 线程
挂起线程：线程被唤醒了。
唤醒线程：notify 线程结束
```

其中在输出完第 2 行之后,等待了大概 5 秒钟才继续输出了下面几行,这正说明了 wait()
和 notify()方法的作用。图 15-31 演示了程序的执行流程。

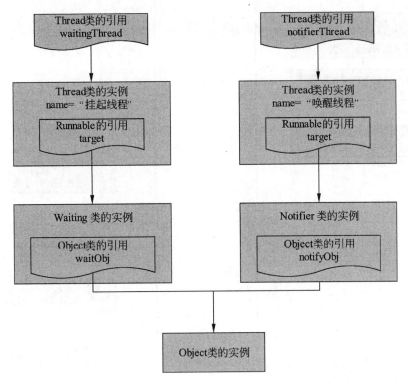

图 15-30　线程启动前程序的状态

waitingThread 线程先启动,所以先执行代码的几率大,它会一直执行到等待被唤醒,
然后就进入挂起状态。后启动的 notifierThread 线程会在执行 notify()方法之前首先沉睡 5
秒钟,然后唤醒正在等待的线程。从图中可以看出,之所以“挂起线程”会等 5 秒钟才输
出最后一行字,完全是因为它在等待“唤醒线程”睡醒后将它唤醒。

❑　wait()和 notify()方法的意义和使用规则。

15.5.11　wait 和 notify 的顺序

在 15.5.10 节中,如果将 Notifier 类中让线程挂起的 5 秒钟去掉,并修改两个线程的启
动顺序,将会发生什么呢? 首先,我们创建一个 QuickNotifier 类,它与 Notifier 类唯一不
同的地方就是在 run()方法中将不再挂起 5 秒钟,它的 run()方法如下:

```
public void run() {                          // 覆盖抽象方法 run()
    String name = Thread.currentThread().getName();
    System.out.println(name + ": 开始 notify 线程");
    synchronized (notifyObj) {               // 获得 notifyObj 的对象锁
        notifyObj.notify();                  // 调用 notify()方法,唤醒因为调用
                                             // wait()而挂起的线程
    }
    // 唤醒结束后,向控制台输出下一行文字
    System.out.println(name + ": notify 线程结束");
}
```

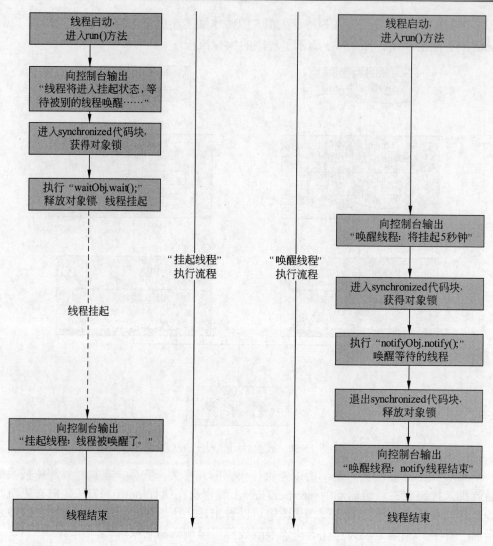

图 15-31　程序执行流程

　　下面修改例程 SimpleWaitNotify，让"唤醒线程"先于"挂起线程"启动，看例程 ErrorSequence。

```
package com.javaeasy.waitnotify;

public class ErrorSequence{                      // 例程类

    public static void main(String[] args) {
    // main()方法
        Object obj = new Object();
        // 创建用于执行 wait()和 notify()
        // 方法的类 Object 的对象
        Waiting waiting = new Waiting(obj);
        // 以 obj 为参数，创建 Waiting 类的实例
        QuickNotifier notifier = new QuickNotifier (obj);  // 以 obj 为参数，
创建 QuickNotifier 类的实例
        Thread waitingThread = new Thread(waiting, "挂起线程");
        // 创建"挂起线程"
```

ErrorSequence 源码

```
        Thread notifierThread = new Thread(notifier, "唤醒线程");
                                    // 创建"唤醒线程"
        notifierThread.start();         // 首先启动唤醒线程
        waitingThread.start();          // 然后启动挂起线程
    }

}
```

ErrorSequence 与 SimpleWaitNotify 相比，首先是使用了 QuickNotifier 类，而后是首先启动唤醒线程。运行程序，控制台输出如下内容：

唤醒线程：开始 notify 线程
唤醒线程：notify 线程结束
挂起线程：线程将进入挂起状态，等待被别的线程唤醒……

在输出这 4 行之后，程序将永远挂起下去。为什么呢？看图 15-32。

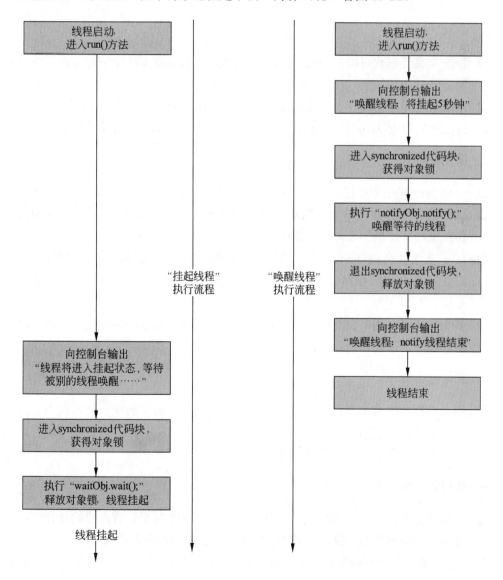

图 15-32 首先启动唤醒线程的程序流程图

在图 15-32 中，唤醒线程优先启动并运行，而在它执行 notify()方法时，挂起线程还都没有进入挂起状态。在这之后，挂起线程执行了 wait()方法，但是再也没有哪个线程会去将它唤醒了，所以它会一直挂起下去。ErrorSequence 这个例程展示了使用 wait-notify 时可能出现的顺序错误，这个顺序错误可能导致程序永远挂起。

❑　使用 wait-notify 时一定要避免顺序错误。

15.6　小结：线程——代码执行器

本章讲述了线程的相关内容。因为线程是一个比较抽象的东西，所以本章使用了几个模型来降低理解线程的难度。

1．CD机模型

❑　Java 类文件包含可以被 Java 线程执行的代码，就好像 CD 中的数据可以变成音乐数据一样。

❑　Java 线程是用来执行 Java 代码的，就好像 CD 机的激光头读取 CD 的数据。

❑　Java 平台包含 Java 线程，Java 平台为 Java 线程执行代码提供各种条件。

2．演奏会模型

❑　一个 Java 程序中可以有多个 Java 线程，就像一场演奏会中可以有多个演奏家。

❑　Java 线程由 Java 平台负责管理，包括创建线程、更改线程状态等，就像演奏家归指挥家指挥、指挥家负责指挥演奏家。

❑　Java 类文件会被 Java 平台装载，并提供给所有线程使用。就好像指挥家将乐谱存在一个公共的存储设备上，所有的演奏家通过显示乐谱的显示器去那里获得乐谱。

❑　多个线程可以同时执行一段代码，就像多个演奏家可以演奏同一个乐谱。这些乐谱存在于一个公共的存储设备上。

3．复印社模型

❑　当一个程序中有多个线程的时候，需要对线程进行必要的线程同步管理，避免程序出现逻辑上的错误。就像多个员工分享一台复印机一样，需要经理进行协调管理，不能允许出现两个人同时使用的情况。

4．银行账户模型

❑　从属性的角度出发，理解同步方法的语法。就好像对于银行账户的操作一样，取钱是有一个过程的，这个过程不允许别的人操作银行账户的余额。

通过这些模型，本章中讲述了关于线程的语法和相关知识。下面将主要知识点总结如下。

❑ Thread 类的常用方法。

❑ 使用线程的两种方式：继承 Thread 类和使用 Runnable 接口。

❑ 线程挂起的含义：线程暂时停止执行代码，直到 Java 平台再次让它执行。

❑ 当前线程：对于代码来说，它肯定是由线程执行的，所以一旦运行到了一行代码，那肯定有一个线程在执行它，这个线程就是当前线程。

❑ 让线程挂起的 3 种情况：调用 sleep(long)方法，等待进入同步方法，调用 wait()方法。

❑ 线程唤醒的条件：对于 sleep(long)方法，时间到了 Java 平台会唤醒线程；对于等待进入同步方法的线程，前面的线程释放对象锁以后 Java 平台会唤醒线程；对于调用 wait()方法的线程，则需要有线程在同一个对象上调用 notify()方法。

❑ 3 种让线程挂起的方式的用处：sleep(long)方法用于让线程等待固定的时间；同步方法用于让线程等待别的线程完成对属性的操作；wait-notify()方法用于当线程等待某些条件的满足。

❑ 合理使用同步方法。

❑ 理解 Java 平台使用锁机制实现同步代码的流程。

❑ wait-notify 的使用方法。

❑ 理解 wait-modify 工作的流程。

到这里，本章的内容就结束了。线程的内涵很丰富。其中多线程和线程同步是线程编程的核心。如何既让程序高效率，又保证多个线程之间能够正确地协调，是一个很大的话题。在本章，主要还是掌握各种语法和类的使用。理解它们的工作流程。在本书的第 3 部分，会在实际例子中使用线程，使大家对多线程有更好的理解。

本章同时也是本书第 2 部分的最后一章。在第 2 部分中，我们学习了 Java 语言众多的核心语法和概念，包括：类、方法、继承、多态、接口、内部类和抽象类，Java 异常处理和本章中的线程。这些内容支撑起了 Java 语言的天地。

在接下来的第 3 部分中，语法将不再是重点。通过前面这么多章的学习已经足够了。第 3 部分中将着眼于实际引用，学习 Java 类库中常用的类，并编写有实际意义的例子，可以说是对前面两部分知识的大练兵。在阅读第 3 部分的时候，很有可能要向前翻看，这是正常的。

15.7　习　　题

1. 练习使用线程：编写一个 Runnable 接口的实现类 MyRunnable。然后编写一个程序，在程序中创建一个 MyRunnable 类的实例，然后使用它创建一个 Thread 类的实例，最后启动这个线程。

2. 理解多线程运行的非顺序性：编写一个 ConsoleWriter 类，类中包含一个 writeToConsole 的方法，方法接受一个 String 类型的参数，然后循环 10 次向控制台输出"当前线程的名字"和参数字符串的内容,每次输出后让线程沉睡 1 秒钟。编写一个 Thread 类的子类 MyWriter 类,覆盖其 run()方法并在其中调用 ConsoleWriter 的 writeToConsole()方法。最后,编写一个程序,创建一个 ConsoleWriter 类的实例,创建两个 MyWriter 类的实例,让它们使用同一个 ConsoleWriter 类的实例,启动两个 MyWriter。查看控制台输出。

3. 在多线程环境下使用同步控制:将第 2 题中的 writeToConsole()方法改为同步方法,运行程序,查看结果。

第3篇 Java 语言编程进阶

　　下面将要进行的是本书的第 3 篇。在第 2 篇中，我们学习了很多语法，它们是 Java 语言"之所以成为 Java 语言"的原因。根据学习的这些语法，我们应该可以对"面向对象"有了初步的理解，知道面向对象为何需要"封装，继承和多态"3 大利器。

　　但是仅仅有语法还是不够的，就好像在星际争霸中，仅仅知道兵种之间的配合和各种战术是不够的，还需要能够在实战中根据实际情况灵活地使用它们，来取得一场比赛的胜利。一场比赛是一个有机的整体，在比赛中需要锤炼各种技巧，衔接各个环节，掌握整场比赛。

　　迄今为止，我们还都没有写过一个完整的、有实际意义的程序。可以说，现在还都没有经历过一场完整的比赛。在本书前面的例程中，基本都是服务于语法的。在本篇中，学习的重点是培养编程能力和解决各种编程问题的能力。可以说，本篇就是一场 Java 编程大练兵。

　　本篇中将涵盖如下内容：
- ❑　Java 的 Swing 编程。
- ❑　Java 中的 Socket 编程。
- ❑　Java 中的文件编程。
- ❑　完成一个完整的聊天程序。
- ❑　Java 的数据库编程。

　　在本篇中，学习使用 Java 类库中的类是一个重要的部分。通过本书中的学习，读者应该注意培养两方面的能力：一是培养自己设计程序的能力，当面对一个程序的时候，知道如何下手，如何设计一个程序；二是培养自己解决问题的能力，在编程的时候，一旦遇到问题，如一个类的用法，可以自己动手，通过查找相关资料来解决。

第 16 章　如何学习本篇

作为本篇的开篇之作，本章将首先介绍如何阅读本篇中的章节。为什么要拿出本章专门讲解这个呢？因为本篇中讲述的内容和方法与前面都有所不同，为了能够让读者掌握正确的阅读方式，添加本章是有必要的。

同时，本章还将介绍如何使用 Java 类库中的 Javadoc。

16.1　多想多写多练

首先是学习态度的转变。在前面的章节中，都是在围绕着 Java 语法学习，而 Java 语法可以说就是条条框框，我们能做的就是理解和记忆，最终接受它。而在本篇中，则是使用 Java 语言编程序，完成实际的功能。所谓"条条大路通罗马"，完成一个程序没有一个确定的条条框框。

如果读者觉得这个程序写得不好，还有更好的解决方法，那么可以放手去以自己的思路写。纵使写不出来或者写出来并不太好也无所谓。这都是经验的积累。如果不知道什么程序是不好的，也就不知道好的程序好在什么地方。在前面的章节中已经学习了足够多的 Java 语法了，现在需要的就是多想多写多练。

在本书的前面部分，基本上都是在学习 Java 语法。就好像我们前面说过的，Java 语法就是星际争霸中的各种战术和技巧。而编写一个程序则是一场完整的比赛。掌握了技巧并不等同于能够打赢一场比赛。学会了战术和技巧与能够在比赛中正确地使用它们不是一个概念。就好像空城计谁都会，但是能够像诸葛亮那样成功地应用于战场，还取决于自己的能力。Java 语法又如同药理，学会了药理，并不等于就能够利用它们治病，必须积累足够的经验才能够游刃有余。

从本篇开始，将学习如何编写一个完整的程序。和前面大大小小的例程不一样，一个有实际功能的完整程序的规模复杂程度是例程不能比的。而作为编程的初学者，同时能够掌控的代码行数又比较少。例如，在阅读代码的时候，开始可能阅读一个十几行的代码，再长就记不过来了，而一个方法可能就有二、三十行代码，这样就需要读者多看代码，培养自己的阅读代码的能力。直到能够从一个方法开头看到结尾，都看得明白。

❑ 多想多写多练，积累经验。
❑ 培养自己阅读代码的能力。

16.2　术业有专攻

在本篇中，将使用 Java 类库中的很多类。这些类都是完成一些基础功能所必须的。在这里必须正确处理 Java 类库和 Java 语言之间的关系。

Java 语言是一套语法，语法的精髓是 Java 的思想：面向对象。而面向对象则是靠着"封装，继承和多态" 3 个基本点支撑起来的（有时候也把抽象作为面向对象的一个特点）。Java 是一个工具，一个用来解决问题的工具。

Java 类库中的类提供了丰富的功能，但是它们是程序，每个类都有自己所面对的问题和设计理念。例如我们前面学习过的 Math 类，它就提供了所有常用的数学函数的计算。所以一个 Math 类就有两部分组成：一部分是关于数学方面的知识，一部分是如何使用 Java 语言进行这些数学计算。所以仅仅通晓 Java 是不够的。

Math 类中的 log10(double)方法是用来计算以 10 为底的某个 double 变量的对数。首先一个人必须具备相关的 Java 语言的知识，知道对数是什么意思，否则就算对 Java 语言再精通，也无法理解这个方法的含义，下面看图 16-1。

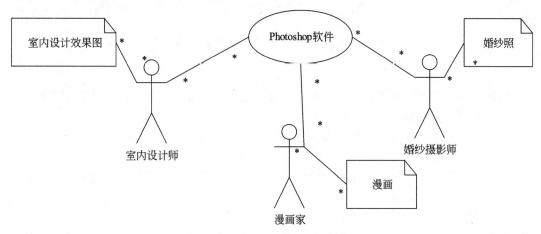

图 16-1　不同领域的人用 Photoshop 制作不同的产物

如图 16-1 所示，对于 Photoshop 这款软件，室内设计师用它来创作装修效果图，漫画家用它来创作漫画，婚纱摄影师用它来处理婚纱照。室内设计师、漫画家和婚纱摄影师都精通 Photoshop 的使用。Photoshop 软件的功能对于他们每个人来说都是一样的，但是因为每个人所专注于的领域不同，所以这款软件创作出了不同的作品，下面看图 16-2。

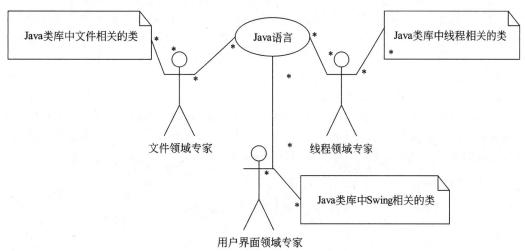

图 16-2　不同领域的专家使用 Java 语言完成 Java 类库

如图 16-2 所示，同样的道理，Java 语言的功能是一样的，但是 Java 语言类库却是用来解决各个领域的问题的。是由既精通各个领域的专业知识、又精通 Java 语言的人编写的。所以，如果要想理解 Java 类库中的各个类，那么还必须对这些类相关的领域有所了解。例如在第 15 章中，就使用了大量的篇幅介绍线程，然后才学习了 Java 中的 Thread 类。

在图 16-2 中，线程相关的类我们已经学习完毕了。本篇还将学习 Java 类库中文件相关的类、Swing 相关的类以及 Socket 相关的类等，但是本篇中学习的方式将与学习线程时不同。本篇将不会深入到这些相关领域内部，而是以学会使用相关的类库为主。因为作为一本 Java 书籍，不会将焦点过多地放在其他领域。

本篇的内容安排一般会是这样的：当学习一个类的时候，例如 JFrame 类（Java 类库中用来表示一个窗口的类），会讲解 JFrame 类中重要的方法，以及给出一个例程展示如何使用 JFrame 类，但是不会深入讲解这个类是通过何种方式来实现这种功能的。

16.3　拆分问题，逐个击破

编程序就是创造原本不存在的东西，这和现实中制造东西是一样的。如果想要制造一个台灯，需要如下步骤：

（1）确定台灯的功能：使用 50W 白炽灯泡，高度可调，亮度可调。

（2）基于台灯的功能，将台灯分成以下几个部分。①电力传输部分：包括插座，电线，灯泡底座和灯泡；②支架部分：包括底座，灯架（可伸缩），灯罩；③亮度调节部分：包括开关和调节功率的部件。

（3）基于台灯的功能，完成各个部件。

当编写一个程序的时候，其实也是一样的过程。首先要确定的就是这个程序的功能。只有确定了程序应该具备的功能，按照经验，将程序分割成不同的功能模块。最后按照各个模块的功能编写代码。以我们在本部分中将完成的聊天软件为例，完成这个程序的步骤如下：

（1）分析程序的功能。这个聊天软件功能相对简单，允许用户连接到服务器，然后可以看到连接到同一个服务器的所有人，并允许向他们发送文字消息、图和文件。

（2）将程序分成不同的模块：根据程序的功能，这个程序可以分割成以下几部分。首先是通信模块，允许两台机器互相通信，发送任何数据（Socket 编程实现）；第二是基于通信模块的消息处理模块，它使用通信模块，处理包括文字、图片和文件等。第三是用户界面模块，负责列出好友、好友聊天对话框等。

（3）按照分好的模块编写代码。

将程序分割成不同的模块，最直观的好处是降低了编程的复杂度。例如在编写用户界面模块的时候，只要想着编写界面就可以了，不用去想其他模块的功能。其他的好处还有很多，例如可以让代码重用等，我们在本书中将逐步学习。

16.4　阅读 Javadoc

在讲解 Java 注释的时候我们曾经提到过 Javadoc。简单来说，符合 Javadoc 格式的注释，可以被 Java 提供的工具从源代码中抽取出来，并形成文档。Java 类库中的类也是有 Javadoc 的。Oracle 公司提供了在线观看的 Javadoc，其 URL 如下：

```
http://docs.oracle.com/javase/8/
```

在浏览器中输入这个链接地址，会显示如图 16-3 所示的内容。

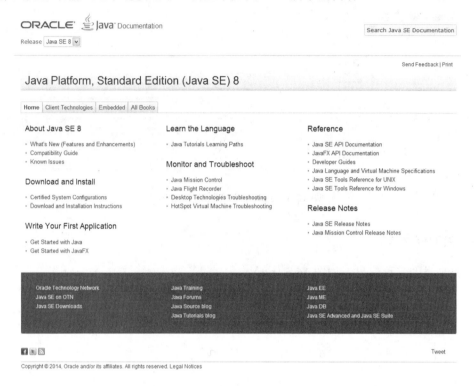

图 16-3 选择不同版本的 Javadoc

在图 16-3 中左上角 Release 处可以选择 Java 的版本。当前我们选择 Java SE 8，然后在界面右侧选择 Reference 下的 Java SE API Documentation 链接即可进入 Java 8 API 说明文档。也可以直接输入以下 URL 进入。

```
http://docs.oracle.com/javase/8/docs/api/index.html
```

打开页面后，会显示如图 16-4 的内容。

这就是 Javadoc 的面目了。它的左上角会列出所有的包，左下角会列出所有的类，右边部分就是主体内容。下面以 String 类为例，看一下如何使用。

1. 找到想要看的类

首先需要找到 String 类。步骤一般是按照从包到类来寻找。首先在左上角找到 String 类所属的包 java.lang，单击这个链接，左下角的内容就会只显示此包中的内容。这时候左下角会将 java.lang 包中的内容按照接口、类、异常等类型分别列出来。这样，找到"类"那一部分，然后再找到 String 类的链接就很容易了，如图 16-5 所示。

在图 16-5 中，上面是 String 类所属的包，下面是 String 类。当然，可以使用浏览器提供的搜索功能在左下角搜索。找到以后，单击 String 类的链接，这时候右边的内容就会展示 String 类的所有文档内容。Javadoc 会按照以下不同的部分来组织一个类的文档。

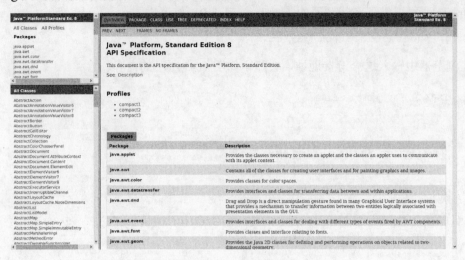

图 16-4　Java 6 中文版的 Javadoc

2．类的继承信息

首先是类的继承信息，如图 16-6 所示。

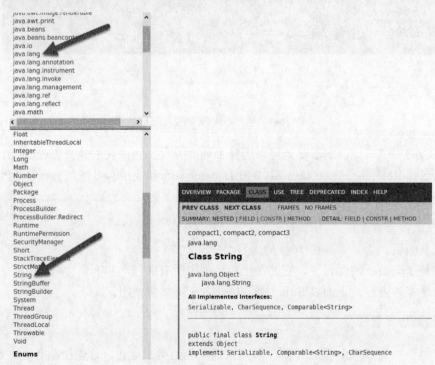

图 16-5　找到 String 类　　　　　　　　图 16-6　String 类的继承信息

如图 16-6 所示，String 类所有的继承信息都被展示了出来，包括它继承自 java.lang.Object 类、它实现了 Serializable、CharSequence 和 Comparable 3 个接口。因为 String 类是使用 final 修饰的，所以不会有子类。如果一个类有子类的话，在这里还将列出这个类所有已知的子类。总而言之，所有和类型相关的内容都将在这里列出。

3．类的概述

接下来是 String 类的概述，包括类声明、类的作用、常规使用方式以及使用这个类时应该注意的事项等，如图 16-7 所示。

图 16-7 是 String 类部分的概述。从内容中可以看出，这些文字对于没有编程基础的人来说，还是没有作用的。这也是为什么没有在本书的一开始就引入 Java 类库的 Javadoc。它最主要的作用还是帮助有一定编程基础的人学习和使用 Java 类库，而不是帮助没有编程基础的人学习 Java。学习一个新的类（普通的类，而不是像 String、Object、Thread 这种"重量级"的类），最好的办法就是阅读 Javadoc，根据概述中的示例使用这个类。

```
public final class String
extends Object
implements Serializable, Comparable<String>, CharSequence

The String class represents character strings. All string literals in Java programs, such as "abc", are implemented as instances of this class.

Strings are constant; their values cannot be changed after they are created. String buffers support mutable strings. Because String objects are
immutable they can be shared. For example:

        String str = "abc";

is equivalent to:

        char data[] = {'a', 'b', 'c'};
        String str = new String(data);

Here are some more examples of how strings can be used:

        System.out.println("abc");
        String cde = "cde";
        System.out.println("abc" + cde);
        String c = "abc".substring(2,3);
        String d = cde.substring(1, 2);

The class String includes methods for examining individual characters of the sequence, for comparing strings, for searching strings, for extracting
substrings, and for creating a copy of a string with all characters translated to uppercase or to lowercase. Case mapping is based on the Unicode
Standard version specified by the Character class.
```

图 16-7　String 类的概述

当然，对于不同的类，会有不同的概述，String 类是比较重要的类，所以概述较长，图 16-7 只显示了其中的一部分。一般来说，类的概述是最有助于理解这个类的。接下来就是类中的各个组成部分了，包括字段、构造方法和方法等。

4．字段摘要和字段详细信息

下面就是字段摘要。所谓字段，就是一个类中的成员变量和静态成员变量。

注意：在这里需要解释的一点是，在这部分列出来的并不是一个类所有的字段，如果程序员没有给一个字段按照 Javadoc 的格式编写注释，那么它就不会出现在这里。对于下面将要介绍的构造方法、方法等也是一样的。

当然，对于 Java 类库中的类来说，它们都是由专业人士编写的，它的 Javadoc 也很规范。如果一个字段需要做出什么解释，那么肯定会有相应的 Javadoc。对于没有 Javadoc 的属性，一般就是不需要使用者关心的属性。

在 String 类中，只有一个属性出现在 Javadoc 中，如图 16-8 所示。

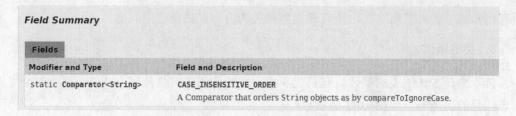

图 16-8　String 类中的字段

从图 16-8 中可以看出，字段中的各个信息都列出来了。包括字段的修饰符、类型、名字。还有一个简短的解释。字段的名字是一个链接，当单击这个链接的时候，会跳转到本页面中"字段详细信息"部分，在这里会给出这个字段的详细解释，如图 16-9 所示。

如图 16-9 所示，在这里会给出这个字段的详细解释，包括其作用和使用时的注意事项等。有时对于重要的字段，会给出一段代码，来作为使用字段的示例代码。通过这两部分，基本上就可以对一个类中关键的属性有一个全面的认识了。

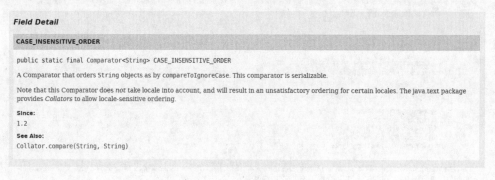

图 16-9　字段详细信息

5．构造方法摘要

接下来就是构造方法摘要，如图 16-10 所示。

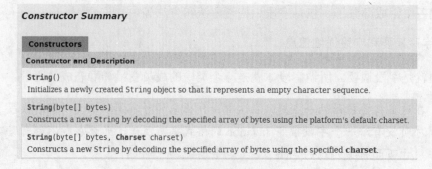

图 16-10　构造方法摘要

String 类有非常多的构造方法，在这里图 16-10 只截取了其中的 3 个。摘要中包含了构造方法的参数，还有一句话简单介绍这个构造方法的作用。与字段一样，如果单击构造方法的名字，会跳转到本页面中"构造方法详细信息"部分，如图 16-11 所示。

Constructor Summary

Constructors

Constructor and Description
String() Initializes a newly created String object so that it represents an empty character sequence.
String(byte[] bytes) Constructs a new String by decoding the specified array of bytes using the platform's default charset.
String(byte[] bytes, **Charset** charset) Constructs a new String by decoding the specified array of bytes using the specified **charset**.

图 16-11　构造方法详细信息

图 16-11 中构造方法的作用以及构造方法中每个参数的意义，在这里都将给出详细的解释。对于参数，很多时候会写清楚哪些参数值是有意义的。有些时候还会给出一段代码来展示一个构造方法的使用。如果参数的值有限制，在这里也会写清楚。

6. 方法摘要

接下来就是方法摘要，如图 16-12 所示。

Method Summary

All Methods | Static Methods | Instance Methods | Concrete Methods | Deprecated Methods

Modifier and Type	Method and Description
char	**charAt**(int index) Returns the char value at the specified index.
int	**codePointAt**(int index) Returns the character (Unicode code point) at the specified index.
int	**codePointBefore**(int index) Returns the character (Unicode code point) before the specified index.

图 16-12　方法摘要

在图 16-12 中截取了 String 类中的 3 个方法，其中 charAt（int）方法前面已经学过了。在这里会给出方法的返回值、参数和方法的功能。单击方法名字会跳转到“方法详细信息”部分，如图 16-13 所示。

charAt

public char charAt(int index)

Returns the char value at the specified index. An index ranges from 0 to length() - 1. The first char value of the sequence is at index 0, the next at index 1, and so on, as for array indexing.

If the char value specified by the index is a surrogate, the surrogate value is returned.

Specified by:

charAt in interface CharSequence

Parameters:

index - the index of the char value.

Returns:

the char value at the specified index of this string. The first char value is at index 0.

Throws:

IndexOutOfBoundsException - if the index argument is negative or not less than the length of this string.

图 16-13　方法详细信息

图 16-13 就是 charAt(int)方法的详细信息。方法详细信息部分会对方法的作用、参数、可能抛出的异常和返回值等做出详尽的解释。如果对参数的值有所限制，在这里也会说明。对于有些复杂的方法，在这里还有可能给出使用此方法的代码段。

7．嵌套类摘要

如果一个类中还有内部类，那么它的 Javadoc 中还有可能出现"嵌套类摘要"。下面找到 Thread 类的 Javadoc，就会发现它里面有如图 16-14 所示的内容。

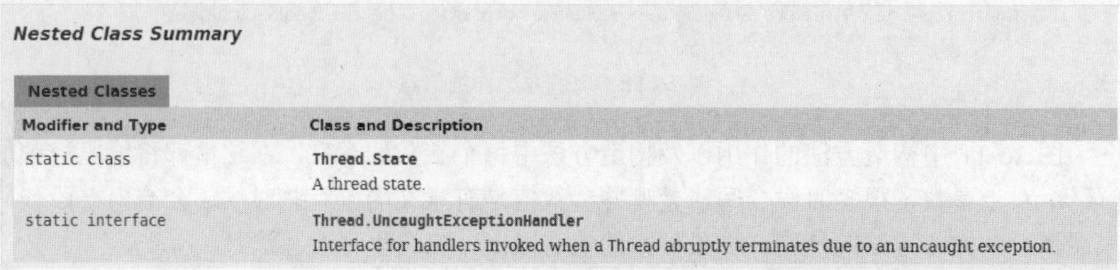

Nested Class Summary

Nested Classes	
Modifier and Type	**Class and Description**
static class	**Thread.State** A thread state.
static interface	**Thread.UncaughtExceptionHandler** Interface for handlers invoked when a Thread abruptly terminates due to an uncaught exception.

图 16-14　嵌套类摘要

在图 16-14 中，给出了 Thread 类中的两个嵌套类（内部类）。同样，单击其名字会进入详细解释的部分。这里不再赘述。

8．充分利用Javadoc

通过上面的分析可以看出，Javadoc 的内容是很丰富的。可以说，它基本上涵盖了除方法实现代码之外的所有内容。因为是使用自然语言解释方法的作用，可以说它比方法代码更加直观。比起看 Java 类库的源代码，Javadoc 更适合使用 Java 类库的人看。

本书不会变成一本"翻译 Javadoc"的书，所以，对于 Javadoc 中有的内容，在书中会直接提示"请参考 Javadoc 相关内容"。当然，对于某些重要的方法，如果 Javadoc 并没有给出足够详细的内容，本书中将会进一步讲述。

可以说，拥有了 Javadoc，用心的读者只需要"穿针引线"的内容就可以了。本篇的内容正是这样的。本书会通过编写相应功能的程序，引出 Java 类库中的各种类。如果类有些复杂，仅靠 Javadoc 无法看懂，书中会给出一些解释。通过完成相应的程序，读者对这些类的认识会更加深刻，对 Java 类库的认知程度也就慢慢增加了。

16.5　小结：大练兵马上开始

通过本章的准备，现在我们可以进入本书的第 3 篇了。下面总结一下本章的内容。

- ❑ 多想，多写，多练。编程没有捷径。
- ❑ 培养自己阅读程序的能力。
- ❑ 遇到 Java 类库中有不理解的部分，不要停步不前。Java 类库中类的数量庞大，想要完全理解其中每个类是不切实际的。
- ❑ 编写一个程序一般都分为以下 3 步：确定程序功能，将程序分成不同的模块，编写各个模块的代码。

❑ 知道 Javadoc 中的各个组成部分。充分利用 Javadoc。

好，下面正式进入本书的第 3 篇。

16.6 习 题

1. 查看 java.lang.StringBuffer 类的 Javadoc。
2. 查看 java.lang.Thread 类的 Javadoc。
3. 查看 java.lang.Exception 类的 Javadoc。

第 17 章　编程常用知识

在本章中，我们将学习 Java 编程中一些常用的知识。这些知识几乎在任何一个程序中都需要用到。如果说编程是一道菜的话，那么本章中介绍的内容将是盐：一方面本章中学习的内容不可能成为一个程序的主要内容，它是为程序的主要内容服务的，就像盐不是一道菜的主要部分；另一方面，如果不掌握本章介绍的知识，那么在编程的时候会觉得很别扭，就像是做菜的时候找不到盐。学习本章的内容需要以下知识为基础：

❑ 理解引用，引用不是对象本身。它是"系着对象的绳子"；
❑ 数组是同一种元素的集合；
❑ 字符串是由字符组成的。

本章将首先围绕集合类框架展开，讲解集合类框架中一些最常用的类，并围绕集合类框架讲解 Object 的几个重要的方法，以及简单地讲解如何使用 Java 中的泛型。本章第二部分内容就是认识编码的概念，并从编码的角度认识 Java 中的 String 类。好，下面开始本章的内容。

17.1　再谈对象的比较

本节中首先讨论一下对象比较的问题。严格来说，任意两个对象都是不相等的。对象的相等其实就是一个"逻辑"上的相等。在 9.2.3 节中，曾经介绍过如何使用 equals() 方法比较两个字符串对象是否相等。当两个字符串的内容一样时，就可以认为两个字符串是相等的。其实比较两个普通的对象也是一样的过程。好，下面开始本节的内容。

17.1.1　hashcode() 方法

作为万类鼻祖的 Object 类，其中的每个方法可以说都有一段故事。前面我们学习了 Object 类中和线程同步相关的一些方法（wait() 和 notify()），还学习了如何得到对象所属的类的 getClass() 方法。在这里要说的就是 equals(Object) 方法和 hashcode() 方法。为了不与 Javadoc 中的内容重复，读者请先去 Javadoc 中查看这两个方法相关的内容。

好，Javadoc 中说得也许太过专业。下面对这两个方法的典型用法做一个介绍。首先是 hashcode() 方法。这个方法的返回值是一个 int 类型的变量。Object 类中的 hashcode() 方法会根据对象所在的内存地址返回一个能够唯一代表这个对象的 int 值。可以说，如果一个类没有覆盖 hashcode() 方法，那么可以保证绝对不会有两个对象的 hashcode() 返回相同的值。

但是为了程序的需要，很多类会覆盖 hashcode() 方法，如 String 类。String 类中的

hashcode()方法会根据 String 类的内容而生成一个 int 值。它可以保证只有在两个 String 对象的内容完全相同时，hashcode()方法的返回值才会完全相同。

为了让 hashcode()方法保持其原有的意义，当覆盖 hashcode()方法时，至少应该满足"若是两对象相等，则其 hashcode 也相等；否则不等"。hashcode()方法的返回值就好像是一个对象的"身份证"号，如果两个对象的"身份证"号相同，即使这两个对象其实并不是同一个对象，也可以认为它们是相等的对象。

❏　理解 hashcode()方法的意义。

17.1.2　equals()方法

本节将介绍 equals()方法。equals(Object)方法是用来比较两个对象是否相等的方法。Java 类库中很多类都会使用这个方法来比较两个对象。equals()方法的参数是一个 Object 类型的引用。这就说明任意两个对象都是可以进行比较的——a.equals(b)就是比较 a 和 b 两个对象是否相等。但是，实际上如果两个对象的类型不同，那么比较的结果肯定不相等。所以这里说的比较两个对象是指两个同一个类的对象。

Object 类中默认的 equals(Object)方法其实是没什么用的，它实际上是比较两个引用是否指向同一个对象，而不是两个对象是否逻辑相等。当需要根据逻辑来判断两个类是否相等的时候，就需覆盖 equals(Object)方法，然后根据比较的逻辑来编写这个方法的代码。String 类就覆盖了 equals(Object)方法，并且在这个方法中实现了"两个 String 类对象的内容如果相等，那么这两个 String 类的对象就是相等的"这个逻辑。

❏　使用 equals()方法比较两个对象是否相等。

17.1.3　对象的比较 equals()方法

关于对象的比较，现在主要掌握如何使用就可以了。我们知道两个 String 类对象如果相等，那么它们的 hashcode 也是一样的。为一个类编写完全满足条件（Javadoc 中给出了条件）的 hashcode 方法和 equals 方法其实并不容易。

下面以一个 Student 类为例，简单看一下如何通过覆盖 equals(Object)方法来实现其对象的比较。Student 类中包括学生名字和学生编号两个属性，当这两个属性的值都相等时，就认为两个 Student 的对象是相等的。Student 类的源代码如下：

```
package com.javaeasy.compare;        // 程序所在的包

public class Student {               // 类名
    private String name;             // 姓名
    private int number;              // 编号

    public Student(String name, int number) {
    // 构造方法
        this.name = name;
        this.number = number;
    }

    // 此处省略对于属性 name 和 number 的 get 和 set 方法
```

Student 源码

```
public boolean equals(Object objStu) {          // 覆盖 Object 类的 equals()
                                                 // 方法
    if (!(objStu instanceof Student)) {          // 首先判断对方是不是 Student
                                                 // 类的对象
        return false;                            // 不是则直接判定两个对象不等
    }
    Student other = (Student) objStu;            // 强制类型转换为 Student
    // 比较两者的 name 属性和 number 属性是否都相等,是则返回 true,否则返回 false
    return (name.equals(other.name)) && (number == other.number);
}
public int hashCode() {
    final int prime = 31;                        // 使用素数生成其 hashCode
    int result = 1;
    result = prime * result + ((name == null) ? 0 : name.hashCode());
    result = prime * result + number;
    return result;
}
}
```

在上面的 Student 类中，关于对象比较的方法就是 equals()方法。在 equals()方法中，首先会判断要比较的对象是不是也为一个 Student 类的对象，如果不是则直接返回 false。如果是，则强制类型转为 Student，并将两个对象的 name 属性和 number 属性进行比较，如果都相等则返回 true，否则返回 false。注意，equals()方法的参数必须是 Object 类型的，这样才是覆盖 Object 类中的 equals()方法。在 equals()方法里使用 instanceof 对其实际的类型进行判断。

Student 类中还覆盖了 hashCode 方法。为了保证"两个对象不相等，则 hashcode()方法的返回值也不相等；两对象相等，则其返回值也相等"这个规则，hashCode()方法中的代码利用了一些数学知识。在这里不必去深究，以后按照里面的代码做就可以了。

在这里不再给出例程，有兴趣的读者可以自己写一个小例程，使用 Student 类中的 equals()方法来比较 Student 类的对象。

❑　通过本节中的例子，对 equals()方法和 hashCode()方法有进一步的认识。

17.2　Java 中的集合类框架

本节将讲述 Java 中集合类框架的基础知识。集合类框架是对实现了 java.util.Collection 接口的类的统称。每个集合类框架都是用来存储一组元素的。Java 类库中提供了多个集合类框架，分别有不同的适用场合。也许初看上去它和数组有些许类似，但是它远比数组的功能强大得多。在每次需要处理多个元素的时候，集合类框架中的某个类都是首选。

17.2.1　集合类框架中的接口

Java 中的集合类框架相关的类和接口都属于 java.util 包。要摸清 Java 它们的结构，最好的办法就是先看看集合类框架中的几个接口，如图 17-1 所示。

从图中可以看出，有 List、Set 和 Queue 3 个接口继承了 Collection 接口。这 3 个接口分别规定了 3 种处理数据的方式。其中 List 和 Set 在平时编程的时候非常常用，Queue 相对来说用得比较少。下面几节将讲述 List 和 Set 的作用和用法，对于 Queue 接口，有兴趣的读者可以在学习完 List 之后通过 Javadoc 自行学习，它并不比 List 难。

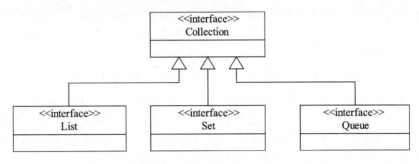

图 17-1　集合类框架中的接口

🔔注意：Set 也被翻译成集合，但是它不是我们说的集合类框架中的集合。它们是两个不同的概念。Set 接口只是集合类框架中的一个接口。

❑　集合类框架中的主要接口。

17.2.2　List 接口

单词 List 的意思就是列表。java.util.List 接口中主要定义了一些存放、获取和删除元素的方法，如同一个列表。在这 3 个接口中，它可以说是最常用的了。这里所说的元素就是引用（注意，不能是基本数据类型变量）。它跟之前学习的引用的数组有相似的地方，但是比数组使用方便。下面首先看 List 接口中定义了哪些重要的方法。

❑　void add(Object)方法：顺序地将一个引用放入列表中。就相当于是在列表中增加了一个元素。

❑　void add(int,Object)方法：add 方法的一个重载。它将一个引用插入列表中的指定位置，int 参数的值就是元素将存放的位置，当然这个值应该是大于等于 0 的。例如，将一个元素插入到列表中的第 2 个位置，那么 int 参数应该为 1，后面的元素依次向后移 1 位。也就是原来在第 2 个位置的元素会被挪到第 3 个元素的位置，依次类推。

❑　Object get(int)方法：得到某个位置的引用值。如果该位置没有元素，则返回值为 null。但是如果 int 的值超过列表的大小，那么就可能会有一个 IndexOutOfBounds-Exception 异常抛出。所以取元素的时候还是要小心的。注意，List 只是一个接口，它的方法都是抽象方法。我们这里说的是在这个抽象方法的实现中可能会抛出异常。

❑　Object remove(int)方法：删除指定位置的元素。例如，一个列表中有 10 个元素，删除其中的第 3 个，那么就应该使用 remove(3)方法。而 remove()方法的返回值则是这个被删除了的第 3 个元素的值。而删除第 3 个元素之后，后面的元素就会依次向前挪动一位。也就是原来的第四个元素会被挪到第 3 个元素的位置，第十个元素就变成了第九个元素。所以，如果要遍历一个列表并删除元素，需要注意。

- ❑ void set(int, Object)方法：更改某一位置的元素值。例如当 int 参数值为 1 的时候，就是将第 2 个元素的值设置为新的值。

- ❑ int size()方法：得到列表当前的大小。也就是说 get 方法的参数值应该小于 size()方法的返回值。注意是小于，等于的时候就出界了。当删除元素的时候，size 的值也会相应地改变。

这是 List 接口中最重要的 3 个方法。从这里也可以看出，List 的作用就是存放引用。有了这 5 个方法，就可以向一个列表中放元素、插入元素、删除元素、得到元素以及得到元素数了。它比数组好的地方是在使用的时候，无需指定一个列表有多大，而在使用数组的时候，必须在创建时就指定数组的大小，而且这个大小不能改变。List 接口中定义的其他方法都是围绕这几个方法展开的，可以通过 Javadoc 来学习它们。

当然，List 接口给出的只是抽象方法，在具体使用时还是要使用实现了这个接口的类。在 Java 类库中，ArrayList 和 LinkedList 实现了 List 接口。它们也都是 java.util 包中的类。其实两个类的使用是完全一样的，只是两者有各自的适用场景。用得最多的还是 ArrayList。17.2.3 节中将以 ArrayList 为例讲解 List 的使用。

- ❑ List 接口中规定的方法可以方便地存放和获取引用值。

17.2.3　使用 ArrayList

本节将讲述 List 接口的实现——ArrayList 的用法。List 的其他实现类的使用方法也大致相同。同时，本节中还将从 List 与 ArrayList 的关系看接口的优势。

1. 学习使用ArrayList

本节通过一个例程来讲解 ArrayList 这个类的使用。ArrayList 实现了 List 接口，所以 List 接口中规定的所有方法它都实现了。方法的意义在上面也都有所讲述，所以这里不再重复。ArrayList 类在内部通过一个 Object 类的数组来实现 List 接口中定义的这些方法。也就是说，ArrayList 其实就是将 Object 数组封装了一下，打造成了一个符合 List 接口规范的新类，方便我们使用。通过下面的例程来展示一下 ArrayList 的使用。

🔔提示：Object 类的引用可以指向任何对象。ArrayList 中使用的是 Object 数组，所以 ArrayList 中的元素可以是任何类型的引用。同时，ArrayList 对象还会在增加一个新元素的时候检查数组的大小，并在必要时创建一个更大的数组，将数据复制过去，所以作为使用者，无须去关心 ArrayList 类内部是如何操作数组的。

```
package com.javaeasy.uselist;        // 例程所在的包

import java.util.ArrayList;          // 引入需要使用的类
import java.util.List;

public class UseListMain {           // 例程类
    // 静态方法，用于遍历一个 List 类型的实例，并输出其中的内容
```

UseListMain 源码

```
public static void printList(List list) {
    int size = list.size();                      // 得到元素个数
    System.out.println("列表大小为: " + size + "。其中的元素为: ");
                                                  // 输出列表大小
    for (int i = 0; i < size; i++) {
        // 依次输出元素内容，但是输出后不换行
        System.out.print(list.get(i) + ",");
    }
    System.out.println("\n=====列表内容结束=====\n");    // 输出结束信息
}

public static void main(String[] args) {              // main()方法
    List list;                               // 创建一个 List 引用
    list = new ArrayList();                  // 让它指向一个 ArrayList 的实例
    String str1 = "字符串 1";                // （1）创建 3 个字符串实例
    String str2 = "字符串 2";
    String str3 = "字符串 3";
    list.add(str1);                          // （2）将第 1 个和第 3 个字符串的引
                                             // 用放入列表中
    list.add(str3);
    printList(list);                         // 输出此时列表中的内容
    list.add(1, str2);                       // （3）将第 2 个数组插入到列表中第
                                             // 2 个元素的位置
    printList(list);                         // 输出此时列表中的内容
    list.set(1, str3);                       // （4）将第 2 个元素设置为第 3 个字
                                             // 符串的引用
    printList(list);                         // 输出此时列表中的内容
    list.remove(0);                          // （5）删除第 1 个元素
    printList(list);                         // 输出此时列表中的内容
    }
}
```

在学习集合类的时候需要记住，集合类中放置的元素都是指向对象的引用，而不可能是对象本身。关于这点可以重温一下数组中关于引用的数组一节的内容（5.2 节数组的"名"与"实"）。好，现在继续学习列表。在上面的例程中标注了 5 个重要点。为了理解列表中各个方法的作用，下面分别用图来说明各个点中程序内容的状态。

（1）处，创建了 3 个 String 类的对象，并有 3 个不同的引用指向这 3 个对象。

在图 17-2 中，3 个引用分别指向 3 个不同的数组。

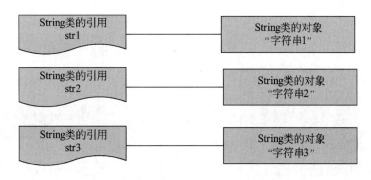

图 17-2　3 个字符串和指向它们的引用

（2）处，将 str1 和 str3 放入列表实例 list 中。

在图 17-3 中，ArrayList 对象里的 Object 数组的前 2 个元素分别指向了 2 个 String 类
对象。

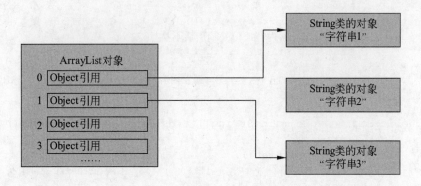

图 17-3　向列表中加入两个元素

（3）处，将指向第 2 个字符串的引用插入到列表的第 2 个元素的位置。

在图 17-4 中，因为将指向第 2 个字符串的引用插入到列表的第 2 个元素位置，所以原
来指向第 3 个字符串的元素向后挪了一位，变成了第 3 个元素。

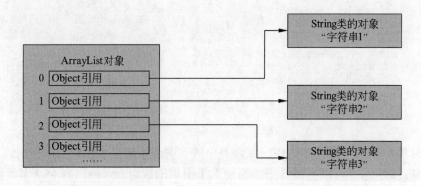

图 17-4　向列表中插入一个元素

在（4）处，将第 2 个元素的值设置为指向第 3 个字符串的引用。

从图 17-5 中可以看出，索引为 1 的引用都是指向了第 3 个字符串这个实例的，这正是
list.set(1, str3)的结果。

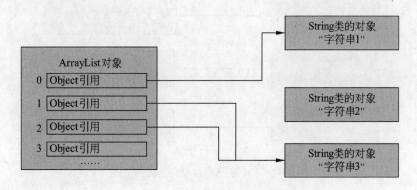

图 17-5　向列表中插入一个元素

在（5）处，删除了第 1 个元素。

在图 17-6 中，删除了第 1 个元素之后，后面的元素依次向前挪动了一位。

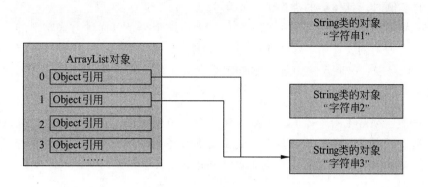

图 17-6　删除列表中的第 1 个元素

运行例程，控制台输出如下内容：

列表大小为：2。其中的元素为：
字符串 1,字符串 3,
=====列表内容结束=====

列表大小为：3。其中的元素为：
字符串 1,字符串 2,字符串 3,
=====列表内容结束=====

列表大小为：3。其中的元素为：
字符串 1,字符串 3,字符串 3,
=====列表内容结束=====

列表大小为：2。其中的元素为：
字符串 3,字符串 3,
=====列表内容结束=====

通过上面的内容,基本上可以掌握 List 的最基本操作了。如果想了解 List 或者 ArrayList 的更多内容，可以去阅读其 Javadoc。

2．接口的力量

从上面的例程中也可以看出接口的优势。例如 printList()方法，它的参数就是一个 List 接口的引用，而并没有指明任何一种实现。这可以让 printList()方法更通用。这个方法可以遍历任何一个严格实现了 List 接口类的实例。

实际上，在整个例程中，只有创建 ArrayList 的地方指明了其类型，在其余的地方，其实都是以接口的规范操作对象。也就是说，在例程中让 list 引用指向任何一个 List 接口的实现，程序的运行结果都是一模一样的。有兴趣的读者可以将 ArrayList 替换成 LinkedList，再运行一下程序看看结果。

当然，使用接口的优势还有很多，这需要在编程中细细体会。在本例程中，即使不使用 List 的引用，而直接使用 ArrayList 的引用，也不会有什么影响。但是，"在能够使用接口的引用时，就使用接口的引用"是一个不错的习惯。

使用接口的引用来操作一个对象，其中的思想就是"不管实现这个接口的类是如何完成接口中所定义的这些方法，只要这个类能够提供这些方法，能够完成这些功能就可以了。在使用类的实例时，具体类的类型可以不用关心"。

以 List 接口为例，只要实现了 List 接口，无论这个类是以何种方式实现的，那么它就是可以被当作一个列表使用。ArrayList 是以数组为基础实现了 List 接口中定义的方法，LinkedList 则是以一种叫做"链表"数据组织形式实现了同样的功能。这对于使用这些类的用户来说可以说是透明的，因为它们提供了相同的操作。

🔔提示：当然，ArrayList 和 LinkedList 是不同的。前面说过，它们因为组织数据的方式不同，所以各有各的适用场合，这主要和程序的运行效率有关。两者的不同需要在实践中学习。读者可以从它们的 Javadoc 上获取相关的知识。

❑　学习使用 ArrayList。
❑　在能够使用接口引用的时候，不要使用具体的类的引用。
❑　以"面向接口的思想"思考程序。

17.2.4　Set 接口

单词 Set 的意思就是"集合"。这个集合就是数学中学过的集合。集合是"同一类元素的聚集，且其中的元素不重复，且元素无序排列"。java.util.Set 接口则是以集合的概念为基础，规定了一组对集合进行操作的方法。

🔔注意：与集合类框架中的集合区别。Set 这个集合是数学意义上的集合，有严格的定义（如上所说的元素不重复等）。集合类框架中说的集合是泛指的"多个元素的聚集"。Set 是集合类框架中的一个接口。

"同一类元素"对于 Set 来说，其实就可以认为是 Object 类的引用；"元素不重复"这个标准，则涉及了 17.1 节中介绍过的"对象的比较"，本节通过字符串来学习 Set，所以字符串对象相等就是字符串内容相等；"元素无序排列"这个是集合的特性，回想前面的列表，它是有顺序排列的，而集合则不保证其中的元素有顺序。

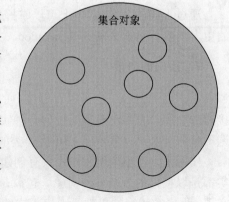

在图 17-7 中，大圆圈代表集合对象，里面的小圆圈代表集合中的元素。集合中的元素不是顺序排列的，对于使用者来说，它处于一种无顺序排列状态，元素所在的位置与向集合中加入元素的顺序是没有关系的。

下面看一下 Set 接口中定义的主要方法。

图 17-7　集合和集合中的元素

❑　boolean add(Object)：这个方法是向集合中增
　　加一个元素。返回值代表是否增加成功。集合中的元素不允许有重复，所以如果尝试将两个相等的元素加入同一个集合，那么第 2 次添加将失败，返回值也就是false。

❑ boolean remove(Object)：这个方法用来从集合中删除某个与参数相等的元素。如果成功地找到了这个元素，并将它删除了，那么返回值将是 true，否则就是 false。

❑ boolean contains(Object)：这个方法用来在集合中寻找与参数相等的元素，找到则返回 true，否则返回 false。这个方法是很常用的，对于向集合中增加/删除元素的操作，其实都要先用这个方法来寻找相应的元素。

有了这 3 个方法，就可以进行基本的集合操作了。当然，Set 接口中还定义了很多其他的方法，例如和 List 类似的 size()方法等。大家可以去 Javadoc 中一看究竟。实现了 Set 接口的类很多，17.2.5 节中将通过 HashSet 类来演示 Set 接口的使用。

❑ Set 接口代表了集合的概念。

❑ Set 接口中定义了一组对集合的操作。

17.2.5 使用 HashSet 类

因为 Set 中的元素排列是没有顺序的，所以与 List 接口不同，Set 接口中并没有定义通过一个索引得到相应元素的 get(int)方法。为了能够遍历 Set 中的元素，可以使用 toArray()方法。具体使用方法请看本节下面的例程。

HashSet 类实现了 Set 接口，它也是包 java.util 中的类。下面的例程使用了 HashSet 类。

```
package com.javaeasy.useset;        // 程序所在的包

import java.util.HashSet;           // 引入需要使用的类
import java.util.Set;

public class UseSetMain {           // 例程类

    public static void printSet(Set set) {
    // 遍历集合，并向控制台输出其中元素
        Object[] elements = set.toArray();
        // 将集合中元素保存到一个数组中
        int size = elements.length;
        System.out.println("集合大小为：" + size + "。其中的元素为：");
        for (int i = 0; i < size; i++) {
            System.out.print(elements[i] + ",");
        }
        System.out.println("\n=====集合内容结束=====\n");
    }

    public static void main(String args[]) {    // main()方法
        String str1 = "aaa";                     // 3 个字符串
        String str2 = "bbb";
        String str3 = "aaa";
        Set set = new HashSet();                 // 创建一个 HashSet 的实例
        set.add(str1);                           // 向集合中添加两个元素
        set.add(str2);
        printSet(set);                           // 输出集合中的元素
        boolean addResult = set.add(str3);       // 增加第 3 个元素
        System.out.println("向集合中添加 str3 结果如下。" + addResult);
    // 增加是否成功
        printSet(set);                           // 再次输出集合中的元素
    }
```

UseSetMain 源码

```
}
```

在例程中，创建了一个 HashSet 的对象，并使用一个 Set 的引用指向这个对象。然后向集合中添加两个元素，输出集合中的元素。最后尝试向集合中添加一个已经存在的元素。运行例程，控制台输出如下内容：

```
集合大小为：2。其中的元素为：
aaa,bbb,
=====集合内容结束=====

向集合中添加 str3 结果如下。false
集合大小为：2。其中的元素为：
aaa,bbb,
=====集合内容结束=====
```

通过控制台的输出也可以看出，集合中是不允许有重复的元素的。如果向集合中添加重复的元素，那么 add()方法将返回 false。例程中没有使用 remove()方法，读者可以自己尝试使用这个方法删除一个元素，并通过返回值得知删除操作是否成功。

- ❑ 学习使用 Set。
- ❑ "集合中的元素不重复"是集合最大的特点。
- ❑ 集合中的元素排列是没有顺序的，也就是说元素的顺序是随着元素的增删而变化的。这点在使用时需要注意。

17.2.6　List 与 Set

上面几节中学习了 List 和 Set 的用法。在实际编程中，这些集合类框架中的类是十分重要的。这些接口和类经过了细心的设计和编写。比起自己编程来实现相同的功能，使用它们可以减少编程时出错的几率，并提高程序的效率。除了在本章中介绍的方法，还有很多使用的方法。绝大多数情况下，这些类都可以满足编程中对元素的操作需要。

从直观上看，List 更像是前面学过的数组。不过它的功能更强大，使用时无须关心是否会超过其容量等问题。它会按照添加元素的顺序来存放元素，并可以通过 get(int)方法来获得相应的元素。在所有使用数组的地方，其实都可以使用 List 代替。使用 List 的典型过程就是向其中增删元素，并对 List 中的元素进行遍历。

Set 则可以被看作为是满足数学中"集合"定义的接口。当需要保证元素不会重复的时候，就需要用到 Set 了。Set 典型的用法是向其中增加元素，并根据返回值判断是否增加成功。然后使用 contains(Object)方法判断一个元素是否已经包含在集合中了。对 Set 中的元素进行遍历的情况较少。

- ❑ 在实际编程中多使用集合类。

17.3　泛　型　简　介

泛型的英文名称是 Generics Types，是 Java 5 中新增的一个功能。主要的功能是让"让类型也能够作为参数，并在使用时确认参数"。本节中将不会涉及泛型的编程，只介绍如何在前面学习的集合类框架的类中使用泛型。实际上，编写使用泛型的类对于初学 Java 来说是不切实际的，学会使用泛型就足够了。下面开始本节的内容。

17.3.1　没有泛型时的程序

那么泛型是什么呢？不急，我们首先从一个使用 ArrayList 的例程入手。正如前面学习的那样，向 List 中添加元素的时候，这个元素会被当作是一个 Object 类型的对象；同样，当从中取出一个元素的时候，它的类型也是 Object 的。这样，如果放入的元素不是 Object 对象，那么当取出来之后，就可能需要强制类型转换。看下面的例程。

```java
package com.javaeasy.genericstypes;// 程序所在的包

import java.util.ArrayList;          // 引入需要使用的类
import java.util.List;
import com.javaeasy.compare.Student;

public class NoGenericsTypes {

    public static void main(String[] args) {
    // main()方法
        Student stu = new Student("刘伟", 1);
        // 创建一个 Student 类的实例
        List students = new ArrayList();        // 创建一个 ArrayList 的实例
        students.add(stu);                      // 将 stu 放入 List 中
        Student stuFromList = (Student) students.get(0);
                                                // 得到第一个元素,强制类型转换
        printStudentProps(stuFromList);         // 传递给 printStudent-
                                                // Props()方法
    }

    public static void printStudentProps(Student stu) {
                                                // 输出 stu 对象的属性
        System.out.println("学生姓名: " + stu.getName());//需要在 Student 类
        System.out.println("学生编号: " + stu.getNumber());//中添加 get 方法
    }

}
```

NoGenericsTypes
源码

上面的例程中，放入 List 中元素的类型是 com.javaeasy.compare.Student。但是通过 get()方法得到的元素类型是 Object。当然，它的实际类型还是 Student。必须将它强制类型转换后，才可以作为参数传递给 printStudentProps()方法。运行例程，控制台输出如下内容：

学生姓名：刘伟
学生编号：1

因为列表中可以放入任意类型的元素，所以，一个元素放入再取出来之后，也就被抹去了原有的类型信息，被当作了 Object 类型。想要恢复原有的类型，必须进行强制类型转换。如果不能确定元素确切的类型，那么强制类型转换就会有一个 ClasCastException。所以，强制类型转换不是一个鼓励使用的功能，在 17.3.2 节中将讲述如何使用泛型来避免强制类型转换。

❑ 不使用泛型，则有时必须使用强制类型转换。

❑ 尽量不要使用强制类型转换，因为它可能会造成异常。

17.3.2　使用泛型——避免强制类型转换

本节将展示如何使用泛型，并简要分析使用泛型的利与弊（限制）。最后，会简要说明如何去理解 Java 中的泛型。

1. 使用泛型的好处

通过上面的例程可以发现，虽然程序只打算把 Student 类型的元素放入列表 students，但是，每次从 students 里面取出一个元素，必须进行强制类型转换。泛型就是为了解决这种问题的。如果一个类使用了泛型编程（例如 List 和 ArrayList），它允许程序在使用这个类型的时候，将其使用的类型作为参数传入其中，这样就可以避免使用某种特定的类型。

下面的例程使用泛型，避免了强制类型转换。

```
package com.javaeasy.genericstypes;            // 程序所在的包

import java.util.ArrayList;                     // 引入需要使用的类
import java.util.List;
import com.javaeasy.compare.Student;

public class NoGenericsTypes {

    public static void main(String[] args) {    // main()方法
        Student stu = new Student("刘伟", 1);     // 创建一个 Student 类的实例
        // （1）创建一个 ArrayList 的实例，尖括号中的内容是指定此列表中元素的类型
        List<Student> students = new ArrayList<Student>();
        // （2）将 stu 放入 List 中，此时 students 只能够添加 Student 类型的元素
        students.add(stu);
        // （3）得到第一个元素，因为使用了泛型，所以无需强制类型转换
        Student stuFromList = students.get(0);
        printStudentProps(stuFromList);           // 传递给 printStudent-
                                                  // Props()方法
    }

    public static void printStudentProps(Student stu) {
                                                  // 输出 stu 对象的属性
        System.out.println("学生姓名：" + stu.getName());
        System.out.println("学生编号：" + stu.getNumber());
    }

}
```

List 和 ArrayList 这些集合类都是支持泛型的（从 Java 5 以及以后的版本）。在这些集合类框架的类型中，都使用泛型定义了其中元素的类型，允许在使用这些类的时候将其中的元素类型作为参数传入。

传递类型参数的语法如下：

使用泛型定义的类型名<类型参数 1，类型参数 2，……>

对于 List 来说，使用泛型的语法就如上面的例程所示。List 的定义中只有一个类型参数，它代表放入 List 的元素类型。如果不指定这个参数，那么就相当于使用 Object 作为参数：List<Object>。ArrayList 也是一样的。

对于 List 及实现 List 接口的类来说，当使用类型参数确定其中元素类型之后，就只能够向其中添加这种类型的参数了。也就是说，对于 List<Student>，它的 add()方法只接受 Student 类型的参数，这是限制；好处就是 get()方法的返回值也是 Student 类型，无须进行强制类型转换。这一点在上面的例程中就可以看出来。

2．使用泛型的限制

对于 List 来说，使用泛型后，它会处理的类型都是类型参数所指定的那种类型了。例如 List<Student>，就只能向其中添加 Student 类型的参数，这保证了 get()方法返回的元素类型都是 Student 类型。如果不是 Student 类型，编译时就会有错误，看下面的例程。

```
package com.javaeasy.genericstypes;

import java.util.ArrayList;
import java.util.List;

import com.javaeasy.compare.Student;

public class GenericsTypesCompileError {
    public void test() {
        // 使用泛型，将 Student 作为类型参数传递
        List<Student> stuList = new ArrayList<Student>();
        String str = "str";
        stuList.add(str);                // 错误，只能添加 Student 类型的元素
    }
}
```

GenericsTypes
CompileError 源码

编译上面的代码，控制台输出如下错误信息：

```
com\javaeasy\genericstypes\GenericsTypesCompileError.java:13: 错误：对于
add(String)，找不到合适的方法
            stuList.add(str);
                    ^
    方法 Collection.add(Student)不适用
      (参数不匹配; String 无法转换为 Student)
    方法 List.add(Student)不适用
      (参数不匹配; String 无法转换为 Student)
注：某些消息已经过简化；请使用 -Xdiags:verbose 重新编译以获得完整输出
1 个错误
```

这种编译错误的意思就是在使用泛型的时候，类型没有匹配。

3．理解泛型——将类型作为参数

泛型的实质就是将类型作为参数来传递。这个概念一开始接受起来也许有点难。以 List

为例，List 在定义的时候，其实它的 get()方法的返回值和 add()方法的参数类型都是一个待定的参数，而 List<Student>则是指定了这个参数是 Student。这时 List<Student>可以被看作是一种新的类型，它的 get()方法的返回值就是 Student，它的 add()方法的参数也是 Student。

对于一个类来说，它可以定义 0 到多个类型参数，这些类型参数都可以在这个类的代码中使用。当使用这个类的时候，这些类型参数被赋予真正的值，代码中使用类型参数的地方也被替换为传递过来的类型。使用泛型时，一个类到底有几个类型参数，其作用是什么都要搞清楚。可以去 Javadoc 中看类的相关文档。

其实 Java 中的泛型都是由 Java 编译器处理的。其处理过程在这里不去展开论述。

❑　学会使用泛型。

❑　理解类型参数。

17.4　Map 接口

本节中将介绍 java.util 中另一个十分常用的接口——Map，想想下面这个问题。

我们把多个 Student 对象放入 List 对象里，如果知道一个 name 属性的值，想找到对应的 Student 实例，那么就必须写一个方法，在里面遍历整个 List 中的元素，逐个进行比较，并返回结果。但是这样做显得太麻烦。Map 接口中定义了一组方法，用于简化这个问题。

17.4.1　认识 Map

本节，将解释与 Map 相关的一个重要概念——键值对。在理解了键值对的概念后，本节会给出 Map 接口中定义的主要方法。

1．键值对

Map 是用来处理键值对的。在前面学习的数组和 List 中，只能够通过 int 类型的索引得到相应的元素。而 Map 则允许使用任意的对象作为索引，来得到与之对应的对象。这个索引对象就是所谓的"键（key）"，而与键对应的对象，就是所谓的"值（value）"。在 Map 中，键和值都是 Object 类型的引用。所以任何对象都可以用做键和值。

2．名字和人，键和值

一个键只能对应一个值。需要注意的是，"键"是不允许重复的，因为它的作用和索引一样，索引必须是不能重复的，而"值"则是可以重复的，这个是允许的。举例来说，键就好像一个名字，而值就是这个名字对应的人。

在图 17-8 中，描绘了人名和人这种对应关系与键和值这种对应关系的一个比喻。通过这个比喻可以更好地理解键值对，理解为什么键不能重复，而值是可以重复的。

3．Map接口

Map 接口中有如下几个重要方法。

❑ put(Object key, Object value)：向 Map 中放入一个键值对。第一个参数是键，第二个参数是值。如果此键已经存在一个，则将原有的值替换为新的值。

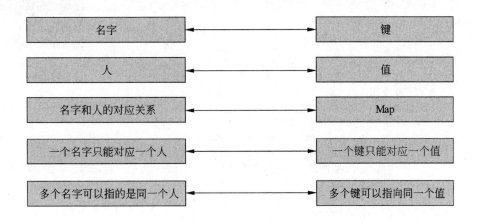

名字	←→	键
人	←→	值
名字和人的对应关系	←→	Map
一个名字只能对应一个人	←→	一个键只能对应一个值
多个名字可以指的是同一个人	←→	多个键可以指向同一个值

图 17-8　Map 的一个比喻

❑ Object get(Object key)：根据一个键，找到其对应的值。如果没有找到，则返回 null。

❑ boolean containsKey(Object key)：判断 Map 中是否有值为 key 的键，如果有则返回 true，否则返回 false。

❑ remove(Object key)：删除键值为 key 的键值对。

❑ int size()：得到键值对的个数。

通过上面 3 个接口，已经可以实现"根据键查找值"的功能了。当然，Map 接口中还有其他相关的方法，keySet()方法可以得到 Map 中键的集合（键是不重复的）；values()方法可以得到所有的值等。在这里就不再介绍。

实现 Map 接口的类很多，最常用的就是 HashMap 和 Hashtable。Hashtable 和 HashMap 在实现上有不同的机制，但是在使用起来可以认为是一样的。在下面的 17.4.2 节中，将通过 HashMap 来演示 Map 的使用方法。

💭说明：在早期版本的 Java 类库中，Hashtable 叫做 HashTable，其中操作键值对的方法都是同步方法，但是在最新的 Java 类库中（Java 6 中的类库），笔者发现 Hashtable 基于 HashTable 做了一些修改，将所有的方法修改为非同步方法了。

❑ 理解键值对的概念。

❑ 记住 Map 接口中定义的操作键值对的方法。

17.4.2　使用 HashMap

HashMap 实现了 Map 接口，下面的例程中演示了它的这个用法。例程中将使用 Student 作为值，用 String 作为键。例程代码如下：

```
package com.javaeasy.usemap;          // 例程在的包

import java.util.HashMap;             // 引入所需要的类
import java.util.Map;

import com.javaeasy.compare.Student;
import com.javaeasy.genericstypes.NoGenericsTypes;

public class UseMap {                 // 例程
    public static void main(String[] args) {          UseMap 源码
    // main()方法
        Map students = new HashMap();
        // 创建一个 HashMap 实例
        Student stu1 = new Student("刘伟", 1);      // 创建两个 Student 实例
        Student stu2 = new Student("成秋", 2);
        // 以 Student 实例的 name 属性为键值，Student 为值，将它们加入到 Map 中
        students.put(stu1.getName(), stu1);
        students.put(stu2.getName(), stu2);
        String stuName = "成秋";                    // 要寻找的学生的名字
        Student findStu = (Student) students.get(stuName);
                                          // 使用 get()方法寻找对应的值
        NoGenericsTypes.printStudentProps(findStu);      // 输出结果
    }
}
```

在上面的例程中，创建了两个 Student 的实例，并以它们的 name 属性为键值，以它们本身为值组成键值对，放入 Map 中。然后通过一个 stuName 的 String 类对象作为参数，调用 get()方法去 Map 中搜寻，这个方法的返回值就是键与 stuName 相等的键值对中的值。最后调用 NoGenericsTypes 中的 printStudentProps()方法，输出其属性值。运行程序，控制台输出如下内容。

学生姓名：成秋
学生编号：2

根据 Map 接口中方法的描述可以看出，这个输出结果是与期待的结果相同的。

Map 和 HashMap 也是使用了泛型的。可以在使用它们的时候传递两个类型参数，分别代表键的类型和值的类型。下面的代码就是 Map 使用泛型的方式。

```
Map<String, Student> students = new HashMap<String, Student>();
```

上面的代码指定了 String 类型作为键的类型，Student 类型作为值的类型，当尝试将不同的类型用于 students 上时，则在编译源代码时会出现上面看到过的类似错误。

❏　学习使用 HashMap。

17.5　字符集和编码

在前面的学习中，字符串是接触得最多的类了。字符串是由一个个的字符组成的。但是我们知道，计算机只能够处理数字。那么在计算机中，字符又是如何处理的呢？本节的内容将讲述 Java 中的字符集及其处理的相关内容。

17.5.1　字符集

世界上的字符有很多，根据不同使用需要，将字符组成一个集合，就叫做字符集了。一般来说，字符集都是对应着一种或多种语言。在现实中常用的字符集有很多，常用的有下面几个。

❑ 英文字符集：包括大小写英文字符、数字和一些英文标点符号。

❑ 中文字符集：包括中文字符和中文标点符号。

❑ Unicode 字符集：包括世界上所有语言字符的字符集。

字符集只是规定了一些字符的集合，它可以说与计算机没有直接的关系，如果想要在计算机中使用这些字符集，还必须用到编码。

❑ 字符集就是根据不同的使用需要，把字符归结为一个集合。

❑ 一个字符集中包含一定数量的字符。

17.5.2　编码

基本数据类型 char 是表示字符的类型。在前面曾经提及过，char 是一个比较特殊的类型，它可以和 int 类型之间随意互相赋值。实际上，char 类型和 int 类型都是数字，只不过 Java 会将 char 类型的变量看作是字符。也就是说，字符其实在计算机中就是一个数字，但是它会被计算机"映射"成为一个字符。

也就是说，在计算机内部，保存着一个"从数字到真正字符"的映射关系。举例来说数字 65 对应的就是大写字母 A；数字 25105 对应的就是字符"我"。当一个数字被当作字符时，这个数字就被称为"这个字符的编码"。例如前面所说的，整数 65 就是字符 A 的编码。编码的集合就是编码集，简称编码。

如 17.5.1 节中所说，字符集是字符的集合。而字符集是无法在计算机中使用的，因为计算机只能够处理数字，所以这时就需要使用编码集了。一种字符集一般都会对应一种编码集，用来把一种字符集在计算机中表示出来。

如图 17-9 中，编码集（后面简称编码）保存了从数字到真正字符的映射关系。编码 Java 语言的内容是属于操作系统的，也就是说，一个小小的"向控制台输出一个字符"的功能，实际上是 Java"委托"给操作系统完成的。Java 要做的，仅仅是告诉操作系统这个字符的编码（一个数字）而已。也就是说，对于一个字符，实际上编程语言只知道字符的编码。

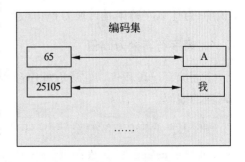

图 17-9　编码集

并不是每个数字都对应着一个字符。与字符集一样，世界上有很多种编码，每种编码都定义了不同的映射关系，其中包含的字符个数也不同。字符集和编码有密切的关系，一般都是直接以字符集的名字命名编码的名字。

❑ ASCII 编码：对应英文字符集。

❑ GBK 编码：对应中文字符集。

❑ UTF-8：最常用的 Unicode 字符集的编码。

❑ UTF-16：也是 Unicode 字符集的编码，但是其表示方法与 UTF-8 不同（也就是说映射关系不同）。

在 Java 语言内部，使用的编码是 UTF-16。也就是说，数字 25105 对应"我"这个字符是在 UTF-16 编码中定义的，而在其他编码中则非如此。

字符相关的处理与操作系统有很多的关系。只知道字符还是无法知道一个字符到底长得是什么样子，这个要靠字体文件确定。

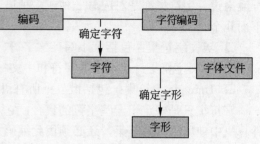

图 17-10 中表示了确定字形的过程，首先根据字符编码和字符集确定字符，然后根据字符和字符文件确定这个字的字

图 17-10　确定字形的过程

形。字的字形可以认为就是图形，就是显示出来可以看的形状。

❑ 在计算机中，一个字符是被当作整数存储的。当一个整数代表一个字符时，它的值就是一个字符的编码。

❑ 编码集就是整数和字符的对应关系合集。一般来说，一种字符集对应一种或者多种编码。

❑ 因为计算机只能处理数字，所以使用编码集是为了让计算机能够处理字符。

❑ 编码和操作系统有密切关系。

❑ Java 内部使用的是 UTF-16 编码。

17.5.3　关于字符集的小程序

本节将首先通过两个例程，来展示字符与 int 值之间的转换关系。通过这两个例程可以理解字符和 int 变量之间的转换关系。然后本节还将通过两个小程序来演示字符串与 byte 数组（字符串可以认为是 char 数组）之间的转换关系，记住，连接它们的是前面介绍的编码说明：为什么字符串是转换为 byte 数组呢？这是因为计算机存储数据的基本单位是 byte。

1．将字符转换为int值

下面编写一段程序，它读取程序参数中第一个字符串的第一个字符，并根据字符输出其对应的编码。

```
package com.javaeasy.learnchar;          // 程序所在的包

public class PrintCharCoder {            // 程序名
    public static void main(String[] args) {
    // main()方法
        if (args.length != 1) {          // 检查参数长度
            System.out.println("程序没有参数！");
            // 如果没有参数，则退出
            return;
        }
```

PrintCharCoder 源码

```
        if (args[0].length() == 0) {            // 如果参数的字符串长度为 0，则退出
            System.out.println("字符串为空！");
            return;
        }
        char ch = args[0].charAt(0);            // 获取第一个参数的第一个字符
        int value = ch;                         // 转换为 int，也就是其编码
        System.out.println("字符\'" + ch + "\'对应的编码是: " + value);
                                                // 输出其编码
    }
}
```

以下面的命令行运行程序。

```
java com.javaeasy.learnchar.PrintCharCoder 我
```

控制台输出如下内容：

字符'我'对应的编码是: 25105

2．将int变量转换为字符

下面的程序，会根据程序参数输出对应数字编码对应的字符。

```
package com.javaeasy.learnchar;          // 程序所在的包名

public class PrintCodeRange {
    public static void main(String[] args) {
    // main()方法
        if (args.length != 2) {          // 检查长度是否为 2
            System.out.println("程序需要两个参数！");
            return;
        }
        int begin = 0;                   // 编码的开始和结束
        int end = 0;
        try {
            begin = Integer.valueOf(args[0]);      // 尝试将两个参数转换为
                                                   // int 变量
            end = Integer.valueOf(args[1]);
        } catch (NumberFormatException ex) {
            System.out.println("程序需要两个整数做参数！");
                                                   // 如有异常，程序结束
            return;
        }
        for (int i = begin; i <= end; i++) {       // 循环输出编码对应的字符
            char ch = (char) i;
            System.out.print(ch);
        }
    }
}
```

PrintCodeRange 源码

以下面的参数运行程序。

```
java com.javaeasy.learnchar.PrintCodeRange 0 128
```

控制台输出从 0～128 这些编码所对应的字符。前面说过，在字符集中，并不是每个数字都对应一个字符的。只有当一个数字对应着一个字符的时候，这个数字才叫做编码。

对于没有字符与之对应的数字，操作系统可能会在不同的情况下输出不同的字符。一般会是问号。在命令行中运行下面的命令。

```
java com.javaeasy.learnchar.PrintCodeRange 200 300
```

控制台中就会输出很多问号，这代表在 200～300 这个区域内，有很多数字对于 UTF-16 字符集来说并不是合法的编码。

3. 将String对象转换为byte数组

String 类中有一个叫做 getBytes() 的方法，可以将字符串以指定的编码方式转换为 byte 数组。下面的例程中演示了如何使用此方法。

```
package com.javaeasy.learnstring;

import java.io.UnsupportedEncodingException;

public class StringToByteArr {
    public static void main(String[] args) {
        try {
            String content = "字符串到数组";
            byte[]              contentBytes              =
content.getBytes("UTF-16BE");// 将字符串转换为 byte 数组
            System.out.println(" 长 度 为 " +
content.length()
                    + "的字符串在 UTF-16BE 编码下对应的字节数组长度为：" +
                    contentBytes.length);
        } catch (UnsupportedEncodingException e) {
            e.printStackTrace();
        }
    }
}
```

StringToByteArr
源码

上面的例程中，就是将字符串"内容"转换为 byte 数组。最后输出 byte 数组的长度。getByte() 方法还有一个重载，是没有参数的。这时就会"按照操作系统默认的编码"对字符串进行转换。对于中文操作系统来说，这个默认编码可以认为是 GBK。

对于指定编码方式的转换，则需要处理 UnsupportedEncodingException 异常。这个异常的意思是无法找到指定的编码（上面的例程中就是 UTF-16BE，UTF-16BE 可以认为就是 UTF-16）。运行上面的例程，控制台输出如下内容：

长度为 6 的字符串在 UTF-16BE 编码下对应的字节数组长度为：12

从结果可以看出，在 UTF-16BE 编码下，每个字符是使用两个字节来表示的。

💭关于 char：其实一个 char 也可以被当作是一个无符号的 short 类型的变量。但是因为 Java 中的整数类型都是有符号的，而 char 其实是一个正数，所以 char 表示的整数无法使用 Java 中的 short 表示。因此 char 在被转换为整数的时候，需要使用 int 类型。

4. 将byte数组转换为字符串

同样，也可以将一个 byte 数组转换为一个字符串。这里需要用到的就是 String 类的另一个构造方法,它接受一个 byte 数组和一个编码,创建出来的 String 对象的内容就是从 byte 数组以指定的编码转换而来。看下面的例程。

```java
package com.javaeasy.learnstring;

import java.io.UnsupportedEncodingException;

public class ByteArrtoString {
    public static void main(String[] args) {
        try {
            byte[] byteContent = new byte[] { 0x5f,
                    (byte) 0x97, 0x4e, 0x4b,
                    0x4e, 0x0d, (byte) 0x96,
                    (byte) 0xbe, (byte) 0xff,
                    0x0c, 0x59, 0x31, 0x4e, 0x4b,
                    0x5f, (byte) 0xc5, 0x66, 0x13,
                    0x30, 0x02 };                       // 数组内容
            String str = new String(byteContent, "UTF-16BE");
                                                        // 指定 byte 数组和编码
            System.out.println(str);                    // 输出转换后的内容
        } catch (UnsupportedEncodingException e) {
            e.printStackTrace();
        }
    }
}
```

ByteArrtoString 源码

上面的例程中,首先创建一个 byte 数组。这里用到了十六进制的内容。这个 byte 数组是一段以 UTF-16BE 编码的字符串的 byte 形式。String 类的构造方法会根据编码和 byte 数组的内容生成一个字符串。运行例程,控制台输出如下内容。

得之不难,失之必易。

🔔 **得之不难,失之必易**:这句话是出自清代魏源的《默觚·学篇七》。意思是,在做学问的过程中,很容易就得到的东西,失去它也必定很容易。初学编程的人,想要成为所谓的"高手",必定要经过一个漫长而且付出认真努力的学习过程。如果学几十天就以为"精通"了一门语言,那么不出十几天,肯定全不记得了。

🔔 **关于十六进制**:0x 是十六进制的标志,0x 后面的两个字符是十六进制真正的内容。在十六进制中,a 代表 10,b 代表 11,依此类推,f 代表 15,逢 16 进 1。十六进制和十进制只是计数单位的不同,它们都是整数的表示方法。

17.6 小结:编程需要打好基础

本章中讲述的内容会涉及编写程序的方方面面。

1. 对象的比较

对象的比较应用十分广泛。举例来说,在 Set 中,必须通过对象的比较来判断两个对

象是否相等，以保证集合中的元素不会重复；在 Map 中，必须通过键的对比才能够确定两个键是否相等，从而得到需要查找的值。

关于对象的相等，必须与"对象逻辑上相等"与"两个对象相同"这个分开。对象的比较其实是确定两个对象是否在逻辑上相等，也就是说通过 equals(Object)方法判断两个对象是否代表同一个东西。这与两个对象相同是不同的概念，严格来说，没有任何两个对象是相等的。

2．集合类框架

用数组简单直接处理数据是没有问题的。但是如果面对比较复杂的操作，数组就显得有些麻烦了。集合类的框架针对不同的应用场景设计出了一组接口，并给出了优秀的实现类。它们功能丰富，这些类可以解决绝大多数情况下对元素的操作。

3．泛型

泛型是 Java 5 中新增的功能。泛型的作用是为了避免在源代码中人工地使用强制类型转换。强制类型转换会给程序带来不安全的因素。因为强制类型转换带来的错误只有在程序运行的时候才能看到，这时程序已经出错了。但是在使用了泛型之后，就可以在编译源代码时看到编译错误，从而保证程序运行时不会出错。

4．Map接口

根据一个键值（索引）查找相应的值，在编程中也是很常用的一个功能。Map 接口规定了相应的接口，其实现类可以快速地完成查找操作。作为键值的类型一定要很好地实现 equals(Object)方法和 hashCode()方法。一般来说，作为键的都是 String。

5．字符集和编码

字符集和编码是为了让计算机能够处理字符。在字符的处理上，操作系统会帮助完成很多的工作，编程语言只能够利用操作系统完成相应的功能。在 Java 中，字符类型是使用 char 来表示的。而实际上，char 类型就是一个整数值。它对应着某种编码集中的编码，代表着一个字符。

6．进入下面的章节

后面的章节中，将学习更多关于 Java 类库的内容。在第 18 章中，我们将要学习的就是 Java 文件相关的操作。

17.7　习　　题

1．编写一个 Goods 类，类中有两个 String 类型的属性 id 和 name，分别代表商品的编号和名字。对于两个 Goods 类的对象，当 id 相等的时候，就说明它们代表的是同一类商品，也就是说，可以认为两个对象是相等的。根据上面的信息，给 Goods 类添加 hashcode()方法、equals()方法和 toString()方法。

2．编写一个程序，创建两个 Goods 对象，让它们的 id 属性的值都为 GOODS_NO_000001，然后将两个 Goods 对象添加到一个 List 对象中，最后输出 List 中所有元素。

3．集合中的元素不允许重复：编写一个程序，创建两个 Goods 对象，让它们的 id 属性的值都为 GOODS_NO_000001，然后将两个 Goods 对象添加到一个 Set 对象中，最后输出 Set 中的所有元素，并将结果与第 2 题做比较。

4．编写一个程序，创建两个 Goods 对象，它们的 id 属性值分别为 GOODS_NO_000001 和 GOODS_NO_000002。使用 id 属性的值作为键值，将这两个对象添加到一个 Map 对象中，然后尝试通过键值 GOODS_NO_000001 来查找对应的对象。

5．字符串与字节数组的转换：将一个字符串转换为一个字节数组，然后再使用这个字节数组生成一个字符串，最后将生成的字符串输出到控制台。

第 18 章　Java 文件编程和 Java 文件 I/O

文件是计算机存储信息的基本单位。本章将讲述如何通过 Java 类库中的类操作文件。首先是文件的创建和删除。然后是向文件中写入内容和从文件中读取内容，也就是 Java 的文件 I/O（Input/Output）。为了操作文件的内容，本章还将讲述 Java 中流（Stream）的概念。流是 Java 中传输数据的方式。Java 中除了文件的 I/O，还有很多种 I/O，它们都与流相关。流也是一个在数据传输中通用的概念。本章会用到如下知识：

- ❑ 编码和字符在计算机中的表达方式；
- ❑ 异常处理；
- ❑ 文件、文件夹和文件路径（和 Java 语言无关，属于 Windows 使用常识）。

下面开始讲解本章的内容，首先是 Java 文件编程。

18.1　Java 中的文件编程

本节将学习 Java 文件编程相关的内容。在计算机中，信息是通过文件存储的。相信读者对文件都不陌生。在 Windows 操作系统下，可以方便地创建、删除一个文件或一个文件夹，也可以给一个文件夹或者文件改名，本节的内容就是学习如何通过 Java 语言完成这些功能。本节中的内容不会去修改文件中的内容。操作文件的内容属于 18.2 节的范畴。好，下面开始本节的学习。

18.1.1　File 类

和文件相关的操作都被封装在 java.io.File 类中。首先需要明确一个概念。对于 Java 来说，文件和文件夹都是使用 File 类来表示的。下面介绍一下 File 类中重要的属性和方法。

- ❑ separator：String 类型的类变量，其值就是文件路径的分隔符。对于 Windows 操作系统，这个变量的值就是 "\\"（反斜杠是转义符，两个反斜杠其实才代表一个反斜杠）。对于 UNIX 系统，这个值就是 "/"（斜杠）。因为 Java 是一种跨平台的语言，所以在拼接文件路径的时候，最好使用这个变量作为路径分隔符。
- ❑ File(String path)：构造方法，参数为文件或文件夹（后面统称文件）的全路径。File 类还有很多构造方法，包括根据文件夹名和文件名创建一个文件等。
- ❑ isFile() 和 isDirectory() 方法：两个方法的返回值都是 boolean，用来判断一个 File 对象是文件还是文件夹。
- ❑ boolean exists()：判断是否已经存在文件路径中的那个文件。

❏ boolean createNewFile()：根据文件路径（构造方法传入的），创建一个文件。当然，前提是这个文件开始并不存在，否则会创建失败。返回值代表文件是否创建成功。

❏ boolean mkdirs()：根据文件路径，创建一个或者多个文件夹。也就是说，文件路径上不存在的文件夹都将被创建出来。

❏ String getPath()：得到全路径。

❏ String getName()：得到文件名字。

❏ File[] listFiles()：列出目录中的所有文件和文件夹。

File 类中的方法多涉及到系统底层操作，很多操作都会有异常抛出。这点需要在编程中注意。File 类中还有很多实用的方法，读者可以参考 Javadoc 中的相关内容。在 18.1.2 节中，将通过几个例程来展示 File 类的使用。

18.1.2　创建和删除文件

接下来的例程中，会根据路径创建文件夹，并在创建出的文件夹中创建一个文件。如果文件已经存在，则需要读者在执行程序之前将它删除。程序源代码如下：

```
package com.javaeasy.fileoperation;        // 例程所在的包

import java.io.File;                        // 引入使用的类
import java.io.IOException;

public class CreateFileAndFolder {          // 例程类

    public static void main(String[] args) {
    // main()方法
        // 文件夹路径
        String folderPath = "C:" + File.separator +
"javaeasy" + File.
        separator + "testingfolder";
        String fileName = "testingfile.txt";       // 文件名
        File folder = new File(folderPath);// 创建一个 File 对象，对应文件夹
        if (folder.exists() && folder.isDirectory()) {
                                        // 如果文件已经存在，且正是文件夹
            System.out.println("该文件夹已经存在了。");// 输出信息
        } else {
            boolean creatFolders = folder.mkdirs();
                                        // 文件夹不存在，创建需要的文件夹
            if (creatFolders) {         // 根据创建文件夹结果输出相应信息
                System.out.println("文件夹创建成功。");
            } else {
                System.out.println("文件夹创建失败。");
                return;                 // 如果创建失败，则程序结束
            }
        }
        File file = new File(folder, fileName);// 创建一个 File 对象，对应文件
        if (file.exists() && file.isFile()) {  // 如果文件存在
            System.out.println("文件已经存在，将文件删除！");  // 将文件删除
            boolean deleteFile = file.delete();
            if (deleteFile) {                       // 根据删除结果输出相应信息
```

CreateFileAndFolder
源码

```
            System.out.println("文件删除成功！");
        } else {
            System.out.println("文件删除失败！");
            return;                              // 如果删除失败，则程序退出
        }
    }
    try {                                        // 创建文件
        file.createNewFile();
        System.out.println("文件创建成功。");
    } catch (IOException e) {                     // 捕捉异常，输出错误信息
        System.out.println("文件创建失败。错误信息。" + e.toString());
        return;
    }
}
}
```

📌 注意：本章（及以后章节）包含的代码仅适合在计算机上运行，并且需要在 Windows 平台下（Unix 或 Linux 平台下无法运行）。

　　在上面的程序中，会创建 C:\javaeasy\testingfolder 目录，然后在里面创建一个名为 testingfile.txt 的文件。如果目录已经存在，则将不会再次创建；如果文件已经存在，程序会将这个文件删除，并重新创建这个文件。

　　这个例程其实可以看做是一个创建文件夹和文件的标准流程：创建文件夹时，需要首先判断这个文件夹是否存在，如果不存在则创建，否则就使用已经存在的文件夹；在创建文件时，也需要首先判定文件是否存在，如果存在，则根据具体情况处理（在本例程中，就是删除这个文件）；如果不存在，就创建这个文件。

📌 提示：在后面的学习中，还会有很多类似的"标准流程"。当然，所谓的标准流程是在最普通情况下的流程，在遇到具体问题的时候，需要随机应变。对类库中方法的掌握是随机应变的基础。当一个方法的行为出乎意料时，就需要好好阅读一下这个类和方法的 Javadoc。

☐ 掌握创建文件夹和文件的标准流程。

18.1.3　列出文件和文件夹

　　下面的例程中，将会把 main()方法参数中第一个 String 对象作为文件夹的路径，并将此路径下所有文件和文件夹的名字输出到控制台。

```
package com.javaeasy.fileoperation;

import java.io.File;                   // 引入需要使用的类
import java.util.ArrayList;
import java.util.List;

public class ListForderAndFile {    // 例程
    public static void main(String[] args) {
    // main()方法
```

ListForderAndFile 源码

```
        if (args.length != 1) {                        // 没有参数，程序退出
            System.out.println("程序需要一个文件夹路径作为参数！");
            return;
        }
        String folderPath = args[0];                   // 第一个参数作为路径名
        File folder = new File(folderPath);     // 创建 File 对象，表示文件夹
        if (!folder.exists()) {                        // 如果文件夹不存在，退出程序
            System.out.println(folderPath + "不是有效的路径！");
            return;
        }
        if (!folder.isDirectory()) {                   // 如果不是文件夹，退出程序
            System.out.println(folderPath + "不是有效的文件夹！");
            return;
        }
        File[] allFiles = folder.listFiles();// 得到文件夹中所有的文件和文件夹
        List files = new ArrayList();   // 创建两个 List，分别保存文件和文件夹
        List folders = new ArrayList();
        for (int i = 0; i < allFiles.length; i++) {      // 遍历 allFiles
            if (allFiles[i].isFile()) {        // 是文件，则放入 files 这个 list
                files.add(allFiles[i]);
            } else {
                folders.add(allFiles[i]);    // 否则放入 folders 这个 list
            }
        }
        // 分别输出文件和文件夹
        System.out.println("文件夹\"" + folderPath + "\"中包含如下文件夹：");
        printPath(folders);
        System.out.println("文件夹\"" + folderPath + "\"中包含如下文件：");
        printPath(files);
    }

    private static void printPath(List list) {
                                   // 输出 list 中所有文件夹或文件的名称
        for (int i = 0; i < list.size(); i++) {       // 遍历这个 list
            File file = (File) list.get(i);
                                // 得到当前元素，并强制类型转换为 File 类型
            System.out.println(file.getName());
                                // 输出文件夹或者文件的名字
        }
    }
}
```

在例程的 main()方法中，开始几段代码都是在判断参数是否正确，包括是否给程序指定了参数，指定的参数是否为一个实际存在的路径，这个路径是否是一个文件夹。有一条不满足，程序将输出相应错误信息并退出。紧跟着后面，会得到这个文件夹中所有的文件和文件夹，并将它们归为文件和文件夹两类，最后分别输出其名字。

输出文件和文件夹名字的方法叫做 printPath。在本例程中，为了降低程序复杂度，没有使用泛型。所以在 printPath()方法中需要使用强制类型转换。根据程序上下文可以确定，printPath 的 List 类型的参数中的元素肯定都是 File 类型的，所以可以放心地进行强制类型转换。

在笔者的计算机上，以下面的参数运行程序。

```
java com.javaeasy.fileoperation.ListForderAndFile C:\eclipse
文件夹"C:\eclipse"中包含如下文件夹：
```

```
configuration
dropins
features
p2
plugins
readme
```

文件夹"C:\eclipse"中包含如下文件：

```
.eclipseproduct
artifacts.xml
eclipse.exe
eclipse.ini
eclipsec.exe
epl-v10.html
notice.html
```

当然，例程只是简单地将文件夹中的文件和文件夹的名字输出到控制台。通过这个例程，可以掌握如何遍历一个文件夹，并在遍历的过程中进行相应的操作（本例中就是输出文件或文件夹名，在实际编程中，可能需要寻找并删除指定文件等）。

❑ 掌握遍历文件夹的方法。

18.1.4　重命名文件

下面的例程中，将会把 main()方法参数中第一个 String 对象作为文件的路径，并将此文件重命名为 renamedFile，例程代码如下：

```java
package com.javaeasy.fileoperation;

import java.io.File;

public class RenameFile {                    // 例程
    public static void main(String[] args) {
        if (args.length != 1) {
        // 检查参数是否为一个存在的文件路径
            System.out.println("程序需要一个文件路径作为
参数！");
            return;
        }
        String folderPath = args[0];
        File file = new File(folderPath);
        if (!file.exists()) {
            System.out.println(folderPath + "不是有效的路径！");
            return;
        }
        if (!file.isFile()) {
            System.out.println(folderPath + "不是有效的文件！");
            return;
        }
        // 使用新的文件名创建新的文件实例
        File renameFile = new File(file.getParentFile(), "renamedFile");
        // 如果新的文件名已经被占用了，则不进行重命名
        if (renameFile.exists()) {
            System.out.println("文件名已被占用！");
            return;
        }
        // 重命名并输出结果
```

RenameFile 源码

```
        if (file.renameTo(renameFile)) {
            System.out.println("文件重命名成功。");
        } else {
            System.out.println("文件重命名失败。");
        }
    }
}
```

例程中首先还是对参数进行判断，只有当参数是一个合法的文件路径时才会进行重命名操作。重命名操作一般分 3 步来完成。首先是创建一个新的 File 对象，这个对象代表重命名后的文件；然后检测新的文件名是否已经被占用了，如果被占用了，则应该中断重命名操作；最后调用 renameTo()方法完成重命名操作。

在上面的例程中使用了 File 类的 getParentFile()方法。它的返回值类型也是 File，返回值代表的是这个文件所在的文件夹。

首先手动在 D 盘创建一个叫 test.txt 的文件，然后以下面的命令运行程序。

```
java com.javaeasy.fileoperation.RenameFile D:\test.txt
文件重命名成功。
```

注意：在 Windows 8 系统中对 C 盘的文件进行操作需要管理员权限，而我们的程序没有管权限。所以我们不更改 C 盘中的文件，只更改 D 盘中的文件名。

这时去检查 D 盘中的文件，可以看到 test.txt 被重命名为了 renamedFile。

❑　掌握将一个文件重命名的方法。

18.2　Java 的 I/O 编程

通过 18.1 节的学习，我们已经可以对文件进行想要的操作了，但是这仅限于文件。如果想要向文件中存放内容或者读取文件中的内容，还需要学习 Java 中 I/O 编程的基本知识。前面说过，I/O 是 Input/Output 的缩写，中文的意思就是"输入/输出"。I/O 的范围很广，可以说只要有数据传输的地方就有 I/O 操作。好，下面开始本节的内容。

18.2.1　理解 Java 中的 Stream

在 Java 中，数据的传输多是以 Stream（中文翻译为"流"）的形式进行的。这里说的流表现在类库中，其实就是 Java 类库中的两个类，下面会有介绍。数据传输是相当频繁的操作，向控制台输出一行字其实就是将数据从程序传输给控制台。同样，将数据写入到文件也是数据传输。Java 中有输入流（Input Stream）和输出流（Output Stream）两个概念，分别对应输入数据和输出数据。

输入和输出是从程序的观点看的。例如，向控制台输出一行字，数据是从程序到控制台，程序是数据的输出方，所以要使用输出流；将数据从文件中读取到程序里，数据是从外界到程序，程序是数据的接受方，所以要使用输入流。

在 Java 类库中，InputStream 类代表输入流；OutputStream 类代表输出流。这两个类都是抽象类。它们的所有子类可以说都是与数据传输有关的。如何理解输入、输出流这个概念呢？下面以输出流为例来进行讲解。

1. 流在数据传输中的作用

首先我们先来理解一下数据传输（这里是以输出流为例的），看一下为什么要在数据传输中使用流。数据传输就是数据从一个地方传输到另一个地方。例如从程序到控制台，从程序到文件等。以文件为例，数据传输的过程如图 18-1 所示。

在图 18-1 中，程序首先将数据都写入到输出流中，然后在"某个时刻"将数据再写入到文件中。为什么不是每次都把数据直接写入文件，而是要先写入输出流中呢？我们以公交车做比喻。公交车就是输出流，而乘客就是数据，公交车的目的就是将乘客送到目的地。公交车肯定不可能在每次乘客上车后马上发车，而是要等待"一个合适的时间"将集中起来的乘客一起送出。

在图 18-2 中，对数据传输和公交运输做了一个对比。其实这种例子比比皆是。例如在计算机上编辑文档的时候，我们不是每次写一个字就保存一下，而是每次完成一些内容后才保存一次。之所以使用输出流进行传输数据，就是因为批量处理数据会比较快。输出流相当于是一个"缓冲"，如果没有这个缓冲，就相当于公交车在每次有人上车的时候就会发车，写文档时每次敲一个字就保存一下，这无疑是影响运行效率的。

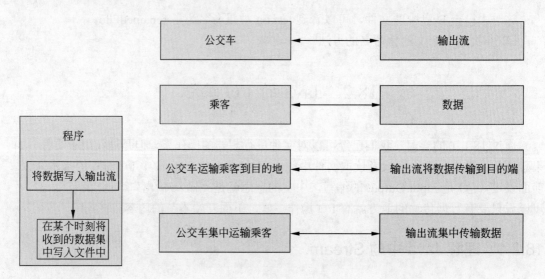

图 18-1　数据传输的过程　　　　　　　　图 18-2　数据传输与公交运输的比较

关于数据传输的另一个基本概念是：数据传输的基本单位是字节。之所以学习如何将一个字符串转换为 byte 数组，就是为了传输字符串。我们在前面说过，System.out 也是一个输出流，其 println() 方法也是传输数据，而其参数却是 String 类型。其实在 println() 方法内部，字符串还是被分解成了字节数组才进行传输的。

下面介绍一下输出流中的主要方法。

2. OutputStream类中的方法

OutputStream 类代表输出流，其作用就是写入数据。围绕这个目的，此类中主要有以下几个方法：

- ❑ write()：此方法用来写入数据，它有 3 个重载形式，其中最常用的就是以 byte 数组为参数的形式。作用就是将这个数组中的数据写入。相当于让乘客上车。但是并不一定会将数据传输出去。每个子类可以根据不同的策略判定是否"到达了某个时刻"，如果是，那么就可以将积攒下来的数据传输出去了。
- ❑ flush()：强行将已经收集到的数据发送出去。调用这个方法后，肯定会将已经收集到的数据传输出去。这个方法就相当于强制让公交车发车。
- ❑ close()：关闭输出流。相当于公交车运行结束。一般来说，在 close() 方法内部都会执行 flush() 方法，将已经收到的数据传输出去。否则这些数据就丢失了。需要注意的是，使用完毕一个输出流后，必须关闭它来释放资源。

OutputStream 类中的方法很简单，但是其子类中提供了丰富的方法，用于不同的场景。例如有的子类就会接受 String 类型的参数来进行写入操作，而不是只接受 byte。

3．从输出流看输入流

其实输出流和输入流在本质上是一样的，都可以看做是"数据缓冲区"。输入流是用来读取数据的。InputStream 类中的主要方法有下面两个。

- ❑ read()：此方法有多个重载，最常用的是以 byte 数组为参数的方法。其作用就是读取相应长度的数据，并将数据填充到参数 byte 数组中。输入流会在内部缓存已经接收到的数据，当调用 read() 方法时，就从缓存中读取相应的数据给外部。read() 方法的返回值是一个 int 值，其意义是读取到的数据的实际长度。例如，程序想读取 10 个字节的数据，但是实际上只有 5 个字节的数据，那么 read 的返回值就是 5。如果没有数据了，就返回–1。
- ❑ close()：关闭输入流。与输出流一样，使用完一个输入流以后，也需要关闭这个输入流以释放资源。

理解了输出流和输入流的概念，18.2.2 节中将开始学习如何使用输入流和输出流向文件中写入和读取数据：

- ❑ 数据传输的基本单位是字节。
- ❑ 输入输出流是为数据传输服务的。
- ❑ 输出流和输入流可以认为是数据的缓冲区。输入输出流会集中处理数据。

18.2.2　向文件中写入数据

本节学习如何向文件中写入数据。为了方便地将数据写入文件，我们需要使用 PrintWriter 类。看下面的例程。

```
package com.javaeasy.writeandread;

import java.io.File;                 // 引入需要使用的类
import java.io.FileNotFoundException;
```

WriteDataToFile 源码

```java
import java.io.IOException;
import java.io.PrintWriter;

public class WriteDataToFile {                      // 例程类
    public static void main(String[] args) {   // main()方法
        File dataFile = new File("D:\\datafile.txt");
                                                    // 例程将向这个文件写入数据
        if (dataFile.exists() && dataFile.isFile()) {
                                                    // 如果这个文件已经存在，就直接使用
            System.out.println("使用已经存在的 datafile.txt 文件");
        } else {                                    // 如果不存在，就创建这个文件
            try {
                dataFile.createNewFile();
                System.out.println("创建 datafile.txt 文件。");
            } catch (IOException e) {           // 创建文件出现异常
                System.out.println("创建 datafile.txt 文件失败，错误信息。" + e.
                getMessage());
                return;
            }
        }
        // 下面开始向文件中写入数据
        try {
            // 创建一个 PrintWriter 类的实例，其构造方法是一个 File 对象
            PrintWriter pw = new PrintWriter(dataFile);
            // 调用 write()方法写入数据
            pw.write("向文件中写入数据。");
            // 调用 close()释放资源
            pw.close();
        } catch (FileNotFoundException e) {
            System.out.println("找不到文件！错误信息为： " + e.getMessage());
        }
    }
}
```

　　在上面的例程中，main()方法中的第一个代码块是用来创建一个目标文件。如果目标文件已经存在，就直接使用这个文件；如果不存在，则创建这个文件。下面的代码块是使用 PrintWriter 类的实例向文件中写入数据。

　　运行例程，控制台输出如下内容：

创建 datafile.txt 文件。
数据写入成功。

　　现在打开 D 盘，找到 datafile.txt 并用记事本打开，应该可以看到文件中已经有了"向文件中写入数据。"这行字。

　　整个例程看似和输入/输出流没有关系。其实 PrintWriter 类中内藏乾坤。在 PrintWriter 类中，为了完成写入工作，实际上使用了多个类协同工作。其中 FileOutputStream 类是向文件中写入内容的核心。它正是 OutputStream 类的一个子类，"分管"向文件写入内容。

　　本书在这里不去深入剖析这个过程。其实 Java 类库中与输入/输出相关的类有很多。专门用一本书来讲解也不为过。InputStream 和 OutputStream 的子类是与输入/输出直接相关的类。除此之外，还有很多其他的类，它们利用输入/输出类完成基本的输入/输出功能，同时还提供了更加丰富的功能，让我们在编写程序的时候更加便捷，减少出错的可能，PrintWriter 类便是其中之一。

❑ 学习使用 PrintWriter 类向文件中写入字符串。

❑ 理解输入/输出流的作用和它们在 Java 类库中的位置。

18.2.3　从文件中读取数据

本节将学习如何从文件中读取数据，看下面的例程。

ReadDataFromFile
源码

```java
package com.javaeasy.writeandread;

import java.io.BufferedReader; // 引入需要使用的类
import java.io.File;
import java.io.FileNotFoundException;
import java.io.FileReader;
import java.io.IOException;

public class ReadDataFromFile {          // 例程类
    public static void main(String[] args) {
    // main()方法
        File dataFile = new File("D:\\datafile.txt");
                                          // 需要从此文件中读取数据
        if (dataFile.exists() && dataFile.isFile()) {
            System.out.println("从 datafile.txt 中读取数据。");
        } else {
            System.out.println("datafile.txt 文件不存在。");
                                          // 如果文件不存在，则程序退出
            return;
        }
        System.out.println("文件中的内容为：");
        try {
            FileReader fr = new FileReader(dataFile);
                                          // 创建 FileReader 的实例
            BufferedReader br = new BufferedReader(fr);
                                          // 创建 BufferedReader 的实例
            String content = null;        // 存放从文件中读出的内容
            while ((content = br.readLine()) != null) {
                                          // 从文件中读取一行内容
                System.out.println(content);// 向控制台输出读取出来的内容
            }
            fr.close();
            br.close();                   // 释放资源
        } catch (FileNotFoundException e) {
            System.out.println("找不到文件！错误信息为：" + e.getMessage());
        } catch (IOException e) {
            e.printStackTrace();
        }
    }
}
```

在上面的例程中，首先还是准备文件。如果文件存在则继续，否则程序退出。在读取文件内容的部分，例程中使用了 FileReader 和 BufferedReader 的实例。其中 BufferedReader 类的 realLine()方法会从文件中读取一行字符串，返回值就是这个字符串。如果已经到达了文件末尾，则返回值是 null。所以在 while 循环中，将 content 的值为 null 作为循环结束的条件。当然，在程序的最后，还是要调用 close()方法释放资源。

关于(content = br.readLine()) != null：其实我们在前面学习过，"="也是运算符。与其他运算符一样，它除了完成复制操作之外，还是有运算结果的。这个结果就是赋值时的值。以本表达式为例。首先完成将 br.readLine()的返回值赋值给 content 的操作，然后判断 content 是否为 null。也就是这个表达式可以拆开来，等价于先执行 content = br.readLine()，然后判断 content != null。

运行上面的例程，控制台输出如下内容：

从 `datafile.txt` 中读取文件。
文件中的内容为：
向文件中写入数据。

如果 datafile.txt 是上面的例程中使用的那个文件，那么程序输出就应该如上所示。

与向文件中写入数据一样，虽然在上面的例程中没有看到 InputStream 或其子类的影子，但是在 FileReader 中其实还是使用到了 InputStream 的子类 FileInputStream，用来完成基本的读取文件内容的操作。BufferedReader 则是使用 FileReader，并在此基础上提供更方便的方法。例程中用到 BufferedReader 类，便是为了使用 readLine()方法，方便地从文件中读取一行内容。

下面简单介绍一下 Reader 和 Writer。

在本节和 18.2.2 节中使用的 PrintWriter 类和 BufferedReader 类，不是输入/输出流类，PrintWriter 类是抽象类 Writer 的子类；BufferedReader 是抽象类 Reader 的子类。Writer 和 Reader 是与输入/输出有关的另外两个重要的类。它们的子类基本都是通过使用输入/输出流，完成相应的输入/输出功能。它们本身提供了很多方法，让输入/输出操作更便捷。

Reader 和 Writer 中也有相应的 read()和 write()方法，也有 close()方法，它们都对应着输入/输出流中相应的方法。其作用也大致相同。因为 Reader 和 Writer 使用便捷，所以很多情况下程序直接使用它们，而在程序中看不到输入/输出流的影子。但是输入/输出流在整个输入/输出过程中的位置不可忽视。它们与输入/输出直接相关。

提示：本节和 18.2.2 节中涉及了很多类，如果读者对这些类的用法有兴趣，可以去 Javadoc 中参考寻找相应的文档。

❑ 学会从文件中读取内容。
❑ Reader 和 Writer 不是输入/输出流类，但是它们使用输入/输出流类，并提供很多方法，使得输入/输出操作更便捷，所以使用它们居多。

18.2.4　从控制台读取数据

本节将给出一个例程，它首先从控制台读取数据，并将读取到的数据写入文件中，最后从文件中读取数据再显示到控制台上。例程代码如下：

```
package com.javaeasy.writeandread;
```

```java
import java.io.BufferedReader;                           // 引入需要使用的类
import java.io.File;
import java.io.FileNotFoundException;
import java.io.FileReader;
import java.io.IOException;
import java.io.InputStreamReader;
import java.io.PrintWriter;

public class ConsoleToFile {
    public static void main(String[] args) {
    // main()方法
        // 以 System.in 为参数，创建一个对象
        InputStreamReader isr = new Input Stream Reader
(System.in);
        // InputStreamReader 对象为参数，创建一个
BufferedReader 对象
        BufferedReader br = new BufferedReader(isr);
        File                datafile              =
prepareFile("D:\\consoleFile.txt");
                                                         // 创建数据文件

        PrintWriter pw = null;
        if (datafile == null) {
            System.out.println("创建数据文件出错，程序退出。");
            return;
        }
        try {
            pw = new PrintWriter(datafile);              // 创建 PrintWriter 类的实例
        } catch (FileNotFoundException e1) {
            e1.printStackTrace();
            return;                                      // 如果创建失败，则程序退出
        }
        String content = null;
        String endMark = "end";                          // 作为输入结束的标志
        try {
            System.out.println("请输出要写入文件的内容，以 end 结束：");
            while ((content = br.readLine()) != null) {
                                                         // 从控制台读取一行内容
                if (content.equalsIgnoreCase(endMark)) {
                                                         // 如果内容是 end，就说明输入结束
                    break;
                }
                pw.write(content + "\r\n");              // 将数据写入到文件中
            }
            pw.close();                                  // 释放资源
            br.close();
            System.out.println("输入结束。");
        } catch (IOException e) {
            e.printStackTrace();
        }
        printFileContent(datafile);                      // 输出文件内容
    }
    // 省略的 prepareFile()方法的代码和 printFileContent()方法的代码
}
```

ConsoleToFile 源码

上面的例程中，唯一与"从控制台读取数据"有关的内容就是在构建 InputStreamReader 对象的时候，使用了 System.in。System.out 是 System 类中的一个静态变量，属于输出流，用于向控制台输出内容；与之对应的，System.in 也是 System 类中的一个静态变量，属于

输入流，用于从控制台输入数据。接下来还是使用 BufferedReader 读取一行数据。

写入文件的操作还是使用 PrintWriter 类完成的。静态方法 prepareFile() 是用来准备好数据文件的，其代码与之前看到过的 WriteDataToFile 类中的部分代码很类似。

```java
private static File prepareFile(String filePath) {        // 文件路径
    File dataFile = new File(filePath);                    // 创建文件对象
    if (dataFile.exists() && dataFile.isFile()) {          // 文件已经存在
        System.out.println("使用已经存在的" + filePath + "文件");
    } else {                                  // 文件不存在，创建这个文件
        try {
            dataFile.createNewFile();
            System.out.println("创建" + filePath + "文件。");
        } catch (IOException e) {
            System.out.println("创建 d" + filePath + "文件失败，错误信息。"
                    + e.getMessage());
            return null;                  // 如果发生异常，则返回 null
        }
    }
    return dataFile;                          // 如果一切正常，返回文件对象
}
```

prepareFile() 方法的代码就是"判断文件是否存在，创建文件"的一个标准流程，在这里不再赘述。

接下来就是循环使用 readLine() 方法从控制台读取数据了。所谓 readLine，表示会读取控制台一行数据，也就是说，如果不在控制台上按下回车，这一行是不会结束的。读到一行内容以后，程序会将这行数据赋给 content，如果内容是 null（在本例中其实不会为 null），则循环结束。

在 while 循环体内，会首先判断读到的内容是否与 endMark 变量相同。如果相同，则表示要结束输入了，使用 break 跳出 while 循环；否则就将这行内容通过 pw 变量写入到文件中，同时还在这行内容后面加个回车换行符。写入结束后，记得调用 close() 方法。

最后，使用 printFileContent() 方法将这个文件的内容输出到控制台上，看看文件中的内容是否与刚刚在控制台上输入的一致。

```java
private static void printFileContent(File file) {
                            // 参数是一个文件对象
    System.out.println("文件中的内容为：");
    try {
        FileReader fr = new FileReader(file);
                            // 创建 BufferedReader 对象，读取文件内容
        BufferedReader br = new BufferedReader(fr);    //
        String content = null;
        while ((content = br.readLine()) != null) {
            System.out.println(content);
        }
        fr.close();
        br.close();
    } catch (FileNotFoundException e) {
        System.out.println("找不到文件! 错误信息为：" + e.getMessage());
    } catch (IOException e) {
        e.printStackTrace();
    }
}
```

此文件中与例程 ReadDataFromFile 中的内容很相似。在这里也不再赘述。

运行此例程的时候，需要在控制台输入相应的内容，以 end 代表输入结束。运行程序结果如下：

```
使用已经存在的 D:\consoleFile.txt 文件
请输出要写入文件的内容，以 end 结束：
从控制台读取内容
然后将内容写入文件中
end
输入结束。
文件中的内容为：
从控制台读取内容
然后将内容写入文件中
```

❑ 进一步理解输入/输出操作。

18.2.5 使用输出流写入数据

在上面的内容中，都是借 Reader 和 Writer 之手来处理输入/输出。Reader 和 Writer 虽然功能强大，使用方便，但它们并不是面面俱到的，有时还需要直接使用输入/输出流来处理问题。在本节将使用输出流将一段文字写入文件，例程代码如下：

```java
package com.javaeasy.writeandread;

import java.io.File;                  // 引入需要的类
import java.io.FileNotFoundException;
import java.io.FileOutputStream;
import java.io.IOException;

public class WriteDataUsingStream{ // 例程类
    public static void main(String[] args) {
    // main()方法
        File          dataFile          =          new
File("D:\\DataFileForOutputStream.txt");
        // 准备数据文件
        if (dataFile.exists() && dataFile.isFile()) {
            System.out.println("使用已经存在的 DataFileForOutputStream.txt
            文件");
        } else {
            try {
                dataFile.createNewFile();
                System.out.println("创建 DataFileForOutputStream.txt 文件。
                ");
            } catch (IOException e) {
                System.out.println("创建 DataFileForOutputStream.txt 文件失
                败，错误信息。"
                        + e.getMessage());
                return;                            // 创建文件出错，程序结束
            }
        }
        try {
        String content = "通过输出流向文件写入数据。"; // 将要写入的数据
        FileOutputStream fos = new FileOutputStream(dataFile);
                                                    // 输出流
```

WriteDataUsing
Stream 源码

```
        byte[] contentBytes = content.getBytes();
                                              // 将数据转换为 byte 数组
        fos.write(contentBytes);              // 写入数据
        fos.close();                          // 关闭输出流
        System.out.println("数据写入成功。");
    } catch (FileNotFoundException e) {
        System.out.println("找不到文件! 错误信息为: " + e.getMessage());
    } catch (IOException e) {
        System.out.println("输出内容出错, 错误信息为: " + e.getMessage());
    }
    }
}
```

在上面的例程中，第一部分还是准备数据文件。第二部分中，使用 FileOutputStream 向文件中写入数据，它是 OutputStream 类的一个子类。为了使用输出流，程序将字符串 content 转换为 byte 数组，然后使用输出流的 write()方法将内容写入。最后关闭输出流。

运行程序，控制台输出如下内容：

使用已经存在的 DataFileForOutputStream.txt 文件
数据写入成功。

这时候去 D 盘中，应该可以找到 DataFileForOutputStream.txt 文件，用文本编辑器打开它，应该可以看到文件内容就是"通过输出流向文件写入数据"。

好，通过上面的例程可以看出，如果要使用输出流输出数据，那么必须要自己来准备数据，也就是 byte 数组。而使用 Writer 类，则可以省去这一步（PrintWriter 会负责将字符串转换为 byte 数组）。可以说两者各有侧重：输入/输出流类主要负责数据传输；Reader 和 Writer 类主要负责让输入/输出操作变得方便。

❑　掌握直接使用输出流输出数据。

❑　理解输入/输出流与 Reader 和 Writer 类的作用。它们负责的任务不同。

18.2.6　使用输入流读取数据

本节使用输入流来读取文件中的数据。例程代码如下：

```
package com.javaeasy.writeandread;

import java.io.File;          // 引入需要使用的类
import java.io.FileInputStream;
import java.io.FileNotFoundException;
import java.io.IOException;

public class ReadDataFromFileUsingStream {
    public static void main(String[] args) {
        File         dataFile         =         new
File("D:\\DataFileForOutputStream.txt");
        // 准备数据文件
        if (dataFile.exists() && dataFile.isFile()) {
            System.out.println("从 DataFileForOutputStream.txt 中读取数据。");
        } else {
            System.out.println("DataFileForOutputStream.txt 文件不存在。");
            return;                          // 文件不存在则退出
```

ReadDataFromFile
UsingStream 源码

```
        }
        System.out.println("文件中的内容为：");
        try {
            FileInputStream fis = new FileInputStream(dataFile);
                                                // 创建输入流
            byte[] data = new byte[1024];       // 存放文件数据的 byte 数组
            int len = fis.read(data);           // 读取数据，放入 byte 数组
            String content = new String(data, 0, len);
                                                // 将 byte 数组转成字符串
            System.out.println(content);        // 输出字符串
            fis.close();                        // 关闭输入流
        } catch (FileNotFoundException e) {
            System.out.println("找不到文件！错误信息为： " + e.getMessage());
        } catch (IOException e) {
            e.printStackTrace();
        }
    }
}
```

在上面的例程中，开始还是准备数据文件。然后创建 FileInputStream 的实例。它负责从文件中读取数据的输入流。为了从输入流中读取数据，首先需要创建一个 byte 数组用来存放读出的数据，然后调用 read()方法读取数据，同时要记得使用一个 int 变量保存读取出的数据长度。读取出数据后，利用 byte 数组和数据的实际长度，创建一个 String 类的对象，最后输出这个 String 的值。

运行上面的例程，控制台输出如下内容：

从 DataFileForOutputStream.txt 中读取数据。
文件中的内容为：
通过输出流向文件写入数据。

使用输入流读取数据有很多需要考虑的问题。首先要记录实际读取出来的数据长度。因为文件中的数据可能比 data 数组多，也可能少。以上面的例子来说，文件中的数据远没有 1024 个字节这么多。所以 read()方法只能填写 data 数组中开始的一部分数据。

而在很多情况下，文件的大小会超过 data 数组的大小，这时就需要根据 read()方法的返回值（也就是本例中 len 的值）来循环读取文件中的数据。如果 len 的值不是–1，就说明还没有读到结尾，需要继续循环；如果 len 的值为–1，则说明文件已经读到尾了，循环应该结束。

好，从上面的分析可以看出，使用输入流从文件中读取数据是一件不轻松的事情，原因就是输入流只能处理 byte。所以在通常情况下，还是使用 Reader 类读取文件数据。

❑ 学会使用输入流向文件输入数据。

18.3　小结：Java 中的文件类和输入/输出机制

通过本章的学习，我们对 Java 中的文件类和输入/输出类有了一个简单的了解。Java 中的文件操作集中在了 File 类上，而 Java 中的输入/输出则涉及了很多的类。这是因为输

入/输出是一块相当大的内容，涉及很多方面。输出的目的端有控制台、文件等很多因素，都增加了输入/输出处理的复杂度。有兴趣的读者可以去 Javadoc 中看看 java.io 包中的类。

通过本章学习的内容，我们扩展了编程的触角：除了使用 main()方法的参数，现在还可以使用 System.in 输入流对象读取控制台输入，还可以使用 System.out 输出流向控制台写入数据（其实这个一直在使用），还可以向文件中写入数据并从文件中读取数据。这就使得可以让程序保存一些数据到文件中，下次启动程序的时候就可以使用这些数据了。当然，文件作为保存数据的最基本单位，用处不仅仅如此。

本章学习了如下内容：

❑ 使用 File 类操作文件。包括文件和文件夹的创建、改名、删除，以及判定文件是否存在，列出文件夹中所有文件等基本操作。

❑ 数据传输的概念。

❑ 输入输出流的概念。

❑ 使用 Reader 从文件中读取数据，使用 Writer 向文件中写入数据。

❑ 使用 Reader 从控制台读取数据。

❑ 使用输入流从文件中读取数据，使用输出流向文件中写入数据。

❑ 理解 Reader 和 Writer 与输入/输出流的不同。

在后面的第 19 章中，我们将继续学习和数据输入/输出相关的内容，但是第 19 章的内容将更加让人心潮澎湃。通过第 19 章的学习，我们可以将程序的触角延伸到网络上。

18.4　习　　题

1．创建文件：通过命令行接收文件路径，在程序中创建这个文件和必要的文件夹，输出创建文件的结果。

2．删除文件：通过命令行接收文件夹路径，在程序中将这个文件夹中的所有文件删除（警告：运行时请确定这个文件夹中的文件是可以被删除的，不要误删重要的文件）。

3．实现文件的复制：通过命令行传递源文件路径和目标文件路径，然后读取源文件内容，将源文件内容复制到目标文件。如果目标文件不存在则首先创建目标文件。

注意：若在 Windows 8 下操作请不要操作 C 盘的文件，否则会因为权限不足而操作失败！

第 19 章　Java Socket 编程

本章将学习 Java Socket 编程的相关知识。Socket 在这里翻译为"套接字"（Socket 原意为"孔"或"插座"的意思）。Java Socket 编程的核心就是使用 Java 语言让数据在网络中传输。

通过第 18 章的学习，我们已经把程序的触角伸出了程序之外，伸向了操作系统的文件系统。通过本章的学习，我们将可以把程序的触角伸出计算机，伸向每一个与自己的电脑在同一网络中的电脑。如果我们的电脑是连接到互联网（Internet）的，那么通过本章的学习，我们就可以写出一个程序，与全世界每台连接到互联网的电脑通信。本章的知识需要用到下面相关的知识。

- ❑ 数据传输的概念；
- ❑ 输入流和输出流的作用；
- ❑ 互联网的概念。如果读者没有接触过互联网，可以认为互联网就是使用专门的网络设备，将很多台电脑互相连接起，组成的一个庞大的"网"。每台电脑在这个大网中都是一个节点。同在互联网中的电脑，可以通过互联网互相进行通信。

"与其他电脑进行通信"——这绝对是一件让人心潮澎湃的事情。好，下面让我们开始本章的内容，进入 Java 网络编程的世界。

19.1　IP 地址和端口号

本节将介绍 IP 地址和端口号的相关知识。为了进行 Java Socket 编程，必须了解这两个概念。它们其实并非 Java 中的内容，而属于计算机网络这门学科中的概念。如果读者对这些知识有所了解，那么可以快速地一扫而过，然后进入 19.2 节。如果读者之前对这些知识一无所知，那么必须理解本节内容后再继续后面的内容。

19.1.1　IP 地址——计算机的标识

我们知道，网络中有很多计算机。如果这些计算机之间要进行通信，那么首先需要解决的问题就是如何标识这些计算机。也就是说，需要给每台计算机一个唯一的"标识"，就好像给每台电脑都取一个唯一的名字一样。有了这个独一无二的标识，就可以在茫茫网络中区分开每台电脑了。互相通信的时候，因为有独一无二的标识存在，才不会发生混淆。

1. 什么是IP地址

IP 是英文单词 Internet Protocol 的缩写，也就是互联网协议的意思。IP 地址是由 4 个无符号的字节组成的一串数字。为了方便记忆，通常在表示的时候，每个字节之间都使用了一个点号隔开。例如 116.227.17.108 就是一个 IP 地址。最小的 IP 地址是 0.0.0.0，最大的 IP 地址是 255.255.255.255。

网络上每台电脑都有一个与网络中其他电脑不重复的 IP 地址。

如图 19-1 所示，网络中有多台电脑，而在整个网络环境中，用于区分不同电脑的正是这台电脑的 IP 地址。作为标识的 IP 地址是不允许重复的，否则就会造成网络通信时的混乱。

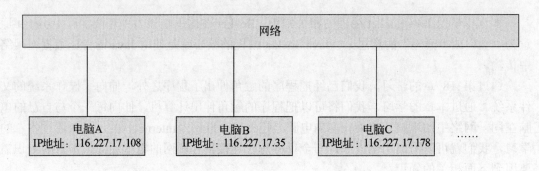

图 19-1　网络中的计算机以 IP 地址为标识

2．永远代表自己的IP地址

在所有的 IP 地址中，有些 IP 地址被赋予了特殊的意义。在这里我们要了解的就是永远代表电脑自己的 IP 地址——127.0.0.1。127.0.0.1 这个 IP 地址的特殊之处就是它代表当前电脑，相当于"我"的作用。任何人说"我"，都是代表这个人本身。对于任何一台电脑，127.0.0.1 这个 IP 地址就代表这台电脑本身。

我们继续使用图 19-1。在此图中，如果电脑 A 想要和电脑 B 通信，那么电脑 A 就必须使用代表电脑 B 的 IP 地址 116.227.17.35。而如果电脑 A 想和自己通信，那么就需要使用 127.0.0.1。同样，如果电脑 B 使用 IP 地址 127.0.0.1，那么就说明电脑 B 在和它自己通信。

❑ IP 地址是由 4 个字节组成的一个数字。通常为了方便记忆，使用点号分开每个字节。

❑ IP 地址是网络中的计算机标识。为了区分网络中的计算机，在计算机互相通信时需要使用 IP 地址。

❑ IP 地址 127.0.0.1 代表当前电脑，相当于代词"我"的作用。

19.1.2　端口号——通信的窗口

有了 IP 地址，就可以区分网络中的电脑了，但是仅靠 IP 地址还是不够的。举例来说，如果电脑 A 正在和电脑 B 通信，那么电脑 C 能否同时和电脑 A 进行通信呢？答案是能。那么如何区分电脑 A 与电脑 B 之间的通信及电脑 C 与电脑 A 之间的通信呢？这时就需要用到端口了。

1．端口的概念

端口号也是计算机网络中的一个概念，与 Java 语言无关。端口号的英文名字叫做 Port Number。端口号是一个数字。每台电脑都有 65536 个端口，其端口号范围是 0～65535。端口可以让一台电脑同时传输多路数据。我们可以把电脑看做是一个有多个插座的插板，那么每个端口号就是这个插板中的一个插座。假设每个插板都有一个编号，而每个插板上的插座也都有一个编号。

如图 19-2 所示，将端口与插座做了一个比较。其实计算机就像是一个"插板"。在计算机接到网络上后，就会有 65536 个端口也同时接到了互联网。它们之间是平等的，每个端口都可以进行数据传输，彼此之间互不干扰。也就是说，两台电脑进行通信的时候，至少需要两个信息：IP 地址和端口号。通常会使用"IP 地址:端口号"的格式来表示这两个信息。举例来说，116.227.17.35:5555 就是代表电脑 B 上的 5555 端口。

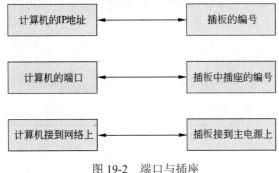

图 19-2　端口与插座

2．端口的作用

网络的作用就是传输数据，而传输数据则需要建立一种叫做"连接（Connection）"的东西。我们可以把连接看做是数据传输的通道。而连接则是建立在端口上的。也就是说，连接是指两个端口进行连接。

图 19-3 中，116.227.17.108:5555 与 116.227.17.178:3865 建立了连接，116.227.17.108:6666 和 116.227.17.35:1025 也建立了连接。在建立连接之后，两个端口就可以进行数据传输了。在 19.1.3 节中将讲述如何进行数据传输。

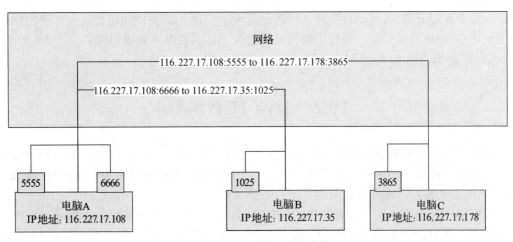

图 19-3　通过端口建立连接

我们可以把计算机网络看做是一个街道，电脑看做是一个有很多套房子的大楼，那么每个端口就是这个大楼中的一套房子。端口号就是房子的编号。

❏ 每个计算机有 65536 个端口，端口号是 0～65535。

❏ 端口是数据传输的窗口。使用不同的端口传递数据的时候，彼此之间是没有影响的。

19.1.3　网络，IP 地址和端口号

当一台电脑连接到了一个计算机网络，它就不再是一个独立的电脑了。为了能够在网络中唯一地标识这台电脑，电脑需要拥有一个 IP 地址；为了能够同时传输多路数据，电脑需要拥有多个端口号。下面以一个例子来帮助理解这三者的概念。

图 19-4 中，一个计算机网络就相当于一个街道，例如归德北路。计算机网络中的一台电脑就相当于这个街道中的一栋大楼，例如种子大厦。为了能够在这个街道上唯一地标识这个大楼，这个大楼就需要一个街道号，例如 55 号。那么归德北路 55 号就是种子大厦对外的地址。有这个地址就能找到这个大楼。

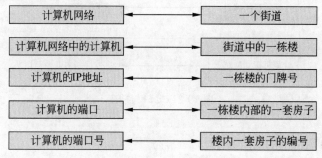

图 19-4　计算机网络，IP 地址和端口号

而对于这个种子大厦来说，其内部可能有很多套房子。如果需要派送信件到大厦中的房子，仅通过"归德北路 55 号"这个地址是不够的。每套房子都是独立的，需要一个房间号。如果大厦有 6 层，每层有 10 套房子，那么编号就可以从 1-01 到 6-10（当然不是每个编号都用得到）。每个编号代表一套房子。

通过街道号和房间号两个的组合，归德北路上的每个住户彼此之间都可以互通信件了。例如"归德北路 55 号 503"到"归德北路 66 号 106"。同样的道理，在一个网络中，需要使用 IP 地址和端口号，来标识数据从哪里发出，又要发送到哪里去。

❏ 理解网络中 IP 地址和端口号。

19.2　Java TCP 编程

19.1 节中对计算机网络中的 IP 地址和端口两个概念做了简单的介绍。IP 地址和端口号是相当于"地址"的东西。有了地址以后，如何使用地址传输数据呢？下面将讲述如何通过 IP 地址和端口，在计算机网络中进行数据传输。

在网络中传输数据的方式有两种——TCP（Transmission Control Protocol/Internet Protocol，TCP）和 UDP（User Data Protocol，UDP）。它们都可以称作 Java Socket 编程。本节首先讲述如何使用 TCP 传输数据。

19.2.1　数据传输协议

在网络中传输数据，有两种最常用的协议——TCP 和 UDP。TCP 是传输控制协议/网间协议，UDP 是用户数据报协议。在这里不用去理解这两种协议的具体含义。

什么是数据传输协议呢？可以把数据传输协议看做是数据传输的方式。举例来说，写信和发电报就是两种"数据传输协议"。本节中学习的就是使用 TCP 协议进行的数据传输。其实在整个学习过程中，都不用关心 TCP。因为 TCP 协议是比较底层的协议，对于 Java 语言来说，有很多类方便我们使用它。

19.2.2　TCP 的数据传输模式

本节首先讲述 TCP 协议传输数据的模式。在 TCP 协议中，有服务器端（Server 端）和客户端（Client 端）的概念。TCP 传输数据的过程是：服务器端程序在本机的某个端口上监听，等待客户端连接到此端口，一旦客户端连接到了此端口，服务器端和客户端就可以进行数据传输了，数据传输结束后，关闭连接。如图 19-5 所示为 TCP 数据传输过程。

如图 19-5 所示为 TCP 协议的工作过程，首先是服务器端在指定的端口等待。我们知道，端口是数据传输的窗口，是输出传输的地址，通常来说，端口号是在编写程序之前确定好的。所以，客户端直接根据服务器 IP 和这个已经确定好的端口号，与服务器端建立连接。

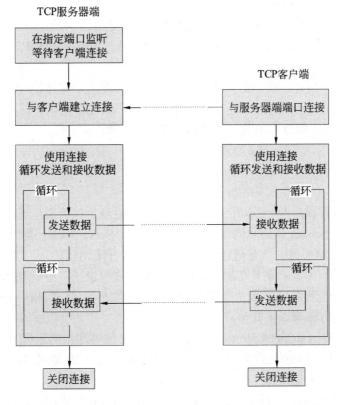

图 19-5　TCP 数据传输过程

连接建立起来之后，就可以通过这个连接进行数据传输了。一个已经建立的连接可以进行多次数据传输。而当程序不再需要传输数据的时候，则应该关闭这个连接释放资源。

好，下面使用程序来实现这个过程。

❑　了解 TCP 数据传输的过程。

19.2.3　第一个 TCP 小程序

在 Java 类库中，与 Socket 相关的类都在 java.net 这个包中。InetAddress 是代表 IP 地址的类，ServerSocket 就是代表服务器端的类，Socket 是代表客户端的类，同时也可以看作是代表连接的类。下面首先对这 3 个类做一个简单的介绍。

1. InetAddress类

InetAddress 类的构造方法是私有的，所以我们不能够通过 new 关键字来创建一个 InetAddress 类的实例。但是 InetAddress 类有几个静态方法，可以用于生成 InetAddress 的实例。我们在这里用到的就是 getByAddress(byte[])这个静态方法。这个方法的参数是一个 byte 数组。

我们知道，一个 IP 地址是由 4 个字节组成的，只要将这 4 个字节顺序放在一个 byte 数组中，然后将它作为参数传递给这个方法，就可以得到一个 IP 地址。

2. ServerSocket类

ServerSocket 类代表了服务器端，根据图 19-5，它有以下几个方法。

❑　构造方法 ServerSocket(int)：参数是一个端口号，ServerSocket 的实例创建出来后，会在指定的端口监听。

❑　accept()：在指定的端口等待客户端连接过来。在客户端连接过来之前，当前线程是处于挂起状态的，也就是说，如果没有客户端连接过来，这个方法不会执行结束。这个方法的返回值是一个 Socket 类型的实例。

❑　close()：结束监听，释放资源。

3. Socket类

Socket 类可以看做是两个端口之间的连接。两台电脑之间的通信使用的就是这个类。有两种途径来创建 Socket 类的实例。一种是前面说的，ServerSocket 类的 accept()方法会返回一个 Socket 的实例；另一种是通过 Socket 类的构造方法创建。

所谓的服务器端和客户端是在Socket创建出来之前的说法，一旦创建出了Socket实例，就不用去关心哪个是服务器端哪个是客户端了。这时候是通过 Socket 进行数据传输的。Socket 类中主要的方法有以下几个。

❑　构造方法 Socket(InetAddress, int)：指定 Socket 需要连接的远程 IP 地址和端口。使用此构造方法创建出的 Socket 实例，会连接到这个 IP 地址:端口号，并进一步可以使用这个 IP 地址:端口号进行数据传输。

❑　getInputStream()：方法的返回值是一个 InputStream 的实例，通过输入流可以读取信息。必须在建立连接后才能调用此方法。

- ❑ getOutputStream()：方法的返回值是一个 OutputStream 的实例，通过输出流可以向远程计算机输入信息。同样，也必须在建立连接后才能调用此方法。
- ❑ close()：关闭连接，释放资源。

好，下面来看一下服务器端的程序代码。

4．服务器端程序

下面的代码是服务器端程序的代码，使用了 ServerSocket 类。

```
package com.javaeasy.learnsockettcp;

import java.io.BufferedReader;        // 引入需要使用的类
import java.io.IOException;
import java.io.InputStream;
import java.io.InputStreamReader;
import java.io.OutputStream;
import java.io.PrintWriter;
import java.net.ServerSocket;
import java.net.Socket;
import java.net.UnknownHostException;
```

Server 源码

```
public class Server {                                 // 服务器端程序
    public static void main(String[] args) {          // main()方法
        try {
            ServerSocket ss = new ServerSocket(7777);
                                        // （1）在本机的 7777 端口监听
            System.out.println("服务器端在 7777 端口监听……");
            Socket s = ss.accept();          // （2）等待客户端连接到 7777 端口
            // 如果没有客户端连接过来，accept()方法不会返回
            System.out.println("已有客户端连接过来，开始进行通信……");
            InputStream in = s.getInputStream(); // （3）得到输入流
            OutputStream out = s.getOutputStream();// （4）得到输出流
            PrintWriter pw = new PrintWriter(out);
                                        // 使用 PrintWriter 向客户端输出数据
            System.out.println("正在向客户端发送消息……");
            pw.write("客户端，你好，这里是服务器端。\r\n");
            pw.flush();                    // 强制发送数据
            System.out.println("向客户端发送消息完成。");
            // 使用 BufferedReader 读取客户端发送来的数据
            BufferedReader br = new BufferedReader(new InputStreamReader-
            (in));
            String response = br.readLine();
            System.out.println("======下面是客户端发来的消息======");
            System.out.println(response);
            System.out.println("==============================");
            br.close();                      // （5）调用 close()方法释放资源
            pw.close();
            s.close();
            ss.close();
        } catch (UnknownHostException e) {
            System.out.println("无法找到相应的机器，错误信息。" + e.getMess-
```

```
                age());
        } catch (IOException e) {
            System.out.println("数据传输出现异常: " + e.getMessage());
        }
    }
}
```

注意：本章中的代码仅适合在电脑上运行，不宜在手机上运行！

上面的例程中的注释有 5 处标记，分别代表图 19-5 中服务器端的 5 个过程。在这里就不再进行解释了。需要注意的是，Socket 建立连接后，还是通过输入/输出流进行数据传输的。同样，为了操作方便，还是使用了 Reader 和 Writer。

从这里也可以体会接口的力量：无论数据是传输到文件还是远程计算机，都可以使用一套统一的接口来进行操作，实现这套接口的类则可以应用于很多场合。实际上，上面的程序中，除了得到输入输出流的方式与文件不同，关于数据传输部分的代码，与文件的输入输出几乎是一样的。

下面看一下客户端的程序。

5. 客户端程序

客户端的程序是使用 Socket 类的实例，直接与服务器端所监听的端口进行连接。连接后就会进行数据传输。代码如下：

```
package com.javaeasy.learnsockettcp;

import java.io.BufferedReader; // 引入需要使用的类
import java.io.IOException;
import java.io.InputStream;
import java.io.InputStreamReader;
import java.io.OutputStream;
import java.io.PrintWriter;
import java.net.InetAddress;
import java.net.Socket;
import java.net.UnknownHostException;

public class Client {
    public static void main(String[] args) {
        byte[] addr = new byte[] { 127, 0, 0, 1 };        // 与本机进行通信
        try {
            InetAddress local = InetAddress.getByAddress(addr);
            Socket s = new Socket(local, 7777);
            InputStream in = s.getInputStream();
            OutputStream out = s.getOutputStream();
            BufferedReader br = new BufferedReader(new InputStreamReader(in));
            String response = br.readLine();
            System.out.println("======下面是服务端发来的消息======");
            System.out.println(response);
            System.out.println("===============================");
            System.out.println("正在向服务器端发送消息……");
```

Client 源码

```
            PrintWriter pw = new PrintWriter(out);
            pw.write("服务器你好，这里是客户端。");
            pw.flush();
            pw.close();
            br.close();
            s.close();
            System.out.println("向服务器端发送消息结束。");
        } catch (UnknownHostException e) {
            System.out.println("无法找到相应的机器，错误信息。" + e.getMessa-
            ge());
        } catch (IOException e) {
            System.out.println("数据传输出现异常：" + e.getMessage());
        }
    }
}
```

在上面的例程中，其实除了创建 Socket 对象的方式不同之外，其余代码与服务器端程序没有差别。核心过程都是得到输入输出流，并进行数据的传输。"new Socket(local, 7777);"就是创建一个 Socket 对象，与 local 这个 IP 地址，7777 这个端口进行连接。而 Socket 本身占用的端口号则不用去关心，系统会分配一个空闲的端口。

为了例程操作的方便，我们使用的是本机与本机进行的数据传输。通信模式如图 19-6所示。也就是说，运行这个例程只需要一台计算机。数据是从计算机的一个端口传递到同一台计算机的另一个端口。数据其实是在网络上传输的。

图 19-6　例程的通信模式

下面开始运行程序。

6. 运行程序

上面的两个程序必须协调运行才可以。首先应该先运行服务器端程序，让服务器端首先在 7777 端口监听，然后运行客户端程序，让它与服务器端所监听的 7777 端口连接。这样数据才能按照设计的方式正确运行。

首先运行服务器端程序，控制台输出如下内容。

```
java com.javaeasy.learnsockettcp.Server
服务器端在 7777 端口监听……
```

这时服务器端已经准备好了，等待着客户端连接过来。现在打开一个新的命令行窗口，运行客户端程序，会发现服务器端程序输出如下内容：

```
java com.javaeasy.learnsockettcp.Server
服务器端在 7777 端口监听……
已有客户端连接过来，开始进行通信……
正在向客户端发送消息……
向客户端发送消息完成。
======下面是客户端发来的消息======
```

服务器你好，这里是客户端。
================================

而客户端程序会输出：

```
java com.javaeasy.learnsockettcp.Client
======下面是服务端发来的消息======
客户端，你好，这里是服务器端。
================================
正在向服务器端发送消息……
向服务器端发送消息结束。
```

例程中整个通信的过程如下：

（1）服务器端监听 7777 端口。

（2）客户端连接服务器端的 7777 端口。

（3）服务器端向客户端发送数据。

（4）客户端收到数据，输出到控制台。

（5）客户端向服务器端发送数据。

（6）服务器端收到数据并输出到控制台。

（7）服务器端和客户端关闭连接，释放资源。

TCP 编程的基本模式就如上面的例程所示。在数据传输中，则有很大的发挥空间。在编程中可以根据具体的需求进行代码编写。通过本节的学习，我们就可以根据 IP 地址在网络中任意地传输数据了。19.3 节将讲述 UDP 编程。

❑ 掌握 TCP 编程的基本流程。

19.3　Java UDP 编程

通过前面的学习，我们已经可以通过 TCP 来在网络中传输数据了。本节将讲述另一种数据传输的方式——UDP。UDP 是与 TCP 并列的一种数据传输协议，它也需要使用 IP 和端口进行通信。下面开始本节的内容。

19.3.1　UDP 的数据传输模式

在 UDP 协议中，没有 TCP 中所谓的服务器端和客户端，而是有数据的发送端和接收端。也就是说，UDP 发送数据就好像发电报一样。对于一段需要发送的数据，每次都生成一个"数据包"实例，然后发送出去。

与 UDP 相关的类，除了前面介绍过的 InetAddress 之外，还有 DatagramSocket 和 DatagramPacket。下面分别介绍这两个类。

1. DatagramPacket类

DatagramPacket 类是"数据包"类，它不但用于发送数据，还用于接收数据。在发送数据的时候，需要使用以下几个方法。

- setAddress(InetAddress)：设置数据的接收端 IP 地址。
- setPort(int)：设置数据接收端端口。
- setData(byte[] data, int offset, int length)：设置要发送的数据。其中 data 是一个 byte 数组，offset 是指要发送的数据从 offset 那个索引开始，length 是数据的长度，也就是说，实际发送的数据是 data 数组中索引为 offset 至索引为 offset + length –1 的这段内容。

接收数据的时候，可以使用以下几个方法：

- 构造方法 DatagramPacket (byte[] data, int length)：创建一个用于发送数据的 DatagramPacket 对象，其中 data 数组用来放置将来接收到的数据，length 则代表最大可以使用的数组长度（data 数组可能不能够全部用来放置本次接收到的数据）。
- byte[] getData()：得到接收到的数据。
- int getLength：得到数据的长度。
- int getPort：得到数据发送端的端口。
- InetAddress getAddress()：得到数据发送端的 IP 地址。

2. DatagramSocket类

DatagramSocket 类是具体负责发送和接收数据的，其中主要的方法有：

- 构造方法 DatagramSocket(int port)：创建一个 DatagramSocket 实例，并让它在 port 端口监听。如果要使用一个 DatagramSocket 实例收数据，则最好使用这个构造方法。这样发送数据的程序就可以向确定的端口发送数据了。
- 构造方法 DatagramSocket()：创建一个 DatagramSocket 实例，并让它在系统自动分配的端口监听。如果使用 DatagramSocket 实例发送数据，则可以使用这个构造方法。
- send(DatagramPacket)：发送数据包。
- receive(DatagramPacket)：接收数据包。

下面将讲述使用 UDP 协议传输数据。

19.3.2　使用 UDP 协议收发数据

本节将给出一个使用 UDP 协议收发数据的例程，首先给出的是使用 UDP 接收数据的例程，例程代码如下：

```
package com.javaeasy.learnsocketudp;

import java.io.IOException;    // 引入需要使用的类
import java.net.DatagramPacket;
import java.net.DatagramSocket;
import java.net.SocketException;
import java.net.UnknownHostException;

public class UDPReceive {
    public static void main(String[] args) {
        try {
            // 构造用于接收数据的 DatagramPacket 对象
```

UDPReceive 源码

```
            System.out.println("构建 DatagramPacket 对象……");
            byte[] data = new byte[1024];
            DatagramPacket dp = new DatagramPacket(data, data.length);
            System.out.println("使用 DatagramPacket 对象接收数据……");
            // 在 7777 端口监听，等待接收数据。
            DatagramSocket ds = new DatagramSocket(7777);
            ds.receive(dp);                          // 等待数据到来
            System.out.println("数据接收完毕。");
            byte[] recData = dp.getData();           // 分析数据，输出到控制台
            int len = dp.getLength();
            String content = new String(recData, 0, len);
            System.out.println("接收到的数据为： " + content);
            ds.close();                              // 关闭，释放资源
        } catch (SocketException e) {
            e.printStackTrace();
        } catch (UnknownHostException e) {
            e.printStackTrace();
        } catch (IOException e) {
            e.printStackTrace();
        }
    }
}
```

在上面的例程中，首先构造一个可以用于接收信息的 DatagramPacket 实例，然后构建一个在 7777 端口监听的 DatagramSocket 实例。并使用前面的 DatagramPacket 实例接收数据。最后，将接收到的数据看作是字符串，解析出来并输出到控制台。

好，下面是发送数据的例程。

```
package com.javaeasy.learnsocketudp;

import java.io.IOException;        // 引入需要使用的类
import java.net.DatagramPacket;
import java.net.DatagramSocket;
import java.net.InetAddress;
import java.net.SocketException;
import java.net.UnknownHostException;

public class UDPSender {
    public static void main(String[] args) {
        try {
            // 构建一个用于发送数据的 DatagramPacket 对象，包括数据、目的 IP 地址和
            // 目的端口
            System.out.println("构建 DatagramPacket 对象……");
            String content = "使用 UDP 传输数据。";
            byte[] data = content.getBytes();
            DatagramPacket dp = new DatagramPacket(data, data.length);
            byte[] addr = new byte[] { 127, 0, 0, 1 };
            InetAddress local = InetAddress.getByAddress(addr);
            dp.setAddress(local);                    // 向本机发送
            dp.setPort(7777);                        // 向 7777 端口发送
            System.out.println("发送 DatagramPacket 对象……");
            DatagramSocket ds = new DatagramSocket();
            ds.send(dp);                             // 发送数据
            System.out.println("发送结束。");
```

UDPSender 源码

```
        ds.close();                                    // 关闭，释放资源
    } catch (SocketException e) {
        e.printStackTrace();
    } catch (UnknownHostException e) {
        e.printStackTrace();
    } catch (IOException e) {
        e.printStackTrace();
    }
}
}
```

例程中首先构造了一个用于向 127.0.0.1 的 7777 端口发送数据的 DatagramPacket 实例，然后使用一个 DatagramSocket 实例将它发送出去。这与前面接收数据的例程对应起来，可以完成数据的一个收发过程。

下面开始运行这两个例程。首先运行接收数据的程序，控制台输出如下内容：

构建 DatagramPacket 对象……
使用 DatagramPacket 对象接收数据……

然后打开一个新的命令行窗口，运行发送数据的程序，这时接收数据的程序输出如下：

构建 DatagramPacket 对象……
使用 DatagramPacket 对象接收数据……
数据接收完毕。
接收到的数据为：使用 UDP 传输数据。

发送数据的程序则输出：

构建 DatagramPacket 对象……
发送 DatagramPacket 对象……
发送结束。

程序运行结束，数据从发送端传输到了接收端。
❑ 学习 UDP 编程的基本步骤。

19.3.3　TCP 和 UDP 的区别

从上面的过程中可以看出，UDP 程序比起 TCP 程序相对简单，每次的数据传输都是独立的，TCP 的数据传输则是连续的。

对于 TCP 来说，在建立连接之后，数据的传输的线路就确定了，不能再更改了。TCP 更像是现实中的电话，一旦电话拨通之后，两方之间就可以进行数据传输了。数据的源和目的是在拨打电话之前确定的，拨通后不能再更改。

对于 UDP 来说，数据的目的是保存在 DatagramPacket 实例中的。UDP 更像是现实中的信件，每个信件都包含有目的端和数据。DatagramSocket 则像是发送信件的邮递员，只负责将数据传输到目的地，没有像 TCP 那样有一个固定的连接。

根据 TCP 和 UDP 的不同，两者有不同的适用场合。TCP 协议主要用来传出大量的、有顺序的数据，例如传输一个文件，文件的内容对顺序是有要求的，顺序乱的文件就是错

误的了；UDP 则用来传输少量的、对顺序没有严格要求的数据，例如聊天时候的信息。

❑　了解 TCP 和 UDP 数据传输的不同。

19.4　小结：让程序伸向整个网络

本章讲述了 Java Socket 编程的相关知识。通过 Java 类库中提供的相关类，可以让数据方便地在网络中传输。本章中的例程都是相对简单的。在本书后面的章节中，将会利用本章学习的知识，编写一个聊天程序。

其实 Socket 编程是一个很复杂的过程，有很多需要处理的地方，其中最复杂的就是如何高效率地完成数据传输。本书作为一本入门级的书，不会去涉及如何高效地传输数据。读者在以后的学习中，需要注意这方面的内容。

本章讲述了如下内容。

❑　Socket 编程的基础：IP 地址和端口。

❑　TCP 协议传输数据的模式。

❑　Java 类库里 TCP 传输数据的标准写法。

❑　UDP 协议传输数据的模式。

❑　Java 类库中 UDP 传输数据的标准写法。

好，本章的内容到此结束了。想要深入学习 Java Socket 编程的知识，读者可以以本章中介绍过的类为开头，阅读 Javadoc 中相关的内容。在第 20 章中，将学习 Java Swing 编程的基础知识。

19.5　习　　题

1．接收数据。要求：通过使用 TCP 协议，在端口 9999 监听，建立连接之后将所有收到的数据保存到一个文件中。

2．发送数据。要求：从命令行读取两个参数，第一个参数为文件路径，第二个参数为远程 IP 地址。程序读取文件内容，并通过 TCP 协议将文件内容发送到指定 IP 的 9999 端口。

3．使用第 1 题和第 2 题中的程序，实际操作通过 TCP 传送文件。

第 20 章　Java Swing 编程

在前面接触的程序中，与程序交互的方式基本是使用读取控制台输入。本章将学习如何编写可以使用图形用户界面来与用户进行交互的程序。说到图形用户界面大家一定不陌生。Windows 操作系统就是使用图形用户界面来与用户交互的，包括窗口、菜单、文本框、下拉菜单、按钮等在内的图形界面元素，让用户与程序交互起来更方便更直接。

Java Swing 是 Java 中图形用户界面技术。Java Swing 中包含丰富的图形组件（即前面提到的菜单、按钮等）。通过 Java Swing，可以编写出丰富多彩的界面程序，可以让用户方便地与 Java 程序互动。本章将学习 Java Swing 的基础知识。Java Swing 是一个新的领域，但是下面的知识对学习本章的知识有所帮助。

- ❑ Java 中的线程——代码执行者；
- ❑ 线程中的 wait 和 notify；
- ❑ Java 中的接口。

好，下面开始进入本章的内容。

20.1　Java Swing 编程简介

因为图形用户界面是一个全新的内容，所以本节中将首先讲述 Java 图形用户界面的概念。然后介绍图形编程的 3 大要素。用户图形编程与前面学习的程序有较大的不同，本节的另一个目的是让读者对用户界面编程不觉得完全陌生。

20.1.1　图形用户界面编程简介

首先介绍一下什么是图形用户界面。图形用户界面在英语中叫做 Graphics User Interface，简称 GUI。注意，这里的 Interface 是界面的意思，与我们学习过的 Java 中的 Interface 没有任何关系。图形用户界面就是以图形的形式，让用户方便地对程序进行操作和输入程序。

用户图形界面相信大家一定不会陌生，进入 Windows 操作系统之后，迎接我们的就是用户图形界面。用户图形界面是软件通过操作相关硬件（如显卡等），将图形绘制在显示器上的。在这个绘制过程中，操作系统提供了很多帮助。也就是说，我们看到的任何一个按钮，任何一个菜单，任何一行字都是一个个像素绘制出来的。这里所说的软件，指的是运行在操作系统上的所有软件，当然也包括 Java 虚拟机以及所有 Java 程序。

初学 Java Swing，可以从组件、布局管理器和事件处理 3 个方面来入手。下面分别就这 3 个方面来一一解释。

20.1.2　组件

什么是组件（Comporent）呢？在 Swing 中，组件就是一个拥有相对独立功能的一个东西。例如窗口、对话框、按钮、标签和文本框等这些都是组件。在 Java 中，一切皆是类，所以组件也是通过类来封装起来的。Java 类库中为 Swing 提供了丰富的控件。除了上述的一些基本控件外，还有表格控件、树控件等高级控件。

如图 20-1 所示，展示了 6 种 Swing 组件。每个组件上都注明了名称和功能，这里不再赘述。相信大家肯定觉得这些组件都似曾相识，应该在很多软件中见过类似样子和功能的组件。Java Swing 组件的设计也符合这些已有的风格和功能。

图 20-1　Swing 组件展示

Java Swing 组件有一个包含被包含的关系。以上面的例子来说，菜单、标签、文本框、组合框和按钮这几个组件都是被窗口包含的。因为它们都是在窗口这个组件之上绘制的。Swing 中的组件也可以被看作"容器"，它就像是一张画布，可以供其他组件在上面绘制。Swing 的图形界面就是这样一层层地绘制出来的结果。

💭说明：窗口可以看作是 Java Swing 中的顶层组件。在 Swing 中没有什么组件能够包含窗口，但是所有的组件肯定最终都是被窗口所包含。所以窗口可以被称作最底层的容器。

以图 20-1 为例，可以认为这个图形是这样绘制出来的：首先绘制顶层组件，也就是窗口；然后依次在窗口上绘制其子组件，也就是之前提到过的菜单、标签、文本框、组合框和按钮。如果这些子组件还有子组件，那么将继续绘制。

学习组件包括学习组件的功能、属性和使用。还有最重要的是后面会学到的事件处理（Event Handling）。例如按钮这个组件，它可以在按钮上显示一个字符串，这就是它的一个属性，它还可以在上面显示一个小图标。这些属性都是随着学习的深入慢慢掌握的。可以说，Swing 提供了充分灵活的机制，能够让一个组件显示成任何需要的样子。

- ❑ 了解组件包含与被包含的关系。每个组件都可以看作是一个容器（Container），可以包含别的组件。
- ❑ 了解 Swing 界面的绘制过程。

20.1.3　布局管理器（Layout Manager）

组件有自己的样子，但是把这些组件放在一起就需要处理组件与组件之间的显示问题了——哪个组件应该在哪儿显示，应该占用多大的空间。布局管理器就是供容器管理其中组件的大小和位置的。在图 20-1 中，窗口使用的就是 Swing 中最简单的一种布局管理器，它的作用就是按照组件的大小顺序排列，一行排不开就排在下一行。

可以通过在容器里使用布局管理器，方便地在容器中摆放组件。Swing 类库中提供了很多使用的布局管理器。如图 20-2 为使用布局管理器来调整组件的摆放位置。

如图 20-3 所示，使用的是另一种布局管理器。它把窗口的区域划分成 3 行，每行 2 列。这样，空间就被分割成了 6 个等大小的单元格。它会将窗口中的组件依次填在这 6 个单元格中。因为没有足够的组件，所以最后一行会剩余两个单元格。

说明：菜单其实没有被包含在这 6 个单元格中。在这里，窗口只是将除了菜单之外的区域交给布局管理器来使用。实际上，窗口中包含两个容器，一个容器用来放置菜单之外的组件，另一个容器用来放置菜单和那个放置了组件的容器。

同时，布局管理器还负责容器大小改变的时候动态组件的大小。

如图 20-3 所示为将窗口拖大后拖短后的效果。我们看到，窗口的区域还是被分割成 6 个格子，并用来放置其中的组件。每个格子的大小改变了，并且格子中组件的大小也改变了。这正是布局管理器的作用。

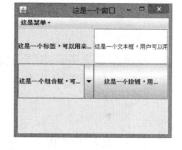

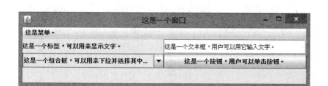

图 20-2　使用布局管理器调整组件的摆放　　　图 20-3　组件大小随窗口大小的改变而改变

❑　布局管理器可以用来决定容器内组件的放置，同时，布局管理器在容器的形状改变后也会相应地改变内部组件的形状。

20.1.4　事件处理（Event Handling）

每种组件都会定义自己的事件。这些事件一般是完成组件功能的核心。事件处理也可以认为是组件的使用，但是它又是相对独立的，且比较重要，所以在本节中单独列出来讲解。

如何理解 Swing 的事件处理呢？以按钮为例，它最基本的功能就是接受用户的单击。例如我们实现了下面这个功能：用户单击按钮后，将按钮上的文字改变为"按钮被单击了"。那么这个过程是怎样的呢？

首先我们需要知道事件的来源。对于单击事件，它的来源一般是鼠标。当鼠标在 Swing 界面上有任何动作——无论是鼠标移动还是鼠标单击——操作系统都会将这个事件传递给 Java 虚拟机，Java 虚拟机会将这个事件传递给 Swing 窗口，Swing 窗口将事件细分到每个组件，并由组件处理这个时间。整个过程如图 20-4 所示。

对于按钮来说，最需要关心的是鼠标是单击在按钮上的事件，对于按钮来说，鼠标单击事件就是前面所说的"定义自己的事件"。按钮组件在接收到"鼠标单击"事件后，就会触发相应的操作。这里所说的"相应操作"则是真正的事件处理，也就是前面说到的"改变按钮上的文字"这个操作。从这个例子中可以看出，事件处理的核心就是"在事件发生的时候，执行相应的代码"。在后面的章节中将讲述如何做到这一点。

好，简要地介绍完了组件、布局管理器和事件处理后，下面分别来学习这 3 个部分。

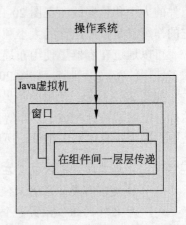

图 20-4　事件传递过程

❑ 了解事件传递的过程。在 Swing 中，事件从一个组件传递到它的子组件中。

❑ 事件处理就是在事件发生的时候，执行相应的代码。

20.2　Swing 基本组件

在 20.1 节中已经简单介绍了 Swing 组件的概念。本节将学习 Swing 中的基本组件。除了学会使用这些组件之外，本节还将进一步了解组件之间包含与被包含的关系。Swing 组件的学习是一个循序渐进的过程。可以说，每个组件都有自己的"故事"，开始不要求多求快。

20.2.1　窗口（JFrame）

Swing 中，JFrame 类代表窗口。它主要有以下几个方法。

❑ setSize(int width, int height)：设置窗口的大小，单位是像素。

❑ setLocation(Point location)：设置窗口左上角距离屏幕左上角的距离。参数是一个 Point 类的实例。Point 类中有两个成员变量，分别代表 x 坐标和 y 坐标。这个类很简单，在这里不再讲述，读者可以去 Javadoc 中查看相关内容。

❑ setDefaultCloseOperation(int)：设置在关闭窗口时的操作，一般这个参数的值是 JFrame.EXIT_ON_CLOSE(int 值 3)。代表在窗口关闭的时候，程序结束。

❑ setVisible(boolean)：隐藏或显示窗口。如果参数值为 true，则显示窗口，如果参数值为 false，则隐藏窗口。窗口创建出来默认是隐藏的，所以要想让窗口显示在屏幕上，需要调用此方法，并传递参数 true。

❑ setTitle(String title)：设置窗口的标题。参数是一个字符串，这个方法将会让这个字符串显示在窗口的标题上。

❑ Container getContentPane()：得到窗口的容器区域，返回值类型是 Container 类的实例，这个类就代表一个可以容纳其他组件的区域。窗口类其实就像是一个相框，而这个方法则是返回相框的主体部分，让我们在上面添加其他组件。

下面以一个例程来展示这些方法。

```
package com.javaeasy.learncomponent;
```

```java
import java.awt.Container; // 引入需要使用的类
import java.awt.Point;
import javax.swing.JFrame;

public class LearnJFrame { // 例程类
    public static void main(String[] args) {
    // main()方法
        JFrame frame = new JFrame("Hello World!");
        // 创建一个 JFrame 类的实例
        frame.setSize(300, 100);
        // 设置窗口大小为宽 300 像素，高 100 像素
        frame.setLocation(new Point(100, 100));
                            // 设置窗口左上角距离屏幕左边 100 像素，上面 300 像素
        frame.setDefaultCloseOperation(JFrame.EXIT_ON_CLOSE);
                            // 窗口关闭时程序退出
        Container container = frame.getContentPane();
                            // 得到窗口的容器区域，在这里没使用它
        frame.setVisible(true);                   // 让窗口显示出来
    }
}
```

LearnJFrame 源码

在上面的例程中，创建了一个宽为 300 像素、高为 100 像素的窗口。让窗口左上角这个点距离屏幕左侧 100 个像素，上侧 300 个像素。设置了在关闭窗口时候的操作为"退出程序并关闭窗口"。最后让窗口显示出来。

运行程序，屏幕上就会显示一个如图 20-5 所示的窗口。

因为没有在窗口的区域内添加任何组件，所以窗口除了有个标题，没有其他内容。在后面的学习中，将会向窗口的区域内添加组件。JFrame 中还有很多其他的方法，读者可以

图 20-5　例程的窗口

在掌握了上面讲述的基本方法之后，进一步去 Javadoc 中学习 JFrame 更多的方法。

插曲：Swing 组件的类名

在这里有必要对 Swing 组件中类的名字做一下说明。JFrame 这个类名也许会让我们觉得奇怪：为什么要加个 J 呢？直接叫做 Frame 就好了嘛。其实这和 Java 中另一套图形编程技术有关系。它的名字叫做 AWT（Abstract Window Toolkit，中文名字叫做抽象窗口工具库）。

AWT 是 Java 中最初提供的图形编程技术，其中也有一套组件。当时 Frame 这个类名就是 AWT 中的窗口组件类的类名。但是，随着 Java 技术的发展，其使用面也越来越广，AWT 技术的局限性越来越明显（主要是 AWT 的理念限制了其组件的数量和灵活性）。Sun 公司针对这种情况，开发出了 Swing 技术，并为 Swing 提供了一整套强大的组件库。

AWT 有很多组件，当然类名中都不会莫名其妙地加个字母 J。引入 Swing 时，为了避免 Swing 组件类命名与 AWT 中已经存在的组件类名冲突，Swing 组件中所有类名都统一地在前面加了一个字母 J。这个字母可以认为是 Java 的缩写。

当然，这个字母 J 可不是仅仅为了避免重名加上去的。实际上，Swing 组件中，除了少数顶层组件之外，所有的组件都是完全使用 Java 语言编写绘制出来的，没有使用操作系统中原生的组件。也就是说，一个 Swing 组件如何绘制，完全是由 Swing 组件类中的 Java 代码决定的。这也是为什么 Swing 的组件与操作系统中默认的组件外观完全不一样的原因。也就是说，Swing 组件是名符其实的 Java 组件，这个 J 加得实至名归。

🔍**关于 AWT：**　AWT 因为其本身的限制太多，现在已经不再是一个可以独立用于实际
　　　　　　商业环境的图形编程技术了。Java 中的 AWT 现在主要的用途是"在幕
　　　　　　后为 Swing 服务，与操作系统进行交互等"。所以本书中不再讲述关
　　　　　　于 AWT 的相关知识。

❑ 掌握 JFrame 类中的基本方法。
❑ Swing 组件类的类名前都会有个字母 J。

20.2.2　Swing 的线程

在前面学习的例程中，我们第一次使用了 Swing 并让它弹出了一个窗口。但是
"frame.setVisible(true);"是 main()方法的最后一行，程序执行完了却没有退出。这与我们
之前接触的例程都有所不同。

实际上，当我们使用 Swing 后，Java 中就会创建两个线程，专门处理 Swing 相关的事
情。例如从操作系统抓取事件、事件的处理与分发和 Swing 组件的绘制等。所以 main 线
程结束后，程序中还有这几个线程在运行，而且这几个线程是不会自动结束的。我们在前
面学习过，一个程序只有在所有线程都结束后才会自动结束。因为这两个线程的存在，这
个窗口程序会一直运行下去而不会随着 main()方法的结束而退出。

实际上，如果不执行 frame.setDefaultCloseOperation(JFrame.EXIT_ON_CLOSE); ，那
么关闭窗口后程序也不会退出。关闭窗口后，仍会有个叫做 javaw 的进程运行在系统中。
只是窗口变得不可见了而已。所以这行代码是很重要的。它的作用就是在用户关闭窗口中，
结束这些为 Swing 服务的线程，并最终让程序退出。

❑ Swing 会创建一些线程为它服务，所以 main()方法结束后程序不会结束。

20.2.3　Swing 组件的鼻祖——JComponent

JCompoent 类是 Container 类的子类。从类的名字上也可以看出，JComponent 类是 Swing
中的组件，但是 Container 类并不是。实际上，Container 类是 AWT 类中的组件。JComponent
类继承自 Container 类，其主要目的也是为了借助它来完成与操作系统有关的操作。这样，
JComponent 类中就可以完全与操作系统无关了。这两个类所代表的组件都可以看作是一个
"空白的画布"。没错，它们都是用来放置其他组件的。

关于 Container 类在这里不再多说。在 20.2.2 节中，虽然我们使用了 Container 类，但
是 JFrame 类的 getContentPane()方法返回的实际上是个 JComponent 类的实例（JComponent
类是 Container 类的子类）。其实，对于所有的 Swing 组件来说，只要它有 getContentPane()
方法，虽然其返回值类型是 Container，但是实际返回的都是 JComponent 类的对象。

JComponent 类可以说是 Swing 组件的鼻祖。它是一个抽象类。所有的 Swing 组件都直
接或间接地继承自 JComponent 类。在 Swing 中，JComponent 类有两个重要的作用。一是
我们前面提过的，用作放置其他组件。图 20-1 中的那些组件其实就是放置在 JComponent
中的。二是用来被继承，一个类继承自 JComponent 类后，就可以借助 JComponent 中提供

的方法，在这个空白画布上绘制一个新的组件。本节中讲述的所有组件都无一例外地继承自 JComponent。

　　JComponent 类中有很多重要的方法，Swing 能够如此地灵活与它是分不开的。但是这些方法并不是初学 Swing 就可以理解的。如果今后深入学习 Swing，JComponent 类是一个必须攻克的山头。下面介绍一下 JComponent 类中一些基本的方法。

- ❑ setVisible(boolean)：设置一个组件是不是可见。这个与 JFrame 的 setVisible()方法不同。每个组件默认都是可见的。
- ❑ setEnable(boolean)：设置一个组件是否可用。每个组件默认都是可用的。如果参数值为 false，那么组件将会变成灰色的，同时将不再处理相应的事件。
- ❑ setLayout(LayoutManager mgr)：为组件设置一个布局管理器。这个方法继承自 Container 类。
- ❑ add(Compoent)：向组件中添加一个子组件。注意，参数是一个 Component 类型的实例。Component 类是 AWT 中的组件类。Container 类继承自 Component 类。又因为 JComponent 类继承自 Container 类，所以 Swing 的组件都可以添加进去。
- ❑ add(Component comp, Object constraints)：add()方法的一个重载。第二个参数是给容器的布局管理器使用的。有些布局管理器需要额外的参数，才能确定一个新加入的组件应该如何在容器内摆放。

　　除了上面的这些基本方法，JComponent 类还有很多方法。对于 Swing 的初学者来说，先掌握这些方法就可以了。这些方法在后面的学习中会使用到。

- ❑ 了解 JComponent 中的基本方法。

20.2.4　Swing 面板类

　　前面说过，JCompoent 是一个抽象类。所以我们是无法创建 JCompoent 的实例的。在 Swing 中提供了一个继承自 JCompoent 的子类 JPanel 类，作为是"空白的面板组件"。JPanel 类就是一个空白的面板，除了背景色之外可以认为没有其他元素。

　　JPanel 类主要的用途就是用做容器，放置其他的组件。JPanel 类的使用简单，一般直接使用无参数的构造方法创建其实例就可以了。因为这个组件不会绘制任何内容在其区域内，所以这里不再给出演示此组件的例程。

20.2.5　Swing 中的标签

　　本节学习 Swing 中的标签。标签在图形界面中算是最常用的组件了。它的基本作用就是显示一行字。其类名是 JLabel。主要方法如下：

- ❑ 构造方法 JLabel()：创建一个标签组件。
- ❑ 构造方法 JLabel(String)：构建一个标签组件，显示的内容就是参数值。
- ❑ setText(String)：设置标签上显示的文字。

下面的例程演示了 JLabel 类的使用。

LearnLabel 源码

```
package com.javaeasy.learncomponent;
```

```java
import java.awt.Container; // 引入需要使用的类
import java.awt.FlowLayout;
import java.awt.Point;
import javax.swing.JFrame;
import javax.swing.JLabel;

public class LearnLabel {  // 学习 JLabel
    public static void main(String[] args) {
    // main()方法
        JFrame frame = new JFrame();
        // 创建一个 JFrame 实例
        frame.setSize(300, 100);
        frame.setLocation(new Point(100, 300));
        frame.setTitle("学习 Swing 的组件");
        frame.setDefaultCloseOperation(JFrame.EXIT_ON_CLOSE);
        Container container = frame.getContentPane();
                                                    // 得到 JFrame 的容器区域
        FlowLayout layout = new FlowLayout();       // 创建一个布局管理器类的实例
        container.setLayout(layout);                // 给容器设置布局管理器
        JLabel label = new JLabel();                // 创建一个标签类的实例
        label.setText("这是一个标签");               // 设置标签上的字
        container.add(label);                       // 将标签加入到容器中
        frame.setVisible(true);                     // 显示出窗口
        try {
            Thread.sleep(5000);                     // 让线程挂起 5 秒
            label.setEnabled(false);                // 让标签不可用，显示成灰色
            Thread.sleep(5000);
            label.setVisible(false);                // 让标签不可见
            Thread.sleep(5000);
            label.setVisible(true);                 // 让标签可见
            Thread.sleep(5000);
            label.setEnabled(true);                 // 让标签可用
        } catch (InterruptedException e) {
            e.printStackTrace();
        }
    }
}
```

在上面的例程中，首先创建了一个 JFrame 类的实例，用来放置将来的 JLabel 实例。随后就是得到 JFrame 的容器区域（实际是个 JCompoent 类的实例，在这里把它当成 Container 来使用也足够了）。创建一个叫做 FlowLayout 的布局管理器实例，并把它用在 container 上。

后面就是创建 JLabel 的实例，并把它添加入 container 中。这时将 JFrame 的实例设置为可见，屏幕上就会显示出一个添加了 JLabel 的窗口了，如图 20-6 所示。

后面的几行代码是用来演示 setVisible()方法和 setEnable()方法的作用的。窗口显示约 5 秒钟后，标签就会变成灰色，这是 setEnable(false)的结果，如图 20-7 所示。

再等约 5 秒钟后，标签会变得不可见，这是 setVisible(false)的结果，如图 20-8 所示。

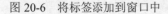

图 20-6　将标签添加到窗口中　　　　图 20-7　标签变成灰色　　　　图 20-8　标签消失

然后再等 5 秒钟，标签会再次显示出来。这是 setVisible(true)的结果。但是因为标签处于失效状态，所以还是灰色的。再过 5 秒钟后，标签会变成开始时的状态，这就是 setEnable(true)的结果了。setVisible()方法和 setEnable()方法是来自 JCompoent 的，所以后面将要学习的所有组件都有这两个方法，方法的效果和风格与 JLabel 也类似。

❏ 学会使用 JLabel。

❏ 学会使用 setVisible()方法和 setEnable()方法。

20.2.6 Swing 中的文本框

文本框是用来接受用户输入的一行字符串的。在 Swing 中对应的组件类名是 JTextField。它有如下几个基本的方法。

❏ setText(String)：设置文本框上显示的字体。

❏ String getText()：得到文本框上的字。

看下面的例程。

LearnText 源码

```
package com.javaeasy.learncomponent;

import java.awt.Container;  // 引入需要使用的类
import java.awt.FlowLayout;
import java.awt.Point;
import javax.swing.JFrame;
import javax.swing.JTextField;

public class LearnText {
    public static void main(String[] args) {
        JFrame frame = new JFrame();                    // 创建 JFrame 实例
        frame.setSize(300, 100);
        frame.setLocation(new Point(100, 300));
        frame.setTitle("学习 Swing 的组件");
        frame.setDefaultCloseOperation(JFrame.EXIT_ON_CLOSE);
        Container container = frame.getContentPane();
        FlowLayout layout = new FlowLayout();           // 创建并应用布局管理器
        container.setLayout(layout);
        JTextField txt = new JTextField();              // 创建文本框
        txt.setText("这是一个文本框");                    // 设置文本框上的字
        container.add(txt);                             // 将文本框加入到窗口中
        frame.setVisible(true);
        try {
            Thread.sleep(10000);                        // 主线程挂起 10 秒钟
            String content = txt.getText();             // 得到文本框上的字符串
            System.out.println(content);                // 将内容输出到控制台
        } catch (InterruptedException e) {
            e.printStackTrace();
        }
    }
}
```

上面的例程将展示的例程换成了 JTextField。将程序添加入窗口后，主程序会挂起 10 秒钟，在这 10 秒钟内改变文本框内的内容，这个内容就会在 10 秒钟后输出到控制台。运行例

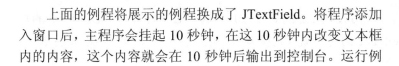

图 20-9　窗口中的文本框

程，屏幕上会显示一个窗口，如图 20-9 所示。

在 10 秒钟内，将窗口中文本框上的字删除，写上"这是新输入的内容"。那么控制台就会将新输入的内容输出来。

这是新输入的内容

❑ 掌握 JTextField 的基本方法。

20.2.7　Swing 中的文本域

JTextField 只能够接收用户一行输入，下面将学习使用 JTextArea 可以接收用户的多行输入。JTextArea 的基本方法与 JTextField 一样，能够设置和获取当前文本。除此之外，JTextArea 还可以通过下面两个方法改变文本域大小。

❑ setRows(int)：设置文本域显示的行数。可以用于控制文本域组件的高度。

❑ setColumns(int)：设置文本域的列数。可以用于控制文本域组件的宽度。

当输入多行文本的时候，最常见的问题就是处理滚动条，在 Swing 中，JScrollPane 类是提供滚动条的容器组件。下面的例程展示了这两者的配合使用。

```
package com.javaeasy.learncomponent;

import java.awt.Container; // 引入需要使用的类
import java.awt.FlowLayout;
import java.awt.Point;
import javax.swing.JFrame;
import javax.swing.JScrollPane;
import javax.swing.JTextArea;

public class LearnTextArea {
    public static void main(String[] args) {
        JFrame frame = new JFrame();
        frame.setSize(300, 200);      // 设置窗口大小
        frame.setLocation(new Point(100, 300));
        frame.setTitle("学习 Swing 的组件");
        frame.setDefaultCloseOperation(JFrame.EXIT_ON_CLOSE);
        Container container = frame.getContentPane();
        FlowLayout layout = new FlowLayout();
        container.setLayout(layout);
        JTextArea area = new JTextArea();              // 创建文本域对象
        area.setRows(7);                               // 设置文本域的行数和列数
        area.setColumns(20);
        area.setText("这是一个文本域");                // 设置文本域上的字体
        JScrollPane scroll = new JScrollPane();        // 创建 JScrollPane 对象
        scroll.setViewportView(area);                  // 让文本域作为其视图
        container.add(scroll);        // 注意，是将 JScrollPane 的对象加入容器
        frame.setVisible(true);       // 显示窗口
    }
}
```

LearnTextArea 源码

上面的例程中，创建了一个 JTextArea 的对象，并将这个对象设置为 JScrollPane 的视图（View）。最后将 JScrollPane 的对象加入到窗口中。运行例程，屏幕上显示如图 20-10 所示的图像。

当在文本域中输入的行数超出其显示范围后，就会出现滚动条。这就是 JScrollPane 的作用，如图 20-11 所示。

通过滚动条就可以查看文本域中的所有内容了。

❑ 掌握文本域的使用方法。

❑ 掌握给文本域加滚动条的方法。

图 20-10　窗口中的文本域　　　　　　图 20-11　文本域周围出现滚动条

20.2.8　Swing 中的组合框

组合框是一个常用的组件。它可以让用户从下拉菜单中选择一个条目。在 Swing 中，组合框组件是类 JComboBox 实现的。下面是 JComboBox 类中基本的方法。

❑ 构造方法 JComboBox：JComboBox 有一个无参数的构造方法，也有一个以 Object 数组为参数的构造方法。这时 Object 数组中的元素将被添加入组合框，显示在组合框中的字符则是 Object 对象的 toString()方法的返回值。

❑ addItem(Object)：向组合框中添加一个元素。

❑ removeItemAt(int index)：删除索引为 index 的元素。第一个元素的索引为 0。

❑ removeAllItems()：删除所有元素。

❑ int getSelectedIndex()：得到当前选中的元素索引。

❑ Object getSelectedItem()：得到当前选中的元素。

❑ setSelectedIndex(int index)：选中索引为 index 的元素。

❑ setSelectedItem(Object item)：选中与 item 相等的元素。

下面的例程演示了 JComboBox 的基本用法。

```
package com.javaeasy.learncomponent;

import java.awt.Container; // 引入需要使用的类
import java.awt.FlowLayout;
import java.awt.Point;
import javax.swing.JComboBox;
import javax.swing.JFrame;

public class LearnComboBox {
    public static void main(String[] args) {
        JFrame frame = new JFrame();            // 创建窗口
        frame.setSize(300, 100);
        frame.setLocation(new Point(100, 300));
        frame.setTitle("学习 Swing 的组件");
        frame.setDefaultCloseOperation(JFrame.EXIT_ON_CLOSE);
        Container container = frame.getContentPane();
        FlowLayout layout = new FlowLayout();
```

LearnComboBox 源

```
        container.setLayout(layout);
        // 使用 Object 数组作为参数创建一个 JComboBox 对象
        JComboBox combo = new JComboBox(new Object[] { "选项一", "选项二" });
        combo.addItem("选项三");            // 向 JComboBox 对象中添加一个元素
        combo.setSelectedIndex(1);          // 设置第二个元素为选中元素
        Object obj = combo.getSelectedItem();  // 得到当前选中的元素
        System.out.println("当前选中的选项是: " + obj);
                                            // 输出当前选中的元素
        container.add(combo);
        frame.setVisible(true);
    }
}
```

运行例程，屏幕上显示如图 20-12 所示。

同时，控制台输出如下内容。

当前选中的选项是：选项二

图 20-12　组合框

如果单击组合框，会看到其中有 3 个选项，其中前 2 个是
通过构造方法添加进去的，最后一个是通过 addItem()方法添加进去的。在例程中还有很多
方法没有演示，读者可以自己编写程序来体验这些基本方法的作用。

❑　学会使用组合框。

20.2.9　Swing 中的按钮

按钮是很常用的组件。在 Swing 中，JButton 类代表按钮组件。从显示的角度来看，按
钮中的方法与 JLabel 如出一辙，看下面的例程。

```
package com.javaeasy.learncomponent;

import java.awt.Container; // 引入需要使用的类
import java.awt.FlowLayout;
import java.awt.Point;
import javax.swing.JButton;
import javax.swing.JFrame;

public class LearnButton {
    public static void main(String[] args) {
    // main()方法
        JFrame frame = new JFrame();
        frame.setSize(300, 100);
        frame.setLocation(new Point(100, 300));
        frame.setTitle("学习 Swing 的组件");
        frame.setDefaultCloseOperation(JFrame.EXIT_ON_CLOSE);
        Container container = frame.getContentPane();
        FlowLayout layout = new FlowLayout();
        container.setLayout(layout);
        JButton button = new JButton();            // 创建一个 JButton 类的实例
        button.setText("按钮");
        container.add(button);                     // 将按钮加入到窗口中
        frame.setVisible(true);
    }
}
```

LearnButton 源码

运行例程，屏幕上显示一个带有按钮的窗口，如图 20-13 所示。

在按钮上单击鼠标左键，按钮会有显示上的改变，但是除此之外什么都没有发生。如何能把按钮利用起来呢？这就是与事件处理相关的内容了，在 20.3 节中先学习布局管理器的知识。

图 20-13　带有按钮的窗口

❑ 掌握按钮的使用。

20.3　Swing 的布局管理器

在前面的内容中讲述了一些基本的 Swing 组件。为了能够让多个组件摆放在合适的位置，Swing 中引入了布局管理器的概念。在前面简单介绍过布局管理器。本节将学习布局管理器更详细的内容，并介绍 Swing 中自带的几种常用布局管理器。

20.3.1　最简单的 FlowLayout

FlowLayout 是一种最简单的布局管理器。默认情况下，它会将容器中的组件从上到下、从左到右地排列。图 20-1 中正是使用了 FlowLayout。FlowLayout 有 3 个参数，用来调整容器中组件的排列。这 3 个参数的作用分别如下：

❑ 组件的对齐策略：默认情况下组件从左到右地排列，多余的空间会剩余在两边，也就是居中对齐。FlowLayout 类中是使用 int 值表示对齐策略的。居中对应的就是 FlowLayout.CENTER。Javadoc 中对这几种策略有详细的叙述，在这里不再重复。

❑ 组件水平间距：也就是同一行中组件之间的间距，单位是像素。

❑ 组件垂直间距：两行之间组件的间距，单位是像素。

FlowLayout 有一个接收 3 个 int 参数的构造方法，分别接收这 3 个参数的值。在使用时就会知道这些参数所代表的意义。本章中 com.javaeasy.component.ShowComponent 例程（本章的源代码中，书中未贴出源代码）使用的就是 FlowLayout，其显示结果如图 20-1 所示。

❑ 使用 FlowLayout 排列容器中的组件。

20.3.2　东南西北中之 BorderLayout

BorderLayout 的作用是将容器分割为东西南北中 5 个区域。当需要向一个容器中添加一个组件的时候，需要指明这个组件添加到 5 个区域中的哪个区域。看下面的例程。

LearnBorderLayout
源码

```
package com.javaeasy.learnlayout;

import java.awt.BorderLayout;   // 引入需要使用的类
import java.awt.Container;
import java.awt.Point;
```

```java
import javax.swing.JButton;
import javax.swing.JFrame;

public class LearnBorderLayout {
    public static void main(String[] args) {
        JFrame frame = new JFrame();                          // 创建一个 JFrame 实例
        frame.setSize(300, 300);
        frame.setLocation(new Point(100, 300));
        frame.setTitle("学习 Swing 的布局管理器");
        frame.setDefaultCloseOperation(JFrame.EXIT_ON_CLOSE);
        Container container = frame.getContentPane();
        BorderLayout layout = new BorderLayout();
                                                    // 创建一个 BorderLayout 实例
        container.setLayout(layout);                // 在容器中使用这个布局管理器
        JButton btn1 = new JButton("东");          // 创建 5 个 JButton 实例
        JButton btn2 = new JButton("西");
        JButton btn3 = new JButton("南");
        JButton btn4 = new JButton("北");
        JButton btn5 = new JButton("中");
        // 当在容器中使用了 BorderLayout 后，向容器中添加组件就需要使用两个参数的
        // add()方法
        // 其中第二个参数是给布局管理器使用，用来标识组件位置
        container.add(btn1, BorderLayout.EAST);
                                        // 将按钮添加到容器的东边，也就是右边
        container.add(btn2, BorderLayout.WEST);
                                        // 将按钮添加到容器的西边，也就是左边
        container.add(btn3, BorderLayout.SOUTH);
                                        // 将按钮添加到容器的南边，也就是下边
        container.add(btn4, BorderLayout.NORTH);
                                        // 将按钮添加到容器的北边，也就是上边
        container.add(btn5, BorderLayout.CENTER);
                                        // 将按钮添加到容器的中间
        frame.setVisible(true);
    }
}
```

在使用 BorderLayout 的时候，就需要使用 Container 类中有两个参数的 add()方法了。其中第 2 个参数为 BorderLayout 提供了给组件定位的参数。运行上面的例程，屏幕显示如图 20-14 所示。

在实际使用 BorderLayout 的时候，很少会将 5 个区域都填满。常用的是填满其中的一个或两个，例如填满中间和南边。这时候中间的组件会将北、东和西的空间占满，效果如图 20-15 所示。

　　图 20-14　BorderLayout 的效果

　　图 20-15　中间组件会占满未填组件的区域

　　BorderLayout 在窗口大小改变的时候，还会动态改变容器内组件的大小。原则很简单：当空间变大时，多出的空间归中间的组件所有；当空间变小时压缩中间组件的大小。图 20-16 是将窗口在水平方向拖长、在垂直方向上拖短后的显示结果。

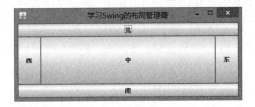

图 20-16　组件大小随容器大小的变化而变化

　　BorderLayout 到这里就算学习完毕了，下面学习 Swing 中最强大最灵活的布局管理器。

　　❑ 掌握 BorderLayout 的使用方法。

20.3.3　平均分割之——GridLayout

　　前面我们曾经使用过 GridLayout 布局管理器，它的作用如图 20-2 所示，是将容器区域分割成大小相等的单元格。每个添加进去的组件都将占用其中的一个单元格。如果空格有剩余，那么也不会被占用。例程代码如下：

```
package com.javaeasy.learnlayout;

import java.awt.Container; // 引入需要使用的类
import java.awt.GridLayout;
import javax.swing.JButton;
import javax.swing.JComboBox;
import javax.swing.JFrame;
import javax.swing.JLabel;
import javax.swing.JMenu;
import javax.swing.JMenuBar;
import javax.swing.JTextField;

public class ShowLayoutComponent {
    public static void main(String[] args) {
        JFrame frame = new JFrame();                // 创建窗口
        JMenuBar menuBar = new JMenuBar();
        frame.setJMenuBar(menuBar);
        menuBar.add(new JMenu("这是菜单。"));
        frame.setSize(600, 150);
        frame.setTitle("这是一个窗口");
        Container container = frame.getContentPane();
        container.setLayout(new GridLayout(3, 2)); // 创建布局管理器
        container.add(new JLabel("这是一个标签，可以用来显示文字。"));
                                            // 添加组件
        container.add(new JTextField("这是一个文本框，用户可以用它输入文字。"));
        container.add(new JComboBox(new Object[] { "这是一个组合框，可以用来
下拉并选择其中的条目" }));
        container.add(new JButton("这是一个按钮，用户可以单击按钮。"));
```

ShowLayout
Component 源码

```
        frame.setVisible(true);
    }
}
```

其中 new GridLayout(3, 2)就是创建一个 GridLayout 布局管理器对象，参数 3 和 2 分别代表容器分割的行数和列数。GridLayout 的限制性显而易见——每个单元格的大小都是相同的，并且每个组件只能占用一个单元格。Swing 中提供了一个更为强大的布局管理器，它突破了 GridLayout 的限制，下面我们来学习 GridBagLayout。

❑ 掌握 GridLayout 布局管理器的用法。

20.3.4　最强大的布局管理器——GridBagLayout

本节将学习 Swing 中功能最为强大的布局管理器——GridBagLayout。它与前面学习的 GridLayout 有一点相似之处，都是以单元格划分容器区域，但是它更加灵活。

GridBagLayout 也是将容器分割成一个一个的单元格，但是每个单元格的大小取决于其中放置的组件等各种因素。GridBagLayout 会将容器分割成表格一样的单元格，每个单元格都有一个坐标。其中左上角的坐标为(0, 0)，向下向右坐标值增大。但是 GridBagLayout 并不会在开始的时候就确定有多少单元格，而是根据添加组件时的需要动态运算单元格的数量。

当使用 GridBagLayout 作为容器的布局管理器时，add()方法的第 2 个参数的类型必须是一个 GridBagConstraints 类型的实例。GridBagConstraints 中的属性值是 GridBagLayout 的关键。在这里介绍其中几个关键的属性。

❑ gridx：放置组件的起始单元格横坐标。例如要将一个组件放置在第一列的单元格中，那么这个属性的值就应该是 0。

❑ gridy：放置组件的起始单元格纵坐标。例如要将一个组件放置在第一行的单元格中，那么这个属性的值就应该是 0。如果 gridx 和 gridy 的值都是 0，那就是说将从左上角的单元格开始放置当前组件。

❑ gridwidth：当前组件横向占用的单元格数。

❑ gridheight：当前组件纵向占用的单元格数。

❑ fill：这个属性十分重要，其属性值必须是 GridBagConstraints 中以下 4 个类变量之一，即 NONE、HORIZONTAL、VERTICAL 和 BOTH。其默认值是 NONE，代表组件保持自己最佳的长和宽。如果值为 HORIZONTAL，组件将放弃自己原有的长度，尽力充满自己所在单元格的长度；如果值为 VERTICAL，组件将放弃自己原有的高度，尽力充满自己所在单元格的高度；如果为 BOTH，组件将放弃自己原有的长和高，尽力充满自己所占的单元格。

❑ weightx：到容器大小改变时，组件所占用的水平区域的比重。

❑ weighty：到容器大小改变时，组件所占用的垂直区域的比重。

学习布局管理器最好的途径就是通过程序来测试使用不同属性值的显示结果。下面的例程将完成一个如图 20-17 所示的窗口。它由 5 个组件构成，其中有 3 个按钮和 2 个面板。

按钮 1 占用一个单元格，且保持自身大小不变；按钮 2 在第二排，横向占用两个单元格，当窗口变长时，它也将变长；按钮 3 纵向占用两个单元格，且它会放弃自身的大小，填满整个分配给它的区域。

面板 1 是第一排里那个小方块。它会占用一个单元格，保持原有大小；面板二是窗口下面的单元格，它横向占用 3 个单元格，放弃自身大小填满分配给它的区域，且在窗口大小改变的时候，会占用改变的大小。当窗口变长变窄时，组件大小调整如图 20-18 所示。

图 20-17　使用 GridBagLayout 摆放组件　　图 20-18　窗口变长变窄后的组件大小

这个窗口的代码如下：

```
package com.javaeasy.learnlayout;

import java.awt.Container;// 引入使用类
import java.awt.Color; // 代表颜色的类，请参考 Javadoc
import java.awt.GridBagConstraints;
import java.awt.GridBagLayout;
import java.awt.Point;
import javax.swing.JButton;
import javax.swing.JFrame;
import javax.swing.JPanel;

public class LearnGridBagLayout {
    public static void main(String[] args) {
        JFrame frame = new JFrame();    // 创建窗口
        frame.setSize(300, 300);
        frame.setLocation(new Point(100, 300));
        frame.setTitle("学习 Swing 的布局管理器");
        frame.setDefaultCloseOperation(JFrame.EXIT_ON_CLOSE);
        Container container = frame.getContentPane();
        GridBagLayout layout = new GridBagLayout();
                                        // 创建 GridBagLayout 对象
        container.setLayout(layout);    // 在容器中应用 GridBagLayout
        // 创建 GridBagConstraints 实例，它配合 GridBagLayout 布局管理器使用
        GridBagConstraints gbc = new GridBagConstraints();
        JButton btn1 = new JButton("按钮 1");    // 创建 3 个按钮，2 个面板对象
        JPanel panel1 = new JPanel();
        panel1.setBackground(Color.ORANGE);     // 设置面板背景色为橘黄色
        JButton btn2 = new JButton("按钮 2");
        JButton btn3 = new JButton("按钮 3");
        JPanel panel2 = new JPanel();
        panel2.setBackground(Color.BLUE);        // 设置面板背景色为蓝色
        gbc.gridx = 0;                 // 开始添加第 1 个组件，按钮 1，其起始位置是第 1 列
```

LearnGridBagLayout
源码

```
        gbc.gridy = 0;              // 第 1 列
        gbc.gridwidth = 1;          // 横向上占用一个单元格
        gbc.gridheight = 1;         // 纵向上也是占用一个单元格
        gbc.fill = GridBagConstraints.NONE;
                                    // 不改变组件大小，即保持组件原有大小
        container.add(btn1, gbc);
            // 添加第 1 个组件，注意，第 2 个参数必须是 GridBagConstraints 实例
        gbc.gridx = 1;              // 开始添加第 2 个组件，面板，与第 1 个组件不同的仅
                                    //    是横向的起始位置
        container.add(panel1, gbc);
        gbc.gridx = 0;              // 添加第 3 个组件，横向位于第 1 列
        gbc.gridy = 1;              // 纵向位于第 2 列
        gbc.gridwidth = 2;          // 横向长度为 2，纵向宽度不变，还是 1
        gbc.fill = GridBagConstraints.BOTH;
                                    // 改变组件原有大小，填满分配给这个组件的空间
        gbc.weightx = 1.0;          // 窗口大小改变时，按比例占用增加的宽度值
        gbc.weighty = 0;            // 窗口大小改变时，不占用增加的高度值
        container.add(btn2, gbc);
        gbc.gridx = 2;              // 开始添加第 4 个组件，按钮，起始位置为第 3 列
        gbc.gridy = 0;              // 第 1 行
        gbc.gridwidth = 1;          // 宽度为 1
        gbc.gridheight = 2;         // 高度为 2
        gbc.fill = GridBagConstraints.BOTH;
                                    // 改变组件原有大小，填满分配给这个组件的空间
        gbc.weightx = 0;            // 窗口大小改变时，不占用增加的高度和宽度值
        gbc.weighty = 0;
        container.add(btn3, gbc);
        gbc.gridx = 0;              // 添加第 5 个组件，面板，起始位置是第 1 列
        gbc.gridy = 2;              // 第 3 行
        gbc.gridwidth = 3;          // 横向占用 3 个单元格
        gbc.gridheight = 1;         // 高度为 1
        gbc.fill = GridBagConstraints.BOTH;
                                    // 改变组件原有大小，填满分配给这个组件的空间
        gbc.weightx = 1.0;          // 窗口大小改变时，按比例占用增加的高度和宽度值
        gbc.weighty = 1.0;
        container.add(panel2, gbc);
        frame.setVisible(true); // 显示窗口
    }
}
```

　　上面的例程中，使用了 2 个面板和 3 个按钮。同时为了区分两个面板，还给它们分别设置了不同的背景色（因为本书是黑白效果，所以橘黄色和蓝色的区分是橘黄色稍浅，蓝色稍深）。下面就是将这 5 个组件添加到容器中了。上面的代码给出了详细的注释，这里不再重复。

　　需要注意的是，整个程序只创建了一个 GridBagConstraints 的实例。这是没有关系的，每次执行 add()方法的时候，在其内部都会创建一个新的 GridBagConstraints 实例，并将作为参数传入的 GridBagConstraints 对象的属性复制一份。所以，无论再怎么改变我们创建的 GridBagConstraints 对象，都不会影响已经加入容器中的组件。

　　仅靠上面这个例程是无法完全掌握 GridBagLayout 的。学习布局管理器最有效的办法就是自己尝试着使用它，改变它的属性并查看对组件的影响。

　　❏　学习使用 GridBagLayout。

❑ 当使用 add()方法向容器中添加一个组件的时候，布局管理器会创建一个新的实例
（在本例中就是 GridBagConstraints 的实例），并让它完全复制第 2 个参数的属性。

20.3.5　使用多个布局管理器

一个容器只能有且必须有一个布局管理器，在上面的例程中，实例 panel1 和 panel2 其
实都是面板类，其作用是专门放置其他组件的。我们可以按照需要来设置布局管理器。

🔔注意：Swing 组件是包含被包含的关系。但是被包含的组件并不会从包含它的组件中继
　　　　承布局管理器。也就是说，每个 Swing 组件的布局管理器是独立的。在例程
　　　　LearnGridBagLayout 中，container 使用的是 GridBagLayout 布局管理器。但是这
　　　　与包含在其中的 panel1 和 panel2 没有任何关系，它们独立地使用自己的布局管
　　　　理器。

本节中将扩展 LearnGridBagLayout 例程，将 GridLayout 布局管理器应用于 pancl2 中，
并在其中放置 5 个按钮。也就是说，panel2 作为 container 中的一个组件，其大小和位置由
container 的布局管理器决定。但是 panel2 作为一个独立的组件，将使用自己的布局管理器
来决定自己内部组件的摆放。其结果如图 20-19 所示。

图 20-19　在面板内使用布局管理器

新的例程名字叫做 LearnGridBagLayout。它改变了 LearnGridBagLayout 中的一些代码。
下面列出改变的代码。完整的程序请参考 com.javaeasy.learnlayout.standalonelayout。

首先引入了 GridLayout 类。

```
import java.awt.GridLayout;
```

然后改变窗口默认大小。

```
frame.setSize(600, 200);
```

最后为面板 panel2 设置 GridLayout 布局管理器并向其中添加 5 个按钮，下面的代码添
加在 frame.setVisible(true);之前。

```
GridLayout btnsLayout = new GridLayout(2, 3); // 创建布局管理器
panel2.setLayout(btnsLayout);                  // 为面板设置布局管理器
panel2.add(new JButton("面板内的按钮 1"));      // 向其中添加按钮
panel2.add(new JButton("面板内的按钮 2"));
panel2.add(new JButton("面板内的按钮 3"));
panel2.add(new JButton("面板内的按钮 4"));
panel2.add(new JButton("面板内的按钮 5"));
```

程序运行结果如图 20-17 所示。

因为 setLayout()方法是 Container 的方法，所以 Swing 组件都直接或间接地继承了这个方法。也就是说，每个 Swing 组件都有独立的布局管理器。但是对于 JButton 这种已经成型的组件，人工设置布局管理器已经没有意义了。对于 JPanel 这种空白组件，设置布局管理器是有意义的。

☐ 每个 Swing 组件都有独立的布局管理器。

20.4　Swing 的事件处理

通过前面的学习，已经可以让组件按照想要的方式显示在屏幕上。现在为止，组件除了显示出来让用户看之外，还没有发挥其"交互"的作用。图形用户界面的最大作用就是完成与用户的交互，也就是说在用户使用鼠标或键盘输入的时候，Swing 组件应该完成一些相应的操作。这就是所谓的事件处理（Event Handling）。下面开始本节的内容。

20.4.1　事件的传递和封装

Swing 中所有的事件，其根源都是来自于操作系统所捕捉到的鼠标键盘等事件。在 20.1.4 节中已经描述了这个过程。但是从操作系统传递给组件的事件并不是我们需要处理的事件。当一个底层操作系统的事件传递给 Swing 后，这个事件就会被首先封装成一个由 Java 类所表示的事件实例，这样才能够被 Java 语言所处理，如图 20-20 所示。

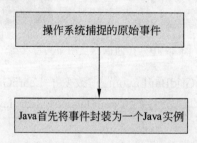

图 20-20　事件在 Java 中是一个实例

随着事件在 Swing 组件中的传递，事件也会再次按照组件的需要被封装。以按钮组件为例，按照操作习惯，按钮被单击一下的定义应该是"鼠标左键在按钮区域内按下，并且在鼠标光标移动出按钮区域之前，松开鼠标左键"。也就是说，如果用户在按钮区域内按下鼠标，但是在松开鼠标左键之前，已经将鼠标挪开了按钮区域，那么这次操作不应该被认为是按钮单击操作。这就是组件对传递过来的事件进行的再封装。如图 20-21 所示为事件传递与封装的过程。

从图 20-22 中可以看出，Swing 中每个组件在得到事件后，都会按照其设计的功能来对事件进行封装。这个封装的过程和逻辑当然都是在相应的组件类中，以 Java 代码完成的，与外界已经没有任何关系了。

其实来自操作系统的事件类型是比较简单的，在经过 Swing 组件的封装之后，事件类型才变得丰富多彩。而 Swing 组件中的一个事件也不是简单地对应着操作系统中的一个原始事件。JButton 中的按钮单击事件至少是由"鼠标左键按下"和"鼠标左键松开"两个事件组成的，其中还需要处理鼠标移动事件。

　　如图 20-20 所示为 JButton 组件对事件的封装和处理过程。那么当事件发生了，如何来让 Swing 执行相应的程序呢？也就是在图 20-22 中，所谓的"触发按钮单击事件"应该如何为我们所用呢？下面进入 20.4.2 节的内容。

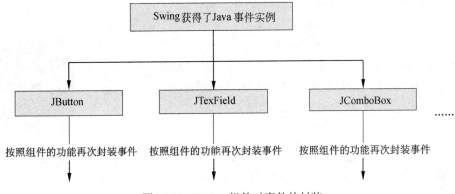

图 20-21　Swing 组件对事件的封装

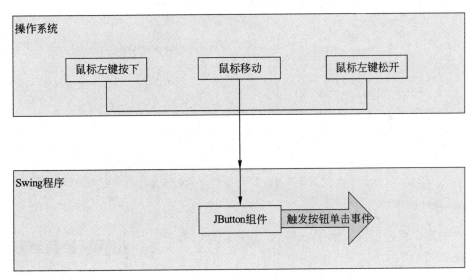

图 20-22　JButton 组件对事件的封装

❑　理解事件传递和封装的过程。

20.4.2　事件监听器——事件的处理者

1. 事件监听器

　　在 20.4.1 节中介绍了事件的传递与封装。那么当事件发生的时候，如何对事件进行处理呢？这时就需要用到事件的搭档——事件监听器（Event Listener）了。Swing 中，每个组件的每种事件都有相应的事件监听器。所谓的事件监听器其实就是一个接口（Interface），其中规定了对事件进行处理的方法。如果想要处理一个事件，只要实现这个接口，并将实现了这个接口的类实例添加到事件监听器列表中就可以了。

2. 使用ActionListener

下面介绍 Swing 中最常用的事件监听器——ActionListener。它是一个通用的事件监听器。一般用来处理组件最重要最直接的事件。JButton 的按钮单击事件使用的就是这个事件监听器。JButton 类中的 addActionListener(ActionListener)方法的作用就是将一个事件处理类的实例添加到事件监听器列表中。下面通过一个简单的实例来学习这个事件监听器。

ActionListener 接口中只有一个方法，是 actionPerformed(ActionEvent e)。这个方法就是在事件触发时被调用的方法。首先创建一个类，并让它实现 ActionListener 接口。

```
package com.javaeasy.learnevent;

import java.awt.event.ActionEvent;     // 引入需要使用的类
import java.awt.event.ActionListener;
import javax.swing.JLabel;

public class MyListener implements ActionListener {
                                        // 实现 ActionListener 接口
    int counter = 0;                    // 计数器
    private JLabel label;               // 标签，用于在事件处理时改变标签上的字

    public MyListener(JLabel label) {   // 构造方法
        this.label = label;
    }

    public void actionPerformed(ActionEvent e) {
                            // 事件处理方法，此方法在事件触发时被调用
        counter++;                      // 发生事件后，计数器加 1
        label.setText("事件触发了" + counter + "次。");   // 改变标签上的字
    }
}
```

MyListener 源码

下面的程序将使用这个事件处理类。程序运行时弹出的窗口如图 20-23 所示。

图 20-23 中的按钮添加了上面的事件处理类。按钮上面是一个标签，当前没有显示任何字。在创建 MyListener 实例的时候，上面的标签就是参数。当单击按钮的时候，actionPerformed()方法就会执行，标签上的字体也会改变。

图 20-23　添加事件处理的按钮

```
package com.javaeasy.learnevent;

import java.awt.Container;         // 引入需要使用的类
import java.awt.GridLayout;
import java.awt.Point;
import javax.swing.JButton;
import javax.swing.JFrame;
import javax.swing.JLabel;

public class HandleEvent {
```

HandleEvent 源码

```
    private JFrame frame;           // 窗口以及窗口中的组件
    private JButton button;
    private JLabel label;

    public HandleEvent() {                          // 构造方法
        frame = new JFrame();                       // 创建窗口以及窗口中的组件
        button = new JButton("有事件处理器的按钮");
        label = new JLabel();
        init();                                     // 在 init()方法中构建窗口
    }

    public void init() {                            // 初始化方法
        frame.setSize(300, 100);                    // 设置窗口属性
        frame.setLocation(new Point(100, 300));
        frame.setTitle("学习 Swing 的事件处理");
        frame.setDefaultCloseOperation(JFrame.EXIT_ON_CLOSE);
        Container container = frame.getContentPane();  // 设置布局管理器
        container.setLayout(new GridLayout(2, 1));
        container.add(label);                          // 添加标签和按钮
        container.add(button);
        MyListener listener = new MyListener(label);
                                // （1）以 label 为参数构建 MyListener 实例
        button.addActionListener(listener);
                                // （2）注册按钮单击事件的事件监听器
    }

    public void showFrame() {        // 显示窗口
        frame.setVisible(true);
    }

    public static void main(String[] args) {         // main()方法
        HandleEvent handleEvent = new HandleEvent();
                                // 创建 HandleEvent 的实例
        handleEvent.showFrame();     // 调用 showFrame()方法显示窗口
    }
}
```

运行上面的例程，屏幕首先显示出图 20-23 所示的窗口。单击按钮后，标签会显示相应的内容。单击 11 次后，窗口显示的内容如图 20-24 所示。

从图 20-24 中可以看出，按钮单击事件确实触发了事件监听器中相应代码的执行。后面的内容中将对这个过程做一个简单的描述。

图 20-24　单击按钮 11 次后的窗口

❑ 给按钮添加事件监听器，处理按钮单击事件。

20.4.3　Swing 事件处理的机制

20.4.2 节中演示了如何处理按钮触发事件。但是仅从代码上还是难以了解这个事件处理的机制。本节将以上节中的例程为例，一探 Swing 事件处理的究竟。首先需要介绍的就是暗藏在 Swing 组件中的事件监听器列表。

1．事件的3个"标准配置"

前面介绍过 Swing 组件对事件的封装过程。一个 Swing 组件真正处理的事件不会很多。举例来说，JButton 组件会将所有分发到它的事件进行处理和封装，最后的结果是可以认为 JButton 组件只有一个事件，就是按钮单击事件。

在每个 Swing 组件中，所有封装后的事件都会有 3 个标准配置：一个事件监听器列表，一个事件监听器接口和一个注册事件监听器的方法。可以认为事件监听器列表就是组件内部的一个成员变量，其作用与 List 的实例类似（其作用与 List 类似）。这个列表中存放的元素全部都是"实现了相应的事件监听器接口的类的实例"。

以 JButton 组件为例，它的事件就是按钮单击事件。与之配套的事件监听器列表就是其内部一个叫做 listenerList 的成员变量。与之配套的事件监听器接口就是前面用到过的 ActionListener 接口（这个是在 JButton 组件的代码中规定的，不能改变）。listenerList 中存放的所有元素都是实现了 ActionListener 接口的类的实例。

如图 20-25 所示为 JButton 中的事件监听器列表结构。它的作用就是保存一个 ActionListener 实例的列表。事件监听器列表可以保存多个元素，图中的事件监听器列表中有两个元素。如何才能将一个事件监听器添加到组件的事件监听器列表中呢？这就需要用到事件的第 3 个标准配置——注册事件监听器的方法了。

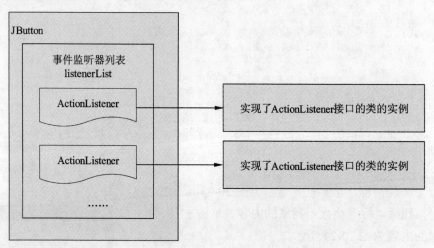

图 20-25　JButton 组件中的事件监听器列表

注册事件监听器的方法就是"用来向事件监听器中添加元素"的方法。当然，它的参数肯定是一个事件监听器接口。以 JButton 的单击按钮事件为例，为它注册事件监听器的方法就是 addActionListener(ActionListener)方法。这个方法的执行结果就是：将方法的参数添加到事件事件监听器列表中。

好，现在万事俱备，只差事件触发了。

2．事件触发的过程

下面来了解一下事件触发的过程。以前面的例程为例，在例程中，创建一个 MyListener 的实例并将它添加到事件处理器列表中。当程序运行的时候，一旦 JButton 被单击，JButton

内部就会"遍历事件监听器列表，并对列表中的每个元素调用相应的方法"。当然，对于 ActionListener 来说，其中只有一个方法，即 actionPerformed()方法。如图 20-26 所示为事件触发过程。

　　事件触发就是遍历事件监听器列表并调用事件监听接口相应方法的过程。从事件触发的过程可以看出，其实 Swing 组件是由事件驱动的。没有事件发生则程序处于挂起状态，当事件传递过来的时候，则针对事件类型执行相应的事件处理代码。

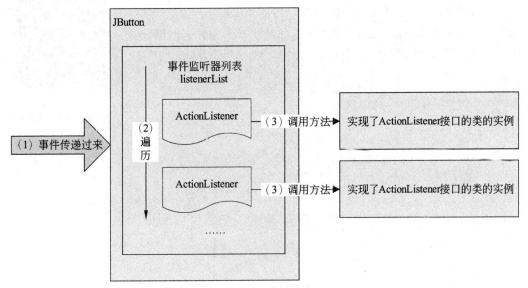

图 20-26　事件触发过程

提示：ActionListener 相对简单，内部只有一个方法。有些复杂的事件监听器接口有多个方法，针对不同的事件，在编写相应的程序时需要弄清楚每个方法是在哪种事件发生时触发的。方法的触发条件在 Javadoc 中有详细的描述。

3. 事件处理编程的过程

下面把事件处理编程的过程做一个简单的总结。

❑ 编写事件处理代码。这是首先需要做的事情。在例程中创建一个类并让它实现 ActionListener 接口。

❑ 向事件处理器列表中添加元素：通过组件中提供的方法，将事件监听器注册到事件监听器列表中。在例程中创建一个 MyListener 的实例，并通过 JButton 的 addActionListener()方法将它注册到事件监听器列表中。

　　好，到这里 Swing 事件处理的机制已经差不多介绍完了。其核心就是：Swing 组件知道事件何时发生了，但是它不知道事件触发后应该做什么事情，所以它就通过事件监听器列表和事件监听器（接口），让编程者指定在事件触发的时候应该执行什么代码。

❑ 了解 Swing 中的事件处理机制。

20.4.4　事件监听器的编写

　　上面的例程创建了一个独立的 MyListener 类来作为事件监听器，但是这不够灵活。最大的限制就是，对于类中使用到的 JLabel 实例，必须以参数的形式传递过来。这对于 Swing 编程是一个很大的限制，因为一个事件处理的过程中可能需要改变很多组件的属性。如果每个组件都需要使用参数传递过来，那么参数列表将很长，代码也会显得很冗长。

1. 使用内部类

一个好的解决办法就是使用内部类。内部类可以访问其外部类的属性。本章中的 HandleEventII 使用了内部类实现了与 HandleEvent 一样的作用。因为大部分代码是类似的，所以在这里不再给出所有代码，只给出改动后的代码。

HandleEventII 源码

```
package com.javaeasy.learnevent;

// 省略 import 语句

public class HandleEventII {
    // 内部类，实现了 ActionListener 接口
    class MyListener implements ActionListener {
        int counter = 0;
        public void actionPerformed(ActionEvent e) {
            counter++;
            label.setText("事件触发了" + counter + "次。");
        }
    }
    // 省略构造方法与成员变量声明的代码

    public void init() {
        // 省略向窗口中添加组件的代码
        MyListener listener = new MyListener();     // 创建一个内部类的实例
        button.addActionListener(listener);          // 添加事件监听器
    }
    // 省略 showFrame()方法和 main()方法
}
```

上面例程的运行结果与 HandleEvent 一样，这时 MyListener 是 HandleEventII 的一个内部类。它可以直接访问 HandleEventII 的属性。

2. 使用匿名类

对于简单的事件处理，还可以考虑使用匿名类让代码更加简洁，HandleEventIII 使用了内部类，其作用也与前面的类一样。

```
package com.javaeasy.learnevent;

// 省略 import 语句
public class HandleEventIII {
    // 省略构造方法与成员变量声明的代码

    public void init() {
        // 省略向窗口中添加组件的代码
        button.addActionListener(new ActionListener()
        {    // 使用匿名类
```

HandleEventIII 源码

```
        int counter = 0;
        public void actionPerformed(ActionEvent e) {
            counter++;
            label.setText("事件触发了" + counter + "次。");
        }
    });
}
// 省略 showFrame()方法和 main()方法
}
```

从代码量上可以看出，使用匿名类会让代码更简洁。

❑　考虑使用内部类或匿名类来实现事件监听器接口。

20.4.5　如何学习更多的事件

到此为止，本章只介绍了 JButton 的一个事件处理。如何学习更多的组件中的事件呢？Javadoc 是最好的帮手。Swing 事件 3 个"标准配置"中的添加事件监听器方法是一个好的突破口。这个方法的方法名有一个规律，都是以 add 开头，以 Listener 结尾。这两个词之间的内容则是对事件类型的描述。

举例来说，JComboBox 中，如果想监听"选择的条目改变"事件，就需要调用 addItemListener(ItemListener)来注册事件监听器。方法参数 ItemListener 就是另一个突破口，这就是此事件的事件监听器接口。然后从 Javadoc 中查看这个接口的文档，清楚接口中每个方法会在哪种事件下被触发。

当然，最好的学习办法就是编写程序尝试。知道了 Swing 中事件处理的机制，学习更多的事件处理方法只是一个量的问题。

❑　活用 Javadoc 学习更多的事件。

20.5　小结：从此不再依赖控制台

通过本章的学习，我们初步掌握了 Swing 的原理以及简单的运用方法。由于篇幅所限，本章中介绍的 Swing 组件和事件都很有限。Swing 的组件命名很有规则。它们都是在包 javax.swing 中的，类名都是以 J 开头。类名都是对组件类型的描述。例如 JTable 就是表格组件，JTree 就是树组件。有 Javadoc 在，不用担心下一步的学习没有着落。

本章中主要讲述了以下内容。

❑　图形用户界面的概念。

❑　Swing 中的基本组件。

❑　Swing 中的线程模型。

❑　Swing 中的布局管理器。

❑　Swing 中的事件处理。

第 21 章的内容将是一个完整的聊天程序。

20.6　习　　题

1. 在一个 JFrame 的子类中，使用 GridBagLayout 将 5 个 JTextField 排列成图 20-27 所示的环状。

2. 为第 19 章课后题中发送文件程序开发一个 GUI。GUI 应该完成的功能有选择目标文件（通过 Javadoc 学习 JfileChooser 的使用）、填写目标 IP 地址以及发送文件操作。

3. 为第 19 章课后题中接收文件程序开发一个 GUI。GUI 应该帮助选择目标文件。

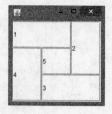

图 20-27　布局图

第 21 章　编程，需要的是想象力和恒心

本章将运用前面学习的知识，完成一个聊天程序。当然，本章并不是前面知识点的简单堆积。本章最主要目的是展示一个相对完整的编程流程。编程的动力来自创造。前面学习的知识就像一块块的积木，本章将使用这些积木，按照自己的想法来编写自己的程序。本章中几乎或多或少地用到本书前面讲述的内容。下面列出一些本章将用到的重要知识点。

- ❑ 对象的二维数组；
- ❑ Java 中的接口；
- ❑ 集合类；
- ❑ UDP 编程；
- ❑ Java 中的字符集、字符串与 byte 数组的互相转换；
- ❑ Java 中的线程；
- ❑ Java 线程中的线程同步与 Java 线程的 wait-notify 模型；
- ❑ Swing 编程——组件、布局管理器和事件处理。

除了上面列出的内容之外，当然还要开动自己的脑筋，正确地处理程序中的数据。好，下面开始本章的内容。

21.1　编程的前奏

本章之前的例程都是服务于学习的——或者学习语法，或者学习相应领域的编程技巧。本章将要带领大家完成的这个程序，其目的不是出于学习某种具体的编程知识，而是使用已经学到的知识来进行创造。本节是创造的第一步：以已经掌握的知识为基础，思考这些知识组合起来，能够完成什么功能，并确定实现方案。

21.1.1　细数手中的积木

巧妇难为无米之炊，发挥想象力也要以现实条件为基础。本节首先来弄清楚我们现在学到了哪些方面的知识。下面我们就来细数一下我们手中的"积木"。

- ❑ 在本书的第 1 部分中，我们搭建好了 Java 开发环境，学习了 Java 语言最基本的语法。这让我们了解了变量的含义，使用 Java 中的基本数据类型和基本运算符，使用数组保存一组变量，使用 Java 流程控制语句编写基本的代码块。
- ❑ 在本书的第 2 部分中，我们学习了 Java 中的高级语法。在本部分中，我们学会了如何使用类和对象，如何在类中添加方法，如何调用方法。这是 Java 语言"封装"的基础。接下来学习了继承和多态，这让 Java 的世界突然热闹了起来，类与类之

　　　　间不再是独立的个体。

❑ 围绕着封装、继承和多态，本书第 2 部分还学习了修饰符、接口、内部类和抽象
类。接口是一个"四两拨千斤"的东西，它在后面的 Swing 编程等各个地方被广
泛地使用。内部类和抽象类在 Swing 编程中应用最多。

❑ 学习了 Java 中的异常处理机制和线程。异常处理机制让我们能够在程序出错的时
候主动处理错误，让程序可以继续执行。线程则让我们可以以 Runnable 接口为切
入点，开始一个新的"代码执行流水线"。

　　上面的内容都是基础的基础，真正高级的"积木"还是在第 3 部分学习的。在本书的
第 3 部分中：

❑ 学习了编程中基础知识，如对象的比较、Java 中的集合类、Map 和字符集编码等。

❑ 学习了 Java 的文件编程和 Java 的文件 I/O。这让我们可以在硬盘上创建文件夹和
文件，可以向文件中写入任何内容（以字节为基本单位）。

❑ 学习了 Java Socket 编程，这让我们可以在网络中以 UDP 或者 TCP 的模式传输任
何数据（当然，还是以字节为单位）。

❑ 学习了 Java Swing 编程，这让我们可以利用 Swing 丰富的组件库，创建丰富多彩
的用户图形界面，来处理用户的鼠标和键盘输入。

💬说明：Java 中还有 Graphics 编程的内容，它可以让我们在容器中绘制图形。它的绘制是
　　　　以像素点为单位的，所以理论上来说它可以绘制出任何图形。Swing 组件其实也
　　　　是通过 Graphics 编程的技术绘制在屏幕上的。但是 Java 的 Graphics 功能相对较
　　　　弱，且效率不高，实际商业应用中也没有大规模用到。所以本书中没有做介绍。

　　好，下面我们来发挥想象力，看看以上的积木可以堆出什么。

21.1.2　发挥想象力

　　以 21.1.1 节中列出的内容为基础，以我们平时使用的软件为出发点，让我们想象一下
可以完成哪些程序。

❑ 文本编辑器：功能是读取、可视化编辑和保存文本文件。用到的技术有 Swing、文
件操作和文件 I/O。

❑ 计算器：实现一个简单的计算器。使用 Swing 做计算器界面，使用 Math 类来对各
种运算提供支持。

❑ 文件管理器：方便对文件的操作，提供如文件批量改名、以字符形式生成文件夹
结构、删除特定的文件等功能。使用 Swing 完成界面，使用 File 类完成相应的文
件操作。

❑ 文件传输：在两台计算机之间传输文件。使用 Swing 完成操作界面，使用 TCP 完
成文件传输的功能。

❑ 聊天窗口：实现一个聊天窗口，可以与多人聊天。使用 Swing 完成聊天窗口，使
用 UDP 传送聊天内容。

　　上面几个例子对于编程的初学者来说都有一定的难度。完成这几个程序之后会有很大
的收获，使用程序解决问题的能力也会有很大的提升。在本章中，将完成聊天窗口这个程

序。首先需要做的就是确定这个程序的功能。

21.1.3　确定程序的功能

在着手编写一个程序之前，应该首先确定这个程序有哪些具体的功能。一个最基本的聊天窗口应该具有以下几个功能。

- ❏　好友管理：通过聊天窗口，可以添加新的好友。
- ❏　聊天：这是最基本的功能，应该可以把消息发送给对方。
- ❏　聊天记录：可以查看与网友的聊天记录。

好，到这里本节的内容就结束了。本节的内容是编写程序的一个思考过程。首先看自己掌握了哪些领域的知识，然后确定自己想要编写的程序，最后确定这个程序的功能。聊天窗口的这 3 个基本功能可以有不同的实现方式，下面看本章中的一种实现方式。

21.2　聊天窗口程序

在确定了聊天窗口的功能之后，下一步就是根据功能设计程序。在本节中，将介绍一个设计程序的简单过程。程序的设计肯定要从程序的功能入手。确定程序的功能是从用户使用的角度看一个程序的，确定程序的设计是从代码和实现的角度看程序的。

21.2.1　聊天程序设计

首先看一下程序运行的效果图，如图 21-1 所示。

图 21-1　程序运行效果图

在图 21-1 中，聊天窗口分为 3 个部分，左上部分显示聊天记录；右上部分是好友列表；下部是输入消息的文本域和发送消息的按钮。通过在右上部分的好友列表中选择好友，可以显示与这个好友的聊天记录，这时候发送消息也是发送给选中的用户的。窗口的标题显示了程序的当前状态，包括自己的昵称、通信端口和当前好友的名字。

提示：在设计程序之前或在编写程序之前，用纸、笔画出程序运行简图和程序执行流程，
　　　对于理清编程思路有很大帮助。

聊天窗口程序可以看作有 3 个功能模块。

❑ UDP 消息收发模块：负责发送和接收 UDP 消息。

❑ 消息处理模块：负责处理 UDP 消息收发模块所接收到的消息。例如根据消息更新
　　好友列表、显示聊天信息等。

❑ 图形界面模块：负责显示图形用户界面，处理用户界面事件。

当然，最直接的实现就是不去管这些功能模块，把代码掺杂在一起。例如，当用户单
击"发送消息按钮"后，就创建一个 DatagramSocket 对象，然后发送 UDP 数据包。但是
如果这样设计程序的话，很显然会让程序显得很杂乱——各种功能的代码都混在一起了。
而且会让代码无法重用——每个需要发送消息的地方都会重复一段几乎一样的代码。

所以，比较好的办法是将各个模块分开，模块之间通过接口进行交互。与本章中这个
程序的设计相关的接口有两个。

（1）首先是 MessageHandler 接口。

```
package com.javaeasy.communication;
import java.net.SocketAddress;

public interface MessageHandler {                    // 代表消息处理模块的接口
    void handleMessage(byte[] data, SocketAddress addr);
                                                     // 处理消息方法
}
```

MessageHandler 接口代表的是消息处理模块的接口。其中只有一个 handleMessage()方
法，这个方法用来处理 UDP 消息收发模块接收到的消息。两个参数的意义也很明显，第 1
个就是接收到的数据，第 2 个就是消息来自哪个 Socket 地址。

注意：关于 SocketAddress 接口：这个接口只有一个实现，是 InetSocketAddress。
　　　InetSocketAddress 封装了 IP 地址和端口。int getPort()方法返回端口号，InetAddress
　　　getAddress()方法返回一个 InetAddress 的对象，代表 IP 地址。

（2）然后是 Messenger 接口。

```
package com.javaeasy.communication;
import java.net.SocketAddress;

public interface Messenger {                          // 代表 UDP 消息收发模块的接口
    public void setMessageHandler(MessageHandler handler);
                                                      // 设置消息处理器
    public void sendData(byte[] data, SocketAddress addr);// 发送数据
    public void startMessenger();                     // 启动消息模块
}
```

Messenger 接口代表 UDP 消息收发模块。接口中定义了 3 个方法。

❑ setMessageHandler：设置消息处理器的方法，参数就是上面讲过的 MessageHandler
　　接口。这个方法的作用，是为 UDP 消息收发模块设置一个处理消息的类。UDP 消
　　息收发模块并不知道如何处理消息，每次 UDP 消息收发模块收到一个消息后，就
　　应该调用 MessageHandler 的 handleMessage()方法来处理消息。

- sendData：发送消息的方法。消息处理模块和图形界面模块使用这个方法来发送 UDP 消息。所有的消息都由 UDP 消息收发模块统一负责发送。
- startMessenger：启动 UDP 消息处理模块。在这里应该启动两个线程，分别负责发送和接收 UDP 消息。我们知道，UDP 在接收消息的时候，如果没有消息发送过来，DatagramSocket 的 receive()方法会阻塞。同样，UDP 发送消息也是需要一定的时间。所以为了保证程序不会因为收发消息而阻塞，这里需要分别使用一个线程。

通过 setMessageHandler 接口和 setMessageHandler()方法，消息收发模块和消息处理模块就分开了，两者通过 MessageHandler 接口交互。通过 sendData()方法，所有的消息发送任务都可以被委派到 UDP 消息发送模块中。

这样，消息收发模块和消息处理模块之间的交互，以及图形界面模块与消息收发模块的交互基本就只依赖于接口了。但是消息处理模块和图形界面模块之间有比较紧密的关系，消息处理模块需要操作图形界面。当然，无论怎么复杂，都可以使用接口将两者的关联剥离开。但是为了简洁，在本程序中，两者的交互选择不使用接口。

如图 21-2 所示为 3 个模块之间的关系。

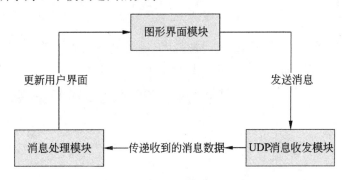

图 21-2　模块之间的关系

在图 21-2 中，图形界面模块接收用户输入，使用 UDP 消息收发模块来发送消息；当 UDP 消息收发模块收到消息后，会调用消息处理模块的方法来处理消息；消息处理模块会根据消息数据来更新用户图形界面（如显示聊天信息、添加好友等）。

- 设计程序时，首先根据程序中的功能，将程序分成不同的模块。
- 优先考虑使用接口在不同的模块之间进行操作。

21.2.2　设计程序运行效果

本节先来看一下程序完成后的效果，这样对于理解后面的内容有一定的帮助。在确定了程序的模块之后，可以使用纸笔来思考程序执行的效果，然后再着手编写程序的各个模块。这样的好处是可以尽量避免"想当然"而造成的疏忽。很多时候，在设计程序运行效果的阶段，会发现程序模块设计上的缺陷。

ChatFrameMain 源码

当然，因为本章中的例程已经完成，笔者在这里就直接使用程序的运行结果来描述程序的运行结果。启动程序的 main()方法在类 com.javaeasy.chat.ChatFrameMain 中。执行这个类，屏幕上首先显示如图 21-3 所示的对话框。

在图 21-3 中，用户需要输入自己的用户名和通信所使用的端口。输入完毕后单击"确定"按钮。这时会按照如下规则检查用户的输入。

❑ 要求用户输入的用户名不能包含"#"字符，如果包含此字符，将弹出如图 21-4 所示的错误提示对话框。

❑ 要求输入的端口必须是数字，如果不是数字则弹出如图 21-5 所示的错误提示框。

图 21-3　用户名和端口输入对话框

❑ 要求用户输入的端口必须在 0～65535 之间，否则将会弹出如图 21-6 所示的错误提示框。

图 21-4　用户名错误　　　　图 21-5　端口号非数字　　　　图 21-6　端口号错误

如果输入是正确的，但是此端口已经被占用，那么程序会弹出如图 21-7 所示的错误提示对话框，并退出程序。如果一切正常，将会弹出如图 21-8 所示的聊天主窗口。

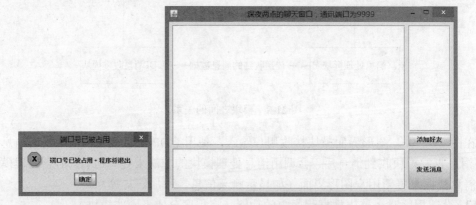

图 21-7　端口已被占用　　　　　　　　　图 21-8　聊天主窗口

窗口的标题会显示程序的状态。现在没有任何好友，所以第一步就是添加好友。如果没有选择任何好友就单击"发送消息"按钮，程序会弹出如图 21-9 所示的错误提示。为了添加好友，需要单击"添加好友"按钮，这时会弹出如图 21-10 所示的对话框。

图 21-9　没有选择好友的错误提示　　　图 21-10　添加好友对话框

在图 21-10 中，需要输入好友的 IP 和正在使用的端口号。当然，必须有一个同样的聊天程序运行在所填写的 IP 和端口上。所以，这时候可以再次运行 ChatFrameMain 程序，也可以再找一台电脑运行此程序，输入用户名，然后使用一个空闲的端口作为通信端口。然后在图 21-10 中输入 IP 和端口后单击确定，就完成了添加好友的操作。单击"添加好友"按钮，还可以继续添加好友。

这时候聊天主窗口的好友列表中会显示刚刚添加的好友，同时，对方也会在自己的好友列表中看到此用户。选择该好友后，就可以发送消息了。当然对方会收到消息，并可以回复消息，效果如图 21-11 所示。

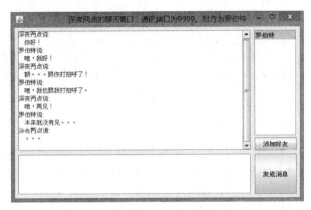

图 21-11　使用聊天窗口聊天

当在好友列表中选择不同的好友后，历史消息也会跟着改变，同时窗口标题也会跟着改变，以正确反映程序当前状态，效果如图 21-1 所示。

好的，弄清了程序的设计，模块划分以及模块之间的关系，以及整个程序的运行过程后。下面来看看如何实现所描述的这个程序。程序分为 3 个模块，下面来逐个实现。首先是 UDP 消息收发模块。

❑　编写程序之前，描绘一个效果图是不错的选择。

21.2.3　UDP 消息收发模块

本节讲述 UDP 消息收发模块的相关内容，UDP 消息收发模块不仅仅处理 UDP 消息，它还需要通过消息队列来避免不必要的线程阻塞。下面分别讲解这些问题。

1．UDP消息收发模块的实现

UDP 消息收发模块就是要实现前面所讲过的 Messenger 接口。本程序中，UDPMessager 实现了 Messenger 接口。在 Messenger 接口的 3 个方法中，setMessageHandler 只是设置一个变量。下面着重讲解一下 sendData()方法和 startMessenger()方法。

UDPMessager 源码

🔔提示：以讲解知识点而编写的例程需要详细地讲解。而本章中的例程与前面的例程不同，是为了实现一个具体的功能而编写的，代码量较多且无须过于详细地讲解，所以本章中只会给出重要的代码。完整的代码都在随书光盘中。

UDPMessager 类对于发送消息的处理使用了一个消息列表。每次发送消息的时候,其实是将消息封装为一个 DatagramPacket 对象,并放入到一个 List 中。SendData()方法代码如下:

```java
public void sendData(byte[] data, SocketAddress addr) {
                                        // 实现抽象方法
    synchronized (messageList) {        // 同步,避免对列表访问冲突
        DatagramPacket msg = null;
        msg = new DatagramPacket(data, data.length);
                                        // 使用 DatagramPacket 封装消息
        msg.setSocketAddress(addr);
        messageList.add(msg);           // 将消息添加入列表中
        messageList.notify();           // 唤醒等待的消息发送线程
    }
}
```

在 sendData()方法中,只是简单地将消息封装在 DatagramPacket 对象中,然后将它放入到 messageList(ArrayList 实例)中。最后会唤醒等待在 messageList 上的线程。等待在 messageList 上的线程就是消息发送线程,下面看 startMessenger()方法。

```java
public void startMessenger() {
    Thread recvThread = new Thread(new MessageReceiver());
                                            // 创建并启动消息接收线程
    recvThread.start();
    Thread sendThread = new Thread(new MessageSender());
                                            // 创建并启动消息发送线程
    sendThread.start();
}
```

如前面所说,startMessenger 其实就是启动了两个线程,一个负责发送消息;另一个负责接收消息。下面首先看负责接收消息的 MessageReceiver 类。

```java
class MessageReceiver implements Runnable {
                                    // MessageReceiver 实现了 Runnable 接口
        public void run() {          // 实现 run()方法
            byte[] data = new byte[1024];  // 接收数据的长度
            while (!Thread.currentThread().isInterrupted()) {
                                            // 循环直到线程被中断
            DatagramPacket msg = new DatagramPacket(data, data.length);
            try {
                UDPWorker.receive(msg);// 接收消息,如果没消息则挂起等待
            } catch (IOException e) {
                e.printStackTrace();
            }
            byte[] recvData = msg.getData();    // 构造接收到的数据
            byte[] realData = new byte[msg.getLength()];
            System.arraycopy(recvData, 0, realData, 0, msg.getLength-
            ());
            // 调用消息处理方法,将接收到的数据作为参数传递
            handler.handleMessage(realData, msg.getSocketAddress());
            }
        }
    }
```

MessageReceiver 类是 UDPMessenger 的一个内部类。它会一直循环接收消息,直到线程被中断。使用一个新线程的原因就是代码 UDPWorker.receive(msg)会阻塞等待数据,一

直到接收到数据程序才会继续运行。

然后是负责发送消息的 MessageSender 类。

```
class MessageSender implements Runnable {  // 实现了 Runnable 接口
    public void run() {                     // 实现 run()方法
        while (!Thread.currentThread().isInterrupted()) {
                                            // 循环直到线程被中断
            DatagramPacket msg = getData();// 调用 getData()方法
            try {
                UDPWorker.send(msg);        // 发送数据
            } catch (IOException e) {
                e.printStackTrace();
            }
        }
    }
}

private DatagramPacket getData() {// MessageSender 使用的 getData()方法
    synchronized (messageList) {     // 在 messageList 上同步
        while (messageList.size() == 0) {  // 如果列表为空
            try {
                messageList.wait();         // 则等待被唤醒
            } catch (InterruptedException e) {
                e.printStackTrace();
            }
        }
        // 列表不为空，从列表中取出一条数据，然后从列表中删除此条数据，最后返回此数据
        DatagramPacket data = messageList.get(messageList.size() - 1);
        messageList.remove(messageList.size() - 1);
        return data;
    }
}
```

MessageSender 类也是 UDPMessenger 的内部类，也实现了 Runnable 接口。MessageSender 类其实很简单，就是通过 getData()方法得到一个 DatagramPacket 对象，并将它发送出去。重要的是 getData()方法。这个方法会在 messageList 上同步（前面的 sendData()方法也是），同时在 messageList 上等待，直到有数据过来。messageList.wait();就是在等待被唤醒，而唤醒它的地方就是 sendData()方法中的 messageList.notify();。也就是每次有消息过来，都会执行一次唤醒，保证消息发送的进行。如果没有消息，则线程进入等待。

2. 消息列表的使用

发送 UDP 消息需要一定的时间，如果在上一条消息发送结束之前，又过来一条消息，那么程序就会发生阻塞。为了避免消息发送时的阻塞，上面的类中使用了一个消息列表。这样，发送的消息就会缓存在这个列表中，阻塞也只会发生在执行 MessageSender 的线程中，而不会造成要求发送消息的线程（也就是图形用户界面模块）阻塞。

在图 21-12 中，由 Swing 线程负责执行的图形用户界面模块在需要发送消息时，仅仅是把消息添加到消息列表中，然后就继续执行代码。因为消息发送需要一定的时间，这段时间内 Swing 线程无法响应用户操作。而消息发送的工作，则是在单独的消息发送线程（sendThread）中进行的，不会影响 Swing 线程的工作。

其实接收消息也应该使用一个类似的消息列表。每次当消息接收线程（recvThread）接收到一个消息后，应该将它添加到一个消息列表中。消息处理模块则从这个消息列表中读取消息并处理。这样的好处就是可以让消息处理的过程不在消息接收线程中处理，而是在 Swing 线程中处理。而且如果消息处理的过程比较长（当然在这个例程中不会长），也不用担心会阻塞消息接收线程。

图 21-12　通过消息列表避免阻塞

在图 21-13 中，描绘了使用消息接收队列时线程的工作模型。其本质是一样的，都是把数据的产生和数据的处理分开。一是避免了不相关的线程的阻塞，另一个好处就是让代码在专门的线程中执行，这一点对于 Swing 比较重要。

图 21-13　通过消息列处理消息

提示：Swing 是非线程安全的，但是作为一本入门书籍，本书没有讲解这方面的内容。读者以后如果要深入学习 Swing，那么 Swing 的线程模型是很重要的一块。

21.2.4　图形用户界面模块

图形用户界面模块相对来说简单一些，但是有较多的代码量。本章的例程用到了一些之前没有讲解过的组件。其实学习使用 Swing 组件并非难事，Javadoc 中对于每个 Swing 组件的使用都会用一段简单的代码来介绍。

1. 介绍新组件

聊天窗口中用到了 JDialog、JList 和 JoptionPane 这 3 个组件。下面依次讲解一下。
- JDialog 代表对话框，它与 JFrame 很类似。不同之处主要有两点，首先是 JDialog 无法独立存在，对于对话框来说，它有一个父窗口的概念。也就是说，一个对话框必须依附于某个窗口。其次是对话框在显示上与 JFrame 也有些细节上的不同，如对话框无法最大化等。
- JList 组件是一个列表组件，也就是图 21-1 中右上方那个好友列表。JList 有一个事件是 ListSelection 事件。当用户选择列表中的不同条目时，就会触发这个事件。通过 addListSelectionListener 可以向其中添加事件监听器。JList 需要与 ListModel 配合使用，以编辑列表中的元素。更多关于 JLIst 的属性和方法，可以去参考 Javadoc。

❑ JOptionPane 准确来说是一个工具类，它可以方便地弹出各种提示对话框，也可以接收用户简单的输入。图 21-4 至图 21-7，以及图 21-9 都是使用这个类来弹出错误提示对话框的。JOptionPane 类的功能十分强大，更多用法请参考 Javadoc。

2. 聊天窗口相关的类

聊天窗口用到了两个类，它们都在包 com.javaeasy.chat 中。一个是 InputMessageDialog，它是一个通用的接收用户多行输入的对话框，继承自 JDialog 类。图 21-1 中所示的窗口是 ChatFrame 类，它是聊天窗口的主要部分。还有一个工具类 com.javaeasy.utils.ChatUtils，提供了一些静态方法。

下面分别就针对 3 个类中的重点部分来讲解。

3. InputMessageDialog类

InputMessageDialog 类在程序中有两次用到，第一次就是用户名和端口输入对话框，然后就是添加好友对话框。InputMessageDialog 是一个通用的可以接收用户多个输入的对话框。InputMessageDialog 类接收一个二维的 String 数组作为参数，其中数组的第二维必须是有两个元素的，一个元素就是显示在对话框上的标签文字，第二个元素就是这个值的默认值。

InputMessageDialog
源码

对于用户名和端口输入对话框，这个 String 二维数组如下所示。

```
String[][] initValue = new String[][] { { "用户名：", "
深夜两点" }, { "端口：", "9999" } };
```

InputMessageDialog 会遍历这个数组，并动态构建所需的组件。用户单击"确定"按钮后，InputMessageDialog 会收集用户输入的数据，并将多个值封装在一个 String 数组中。

4. ChatUtils类

ChatUtils 类是一个工具类，它为 3 个模块服务，类中有以下几个主要方法。

❑ 属性 SEPARATOR：消息的分隔符。本程序中，一条 UDP 消息同时包括用户名和消息内容。这个字符则是用来分割用户名和消息内容的，它的值是"#"。这也是为什么程序要求用户名不能包含"#"。

❑ buildMessage()方法：使用 SEPARATOR 属性、用户名和消息内容，构建出一个 byte 数组，作为需要发送的内容。

ChatUtils 源码

❑ parseMessage()方法：根据一个 byte 数组和 SEPARATOR 属性，解析出用户名和消息内容。此方法与 buildMessage() 方法需要配对使用。

❑ locateFrameCenter()和 locateDialogCenter()方法：将 JFrame 或者 JDialog 的位置置于屏幕中间的方法（使用 Toolkit 类得到用户显示器分辨率，请参考 Javadoc 中的

相关内容）。

- ❑ createSocketAddrFromStr()方法：根据格式为"XXX.XXX.XXX.XXX"的字符串和端口号，创建出一个 InetSocketAddress 的实例，用于发送消息。

5．ChatFrame类

ChatFrame 类是最复杂的一个类。凡是 Swing 图形界面类，都会有很大的代码量。为了让程序更清晰，应该使用不同的方法来做不同的事情。在 ChatFrame 类中有下面几个方法。

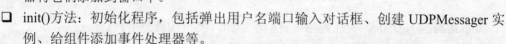

ChatFrame 源码

- ❑ ChatFrame()构造方法：构造方法调用 buildGUI()和 init()两个方法。
- ❑ buildGUI()方法：创建对话框所需的组件，并使用布局管理器将它们添加到窗口中。
- ❑ init()方法：初始化程序，包括弹出用户名端口输入对话框、创建 UDPMessager 实例、给组件添加事件处理器等。

ChatFrame 类中包含有一个 UserModel 类，它不是 ChatFrame 的内部类，而是与 ChatFrame 共存在同一个源文件中的非 public 类。这个类是用来描述好友的，UserModel 类的对象被使用在 JList 中。这个类中有 3 个属性。

- ❑ name：String 类型，值为用户名。
- ❑ addr：SocketAddress 类型，值为描述此用户 IP 地址和端口号的 SocketAddress 对象。
- ❑ messageHistory：StringBuffer 类型，值为与该用户聊天的历史记录。

ChatFrame 类中使用了内部类作为事件处理器。内部类分别调用 ChatFrame 中的方法来实现事件处理。不将事件处理代码编写在事件处理类中，也是为了让代码更加清晰。

- ❑ addUser()方法：由"添加好友"按钮的事件处理器类调用，用来处理添加好友事件。处理过程包括弹出添加好友对话框、构建添加好友消息以及发送消息。
- ❑ sendChatMessage()方法：由"发送消息"按钮的事件处理器类调用，用来发送消息。

ChatFrame 主要的方法就是上面这些了。当然，ChatFrame 中还有一些其他方法，其作用都比较简单，这里不再介绍。下面介绍 ChatFrame 的另一个角色：消息处理器。

21.2.5　消息处理模块

ChatFrame 实现了 MessageHandler 接口，它扮演着程序中消息处理器模块的作用。MessageHandler 接口所定义的 handleMessage()方法在 ChatFrame 中的实现如下：

```
public void handleMessage(byte[] data, SocketAddress addr) {
                                  // 消息处理方法
    String[] content = ChatUtils.parseMessage(data);
                                  // 首先使用 ChatUtils 解析收到的消息
    String userName = content[0];  // 第 1 个元素为用户名
```

```
    String message = content[1];    // 第 2 个元素为消息内容
    UserModel newUser = new UserModel(userName, addr);
                                    // 创建一个新的用户模型对象
    UserModel user = findUser(newUser);
                                    // 查找是否已经添加了这个好友
    if (user == null) {             // 如果没有添加此好友
        // 则添加此好友，这时候就能在列表中看到新添加的好友了
        userListModel.addElement(newUser);
        user = newUser;
    }
    // 如果收到的消息是某个特定的字符串，在这里就是指 echo，也就是 ECHO_STRING 的值
    if (message.equals(ECHO_STRING)) {
        this.sendMessage("", addr);    // 则发送一个空消息给对方
        return;
    }
    if (message.length() > 0) {         // 如果收到的不是空消息
        // 则在用户聊天历史记录中添加收到的消息
        user.getMessageHistory().append(userName + "说:\r\n    " +
message + "\r\n");
    }
    // 同时在好友列表中选中此好友，以便用户可以马上看到消息
    userList.setSelectedValue(user, true);
    // 将聊天历史记录设置为消息记录文本域的内容，同时让滚动条滚动到最后，以便查看最新
      消息
    updateChatHistory(user.getMessageHistory().toString());
}
```

消息处理的过程在上面的注释中都已经做了解释。基本处理流程如下：

MessageHandler 源码

❑ 每次收到一条消息，就先判断这个消息是否来自于一个已知的好友，如果不是则将此人添加到好友列表中。

❑ 需要解释的是关于 ECHO_STRING 的处理。这个特殊的字符串的作用是用来标记此消息是添加用户时发送出来的。也就是说，如果 A 想添加 B 为好友，那么 A 会发送一个消息内容为 ECHO_STRING 的消息给 B。这个发送过程是添加好友事件处理中自动发送的。B 在收到消息内容为 ECHO_STRING 的消息后，当然首先会添加 A 为好友，会向 A 发送一个空消息，以保证 A 会添加 B 为好友。

❑ 将消息添加到聊天历史记录中，并在界面中显示新收到的消息。对于长度为 0 的消息，不记录也不显示。

好，这个聊天窗口程序到这里就介绍完毕了。回过来看一下，21.1.3 节中提出的功能都完成了。但是这个聊天程序还是很单薄的。一个最大的限制就是在添加好友的时候必须知道对方的 IP 地址和端口号。在 21.2.6 节中我们将谈论一个更通用的聊天程序结构。

21.2.6　一个更通用的聊天程序

在 21.2.5 节中的最后指出了本章中这个聊天程序的限制。就是在添加好友的时候必须要事先知道对方的 IP 地址和端口号。为了避免这种限制，一个更通用的聊天程序架构应该

如图 21-14 所示。

在图 21-14 中，引入了服务器端程序和客户端
程序的概念。其中服务器端程序所负责的就是客户
端之间的通信和查找。对于服务器端程序，最重要
的一点要求就是"服务器端程序的 IP 地址和通信
端口是固定的"。

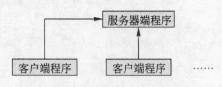

图 21-14　通用聊天程序的架构

也就是说，客户端可以根据一个固定的 IP 地址和端口直接连接到服务器端。服务器端
程序是为客户端程序服务的。我们所编写的聊天窗口就相当于客户端程序，服务器端程序
其实可以看作就是一个消息处理器，用来处理客户端发来的消息。那么接下来的事情就是
水到渠成的了。整个程序的工作流程如下所述。

（1）客户端程序启动后，首先连接服务器端程序。

（2）服务器端知道所有启动了的客户端程序，这样就可以向客户端提供所有在线用户，
方便用户添加好友。

（3）服务器端可以作为消息转发器。也就是说，每条聊天消息都可以带着指定的好友
和消息内容，先发送到服务器端，再由服务器端发送给指定的好友。

（4）也可以像本章中的程序这样，由客户端直接进行通信。由服务器端提供好友的 IP
地址和端口号，而不需要用户事先知道或者手工输入。

（5）服务器可以负责更复杂的事情，例如管理和保存好友列表，添加一个黑名单功
能等。

在这里只提供程序的功能，作为 Java 语言的初学者来说，如果之前没有任何编程经验，
那么能够将本章中这个简单的聊天窗口看懂已经是很大的成就了。在有了一定的编程经验
后，可以尝试实现本节中这个通用聊天程序。

21.3　小结：编程是必不可少的锻炼

本章带领大家完成了一个简单的聊天窗口程序。对于编写类似的培养编程能力的程
序，都可以按照本章中的这个流程来进行。

❑　发挥想象力，根据手中掌握的知识，想象一个能够做出来的程序。

❑　根据经验，划分此程序的模块。

❑　使用纸和笔，画出程序的执行效果和流程。在此过程中，可能会需要对程序模块
　　的划分做出修正。

❑　按照模块编写代码。

本章的标题是"编程，需要的是想象力和恒心"。恒心二字从何说起呢？相信完整读
完本章以及本章程序的读者，都不止一次地遇到看不懂的地方。本章中的例程有一定的代
码量，而且还涉及了很多新的类和方法，可以说很难一次就看懂，阅读的过程中难免要查
看 Javadoc 等相关资料，即使是类和方法的作用理解了，可能还有很多程序的逻辑还不
理解。

这时候，需要的就是一颗恒心。坚持学下去，总有云开雾散的一天。在学习编程的过

程中，并非是越快越好。正如前面所说的那样，"得之不难，失之必易"是编程的常识之一，付出肯定会有收获。

21.4　习　　题

1．扩展本章中的程序，允许用户使用 Ctrl+Enter 组合键来发送消息。

2．为方便用户选择好友，允许用户使用 Ctrl+方向键选择好友列表中的好友。

3．增加保存聊天记录的功能：增加"保存聊天记录"按钮，当用户单击此按钮的时候，将当前好友的聊天记录保存。

第 22 章　JDBC 入门

数据库是用来处理数据的解决方案。当今的数据库已经是关系型数据库的天下了，本章中所说的数据库都是指关系型数据库。本章将讲述 JDBC 的基础知识。JDBC 可以看作是 Java Database Connectivity 的缩写。这是一套操作数据库的标准 API 接口。通过 JDBC 技术，可以方便地操作数据库。本章需要掌握以下数据库及数据库操作的相关知识。

- ❑ 数据源（Data Source）的概念；
- ❑ 数据库中表和列的概念；
- ❑ SQL 的概念，以及使用 SQL 语句对数据库进行最基本的增、删、改、查操作；
- ❑ 数据库驱动程序的概念；
- ❑ 数据库操作的基本概念，如数据库连接（Connection）、语句（Statement）、结果集（ResultSet）等。

本章是对已经熟悉数据库操作的读者，讲解如何通过 Java 来进行相关的数据库操作，而不是从头开始讲解数据库的概念。好，下面开始本章的内容。

22.1　JDBC 的基本 API

JDBC 中定义了丰富的 API，可以用于操作数据库的方方面面。本节将讲述 JDBC 中定义了哪些与数据库操作有关的基本 API。对于高级的 API 操作将不会涉及。通过本节的学习，我们可掌握如何使用 JDBC 来完成增、删、改、查的操作。

22.1.1　JDBC 是什么

本节中将对 JDBC 和 JDBC 驱动做简要的介绍。

1. JDBC规范

前面一直在提及 JDBC 规范，那么它是什么呢？JDBC 规范可以看作是为 Java 定制的一套操作数据库的标准 API。其表现形式在 Java 中就是一组类和接口。既然是标准，那么肯定会与时俱进地有不同的版本。本章中讲述 JDBC 4.2 标准（也是 JDK8 中自带的一个版本），与此标准相关的类和接口都包含在 java.sql 和 javax.sql 包中。其中基本的类和接口有下面几个。

- ❑ DriverManager 类：驱动程序管理类，它负责管理 JDBC 驱动程序。同时也可以用来创建数据库连接。

- □ Connection 接口：代表一个与数据库的连接。通过 Connection 可以创建下面所说的 Statement 实例和 PreparedStatement 实例。
- □ Statement 接口：代表一条静态的 SQL 语句的接口。
- □ PreparedStatement：代表一条预编译好的 SQL 语句的接口。
- □ ResultSet：代表一个 SQL 查询语句返回的结果集的接口。

上面介绍的内容，除了 DriverManager 之外，其余的都是接口。接口当然不能直接使用，必须有类实现它。那么这些接口是谁来实现的呢？答案是 JDBC 驱动程序。

2．JDBC驱动

JDBC 驱动是指实现了 JDBC 规范的程序。它用来按照 JDBC 定义的规范完成对底层数据库的操作。也就是说，JDBC 只规定了 API 操作，当然它并不知道如何实现这些操作。而数据库提供商则针对自己的产品，开发出实现了 JDBC 规范的程序，这个程序就是对应的产品的 JDBC 驱动。真正使用的就是这些驱动类。

如图 22-1 所示为应用程序、JDBC 接口、不同的数据驱动程序和数据库之间的关系。JDBC 规范的一个伟大之处就是让数据库操作变得"数据库无关"。也就是说，应用程序可以不去关心它实际操作的是什么数据库，因为应用程序直接操作的是 JDBC 规范中的类和接口。JDBC 规范屏蔽了不同数据库操作上的不同。

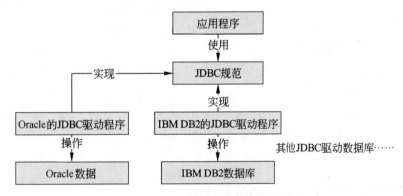

图 22-1　JDBC 规范与 JDBC 驱动程序

例如，一个应用程序是使用 Oracle 的 JDBC 驱动程序操作 Oracle 数据库。当把数据库更换为 IBM DB2 的时候，这个应用程序可以只修改注册驱动程序的极少部分的代码，让程序使用 IBM DB2 的 JDBC 驱动程序就可以了。程序的主要代码可以不用修改，因为 JDBC 规范屏蔽了两种数据库的不同之处，提供了统一的编程操作界面。

如图 22-2 所示为更换数据库后，应用程序所做出的改变。因为 JDBC 规范的存在，所以程序中使用的都是相关的接口。应用程序可以只改变"加载 JDBC 驱动程序"这个步骤就可以了。而这个步骤是很简单的，在本章后面的内容中将有讲述。

当今绝大多数的数据库都提供了 JDBC 驱动程序——包括微软、Oracle 和 IBM 等公司开发的企业级数据库，还有 MySQL 等面向中小企业的数据库，甚至是 Access 这种简单的数据库。

好，下面来介绍一下 JDBC 规范中需要关心的接口和类。

- □ 理解 JDBC 标准、JDBC 驱动和数据库三者之间的关系。

使用Oracle数据库时：

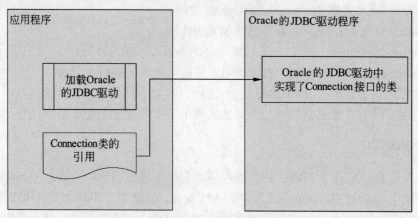

更换为IBM DB2数据库后：

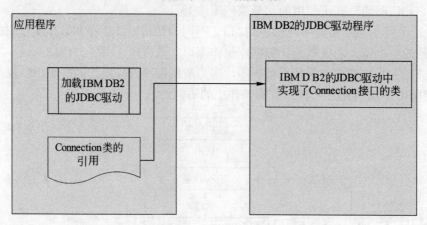

图 22-2　更换数据库后应用程序的变化

22.1.2　DriverManager——驱动管理器

DriverManager 管理着一个应用程序中所用到的所有 JDBC 驱动。对于引用程序来说，需要使用如下的语句注册驱动程序。

```
Class.forName(驱动程序类的全路径名);
```

关于 Class.forName 的作用，我们可以认为是让 Java 平台加载一个类。至于驱动程序类应该是哪个类，每种数据库的驱动程序都不一样。这个应该在每种数据库的 JDBC 驱动程序用户手册中有说明，这里不再一一列出。

加载了驱动程序后，就可以使用 DriverManager 得到 Connection 的实例了。得到数据库的连接，需各种信息，其中最重要的是数据库连接的 URL，其具体的格式也因数据库的不同而不同。其次就是用户名和密码，然后就是一些其他属性。为了满足不同的需要，DriverManager 提供了以下 3 个 getConnection 方法的重载形式来得到一个数据库连接。

❑ getConnection(String url)：通过数据库 URL 得到一个数据库连接。

- ❑ getConnection(String url, String user, String password)：通过数据库 URL 得到一个数据库连接。连接的时候使用用户名和密码进行验证。
- ❑ getConnection(String url, java.util.Properties props)：通过数据库 URL 得到一个数据库连接。连接的属性在 props 类中定义。Properties 类可以看做是一个 Map，其中的元素就是键值对。这是最灵活的重载方式，可以包含 0 到多个连接属性。

22.1.3　Connection 接口

Connection 代表一个与数据库的物理连接。其中重要的方法有下面几个。
- ❑ createStatement()：返回一个 Statement 对象。
- ❑ prepareStatement(String sql)：返回一个 PreparedStatement 对象。
- ❑ rollback()：撤销本连接做出的所有改动。
- ❑ commit()：提交本连接做出的所有改动。
- ❑ setAutoCommit(boolean autoCommit)：设置是否每次改动都自动提交。如果为 true，则 commit()方法和 rollback()方法就没用了。
- ❑ boolean getAutoCommit()：查看本连接是否是自动提交的。
- ❑ close()：关闭一个连接，释放资源。在使用完毕一个连接后应该将之关闭。

Connection 的作用主要是生成 Statement 和 PreparedStatement，并设置与数据库连接的相关属性。其中方法还有很多，在这里不再一一列出。

22.1.4　Statement 接口

Statement 接口的作用就是执行 SQL 语句。SQL 语句可以是查询语句，也可以是更新语句（用于增加、删除或修改数据库中的记录）。Statement 中的重要方法有下面几个。
- ❑ executeQuery(String sql)：执行一条查询 SQL 语句，返回值为 ResultSet。
- ❑ executeUpdate(String sql)：执行一条更新 SQL 语句，返回值为 int 类型，代表此语句影响到的数据记录的条数。
- ❑ addBatch(String sql)：增加一条 SQL 语句作为批处理语句。
- ❑ executeBatch()：执行所有的批处理语句，返回值是 int 数组，每个元素代表一条批处理语句的执行结果。
- ❑ close()：关闭当前的 Statement。

介绍完了 Statement，再看一下 Statement 的子接口。

22.1.5　PreparedStatement 接口

PreparedStatement 继承自 Statement，所以 Statement 中有的方法在 PreparedStatement 中都有。在 Connection 接口中，prepareStatement()方法用于生成 PreparedStatement 实例。而 prepareStatement()方法必须有一个 String 类型的参数。这个参数就是一个 SQL 语句。这个 SQL 语句中对于未确定的变量都是使用问号（?）代替的。

PreparedStatement 的独特之处就是，每次预先编译好这个 SQL 语句，然后在运行之前，需要使用 PreparedStatement 中的 setXXX 方法来设置 SQL 语句中每个不确定的变量（也就是 "?"）。PreparedStatement 中有很多的 setXXX 方法。它们的作用和格式都是一致的：第 1 个参数是代表现在要为第几个不确定变量（问号）设置值（从 1 开始），第 2 个参数就是对应类型的变量。

PreparedStatement 为每种 Java 基本数据类型都提供了 setXXX 方法，例如 setInt(int parameterIndex, int x)，它代表将 SQL 语句中的第 parameterIndex 个问号以 int 值 x 来代替。当然还有非基本数据类型的 setXXX 方法，最常用的就是 setString(int parameterIndex, String x)，它代表将 SQL 语句中的第 parameterIndex 个问号以 String 值 x 来代替。其余的 setXXX 方法不再赘述，只要用到的变量类型，在 PreparedStatement 中都有对应的 setXXX 方法。

除此之外，PreparedStatement 还有以下方法。

- □ executeQuery()：执行查询 SQL 语句，返回值是 ResultSet 类型。SQL 语句已经在创建 PreparedStatement 的时候确定了。
- □ executeUpdate()：执行更新 SQL 语句，返回值是 int 类型。SQL 语句已经在创建 PreparedStatement 的时候确定了。

22.1.6　ResultSet 接口

ResultSet 接口代表结果集，是查询 SQL 语句执行的结果，其中有如下几个常用的方法。

- □ next()：判断结果集中是否还有下一条记录。如果有，则将当前游标移动到下一条记录并返回 true，否则返回 false。
- □ getXXX(int columnIndex) 方法：得到当前记录中第 columnIndex 列的数据。columnIndex 的值从 1 开始。其中 XXX 代表不同的数据类型。ResultSet 为每种可能的数据类型都提供了 getXXX 方法，常用的有基本数据类型、String 类型等。
- □ getRow()：得到当前的记录行号，返回值为 int 类型。例如，当前行是第 1 行，则方法返回 1，如果是第 2 行，方法返回 2。注意，这个方法不是返回结果集中所有记录的条数。结果集中没有一个方法可以返回记录条数。
- □ getMetaData()：返回当前结果集的 ResultSetMetaData 对象。这个对象包含了当前结果集的一些属性值。
- □ close()：关闭结果集。

下面看一下 ResultSetMetaData 中常用的方法。

- □ getColumnCount()：得到列的数目。
- □ getColumnName(int column)：得到指定列的列名。
- □ getTableName(int column)：得到指定列所属的表的表名。

22.1.7　数据库驱动

Java 8 对于不同的数据库平台提供了不同的驱动程序，所以在选择使用了一种数据库之后，就需要选择对应的数据库驱动去连接数据库。虽然 Java 提供了 JDBC 的操作，但是数据库的驱动需要各驱动器的产商来提供，可以到数据官方网站上下载。

在过去，JDBC 用过使用 ODBC 来连接数据库的方式，但在 Java8 中已经将其取消，因为在实际使用，例如使用 JDK 1.6 或 1.7 版本的项目中，为了效率和操作方便一般都不使用 JDBC-ODBC 桥接的方式。所以，由于大势所趋，JDK1.8 中取消了 JDBC-ODBC 桥的连接方式。

在使用驱动时，需要使用 Class.forNmae()方法来加载需要的驱动。以加载 MySQL 驱动为例：

```
Class.forName("com.mysql.jdbc.Driver");
```

当然，在使用时需要将下载的驱动包加载到自己的项目中，否则，无法实现驱动的加载。

22.2　一个操作数据库的简单程序

本节将利用 JDBC 编写一个操作数据库的简单程序，用来管理自己的书籍。界面还是使用 Swing 开发，数据操作则需要使用 22.1 节中学习的 JDBC 相关的知识。

22.2.1　程序的执行结果

本节中将要完成一个简单的书籍管理窗口。对于每本书籍，程序在数据库中保存 5 个属性：书名、作者、出版社、书籍类型和备注。在这 5 个属性中，书籍名称是数据表的主键，不允许重复。在图形界面方面，要求有以下功能：

❑ 使用一个输入对话框让用户输入数据源名。
❑ 使用一个表格组件将这 5 个属性显示在窗口中。
❑ 用户可以在表格最后的一行中添加书籍。
❑ 可以在表格上使用键盘输入编辑这 5 个属性。
❑ 可以通过单击表格下面的"删除"按钮删除所选中的书籍。
❑ 可以通过单击表格下面的"刷新"按钮从数据库中重新读取最新的书籍数据，
程序的运行界面如图 22-3 所示。

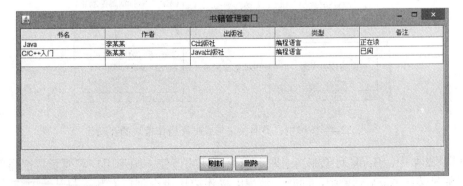

图 22-3　书籍管理窗口运行效果

图中，表格最后总会有一个空行，可以直接在空行上输入内容，来添加新的书籍；也可以直接在表格中双击单元格，编辑书籍的属性。下面的"刷新"按钮可以用来刷新数据，"删除"按钮可以用来删除所选中的一行数据。

22.2.2　程序设计与模块划分

程序模块很简单，分为数据库操作模块和图形用户界面模块。

在本程序中，关联这两个模块的是 com.javaeasy.bookstorage.Book 类。其代码如下：

```
package com.javaeasy.bookstorage;    // 包名

public class Book {
    public String bookName = " ";    // 书名
    public String oldBookName = " ";
    // 编辑前的书名，在更新的时候需要使用此属性
    public String writer = "";       // 作者
    public String publisher = "";    // 出版社
    public String bookType = "";     // 书籍类型
    public String bookRemark = "";   // 备注
    public boolean newlyAdded = false;  // 标记是否没有在数据库中
}
```

Book 源码

这个类封装了书籍的 5 个属性，以及 2 个在程序逻辑处理时需要使用的属性（oldBookName 和 newlyAdded）。数据库操作模块和图形用户界面模块之间的互动如图 22-4 所示。

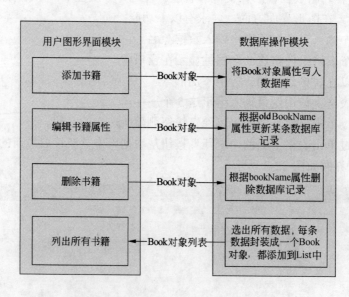

图 22-4　图形用户界面模块与数据库操作模块的互动

在图 22-4 中，Book 对象充当了两个模块互动的信使。图形用户界面负责把需要处理的数据都封装在 Book 对象中；同时，数据库操作模块也会把所有数据封装为 Book 对象。这样，两个模块之间唯一的关联就是 Book 类了。下面首先来看数据库操作模块的实现。

22.2.3　准备好数据源

在开始着手编写此程序之前，需要先准备好程序需要使用的数据源。首先创建一个 ODBC 数据源，将其称作 sqltest。然后使用如下代码测试此数据源。

```java
package com.javaeasy.testjdbcodbcbridge;

import java.sql.Connection;
import java.sql.DriverManager;
import java.sql.SQLException;

public class TestDatasource {

    public static void main(String[] args) throws
SQLException {
        String user = "root";
        //数据库用户
        String password = "mysql";                    //数据库用户口令
        String url = "jdbc:mysql://localhost:3306/sqltest";
                                            //需要连接的数据库名称
        String driver = "com.mysql.jdbc.Driver";    //需要加载的数据库驱动类
                                            //加载数据库驱动
        try {
            Class.forName(driver);
        } catch (ClassNotFoundException e) {
            System.out.println("无法加载数据库驱动。");
            e.printStackTrace();
        }

        //创建数据库连接
        Connection conn = null;
        try {
            conn = DriverManager.getConnection(url, user, password);
        } catch (SQLException e) {
            System.out.println("创建数据库连接出错：");
            e.printStackTrace();
        }
        if (conn == null) {
            System.out.println("无法创建数据库连接。");
        } else {
            System.out.println("数据源测试成功。");
            conn.close();
        }
    }
}
```

TestDatasource 源码

在上面的例程中，首先加载了 JDBC-ODBC 桥驱动程序，然后使用 DriverManager 来创建一个连接到名为 javadatasource 的 ODBC 数据源的 Connection 对象。最后测试是否创建成功，并输出相应的结果，运行例程，控制台输出如下内容：

数据源测试成功。

这时就表示数据源准备好了，下面开始编写程序。

22.2.4　数据库操作模块的实现

数据库操作模块是由类 com. Javaeas.bookstorage.BookManager 扮演的。首先来看一下这个类中所有的变量。

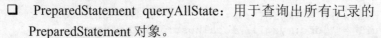

- ❑ Connection conn：数据库连接，在本程序中，在程序最后退出的时候才会释放。
- ❑ PreparedStatement insertState：用于插入数据的 PreparedStatement 对象。
- ❑ PreparedStatement deleteState：用于删除数据的 PreparedStatement 对象。
- ❑ PreparedStatement updateState：用于更新数据的 PreparedStatement 对象。

BookManager 源码

- ❑ PreparedStatement queryAllState：用于查询出所有记录的 PreparedStatement 对象。
- ❑ private static final String BOOK_TABLE_NAME：表名，默认值是 mybook。
- ❑ private static final String CREATE_TABLE_SQL：用于创建表的 SQL 语句。

BookManager 类的代码不再全部给出，读者可以去随书光盘中阅读。代码并没有什么难度，用到的也是最基本的 SQL 语句。下面一一介绍 BookManager 类中的方法。

- ❑ BookManager(String datasourceName)：构造方法，参数为一个数据源的名字。在构造方法中将创建一个到数据源的连接，并调用下面将要介绍的 createBookTable() 方法和 initStatement()方法来初始化模块。
- ❑ createBookTable()：创建程序使用的表。该方法会首先检查这个表是否已经存在，如果不存在才会创建出 Statement 对象，并创建出表。
- ❑ initStatement()：创建所有需要使用的 PreparedStatement 对象。
- ❑ addBook(Book book)：使用 insertState 插入数据，参数为 Book 类型的实例。
- ❑ deleteBook(Book book)：使用 deleteState 插入数据，参数为 Book 类型的实例。因为 bookName 属性在数据库中是主键，所以删除时仅匹配这一个条件就可以了。
- ❑ updateBook(Book book)：使用 updateState 更新数据库条目，参数为 Book 类型的实例。其中 oldBookName 为修改前的书名，既更新前存储在数据库中的书名。这个值会用在更新语句的条件匹配中。
- ❑ queryAllBook()：使用 queryAllState 选中表中所有数据。对于其中每条数据都将之封装为一个 Book 类对象，同时将这个对象添加到列表中。在创建 Book 对象时，bookName 属性值与 oldBookName 属性值应该相等，同时 newlyAdded 属性值应该设置为 false。方法最后会返回包含了所有 Book 对象的列表。

22.2.5　图形用户界面模块的实现

类 com.javaeasy.bookframe.BookFrame 是负责图形用户界面的类。它首先会弹出图 22-5 所示的对话框，让用户输入数据源名字。

输入数据源名字之后，如果数据源没有错误，就会弹出图 22-3 所示的窗口（当然，开始的时候是没有数据的）。其中的布局管理器和按钮组件都已经讲解过了。在整个图形用户界面模块中，最重要的部分就是使用到的新组件——JTable 了。JTable 是 Swing 组件中最为重要的组件之一。它非常灵活，配合各种围绕着它的类一起使用，功能十分强大。在这个例程中，仅仅是简单地使用了 JTable 最基本的功能。在这里不再讲述，读者可以去参考 Javadoc 中的内容。

图 22-5　输入数据源名字的对话框

JTable 必须配合一个实现了 TableModel 接口的类一起使用。简单来说，JTable 负责显示，而 TableModel 的对象则负责维护数据。AbstractTableModel 类实现了 TableModel 接口。在本程序中，使用 BookTableModel 类通过继承 AbstractTableModel 类，而实现了 TableModel 接口。它负责为 JTable 提供数据。BookTableModel 是 BookFrame 类的内部类，也是它的重点。

BookFrame 源码

BookTableModel 的唯一一个成员变量是 List 类型的 books 变量，它其中的每个元素都是 Book 类型的实例。JTable 的作用其实就是将这个 List 中的每个 Book 对象的属性显示在表格中，并提供相应的编辑方法。BookTableModel 中与 TableModel 接口有关的方法有下面几个。

- ❑ boolean isCellEditable(int rowIndex, int columnIndex)：返回行索引为 rowIndex，列索引为 columnIndex 的单元格是否可编辑。本程序中所有单元格都可以编辑，所以这个方法不去理会这两个参数，直接返回 true。
- ❑ int getColumnCount()：得到列的数量。因为这个程序确定只有 5 个属性，也就是只有 5 列，所以在这里直接返回 5。
- ❑ int getRowCount()：得到行的数量。每个 Book 对象显示为一行，所以行的数量就是 books 中元素的个数。在这里返回 books.size()。
- ❑ String getColumnName(int col)：根据列索引得到列名。这个列名会显示在表格最上方，在图 22-4 中可以看得到。
- ❑ Object getValueAt(int rowIndex, int columnIndex)：得到某个单元格的值。因为我们的数据是按照列表存储的，所以在方法中使用 rowIndex 为索引在 books 中寻找相应的 book 对象，然后使用一个 switch 语句来得到这个对象中的某个属性。
- ❑ setValueAt(Object aValue, int rowIndex, int columnIndex)：设置某个单元格的值。JTable 只负责显示数据，对于数据的更新则是委托为 TableModel 处理的。每次更改单元格的值，这个方法都会被调用。其 aValue 是新的值，rowIndex 和 columnIndex 分别代表被编辑的行和列的索引。在此方法中，会使用 BookManager 将更新后的值写入到数据库中（如果是已经存在的条目就执行更新操作，如果是还没有添加进去的条目就执行插入操作）。写入完毕后，会再次从数据库中读取最新的数据。

JTable 的单元格被双击后，会进入编辑状态，如图 22-6 所示。

当用户按下 Enter 键的时候，JTable 就会调用 setValueAt()方法，其中参数 aValue 来自于用户输入的最新的值，剩下的两个参数来自于用户正在编辑的单元格在表格中的坐标。

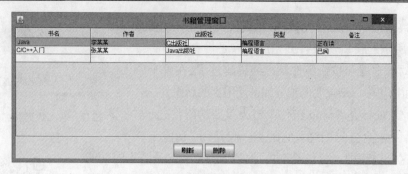

图 22-6　单元格处于编辑状态

接下来是 BookTableModel 中有，但是 TableModel 接口中没有定义的一些方法。

❑ updateBooks(List<Book> books)：根据新的列表值更新 books 属性。

❑ reloadBooksModel()：重新从数据库中读取最新的数据。这个方法被用作"刷新"按钮的事件处理方法。

❑ removeBook()：删除当前选中的书籍。这个方法被用作"删除"按钮的事件处理方法。

图形界面并不是本章的重点，所以图形界面相关的内容就讲到这里。本章的程序比第 21 章的聊天窗口程序要简单很多，JDBC 的使用也仅限于很简单的操作。反而是 JTable 和 TableModel 的使用有可能看上去有些难度。没有关系，JTable 本身就是一个很负责的组件，如果想精通这个组件，需要对整个 Swing 有一个清楚的认识才行，学习是一步步来的。

尝试使用 JTable。

22.3　小结：强大的 JDBC 标准

JDBC 标准为 Java 的平台无关性增加了浓墨重彩的一笔。这让 Java 编写的数据库程序也可以与平台，甚至与具体的数据库都没有直接的依赖关系了。当然，因为每个数据库都有自己特有的一些功能（如一些特殊的 SQL 语句），所以即使在程序中使用 JDBC，还是不能完全保证程序可以在不同的数据库之间完全无缝地切换。

本章学习了如下内容：

❑ JDBC 规范。

❑ JDBC 中的常用类和接口。

❑ JDBC 驱动是各个数据厂商为自己的数据库提供的，满足 JDBC 标准的程序。这个程序可用来以 JDBC 规定的方式操作其数据库。

❑ 理解 JDBC 规范、JDBC 驱动和低层数据库之间的关系。明白 JDBC 规范为什么能够在一定程度上屏蔽不同数据库的不同之处。

❑ 学会使用 DriverManager、Connection、Statement、PreparedStatement 和 ResultSet 等类和接口来编写简单的 JDBC 程序，对数据库进行增、删、改、查操作。

❑ 学习简单的使用 JTable。

好的，到此为止，本书的主要内容就结束了。接下来，读者可以根据自己已经掌握的知识，开始下一阶段的 Java 学习路程了。笔者建议读者多想，多练习编程。从语法熟练度、类库的掌握程度和编程能力 3 个方面锻炼自己。本书的第 1 部分和第 2 部分的内容可以作为语法手册。当学习的时候有不清楚的语法时，记得回去翻看。

22.4　习　　题

1. 编写一个执行 SQL 语句的窗口。使用一个 **JTextArea** 让用户输入想要执行的 SQL 语句，输入结束后，用户可以通过一个按钮来执行这个 SQL 语句。

2. 扩展本章中的程序，给书籍增加价格属性。

3. 扩展本章中的程序，给书籍增加一个新的属性，表示这本书是否已经阅读过。

后　记

经过一年多时间的写作，我终于完成了这部作品，也终于可以舒一口气了。出版社的编辑给这本书起了个名字叫《Java 入门 1·2·3——一个老鸟的 Java 学习心得》，我觉得非常准确，也非常形象。回想无数个奋战在电脑前的日日夜夜，感慨万千。虽然在这本书上我付出了大量的时间和精力，但我觉得非常值得，也非常有意义。能将自己的 Java 学习经验和心得与读者分享是一件非常快乐的事情。在本书正文定稿之际，我依然觉得意犹未尽，感觉还缺少点什么。想来想去，觉得有必要把自己的 Java 学习经历做一个简单介绍，希望能对读者有所启发。

我在学习 Java 语言之前，对编程完全就是一无所知。那时候对电脑的使用无外乎三步——开机、玩游戏和关机。当第一次接触到 Java 语言时，我毫无悬念地被书中那些不知所云的代码以及类、方法、对象、封装、继承、多态和面向对象编程等这些抽象的概念冲击得晕头转向。电脑突然从一个好玩的游戏机，变成了一个抽象世界的载体。在电脑旁边玩几个小时的游戏，感觉好像过了才几十分钟。而那时候上一节 Java 的上机课，却感觉好像过了一整天。

苦苦啃书本十几天之后，几乎没有任何进展。抽象的概念还是一如既往的抽象。它们就好像来自另一个世界的符号，远远超出我能够理解的范围。我也完全不能在一行行代码和这些抽象的概念之间建立一种对应关系。想到过放弃，但又不甘心，最后还是坚持了下来。当时心想，反正也看不懂，干脆把书本上的各种概念直接略过，找点看得见摸得着的东西学吧。无论概念再怎么难以理解，但程序总归不就是代码吗？于是我只看书中的语法和例程，概念性的东西则看得懂就看，看不懂直接略过。当学到类的时候，我也不管类有多么高深，就当它是一个名字和一对大括号组成的一个东西。不管程序如何运行，反正它每次都会乖乖地从那个叫做 main()方法的地方开始一行行向下执行。

这样的学习持续了一段时间，感觉逐渐明白了 Java 世界里的一些东西，但很多东西还是不得要领。于是我开始尝试另外一种学习方法，就是直接抄写程序。也许在很多人看来这是个笨办法，但我却觉得这个办法很可行。上机课的时候我在电脑上写程序，然后运行程序，找点小小的成就感。下课后就拿着个本子抄写程序，遇到不懂的地方就在本子上做个标记，然后问老师。当时抄写程序前后用掉了三个厚本子。我从一行行的程序入手，慢慢地理解了这门叫做 Java 的编程语言。这个过程对我来说非常重要，让我对编写程序开始有了感觉，也让我踏踏实实地学会了 Java 语言的各种语法。

在开始编写程序之后，我才真正地对 Java 中的各种抽象概念逐渐有所理解。在接下来的一年多时间里，我基本上都是在阅读、编写程序和思考的过程中度过的。我把大量的时间花在了琢磨如何组织程序，如何更好地使用 Java 中的类等事情上。在这个过程中，思考是一个必不可少的过程。当觉得一个例程写的"不够好"的时候，经常琢磨如何能让它"更好"。在大量的思考过程中，我慢慢地找到了抽象概念在现实编程中的意义。这段时间我深入学习了 Java 类库，还把 Java 语言从下到上摸了个门清，编程能力也大大提高了。也是在这个过程中，我真正踏入了面向对象编程的大门。这个阶段对我启发最大的是，掌握了 Java 语法后就要经常练习编写程序，更重要的是要经常思考如何把程序写得更好，如何更好地理解面向对象编程等。一旦跨过这个阶段，就会忽然有种豁然开朗的感觉，才感觉自己真正地跨入了 Java 语言的大门。

一旦跨入 Java 的大门，忽然感觉 Java 并不是那么难了。往后更多的是在拓展自己的知识和做一些实际的应用开发。比如，学习 Java Web 开发的开源框架，用这些框架做一些项目开发；进一步学习 Java 设计模式和软件架构等知识。这期间最大的收获是积累了大量的开发经验，对 Java 开发也有了更加深入的理解。

如今我学习和使用 Java 语言已经七年有余，对 Java 开发也是游刃有余。面对一个十万行级别的项目，可以迅速地理清脉络并融入其中。面对一个具体功能，可以使用编程语言漂亮地实现它。回头看看这七年，努力了，写了无数行程序，也收获了自己想要的很多东西。目前我更多地是致力于优秀开源项目的研究，每天几乎都要阅读一些优秀的开源代码，这对自己的开发水平也有很大的提升。

在本书前言中，我给出了一些如何学习 Java 和阅读本书的建议，希望读者能够仔细体会。同时需要提醒读者的是，一个合格的软件工程师需要掌握的东西很多，比如计算机体系结构、数据结构和操作系统等基础知识，这样才能打好编程的基本功。所以这方面还比较欠缺的读者，希望能够花点时间学习一下，这会让你在以后的学习和开发中事半功倍的。

最后要说的是，刚开始学习 Java，你一定会遇到很多困难。但没关系，不要被 Java 吓倒。你需要的是坚持下去。只要坚持下去了，我相信你一定会取得最后的胜利。当然，你也不妨试一下我所提到的一些学习方法，也许会起到让你意想不到的效果呢。

以上便是我学习 Java 的一些经历和心得体会，作为本书的后记，供读者参考。

本书作者

注：本后记是第 1 版图书完稿后所写，附于本次升级图书之后。虽然时过境迁，但该后记中所写的作者的 Java 学习经历依然对每一个 Java 新手都有借鉴价值，望读者能花几分钟时间阅读。